Meinem Freund
Peter mit lieben
Wünschen.

herzlichst

Georg

24. 10. 2010

Karlsruher sportwissenschaftliche Beiträge
Band 1

Georg Kenntner / Barbara Buhl / Harald Menzel

Sport, Lebensalter und Gesundheit

Soziologische, leistungsbiographische, anthropometrische und medizinische
Untersuchungen an Kraft-, Ausdauer- und Nichtsportlern im Seniorenalter

Karlsruher sportwissenschaftliche Beiträge

Institut für Sport und Sportwissenschaft
Universität Karlsruhe (TH)

Herausgeber der Schriftenreihe:
    Prof. Dr. Klaus Bös
    Dr. Michaela Knoll

Karlsruher sportwissenschaftliche Beiträge
Band 1

Sport, Lebensalter und Gesundheit

Soziologische, leistungsbiographische, anthropometrische und medizinische Untersuchungen an Kraft-, Ausdauer- und Nicht-sportlern im Seniorenalter

Georg Kenntner
Barbara Buhl
Harald Menzel

universitätsverlag karlsruhe

Impressum

Universitätsverlag Karlsruhe
c/o Universitätsbibliothek
Straße am Forum 2
D-76131 Karlsruhe
www.uvka.de

Universitätsverlag Karlsruhe 2006
Print on Demand

ISSN 1862-748X
ISBN 3-937300-99-6

Vorwort der Herausgeber

Die Reihe „Karlsruher sportwissenschaftliche Beiträge" versteht sich als Forum für Publikationen zu aktuellen sportwissenschaftlichen Themen, die von Karlsruher Sportwissenschaftlern erarbeitet werden. Im Mittelpunkt stehen dabei Ergebnisse wissenschaftlicher Projekte, Kongressberichte, aber auch Dissertationen und Habilitationen, die über diesen Weg der Publikation einem breiteren Publikum zugänglich gemacht werden sollen.

Der Band 1 dieser Reihe greift die Thematik von Sport, Lebensalter und Gesundheit auf, welche seit vielen Jahren Tradition am Institut für Sport und Sportwissenschaft der Universität Karlsruhe hat.

Die Autoren sind dem Karlsruher Institut für Sport und Sportwissenschaft eng verbunden:

- Prof. Dr. Georg Kenntner war von 1979 bis 1999 Institutsleiter und hat in dieser Zeit die wissenschaftliche Ausrichtung des Instituts mit seinen national wie international gefragten humanbiologischen Studien zu Ursachen und Konsequenzen der säkularen Akzeleration ebenso geprägt wie mit seinen weltweiten anthropologischen Untersuchungen zur Frage der Konstitution und physischen Leistungsfähigkeit des Menschen in Abhängigkeit von Lebensalter, Lebensraum und sozio-kultureller Umwelt. Die Ergebnisse seiner langjährigen Studien sind auch in den hier vorliegenden Band eingeflossen.

- Dr. med. Barbara Buhl hat als Fachärztin für Sportmedizin von 1989 bis 2005 die sportmedizinische Ausbildung in den sportwissenschaftlichen Studiengängen des Instituts verantwortet. Ihre langjährige theoretische wie praktische Erfahrung im Breiten-, Gesundheits- und Leistungssport hat sie in zahlreiche wissenschaftliche Projekte des Instituts eingebracht.

- B.A. Harald Menzel, erfolgreicher Langstreckenläufer und –Trainer, studierte Sportwissenschaft, Informatik und im Rahmen eines zusätzlichen Lehramtsstudienganges Germanistik an der Universität Karlsruhe (TH). Über das Studium hinaus hat sich Harald Menzel engagiert in die Institutsarbeit eingebracht und ist seit fünf Jahren im Bereich der statistischen Auswertung tätig. Wissenschaftlich beschäftigte er sich vor allem mit der Gesundheitsförderung im Seniorensport sowie mit Fragen des Einflusses sportlicher Aktivität auf den Fett- und Eiweißstoffwechsel.

Die relativ wenigen bis heute in der Sportwissenschaft vorliegenden Untersuchungen zum Kraftsport im Seniorenalter veranlassten die Autoren bereits vor einigen Jahren, ein breit angelegtes Forschungsprojekt zu dieser Thematik ins Leben zu rufen. Prof. Dr. Georg Kenntner, über 40 Jahre national und international erfolgreicher Kraftsportler, gelang es über diesen Weg, ein numerisch ausreichendes Kollektiv noch aktiver Seniorenkraftsportler verschiedener Altersstufen für die vorliegende Untersuchung zu gewinnen. Die Frage nach der Effizienz von Kraft- und Ausdauersport im Seniorenalter führte folgerichtig zu einer gleichartigen Studie im Bereich des Seniorenausdauersports.

Mit Unterstützung der Leichtathletik-Landesverbände konnte das Probandenproblem gelöst werden, das darin besteht, dass die Anzahl der noch aktiven Seniorenausdauersportler in den verschiedenen Altersklassen wesentlich höher liegt als die Anzahl der Seniorenkraftsportler.

Für die Erhebung und Auswertung der medizinischen Daten war Dr. med. B. Buhl verantwortlich, assistiert von Dr. med. L. Berg (†) und Dr. med. G. Fülöp. Die sportanthropometrischen und konstitutionsbiologischen Untersuchungen führte Prof. Dr. G. Kenntner mit seinen Mitarbeitern durch. B.A. H. Menzel war für Statistik und EDV verantwortlich.

Die Bestimmung der umfangreichen serologischen Daten hat das medizinisch-technische Labor Dr. med. R.-D. Rurainski übernommen.

Sämtliche Untersuchungen wurden in den verschiedenen Räumen der medizinisch-anthropologischen Abteilung des Instituts für Sport und Sportwissenschaft der Universität Karlsruhe durchgeführt. Trotz der dadurch bedingten kurzen Wege erforderten die einzelnen Untersuchungskomplexe viel Zeit, da entsprechend der konzeptionellen Planung über 42.900 Einzeldaten erhoben werden mussten.

Die Genese des Projektes hatte zur Folge, dass die Arbeiten am Manuskript sich über einige Jahre hingezogen haben und daher möglicherweise im Abschluss einige neuere Untersuchungen nicht mehr einbezogen werden konnten, denen ein vergleichbarer Probandenkreis zugrunde liegt.

Ungeachtet dieser Einschränkung hat das Autorenteam mit diesem Band eine Vielfalt an Ergebnissen vorgelegt, die in der thematischen Breite, aber auch in der Akribie der Datenauswertung und Datenpräsentation beeindrucken. Dies umso mehr, als in den letzten Jahren vergleichbare Daten in der deutschen Sportwissenschaft in dieser Vielfalt nicht vorgelegt wurden.

Wir sind sicher, dass die vorliegende Forschungsarbeit auf ein hohes Interesse der Fachwelt stoßen wird und wünschen der Publikation eine breite Rezeption.

Karlsruhe, im Juni 2006   Prof. Dr. Klaus Bös & Dr. Michaela Knoll

Danksagung

Fachliche Hilfe bei der Bearbeitung der Daten und der Interpretation der Ergebnisse haben geleistet: Oberstudienrat K. Ernst, Oberstudienrätin C. Grauer, Prof. Dr. phil. F. Ruf und ADL K.-H. Preiss.

Das Schreiben der Texte besorgte M.A. Jingjing Zhang, die Korrektur der Texte Studiendirektorin M. Conradt, M.A. S. Peine und M.A. H. Lauinger.

Den Entwurf der Skizzen auf dem Deckblatt hat Herr Ulrich J. Wolff von der Staatlichen Akademie der Bildenden Künste Karlsruhe übernommen.

Ihnen allen sei auch an dieser Stelle herzlich gedankt.

Für die finanzielle Unterstützung des Forschungsprojektes sind wir den folgenden Firmen und Einrichtungen zu Dank verpflichtet:

- Badische Beamtenbank Karlsruhe,

- Firma Michelin Karlsruhe,

- Sparkasse Karlsruhe und

- medizinisch-technisches Labor Dr. med. R.-D. Rurainski Ettlingen.

Dem ehemaligen Rektor der Universität Karlsruhe, Herrn Prof. Dr. rer. nat. Dr. h.c. H. Kunle möchten wir für seine Förderung des Projekts unseren ganz besonderen Dank aussprechen.

Karlsruhe, im Juni 2006

Prof. Dr. Georg Kenntner

Dr. Barbara Buhl

B.A. Harald Menzel

Inhaltsverzeichnis

Vorwort

Die vorliegenden Untersuchungsergebnisse sollen aufzeigen, dass gerontologische Forschung auch im Bereich der Sportwissenschaft zunehmend ihren Platz haben muss. Die demographische Entwicklung mit ihren Konsequenzen hat ebenso wie das sich wandelnde Verständnis des Alterns den Stellenwert von Bewegungs- und Sportaktivitäten älterer Menschen neu bestimmt. Die Zielvorstellung eines aktiven, gesunden und zufriedenen Alterns wird Bewegung und Sport als unentbehrliche Handlungsbereiche des älteren Menschen integrieren müssen, sei es vordergründig als Bereich gesundheitlicher Prävention und Kompensation oder sei es als eine umfassende Möglichkeit, das allgemeine Wohlbefinden zu steigern sowie die Selbständigkeit und Alltagskompetenz zu verbessern beziehungsweise zu erhalten.

Sportwissenschaft als interdisziplinäre[1] Wissenschaft hat hierbei eine besondere Bedeutung, was in der Thematik der vorliegenden Untersuchung zum Ausdruck kommt. Noch weist die wissenschaftliche Aufarbeitung des Alterssports große Lücken auf. Die grundlegende Veränderung der Arbeitswelt hat heutzutage gegenüber früheren Generationen zu einer völlig veränderten sozialen Situation geführt, die auch die Sportausübung im Alter betrifft. Dies bezieht sich vor allem auf die Änderung des Verhältnisses zwischen Arbeitszeit, Freizeit und Lebensarbeitszeit. Durch die zweite industrielle Revolution auf dem Gebiet der Kommunikations- und Computertechnologie wurde die durchschnittliche Stundenarbeitszeit pro Woche reduziert, was automatisch zur Vermehrung der Freizeit führte. Indem sich außerdem das Durchschnittsalter im Verlauf der vergangenen Jahrzehnte um einige Jahre erhöhte, hat sich das Verhältnis von Freizeit und Lebensarbeitszeit zugunsten der Freizeit verschoben. Der Wandel gesellschaftlich-kultureller Einflüsse hat aber nicht immer zu einer Steigerung der Sportaktivitäten im Alter geführt. Es werden auch von älteren Menschen, vor allem im Kultur- und Medienbereich (Filme, Theater, Konzerte, Fernsehen, Radio, Lektüre von Büchern, Zeitungen und Illustrierten) und im Spielbereich (Brettspiele, Kartenspiele, verschiedenartige Glücksspiele) Freizeitaktivitäten ausgeübt, die nichts mit Sport zu tun haben. Aber bei Betrachtung der Gesamtstatistik kann man wohl feststellen, dass der Seniorensport in den vergangenen Jahren zugenommen hat und dass auch eine Leistungssteigerung eingetreten ist. Um sich ein genaues und anschauliches Bild von der Problematik des Seniorensports machen zu können, müssen die besonderen Lebensumstände und der soziale Kontext der älteren Menschen berücksichtigt werden. Hier handelt es sich vor allem um die Gesundheit, die naturgemäß mit zunehmendem Alter durch biologische Prozesse und Abnutzungserscheinungen, welche die verschiedensten Organsysteme betreffen, abnimmt. Bisweilen dreht es sich dabei nur um temporäre gesundheitliche Störungen, häufiger aber auch schon um chronische Beschwerden.

So verstärken sich beispielsweise schon in früheren Lebensjahren aufgetretene Allergien oder es treten neue auf. Naturgemäß nimmt auch die Leistungsfähigkeit des Kreislaufsystems mit zunehmendem Alter ab, vor allem infolge von Arteriosklerose. Am meisten von abnehmender gesundheitlicher Qualität betroffen dürfte aber der Bewegungsapparat sein. Wirbelsäulenprobleme machen älteren Menschen zu schaffen, vor allem aber leiden sie unter Abnutzungserscheinungen an den Gelenken, wovon besonders das Kniegelenk (Meniskus, Knorpel) betroffen ist. Man sucht diesen negativen Erscheinungen teilweise mit einer veränderten Ernährung entgegenzuwirken, meist nicht mit dem gewünschten Erfolg.

---

[1] Wissenschaftstheoretisch wird die Sportwissenschaft auch als Aggregats-, multidisziplinäre und Integrationswissenschaft diskutiert.

Da die Qualität und Quantität der Bewegungsabläufe mit zunehmendem Alter normalerweise abnimmt, müsste eine Verminderung der Nahrungsaufnahme große Beachtung finden, eben weil weniger Kalorien verbrannt werden. Wenn dieser Umstand aber keine Rolle in der Lebensgestaltung findet, stellen sich durch Bewegungsarmut Übergewicht und Herz-Kreislauf-Erkrankungen ein.

Der Mensch nimmt überwiegend mehr Kohlehydrate als Eiweiß und Fett zu sich. Bewusst müsste auch der Zuckerkonsum eingeschränkt werden. Die Bedeutung des Sports für diese neue Situation liegt auf einer anderen Ebene als im Jugendalter und frühen Erwachsenenalter. Im Breiten- und Gesundheitssport liegt jetzt das Hauptgewicht auf Erhaltung und Steigerung der Fitness sowie der Vermittlung von Freude, die Sport und Spiele mit sich bringen.

In seltenen Fällen können Seniorinnen und Senioren ihre Leistungen aus der Jugend übertreffen (der Beginn der betreffenden Klassen ist bei den einzelnen Sportarten unterschiedlich). Neben einem verminderten Leistungsdenken wird jetzt vor allem Wert gelegt auf die Sicherung und Erhaltung der Gesundheit und auf eine sinnvolle Gestaltung der nun vermehrt anfallenden Freizeit. Daneben bemüht man sich bei der Sportausübung auch um soziale Kontakte und Kommunikation, da der Berufsalltag nun wegfällt und die mit diesem verbundenen gesellschaftlichen Kontakte fehlen. Eine wichtige Funktion übt in dieser Beziehung auch der Erwerb des Deutschen Sportabzeichens aus. Hier treffen sich Seniorinnen und Senioren aller Altersgruppen, wodurch neue freundschaftliche Beziehungen zwischen Mitgliedern gleichartiger, aber auch unterschiedlicher Altersgruppen aufgebaut werden können. Anzufügen wären auch noch die in vielen Sportvereinen organisierten Lauf- und Walkingtreffs und die regionalen Volksläufe, die das sportliche Engagement und das Bewegungserlebnis auch älterer Menschen fördern.

1 Ausgangspunkte der Untersuchung

1.1 Der alternde Mensch im Spannungsfeld seiner sozio-kulturellen und physischen Umwelt

1.1.1 Lebensalter im Spiegel der Literatur

Für ältere Menschen hat es schon immer Möglichkeiten zur sportlichen Betätigung gegeben. Als eigene Zielgruppe wurden sie von der Sportwissenschaft und den Verbänden jedoch erst Anfang der siebziger Jahre entdeckt. Zunächst wurde der Begriff „Alterssport" geprägt. Ursprünglich umfasste er zum einen jenen Teil des Erwachsenensports, der sich an die älteren Menschen ab 40 Jahre wendete, und zum anderen den „Seniorensport" für Menschen ab dem 60. Lebensjahr. Das relativ junge Forschungsgebiet „Alterssport" ist noch nicht klar abgegrenzt, und die Diskussionen über Ziele, Inhalte und Formen des Alterssports halten an. Darüber hinaus ist über die spezifischen Voraussetzungen bei älteren Menschen im Hinblick auf das Sporttreiben und über die Auswirkungen sportlicher Betätigung auf sie noch vieles zu erforschen [RÖTHIG, 1992].

Auch über die Ursachen der Alterungsvorgänge gibt es nur Hypothesen und Theorien, von denen im Folgenden einige vorgestellt werden sollen.

SONDEN und TIGERSTEDT [1905] führten als Grund für das Älterwerden die Abnahme der Oxydationsvorgänge beziehungsweise die Reduzierung des Grundumsatzes an, was zu einer allmählichen Erschöpfung der Lebensenergie führen solle.

LOEB [1908], dessen Theorie zu den mechanistischen Auffassungen über das Altern, das Sterben und den Tod zählt, ging davon aus, dass jede Spezies zu Beginn der individuellen Entwicklung eine bestimmte Menge eines unbekannten chemischen Stoffes erhalte, die sich stetig vermindere, so dass das Individuum altere und schließlich sterben müsse.

METSCHNIKOFF [1908] sah den Alterungsprozess als Resultat einer chronischen und langsamen Vergiftung des Organismus, wobei der letztendliche Tod das Ergebnis einer Autointoxikation sei. Seiner Meinung nach werden die tödlichen Gifte im Dickdarm gebildet.

LORAND [1909] führte das Altern auf eine Beeinträchtigung der Schilddrüse zurück.

MÜHLMANN [1910] behauptete, dass die Ursachen des normalen Todes im Alter durch eine im Laufe des Lebens fortschreitende Degeneration des Zentralnervensystems gesehen werden müssten.

UEXKÜLL et al. [1920] gingen davon aus, dass das Leben von einem „Vitalfaktor" bestimmt werde. Dieser arbeite zwar nach einem bestimmten Plan, sei aber mit chemischen und physikalischen Vorstellungen allein nicht zu begreifen.

KUNZE [1933] sah die kosmische Strahlung als Ursache für Gewebealterungen an. Diese Höhenstrahlung habe eine Durchschlagskraft, welche die härteste Radium-Gamma-Strahlung bei weitem übertreffe. KUNZE hielt es daher für plausibel, dass Partikel dieser Energie einen Menschen der Länge nach durchdringen, ohne dabei nennenswert abgebremst zu werden. Für ihn war das Altern des Menschen sowie der Verlust der Zeugungsfähigkeit oder das spontane Absterben einer bestimmten Zelle ohne erkennbaren Grund das Resultat dieser bei Tag und Nacht gleichmäßig einfallenden Ultrastrahlung.

CARREL [1954] züchtete embryonale Zellen vom Huhn in Nährlösungen und es gelang ihm, diese Zellkulturen länger am Leben zu erhalten als natürlich gewachsene. Aufgrund dieser Beobachtung vermutete er, dass auch alle Menschenzellen potenziell unsterblich sein könnten. Er war der Auffassung, dass der Alterungsprozess und Tod durch die Veränderung des chemischen und physikalischen Milieus der Zellen bedingt sei.

ORGEL [1963] entwickelte die Theorie der „katastrophalen Irrtümer". Seiner Ansicht nach sei das Altern im Wesentlichen abhängig von Fehlern, die während der Proteinsynthese auftreten, ganz besonders ausgeprägt bei den Enzymen, die an der Ausarbeitung der genetischen Information beteiligt sind.

CUTLER [1976] stellte die Hypothese auf, dass die progressive Reduktion der Zahl der verschiedenen Gentypen nach Erlangen der sexuellen Reife eine Charakteristik des Alterns sei.

BOULIERE [1990] vertrat die Ansicht, dass keine dieser Theorien als Träger einer befriedigenden Erklärung für die Mechanismen des Alterns aller beim Menschen existierender Zelltypen bezeichnet werden könne. Viele Forscher wenden sich daher gemischten Theorien zu, indem sie die Idee eines multifaktoriellen Determinismus des Zellalterns vertreten.

Besondere Bedeutung für den Alterssport kommt der Altersforschung, d.h. der Gerontologie, zu. POETHIG, GOTTSCHALK und ISRAEL [1985] haben anhand einer Bestandsaufnahme in der Altersforschung dargelegt, dass es möglich ist, das biologische Altern des Menschen durch eine vielschichtige Funktionsdiagnostik hinreichend präzise zu bestimmen. Als Kriterium für das natürliche Altern dient ihnen ein „Vitalitätsmaß", das asynchrone biosoziale Vorgänge beim Altern des Menschen in der Ontogenese (Evolution und Devolution) berücksichtigt. Dadurch wird es der Gerontologie möglich, geschlechtsdifferent verbindliche Referenz- beziehungsweise Normalwerte für Vitalität und biologisches Alter in allen Altersstufen zu ermitteln. Sie fordern, dass die Bemühungen sportwissenschaftlich-gerontologischer Forschungen mit Hilfe der Medizin darauf gerichtet sein müssen, in allen Lebensphasen die Vitalität über ein alters-typisches Maß hinaus zu steigern. Unter dieser Aufgabenstellung gewinnt die Altersforschung einen neuen interdisziplinären Stellenwert als wissenschaftstheoretisches und operationales Bindeglied zwischen den Fachgebieten der Sportwissenschaft und Medizin. Insbesondere die Sportmedizin wird hierbei einen großen Beitrag leisten müssen.

Auch der Begriff der Geriatrie (Altersheilkunde) tritt in diesem Zusammenhang immer mehr in den Vordergrund. Früher waren Infektionskrankheiten wie Tuberkulose, Lungenentzündung, Cholera usw. die häufigsten Todesursachen. Heute stehen Gefäß- und Kreislauferkrankungen wie Herzinfarkt und Hirnschlag an erster Stelle. Diese Erkrankungen und ihre Folgen haben nicht nur an Häufigkeit zugenommen, sondern auch sehr stark auf jüngere Jahrgänge übergegriffen [NÖCKER, 1971].

Erkrankungen der Atemwege zählen nach NOLTE [1984] ebenfalls zu den neuzeitlichen Krankheitserscheinungen. Er stellte fest, dass chronische Atemwegserkrankungen mindestens ebenso häufig sind wie Herzkrankheiten. So sollen Asthma, Bronchitis und Emphyseme jenseits des 50. Lebensjahres in der Bevölkerung eine Häufigkeit von etwa 10% aufweisen. HAUSEN [1985] beschreibt aus dem Bereich der Allgemeinen Ortskrankenkassen, dass ein Drittel der Versicherungsnehmer durch Erkrankungen der Atemwege 29 bis 33 Millionen Tage Arbeits-unfähigkeit verursachen. Die Erkrankungen der Atemwege nehmen einen vorderen Platz unter den Ursachen für Arbeitsunfähigkeit ein.

Die Zunahme der Zivilisationskrankheiten ist mit dem veränderten Altersaufbau der Bevölkerung und der damit einhergehenden Zunahme der älteren Jahrgänge allein nicht zu erklären. Als weitere Ursachen können Änderungen der Ernährungsgewohnheiten, psychische

Überbelastungen und mangelnde oder einseitige körperliche Belastungen, die durch die Fortschritte in der Technisierung bedingt sind, gesehen werden.

Die zunehmende Belastung am Schreibtisch oder am Computerarbeitsplatz führt zu Störungen der normalen Funktionen der Organe oder Organsysteme des Körpers. Daneben bewirken stereotype Bewegungsmuster und hohe konzentrative Leistungsanforderungen während der Arbeit eine vergrößerte Belastung des vegetativen Nervensystems.

Im Gegensatz dazu besteht trotz zunehmender Belastung am Arbeitsplatz in anderen Bereichen ein Aktivitätsdefizit. So führen beispielsweise im Haushalt arbeitssparende Geräte zu einer drastischen Abnahme des Energieumsatzes bei körperlicher Arbeit. Die immer noch zunehmende Verwendung des Automobils und sitzende Freizeitaktivitäten, wie zum Beispiel Fernsehen, führen dazu, dass inaktive Verhaltensweisen weiter Überhand nehmen. Der Verzicht auf körperliche Aktivität hat sich zu einem weltweiten Lebensstil entwickelt. So zeigt ein großer Anteil der Bevölkerung ein Verhalten, das unterhalb des eigentlichen biologischen Potenzials liegt und durch ein Defizit von körperlicher Bewegung verursacht wird. Auch weisen verschiedene Studien darauf hin, dass körperliche Inaktivität sogar die Wahrscheinlichkeit einer Erkrankung an Prostata-, Lungen- sowie Brustkrebs erhöht.

In einer 1986 veröffentlichten Studie schätzen PAFFENBARGER und Mitarbeiter das der Bevölkerung zuzuschreibende Risiko der Sterblichkeit aufgrund von Inaktivität auf 16% [BLAIR, 1994]. Es kann somit als gesichert angesehen werden, dass körperliche Aktivität bzw. Inaktivität neben anderen Faktoren Auswirkungen auf die Prozesse koronarer Herzerkrankung haben kann.

Darüber hinaus muss erwähnt werden, dass bei vielen Patienten verschiedene Risikofaktoren wie Adipositas, Diabetes mellitus Typ II, Dyslipidämie, Hyperurikämie und Hypertonie gemeinsam vorkommen, was letztlich zu Arteriosklerose führen kann. Bei diesem metabolischen Syndrom liegt eine Insulinresistenz (verminderte Wirkung von Insulin) vor. Entweder Ursache oder Folge davon ist die Hyperinsulinämie (vermehrte Insulinausschüttung). Diese wiederum bewirkt zusätzlich negative Auswirkungen auf den Fettstoffwechsel und den Blutdruck. In Abbildung 1 sind die wichtigsten (sport)medizinischen Zusammenhänge ersichtlich.

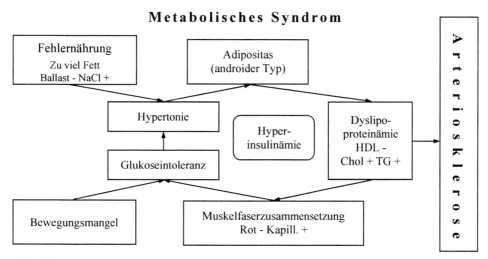

Abb. 1: Zusammenhänge zwischen körperlicher Aktivität, Ernährung, physiologischer Konstitution und metabolischem Syndrom [WIRTH und KRONE, 1993]

1.1.2 Demographische Entwicklung der Bevölkerungsstruktur in Deutschland

Betrachtet man die Entwicklung der Bevölkerungszahlen in Deutschland (Tab. 1), so ist festzustellen, dass die Gesamtbevölkerung von 1950 bis 2000 um rund 13 Millionen Menschen zugenommen hat. Dabei hat sich der Mittelbau der Bevölkerungspyramide, der die Altersgruppe von 21 bis 60 Jahre erfasst, einigermaßen regelmäßig entwickelt. Ein deutlicher Rückgang ist bei der Bevölkerungsgruppe der unter 21-Jährigen zu verzeichnen. Während 1950 noch rund ein Drittel der Bevölkerung dieser Altersstufe angehörte, war ihr Anteil am Gesamtbevölkerungs-volumen bis auf weniger als ein Viertel im Jahre 1991 zurückgegangen. Einen massiven Zuwachs hat dagegen die Gruppe der über 60-Jährigen erfahren, die 2000 die 23%-Marke überschritten hat.

Tab. 1: Die Entwicklung der Bevölkerungszahlen in Deutschland, unterteilt in Altersgruppen
[Statistisches Bundesamt, 1993, ergänzt durch: Institut der deutschen Wirtschaft Köln, 2002]

Altersgruppe	1950		1980		1991		2000	
	Mio.	%	Mio.	%	Mio.	%	Mio.	%
Unter 21	22,1	31,9	22,2	28,3	18,4	22,9	17,4	21,1
21 bis 60	37,1	53,5	41,0	52,3	45,5	56,7	45,5	55,3
60 und älter	10,1	14,6	15,2	19,4	16,4	20,4	19,4	23,6
Gesamt	69,3	100	78,4	100	80,3	100	82,3	100

Erklärbar wird diese Entwicklung anhand des deutlichen Rückgangs der Geburtenrate und einer parallel dazu steigenden Lebenserwartung. Des Weiteren bewirkten die Geburtenausfälle infolge der beiden Weltkriege sowie während der Wirtschaftskrise um 1932 und die enorme Anzahl von Toten, insbesondere die des Zweiten Weltkriegs, die Abänderung der natürlichen Bevölkerungs-entwicklung. Folglich wandelte sich die frühere Pyramidenform der Bevölkerungsstatistik zu einer mehr glockenähnlichen Form (Abb. 2).

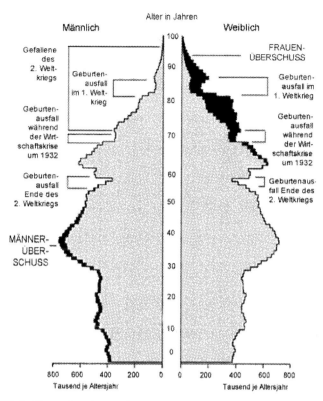

Abb. 2: Altersaufbau der Bevölkerung der Bundesrepublik Deutschland am 31.12.2000
[http://www.destatis.de/basis/d/bevoe/bevoegra2.htm, Abruf am 19.2.2003]

Eine verringerte Mortalität lässt mehr und mehr Menschen ein hohes Lebensalter erreichen. Zugleich führte ein im Zuge einer ökonomischen Entwicklung (Familienplanung, Geburtenkontrolle) stattfindender Prozess dazu, dass um die Jahrtausendwende aus der klassischen Bevölkerungspyramide eine Art Bevölkerungsglocke wurde, bei der ein relatives Überwiegen älterer Bevölkerungsgruppen vor jüngeren beobachtet wird. Nach der Mitte des 21. Jahrhunderts ist dann ein „Bevölkerungsrechteck" mit einer relativ kleinen „aufgesetzten Spitze" zu erwarten. Zahlenmäßig wird die Anzahl der älteren Menschen dann in Relation zu derjenigen der jüngeren ansteigen [SPÄTH und LEHR, 1990]. Diese Aussage dürfte jedoch nicht weltweit Gütigkeit haben.

Die mittlere Lebenserwartung der Menschen hat sich in den letzten zwei Jahrhunderten auffallend geändert. In den Jahren 1740 bis 1749 blieben von zehn Männern und zehn Frauen bis zum 20. Altersjahr je sechs, bis zum 50. je vier und bis zum 70. je zwei am Leben. Im Vergleich dazu ist heute eine Verringerung bei den Männern erst zum 50. Lebensjahr festzustellen. Dabei verbleiben neun von zehn, bis zum 70. Lebensjahr verringert sich die Zahl auf sieben. Bei den Frauen überleben bis zum 70. Lebensjahr acht von zehn (Abb. 3).

12

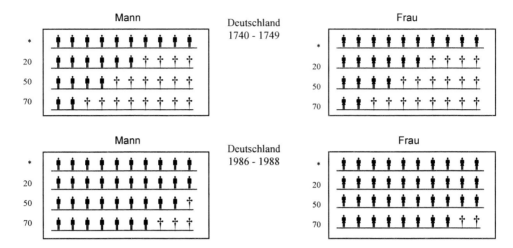

Abb. 3: Anzahl überlebender Männer und Frauen von jeweils 10 bis zu einem Alter von 20, 50 und 70 Jahren in Deutschland 1740 bis 1749 und 1986 bis 88 [Statistisches Bundesamt, 1992]

Die Lebenserwartung betrug 1998 in Deutschland beim weiblichen Anteil der Gesamt-bevölkerung 79,7 Jahre und bei den Männern 73,3 Jahre. Zu diesem Zeitpunkt verzeichnete man in der Schweiz, in Norwegen, in Island oder in Japan beim weiblichen Geschlecht bereits Werte über 80 Jahre (Tab. 2). Sehr hohe Lebenserwartungen werden ebenfalls für Populationen in Südamerika und dem Kaukasus sowie für Bergvölker im Himalaya (Hunza) angegeben.

Tab. 2: Die in Bezug auf die mittlere Lebenserwartung weltweit führenden zwölf Länder [LEHR, 2000]

LAND	LEBENSERWARTUNG in Jahren – Frauen	LEBENSERWARTUNG in Jahren - Männer	JAHR
Frankreich	81,9	73,8	
Schweiz	81,7	75,3	
Japan	81,4	76,1	
Schweden	81,4	76,1	
Kanada	81,0	74,8	
Australien	80,9	75,0	1998
Norwegen	80,8	74,8	
Niederlande	80,2	74,5	
Island	80,0	75,9	
Deutschland	**79,7**	**73,3**	
USA	78,8	72,2	
Dänemark	78,0	72,7	

Die statistische Lebenserwartung bei Männern stieg im Zeitraum von 1950 bis 1993 in Baden-Württemberg von 64,9 Jahren auf 73,4 Jahre und liegt damit etwas über dem gesamtdeutschen Mittelwert. Vergleichsweise wurde im Jahr 1900 in Deutschland eine durchschnittliche Lebenserwartung von 47 Jahren beim männlichen Anteil der Bevölkerung registriert.

Interessant ist in diesem Zusammenhang die Veränderung des Frauenanteils an der älteren Bevölkerung. 1994 kamen auf einen 60-jährigen Mann zwei, auf einen 80-jährigen drei und auf einen 90-jährigen sogar vier Frauen. Des Weiteren befinden sich in Deutschland unter den rund 4.000 Menschen mit über 100 Lebensjahren nur ca. 800 Männer. Das entspricht nahezu einem Verhältnis von eins zu fünf [LEHR, 1994].

Der Statusaufbau und die soziale Schichtung der Bevölkerung in der Bundesrepublik Deutschland haben sich seit den 60er Jahren bis heute nicht stark verändert. Graphisch dargestellt hat die soziale Schichtung eine zwiebelähnliche Form (Abb. 4). Dabei sind ca. 60% der Bevölkerung im Bereich der Mittelschichten anzusiedeln [BOLTE, KAPPE und NEITHARDT, 1974].

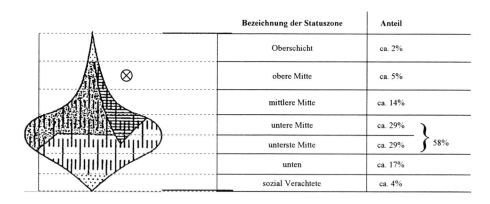

Bezeichnung der Statuszone	Anteil	
Oberschicht	ca. 2%	
obere Mitte	ca. 5%	
mittlere Mitte	ca. 14%	
untere Mitte	ca. 29%	
unterste Mitte	ca. 29%	} 58%
unten	ca. 17%	
sozial Verachtete	ca. 4%	

Die Markierungen in der breiten Mitte bedeuten:

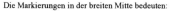 Angehörige des so genannten neuen Mittelstands
Angehörige des so genannten alten Mittelstands
Angehörige der so genannten alten Arbeiterschaft

Punkte zeigen an, dass ein bestimmter gesellschaftlicher Status fixiert werden kann.

Senkrechte Striche weisen darauf hin, dass nur eine Zone bezeichnet werden kann, innerhalb derer jemand etwa im Statusaufbau liegt.

⊗ = Mittlere Mitte nach den Vorstellungen der Bevölkerung

→ = Mitte nach der Verteilung der Bevölkerung. 50 v. H. liegen oberhalb bzw. unterhalb im Statusaufbau

Abb. 4: Statusaufbau und soziale Schichtung der Bevölkerung in der Bundesrepublik Deutschland
[BOLTE, KAPPE und NEITHARDT, 1974]

Den einzelnen sozialen Schichten können nach BOLTE, KAPPE und NEITHARDT [1974] exemplarisch die in Tabelle 3 aufgeführten Berufe zugeordnet werden.

Tab. 3: Zuordnung von Berufen zu bestimmten Sozialschichten [BOLTE, KAPPE und NEITHARDT, 1974]

Oberschicht:	Großunternehmer, Spitzenfinanz, Spitzenpolitiker
Obere Mittelschicht:	Ärzte, Professoren, Richter, Rechtsanwälte, leitende Angestellte und Beamte
Mittlere Mittelschicht:	Elektroingenieure, mittlere Angestellte und Beamte, Fachschullehrer, mittlere Geschäftsinhaber, Apotheker
Untere Mittelschicht:	Untere Angestellte und Beamte, hochqualifizierte Arbeiter
Obere Unterschicht:	Unterste Angestellte und Beamte, Kleinhändler
Untere Unterschicht:	Straßenarbeiter, Landarbeiter

1.1.3 Grundlegende Veränderungen in der Arbeitswelt

Im letzten Jahrhundert haben sich die Lebensbedingungen der Menschen drastisch verändert. Durch erleichterte Produktionsprozesse und die fortschreitende Technisierung im Alltag und bei der Arbeit werden dem Menschen körperliche Tätigkeiten immer mehr erleichtert oder sogar abgenommen. Die Notwendigkeit, größere physische Belastungen bewältigen zu müssen, besteht nur noch in wenigen Berufen.

Die Arbeit am Computer stellt verminderte oder andere Beanspruchungen an die Muskulatur, so dass durch längeres Sitzen oder Stehen entsprechende Muskelbeschwerden und Muskelveränderungen wie zum Beispiel Verkürzungen auftreten. Häufig sind Rückenschmerzen, kardiovaskuläre Erkrankungen oder die Zunahme des Fettdepots die Folge [VIOL, 1990]. Gleichfalls zu berücksichtigen ist, dass die Arbeit in geschlossenen Räumen, die Belastungen durch künstliches Licht und vermehrte Bildschirmarbeit ebenfalls eine Gesundheitsbelastung darstellen. Der Mensch entwickelt sich immer mehr vom „Kopfwerker" zum „Knopfwerker".

Darüber hinaus spielen konstitutionelle Veränderungen des Menschen, insbesondere die Wachstumsakzeleration, eine Rolle. Darunter versteht man die durchschnittliche Zunahme der Körperhöhe seit Ende des vorigen Jahrhunderts, die gleichzeitig mit dem früheren Eintritt der Pubertät (Entwicklungsakzeleration) in Verbindung steht [PSCHYREMBEL, 1994]. Dies ist besonders in Industrieländern zu beobachten, wobei als Ursache u. a. die bessere Ernährung, die Industrialisierung und die damit auch verbundene Arbeitserleichterung sowie die Urbanisierung diskutiert werden [OSCHE, 1983].

Die Menschen erreichen nicht nur eine größere Endhöhe, sie werden auch immer schneller groß. Im Jahre 1995 wurde beispielsweise eine durchschnittliche Körperhöhe der männlichen Studierenden der Universität Karlsruhe von 182,9 cm gemessen. Das Datenmaterial lässt eine Zunahme der durchschnittlichen Körperhöhe um mindestens 11 cm im Zeitraum von 70 Jahren erkennen, wobei auf die letzten 30 Jahre allein fast 7 cm entfallen. Würde die Körperhöhenzunahme der Karlsruher Studenten in den nächsten 70 Jahren linear weiter laufen, so würde sich für das Jahr 2060 ein Wert von 193,3 cm ergeben. Unter industrieanthropologischen Aspekten resultieren daraus u. a. für die Wirtschaft praktische Konsequenzen. Entwurf und Produktion der Bekleidung, des Schuhwerks und des Mobiliars, aber auch des Handwerkszeugs sind ebenso wie die Fabrikation von Maschinen und Fahrzeugen, wie auch besonders die Gestaltung der Arbeitsplätze, stärker als bisher den neuen Maßen des menschlichen Körpers anzupassen [KENNTNER, 1992, 1995, 1996, 1997].

Der Anpassungsprozess und die lang anhaltende Unterbeschäftigung in der größer gewordenen Bundesrepublik werden zu einer stärkeren Strukturalisierung bei den Arbeitslosen und bei den Erwerbstätigen mit instabilen Beschäftigungsverhältnissen führen, vielleicht auch zu regionalen Differenzierungen bisher unbekannten Ausmaßes. Die Arbeitsmarktmechanismen verändern sich. Neue Erfahrungen mit arbeitsmarktpolitischen Instrumenten werden gesammelt, Elemente einer arbeitsmarktpolitischen Infrastruktur, wie die Beschäftigungs- und Qualifizierungsgesellschaften, gewinnen eine Bedeutung, die in den alten Bundesländern nie erreicht wurde [BUTTLER, 1994].

1.1.4 Änderungen des Verhältnisses zwischen Arbeitszeit und Freizeit sowie Änderungen der Lebensarbeitszeit

Die wöchentliche Durchschnittsarbeitszeit betrug noch vor nicht allzu langer Zeit 48 Wochenstunden. In der Gegenwart wird über durchschnittliche Arbeitszeiten zwischen 37 und 42 Stunden diskutiert. Der daraus resultierende erhöhte Anteil an Freizeit könnte mit Sporttreiben ausgefüllt werden. Damit ist in erster Linie der Breiten-, Freizeit- und Gesundheitssport angesprochen. Sportliche Aktivität soll hauptsächlich dem Stressabbau dienen und ist als Hauptausgleich zu geistig konzentrierter Arbeit zu sehen.

In Bezug auf die Gesamtlebensarbeitszeit können bereits globale Trends von Industriegesellschaften aufgezeigt werden [BUTTLER, 1994]. Innerhalb der letzten 100 Jahre sind bei zugleich zunehmender Lebenserwartung steigende Ausbildungszeiten in Kombination mit der Verkürzung der Jahresarbeitszeiten im Erwerbsleben auffällig. In Tabelle 4 sind die kumulierten Effekte aller das Individuum berührenden Schritte im Gesamtlebensspektrum dargestellt, welche die Arbeitszeit verkürzen.

Tab. 4: Veränderung der Lebensarbeitszeit (exemplarische Rechnungen) [BUTTLER, 1994]

Lebensabschnitte	Geburtsjahrgänge		
	1895	1942	1970
Beginn der Erwerbstätigkeit im Kalenderjahre	1910	1960	1989
Im Durchschnittsalter von	15,5	18,5	19,0
Erwerbsdauer in Arbeitsjahren	48,0	40,0	39,0
Durchschnittliche Jahresarbeitszeit im Erwerbsleben	2303 Std.	1656 Std.	1402 Std.
Lebenserwartung in Stunden	657.000	665.760	692.040
%-Anteil: Lebensarbeitszeit/Lebenserwartung	16,8	9,9	7,7

Ob sich dieser Trend fortsetzt, ist offen. Denn auch die weitere Entwicklung hängt von demographischen, ökonomischen und außerökonomischen Faktoren ab. Allein von der gestiegenen und immer noch zunehmenden Lebenserwartung her scheint es eher unwahrscheinlich, dass der Prozess der sinkenden Lebensarbeitszeit anhält. Die seit längerem verlangsamte Zunahme der Arbeitsproduktivität, verbunden mit steigenden volkswirtschaftlichen Produktionskosten, spricht ebenfalls eher dagegen [BUTTLER, 1994].

Betrachtet man die geschlechtsspezifischen Präferenzen im Hinblick auf Arbeitszeit und Freizeit, so ist festzustellen, dass bei männlichen Erwerbstätigen die Arbeitsorientierung und bei weiblichen die Freizeitorientierung in beiden Teilen Deutschlands deutlicher ausgeprägt ist. In Ostdeutschland besitzt die Arbeit einen vergleichsweise höheren Stellenwert als in Westdeutschland, wo eine Freizeitorientierung zu konstatieren ist (Abb. 5).

Westdeutschland		Ostdeutschland

Beruf ist wichtiger als Freizeit (in%)	27 **Insgesamt**	39
	27 **Männer**	42
	26 **Frauen**	36

	17 **18-24 Jahre**	32
	20 **25-34 Jahre**	39
	31 **35-49 Jahre**	42
	33 **50-65 Jahre**	39

Freizeit ist wichtiger als Beruf (in%)	29 **Insgesamt**	22
	26 **Männer**	19
	36 **Frauen**	25

	41 **18-24 Jahre**	41
	35 **25-34 Jahre**	22
	24 **35-49 Jahre**	17
	25 **50-65 Jahre**	15

Abb. 5: Arbeits- und Freizeitorientierung in Ost- und Westdeutschland [Statistisches Bundesamt, 1992]

1.1.5 Wandel gesellschaftlich-kultureller Einflüsse

In den letzten 20 Jahren fand ein tief greifender gesellschaftlicher Wandel statt, der von verschiedenen Autoren mit unterschiedlichen Begriffen beschrieben wird. STRASDAS [1994] unterscheidet die Risikogesellschaft, die Erlebnisgesellschaft und die ausdifferenzierte Gesellschaft. Nach seinen Vorstellungen befindet sich die gegenwärtige Industriegesellschaft in einem Umwandlungsprozess zu einer neuen Form, in der andere Normen und Werte wichtig sind. Dieser Vorgang wird von BECK [STRASDAS, 1994] als „Enttraditionalisierung der industriegesellschaftlichen Lebensformen" bezeichnet. Er spricht in diesem Zusammenhang von der Entwicklung zu einer Risikogesellschaft, da dem individuellen Freiheitsgewinn auch ein Stabilitätsverlust gegenübersteht.

Die Risikogesellschaft unterscheidet sich von der Industriegesellschaft in vielen Bereichen des Lebens (Tab. 5).

Tab. 5: Vergleich zwischen Industrie- und Risikogesellschaft [STRASDAS, 1994]

Industriegesellschaft	Risikogesellschaft
Soziale Klassengesellschaft, eingeschränkte soziale Mobilität	Lifestyle-Gruppe, hohe soziale Mobilität
Ehe, Kleinfamilie als soziale Einheit	Single-Haushalte, Lebensphasen-Begleiter, Alleinerziehende
Arbeit und Beruf als zentraler Lebensinhalt und Identitätsquelle	Freizeit als zentraler Lebensinhalt und Identitätsquelle
Erfüllung sozialer Normen als wichtigstes persönliches Ziel	Selbstverwirklichung als wichtigstes persönliches Ziel
Trennung von Arbeit und Freizeit, von Arbeitsort und Wohnort	Vermischung von Arbeit und Freizeit, von Arbeitsort und Wohnort
Standardisierte Vollbeschäftigung	System flexibler und pluraler Unterbeschäftigung
Soziale Absicherung durch Tarifverträge, zusätzlich durch soziale Einbindung	Privatisierung des Risikos, minimale Absicherung durch Wohlfahrtsstaat
Vielfalt regionaler und sozialer Kulturen	Standardisierte Massen-/Individualkulturen
Nationalstaaten, nationale Wirtschaft, nationale Kulturen etc.	Globalisierungstendenzen auf allen Ebenen (wirtschaftlich, sozial, kulturell, ökologisch), zunehmende Mobilität

So wird zum Beispiel die traditionelle Form der Familie durch Single-Haushalte und vorübergehende Beziehungen ersetzt. Es bilden sich neue Gruppen mit Individuen, die gleiche Interessen aufweisen, aber im Vergleich zu den traditionellen Bindungen sehr viel lockerer organisiert sind. Diese Gruppen werden üblicherweise als Lifestyle- oder Lebensstilgruppen bezeichnet und tragen stark zur Identitätsfindung bei. Trotz gegenwärtiger häufiger sozialer Unsicherheit (zum Beispiel Arbeitsplatz, sonstige Existenzsicherung) definiert sich das Individuum immer häufiger über seine Freizeit. Als Folge davon weichen die traditionellen Sportvereine einer zunehmend individuellen, unabhängigen Sportbetätigung. Darüber hinaus ist ein gesteigertes Körper- und Gesundheitsbewusstsein zu beobachten; der einzelne Mensch achtet bewusst auf die eigene Gesundheit. Im Arbeitsleben verschlechtert sich hingegen die soziale Absicherung. Es zeigt sich eine Tendenz in Richtung Teilzeitarbeit, weg von der Vollzeitbeschäftigung [STRASDAS, 1994].

1.1.6 Lebensumstände und sozialer Status im Lebensalter

Der soziale Status, der durch Beruf, Bildung und Einkommen definiert wird, beeinflusst sowohl den Gesundheitszustand als auch die Erhaltung der psychischen Anpassungsfähigkeiten. Es wurde nachgewiesen, dass vor dem Zweiten Weltkrieg bei Arbeitern im Ruhestand der Gesundheitszustand schlechter war als bei pensionierten Angestellten und Beamten [STRASDAS, 1994]. Dabei spielten nach EITNER [1978] auch die unterschiedlichen Lebensstile eine nicht zu unterschätzende Rolle. Der objektive Gesundheitszustand wirkt sich auf die Lebenszufriedenheit beziehungsweise die Angepasstheit an die eigene Lebenssituation positiv aus. Der größte Einfluss hinsichtlich Lebenszufriedenheit und Alter kommt nach THOMAE [1983] jedoch dem Einkommen zu. Bei höherem Einkommen ist man auch weniger von der Möglichkeit widriger Lebensumstände im Alter betroffen. Besser situierte Menschen bemühen sich stärker um die Erhaltung eines möglichst weiten Interessenhorizonts und haben eine positivere Einstellung zur Zukunft. Darüber hinaus sind bei günstigen wirtschaftlichen Verhältnissen eine erhöhte Aktivität und ein besseres Abschneiden in Intelligenztests zu beobachten.

Untersuchungen über „kritische Lebensereignisse" zeigen jedoch bei allen Bevölkerungs-schichten, dass eine Häufung an psychischen Belastungen in verschiedenen Lebensbereichen zur Auslösung von somatischen Erkrankungen führt. Man kann davon ausgehen, dass die zur Anpassung an das Alter notwendige Lebenszufriedenheit durch eine solche Mehrfachbelastung beeinträchtigt werden kann. Als Indikatoren der Belastung sind folgende Bereiche zu berücksichtigen:

1. Erlebte Belastung in Bezug auf die Wohnung
2. Finanzielle Engpässe und Schwierigkeiten
3. Subjektive gesundheitliche Belastung
4. Objektive gesundheitliche Belastung
5. Belastung in der Beziehung zum Partner
6. Belastung in der Elternrolle
7. Belastung in der Beziehung zu den weiteren Verwandten
8. Belastung im familiären Bereich

Nach THOMAE [1983] ist beispielsweise ein Zusammenhang zwischen Belastung im finanziellen Bereich und im Wohnbereich sowie zwischen erlebter Belastung in der Elternrolle und im familiären Bereich verstärkt zu beobachten.

1.1.7 Problematik veränderter Ernährung des Menschen im Alter

Heutzutage mehren sich die Fälle, bei denen Menschen im mittleren Erwachsenenalter infolge ernährungsabhängiger Krankheiten aus dem Berufsleben ausscheiden. Rund ein Drittel der Bevölkerung muss besondere Ernährungsregeln beachten.

Jeder Überschuss an Nährstoffen und Kalorien wirkt sich auf den Organismus nachteilig aus. Adipositas (Fettleibigkeit) ist ein Risikofaktor für eine Reihe von Erkrankungen wie Hypertonie, Diabetes mellitus, Hyperlipidämie, Gicht und die damit verbundenen Gefäßerkrankungen des Gehirns und der Nieren [PSCHYREMBEL, 1994].

Aus ernährungswissenschaftlicher Sicht spielen viele Aspekte eine Rolle, von denen hier einige aufgezeigt werden sollen. Eine zu hohe Eiweißaufnahme fördert die Arterienverkalkung und erhöht die Anfälligkeit gegenüber Infektionskrankheiten. Schon STEINER warnte 1923 vor einer täglichen Eiweißzufuhr von über 50 g, was etwa dem Verzehr von 200g hochwertigem Fleisch entspricht. Fettreiche Ernährung ist Auslöser für die Atheromatose, dem Vorläufer der Arteriosklerose, bei der Fettbeläge in den Wänden der Blutgefäße auftreten [RENZENBRINK, 1984].

Nach Befragungen von 900 achtzig- bis neunzigjährigen Versicherungsnehmern ergab sich, dass 765 (also 85%) in jungen Jahren karg und mäßig lebten und 805 (fast 90%) meist schlank waren. Diese Aussage deckt sich mit den Mitteilungen mehrerer großer Versicherungsgesellschaften, dass bei 10% Übergewicht die Lebenserwartung bereits um 17% sinkt und bei 30% Übergewicht um 40% [OSWALD et al., 1984].

Ein weiteres Problem stellt die Abnahme des Geschmacksempfindens im Alter dar. Dies birgt vor allem Gefahren im Hinblick auf die Verwendung von Zucker, von Gewürzkräutern und von Kochsalz. Ein übermäßiger Gebrauch von Zucker – insbesondere von Fabrikzucker – stört das Mund-Darm-Milieu und überfordert die Insulinproduktion der Bauchspeicheldrüse. Darüber hinaus wird der Vitaminhaushalt negativ beeinflusst. Durch einen erhöhten Einsatz von Gewürzkräutern werden der Verdauungsvorgang und die Herz-Kreislauf-Funktion angeregt. Zur Aufrechterhaltung des Gleichgewichtes wird eine tägliche Kochsalzzufuhr von 5 bis 7,5 g empfohlen. Die tatsächliche Zufuhr beträgt jedoch – im Durchschnitt – das Doppelte dieser Menge (10 bis 15 g). Der Salzkonsum wird vor allem durch die Lebensmittelindustrie mit Konserven und vorgefertigten Produkten wie Räucherwaren gesteigert. Zum anderen sind beim unsachgemäßen Kochen, Zubereiten und Konservieren Verluste an Kalium und sonstigen Mineralien unausbleiblich.

Der Trend zur Ernährung mit tiefgekühlten Lebensmitteln, mit synthetisch hergestellten Zusatzstoffen, vorwiegend konserviert – chemisch oder durch Strahlen sterilisiert – kann auf die Dauer, besonders für den älteren Menschen, folgenschwer sein [RENZENBRINK, 1984].

1.1.8 Veränderung der Natur- und Kulturumwelt (Ökologie)

Es ist erwiesen, dass wir Menschen mit unseren Gewohnheiten des Energieverbrauchs und dem daraus abgeleiteten Schadstoffausstoß Einfluss auf Umwelt und Klima ausüben. Die Wissenschaft unterteilt die vom Menschen ausgehenden Umweltbelastungen in drei Kategorien [STREIT, 1992]:

1. Die Emission von Treibhausgasen wie CO_2 oder CH_4, die nach heutigem Kenntnisstand für globale Klimaveränderungen verantwortlich sind und beispielsweise über die Verschiebung landwirtschaftlicher Anbauzonen die Welternährung gefährden könnten.

2. Luftschadstoffe wie SO_2 und Stickoxide.

3. Veränderungen an Land und Wasser, die sich vor allem in Gewässerverschmutzung, Erosion, Bodenschäden und Entwaldung äußern und besonders durch die chemische Industrie und die Anwendung der Kernkraft bedingt sind.

Die Klimaveränderungen werden sich in erster Linie durch einen Anstieg der Temperaturen bemerkbar machen. Wissenschaftler spekulieren über eine globale Erwärmung um 3° bis 9°C in den nächsten 50 bis 100 Jahren [OBERHOLZ, 1994]. Über die dadurch bedingte Veränderung der

Umwelt und die entsprechenden Einflüsse auf den Organismus des Menschen kann nur spekuliert werden.

So birgt zum Beispiel der Anstieg der Ozonkonzentrationen gesundheitliche Risiken für den Menschen. Vor hundert Jahren betrug die Ozonkonzentration in der Luft 10 Mikrogramm/m^3 Luft, heute liegt sie im Durchschnitt bei 20 bis 50 Mikrogramm/m^3 Luft. Ozonkonzentrationen über 100 Mikrogramm/m^3 Luft gelten als schädlich. In industriell belasteten Gebieten liegen erhöhte Werte mit Zuwachsraten von 0,5 bis 1% pro Jahr vor [BOHLE, 1991]. Die Auswirkungen der erhöhten Ozonwerte reichen von Augenreizungen, Müdigkeit und Reizungen der Atemwege bis hin zu Einschränkungen der Lungenfunktion (Tab. 6).

Tab. 6: Wirkungen von verschiedenen Ozonkonzentrationen auf den menschlichen Organismus [BOHLE, 1991]

Allgemeine Symptomatik
* **Ozonwerte unter 200 Mikrogramm/m^3 (etwa ab 160 Mikrogramm/m^3)**
  - Augenreizungen
  - Husten
  - Beklemmungsgefühl bis Dispnoe
  - Charakteristischer Thoraxschmerz bei tiefer Einatmung
* **Ozonwerte über 240 Mikrogramm/m^3**
  - zunehmender Husten
  - substernale Schmerzen
  - gelegentlich Giemen
  - atemabhängige Thoraxschmerzen bereits bei relativ normaler Atmung

Veränderung der Lungenfunktion
* **Ozonwerte unter 200 Mikrogramm/m^3**
  - Verminderung der Vital- und Einsekundenkapazität
  - Atemwegswiderstand unverändert
* **Ozonwerte über 200 Mikrogramm/m^3**
  - zusätzlich Atemwegswiderstand erhöht

Zu beachten: Raucher, Asthmatiker und chronische Bronchitiker sind im Vergleich zu Lungengesunden nicht stärker von einer Ozonexposition betroffen.

Der Wasserhaushalt in der Bundesrepublik Deutschland ist durch eine Vielzahl verschiedenartiger Stoffe belastet, zum Beispiel durch Schwermetalle wie Cadmium und Blei, chlorierte Kohlenwasserstoffe, Salze oder durch anorganische Düngemittel wie Phosphate und Nitrate. Die Gewässerverschmutzung gefährdet die Trinkwasserversorgung und ist in erster Linie Resultat der Abfallbeseitigung sowie der künstlichen Bewässerung.

Die Schädigung der Wälder und damit eine Beeinträchtigung der Luftqualität sind als Folge des sauren Regens zu sehen. Nach dem Waldschadensbericht von 1991 war die Tanne am stärksten geschädigt, gefolgt von Eiche, gemeiner Kiefer, Buche und Fichte [RÜMMELE, 1993]. Für den Menschen bedeutet die Vernichtung der Wälder nicht nur eine Verschlechterung seiner Luftqualität. Die mit dem Vegetationsverlust verbundenen Temperaturerhöhungen (Klimaveränderungen) könnten sein Organsystem nachteilig beeinflussen.

Ein besonderes Problem bereitet die Belastung des Bodens mit Schwermetallen, wobei in Verbindung mit saurem Regen eine zunehmende Freisetzung von gebundenen Schwermetallen, vor allem Cadmium, erwartet werden kann. Durch Zersiedelung der Landschaft und Rohstoffabbau wird die Qualität des Bodens weiter beeinträchtigt.

Darüber hinaus sind Artensterben, Tierseuchen und rückläufige Populationen in schrumpfenden oder umweltgeschädigten Lebensräumen zu beklagen. Ein Fünftel aller Tier- und Pflanzenarten wird innerhalb der nächsten zehn Jahre ausgestorben sein. Das könnte den Verlust von bis zu einer Million Tier- und Pflanzenarten bedeuten [WAGNER, 1993].

Der Mensch als letztes Glied der Nahrungskette trinkt das Wasser, atmet die Luft und isst die Pflanzen von belasteten Böden und das Fleisch von Tieren, die auf belasteten Weiden gefressen haben. Konzentrationen einzelner Stoffe in menschlichen Organen zeigen deutlich die gefährliche Belastung der Umwelt.

Die ökologischen Folgen anthropogener Einflüsse sind nur mit Vorbehalt abzuwägen. Wenn sich jedoch die ökologischen und demographischen Veränderungen der vergangenen 50 Jahre linear bis zum Jahr 2050 fortsetzen, dann werden die Überbevölkerung der Erde (9 Milliarden Menschen), die fortschreitende Verwüstung (Desertifikation) weiter Gebiete sowie die Vernichtung riesiger Wald- beziehungsweise Regenwaldgebiete eine ökologische Katastrophe heraufbeschwören, die für die Menschheit katastrophale Folgen haben könnte.

1.2   Sport, Lebensalter und Gesundheit

1.2.1   Die Bedeutung des Sports im aktuellen gesellschaftlichen Kontext

Die geschilderten Veränderungen in den Lebens-, Arbeits- und Umweltbedingungen, insbesondere die damit einhergehende Bewegungsarmut, gefährden die Gesundheit der Menschen. Unverzichtbare biologische Beanspruchungen bleiben zum großen Teil unterhalb der erforderlichen Reizschwelle, die zur Adaptation und Gesunderhaltung überschritten werden muss.

Allgemein scheint festzustehen, dass aktive sportliche Betätigung der Bürger der Bundesrepublik Deutschland ihren Höhepunkt in der Jugendphase hat und mit zunehmendem Lebensalter zurückgeht. Analysen, um herauszufinden, wie viele ältere Menschen noch sportlich aktiv sind, gestalten sich als sehr schwierig. Bei einer Umfrage des Medieninstituts EMNID von 1972/73 lag der Anteil der sportlich Aktiven bei den über 65-Jährigen bei 17% [MEUSEL et al., 1980]. Dieselbe, vom Magazin „DER SPIEGEL" in Auftrag gegebene Umfrage aus dem Jahre 1975 ergab 7% sportlich Aktive in der über 65-jährigen Bevölkerung. Diese relativ großen Schwankungen lassen sich möglicherweise dadurch erklären, dass bei den jeweiligen Fragebogenerhebungen nicht eindeutig definiert war, was genau unter „sportlicher Aktivität" zu verstehen ist.

Eine Reihe von repräsentativen Untersuchungen und Einzelstudien deuten darauf hin, dass sportliche Betätigungen einen immer größer werdenden Stellenwert im Leben der Mitglieder unserer Gesellschaft einnehmen werden. So zeigte zum Beispiel das Ergebnis einer Erhebung des BAT-Freizeit-Forschungsinstituts aus dem Jahre 1989, dass 27% der Befragten erwarteten, bis zum Jahr 2010 erheblich weniger arbeiten zu müssen und dass damit der Sport ihrem Leben dann Inhalt und Sinn geben könnte [OPASCHOWSKI, 1989].

Aussagekräftige Ergebnisse zur Frage nach der Quantität des Sporttreibens im Alter vermittelt eine Studie von LAMPRECHT [1991]. Daraus geht eindeutig hervor, dass im Anschluss an einen kurzen zwischenzeitlichen Anstieg nach dem 60. Lebensjahr die sportliche Aktivität nach dem 70. Lebensjahr wieder deutlich abfällt und um das 85. Lebensjahr ihren tiefsten Stand erreicht (Abb. 6).

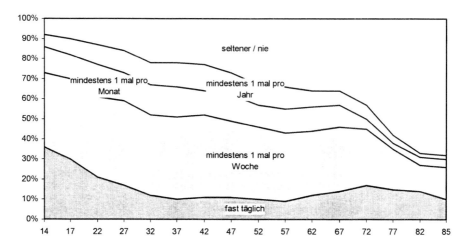

Abb. 6: Sportaktivität und Lebensalter (14 bis 85 Jahre, n=37.480) [LAMPRECHT, 1991]

Im Gegensatz dazu betonte die ehemalige Kultusministerin des Landes Baden-Württemberg, Frau SCHULZ-HECTOR, bei einer Tagung „Sport von Älteren" in Stuttgart im Mai 1994, dass neuesten Untersuchungen zufolge ältere Menschen heutzutage zunehmend aktiver, geistig und körperlich vitaler, gesundheitsbewusster und auch sozial engagierter sind. Sie erwähnte, dass sich mit steigendem Lebensalter diverse Wandlungen in allen Bereichen des Lebens vollziehen, wobei dem Sport eine immer größere Bedeutung, gerade auch für ältere Menschen zukomme. Ältere Menschen nutzen nicht nur Sport- und Bewegungsangebote, sondern sie wirken ebenfalls als Übungsleiter und leisten wertvolle Beiträge als Mitglieder von Sportvereinen und -organisationen.

Das Präsidium des Landessportverbandes Baden-Württemberg forderte die Vereine und Verbände dazu auf, den Seniorensport noch mehr zu fördern. Ebenfalls von hoher Bedeutung sei die Kooperation mit den Krankenkassen: „Medizinische Betreuung ist bei Älteren genauso wichtig wie bei Leistungssportlern". Die frühere Bundesfamilienministerin LEHR verwies in diesem Zusammenhang auf die Selbsthilfe: „Die Menschen werden immer älter, aber sie gehören nicht aufs Abstellgleis. Die Gesellschaft und gleichermaßen der Einzelne sind verpflichtet, etwas zu tun. Die Gesunderhaltung ist die zentrale Lebensaufgabe, und Sport kann viel dazu beitragen."

Durch Bewegung und Sport erfährt der alternde Mensch „Könnenserlebnisse", die ihm das Gefühl der Beherrschung und der Verfügbarkeit über seinen Körper geben. Die durch diese Erlebnisse ausgelösten physiologischen und psychologischen Prozesse können Auswirkungen auf Befindlichkeit und Selbstkonzept haben; sie können zu einer Steigerung des Selbstwertgefühls und des Wohlbefindens führen und dazu beitragen, aktiver, gesünder und zufriedener alt zu werden [PÜHSE, 1996].

1.2.2   Grundsätzliche Fragestellungen und Ziele der Arbeit

Bei den vorliegenden Untersuchungen wurden, um zuverlässige Vergleichswerte zu gewinnen, sowohl Sportler als auch Nichtsportler erfasst. Insgesamt wurden 241 männliche Probanden, davon 74 Kraftsportler, 112 Ausdauersportler und 55 Nichtsportler anhand von jeweils 178 verschiedenen Tests untersucht.[*]

Dabei werden in unserer Untersuchung Senioren in zwei Altersgruppen eingeteilt:

- Altersgruppe 1 = 31 bis 49 Jahre
- Altersgruppe 2 = 50 bis 73 Jahre.

Mit der Auswahl der Kraft-, Ausdauer- und Nichtsportler als Probanden sollte geklärt werden,

a) inwiefern sich sportliche Aktivität oder Inaktivität (Nichtsportler) generell positiv oder negativ auf die Probanden unserer Altersgruppen auswirkt,

b) inwieweit eine spezielle differenzierte Betätigung wie zum Beispiel Krafttraining oder Ausdauertraining den Körper bzw. die physische Leistungsfähigkeit unserer Probanden beeinflusst (Leistungsevolution und Leistungsdevolution) und

c) inwiefern sich die gewonnenen Ergebnisse auf alle Seniorensportler im Kraft- und Ausdauerbereich sowie auf alle Nichtsportler verallgemeinern lassen.

Die Auswertung der Ergebnisse könnte für den Gesundheitssport wertvolle Hilfen geben, die Notwendigkeit zur Aktivität argumentativ abzusichern und Inaktivität beziehungsweise Bewegungsmangel gleichzeitig als Defizit einer sinnvollen Lebensgestaltung zu kennzeichnen.

Dem Sport kommt im Zusammenhang mit den aufgezeigten gegenwärtigen und zukünftigen gesellschaftlichen und ökologischen Veränderungen, aber auch mit biologischen Entwicklungsproblemen, denen der heutige Mensch ausgesetzt ist, eine erweiterte und völlig neue Aufgabe zu. Fundierte gerontologische Untersuchungsergebnisse könnten dabei als Grundlage dienen, altersangepasste Fitness-, und Gesundheitsprogramme im Sinne von Prävention und Rehabilitation zu entwickeln und einzusetzen.

---

[*] Die Auswahl nur männlicher Testpersonen ergab sich aufgrund der zahlenmäßig besseren Probandenausgangssituation. Eine ähnliche Untersuchung an weiblichen Personen wäre wünschenswert, um die dann gewonnenen Ergebnisse mit den unsrigen vergleichen zu können.

1.3 Ausgewählte Literatur zum Alterssport

Im Folgenden soll ein Überblick über Literatur, die im Hinblick auf den Alterssport interessant ist, gegeben werden. Darüber hinaus findet der interessierte Leser ab Kapitel 3.1 weitere Ergebnisse von Untersuchungen, die in direktem Bezug zu unserer Untersuchung stehen.

1.3.1 Literatur zum Kraft- und Ausdauersport bei Senioren

HOLLMANN [1972] beschrieb eine auffällige Wandlung im Alterssport. Im Gegensatz zu früher, wo vor allem die Turner Alterssport betrieben, nimmt heute der Anteil der Ausdauersportler immer mehr zu. Ein Beispiel hierfür sind die vielen Laufsportgruppen, zu denen sich auch viele ältere Menschen zusammengeschlossen haben.

HOLLMANN und LIESEN [1972] führten aus, dass das Maximum der Muskelkraft zwischen dem 16. und 20. Lebensjahr erreicht wird und danach in den einzelnen Muskelgruppen unterschiedlich abfällt. Im Bereich der Armmuskulatur bleibt die Kraft bis etwa zum 55. Lebensjahr weitgehend konstant, in der Beinmuskulatur sinkt sie signifikant. Durch statisches oder dynamisches Krafttraining kann jedoch ein mittleres Kraftniveau bis zum 70. Lebensjahr stabil gehalten werden. Darüber hinaus heben die Autoren die positive Bedeutung des Ausdauertrainings hinsichtlich der Alterungsprozesse des kardiovaskulären Systems, dessen Funktionstüchtigkeit für die Gesundheit eine zentrale Rolle spielt, hervor. Durch ein regelmäßiges Ausdauertraining kann die Leistungsfähigkeit von Herz, Kreislauf, Atmung und Stoffwechsel zwischen dem 30. und 60. Lebensjahr annähernd konstant gehalten werden.

LIESEN et al. [1975] stellten eine positive Auswirkung des Krafttrainings auf den menschlichen Organismus heraus. LIESEN ist der Auffassung, dass Krafteinsatz die suffizienteste Form darstellt, um die Muskulatur als größtes Stoffwechselorgan durch funktionelle Inanspruchnahme leistungsfähig zu erhalten. Demzufolge hat das Krafttraining für ihn sowohl im Fitness- als auch im Gesundheitstraining eine sehr große Bedeutung. Anders als Ausdauertraining dämpft Krafttraining das vegetative Nervensystem nicht. Ihm fehlt daher die positive Wirkung auf die Herz-Kreislauf-Regulation und die Leistungsfähigkeit des Kardiopulmonalsystems. Doch hat es günstigere Auswirkungen auf die Gesamtstoffwechselsituation durch Beeinflussung hormonaler Regulationen, wobei sich gleichzeitig die anabol-katabole Reaktionslage im positiven Sinne verschiebt, was auch bei älteren Menschen der Fall ist. Weiterhin kann sich Krafttraining vorteilhaft auf einen gestörten Kohlenhydratstoffwechsel auswirken, wie Trainingsuntersuchungen an Typ-II-Diabetikern zeigten. Nicht zuletzt führt es auch zu günstigen Adaptationen im Immunsystem und dem Lipidstoffwechsel. Dosiertes dynamisches Training sollte demnach zwangsläufig Bestandteil jeglichen Fitness- und Gesundheitstrainings sein.

MELLEROWICZ [1975] beurteilte den Einfluss des Krafttrainings auf die Gesundheit als positiv. „Durch Krafttraining bestimmter Qualität und Quantität wird eine Muskelhypertrophie mit Zunahme von Größe, Gewicht, Querschnitt und Durchschnitt der Muskelfasern und des gesamten Muskels bewirkt". Infolge dessen kann die Rumpfmuskulatur ihre physiologischen Haltefunktionen zur Vorbeugung von Haltungsschwächen, -fehlern und -schäden der Wirbelsäule besser erfüllen. Darin liegt der prophylaktische Wert vom Gerät- und Bodenturnen sowie von leichtathletischen Kurzleistungen. Eine durch muskuläre Inaktivität bedingte Atrophie des Knochen-, Bänder- und Muskelsystems des Vertebralbereiches kann zu Fehlhaltungen führen. Die tägliche Dosis an kraft- und körperbildenden Übungen sollte dort sowie im Bereich der Füße als Schutz vor Schwächung in ein Präventivprogramm gehören.

JUNG [1984] empfahl Langlaufen als den erfolgreichen Weg zur Gesundheit. Der langsam und kontinuierlich betriebene Dauerlauf bewirkt besonders viele positive Einflüsse auf den Körper. Er ist individuell dosierbar, wenig gefahrenträchtig, als Einzel- und Gruppensport durchführbar, nicht an Räumlichkeit, Zeit oder Wetter gebunden und relativ kostengünstig. Der Autor befasste sich auch mit „Kultischen Langläufen" bei Naturvölkern sowie dem Langlauf als körperliche Übungstherapie nach einem Herzinfarkt sowie dem Ernährungsverhalten älterer Langstreckenläufer.

FRONTERA und MEREDITH [1988] untersuchten die Effekte von leistungssteigernden Übungen auf Muskelfunktionen und Muskelmasse. Zwölf gesunde aber untrainierte Männer im späten Erwachsenenalter nahmen an einem 12-wöchigen Trainingsprogramm für Beuger und Strecker in beiden Kniegelenken teil. Nach 6 und 12 Wochen wurden die ermittelten Daten mit den Ausgangswerten verglichen. Es zeigten sich sowohl bei der Beuge- als auch bei der Streckmuskulatur im Patellarbereich beträchtliche Verbesserungen. Damit konnte bewiesen werden, dass auch im späten Erwachsenenalter Muskelhypertrophien sowie ein deutlicher Anstieg der Proteinumwandlung in den Myofibrillen eine Folge muskulärer Kräftigung sind.

BRANT [1989] zeigte die vitalisierende Wirkung des Langlaufens auf Körper und Geist am Beispiel einiger 60- bis 90-jähriger Läufer auf.

1.3.2 Literatur aus dem Bereich der Sportsoziologie und -psychologie zum Alterssport

LINDE und HEINEMANN [1971] vertraten die Ansicht, dass Elternhaus und Schule entscheidende Determinanten des Sportengagements sind. Beim Eintritt in die Arbeitswelt treten diesbezüglich kaum noch nennenswerte Veränderungen auf. Daraus folgt, dass ein früher Schulabschluss und die damit verbundene Konfrontation mit der Arbeitswelt auch zu einem frühen Rückgang des Interesses an Sport führen. Auch Eheschließung bedingt in der Regel eine massive Abnahme sportlicher Betätigung. Zeitlich gesehen betrifft dies zuerst die unteren sozialen Schichten, da bei ihnen das Heiratsalter relativ niedrig liegt.

Mitarbeiter des EMNID-Instituts [1973] kamen in einer Repräsentativbefragung der bundesdeutschen Bevölkerung ab 16 Jahren zu dem Ergebnis, dass Zusammenhänge zwischen Männern, Frauen, Berufsgruppen, Familieneinkommen und den Aktivitätsvariablen Wettkampf-, Breiten-, Freizeit- und Nichtsportler existieren.

MEUSEL et al. [1980] stellten fest, dass zwischen der Mittel- und Unterschicht große Unterschiede hinsichtlich der Sportaktivität ab dem 20. Lebensjahr bestehen. Der Anteil der sportlich Aktiven der Mittelschicht ist zwischen dem 51. und 55. Lebensjahr etwa genauso groß wie derjenige der 21- bis 25-Jährigen der Unterschicht. Dies ist ein Indiz dafür, dass das chronologische Alter nicht als Haupteinflussgröße auf die sportliche Betätigung angesehen werden kann. Gründe für die Ausübung von Sport sind in erster Linie „Ausgleich und Abwechslung", „Freude und Spaß", „Geselligkeit und Kommunikation" sowie „Leistung und sportlicher Erfolg". Es ist zu vermuten, dass die jeweilige Motivationslage von Alter, Geschlecht, Schichtzugehörigkeit und sportlichem Engagement der Befragten abhängt. In Bezug auf ältere Menschen kann man mit einiger Sicherheit feststellen, dass bei Männern wie Frauen offensichtlich gesundheitliche Überlegungen im Vordergrund stehen. Sportliche Leistungsmotive werden kaum noch genannt.

BIENER [1986] untersuchte Fragen des Freizeit- und Breitensports. Dabei standen grundsätzliche Probleme des Freizeitsports, das Sportinteresse verschiedener Bevölkerungsgruppen, die Clubzugehörigkeit und die Auswirkungen sportlicher Betätigung u. a. im Hinblick auf die Lebenserwartung bei älteren Sportlern im Vordergrund.

Generell zeigt sich bei vielen Autoren die Auffassung, dass sowohl die zunehmende Zahl älterer Menschen in unserer Gesellschaft als auch der Trend zur Verlängerung der Zeit im beruflichen Ruhestand dazu führen, dass sich die Frage nach der sportlichen Betätigung unter dem Aspekt des Alterns immer deutlicher als Praxisfeld für die Sportwissenschaft entwickelt. Für zentrale Fragen der Bestimmung von Möglichkeiten und Grenzen sportlicher Aktivitäten von Senioren bietet der Seniorenwettkampfsport ähnlich gute Möglichkeiten wie der Leistungssport. Die Ausweitung dieser Wettkämpfe im letzten Jahrzehnt ermöglicht darüber hinaus verbesserte Untersuchungsgelegenheiten für die Beobachtung und Analyse von Belastungssituationen in Bereichen, die in sportspezifischen Laborexperimenten kaum simuliert werden können. In weiteren Untersuchungen sollen vor allem zwei Schwerpunkte gesetzt werden: zum einen die Weiterentwicklung einer differenzierten Gerontologie im Sport und zum anderen die Erforschung der Auswirkungen des Wettkampfsports auf Athleten im mittleren und späten Erwachsenenalter.

MÜLLER [1986] verwies auf die Problematik „Alter und/oder Sport" und zeigte eine Möglichkeit zur Vereinbarkeit der beiden Elemente auf. Dabei kam nicht nur deren additive Verbindung zur Sprache, sondern es erfolgte eine Thematisierung unter verschiedenen Aspekten und auf unterschiedlichen Ebenen:

- Handeln und Verhalten im Alter zwischen normativen und subjektorientierten Theorieansätzen;

- Soziologische Ergebnisse zum Alterssport und Interpretation;

- Hypothesen zur Stereotypisierung von Alter und Sport;

- Strukturiertheit sozialer Kategorisierungen im Alterssport;

- Organisation und Alterssport.

SCHALLER [1989] stellte die Resultate einer schriftlichen Befragung von 101 „Altsturnerinnen" im mittleren und späten Erwachsenenalter im Kanton Bern vor. Es wurde deutlich, dass sich der Seniorensport mit physischen, psychischen und sozialen Funktionen als ausgesprochen vielfältig erweist. Die Probanden zogen folgerichtig einen dreifachen Nutzen aus dem Alterssport: Beweglichkeit, Wohlbefinden und Geselligkeit. Die sozialen Funktionen beschrieb SCHALLER im Rahmen der oben genannten Befragung. Er vertrat die These, dass es gerade im Alterssport Anhaltspunkte dafür gibt, dass Formen der „retroaktiven Sozialisation" auszumachen sind. Das Hauptaugenmerk des Beitrags lag auf den sportbezogenen Einwirkungen von Kindern, Jugendlichen und jungen Erwachsenen auf ältere Menschen. Dabei wurde grundsätzlich davon ausgegangen, dass es sich sowohl um Förder- als auch um Hemm-Mechanismen handeln kann. Die Alterssportler wurden befragt, durch welche Einflüsse sie mit der sportlichen Aktivität begannen. Es wurde untersucht, ob dabei die erwähnten retroaktiven Sozialisationsprozesse eine Rolle spielen. In der Studie konnten Anhaltspunkte dafür gefunden werden.

ALLMER [1990] untersuchte aus motivationspsychologischer Sicht, welche Intentionen ältere Menschen mit den sportlichen Aktivitäten verfolgen und warum besonders der Sport von Senioren als Mittel zur Intentionsverwirklichung ausgewählt wird. Darüber hinaus sollte herausgefunden werden, aus welchem Grund die sportliche Aktivität nicht beibehalten, sondern häufig abgebrochen wird. Vor dem Hintergrund dieser Fragestellungen erläuterte der Autor die

Relevanz von Seniorensportkursen und der Sporterfahrung sowie Organisationsformen des Sporttreibens. Er begründete auch gleichzeitig, warum der Wunsch, Sport zu treiben, für Senioren weder ausgeprägt noch realisierbar erscheint.

HEUWINKEL [1990] betrachtete die vorläufigen Ergebnisse einiger Programme von Sport-verbänden für den Sport der Älteren. Im Institut für Entwicklungsplanung und Strukturforschung an der Universität Hannover wurden 1988/89 fünf regionale Fallstudien zum Sportverhalten der Menschen sowie zu ihren sportbezogenen Motiven und Erwartungen durchgeführt. Mehr als 10.000 Personen beteiligten sich an den repräsentativen Befragungen. Diese Erhebungen gingen von der Tatsache aus, dass die Zahl der Älteren wächst und dass die nächste Generation sport-aktiver altern wird als die heutige. Die Halbierung der Nachwuchsjahrgänge im Sport fördert das Interesse der Vereine an älteren Menschen. Zum Thema „Sport für Ältere in einer sportaktiv alternden Gesellschaft" wurden unter sozialwissenschaftlichem Blickwinkel Strukturen und Entwicklungsperspektiven skizziert.

VOIGT [1992] beschrieb, dass sich „soziale Schichten aus Personen mit ähnlichem Sozialstatus zusammensetzen; sie verkörpern Bündel von sozial gleich bewerteten Positionen". Soziale Schichtung ist der Versuch, gesellschaftliche Ungleichheit nach bestimmten Kriterien zu ordnen. Er definierte sie „als eine Einteilung der Bevölkerung auf der Grundlage von als sozial relevant erachteten objektiven und subjektiven Kriterien". In diesem Rahmen wurde festgestellt, wie sich bestimmte Verhaltens- und Denkweisen, Bedürfnisse, Werte, Normen, Motive und Einstellungen auf die jeweiligen Sozialschichten verteilen.

1.3.3 Literatur zur Leistungsbiographie im Kraft- und Ausdauerbereich des Seniorensports

LIESEN et al. [1975] wiesen darauf hin, dass der Verlust an körperlicher Leistungsfähigkeit, der ab Mitte des dritten Dezenniums kontinuierlich voranschreitet, in der Regel anhand der Ausdauerleistungsfähigkeit beurteilt wird. Dabei spielen sowohl die Sauerstoffaufnahme als auch die aerob-anaerobe Schwelle eine entscheidende Rolle. Hauptursache für die erwähnte altersbedingte Leistungsreduktion ist allerdings der Verlust von Muskelgewebe. Durch Koordinationsübungen und einen gezielten Aufbau der muskulären Leistungsfähigkeit mit Hilfe von kräftigenden gymnastischen Elementen können zum Beispiel die Laufbewegungen ökonomisiert werden.

COVELL [1979] verglich in seiner Studie die Mittelwerte der Laufzeiten der zehn weltbesten Leichtathleten des Jahres 1977 in den Laufdisziplinen von 100 bis 10.000 m mit den entsprechenden zehn weltbesten Senioren der Altersstufen 40 bis 49, 50 bis 59, und 60 bis 69 Jahre. Überraschenderweise zeigte sich ein geringer Verlust der Leistungsfähigkeit der Senioren in den Sprintdisziplinen 100 und 200 m, ca. 5,8% pro Dekade. Auf den Langstrecken war diesbezüglich ein Rückgang von ca. 10% zu verzeichnen. Die Frage der Trainingsumfänge blieb hierbei unberücksichtigt. Es wurde jedoch vermerkt, dass aufgrund sozialer Einbindungen mit zunehmendem Lebensalter für das Training weniger Zeit zur Verfügung steht.

ISRAEL [1982] bemängelte, dass bislang keine Untersuchungen vorliegen, die zur Beurteilung der Ausdauerleistungsfähigkeit, zum Beispiel im Langstreckenlauf, vergleichbare Ergebnisse heranziehen. In einer von ihm an 29 Teilnehmern des Rennsteiglaufs im Alter von 26 bis 61 Jahren durchgeführten Untersuchung stellte er keinen signifikanten Zusammenhang zwischen der erzielten Laufzeit und dem Alter fest. Im Gegensatz dazu waren jedoch hochsignifikante Korrelationen zwischen Leistung und trainingsmethodischen Größen wie Kilometerumfang und Anzahl der Trainingseinheiten pro Woche oder Häufigkeit der Läufe über 25 km gegeben.

CRASSELT et al. [1984] führten eine Untersuchung zur Leistungsentwicklung im Bereich Schnellkraft an über 18.000 Personen im Alter von 9 bis 70 Jahren durch. Erfasst wurden Leistungen in den Sprintdisziplinen, 60 und 100 m, dem Dreierhop und Weitsprung sowie dem Weitwurf. Der Leistungshöhepunkt wird etwa im 25. Lebensjahr erreicht. Danach erfolgt ein signifikanter Leistungsrückgang mit stärkeren Einbußen im Alter von 30 bis 35 und 40 bis 45 Jahren.

RICHTER et al. [1985] fanden bei Untersuchungen an Sportabzeichengruppen, dass sich die Laufzeiten mit zunehmendem Alter hochsignifikant verschlechtern und eine breiter werdende Streuung aufweisen. Die besten Ergebnisse werden im zweiten und dritten Lebensjahrzehnt erzielt, wobei das Leistungsniveau bis etwa zum 35. Lebensjahr erhalten werden kann. Danach verringert es sich kontinuierlich, und ungefähr mit 45 Jahren beginnt ein Leistungseinbruch. Im Alter von 60 Jahren sind etwa 25 bis 30% der Maximalkapazität eingebüßt.

ISRAEL et al. [1986] skizzierten die Alterscharakteristik der Muskelkraft. Anhand ausgewählter Kraftübungen wurde der Verlauf der Kraftentwicklung von sportlich aktiven und inaktiven Männern und Frauen verglichen. Bei der Übung Beinheben, einer Schnellkraftübung für die Hüftmuskulatur, ist der Leistungsverlust bei allen Probanden im Mittel gering, während bei der Kraftausdauerbeanspruchung Liegestütz deutliche Leistungseinbußen auftreten. Kein Rückgang lässt sich allgemein in der Stärke der Handdruckkraft feststellen.

MARTI [1988] stellte eine Testreihe an über 4.000 Teilnehmern eines 16-km-Volkslaufs vor, wobei die Läufer im Alter von über 35 Jahren alternsabhängige Einbußen ihrer Ausdauer aufweisen, die im Mittel 0,5 bis 1,0% pro Jahr betragen. Hinsichtlich der Trainingsparameter bestand eine hochsignifikante positive Korrelation zwischen dem Lebensalter und den wöchentlich absolvierten Laufkilometern.

CONZELMANN [1988] beschäftigte sich in einer an 48 der besten 50- bis 60-jährigen Mittel- und Langstreckenläufer in der Bundesrepublik Deutschland durchgeführten Studie mit der Frage, inwieweit sportlich Inaktive durch Aufnahme eines ausdauerbetonten Trainings im Alter an Leistungen von langzeitaktiven Läufern herankommen können. Es zeigte sich, dass die läuferische Vorgeschichte eine untergeordnete Rolle in Bezug auf gute Ausdauerleistungen spielt. Probanden, die zwischen dem 35. und 55. Lebensjahr mit Ausdauertraining beginnen, erfahren zunächst einen deutlichen Anstieg ihrer Leistungsfähigkeit, der mit zunehmendem Alter abflacht. Wird länger als zehn Jahre trainiert, resultieren daraus bei gleichem Trainingspensum Leistungseinbußen. Die Leistungswerte liegen aber absolut immer noch beträchtlich über denjenigen von Nichtsportlern.

1.3.4 Literatur aus dem Bereich der Anthropometrie zum Alterssport

BUGYI und ODER [1964] fanden bei Turnern und Läufern einen Fettgehalt von 6%, bei Springern 9%, Werfern 12%, bei Boxern, Ringern und Gewichthebern 15% sowie bei Schwimmern und Wasserpolospielern 12% beziehungsweise 16%. Sie konnten in einer Altersstudie bei Probanden zwischen dem 60. und 65. Lebensjahr eine Abnahme des Unterhautfettgewebes am Abdomen und Thorax feststellen, die mit einer gleichzeitigen Reduzierung des Fettansatzes an den Extremitäten verbunden war. Das Körpergewicht blieb bis zum 65. Lebensjahr unverändert. Die Hautfaltensumme der Extremitäten ist im Alter zwischen 30 und 60 Jahren zwar gleich, aber im letzten Altersabschnitt war eine deutliche Verminderung des Fettansatzes der Extremitäten nachweisbar. Häufig wurde bei den über 60-Jährigen eine Asymmetrie des Fettansatzes nachgewiesen. Darüber hinaus verminderte sich ab dem 60. Lebensjahr die Muskelkraft mit entsprechendem Schwund der Muskulatur.

HÜLLEMANN [1976] untersuchte die Muskelkraft bei Männern und Frauen. Er kam zu dem Ergebnis, dass sich diese zwischen dem 20. und 65. Lebensjahr nicht signifikant ändert.

KASCH und KULBERG [1981] berichteten, dass bei 15 Männern mit einem durchschnittlichen Alter von 60 Jahren nach 15 Jahren Ausdauertraining das Körpergewicht im Schnitt um 2,3 kg fiel.

ROST und HOLLMANN [1982] untersuchten die normale maximale Leistungsfähigkeit von 20- bis 30-jährigen Männern. Sie kamen auf eine durchschnittliche Belastungsfähigkeit von 3 Watt/kg Körpergewicht. Für Frauen müssen als „Konsequenz ihres verhältnismäßig geringeren Anteils der Muskulatur an der Gesamtkörpermasse" gewichtsbezogen 15 bis 20% der entsprechenden Werte für Männer abgezogen werden. Bei gut trainierten Breitensportlern oder nicht sehr gut trainierten Leistungssportlern liegt der Richtwert bei 4 Watt/kg. Sportler im Spitzenbereich von Ausdauersportarten können bis zu 5 Watt/kg aufweisen, während 6 Watt/kg nur bei absoluten Spitzensportlern zu beobachten sind. Im Alter verändern sich die relativen Wattleistungen dergestalt, dass man pro Lebensjahr über dem 30. Lebensjahr ein Prozent oder für jedes Lebensjahrzehnt nach dem dritten 10% der Bezugswerte von 20- bis 30-Jährigen abziehen kann.

SCHNEIDER [1983] stellte nach einem nur zehnwöchigen Training neben positiven Veränderungen der Herz-Kreislauf-Funktion und der Muskelausdauer auch eine Abnahme des Gesamtfettanteils bei 12 untrainierten Männern und Frauen im Alter von 40 bis 50 Jahren fest. Durch sportliche Belastung verringerte sich der Prozentanteil an Fett im Körper bei den Männern von 20,7% auf 17,9% sowie von 22,1% auf 20,6% bei den Frauen. Darüber hinaus konnte eine signifikante Veränderung des Unterhautfettgewebes bei den Männern am Bauch, bei den Frauen am Mundboden, der 10. Rippe und am Bizeps gemessen werden. Bezüglich des Körpergewichts war keine statistisch repräsentative Veränderung festzustellen, da ein Muskelmassenzuwachs durch das Training erfolgte.

BIENER und BÜHLMANN [1983] untersuchten in der so genannten „Züricher Alterssportstudie" das Sportverhalten und die körperliche Leistungsfähigkeit von 142 weiblichen und 104 männlichen Personen, die über 65 Jahre alt waren. Der Anteil idealgewichtiger Probanden war bei den passionierten Sportlern höher als in den anderen Gruppen. Darüber hinaus wurden bei den Frauen dickere Hautfalten gemessen als bei den Männern, wobei die Sport treibenden Frauen und Männer die geringsten Hautfaltendicken aufwiesen. Insgesamt hatten die Probanden, die in jüngeren Jahren viel Sport getrieben hatten, zu dem Zeitpunkt der Untersuchung häufiger ein Normalgewicht.

PROKOP und BACHL [1984] sowie ASTRAND [1987] und SPRING et al. [1990] berichteten übereinstimmend, dass die Kraft der Muskulatur im Alter von ungefähr 20 bis 30 Jahren ihren Höhepunkt hat, danach allmählich abnimmt und bei 65-Jährigen noch etwa 75 bis 80% der Maximalkraft beträgt.

PROKOP und BACHL [1984] vertraten die These, dass die Abnahme der Muskelkraft mit zunehmendem Alter nicht für alle Muskeln gleich verläuft. Sie ist am offensichtlichsten bei den Beugemuskeln des Unterarms und jenen Muskeln, die den Körper aufrichten.

MATVEEV und EGIKOV [1986] beschrieben einige Varianten des Kreislauftrainings mit Älteren, die ihre sportliche Betätigung längere Zeit unterbrochen hatten. 16 Männer im Alter von 40 bis 49 Jahren wurden nach ihren anthropometrischen Merkmalen und ihrem physiologischen Vorbereitungszustand in zwei Gruppen eingeteilt. Bei zunächst mäßiger Belastungsintensität waren Übungen zur Allgemeinentwicklung durchzuführen. Der Kreis bestand aus zehn

Stationen. Nach Ende der Untersuchungen wurde eine beträchtliche positive Veränderung einiger anthropometrischer Größen, etwa des Körpergewichts oder Brustumfangs, vermerkt. Am effektivsten erwies sich eine wöchentliche Erhöhung der Belastungsintensität.

1.3.5 Literatur zur Frage der Beweglichkeit im Alterssport

Eine der frühesten Arbeiten stammt von LEIGHTON [1955], bei der er 18 Messungen für neun Gelenkbereiche durchführte. Mehr sportpraktisch ausgerichtet war KOS [1964], dessen vier Tests allerdings nicht statistisch abgesichert wurden.

RETTIG et al. [1974] beschrieben, dass die Lendenwirbelsäule im Bereich ihrer starren Verbindung zum Kreuzbein-Becken-Ring besonders starker Beanspruchung unterliegt. Im Gegensatz dazu treten bei der nicht so beweglichen, durch den Thorax fixierten Brustwirbelsäule geringere dynamische und statische Einwirkungen auf. Verschleißerscheinungen bleiben gegenüber anderweitigen Wirbelsäulenerkrankungen in diesem Bereich sekundär. Die Halswirbelsäule als beweglichster Teil des Achsenorgans ist wiederum wesentlich stärker gefährdet. Die altersbedingte Abnutzung kann sich an den Wirbelkörpern als Spondylosis deformans, an den Deckplatten und Bandscheiben als Osteochondrosis, an den Wirbelbogen-gelenken als Spondylarthrosis sowie an den Dornfortsätzen als Arthrosis interspinosa manifes-tieren. Die degenerativen Veränderungen des Bewegungsapparates spielen bezüglich der Beweg-lichkeit im Verlauf des Alterns eine wesentliche Rolle. Die Beweglichkeit eines Gelenkes wird nicht allein durch einen Faktor bestimmt. Es handelt sich vielmehr um ein komplexes Zusammenspiel von Sehnen, Bändern und der Muskulatur.

RIES [1976] wies auf die wesentliche Bedeutung der altersbedingten Veränderungen im Wirbelsäulenbereich hin, die Ursachen für eine Beweglichkeitseinschränkung sein können.

BUHL [1983] führte aus, dass degenerative Wirbelsäulenveränderungen bereits zwischen dem 20. und 40. Lebensjahr auftreten. Dabei wird die klinische Symptomatik zumeist erst im Alter von über 40 Jahren deutlich. Jenseits des 70. Lebensjahres ist sie fast bei 100% aller Untersuchten festzustellen.

HOLLMANN [1986] plädierte dafür, die beschriebenen alterungsbedingten Veränderungen am Bewegungsapparat nicht als Anlass zu sehen, die sportliche Betätigung mit steigendem Alter zu reduzieren, sondern altersgerecht zu modifizieren. Die von ihm bezeichnete Flexibilität geht für nicht geübte Bewegungsformen schon jenseits des 25. Lebensjahres zurück. Einschlägige Übungen sind erforderlich, um auch in höherem Alter über ein Flexibilitätsmaß zu verfügen, das die individuelle Unabhängigkeit zur Meisterung von Alltagsaufgaben gewährleistet.

COTTA [1986] zeigte, dass am Halte- und Bewegungsapparat alterstypische Veränderungen an allen Anteilen zu beobachten sind. Von Bedeutung dabei ist die Tatsache, dass Alternsvorgänge sich hierbei vorwiegend im Kollagen abspielen. Dieses macht ein Drittel aller bindegewebigen Organe aus. Die erwähnte Bindegewebsalterung vollzieht sich nicht nur im Kollagen, sondern auch im Elastin und den Mucopolysacchariden der Grundsubstanz. Mit zunehmendem Alter kommt es zur Zellverarmung, die sauren Mucopolysaccharide ändern ihre qualitative Zusammensetzung und sind in ihrer absoluten Menge vermindert. Die Anzahl der elastischen Fasern nimmt ab, zugunsten grobfaseriger Kollagenfibrillen, die zum Beispiel an Bändern und Sehnen zu einer Qualitätsminderung der mechanischen Belastbarkeit führen. Sie verlieren an Elastizität, Straffheit und Gleitfähigkeit und damit erhöht sich parallel die Verletzungs-anfälligkeit in Form von Zerrungen oder Rupturen.

WOLFF [1986] stellte die These auf, dass das Thema des Alterns auf das Engste mit den Begriffen „degenerative Veränderungen oder Erkrankungen" verbunden ist. Assoziationen wie Verschleiß, Vorschäden, Irreversibilität u. ä. sind gängig. Im Laufe des Lebens finden erhebliche Wandlungsvorgänge, zum Beispiel im Bereich der Bandscheiben, dem Knochengewebe, an Gelenken, Bindegewebe usw. statt, ohne dass der Träger irgendwie oder irgendwann von zuzuordnenden klinischen Erscheinungen behelligt wird.

NIETHARDT und PFEIL [1992] verstanden unter der Bezeichnung „degenerative Erkrankungen der Gelenke sowie der Wirbelsäule" Schäden, die an den dort befindlichen einzelnen Strukturen auftreten können. Sie sind chronisch, verlaufen nicht entzündlich und betreffen Knorpel und Knochen mit Auswirkungen auf die Synovialflüssigkeit. Die degenerativen Gelenkerkrankungen haben große sozialmedizinische Bedeutung. Um das 40. Lebensjahr sind etwa bei der Hälfte der Bevölkerung röntgenmorphologisch degenerative Gelenkveränderungen erkennbar, die jedoch nicht mit sportlichen Aktivitäten in Zusammenhang stehen müssen. Dabei werden subjektive Beschwerden jedoch im Durchschnitt nur bei ca. einem Viertel der Betroffenen angegeben.

1.3.6 Literatur aus dem Bereich der Leistungsphysiologie und Sportmedizin zum Alterssport

SALLER et al. [1957] zeigten auf, dass schon um 1920 die Untersuchenden erkannten, dass die Vitalkapazität zu bestimmten Körpermaßen wie Körperhöhe, Gewicht, Körperoberfläche, Stammlänge, Brustumfang, Brustbeweglichkeit und Rumpfinhalt mehr oder weniger ausgeprägte Korrelationen aufweist. Ebenso unumstritten ist auch seit Mitte des letzten Jahrhunderts die Tatsache, dass das Alter eine nicht unerhebliche Rolle bei der Höhe des Lungenfassungsvermögens spielt. Selbst auf äußere Einflüsse wie Luftdruck und Temperatur wurde zu jener Zeit bereits hingewiesen. Außerdem stellte sich heraus, dass Angehörige verschiedener Völker und unterschiedliche Konstitutionstypen abweichende Mittelwerte bezüglich der Vitalkapazität aufweisen.

KNOBLOCH und HILSCHER [1958], POSTH und TIETZ [1958], GROH [1962], HEISS [1964], VENRATH und HOLLMANN [1965], NÖCKER [1971] sowie SCHMIDT und THEWS [1983] behaupteten übereinstimmend, dass infolge sportlicher Betätigung das Niveau der Vitalkapazität erhöht wird. Diese sehr allgemein gehaltene Aussage muss aber bezogen auf das jeweilige Untersuchungskollektiv differenzierte Betrachtung finden. Ausschlaggebend sind der Umfang und die Intensität des Trainings in Abhängigkeit vom Lebensalter.

HOLLMANN [1965] sowie GRIMBY und SALTIN [GRUPE, 1973] wiesen darauf hin, dass der altersbedingte Rückgang der maximalen Sauerstoffaufnahme bei trainierten Personen geringer ist als bei Inaktiven.

HOLLMANN und LIESEN [1972], STEINMANN [1973] sowie BRINGMANN [1974] beschäftigten sich mit 50- bis 80-jährigen Probanden. Nach BOUCHARD und HOLLMANN ist auch im hohen Alter eine Verbesserung der Leistungsfähigkeit möglich, wobei jedoch ab dem 8. Lebensjahrzehnt die Unterschiede zwischen Trainierten und Untrainierten geringer werden.

HOLLMANN und LIESEN [1972] lehnen aus sportmedizinischer Sicht hohe statische Belastungsumfänge im Rahmen eines Krafttrainings wegen möglicher Pressatmung und einem daraus resultierenden starken Anstieg des systolischen Blutdrucks ab. Bei Menschen im mittleren und späten Erwachsenenalter muss grundsätzlich mit degenerativen Koronarveränderungen gerechnet werden, so dass mögliche Angina-Pectoris-Anfälle nicht auszuschließen sind. Zur

Entwicklung der Ausdauerleistungsfähigkeit im Prozess des Alterns wird die aerobe Ausdauerschulung bevorzugt. Darunter versteht man eine dynamische Belastung zwischen 50% und 70% der maximalen Kreislaufleistung, wobei mehr als ein Sechstel bis ein Siebtel der Gesamtmuskelmasse über eine Dauer von mindestens drei Minuten miteinbezogen ist. Unter diesen Bedingungen wird das kardiopulmonale System zum leistungslimitierenden Faktor. Dabei stellt die maximale Sauerstoffaufnahme das Bruttokriterium dar.

HOLLMANN und LIESEN [1978] zeigten, dass sich eine Erhöhung des maximalen Atemvolumens bereits nach mehrwöchigem Training einstellt. Sie untersuchten in ihrer Publikation „Ausdauer und Stoffwechsel" 34 gesunde, untrainierte Männer im Alter von 55 bis 70 Jahren, die schon mindestens 20 Jahre kein körperliches Training mehr absolviert hatten. Mit den Probanden führten sie ein zehnwöchiges Ausdauertraining mit vier bis fünf Trainingseinheiten pro Woche von jeweils 45 bis 60 Minuten durch. Hierbei war eine beträchtliche Veränderung der Vitalkapazität zu registrieren.

LIESEN und HOLLMANN [1981] sowie BRINGMANN [1985] stellten keine Veränderungen der absoluten Einsekundenausatemkapazität, auch im höheren Alter, beim Vergleich zwischen Sportlern und Nichtsportlern fest.

KOINZER und KRÜGER [1982] stellten absolute maximale Sauerstoffaufnahmewerte und Ausdauerlaufleistungen von untrainierten und trainierenden Personen unter dem Aspekt des Alterns einander gegenüber. Es folgten Überlegungen zur Trainierbarkeit bei zunehmendem Alter. Es zeigte sich, dass bei einer Vielzahl von Problemen, was die altersadäquate und damit trainingseffektive Belastungsgestaltung betraf, noch keine befriedigenden Erkenntnisse gewonnen werden konnten.

BIENER und BÜHLMANN [1983] untersuchten das Sportverhalten und den Gesundheitszustand von über 65-Jährigen. Eine Befragung und sportärztliche Untersuchung von 264 zufällig ausgewählten Personen dieser Altersgruppe ergab, dass der Anteil der Probanden, die sich selbst als gesund bezeichneten, bei der Gruppe der viel Sport treibenden Probanden signifikant höher war als bei den Vergleichsgruppen. An einer gleichgroßen Testgruppe derselben Altersstufe, die sich aus Altersheimen und Seniorensportclubs des Kantons Zürich rekrutierte, wurden ebenfalls das Sportverhalten und der Gesundheitszustand beurteilt. Es zeigte sich, dass 28% der untersuchten Männer und 13% der Frauen regelmäßig Sport trieben oder getrieben hatten, wobei 7% der Männer, aber keine einzige Frau, Mitglied eines Sportvereins waren. Der Anteil der Probanden, die sich selbst als gesund bezeichneten, war auch hier bei der Gruppe der jetzigen oder ehemalig Aktiven höher als bei den Vergleichsgruppen, die früher nur mittelmäßig oder wenig bis gar keinen Sport getrieben hatten. Innerhalb der Sportgruppe fanden sich viel häufiger ein Normalgewicht, höhere Vitalkapazitäten und Tiffeneau-Werte sowie bessere Daten im Rahmen des Harvard-Step-Tests; ebenso hinsichtlich der anteriorposterioren Flexibilität sowie bei Kniebeugen und beim Seitenbeugetest. Der Blutdruckwert war bei den Frauen mit zunehmender sportlicher Aktivität im Schnitt höher. Bei wenig Aktiven zeigten 31%, bei mittelmäßig und stark Aktiven 34% beziehungsweise 33% der weiblichen Personen eine Hypertonie von über 160/95 mm Hg. Die Männer wiesen innerhalb dieser Kategorien so gut wie keine nennenswerten Unterschiede auf.

PROKOP [1983] behauptete, dass Seniorensportler, die erst nach dem 40. bis 50. Lebensjahr mit regelmäßiger Ausdauerschulung beginnen, im höheren Alter zumeist geringfügige Veränderungen der Vitalkapazität, jedoch bessere Tiffeneau-Werte aufweisen.

PROKOP und BACHL [1984] veröffentlichten außerdem Untersuchungsresultate, die neben körperlicher Inaktivität beziehungsweise Aktivität auch Lebensalter und Trainingszustand berücksichtigten. Allerdings wurden nur Läufer und Radfahrer untersucht. Es konnte aufgezeigt werden, dass gut trainierte 60-Jährige mit 2,6 bis 3,0 Watt/kg noch dieselbe relative Wattleistung erbringen können wie sportlich inaktive 30 Jahre alte Personen. Männliche Ausdauersportler von 60 Jahren, die sich in einem sehr guten Trainingszustand befanden (3,6 bis 3,9 Watt/kg), übertrafen die Leistungen der untrainierten 30-Jährigen sogar bei weitem. Ein schwerer Nichtaktiver mit der seinem Gewicht entsprechenden größeren Muskelmasse konnte höhere Absolutwerte auf dem Fahrradergometer erreichen. Ein leichter Untrainierter erbrachte jedoch dieselbe relative Leistung trotz geringeren Körpergewichts. Gleichaltrige Trainierte leisteten jedoch sowohl absolut als auch relativ mehr als Untrainierte. Die Verfasser betrachteten die relative Wattleistung als in großem Maße von der Leistungsfähigkeit bestimmt, gleichzeitig aber auch vom Körpergewicht. Man muss bei der Bewertung der Ergebnisse für die relative Wattleistung immer die Unterschiede, die durch die gewählte Form der Belastung mit Laufband- oder Fahrradergometer hervorgerufen werden, berücksichtigen. Dies resultiert daraus, dass auf dem Fahrradergometer vergleichsweise kleinere Muskelgruppen beansprucht werden, so dass der Test häufig vor der völligen Ausbelastung beendet wird.

BRINGMANN [1985] wies eine Vitalkapazität-Erhöhung bei männlichen Probanden zwischen 29 und 59 Jahren nach, die im Rahmen der physischen Konditionierung ein Jahr lang, vor allem im Kraftausdauerbereich, arbeiteten. Die signifikante Steigerung der Vitalkapazität bezifferte sich auf durchschnittlich 500 ml. Die altersabhängigen Referenzbereiche wurden jedoch nicht verlassen. Er erklärte außerdem, dass bei einigen der untrainierten Versuchspersonen dieser Gruppe durch muskelkräftigende Übungen keine auffallende Erhöhung der Vitalkapazität zu verzeichnen war. Der Trainingsplan umfasste ein tägliches zehnminütiges Heimtraining.

GUTIERREZ-GARCIA [1985] untersuchte in einer Alterssportgruppe die Resultate aus einem Sportangebot. Zwölf Frauen, deren Durchschnittsalter 54,8 Jahre betrug, absolvierten ein achtmonatiges Trainingsprogramm. Ziel war es, auf gesundheitlichem, medizinischem wie psychosozialem Gebiet den älteren Menschen zu aktiver Freizeitgestaltung anzuregen. Das Programm diente der Verbesserung von körperlicher Leistungsfähigkeit in den Bereichen Ausdauer, Gelenkigkeit, Geschicklichkeit, Koordination und Kraft. Die Belastungstests wurden mit dem Fahrradergometer bei ansteigenden Wattstufen durchgeführt. Aus sportmedizinischer Sicht konnten als Auswirkungen dieser Trainingsperiode auf die physische, kardiopulmonale und aerobe Leistungsfähigkeit der Alterssportlerinnen geringe Rückgänge der Herzfrequenz und der Sauerstoffaufnahme sowie eine partielle Ökonomisierung der Atmung festgestellt werden.

SADOWSKI [1986] beschrieb das Herz-Kreislauf-Verhalten von Männern im mittleren und höheren Alter, die Langstreckenlauf trainierten. Der Autor diskutierte die physiologischen Kenngrößen Herzfrequenz, Blutdruck und maximale Sauerstoffaufnahme. Die festgestellten guten Ergebnisse von vierzehn ausdauertrainierten Männern im Alter von 40 bis 67 Jahren im Marathonlauf und COOPER-Test erklärte er mit einer im Alter sich verbessernden Sauerstoffutilisation.

SVESCINSKIJ und EMESIN [1986] arbeiteten zum Thema der Belastbarkeit des Kreislaufs älterer Männer beim Joggen: Zwölf Probanden im Alter von 55 bis 74 Jahren, die seit mehreren Jahrzehnten diesen Ausdauersport betrieben, und 24 Probanden zwischen 55 und 82 Jahren, die sich an eine überwiegend sitzende Lebensweise gewöhnt hatten, unterzogen sich zur Beurteilung des Zustandes ihres Kardiopulmonalsystems verschiedenen medizinischen Untersuchungen in Ruhe und unter körperlicher Belastung. Die Ergebnisse machten deutlich, dass die Merkmale der zentralen Hämodynamik bei älteren Testpersonen mit unterschiedlicher Bewegungsaktivität im Ruhezustand nicht differieren. Bei physischer Anstrengung allerdings zeigten die „Jogger" höhere Werte bezüglich körperlicher Belastungsfähigkeit und der Reserven aufgrund effektiver Anpassungsreaktionen.

TAKESHIMA und KOBAYASHI [1987] führten eine Untersuchung zur Herzfrequenz bei 65-jährigen Menschen während Alltagsaktivitäten und verschiedenen sportlichen Belastungen durch. Auf dieser Basis wurden Hinweise für eine optimale sportliche Betätigung mit gesund-heitsfördernder Herzfrequenz abgeleitet.

ISRAEL et al. [1988] behaupteten, dass sich der Tiffeneau-Wert bei Sportlern und Nichtsportlern nicht signifikant unterscheidet. LANG et al. [1979] sowie LIESEN und HOLLMANN [1981] kamen schon zuvor zum selben Ergebnis. Sie vertraten die Ansicht, dass bei diesem Parameter keine trainingsbedingte Veränderung, selbst bei langjähriger Aktivität, festzustellen ist. Lediglich HOLLMANN et al. [1970] wiesen darauf hin, dass der Tiffeneau-Test im siebten und achten Lebensjahrzehnt bei Sportlern einen auffallend besseren Wert anzeigt.

ISRAEL und WEIDNER [1988] verwiesen darauf, dass Sport und Altern beziehungsweise Sport im Alter für die Medizin ein sehr moderner Arbeitsgegenstand ist. Die Alternsvorgänge unterliegen zwar Naturgesetzen, ihr Tempo und ihr Verlauf sind jedoch durch die Lebensweise beeinflussbar. Die Autoren belegten, dass sportliche Betätigung von lediglich zwei Stunden wöchentlich bereits zu einer objektivierbaren Verbesserung der körperlichen Leistungsfähigkeit sowie zu einem wünschenswerten Einfluss auf Erkrankungsgeschehnisse führt. Darüber hinaus wurden zwei für die Praxis sehr stichhaltige Probleme des älteren Sportlers beschrieben: erstens das erhöhte Gesundheitsrisiko bei Vorhandensein chronisch-degenerativer Herz-Kreislauf-Erkrankungen und zweitens die Thermoregulation. Muskelleistungen und bewegungsinduzierte organismische Adaptationen fanden bislang kaum Berücksichtigung in Testbatterien, die zur Bestimmung des biologischen Alters bei älteren Personen Anwendung fanden. Die Resultate aus vier sportmotorischen Tests, denen eine große Stichprobe sportlich aktiver und inaktiver 30- bis 60-jähriger Männer und Frauen unterzogen wurden, geben Hinweise darauf, dass die körperliche Leistungsfähigkeit ein Merkmal des biologischen Alters des Menschen ist. Es wurde aufgezeigt, dass eine regelmäßige Betätigung im Sinne des Freizeit- und Erholungssports für die physische Leistungsfähigkeit Auswirkungen hat, wie sie im Mittel für 10 bis 15 Jahre jüngere Inaktive bezeichnend sind.

LANG [1988] beschrieb „trainingsrelevante Funktionsänderungen" des alternden Organismus vor allem in Bezug auf den Bewegungsapparat, die Atmungsorgane, die arterielle Strombahn und das Herz. Mit steigendem Alter kommt es unter körperlicher Belastung zu einer Zunahme des Pulmonalarteriendrucks sowie infolge arteriosklerotischer Gefäßveränderungen zu Begren-zungen der kardialen Funktionskapazität, was eine Hypozirkulation des Blutes bedingt. Die Adaptationsfähigkeit an besondere Belastungsbedingungen sinkt ab, weil die Reserven einzelner Organsysteme aufgebraucht werden.

TSCHIRDEWAHN [1991] zeigte die Gefahren und Grenzen des Leistungssports im Seniorenalter auf. Zuerst definierte er die Begriffe „Seniorenalter" und „Leistungssport", danach ging er auf die Limitierung körperlicher Belastbarkeit durch Alterungsprozesse ein. Diese umfassen alle Organsysteme und deren Funktionen, jedoch in unterschiedlicher Ausprägung. Risiken beim Sport in fortgeschrittenem Lebensalter ergeben sich durch innerorganische Erkrankungen sowie durch jene des Stütz- und Bewegungsapparates. Berücksichtigt werden muss die altersbedingt eingeschränkte Adaptationsbreite des Gewebes und der Organfunktionen. Der Autor fordert die Erfüllung folgender vier Bedingungen für das Betreiben von Sport im Seniorenalter: erstens regelmäßige sportmedizinische Untersuchungen, zweitens die richtige Auswahl der Sportdisziplinen, drittens die Bestimmung der für den Einzelnen sehr unterschiedlichen Belastungsintensität und viertens die Zügelung falschen Ehrgeizes bei Sportlern und Übungs-leitern.

1.3.7 Literatur zur Serologie im Alterssport

In der FRAMINGHAM-Studie [1948] wurden erstmals in großem Umfang Parameter degenerativer Herz-Kreislauf-Krankheiten ermittelt. Es wurde unter anderem der Blutserumspiegel von 5.000 Personen im Hinblick auf Cholesterin, ß-Lipoproteine, Triglyzeride und Traubenzucker geprüft. Andere Untersuchungen richteten ihr Interesse fast ausschließlich auf die Bedeutung des Serum-Cholesterins, für das eine positive Beziehung zu der Entwicklung einer koronaren Herz-erkrankung nachgewiesen wird. Die besondere Bedeutung der Verteilung des Gesamtcholes-terins auf die Lipoproteinfraktionen hinsichtlich der Pathogenese der Arteriosklerose wurde schon 1951 von BARR et al. festgestellt, aber erst seit 1975 existieren groß angelegte epide-miologische Untersuchungen, die eine negative Korrelation zwischen HDL-Cholesterinwert und Risiko der Koronarerkrankung bestätigen [CASTELLI et al., 1972].

CARLSON und MOSSFELDT [1964], KEUL et al. [1970] sowie WOOD et al. [1977] bestätigten die Senkung des Triglyzeridspiegels durch Ausdauertraining in jeder Altersstufe.

MANN et al. [1969] und LEON [1977] berichteten von keinen signifikanten Trainingseinflüssen oder nur von sehr geringen Auswirkungen von Ausdauertraining auf das Gesamtcholesterin.

LIESEN et al. [1975] untersuchten 22 untrainierte klinisch gesunde Männer im 6. und 7. Lebensjahrzehnt, die schon mindestens 20 Jahre lang kein regelmäßiges körperliches Training betrieben. Mit den Probanden wurde ein zehnwöchiges, dosiertes Aufbautraining von vorwiegend Ausdauercharakter durchgeführt, das vier bis fünf Trainingseinheiten von je 45 bis 60 Minuten pro Woche umfasste. Das Training führte zu keinem eindeutigen Einfluss auf die Ruhewerte des Hämoglobingehaltes und des Hämatokrits. Allerdings erhöhte sich das Blut-volumen um 2,68% und das Plasmavolumen um 3,71% in Körperruhe.

Die meisten Untersuchungen in Bezug auf den Einfluss des körperlichen Trainings auf die altersbedingten Veränderungen des Lipoprotein-Spiegels kommen aus der Präventions- und Rehabilitationsmedizin. Diese Studien beschäftigten sich größtenteils mit dem positiven Einfluss eines Ausdauertrainings auf den Lipidstoffwechsel bei Patienten, die an einer Fettstoff-wechselstörung oder einer Koronarkrankheit litten. Wesentlich ist die Arbeit von HOLLMANN, ROST, DUFAUX und LIESEN [1983], welche die bis 1983 veröffentlichten Studien zusammen-fassen und ein Minimal-Trainingsprogramm vorstellen.

NORTHCOTE und CANNING [1988] berichteten über den Langzeiteffekt des Ausdauertrainings auf die Plasmalipoproteine VLDL, LDL, HDL2, HDL3, Gesamtcholesterin und Triglyzeride. Sie testeten drei Probandengruppen im Alter zwischen 44 und 64 Jahren: Marathonläufer, Kontrollpersonen mit durchschnittlicher sportlicher Aktivität und ohne Herzbefund sowie Herzpatienten.

1.4 Allgemeine Grundlagen und spezielle Fragestellungen zum Alterssport

1.4.1 Grundlagen und spezielle Fragen zur sportsoziologischen Untersuchung

Die Sportsoziologie beschäftigt sich unter anderem mit sozialen Konflikten, Kooperationsformen und gruppendynamischen Prozessen im Lebensfeld Sport. Die Sportsoziologen untersuchen dabei zum einen die vielfältigen Abhängigkeiten und Prägungen des Sports von kulturellen Wertesystemen und sozialstrukturellen Gegebenheiten. Dabei wird deutlich, dass Sport nur in seiner gesellschaftsspezifischen Einbindung verstanden werden kann, durch die er seine jeweils typische Ausprägung erfährt. Zum anderen sind die sozialen Strukturen und Prozesse innerhalb des Sports Gegenstand sportsoziologischer Forschung. Hierbei geht es um die Untersuchung von Wertorientierungen und Ideologien, welche die Bedeutung und das spezifische Erscheinungsbild des Sports ausmachen. Des Weiteren befasst sich die Sportsoziologie mit den Einflüssen, die der Sport auf den Einzelnen, auf einzelne gesellschaftliche Daseinsbereiche wie Familie, Arbeitswelt, Politik, Kirche, Erziehungssystem sowie auf die Gesellschaftsordnung insgesamt ausübt, und mit den spezifischen Funktionen, die der Sport zur Lösung von Problemen in einer Gesellschaft leistet [BEYER, 1987].

Schichtspezifische Differenzen im Sportengagement sind durch viele empirische Untersuchungen belegt. Sehr viel schwieriger ist es allerdings, für dieses Phänomen gültige Erklärungen zu finden, weil offensichtlich eine Vielzahl von Kausalitäten beziehungsweise Finalitäten mit verschiedenen Auswirkungen zusammentreffen. Dass ein schichtspezifisch unterschiedliches Sportengagement existiert, hängt wahrscheinlich ursächlich mit differenten ökonomischen Situationen des gegenwärtigen Gesellschaftssystems zusammen. Die einzelnen sozialen Schichten haben jeweils andere wirtschaftliche Voraussetzungen, um eine bestimmte Sportart ausüben zu können. Wer beispielsweise segeln will oder Golf bzw. Polo spielen möchte, benötigt ausreichend finanzielle Mittel und Freizeit.

Im Rahmen unserer sportsoziologischen Untersuchung stehen zwei Fragenkomplexe im Mittelpunkt. Der erste beinhaltet Fragen zur Schichtzugehörigkeit unter dem Gesichtspunkt von Schulbildung, Beruf und sportlicher Aktivität. Die Untersuchungspersonen werden dann in Anlehnung an VOIGT [1978] der oberen, der mittleren und der unteren Stufe der Mittelschicht zugeteilt. Im Einzelnen ergeben sich dabei folgende Fragen:

1. *Gibt es Zusammenhänge zwischen Schulbildung und sportlicher Aktivität bzw. Inaktivität bei den Probanden der drei untersuchten Gruppen?*

2. *Wie verteilen sich die untersuchten Personen auf verschiedene Berufe und gibt es Zusammenhänge zwischen Beruf und sportlicher Aktivität bzw. Inaktivität?*

3. *Welche Schichtzugehörigkeit ergibt sich für die untersuchten Personen und welche Beziehungen bestehen demnach zwischen Schichtzugehörigkeit und sportlicher Aktivität bzw. Inaktivität?*

Der zweite Fragenkomplex bezieht sich auf die Veränderungen in der Bewertung bestimmter Trainingsgründe der Kraft- und Ausdauersportler im Alternsvorgang. Dabei sind folgende Fragen von Interesse:

1. *Bestehen zwischen Kraft- und Ausdauersportlern Unterschiede hinsichtlich ihrer Trainingsgründe im Alternsvorgang?*

2. *Ändert sich altersbedingt die Bedeutung des Gemeinschaftserlebens und der Geselligkeit für die Probanden?*

3. *Ergeben sich altersbedingt Änderungen in der Einstellung der Probanden zu Bewegungsbedürfnis, Gesundheitsbewusstsein und allgemeiner Fitness?*

4. *Werden im Alternsvorgang die Motive Wettkampf und Leistungsvergleich anders bewertet?*

1.4.2 Grundlagen und spezielle Fragen zur Leistungsentwicklung im Alternsvorgang

Unter sportlicher Leistungsentwicklung (Leistungsevolution beziehungsweise -devolution) wollen wir die Veränderung des motorischen Leistungsprofils oder die Veränderungen von einzelnen sportlichen Leistungen über die Lebenszeit beziehungsweise über die Zeit des Leistungstrainings hinweg verstehen.

Die Leistungsfähigkeit eines Sportlers ist durch die maximale, unter Ausschöpfung aller Reserven realisierbare Leistung in bestimmten Sportarten beziehungsweise Disziplinen gekennzeichnet. Sie ist abhängig von der Leistungsdisposition, das heißt von den Anlagen, Fähigkeiten und Begabungen sowie von der Momentandisposition des Athleten, das heißt der im Moment des Wettkampfs ihm zur Verfügung stehenden psycho-sportiven Möglichkeiten. Inwieweit durch einen erreichten Leistungszustand die Leistungsmöglichkeiten ausgeschöpft werden können, hängt sehr stark von der jeweiligen Leistungsbereitschaft des Sportlers ab. Die Leistungsbereitschaft wiederum resultiert aus psychischen Faktoren, die neben der physischen Leistungsfähigkeit im Training und im Wettkampf die Leistung beeinflussen.

Entgegen der vielfältigen allgemeinen Veröffentlichungen aus dem Bereich der Sportmedizin, die eindeutig vorteilhafte Auswirkungen sowohl eines Kraft- wie auch Ausdauertrainings auf den Alterungsprozess darstellen, gibt es erst wenige spezielle Untersuchungen an Seniorenwettkampfsportlern. Aus diesem Grund ist über die Entwicklung der Kraft- und Ausdauerleistungsfähigkeit im Bereich des Seniorensports verhältnismäßig wenig bekannt.

Physiologische Kenngrößen wie Herzfrequenz bei submaximaler Belastung, Laktatwerte bei Ausbelastung, maximale Sauerstoffaufnahme aber auch der muskuläre Zustand sind bei Trainierten im mittleren Lebensalter deutlich besser als bei untrainierten 20-Jährigen. Dabei wirkt sich der Adaptationszustand des Organismus positiv auf die Bewältigung von Anforderungen auch außerhalb des Sports sowie auf eine Stabilisierung der Gesundheit aus. Die in vielen Analysen aufgezeigte Devolution der Leistungsfähigkeit, wie sie sich in den heutigen Industriegesellschaften präsentiert, ist wohl weniger auf genetisch bedingte Altersveränderungen, als vielmehr auf durch Inaktivität geprägte Arbeits- und Lebensverhältnisse zurückzuführen.

Aufgrund der Materiallage können in der vorliegenden Untersuchung nur Sportbiographien von Kraft- und Ausdauersportlern der Altersgruppe 1 erstellt werden. In diesem Zusammenhang stellen sich folgende Fragen:

1. Welche altersbedingten Faktoren (verändertes Training, Körpergewichtsveränderung) wirken auf die Leistungsfähigkeit bei Kraft- und Ausdauersportlern?

2. Welche Auswirkungen hat speziell der Trainingsumfang auf die Leistungsfähigkeit von Kraft- und Ausdauersportlern im Alternsvorgang?

3. Lässt sich ein Unterschied zwischen der Leistungsentwicklung in den Kraftsportarten und der in den Ausdauersportarten feststellen?

1.4.3   Grundlagen und spezielle Fragen zur sportanthropometrischen Untersuchung

Die Anthropometrie, als Teilbereich der Anthropologie, ist nach BRAUNFELS [1973] die „Lehre von den Maßverhältnissen und der Vermessung des Körpers des Menschen". Ihr Ziel ist es, der Konstitutionsbiologie Erkenntnisse über die Erscheinungsvielfalt des menschlichen Körpers zu liefern. Die Konstitutionsbiologie versucht, die mannigfachen Körperformen mit Hilfe verschiedener Messgrößen und Indizes zu systematisieren, indem sie Personen ähnlicher individueller Konstitution zu so genannten Konstitutionstypen zusammenfasst und in Konstitutionstypenschemata einordnet (vgl. CONRAD [1963] sowie TITTEL und WUTSCHERK [1972]).

Im Bereich des Sports spielt die Anthropometrie in der Eignungsdiagnostik und der Talentsuche eine große Rolle. Bei Kindern und Jugendlichen können physische Entwicklungstendenzen anthropometrisch festgestellt und die ermittelten Konstitutionstypen bestimmten Sportarten (zum Beispiel Hochsprung, Gerätturnen, Schwimmen) zugeordnet werden. Darüber hinaus ist es möglich, altersbedingte morphologische Konstitutionsveränderungen bei Vertretern verschiedener Sportarten zu dokumentieren. Die Anwendung der Anthropometrie beschränkt sich jedoch nicht auf den Sport. Bereits im Altertum machten sich Maler, Bildhauer und Schriftsteller bei der Gestaltung ihrer Werke hinsichtlich der Beschreibung und Erfassung des menschlichen Körpers anthropometrische Erkenntnisse zu Nutzen. In der Orthopädie werden Veränderungen am Skelett wie zum Beispiel Beckenschiefstand oder Wirbelsäulenschäden (Lordose, Skoliose, Kyphose) anthropometrisch ermittelt. Die Industrieanthropologie macht sich die Anthropometrie zu Nutzen, um zum Beispiel Konfektionsgrößen, Arbeitsgeräte, Fahrzeuge, Türhöhen oder Möbel für den Menschen maßgerecht zu entwerfen.

In der vorliegenden Untersuchung sind im sportanthropometrischen Teil folgende Fragen von Interesse:

1. Gibt es Unterschiede zwischen Kraft-, Ausdauer- und Nichtsportlern bzw. den beiden Altersgruppen hinsichtlich der Körpermaße, bezogen auf die Körperhöhe, Schulterbreite, Exkursionsbreite, Hautfaltendicke und auf das Körpergewicht?

2. Gibt es bei Kraft-, Ausdauer- und Nichtsportlern typische körperbauliche Ausprägungen hinsichtlich des Skelischen-, AKS-, KAUP- und ROHRER-Index sowie besonderer Rumpfmaße?

3. Können bezüglich der genannten Indizes signifikante Unterschiede zwischen den untersuchten Altersgruppen festgestellt werden?

4. Wie lassen sich die Probanden in das CONRAD'sche Konstitutionstypenschema einordnen?

1.4.4 Grundlagen und spezielle Fragen zur Anamnese

Die Anamnese (gr. anamnesis = Erinnerung) beinhaltet die Vorgeschichte einer Krankheit [PSCHYREMBEL, 1990]. Die Funktion der Anamnese besteht dabei im Wesentlichen darin, die Beschwerden des Patienten möglichst genau zu erfassen, ein Bild über seine Persönlichkeit zu geben, die Basis für ein Vertrauensverhältnis zu legen, quantitative Angaben zu vermitteln und bereits im Sinne des Sichaussprechens eine therapeutische Aufgabe zu erfüllen.

Eine im Alter gehäuft auftretende Krankheit ist die koronare Herzkrankheit (KHK). In Deutschland sterben jährlich über 100.000 Personen an einem Herzinfarkt. Aus umfangreichen epidemiologischen Untersuchungen ist bekannt, dass die Entwicklung der KHK durch ein längeres Einwirken von Risikofaktoren wie zum Beispiel Bewegungsmangel, Übergewicht infolge falscher Ernährung, Rauchen oder Bluthochdruck begünstigt wird. Das echte Risiko entsteht aber erst durch das Zusammenwirken mehrerer Faktoren.

Die Kosten, die durch die Sportler im Bereich der chronischen Erkrankungen im Gesundheitswesen entstehen, dürften laut bisheriger Ergebnisse geringer sein als diejenigen, welche durch Nichtsportler anfallen. Doch es gibt auch Autoren, zu denen beispielsweise ULMER [1991] gehört, die dem Sport seinen präventiven Nutzen absprechen. Insbesondere weil sie dem positiven Nutzen die potenziellen Schädigungsmechanismen durch Verletzung gegenüberstellen. Sie führen an, dass die Empfehlung von Sport aus Gesundheitsgründen letztlich mehr schadet als nützt.

Im Rahmen der vorliegenden Untersuchung werden, wie bei gesundheitsmedizinischen Vorbeugeuntersuchungen, unsere Probanden (Kraft-, Ausdauer- und Nichtsportler) anhand eines Fragebogens (Eigenanamnese) nach Erkrankungen befragt, die bei der allgemeinen Morbidität der deutschen Bevölkerung entsprechend unseren Altersgruppen 1 und 2 einen vorderen Platz einnehmen. Dazu gehören chronische Erkrankungen (Herz-Kreislauf-Erkrankungen, Diabetes, Gicht, Hyperlipidämie), immunallergische Erkrankungen sowie degenerative Beschwerden am Stütz- und Bewegungsapparat.

Neben der Eigenanamnese sollen darüber hinaus Angaben zur Sportanamnese, Berufsanamnese, Medikamentenanamnese, Genussmittelanamnese sowie zur Familienanamnese gemacht werden. Mit Hilfe der Anamnese sollen folgende Fragen beantwortet werden:

1. *Wie häufig treten bei den Kraft-, Ausdauer- und Nichtsportlern die in der Morbiditätsstatistik dominanten chronischen Erkrankungen (Herz-Kreislauf-Erkrankungen, Diabetes, Gicht, Hyperlipidämie) auf?*

2. *Wie hoch ist die Anfälligkeit für immunallergische Erkrankungen und akute Infekte bei den Probanden?*

3. *Wie häufig finden sich sportbedingte beziehungsweise nicht sportbedingte Verletzungen am Stütz- und Bewegungsapparat der Probanden?*

4. *Verrichten die Probanden Schichtarbeit oder Arbeit mit körperlicher Belastung?*

5. *Wie unterscheiden sich die Häufigkeitsangaben der Kraft-, Ausdauer- und Nichtsportler in beiden Altersgruppen bezüglich des Konsums von Nikotin, Alkohol und Medikamenten und welche Konsequenzen ergeben sich daraus?*

6. *Treten bestimmte Erkrankungen bzw. dominante Risikofaktoren in den Familien der Kraft-, Ausdauer- und Nichtsportler in unterschiedlicher Häufigkeit auf?*

1.4.5   Grundlagen und spezielle Fragen zur motorischen Untersuchung

Die Begriffe „Motorik" und „Bewegung" stellen zentrale Elemente der Bewegungslehre des Sports dar. Sie werden in der sportwissenschaftlichen Literatur jedoch unterschiedlich definiert. MEINEL geht von der Identität der beiden Gegenstandsbereiche aus. FETZ und BALLREICH vertreten die Ansicht, dass der Bereich „Bewegung" eine Teilmenge des Bereiches „Motorik" darstellt, d.h. ihm unterzuordnen ist. SCHNABEL sieht die beiden Gegenstandsbereiche als eigenständige Mengen, die jedoch eine Schnittmenge haben. GUTEWORT und PÖHLMANN betrachten „Bewegung" und „Motorik" als disjunkte Gegenstandsbereiche. Sie zählen zur Motorik die „neurokybernetischen Charakteristika", die auch subjektive Faktoren und Bewusstseinsinhalte umfassen, während die Bewegung als „an der Peripherie als objektiver Vorgang in Erscheinung tretende Ortsveränderung der menschlichen Körpermasse in Raum und Zeit" gekennzeichnet ist [RÖTHIG, 1983].

Unter den motorischen Fähigkeiten werden Ausdauer, Kraft, Schnelligkeit, Gelenkigkeit beziehungsweise Beweglichkeit, Koordination und Gleichgewicht als grundlegende Faktoren menschlicher Bewegungsleistungen verstanden. Die Motorik ist die Gesamtheit aller Bewegungsmöglichkeiten des Menschen [RIEDER, 1977]. Die individuelle Motorik wird geprägt von Konstitution, Geschlecht, Typus, Alter und Temperament. Aufgrund genetischen oder lernbedingten Ursprungs wird zwischen Erb- und Erwerbsmotorik unterschieden. Nach ihrer Anwendung in der Lebenswirklichkeit wird zwischen den Bereichen Alltagsmotorik, Arbeitsmotorik, Ausdrucksmotorik und Sportmotorik differenziert.

Der Anwendungsbereich Sportmotorik umfasst den motorischen Bestand, der durch sportliche Betätigung herangebildet wird. Wissenschaftliche Untersuchungen über Sportmotorik beziehen sich auf anatomische und neurophysiologische Grundlagen, auf die phylo- und ontogenetische Bewegungsentwicklung sowie die quantitative und qualitative Bewegungsanalyse (Biomechanik). Sportmotorische Leistungen sind Leistungen, die unter wissenschaftlichen Testbedingungen erbracht werden und die maximale Leistungsfähigkeit widerspiegeln.

Die Zielvorstellungen des Alterssports im Bereich der motorischen Fähigkeiten fordern eine Entwicklung der Ausdauer, eine Kräftigung der Muskulatur, insbesondere des Haltungs- und Bewegungsapparates und eine Verbesserung der Reaktionsfähigkeit. Daneben werden die Entwicklung der koordinativen Fähigkeiten, Geschicklichkeit und Gewandtheit sowie die Verbesserung der Beweglichkeit gefördert [BARTH, 1976].

In der vorliegenden Untersuchung werden exemplarisch hinsichtlich der motorischen Fähigkeiten unter anderem die Beweglichkeit und die Handkraft betrachtet. Hinsichtlich der *Beweglichkeit* unterscheidet man die Gelenkigkeit, die sich auf die Struktur des Gelenkes bezieht, und die Dehnungsfähigkeit, welche die Muskeln, Sehnen, Bänder und Kapselapparate betrachtet. Die Gelenkigkeit kann in einem wesentlich begrenzteren Umfang als die Dehnungsfähigkeit durch intensives Beweglichkeitstraining verbessert werden. Wie Untersuchungen zeigten, kommt es durch belastungsinduzierte Veränderungen der jeweiligen Gelenke zu einer erhöhten Beweglichkeit in diesen Gelenken [BERUET, 1979].

Weiterhin unterscheidet man nach den Erscheinungsweisen der Beweglichkeit zwischen allgemeiner und spezieller, aktiver und passiver Beweglichkeit. Von allgemeiner Beweglichkeit wird gesprochen, wenn sich diese in den wichtigsten Gelenksystemen (Schulter- und Hüftgelenk, Wirbelsäule) auf einem ausreichend entwickelten Niveau befindet. Spezielle Beweglichkeit bezieht sich auf die Beweglichkeit in Bezug auf ein bestimmtes Gelenk. Die Beweglichkeit eines Gelenkes oder eines Wirbelsäulensegmentes hat für jede Bewegungsebene verschiedene Grenzen, je nachdem ob die Bewegung aktiv oder passiv durchgeführt wird. Die physiologische

Bewegungsgrenze wird durch eine aktive Bewegung mittels der Kontraktion der Agonisten und der dazu parallel verlaufenden Dehnung der Antagonisten erreicht. Die anatomische Bewegungsgrenze wird erreicht, wenn die Bewegung passiv durch Einwirkung äußerer Kräfte unter Anwendung einer dem Gelenk angepassten Kraft durchgeführt wird [SPRING et al., 1990] (Abb. 7).

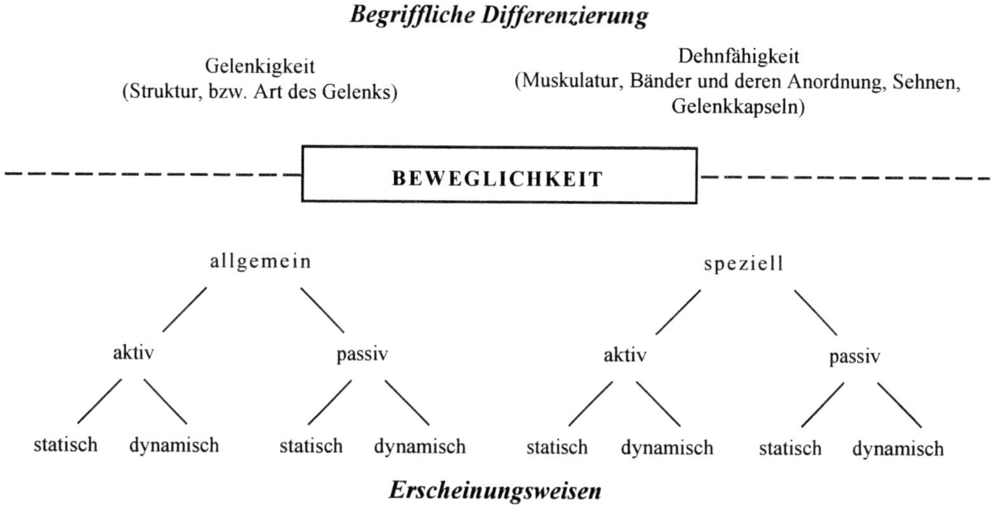

Begriffliche Differenzierung

Gelenkigkeit
(Struktur, bzw. Art des Gelenks)

Dehnfähigkeit
(Muskulatur, Bänder und deren Anordnung, Sehnen, Gelenkkapseln)

BEWEGLICHKEIT

allgemein   speziell

aktiv   passiv   aktiv   passiv

statisch   dynamisch   statisch   dynamisch   statisch   dynamisch   statisch   dynamisch

Erscheinungsweisen

Abb. 7: Erscheinungsweisen der Beweglichkeit [LETZELTER et al., 1984] und begriffliche Differenzierung [FREY, 1977; MAEHL, 1986]

Die Beweglichkeit nimmt mit zunehmendem Alter ab, und ein Beweglichkeitstraining ist mit einem deutlich höheren und spezielleren Aufwand verbunden als bei jüngeren Menschen. Darüber hinaus schränken altersbedingte degenerative Veränderungen vor allem der Wirbelsäule sowie in den Knie-, Schulter- und Hüftgelenken und eine Abnahme des Gesamtknorpelvolumens die Bewegungsamplitude ein. In diesem Zusammenhang steht in der vorliegenden Untersuchung in erster Linie die Überprüfung der Lendenwirbelsäulenbeweglichkeit unter Berücksichtigung der Dehn- und Haltefähigkeit der vorderen und hinteren Oberschenkelmuskulatur im Mittelpunkt des Interesses. Dabei soll untersucht werden, inwieweit sich sportliche Betätigung im Alter positiv auf die Stabilisierung und Verbesserung der Beweglichkeit auswirkt, und ob bei Kraft- und Ausdauersportlern diesbezüglich sportartspezifische Unterschiede vorliegen. Im Einzelnen ergeben sich folgende Fragestellungen:

1. *Gibt es in den Probandengruppen der Kraft-, Ausdauer- und Nichtsportler in Abhängigkeit vom Alter Unterschiede hinsichtlich der Beweglichkeit?*

2. *Können signifikante Unterschiede bezüglich der Testitems zur Beweglichkeit der Lendenwirbelsäule sowie der Hüft- und Kniegelenke im Vergleich der drei Gruppen festgestellt werden?*

3. *Gibt es innerhalb der untersuchten Gruppen repräsentative Beziehungen zwischen den Beweglichkeitsmaßen?*

Die Ausprägung der *Handdruckkraft* gilt als relativ aussagefähiges Kriterium zur Beurteilung der allgemeinen Entwicklung der Muskelkraft. Die Muskulatur als größtes Organ des menschlichen Körpers nimmt einen Anteil von über 40% an dem Gesamtgewicht eines jungen Mannes ein. Nach NÖCKER [1980] und BAUER [1983] entspricht dies einem absoluten Muskelgewicht von ca. 36 kg, das sich im Alterungsprozess jedoch auf ca. 23 kg bei einem 70-Jährigen reduziert. Die Abnahme der Muskelmasse mit dem Alter hat eine Abnahme der Muskelkraft zur Folge. Bezüglich der Handdruckkraft werden folgende Fragen untersucht:

1. *Wie verhält sich die Handdruckkraft der Probanden in den drei untersuchten Gruppen? Sind signifikante Unterschiede festzustellen?*

2. *Ist der Rückgang der Handdruckkraft mit zunehmendem Alter bei den Kraft-, Ausdauer- und Nichtsportlern unterschiedlich?*

1.4.6 Grundlagen und spezielle Fragen zur medizinisch-physiologischen Untersuchung

Der medizinisch-physiologische Teil der Untersuchung umfasst folgende Bereiche:

a) Spirometrie in Ruhe
b) Ruhe-EKG
c) Spiroergometrische Untersuchungen
d) Blutstatus (serologische Untersuchung)

a) Spirometrie in Ruhe

Die *Lungenfunktionsgrößen* stellen ein wichtiges Kriterium zur Beurteilung der Ausdauerleistungsfähigkeit dar. Ab dem dritten Lebensjahrzehnt nimmt sowohl das Fassungsvermögen der Lunge als auch die Leistungsfähigkeit des kardio-pulmonalen Systems langsam ab. Da sich aber auch die Aktivität älterer Menschen fortwährend reduziert, reicht die Leistungsreserve der Lunge bei gesunden Personen zur Sauerstoffversorgung des Organismus aus [NOLTE, 1970; LANG, 1988]. Die alterungsbedingt eingeschränkte Lungenfunktion und somit eine reduzierte Leistungsreserve macht sich erst bei erhöhter Belastung bemerkbar [SKINNER, 1989].

In der vorliegenden Untersuchung werden die Lungenfunktionsparameter Vitalkapazität, Einsekundenkapazität und Tiffeneau-Wert bestimmt und in Relation zu den von Körperhöhe und Alter abhängigen Sollwerten gesetzt. Die Vitalkapazität ist das maximal ventilierbare Volumen der Lunge. Sie ist abhängig vom Trainingszustand der Atemmuskulatur, vom Körperbau und vom Gesundheitszustand [SCHNABEL und THIEß, 1993]. Eine Einschränkung der Vitalkapazität kann durch eine pulmonale oder extrapulmonale Restriktion bedingt sein. Die Einsekundenkapazität ist das Luftvolumen, das nach maximaler Einatmung durch maximale forcierte Ausatmung in der ersten Sekunde ausgeatmet werden kann [KRAUß, 1984]. Die Einsekundenkapazität wird auch als forciertes exspiratorisches Volumen in der ersten Sekunde (FEV_1) bezeichnet. Neben dem absoluten Messwert der Einsekundenkapazität hat vor allem die relative Einsekundenkapazität (FEV_1%), auch Tiffeneau-Wert genannt, eine große Bedeutung zur Erkennung von Ventilationsstörungen. Der Tiffeneau-Wert ergibt sich aus dem Quotienten des FEV_1 und der Vitalkapazität. Normalerweise kann die Vitalkapazität in ca. einer Sekunde abgeatmet werden. Bei erhöhtem Atemwiderstand, z.B. beim Asthma, sinkt dieses Volumen auf unter 70% der Vitalkapazität ab.

Hinsichtlich der Körpermorphologie sind die Größe des Brustraumes und die Körperhöhe als beeinflussende Parameter insbesondere für die Vitalkapazität und das FEV_1 hervorzuheben. Darüber hinaus weisen verschiedene morphologische Parameter wie Körpergewicht, Körperoberfläche und Atemspielraum eine gewisse nichtlineare Abhängigkeit zu den Funktionsgrößen auf. Der Tiffeneau-Wert hingegen wird nach neuesten Erkenntnissen lediglich von der Körperhöhe beeinflusst. Die Vitalkapazität und die Einsekundenkapazität differieren im Gegensatz zu dem Tiffeneau-Wert bei Männern und Frauen erheblich. Die Frauen zeigen bei gleicher Körperhöhe und gleichem Lebensalter geringere Volumenwerte der Lungen auf als die Männer, was vor allem durch die relativ kleinere Brustkorbhöhe und die geringere Exkursionsbreite der Frau bedingt ist. Das Lebensalter ist ein weiterer wichtiger die Lungenfunktionsgrößen beeinflussender Parameter. Detaillierte Angaben über die Veränderungen der Vitalkapazität mit zunehmendem Lebensalter legten BÜHLMANN und SCHERRER [1973] vor (Abb. 8). Die Zunahme der Vitalkapazität im jugendlichen Alter und die Abnahme derselben im fortgeschrittenen Alter sind deutlich zu erkennen.

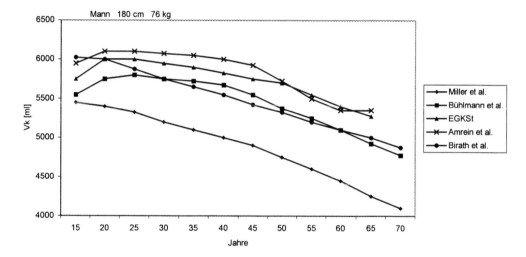

Abb. 8: Altersabhängigkeit der Vitalkapazität entsprechend den verschiedenen Sollwerten für einen Mann mit 180 cm Körperhöhe und 76 kg Körpergewicht [BÜHLMANN und SCHERRER, 1973]

Die Einsekundenkapazität nimmt analog zur Vitalkapazität im Alter ab. Der Tiffeneau-Wert verschlechtert sich ebenfalls mit zunehmendem Alter, jedoch erscheint der Unterschied aufgrund der Quotientenbildung verhältnismäßig gering. Die Gründe für die Verminderung der Lungenfunktionswerte im Alter sind vielfältig. Die Lungenfunktion ist sowohl von der Größe und der Erweiterungsmöglichkeit des Brustkorbes als auch von intrapulmonalen Faktoren abhängig, die sich im Laufe des Lebens verändern. Außerdem sind die degenerativen Veränderungen der Costavertebralgelenke, der Höhenverlust der Zwischenwirbelscheiben und osteoporotischen Wirbelkörper sowie eine Atrophie der langen Rückenmuskulatur, die einen im Alter nahezu obligaten Rundrücken mit erweitertem Tiefendurchmesser bedingen, für das Sinken der Atemexkursion verantwortlich. Hinzu kommen die Involution der Intercostalmuskulatur sowie letztlich die Abschwächung der Zwerchfellaktionen und die Erschlaffung der Bauchdecke. Zudem entwickelt sich zu diesen Veränderungen durch eine Erweiterung der Alveolen und Verringerung ihrer Zahl das Altersemphysem der Lunge. Nach FRONTERA und MEREDITH [1988] kann diesen Erscheinungen durch entsprechende sportliche Aktivitäten vorgebeugt werden.

Körperliches Training scheint ebenfalls Auswirkungen auf bestimmte Lungenfunktionswerte zu haben. Einheitliche Aussagen über zum Beispiel eine trainingsbedingte Erhöhung der Vitalkapazität gestalten sich schwierig, da die Auffassungen bezüglich des Trainingsumfangs und der Trainingsintensität in einer Sportart von Autor zu Autor differieren. Dennoch gilt es als gesichert, dass das körperliche Training sowohl eine Erhöhung der Vitalkapazität als auch der Einsekundenkapazität bewirkt. Sowohl bei Untrainierten als auch bei körperlich Trainierten lässt sich mit zunehmendem Alter eine Abnahme der durchschnittlichen Vitalkapazität nachweisen, jedoch liegt sie bei den Sportlern auf einem höheren Niveau. Bezüglich des Tiffeneau-Wertes kommt es in allen Altersgruppen zu keinen nennenswerten Veränderungen.

In der vorliegenden Untersuchung sollen Antworten auf folgende Fragen gefunden werden:

1. *Wie verhalten sich die genannten ventilatorischen Funktionsgrößen (Vitalkapazität, Einsekundenkapazität und Tiffeneau-Wert) in den Gruppen der Kraft-, Ausdauer- und Nichtsportler?*

2. *Welche Unterschiede bestehen zwischen den Probanden der Altersgruppe 1 und 2 bezüglich der untersuchten Parameter?*

3. *Welche Abhängigkeiten bestehen zwischen den untersuchten Lungenfunktions-parametern und den anthropometrischen Daten unserer Probandengruppen?*

4. *Wie verhalten sich die Werte der Probanden in Bezug auf die in Abhängigkeit von Alter und Körperhöhe gegebenen Sollwerte beim Lungenfunktionstest nach GARBE [1975], LANG [1979] sowie LIESEN und HOLLMANN [1981]?*

b) Ruhe–EKG-Parameter

In der kardiologischen Diagnostik spielt das EKG eine wichtige Rolle, da Veränderungen der Aktionsströme im Erregungsleitsystem des Herzens als Ursache oder Folge von zumeist pathologischen Störungen der Herztätigkeit aufgedeckt werden können. In der Sportmedizin dient die Elektrokardiographie zur Beurteilung der Funktiontüchtigkeit und Leistungsfähigkeit des Herzens.

In der vorliegenden Untersuchung wurden im Ruhe-EKG in erster Linie der Lagetyp, der Sinusrhythmus, die Erregungsrückbildung, die Leitungsstörungen (inkompletter Rechtsschenkel-block), der SOKOLOW-Index und die Herzfrequenz (Bradykardie) betrachtet.

Das Elektrokardiogramm (EKG) zeigt die bioelektrischen Potenzialdifferenzen des Herzens, die bei der Erregungsausbreitung und -rückbildung entstehen. Diese werden mit Hilfe von Elektroden uni- und bipolar an der Körperoberfläche abgeleitet. Im Allgemeinen benutzt man dazu die zwölf Standardableitungen, die sich aus den drei bipolaren Extremitätenableitungen nach EINTHOVEN, den drei unipolaren Extremitätenableitungen nach GOLDBERGER und den sechs unipolaren Thoraxableitungen nach WILSON zusammensetzen. Mit Hilfe dieser Ableitungen können Informationen über die Herzfrequenz (zum Beispiel Bradykardie, Tachykardie), den Ursprung der Erregung (Sinusknoten, Vorhöfe, AV-Knoten, rechter oder linker Ventrikel), die Art und den Ursprung von Rhythmusstörungen (zum Beispiel Sinusarrhythmie, Flattern, Flimmern), die Art und die Lokalisation von Leitungsstörungen (zum Beispiel Leitungs-verzögerung, AV-Block), die Herzlage (Linkstyp, Indifferenztyp (Normtyp), Steiltyp, patho-logische Typen), extrakardiale Einflüsse (zum Beispiel Stoffwechselstörungen, hormonelle Störungen, Elektrolytveränderungen), primär kardiale Störungen der Erregung (zum Beispiel Herzfehler, Sauerstoffmangelversorgung) und die Lokalisation beziehungsweise die Ausdehnung und der Verlauf von Myokardinfarkten abgelesen werden.

Rückschlüsse auf die *Herzlage* sind aus dem EKG anhand des EINTHOVEN-Dreiecks möglich, mit dem Veränderungen der bioelektrischen Vorgänge des Herzens auf der frontalen Ebene erklärt werden können. Dabei handelt es sich jedoch um elektrische und nicht um anatomische Lagetypen, die voneinander abweichen können. Die Bezeichnung Linkstyp zum Beispiel besagt, dass die Hauptrichtung der Erregungsausbreitung in den Herzkammern nach links zeigt und nicht, dass das Herz horizontal im Thorax liegen muss. Eine Verlagerung der Herzachse kann bei Sportlern in Abhängigkeit von der Sportart durch eine Hypertrophie vorwiegend der rechten oder der linken Herzkammer entstehen. Des Weiteren müssen bei der Beurteilung der Herzlage bei Sportlern Alter und Konstitution berücksichtigt werden. Bei jungen Asthenikern weicht die Herzachse in der Regel nach rechts ab, während bei älteren, eher pyknischen Konstitutionstypen verstärkt Linksabweichungen festzustellen sind. Die elektrische Herzachse dreht sich gleichsinnig mit der anatomischen mit zunehmendem Lebensalter von rechts vorne unten nach links oben, weil sich die physiologische Rechtsherzhypertrophie des Säuglings zu einer Linksherzhypertrophie des Erwachsenen wandelt [SCHMIDT und THEWS, 1977].

Unter einer *Sinusarrhythmie* versteht man eine unregelmäßige Schlagfolge des Herzens infolge unregelmäßiger Reizbildung im Sinusknoten. Man unterscheidet zwei Formen der Sinusarrhythmie. Die respiratorische oder phasische Arrhythmie führt zu einer Herzfrequenz-beschleunigung bei der Einatmung und einer Verlangsamung bei der Ausatmung. Sie kommt bei Ausdauersportlern besonders häufig vor und wird mit zunehmendem Trainingszustand immer ausgeprägter. Im EKG ist sie beim Einatmen an einer Verkürzung beziehungsweise beim Ausatmen an einer Verlängerung der P-P-Abstände zu erkennen. Die PQ-Streckenlänge und das Kammer-EKG bleiben unbeeinflusst. Die atmungsunabhängige oder nichtphasische Sinus-arrhythmie lässt keinerlei Verbindung zu den Atemphasen erkennen. Obwohl sie auch bei Ausdauertrainierten vorkommen kann, findet sie sich doch eher bei untrainierten, vegetativ labilen Jugendlichen.

Bei einer *Erregungsrückbildungsstörung* handelt es sich um eine kardiale Störung der Repolarisation des Herzmuskels. Sie ist im EKG daran zu erkennen, dass die T-Welle entweder abgeflacht ist oder sich im negativen Bereich befindet und die ST-Strecke erhöht oder gesenkt ist. Man unterscheidet primäre und sekundäre Erregungsrückbildungsstörungen. Die primäre wird durch physiologische, metabolische und extrakardiale Einflüsse auf das Myokard, wie zum Beispiel körperliche Belastung, Fieber, Digitalis oder Hormone verursacht. Die sekundäre entsteht durch eine Störung der Erregungsausbreitung, wie zum Beispiel Schenkelblock oder Extrasystole.

Bei einem *inkompletten Rechtsschenkelblock*, d.h. bei der Unterbrechung des rechten Tawara-Schenkels, wird die rechte Herzkammer über die linke auf muskulärem Weg erregt. Dies führt zu einer Verspätung des Erregungsbeginns und zu einer Verzögerung der Erregungsausbreitung in der rechten Herzkammer. Im EKG wird dies in den rechtspräkordialen Brustwandableitungen deutlich. Die Rechtschenkelblockformen weisen eine Verspätung der endgültigen Negativitäts-bewegungen in V_1 von mehr als 0,03 sec auf. Ein vollständiger Rechtsschenkelblock liegt vor, wenn die QRS-Streckenlänge 0,12 sec überschreitet. Bei einem unvollständigen (inkompletten) Rechtsschenkelblock sind die formalen Kriterien des Rechtsschenkelblocks vorhanden; die Breite des QRS-Komplexes liegt aber noch im Normbereich. Vom unvollständigen Rechtsschen-kelblock wird eine physiologische Form abgegrenzt, die als Zeichen einer Rechtsherz-vergrößerung auftritt und bei Ausdauersportlern häufig beobachtet wird.

Der *SOKOLOW-Index* ist ein Kriterium für die Linksherzhypertrophie. Man bestimmt die Spannung von S in V_1 und addiert diesen Wert zu dem in V_5 oder V_6 gemessenen Wert von R. Der Grenzwert wird in der Literatur mit 3,5 mV angegeben. Da sowohl die R-Zacke in V_5 als auch die S-Zacke in V_1 den linken Ventrikel repräsentiert, kann bei einem positiven *SOKOLOW-*

Wert möglicherweise auf eine Linksherzhypertrophie geschlossen werden. Es sollten jedoch für eine sichere Diagnose noch andere Kriterien für eine Hypertrophie erfüllt sein [BECKER und KALTENBACH, 1984]. Allerdings liegen in vielen Fällen die SOKOLOW-Werte unter dem angegebenen Grenzwert obwohl eine Hypertrophie vorliegt. Nach KLINGE und KLINGE [1981] werden ca. 3% der Linkshypertrophien im EKG nicht erkannt. Aus diesem Grund müssen weitere Hinweise aus dem EKG für eine Diagnose beachtet werden. Ein weiterer Index für eine linksventrikuläre Hypertrophie ist der LEWIS-Index. Er wird durch die Addition von R in V_1 und S in V_5 bestimmt; der Grenzwert liegt bei 1,05 mV. Beide Indizes sind nur bei einer ungestörten Erregungsausbreitung aussagekräftig, nicht aber bei Schenkel- oder Hemiblöcken.

Von einer *Bradykardie* spricht man bei einer Herzfrequenz von weniger als 60 Schlägen/min. dabei tritt nur eine geringe zeitliche Ausdehnung der Systole ein; die Verlängerung der Herzperiodendauer geschieht überwiegend zu Gunsten der Diastole. Die Bradykardie ist Ausdruck einer trophotropen Herz-Kreislauf-Regulation und charakterisiert eine Ökonomisierung der Herz-Kreislauf-Funktion. Die Trainingsbradykardie resultiert aus der kardialen Adaptation an Ausdauerbelastungen und gilt als Kriterium der Ausdauertrainiertheit.

Die Steigerung des Vagotonus in der Innervation des Herzens unter Einfluss sportlichen Trainings zeigt sich im EKG in einer Verlangsamung der Herzfrequenz und einer Verlängerung der PQ- und der QRS-Strecke. Die PQ-Streckenlänge überschreitet allerdings nur selten 0,24 sec.

In Ruhe auffällige Befunde, die beim Belastungs-EKG nicht registriert werden, können häufig als Beweis für deren Harmlosigkeit angesehen werden. Hierfür sind besonders die zahlreichen Veränderungen typisch, die sich bei vagotonen Personen finden. Bei vagotonen Personen treten Veränderungen in der Erregungsbildung (Sinusbradykardie, Knotenrhythmen, ventrikuläre Ersatzrhythmen, einfache AV-Dissoziation u. a.), der Erregungsleitung (AV-Block 1. Grades) sowie der Rückbildung (vegetativ bedingte ST-Hebungen oder -Senkungen, besonders bei Jugendlichen) auf. Störungen der Erregungsrückbildung im Ruhe-EKG sagen in Bezug auf die körperliche Belastbarkeit zunächst sehr wenig aus. Ein Belastungs-EKG ist unbedingt notwendig, um eine korrekte Aussage machen zu können. Die bedeutendste Auffälligkeit, bei der bereits das Ruhe-EKG eine Beschränkung der Sportfähigkeit bedeutet, ist eine ST-Hebung nach einem Infarkt.

Mit zunehmendem Alter nehmen Erkrankungen des Herzens und des Kreislaufs sprunghaft zu und werden bei älteren Menschen über 65 Jahre mit einem Drittel und über 85 Jahre in der Hälfte der Fälle zur häufigsten Todesursache. Das Herz eines alternden Menschen weist gewisse Veränderungen auf. Dazu gehört, dass die Herzklappen starrer werden. Die Vorhöfe, die vier großen Ostien und die angrenzende Ventrikelmuskulatur vergrößern sich. Die Koronararterien verlieren an Elastizität, und es tritt eine Änderung der Herzmuskulatur ein, die mit einer Kontraktionsminderung verbunden ist. Das eigentliche Grundphänomen des Herz- und Kreislaufsystems im biologischen Lebenslauf ist die allgemeine Abnahme der Anpassungsfähigkeit an körperliche Belastungen im höheren Alter. Zusätzlich verschlechtert sich die Arbeitsökonomie. Auch das Ausmaß der Trainierbarkeit wird nach dem 30. Lebensjahr geringer. Das von einer Herzkammer pro Minute geförderte Blutvolumen von ca. 5 Liter in Ruhe kann auf nahezu 30 Liter bei schwerer Muskelarbeit ansteigen. Eine vollkommene Anpassung wird allerdings nur erreicht, wenn alle Teilfunktionen des Herzens wie Erregungsablauf, Kontraktilität, Klappenspiel, Durchblutung u. a. in geordneter Weise zusammenwirken. Regelmäßige sportliche Betätigung wirkt sich positiv auf den Organismus aus und wirkt dem Abbau der körperlichen Leistungsfähigkeit entgegen. Generell ist zu sagen, dass durch Training eine Ökonomisierung der Herzarbeit erreicht wird.

Es besteht Übereinstimmung darin, dass die Kenntnis der anatomischen und physiologischen Gegebenheiten des Sportherzens Voraussetzung für eine korrekte Interpretation der von ihm abgeleiteten Stromkurve ist. Allerdings sind die Varianten des normalen EKG von Sportlern noch nicht genügend erforscht. Dies führt immer wieder dazu, dass die für das Sportler-EKG typischen Besonderheiten als pathologische Merkmale gedeutet werden.

In zahlreichen sportwissenschaftlichen Untersuchungen hat man sich mit den positiven Auswirkungen von regelmäßiger sportlicher Betätigung auf den Organismus befasst. Hier stellt sich die Frage, welchen Einfluss unterschiedliche Sportarten auf physiologische Parameter haben. Mit Hilfe der aus dem Ruhe-EKG gewonnenen Erkenntnisse über die Herzfunktion der Probanden sollen folgende Fragen beantwortet werden:

1. *Wie verhalten sich die P-, PQ-, QRS- und QT-Streckenlängen im Ruhe-EKG im Alternsvorgang bei den Angehörigen der verschiedenen Probandengruppen?*

2. *Lässt sich im Zusammenhang mit dieser Fragestellung auch eine Aussage machen über die Werte des Lagetyps, des Sinusrhythmus, der Erregungsrückbildung, des inkompletten Rechtsschenkelblocks, des SOKOLOW-Index und der Herzfrequenz (Bradykardie)?*

3. *Können Korrelationen zwischen den untersuchten Herz-Funktions-Parametern bei den untersuchten Gruppen festgestellt werden?*

4. *Gibt es signifikante Unterschiede bezüglich der EKG-Parameter in den untersuchten Gruppen, die auf den Einfluss sportlicher Tätigkeiten zurückzuführen sind?*

c) Spiroergometrische Untersuchungen

Die Spiroergometrie in Form der Fahrradergometrie stellt in sportmedizinischen Untersuchungen die wichtigste Belastungsform dar, denn die exakte Dosierbarkeit und Reproduzierbarkeit bieten die Möglichkeit einer standardisierten Belastung.

Die Höhe der submaximalen Herzschlagfrequenz ist Ausdruck und Indikator der Belastungs- intensität. Sie zeigt an, wie der Organismus eine aktuelle Belastung verarbeitet. Darüber hinaus ist sie, ebenso wie die Herzfrequenz bei minimalen und maximalen Stoffwechselanforderungen, Ausdruck der Adaptation an körperliche Anforderungen. Je besser der Trainingszustand, desto niedriger ist die Herzfrequenz auf vergleichbaren Belastungsstufen. Die maximale Herzfrequenz wird im Zustand der intensiven Ausbelastung nach einer bestimmten Mindestbelastungsdauer erreicht. Dabei muss die Ausbelastung durch den Einsatz umfangreicher Muskelpartien des Körpers herbeigeführt werden. Im Alternsvorgang ist die maximale Herzfrequenz im Zusammenhang mit der Belastungsart und der speziellen Trainiertheit zu sehen. Die Nachbelastungsherzfrequenz kennzeichnet die Erholungsfähigkeit des kardiovaskulären Systems. Der systolische Blutdruck steigt bei submaximalen und maximalen Belastungen kontinuierlich an. Der diastolische Wert erhöht sich ebenfalls, bleibt aber in der Regel unter 90 mmHg. Auch in späteren Lebensabschnitten kommen in der Nachbelastungs-Herzfrequenz durchaus Trainingseffekte zum Vorschein. Ein Ausdauertraining fördert auch hier die Entwicklung von Vorgängen, die der Homöostase und der Erholung dienen. Das findet u. a. auch darin seinen Ausdruck, wie schnell nach körperlicher Belastung die Herzfrequenz ihrem Ruhewert zustrebt.

Für die Beurteilung der kardio-pulmonalen Leistungsfähigkeit und Belastbarkeit ist die maximale Sauerstoffaufnahme das entscheidende Kriterium. Unter der maximalen Sauer- stoffaufnahme versteht man den „höchsten Sauerstoffaufnahmewert pro Zeiteinheit, dessen der menschliche Körper unter Luftatmung fähig ist" [DIRIX et al., 1989]. Dabei sind sowohl die

absolute maximale Sauerstoffaufnahme (l/min) als auch die relative maximale Sauerstoffaufnahme (ml/min·kg) von Interesse.

In der vorliegenden Untersuchung wird anhand der klassischen ergometrischen Parameter der
Herzfrequenz, des Blutdrucks sowie der absoluten und relativen maximalen Sauerstoffaufnahme
bei den Probanden unter einem stufenförmigen Belastungsanstieg auf dem Fahrradergometer die
Leistungsfähigkeit überprüft und in Relation zum Lebensalter gesetzt. Dabei ist nicht
beabsichtigt, den positiven Effekt des Ausdauertrainings im Alter zu bestätigen. Es sollen
vielmehr Zusammenhänge zwischen Sportart, Alter und Leistungsfähigkeit aufgedeckt werden.
Im Rahmen der Untersuchung ergeben sich dabei drei Fragenkomplexe.

1. *Lassen sich Zusammenhänge bezüglich der gewählten Messgrößen und der Leistungsfähigkeit erkennen?*

   *(a) Wie verhalten sich Herzfrequenz und Blutdruck von Kraft-, Ausdauer- und
   Nichtsportlern gleicher und unterschiedlicher Altersgruppen bei definierter
   fahrradergometrischer Belastung (Wattleistung)?*

   *(b) Welche absoluten und körpergewichtsbezogenen Wattleistungen erreichen die
   Probanden?*

2. *Wie verhalten sich die absolute und relative maximale Sauerstoffaufnahme im
   Alternsvorgang bei den Kraft-, Ausdauer- und Nichtsportlern? Treten signifikante
   Unterschiede innerhalb dieser Parameter zwischen den Testgruppen auf?*

3. *Wie unterscheidet sich die Leistungsfähigkeit des kardiopulmonalen Systems von Kraft-,
   Ausdauer- und Nichtsportlern beziehungsweise verschiedener Altersgruppen unter
   Berücksichtigung der untersuchten Parameter?*

d) Blutstatus (serologische Untersuchung)

Die serologischen Untersuchungen umfassen die zwei Bereiche Fett- und Eiweißstoffwechsel.
Der *Fettstoffwechsel* spielt bei der Entwicklung einer koronaren Herzkrankheit eine zentrale
Rolle. Von besonderem Interesse sind Faktoren, die eine Beeinflussung der Blutfettparameter
(Gesamtcholesterin, HDL- und LDL-Cholesterinfraktion sowie Triglyzeride) bedingen. Infolge
von Langzeitstudien können aus der Sicht des heutigen Wissenschaftsstandes bestimmte
Risikofaktoren als gesichert angesehen werden. Man unterscheidet interne und externe
Risikofaktoren (Tab. 7).

Tab. 7: Interne und externe Risikofaktoren [verändert nach HOLLMANN, 1983]

Interne Risikofaktoren	Externe Risikofaktoren
<ul><li>Hypercholesterinämie</li><li>Hypertonie</li><li>Hyperglykämie (Diabetes mellitus)</li><li>Hyperurikämie (Gicht)</li><li>Hypertriglyzeridämie</li><li>Adipositas (in Zusammenhang mit anderen Risikofaktoren)</li></ul>	<ul><li>Zigarettenrauchen</li><li>unphysiologische Ernährung in quantitativer und qualitativer Hinsicht</li><li>Distress</li><li>Bewegungsmangel</li></ul>

Bezüglich der Hypertriglyzeridämie werden klinisch unterschieden: Hypertriglyzeridämien, die
einen Risikofaktor für arteriosklerotische Gefäßerkrankungen darstellen und Hypertriglyzeridämien, die primär als Stoffwechseldefekte oder sekundär durch eine Grundkrankheit bedingt
sind.

Bei der Therapie von Fettstoffwechselstörungen muss das medikamentöse Prinzip der körperlichen Mehraktivität zur Verbesserung der Lebensführung voll genutzt werden. Sport und Sporttherapie können dabei als unmittelbare Therapieform wie auch als Motivationsträger für ein verbessertes Gesundheitsverhalten verstanden werden. Unbestritten sind die durch körperliche Ausdaueraktivität induzierte Erhöhung der Triglyzeridhydrolyse sowie der vermehrte Umsatz von Fettsäuren zur muskulären Energiebereitstellung. Dieser Stoffwechselzustand wird von einer Aktivitätssteigerung der peripheren Schlüsselenzyme des Cholesterinstoffwechsels begleitet. Die beschriebenen Vorgänge sind für den Katabolismus der zirkulierenden Lipoproteine und den akuten Austausch von Partikelkomponenten wesentlich verantwortlich. So werden insbesondere das Verhalten des HDL-Cholesterins, vor allem aufgrund dessen Schutzfunktion, aus sportmedizinischer Sicht von Interesse und die Gegenüberstellung von Kraft-, Ausdauer- und Nichtsportlern für die Sportwissenschaft von Bedeutung sein.

Hinsichtlich des Fettstoffwechsels interessieren in der vorliegenden Untersuchung folgende Fragen:

1. *Wie verhalten sich die ausgewählten Blutfettparameter beim Vergleich der untersuchten Gruppen der Kraft-, Ausdauer- und Nichtsportler?*

2. *Können signifikante Unterschiede der untersuchten Blutfettwerte zwischen den Probanden der Altersgruppen 1 und 2 festgestellt werden?*

Im Vergleich zum Fett- oder Kohlehydratstoffwechsel ist der *Eiweißstoffwechsel* (Harnstoff, Harnsäure, Kreatinin) erst in geringerem Umfang Thema sportwissenschaftlicher Arbeiten gewesen. Bei der Entstehung der Gicht beispielsweise spielt jedoch der Eiweißstoffwechsel-parameter Harnsäure eine gewichtige Rolle. Er zählt außerdem zu den Risikofaktoren, die das Entstehen von Herz-Kreislauf-Krankheiten begünstigen.

Besonders die Gicht gehört zu den typischen Krankheitsbildern unserer Zeit. Fünf Prozent der erwachsenen Männer haben heute einen erhöhten Harnsäure-Spiegel Es handelt sich dabei um eine typische Erkrankung im mittleren und höheren Lebensalter. Das Manifestationsalter hat sich um 20 Jahre vorverlegt. Man findet heute schon bei 20- bis 30-Jährigen erste Symptome dieser Krankheit [ELMADFA, 1988].

THOMAS [1988] beschrieb die Gicht als das manifeste Krankheitsbild einer Hyperurikämie. Typisch für diese Krankheit ist die Ablagerung von Harnsäure-Kristallen in den Gelenken und deren Umgebung. Bei normalem pH-Wert liegt die Harnsäure fast immer als Uratanion vor. Bei höheren Harnsäurekonzentrationen als 7,0 bis 7,5 mg/dl fällt das Urat als Natriumkristall aus. Sicher ist, dass mit zunehmender Harnsäurekonzentration das Risiko des akuten Gelenkbefalls (Arthritis urica) steigt (Tab. 8).

Tab. 8: Häufigkeit des Auftretens einer Arthritis urica in Abhängigkeit von der Höhe der Harnsäurekonzentration im Serum [THOMAS, 1988]

Harnsäurekonzentration (mg/dl)	Häufigkeit (%)
< 6,0	0,6
6,0 bis 6,9	1,9
7,0 bis 7,9	16,7
8,0 bis 8,9	25,0
> 9,0	90,0

Die Hyperurikämie ist oft multifaktoriell bedingt. Es sind noch nicht alle Faktoren bekannt, welche die Uratlöslichkeit beeinflussen. Häufig ist die Gicht kombiniert mit Arteriosklerose, Übergewicht, Bluthochdruck, Hyperlipidämie, diabetischen Stoffwechselstörungen, Fettleber und anderen Begleiterkrankungen. In die Therapie der Hyperurikämie gehören neben der medikamentösen und diätetischen Behandlung auch die Normalisierung des Körpergewichts (Diät, Bewegung), gymnastische Übungen zur Erhaltung der Gelenkbeweglichkeit sowie Ausdauertraining zur Verbesserung der allgemeinen Leistungsbreite. Alter und Ausmaß der Erkrankung sind dabei zu beachten. Gichtanfälle können bei untrainierten Personen durch körperliche Überbelastung ausgelöst werden. Je höher der Grad der Ausdauer ist, umso niedriger ist die Harnsäurekonzentration im Blut. Bei älteren Menschen ist der Effekt, mittels Ausdauertrainings die Harnsäurekonzentration zu senken, größer [PROKOP und BACHL, 1984].

In Bezug auf die Problematik des Eiweißstoffwechsels ergeben sich folgende Fragestellungen:

1. *Treten signifikante Unterschiede bezüglich der Eiweißstoffwechselparameter Harnstoff, Harnsäure und Kreatinin beim Vergleich von Kraft-, Ausdauer- und Nichtsportlern auf?*

2. *Wie verhalten sich die ausgewählten Parameter im Alterungsprozess beim Vergleich der Probanden der Altersgruppe 1 mit denjenigen der Altersgruppe 2?*

2 Methodik

2.1 Einteilung der Probanden

In den Untersuchungsreihen sind Daten von 241 Männern im Alter zwischen 31 und 73 Jahren erfasst worden. Das Untersuchungskollektiv setzt sich aus 74 Kraftsportlern, 112 Ausdauersportlern und 55 Nichtsportlern zusammen (Abb. 9).

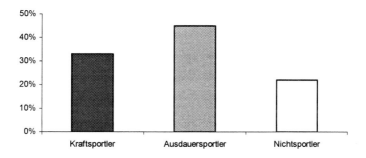

Abb. 9: Prozentuale Verteilung der Probanden in den drei Gruppen

Die *Kraftsportler* rekrutierten sich sowohl aus Mitgliedern des Deutschen Rasenkraft- und Tauziehverbandes als auch des Gewichtheberverbandes und betreiben noch aktiv Rasenkraftsport (Steinstoßen, Hammer- und Gewichtwerfen) oder Gewichtheben (Reißen und Stoßen).

Die Gruppe der *Ausdauersportler* setzte sich aus 87 Mitgliedern der Leichtathletik-Landesverbände Baden-Württembergs und Bayerns zusammen, die in den Disziplinen des Mittelstrecken- und Langstreckenlaufs aktiv sind, und 25 Fitnesssportlern, die regelmäßig ausdauerbetonten Sport wie Joggen oder Radfahren betrieben, zusammen.

Dem Kreis der *Nichtsportler* gehörten Verwaltungsbeamte und Büroangestellte aus dem Raum Karlsruhe an. Nach eigenen Angaben betreiben die Zugehörigen zu dieser Gruppe keinen gezielten Sport und waren auch in den vergangenen 30 Jahren nicht sportlich aktiv. Entsprechend sind sie auch nicht Mitglieder in einem Landesverband.

Die Probanden wurden in zwei Altersgruppen eingeteilt. Die Altersgruppe 1 umfasste die Probanden im Alter von 31 bis 49 Jahren und die Altersgruppe 2 diejenigen im Alter von 50 bis 73 Jahren. Diese Einteilung wurde vorgenommen, da so die Unterschiede zwischen jüngeren und älteren Seniorensportlern statistisch am ehesten sichtbar werden. Außerdem wurde davon ausgegangen, dass der Leistungsabfall bei Seniorensportlern bis zu einem Alter von 50 Jahren noch nicht so sichtbar ist wie danach, da die Trainingsintensität und die Anzahl der Wettkämpfe erst nach diesem Alter sichtbar abnehmen. Die Anzahl der Probanden in beiden Altersgruppen war annähernd gleich. Kleinere Altersgruppen konnten nicht gebildet werden, da die Anzahl der Probanden in den einzelnen Gruppen für statistische Auswertungen sonst zu klein gewesen wäre (Abb. 10).

Während bei den Ausdauersportlern die zahlenmäßige Verteilung der Probanden in den Altersgruppen 1 und 2 gleich war (N=56), bestanden bei den Kraftsportlern Unterschiede ($N_{AG1}=40$; $N_{AG2}=34$). Ähnliche Unterschiede bestanden auch bei den Nichtsportlern ($N_{AG1}=31$; $N_{AG2}=24$).

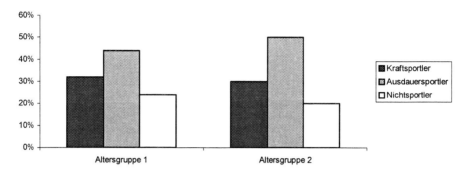

Abb. 10: Prozentuale Verteilung der Probanden in den Altersgruppen 1 und 2

Das Durchschnittsalter der Kraftsportler betrug 41,65 bzw. 59,00 Jahre, das der Ausdauersportler 43,33 bzw. 57,12 Jahre und das der Nichtsportler 42,60 bzw. 56,80 Jahre.

Die genaue Anzahl der Probanden in den verschiedenen Bereichen der Untersuchung ist in Tabelle 9 dargestellt.

Tab. 9: Einteilung der Altersgruppen und zahlenmäßige Zugehörigkeit zu den Probandengruppen bzgl. der Untersuchungsbereiche

Untersuchung	Probanden				
	Alter (Jahre)	Kraft-sportler	Ausdauer-sportler	Nicht-sportler	Summe
Sportsoziologische Untersuchung	31-49	37**	43**	19**	247**
	50-73	54**	60**	34**	
Leistungsbiographie der Kraft- und Ausdauersportler	31-49*	80**	75**	0	155
Sportanthropometrische Untersuchung	31-49	40	56	31	239
	50-73	34	56	22	
Anamnese	31-49	39	56	30	236
	50-73	34	55	22	
Motorische Untersuchung	31-49	40	56	31	239
	50-73	34	56	22	
Spirometrie in Ruhe	31-49	40	56	31	237
	50-73	33	55	22	
EKG in Ruhe	31-49	35	47	30	218
	50-73	34	50	22	
Fahrrad-Ergometrie	31-49	35	52	25	202
	50-73	28	45	17	
Serologie: Fettstoffwechsel	31-49	29	35	20	195
	50-73	33	54	24	
Serologie: Eiweißstoffwechsel	31-49	38	57	31	232
	50-73	30	54	22	

---

* In die leistungsbiographischen Untersuchungen wurden nur Sportler der Altersgruppe 1 einbezogen.

** Nach der sportsoziologischen Untersuchung sowie der Befragung bezüglich der Leistungsbiographie ergab sich als Dropout-Problem die Tatsache, dass einige Kraft-, Ausdauer- und Nichtsportler bei den weiteren Untersuchungskomplexen nicht mehr beteiligt waren.

2.2 Untersuchungsmethoden

2.2.1 Sportsoziologische Untersuchung

Die soziodemographische Erhebung wurde anhand eines Fragebogens durchgeführt und umfasste drei Fragenkomplexe. Der erste Komplex befasste sich mit persönlichen Daten und mit Angaben zur Schichtzugehörigkeit. Der zweite Komplex erfasste die sportliche Aktivität sowie das sportliche Umfeld der Probanden. Im dritten Komplex wurden Daten über die Trainings-motivation und über den Stellenwert des Sports für die Probanden erhoben.

Um Aussagen über die Schichtzugehörigkeit der Probanden treffen zu können, mussten mehrere Kriterien herangezogen werden. Zur Ermittlung der Schichtzugehörigkeit wurde nach VOIGT [1978] eine Einstufung nach den Kategorien Bildungsniveau und Beruf vorgenommen. Autoren, welche die Schichtzugehörigkeit aus der Kombination mehrerer Merkmalsgruppen wie Beruf, Bildungsniveau, wirtschaftliche Lage und kulturelles Niveau (zum Beispiel KLEIN und SCHEUCH, 1989) bestimmen, konnten in dieser Untersuchung nicht berücksichtigt werden.

Hinsichtlich der Schulbildung wurden fünf mögliche Schulabschlüsse in drei Kategorien zusammengefasst. Demzufolge ergaben sich die Kategorie Hochschulzugangsberechtigung (HZB) mit Abitur und Fachhochschulreife, die Kategorie mittlerer Schulabschluss (MA) mit mittlerer Reife oder einem gleichwertigen anderen Abschluss und die Kategorie Hauptschul-abschluss (HA).

In Anlehnung an die Zuordnung von Berufen zu bestimmten Sozialschichten durch BOLTE, KAPPE und NEITHARDT [1974] wurden den Untersuchungspersonen folgende zur Mittelschicht gehörenden Berufsfelder vorgegeben:

I. Obere Mittelschicht: Arzt, Diplomwissenschaftler, Professor,
Rechtsanwalt, leitender Angestellter

II. Mittlere Mittelschicht: Angestellter / Beamter, Selbständiger

III. Untere Mittelschicht: Arbeiter

IV. Rentner*

Zur Ermittlung der Schichtzugehörigkeit wurden den einzelnen Kategorien Bildungsniveau und Beruf entsprechend ihrer Wertigkeit ein bis drei Punkte vergeben. Die Summe der Punkte dividiert durch die Anzahl der Kategorien ergab den Schichtindex, der jeden Probanden einer sozialen Schicht zuordnete. Der Schichtindex wurde nach folgender Formel berechnet:

$$Schichtindex = \frac{Bildungsniveau + Beruf}{2}$$

→ Obere Mittelschicht: 2,5 bis 3 Punkte
→ Mittlere Mittelschicht: 1,5 bis 2 Punkte
→ Untere Mittelschicht: 0,5 bis 1 Punkt

---

* Die Rentner wurden nur anhand ihrer Schulbildung getrennt berücksichtigt, da Kenntnisse über ihre frühere berufliche Tätigkeit nicht vorhanden waren.

Die Punkteverteilung sah wie folgt aus:

Bildungsniveau:

Hochschulzugangsberechtigung (HZB)	3 Punkte
Mittlerer Bildungsabschluss (MA)	2 Punkte
Hauptschulabschluss (HA)	1 Punkt

Beruf:

Arzt, Diplomwissenschaftler, Professor, Rechtsanwalt, Leitender Angestellter	3 Punkte
Angestellter, Beamter, Selbständiger	2 Punkte
Arbeiter	1 Punkt
Rentner	0 Punkte

Die Befragung über die Trainingsgründe entfiel bei den Nichtsportlern. Bei den Kraft- und Ausdauersportlern waren die Gründe für den Beginn des sportlichen Trainings und die Gründe für die Fortsetzung des regelmäßigen Trainings bis zum Zeitpunkt der Befragung von Interesse. Die Probanden sollten folgende Gründe mit „wichtig (+)", „weder wichtig noch unwichtig (o)" oder „unwichtig (-)" bewerten:

- Gemeinschaftserleben / Geselligkeit
- Bedürfnis nach Bewegung
- Gesundheitliche Gründe
- Allgemeine Fitness
- Wettkampf / Leistungsvergleich

2.2.2 Leistungsbiographie der Kraft- und Ausdauersportler

Die Erhebung zur physischen Leistungsentwicklung (Evolution und Devolution) der Kraft- und Ausdauersportler fand wie auch bei der soziodemographischen Untersuchung mit Hilfe eines Fragebogens statt, der in zwei Bereiche aufgeteilt war.

Der erste Teil enthielt Fragen über Trainingsaufwand und Trainingsplanung. Dabei waren sowohl die Anzahl der Trainingseinheiten pro Woche als auch die Dauer der einzelnen Einheiten von Interesse. Ferner sollten die Kraftsportler das prozentuale Verhältnis zwischen Kraft- und Techniktraining angeben.

Der zweite Teil beinhaltete Fragen zur Erfassung der persönlichen Bestleistungen, die in Zeitabschnitten von 10 Jahren – beginnend mit dem 20. Lebensjahr – in verschiedenen Disziplinen erzielt worden sind. Für die Kraftsportler wurden Daten in den Disziplinen Reißen und Stoßen des Gewichthebens und im Steinstoßen, Hammer- und Gewichtwerfen des Rasenkraftsports erhoben. In der Probandengruppe der Ausdauersportler wurden die Leistungen in den leichtathletischen Laufdisziplinen 1.500 m-, 5.000 m-, 10.000 m- und Marathonlauf betrachtet. Da die Senioren-Leistungssportler in der Regel über sehr gute Aufzeichnungen ihrer erzielten Bestleistungen (anhand von Urkunden oder Ergebnislisten) und ihres Trainingsumfanges sowie der Trainingsintensität (zum Beispiel in Form von Trainingstagebüchern) verfügten, war solch eine Befragung auch über länger zurückliegende Aktivitäten möglich. Der in dieser Studie für Seniorenleistungssportler gewählte Weg, nämlich die Angabe der Bestleistungen im entsprechenden Dezennium, hatte den Vorteil, dass die untersuchten Sportler an Wettkampfsituationen gewöhnt waren und somit das Streben nach maximaler Leistung für sie keine neue oder fremde Situation darstellte. Es kann demnach davon ausgegangen werden, dass die Leistungsbereitschaft sehr hoch war. Die Einflüsse äußerer und innerer Faktoren wie zum Beispiel Wetter und Leistungszustand wurden minimiert, da aus mehreren erzielten Ergebnissen nur das Beste gewertet wurde. Der Nachteil lag hierbei allerdings in der Unmöglichkeit eines Vergleichs mit anderen Untersuchungen im Rahmen des Senioren-Leistungssports.

Abschließend wurden die Probanden nach dem Lebensalter gefragt, in dem sie das leistungsorientierte Training in den einzelnen Disziplinen begonnen haben. Darüber hinaus wurden bei den Kraftsportlern das Körpergewicht im jeweiligen Altersabschnitt und die unterschiedlichen Gerätegewichte berücksichtigt.

Ausgewertet werden die Daten, die sich auf den mittleren Lebensabschnitt der Sportler (20 bis 50 Jahre) beziehen. Daten aus dem höheren Alter liegen nur vereinzelt vor, wodurch keine statistisch korrekte Bearbeitung möglich ist. Die untersuchten Parameter zu Trainingsumfang, Anzahl der Trainingseinheiten pro Woche und Dauer einer Trainingseinheit, werden zu einer einzigen Variablen, der wöchentlichen Trainingsdauer, zusammengefasst.

Die Entwicklung des absolvierten Trainings wird in Kapitel 3.2 den erzielten Leistungen gegenübergestellt. Dabei werden die beiden Sportarten zunächst getrennt voneinander betrachtet, um die für sie jeweiligen sportspezifisch typischen Tendenzen besser herausstellen zu können. Hierbei werden sowohl die Leistungen als auch die Trainingsumfänge Referenzbereichen zugeteilt. Bei den Kraftsportlern wird exemplarisch die Entwicklung im Steinstoßen dargestellt.

Referenzbereiche:

Weite (m)	bis 7,5	7,51-8,0	8,01-8,5	8,51-9,0	über 9,0
Training (h)	bis 2,5	2,6-4,0		4,1-5,5	5,6-7
Körpergewicht	bis 70 kg		71-85 kg		über 85 kg

Bei den Ausdauersportlern werden am Beispiel des 5.000 m-Laufes Aussagen getroffen.

Referenzbereiche:

Leistung (min)	bis 15:30	15:31-16:30	16:31-17:30	17:31-18:30	über 18:30
Training (h)	bis 2,5	2,6-4,0	4,1-5,5	5,6-7,0	> 7,0
Einheiten	1-2		3-4		5-6

Abschließend werden die Ergebnisse in den einzelnen Sportarten miteinander verglichen. Hierzu wird in den Kraftsportarten eine relative Leistung als Quotient aus erzielter Leistung und Körpergewicht gebildet. Da die Probanden eine Zunahme ihres Körpergewichts aufweisen, ist eine durchgängige Betrachtung in einer Gewichtsklasse nicht möglich. Im weiteren Verlauf werden an vier Disziplinen (Hammerwurf, Gewichtheben (Stoßen), 5.000 m- und 10.000 m-Lauf) die Entwicklungen des Trainingsumfanges bei konstanter Leistung von einer Altersstufe zur nächsten aufgezeigt. Ebenso werden die Änderungen des Trainingsumfanges bei einer Leistungssteigerung in einer Dekade untersucht.

2.2.3 Sportanthropometrische Untersuchung

2.2.3.1 Körpermaße

Die Erfassung der für die vorliegende Untersuchung ausgewählten Längen-, Breiten-, Tiefen-, Dicken-, Umfang- und Gewichtsmaße erfolgte mit den in der Anthropometrie gebräuchlichen Geräten nach MARTIN und SALLER [1957]. In der Verfahrensweise wurden die messtechnischen Richtlinien von TITTEL und WUTSCHERK [1972] befolgt. Die Messergebnisse wurden in kg beziehungsweise cm mit einer Dezimalstelle in den jeweils persönlichen Untersuchungsbogen eingetragen.

Bei den *Längenmaßen* waren die Körperhöhe und die Sitzhöhe von besonderem Interesse.

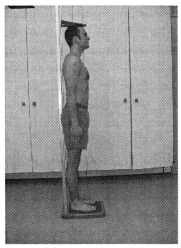

Die *Körperhöhe* ist die vertikale Entfernung des Scheitels vom ebenen Boden. Sie muss sehr genau gemessen werden, da ihr Wert aufgrund der starken Korrelation mit anderen Körpermaßen in zahlreiche Indizes zur Bestimmung relativer Maße eingeht (Abb. 11). In der vorliegenden Untersuchung ging die Körperhöhe bei der Ermittlung des Skelischen-Index, des AKS-Index, des KAUP-Index, des ROHRER-Index, des Rumpfmerkmals und des Metrik-Index ein. Darüber hinaus wurde sie im Vergleich mit anderen Maßen und aus Sicht der Sportartengruppen und der Nichtsportler diskutiert.

Abb. 11: Messung der Körperhöhe

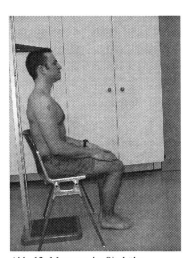

Die *Sitzhöhe* („Stammlänge") ist die vertikale Entfernung des Scheitels von der Sitzfläche bei aufrechter, möglichst gestreckter Körperhaltung (Abb. 12). Mit Hilfe der Sitzhöhe wurde der Skelische-Index der Probanden ermittelt. Er dient dem konstitutionsbiologischen Vergleich zwischen den drei untersuchten Gruppen und gibt unter anderem Auskunft über die relative Beinlänge (Kurzbeinigkeit bzw. Langbeinigkeit).

Abb. 12: Messung der Sitzhöhe

Hinsichtlich der *Breitenmaße* wurden in der vorliegenden Untersuchung die Schulterbreite und die Brustkorbbreite bestimmt.

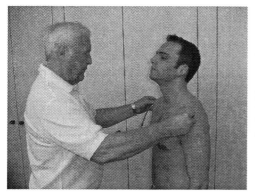

Die *Schulterbreite* (Biacromialdistanz) ist die geradlinige Entfernung zwischen beiden Schulterhöhen. Sie wird mit dem Tasterzirkel bei normaler Schulterhaltung gemessen (Abb. 13). Die Schulterbreite wurde einerseits im Zusammenhang mit den Sportartengruppen und Nichtsportlern betrachtet und andererseits diente sie zur Ermittlung des Plastik-Index und des Rumpfmerkmals.

Abb. 13: Messung der Schulterbreite

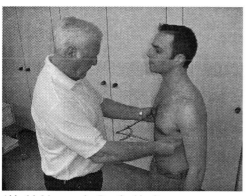

Der transversale *Brustkorbdurchmesser* (Brustkorbbreite) ist der Abstand zwischen den am stärksten seitlich ausladenden Punkten des Brustkorbs. Seine Messung erfolgt in einer Mittelstellung zwischen In- und Exspiration in horizontaler Ebene etwa in Höhe der 4. Rippen-Brustbein-Verbindung (Abb. 14). Die Brustkorbbreite ist wichtig zur Bestimmung des Metrik-Index und somit zur Einordnung der Konstitution der Probanden in das CONRAD'sche Konstitutionstypenschema.

Abb. 14: Messung der Brustkorbbreite

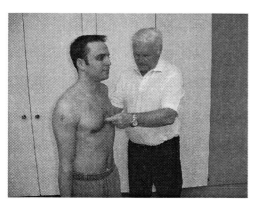

Die *Brustkorbtiefe* stellt das einzige für diese Untersuchung erfasste *Tiefenmaß* dar. Der sagittale Brustkorbdurchmesser (Brustkorbtiefe) ist die geradlinige Entfernung zwischen dem unteren Ende des Brustbeinkörpers und der in gleicher Horizontalebene gelegenen Dornfortsatzspitze der Brustwirbelsäule (Abb. 15). Die Brustkorbtiefe ist ein notwendiges Maß zur Bestimmung des Metrik-Index.

Abb. 15: Messung der Brustkorbtiefe

Die Messungen bezüglich der *Umfangmaße* erfolgten am Brustkorb, am Oberarm und an der Hand.

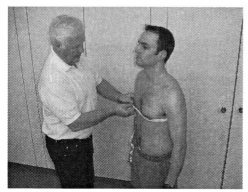

Der *Brustkorbumfang* ist bei Männern der in Höhe der Brustwarzen bzw. des unteren Schulterblattwinkels in der Horizontalebene gemessene Umfang. Die Messung erfolgt in Atemmittelstellung mit einem Bandmaß (Abb. 16).

Abb. 16: Messung des Brustkorbumfangs

Darüber hinaus erfolgten Messungen des Brustkorbumfangs bei maximaler Ex- und Inspiration. Aus der Differenz dieser Werte wurde die Exkursionsbreite, die ein funktionell-konstitutionelles Maß für die Atmung ist, errechnet und in Relation zu anderen Körpermaßen gesetzt.

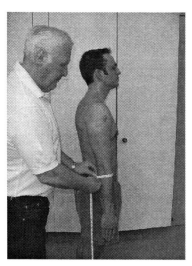

Der *Unterarmumfang* wird an der Stelle der größten seitlichen Vorwölbung des Oberarmspeichenmuskels unterhalb des Ellbogengelenks horizontal gemessen (Abb. 17). Er ist ein Maß zur Bestimmung des Plastik-Index im CONRAD´schen Konstitutionstypenschema.

Abb. 17: Messung des Unterarmumfangs (gestreckt)

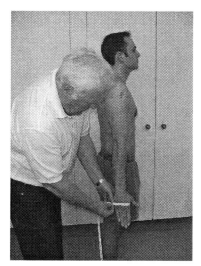

Der *Handumfang* wird in der Ebene unterhalb des Daumenwurzelgelenks und oberhalb des fünften Finger-wurzelgelenks gemessen (Abb. 18). Er geht in den Plastik-Index ein und dient somit zur Einordnung der Probanden in das Konstitutionstypenschema nach CONRAD.

Abb. 18: Messung des Handumfangs

Hinsichtlich der *Dickenmaße* wurden die *Hautfaltendicken* der Probanden erfasst. Diese ermöglichten die Ermittlung des AKS-Index. Die Hautfaltendicken wurden nach der Methode von BROZEK und HENSCHEL [1961] mit Hilfe des Calipers gemessen. Die Calipermetrie an zehn verschiedenen, international festgelegten Körperstellen ermöglichte die Beurteilung des Körperfettzustandes (Abb. 19).* Gemessen wurde:

1. an der Wange, in Höhe des tragus,

2. am Mundboden, oberhalb des Zungenbeins,

3. am Bauch, schräg unterhalb des Nabels im ersten Viertel der Strecke zwischen Nabel und vorderem oberen Darmbeinstachel (spina iliaca anterior-superior),

4. auf der Brustkorbwand, in Höhe der 10. Rippe in der vorderen Axillarlinie,

5. im Bereich der Hüfte, oberhalb des vorderen, oberen Darmbeinstachels,

6. am Oberschenkel, dicht über der Kniescheibe bei leicht gebeugtem Kniegelenk, über dem geraden Schenkelmuskel (musculus rectus femoris),

7. auf dem Rücken, oberhalb des unteren Schulterblattwinkels (subscapular),

8. am Oberarm, über dem Armstrecker (musculus triceps brachii), genau in der Mitte zwischen Schulterhöhe und Ellenhaken,

9. auf der Brustkorbwand, am Axillarrand des großen Brustmuskels (vordere Achselfalte),

10. auf der Wade, an der unteren Begrenzung der Kniekehle am Übergang zur Sehne über dem Zwillingswadenmuskel (musculus gastrocnemius).

---

* Zur Vereinfachung wird derzeit auch die weniger präzise bioelektrische Impedanzmessung oder das Infrarotverfahren angewendet.

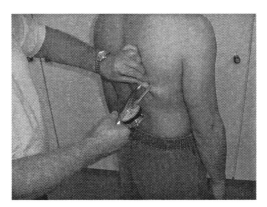

Abb. 19: Messung der Hautfaltendicke über dem unteren
Schulterblattwinkel

Zur Auswertung der Messungen wurden Indikatorwerte für die Hautfaltendicken zusammen-
gestellt (Tab. 10). Dabei dienten die Ergebnisse aus den Untersuchungen von STEINKAMP et al.
[1965], FISCHER et al. [1970] und PARIZKOVA [1972] als Richtwerte.

Tab. 10: Indikatorwerte für die zehn erfassten Hautfalten

Hautfalte	„mager"	„akzeptabel"	„fett"
Wange	0 – 7 mm	7 – 12 mm	> 12 mm
Mundboden	0 – 5 mm	5 – 10 mm	> 10 mm
Bauch	0 – 9 mm	9 – 17 mm	> 17 mm
Brust	0 - 6 mm	6 – 13 mm	> 13 mm
Hüfte	0 – 6 mm	6 – 13 mm	> 13 mm
Knie	0 – 7 mm	7 – 12 mm	> 12 mm
Rücken	0 – 8 mm	8 – 15 mm	> 15 mm
Oberarm (triceps)	0 – 7 mm	7 – 13 mm	> 13 mm
Achsel	0 – 7 mm	7 – 13 mm	> 13 mm
Wade	0 – 5 mm	5 – 8,5 mm	> 8,5 mm

Das *Körpergewicht* wurde mit einer geeichten, stabilen Körperwaage (Marke „Seca") mit einer
maximalen Wiegekraft von 200 kg gemessen (Abb. 20). Die Beurteilung des Körpergewichts
erfolgte mit Hilfe der errechneten Werte für das Normalgewicht, das Idealgewicht und das
Übergewicht. Das Normalgewicht wurde nach der BROCA-Formel bestimmt. Diese besagt, dass
das Normalgewicht der Körperhöhe minus 100 entspricht:

Normalgewicht = Körperhöhe – 100

Das Idealgewicht von Männern wird bestimmt, indem man von den nach der BROCA-Formel
ermittelten Normwerten bei Männern 10% abzieht (bei Frauen 15%). Als übergewichtig gelten
Personen, die ihr Normalgewicht nach BROCA um mehr als 10% überschreiten (VON KAROLY
[1971]).

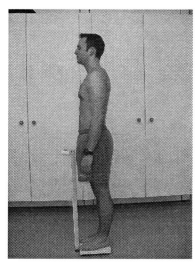

Abb. 20: Bestimmung des Körpergewichts

Hinsichtlich der Bewertung des Körpergewichts muss darauf hingewiesen werden, dass das Körpergewicht stark durch die Sportart beeinflusst wird. Aus diesem Grund müssen die Ergebnisse vor diesem Hintergrund betrachtet werden.

Das Körpergewicht wurde darüber hinaus in Abhängigkeit von anderen Körpermaßen sowie den Sportartengruppen und Nichtsportlern untersucht und war wichtig bei der Bestimmung des AKS-Index, des ROHRER-Index, des KAUP-Index und des Rumpfmerkmals.

2.2.3.2   Indizes

Mit Hilfe der ermittelten Körpermaße (Kap. 2.2.3.1) wurden die für die vorliegende Untersuchung notwendigen Indizes berechnet. Es handelte sich dabei um den Skelischen-Index, den Index der aktiven Körpersubstanz, den KAUP-Index, den ROHRER-Index, den Thorakal-Index und das Rumpfmerkmal.

Der *Skelische-Index* bezeichnet das Verhältnis zwischen den Längenmaßen Sitzhöhe und Körperhöhe. Durch ihn lassen sich Aussagen über die Proportionen von Oberkörper- zu Gesamthöhe, und somit auch über die relative Beinlänge, machen. Im Mittel liegt er bei erwachsenen Männern in Europa zwischen 51 und 52.

$$\text{Skelischer-Index} = \frac{\text{Sitzhöhe} \cdot 100}{\text{Körperhöhe}}$$

Zur Ermittlung des *AKS-Index* müssen zuvor der prozentuale Fettanteil (Fett%) und die aktive Körpersubstanz (AKS) berechnet werden. Der prozentuale Fettanteil am Körpergewicht sportlich aktiver Männer wird nach PARIZKOVA [1972] mit folgender Regressionsgleichung errechnet.

$$\text{Fett\%} = 22{,}32 \cdot \log(x_1 + \ldots + x_{10}) - 29{,}20$$

Die Normwerte für erwachsene Männer liegen zwischen 6,9% und 23,3%. Dieser Prozentwert wird anschließend in Kilogramm umgerechnet und dann vom Gesamtkörpergewicht abgezogen, wodurch man die aktive Körpersubstanz (in kg) erhält.

$$AKS = K\ddot{o}rpergewicht - \frac{Fett\% \cdot K\ddot{o}rpergewicht}{100}$$

Den so genannten *AKS-Index*, der noch spezifischer den Entwicklungsgrad der Muskulatur kennzeichnet, erhält man mit Hilfe der Formel von BROZEK und KEYS [1951], welche die unterschiedlichen Körperhöhen der Probanden kompensiert.

$$AKS\text{-}Index = \frac{Aktive\ K\ddot{o}rpersubstanz}{10 \cdot (K\ddot{o}rperh\ddot{o}he\ in\ m)^3}$$

Zum Vergleich zwischen den Sport- und Altersgruppen wurde auch die aktive Körpersubstanz in % vom Körpergewicht (AKS%) bestimmt.

$$AKS\% = \frac{AKS \cdot 100}{K\ddot{o}rpergewicht}$$

Der *KAUP-Index* wird auch Körperbau-Index genannt, weil er das Körpergewicht im Verhältnis zur Körperhöhe in der zweiten Potenz betrachtet. Der Mittelwert für Männer liegt bei 2,2, der Normbereich reicht von 1,8 bis 3,3.

$$KAUP\text{-}Index = \frac{K\ddot{o}rpergewicht}{10 \cdot K\ddot{o}rperh\ddot{o}he^2}$$

Im Hinblick auf die eingehenden Variablen entspricht er dem Körpermassenindex (KMI) bzw. dem Body-Mass-Index (BMI). Wie dieser ist er nur begrenzt aussagefähig, da keine Aussage über Fett- und Muskelanteil am Gesamtkörpergewicht getroffen werden kann (vgl. S. 129). Um diesem Mangel gerecht zu werden, wurden bei unseren Probanden an zehn Messstellen Hautfaltendicken erfasst.

Der *ROHRER-Index* wird auch als Körperfülle-Index bezeichnet, weil er das Körpergewicht im Verhältnis zur Körperhöhe in der dritten Potenz betrachtet. Der Mittelwert für Männer ist 1,4; der Normbereich reicht von 1,2 bis 1,6.

$$ROHRER\text{-}Index = \frac{K\ddot{o}rpergewicht}{10 \cdot K\ddot{o}rperh\ddot{o}he^3}$$

Der *Thorakal-Index* zeigt vor allem den Einfluss eines langjährigen intensiven sportlichen Trainings auf den Körperbau des Menschen.

$$Thorakal\text{-}Index = \frac{sagittaler\ Brustkorbdurchmesser \cdot 100}{transversaler\ Brustkorbdurchmesser}$$

Das *Rumpfmerkmal*, das von TITTEL-WUTSCHERK [1972] „Komplex-Körperbaumerkmal B" genannt wird, ist hauptsächlich bei sportanthropometrischen Fragestellungen von Interesse und zeigt das Wirken eines Merkmals in einem Verband größerer Merkmalsgruppen auf. Zur Ermittlung des Rumpfmerkmals werden die Schulterbreite, die Beckenbreite, die Körperhöhe und das Körpergewicht herangezogen.

$$\text{Rumpfmerkmal} = \frac{(\text{Schulterbreite} + \text{Beckenbreite}) \cdot \text{Körperhöhe}}{2 \cdot \text{Körpergewicht}}$$

2.2.3.3 Konstitution

Die Konstitution der Probanden wurde in der vorliegenden Untersuchung anhand des Konstitutionstypenschemas nach CONRAD [1963] erfasst. Dazu musste die Primär- und die Sekundärvariante bestimmt werden, die sich aus dem Metrik- bzw. Plastik-Index ergibt.

Die *Primärvariante* beschreibt die dimensionale Ausprägung des passiven Bewegungsapparates und unterscheidet dabei die gegensätzlichen Längenwuchstendenzen pyknomorph (untersetzter Typ) und leptomorph (schlanker Typ). Die gewonnenen Werte des Metrik-Index [ROHR, 1980] wurden bestimmten Klassen zugeordnet, die mit den Buchstaben von A bis I gekennzeichnet sind. „A" steht für die am stärksten pyknomorphen beziehungsweise pyknischen und „I" für die am stärksten leptomorphen beziehungsweise leptosomen Proportionen (Tab. 11). Körperformen, welche die A-Grenze unterschreiten (= extrem pyknomorph beziehungsweise pyknisch) erhalten die Bezeichnung „Ultra A (UA)", solche, welche die I-Grenze überschreiten (= extrem leptomorph beziehungsweise leptosom), heißen „Ultra I (UI)".

Ermittlung des Metrik-Index nach ROHR [1980]:

$$\text{Metrik} - \text{Index} = \frac{0{,}32 \cdot \text{Körperhöhe} - \text{Brustkorbbreite} - 21{,}86 - 1{,}25 \cdot (\text{Brustkorbtiefe} - 20)}{-7{,}875}$$

Die Maße der Formel sind in cm einzusetzen.

Tab. 11: Metrik- und Plastik-Index für Männer [CONRAD, 1963]

Metrik-Index für Männer	Gruppe		Plastik-Index für Männer	Gruppe
+ 1,1 und darüber	Ultra A		bis 73,3	Ultra 1
+ 1,0 + 0,9 + 0,8	A		73,4 – 75,9	1
+ 0,7 + 0,6 + 0,5	B		76,0 – 78,5	2
+ 0,4 + 0,3 + 0,2	C		78,6 – 81,1	3
+ 0,1 + 0,0 – 0,1	D		81,2 – 83,7	4
– 0,2 – 0,3 – 0,4	E		83,8 – 86,3	5
– 0,5 – 0,6 – 0,7	F		86,4 – 88,9	6
– 0,8 – 0,9 – 1,0	G		89,0 – 91,5	7
– 1,1 – 1,2 – 1,3	H		91,6 – 94,1	8
– 1,4 – 1,5 – 1,6	I		94,2 – 96,7	9
– 1,7 und darunter	Ultra I		96,8 und darüber	Ultra 9

Die *Sekundärvariante* charakterisiert den Grad der muskulären Ausprägung, d.h. die proportionale Ausprägung des aktiven Bewegungsapparates. Zu ihrer Bestimmung wird der Plastik-Index eingesetzt, der sich aus der Summe der Akromialbreite (Schulterbreite), des Handumfangs und des größten Unterarmumfangs jeweils in cm ergibt.

$$\text{Plastik-Index} = \text{Schulterbreite} + \text{Handumfang} + \text{Unterarmumfang}$$

Dieser Wert wird in einer Klasseneinteilung den Zahlen von „1" bis „9" zugeordnet. Die „1" steht für extrem hypoplastisch (geringer Plastizitätsgrad = geringe Muskelmasse) und die „9" für extrem hyperplastisch (hoher Plastizitätsgrad = viel Muskelmasse). Werte, welche die „1"-Grenze unterschreiten (= extrem hypoplastisch) erhalten die Bezeichnung „Ultra 1", solche die die „9"-Grenze überschreiten (= extrem hyperplastisch) heißen „Ultra 9" (Tab. 11).

Die Werte der Primär- und Sekundärvariante (Variationsbreite 1: von pyknomorph nach leptomorph beziehungsweise Variationsbreite 2: von hypoplastisch nach hyperplastisch) werden in das von CONRAD [1963] entworfene Koordinatensystem eingetragen. Aufgrund der Einteilung ergeben sich 81 Zuordnungsmöglichkeiten, um die dimensionale und proportionale Wuchstendenz eines Individuums festzustellen. Das Feld A1 repräsentiert einen extrem pyknomorphen und hypoplastischen Typ. Das Feld I9 steht für einen extrem leptomorphen hyperplastischen Typ. Die Koordinate E5 bildet das Zentrum des Koordinatensystems. Sie stellt sowohl proportional als auch dimensional einen ausgeglichenen Konstitutionstypus dar, der als Idealtyp (metromorph und metroplastisch) bezeichnet wird (Abb. 21).

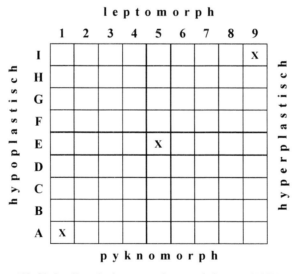

Abb. 21: Das Konstitutionstypenschema nach CONRAD [1963]

Von jedem der 241 untersuchten Probanden wurden dorsale, ventrale und laterale fotografische Aufnahmen angefertigt. Wegen des großen Bilderumfangs werden aus den Gruppen der Kraft-, Ausdauer- und Nichtsportler für die Altersklassen 1 und 2 jeweils zwei Probanden dargestellt, die nach sechs typischen Kriterien ausgewählt wurden (vgl. Bildreihen im Anhang).

2.2.4 Anamnese

Bei der anamnestischen Erhebung handelte es sich nicht um ein standardisiertes Interview mit fest vorgeschriebenen Fragen. Vielmehr lag eine Mischung aus halb standardisiertem und nicht standardisiertem Interview zugrunde. Dem Interviewer wurde durch den Protokollbogen lediglich ein Interviewleitfaden vorgegeben, der ihm beträchtliche Freiheitsgrade insbesondere bezüglich der Frageformulierung und Fragenreihenfolge ließ. So war es im Gegensatz zum voll standardisierten Interview möglich, nicht verstandene Fragen zu erklären und Nachfragen zu stellen. Die aus einer solch freien Interviewform möglicherweise entstehenden Probleme hinsichtlich Objektivität und Vergleichbarkeit der gewonnenen Daten wurden durch den Einsatz erfahrener Interviewer aufgefangen. Da Ärzte in ihrem Alltag täglich Menschen „interviewen", können sie nicht nur im Hinblick auf die Anamneseerhebung, sondern auch als Interviewer als echte Experten angesehen werden.

Bei der Erhebung von Daten konzentrierte man sich insbesondere auf die Erfassung von Krankheiten, die in der Morbiditätsstatistik der Bevölkerung auf den vorderen Plätzen liegen, wie Herz-Kreislauf-Beschwerden, Krebs, Arteriosklerose sowie Stoffwechselkrankheiten (Hypercholesterinämie, Diabetes, Gicht).

Für die Eigenanamnese wurde weiterhin nach Erkrankungen des Immunsystems gefragt, wobei der Schwerpunkt auf Infektanfälligkeit und bestehenden Allergien lag. Von besonderem Interesse war auch der Zustand des Bewegungsapparates. Hier wurde nach chronischen Erkrankungen und sport- oder nicht sportbedingten Verletzungen unterschieden. Für die Auswertung wurden später einzelne Körperpartien zusammengefasst, so dass sich am Ende eine Einteilung in Hals-, Brust- und Lendenwirbelsäule; Schultergelenk, Ellbogen und Handgelenk; Oberschenkel, Kniegelenk und Unterschenkel; Sprunggelenk und Fuß ergab.

Außerdem wurden die Probanden zu ihrer Medikamenteneinnahme und ihrem Nikotin- und Alkoholkonsum befragt.

Die abschließende Familienanamnese soll Auskunft über das Vorkommen von bestimmten Erkrankungen und dominanten Risikofaktoren in den Familien der Kraft-, Ausdauer- und Nichtsportler geben.

Von den 241 untersuchten Probanden des Gesamtprojektes standen für die Auswertung der Anamnese 236 ausgefüllte Anamneseprotokolle zur Verfügung.

2.2.5 Motorische Untersuchung

Die motorische Untersuchung umfasst die Beweglichkeitsmessung sowie die Messung der Handkraft.

2.2.5.1 Beweglichkeit

Die Lendenwirbelsäule, das Hüftgelenk und das Kniegelenk standen im Mittelpunkt der Beweglichkeitsmessung. Die ermittelten Werte wurden zum Teil in Bezug auf Norm- und Mittelwerte von JOSENHANS [1968] und NEUMANN [1978] betrachtet (Tab. 12).

Tab. 12: Norm- und Mittelwerte für die untersuchten Beweglichkeitsmaße [JOSENHANS, 1968; NEUMANN, 1978]

Gelenke	Messung	Norm - Mittelwert
Lendenwirbelsäule	SCHOBER-Test	4,5 - 6 cm
Kniegelenk	Beugefähigkeit	-
Hüftgelenk	Abduktionsfähigkeit	40°
	Flexion	40°
	Hyperextension	30°

Für das nach SCHOBER ermittelte LWS-Beweglichkeitsmaß (BEW) liegen Normwerte aus der Literatur vor. Nach FRISCH [1987] sind Werte zwischen vier und sechs Zentimeter normal. RETTIG et al. [1974] führten fünf Zentimeter als Normalwert an.

Die ermittelten Werte wurden Referenzbereichen zugeordnet (Tab. 13). Die Einteilung der Referenzbereiche erfolgte nach rein statistischen Momenten und nicht nach medizinischen Aspekten oder aufgrund bereits durchgeführter Untersuchungen.

Tab. 13: Referenzbereiche für die Beweglichkeitsmaße

Gelenk	Referenzbereich 1	Referenzbereich 2	Referenzbereich 3
Lendenwirbelsäule	bis 3,3 cm	3,4 bis 4,8 cm	ab 4,9 cm
Kniegelenk - Flexion	bis 50°	51-63°	ab 64°
Hüftgelenk - Abduktion	bis 43°	44-54°	ab 55°
Hüftgelenk - Flexion	bis 53°	54-69°	ab 70 °
Hüftgelenk - Hyperextension	bis 25°	26-39°	ab 40°

Die Beweglichkeit der *Lendenwirbelsäule* wurde mit Hilfe des SCHOBER-Tests untersucht. Hierbei legt man am aufrecht stehenden Probanden den Daumen auf den Dornfortsatz des fünften Lendenwirbels und den Zeigefinger auf den Dornfortsatz 10 cm weiter oben (cranial). Die Entfernung zwischen den beiden Punkten wird mit dem Bandmaß bestimmt. Anschließend macht der Proband eine Rumpfbeuge vorwärts. Bei normaler sagittaler Beweglichkeit der Wirbelsäule ist dabei eine Vergrößerung der Messstrecke um 4,5 bis 6 cm zu erwarten (Abb. 22).

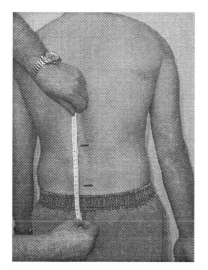 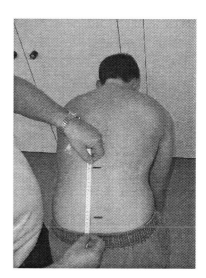

Abb. 22: Der SCHOBER-Test

Im Hinblick auf die *Kniegelenkbeweglichkeit* wird die Flexionsfähigkeit betrachtet. Die Flexion ist der Winkel, dessen Scheitelpunkt in der Transversalachse des Kniegelenks liegt und dessen Schenkel parallel zu den Längsachsen des Oberschenkelknochens beziehungsweise des Schienbeins verlaufen. Dieser Winkel wird am aufrecht stehenden Probanden gemessen, wobei die eine Ferse aktiv maximal in Richtung Hüfte gehoben wird (Abb. 23).

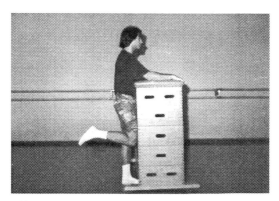

Abb. 23: Messung des Beweglichkeitsmaßes Knie-Flexion

Die *Hüftgelenkbeweglichkeit* wurde anhand der Abduktionsfähigkeit, der Flexionsfähigkeit und der Hyperextensionsfähigkeit der Beine untersucht.

Bei der Ermittlung der *Abduktionsfähigkeit der Beine* wird der Winkel, den die Längsachse des Oberschenkels (Femur-Achse) bei maximal seitlich gegrätschten Beinen mit der Senkrechten bildet, gemessen (Abb. 24).

Abb. 24: Messung des Beweglichkeitsmaßes Hüftgelenk-Abduktion

Die *Flexion (Hüfte)* ist der Winkel, den die Längsachse des nach oben geführten gestreckten Beines des liegenden Probanden mit der Längshorizontalen bildet. Zu ihrer Messung führt der Proband ein Bein so weit wie möglich aktiv sagittal in Richtung Bauchwand (Abb. 25).

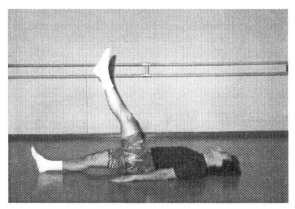

Abb. 25: Messung des Beweglichkeitsmaßes Hüftgelenk - Flexion

Die *Hyperextension* ist durch den Winkel, den die Längsachse des Standbeins mit der Längsachse des nach hinten abgespreizten gestreckten Beins in der Sagittalebene bildet, gekennzeichnet. Bei ihrer Messung steht der Proband mit dem Gesicht zur Wand, mit möglichst fixiertem Becken und hebt das gestreckte Bein aktiv nach hinten-oben (Abb. 26).

Abb. 26: Messung des Beweglichkeitsmaßes - Hüftgelenk - Hyperextension

2.2.5.2   Handdruckkraft

Für die Prüfung der Druck- und Zugkraft der Unterarmflexoren wurde das Dynamometer nach COLLIN verwendet (vgl. TITTEL und WUTSCHERK [1972]: *Sportanthropometrie* und Abb. 27). Es besteht aus einem elliptischen Stahlring, der durch die Muskelkraft zusammengedrückt werden kann. Der dabei entstehende Druck wird auf einen Schleppzeiger übertragen, der auf einer halbkreisförmigen Skala gleitet. Der stehende oder sitzende Proband drückt das in der Hohlhand des stärkeren Armes liegende COLLIN'sche Dynamometer so fest wie möglich zusammen. Jeder Proband hat mehrere Versuche, um sich an die Benutzung des Dynamometers zu gewöhnen. Der maximale Ausschlag des Schleppzeigers stellt den Indikator für die Handkraft dar.

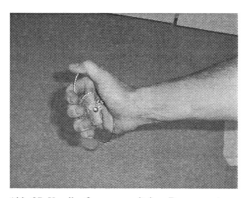

Abb. 27: Handkraftmessung mit dem Dynamometer
nach COLLIN

2.2.6 Medizinisch-physiologische Untersuchung

Die medizinisch-physiologische Untersuchung umfasst die spirometrische Messung in Ruhe, die Auswertung des Ruhe-EKGs, die Fahrrad-Spiroergometrie sowie die Blutuntersuchung.

2.2.6.1 Spirometrie in Ruhe

Für die Lungenfunktionsmessung in Ruhe wurden die exspiratorische Vitalkapazität (VC), das forcierte exspiratorische Volumen in einer Sekunde (FEV_1) und die relative Einsekundenkapazität nach TIFFENEAU (FEV_1%) ermittelt. Die Messung der Lungenvolumina erfolgte an den stehenden Personen bei verschlossener Nasenöffnung (Stöpsel). Für die Bestimmung wurde ein Spirometer Vitalograph Typ-S verwendet (Abb. 28).

Abb. 28: Spirometer Vitalograph vom Typ-S und der
integrierte Lungenfunktions-Analysator

An diesem Gerät können sowohl die statischen Tests als auch die dynamischen Versuche, also Volumenmessungen ohne und mit Zeitvariable unter BTPS-Bedingungen (Body Temperature, athmospheric Pressure, water saturated) ausgeführt werden. Der Vitalograph ist für den extraklinischen Einsatz geeignet und von ausreichender Genauigkeit. Als Zusatzgerät dient der Funktions-Analysator, der die gemessenen Werte und Sollwerte unter Berücksichtigung von Zimmertemperatur, Körperhöhe, Geschlecht und Alter errechnet und aufgelistet ausdruckt.

Um signifikante Veränderungen bei den Probanden im Alternsvorgang bezüglich der zu untersuchenden Parameter VC, FEV_1 und FEV_1% feststellen zu können, ist eine weitere Differenzierung nötig. Die drei Probandengruppen der Kraft-, Ausdauer- und Nichtsportler werden zum einen in die beiden Altersgruppen, zum anderen in zwei Körperlängenbereiche von 156,0 bis 174,5 cm und von 175,0 bis 189,0 cm eingeteilt. Der Grund für diese Untergliederung liegt in der Tatsache, dass bestimmte anthropometrische Größen eine hohe Korrelation zu den Parametern der Lungenfunktion aufweisen. Die Körperlänge spielt hierbei die wichtigste Rolle.

Für die Interpretation der Daten dienen die aus der Medizin bekannten Referenzbereiche. Die absoluten Volumenmessungen der Vital- und Einsekundenkapazität werden deshalb im prozentualen Vergleich mit den Sollwerten dargestellt. Diese sind dem Handbuch des Vitalograph-Keilbalgspirometers von GARBE und CHAPMAN [1975] entnommen.

2.2.6.2 Ruhe-EKG-Parameter

Zur näheren Anschauung wird in der folgenden Abbildung 29 die Form und Lage eines Normalherzens im Brustraum (anatomische Achse) aufgezeigt, um Vergleiche mit den Untersuchungsergebnissen bei unseren Probanden anstellen zu können.

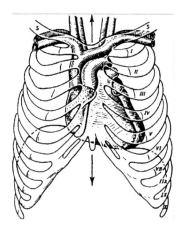

Abb. 29: Form und Lage des Herzens im Brustkorb.
Die Pfeile bezeichnen die Mittellinie.
[MÖRIKE, BETZ und MERGENTHALER, 1991]

Die Größe des Herzens entspricht in der Norm etwa dem Anderthalbfachen der geballten Faust seines Trägers; das Gewicht (ohne Blutinhalt) beträgt etwa 0,5% des Körpergewichts, das sind 300 bis 350 g beim Erwachsenen. Das Volumen beträgt im Mittel 780 ml. Schwerarbeiter und Sportler hingegen besitzen ein relativ größeres Herz, ohne dass dieses krankhaft ist. In seiner charakteristischen Form, die einem abgerundeten Kegel gleicht, liegt es im Mittelfell des Brustraums dem Zwerchfell auf, doch nicht genau in der Mitte, sondern so, dass zwei Drittel links, ein Drittel rechts der Mitte des Brustkorbes zu liegen kommen. Die Herzspitze berührt die vordere Brustwand im fünften Zwischenrippenraum etwas einwärts unter der linken Brustwarze. Die Mittelachse des Organs erstreckt sich von da aus nach hinten-oben-rechts mit einem Winkel von etwa 40° zur Horizontal- und zur Stirnebene. Beim Kind und Pykniker liegt die Achse flacher, beim Astheniker und Leptosomen steiler. Außerdem ändert sich die Stellung der Herzachse auch ständig mit der Atembewegung. Infolge einer Drehung um die Mittelachse liegt die rechte Herzseite mehr nach vorne, die linke mehr nach hinten.

Das Ruheelektrokardiogramm wurde bei allen Probanden unter Standardbedingungen aufgezeichnet.

Die Ableitungen wurden nach EINTHOVEN (I bis III), GOLDBERGER (aVR, aVL, aVF) und nach WILSON (V_1 bis V_6) mittels Saugelektroden registriert und mit einem 3-Kanal-Elektrokardiograph Cardioscript CS3000 der Firma SCHWARZER geschrieben.

Durch die Ausmessung der verschiedenen Strecken (P, PQ, QRS und QT) mit Hilfe des EKG-Lineals [COOK-SUP, 1978], die Bestimmung des Lagetyps (Linkstyp, Indifferenztyp (Normtyp), Steiltyp) über die Bestimmung der elektrischen Achse (EINTHOVEN I bis III), die Rhythmuserfassung, die Erfassung der Erregungsrückbildungszeit, die Feststellung eines inkompletten Rechtsschenkelblocks, die Erfassung des SOKOLOW-Index, die Kontrolle bezüglich einer Bradykardie sowie durch die Berücksichtigung entsprechender Referenzbereiche konnten für die einzelnen Parameter hinreichende Aussagen getroffen werden.

Dabei wurden den bei den Kraftsportlern, Ausdauersportlern und Nichtsportlern erfassten Herzparametern die folgenden Referenzbereiche zugeteilt:

P-Streckenlänge	< 0,09 sec	0,09 - 0,1 sec	> 0,1 sec
PQ-Streckenlänge	< 0,17 sec	0,17 - 0,2 sec	> 0,2 sec
QRS-Streckenlänge	< 0,09 sec	0,09 - 0,1 sec	> 0,1 sec
QT-Streckenlänge	< 0,38 sec	0,38 - 0,4 sec	> 0,4 sec

Die Ruhe-EKG wurden alle durch den gleichen Arzt und zur selben Tageszeit durchgeführt und ausgewertet.

2.2.6.3   Fahrrad-Ergometrie

Die Testfähigkeit der Probanden wurde im Vorfeld mittels einer klinischen Untersuchung (Inspektion, Palpation, Percussion, Auscultation) durch den ärztlichen Versuchsleiter garantiert. Der arterielle Blutdruck in Ruhe wurde nach drei Minuten Ruhelage am linken Oberarm nach der Methode von RIVA-ROCCI und KOROTKOFF gemessen. Als Ruheherzfrequenz wurde der im Ruhe-EKG ermittelte Wert herangezogen.

Die Fahrradergometrie ist die erprobte Belastungsform, in der Leistungsprüfungen des kardiopulmonalen Systems durchgeführt werden. Für exakte wissenschaftliche Untersuchungen ist die genaue Bestimmung der Arbeitsgröße in Watt am Ergometer unerlässlich.

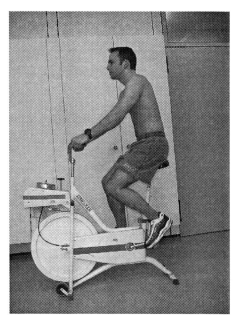

Die Belastung erfolgte auf einem drehzahlabhängigen Fahrradergometer im Sitzen [WILKEN-MONARK-Ergometer nach Prof. ASTRAND und von DÖBELN, Modell 79] (Abb. 30) nach folgender Vorgehensweise. Nach einer Phase von zwei Minuten, die zur Messung der Vorstartwerte diente, begann die Belastung mit 50 Watt und wurde alle zwei Minuten um jeweils 50 Watt gesteigert bis zur subjektiven Erschöpfung des Probanden bzw. bis zum Abbruch durch den Versuchsleiter. Die relative Wattleistung wurde aus den Grunddaten rechnerisch ermittelt. In der Erholungsphase wurde bis sieben Minuten nach Belastungsabbruch im Zwei-Minuten-Rhythmus weiter gemessen. Die Messung des arteriellen Blutdrucks nach RIVA-ROCCI erfolgte manuell im Abstand von zwei Minuten ohne Unterbrechung der Belastung in sitzender Position am linken Arm. Um Nebengeräusche so gering wie möglich zu halten, wurde der Unterarm des Probanden während der Messung vom Lenker genommen und entspannt.

Abb. 30: Fahrradergometer nach Prof. ASTRAND und von DÖBELIN, Modell 79

Die Belastungsuntersuchung wurde mit einem zuvor geeichten Ergo-Oxyscreen (Version 10.85) der Firma JAEGER durchgeführt. Es handelt sich um einen spiroergometrischen Messplatz im „offenen System" (Abb. 31).

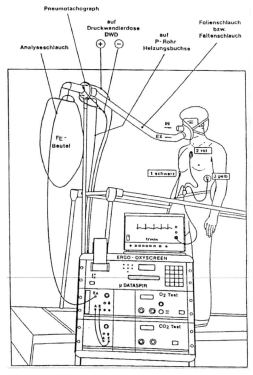

Abb. 31: Spiroergometer ERGO-OXYSCREEN
(hier jedoch abweichend von unserer Untersuchung
auf dem Laufband dargestellt) [Firma JAEGER]

Das Messsystem des Ergo-Oxyscreen setzt sich aus den Messeinheiten für Atemminutenvolumen (AMV) und für die Atemgase CO_2 und O_2 zusammen. Die Herzfrequenz wird kontinuierlich erfasst.

Alle 30 Sekunden erfolgte ein Ausdruck mit den Parametern

- Atemminutenvolumen
- Atemfrequenz
- Herzfrequenz
- respiratorischer Quotient
- O_2 – Volumen $\cdot$ min^{-1}
- O_2 – Volumen $\cdot$ $min^{-1} \cdot Hf^{-1}$
- O_2 – Volumen $\cdot$ $min^{-1} \cdot kg^{-1}$

Für die Durchführung unserer Belastungsuntersuchungen wurden folgende Abbruchkriterien nach ROST und HOLLMANN [1982] beachtet:

1. Das Erreichen vorher festgelegter bestimmter Grenzfrequenzen

2. Subjektive Beschwerden (Erschöpfung, Schwindel, muskuläre Ermüdung, Atemnot etc.)

3. Auftreten gravierender Herzrhythmusstörungen, insbesondere bedeutsamer Extrasystolen

4. Auftreten von Leitungsstörungen (Blockbilder im EKG)

5. Rückbildungsstörungen des EKG

6. Abnorme Blutdruckreaktion (zu hoher oder zu geringer Blutdruckanstieg)

7. Inadäquater oder fehlender Frequenzanstieg

8. Zeichen einer myokardialen Belastungsinsuffizienz

Um eine Standardisierung zu gewährleisten, wurden die Messwerte unter denselben personellen und zeitlichen Bedingungen wie beim Ruhe-EKG erhoben.

Zur Bewertung der Erholungsfähigkeit wurde das Verhalten der Herzfrequenz fünf Minuten nach der maximalen Ausbelastung beobachtet. Hierzu wurden die folgenden Richtzahlen angewandt (Tab. 14):

Tab. 14: Bewertungskriterien bezüglich der Herzfrequenz 5 min nach maximaler Belastung [BÖHMER et al., 1975]

Herzfrequenz 5 Minuten nach (maximalem) Belastungsabbruch	Bewertung
über 130	schlecht
120 - 130	ausreichend
115 - 120	befriedigend
105 - 115	gut
100 - 105	sehr gut
unter 100	Hochleistungstrainingszustand

Der Wert der relativen Wattleistung (Watt/kg Körpergewicht) wurde aus den ermittelten Grundwerten (Körpergewicht und maximale Wattleistung bei Abbruch der Fahrradergometrie) errechnet.

Für die Bewertung der absoluten sowie der relativen VO_{2max} unserer Probanden wurden diese auf drei Referenzbereiche verteilt:

absolute VO_{2max}	< 2,6 l/min	2,6 – 3,5 l/min	> 3,5 l/min
relative VO_{2max}	< 33 ml/min kg	33 – 43 ml/min kg	> 43 ml/min kg

2.2.6.4   Serologie

Die Blutabnahme erfolgte vor der Belastung der nachfolgenden Untersuchungen. Um möglichst auswertbare Befunde zu erzielen, wurden die Probanden gebeten, 24 Stunden vor der Entnahme eine fettreiche Kost zu vermeiden und nüchtern zur Untersuchung zu erscheinen beziehungsweise zumindest drei Stunden vorher nichts zu essen.

Es wurden 10 ml venöses Blut abgenommen. Das Blut wurde dann in einer Ritter-Rivette 15 Minuten bei einer Drehgeschwindigkeit von 4.000 Umdrehungen pro Sekunde zentrifugiert. Die Abtrennung des Blutkuchens erfolgte durch eine Umleerung in Universalserumröhrchen. Die Analyse des Serums fand im Labor Dr. RURAINSKI statt. Bis zum Zeitpunkt des Transports dorthin wurde eine Kühlung des Blutes bei 2 bis 4°C gewährleistet. Bei der Analyse wurden folgende Parameter erfasst:

- Das kleine Blutbild: Leukozyten, Erythrozyten, Thrombozyten, Hämatokrit, Hämoglobin, MCH, MCHC, MCV
- die Enzyme: Gamma-GT, GOT, GPT, LDH
- der Blutzucker*
- die Triglyzeride* und das Gesamtcholesterin* mit seinen Fraktionen HDL*, LDL* und VLDL
- der Harnstoff*, die Harnsäure*, das Kreatinin*

Für unsere statistischen Erhebungen wurden die mit Asteriskus (*) versehenen Parameter ausgewertet.

Die vollautomatischen Methoden sind standardisiert und von der Deutschen Gesellschaft für Klinische Chemie (DGKC) empfohlen. Die Genauigkeit der Methoden und Ergebnisse ist laufend durch interne und externe Qualitätskontrollen im Rahmen der Ringversuche im Institut für Standardisierung Düsseldorf (INSTAND) und bei der DGKC gesichert.

An verschiedenen Stellen der Literatur werden leicht voneinander abweichende Normwertbereiche für die Eiweißstoffwechselparameter vorgeschlagen. Der Auswertung der Untersuchungsergebnisse dieser Arbeit liegt das Werk von THOMAS [1988] „Labor und Diagnose" zu Grunde. Harnstoffwerte über 41 mg/dl für Männer im Alter zwischen 30 und 50 Jahren und Werte über 48 mg/dl ab einem Alter von 50 Jahren gelten als pathologisch, Werte darunter bis zu 15 beziehungsweise 17 mg/dl als normal.

Im Falle der Harnsäure ist eine statistische Abgrenzung der normalen von erhöhten Werten nicht eindeutig möglich. Aufgrund klinischer Erfahrungen liegt eine Hyperurikämie bei Werten ab 7,0 mg/dl vor. Das Risiko einer Erkrankung nimmt mit steigender Harnsäurekonzentration stark zu. Auch gibt es Fälle, die Harnsäurewerte im Normbereich haben und trotzdem an Gicht leiden. Hier spielen dann noch andere Risikofaktoren eine Rolle.

Die Kreatininwerte sind ein Indikator dafür, ob die glomeruläre Filtrationsrate eingeschränkt ist. Sie geben auch allgemeinen Aufschluss über den Gesundheitszustand des Patienten. Werte über 1,25 mg/dl unter 50 Jahren und über 1,44 mg/dl ab 50 Jahren sind bedenklich und bedürfen genauerer Nachforschung.

Tabelle 15 zeigt die wichtigsten Blutparameter sowie deren Normbereiche.

76

Tab. 15: Blutparameter mit Normbereichen und Dimensionen

Ziffer	Parameter		Normbereich	Dimension
3843				
	Erythrozyten	....	4,6-6,0	$10^6/\mu l$
	Hämoglobin	....	14,0-18,0	g/dl
	MCH (HbE)	....	27,0-36,0	pg
	Hämatokrit	....	42,0-54,0	%
	MCV	....	80,0-98,0	fl
	MCHC	....	32,0-36,0	g/dl
	Leukozyten	....	4,4-11,3	$10^3/\mu l$
	Thrombozyten	....	150-400	$10^3/\mu l$
	Basophile	....	< 2,0	%
	Eosinophile	....	< 7,0	%
	neutrophile Granuloz	....	42,2-75,2	%
	Lymphozyten	....	20,5-51,1	%
	Monozyten	....	1,7-15,0	%
3683	g-GT	....	< 28,0	U/l
3661	Glucose nüchtern**	....	70,0-115	mg/dl
3664	Cholesterin*	....	< 200	mg/dl
3667	Triglyzeride*	....	< 200	mg/dl
3665	HDL-Cholesterin*	....	35,0-55,0	mg/dl
	LDL-Cholesterin*	....	< 150	mg/dl
3670	Creatinin*	....	0,6-1,2	mg/dl
3668	Harnsäure*	....	3,6-8,2	mg/dl
3800	Elektrophorese:			

	Albumin	....	58,0-70,0	%
	α-1-Globuline	....	1,5-4,0	%
	α-2-Globuline	....	5,0-10,0	%
	ß-Globuline	....	8,0-13,0	%
	g-Globuline	....	10,0-19,0	%

*: In unserer Untersuchung wurden die mit (*) gekennzeichneten Parameter ausgewertet.

**: Der Parameter „Glucose nüchtern" (Hinweis auf Diabetes) wurde im Rahmen der Anamnese untersucht.

2.3 Auswertungsmethoden

2.3.1 Mathematisch-statistische Verfahren

Innerhalb dieser Querschnittsuntersuchung wurden beschreibende und vergleichende statistische Verfahren angewendet. Die Aufgabe der beschreibenden Statistik ist es, die Untersuchungs-ergebnisse möglichst übersichtlich und anschaulich darzustellen. Dabei sollen die Befunde sinnvoll zusammengefasst und das Wesentliche vom Unwesentlichen getrennt werden. Ziel ist es, die Untersuchungsergebnisse anhand quantitativer Kennwerte, wie zum Beispiel Mittelwerte, Streuungen und Korrelationskoeffizienten zu charakterisieren und nicht alle Messwerte aufzulisten. Die Darstellung der Ergebnisse erfolgt jeweils sowohl im Text als auch in Tabellen und Balkendiagrammen.

Die vergleichende Statistik ermöglicht es, mittels statistischer Prüfverfahren über die reine Beschreibung hinaus zu Schlussfolgerungen zu kommen. Dabei werden empirisch gewonnene Kennwerte, die sich zunächst nur auf ausgewählte kleine Gruppen (Stichproben) beziehen, verallgemeinert. Dabei wird überprüft, ob die Ergebnisse auf die Grundgesamtheit übertragen werden können.

Bezüglich der vorliegenden Untersuchung verstehen wir unter der Grundgesamtheit (Population) alle männlichen Personen im Alter zwischen 31 und 73 Jahren, die entweder Kraft-, Ausdauer- oder Nichtsportler sind. Die Auswahl der Prüfverfahren ergibt sich daraus, welche Skalierung der Daten vorliegt und in welcher Weise die Stichproben gegeben sind (abhängig oder unabhängig). Bei der vorliegenden Untersuchung sind die Stichproben unabhängig und die Merkmale in der Regel intervallskaliert.

Es bietet sich deshalb für die Mittelwertvergleiche einzelner Gruppen der t-Test an. Er vergleicht die Mittelwerte zweier Stichproben und überprüft anhand der t-Verteilung die Signifikanz des Mittelwertunterschiedes. Zuvor muss allerdings mit dem F-Test die Homogenität der Stichproben überprüft werden. Sollten sich die Varianzen mehrerer Stichproben signifikant unterscheiden, kommt der t-Test für heterogene Varianzen zur Geltung, andernfalls greifen wir auf den t-Test für homogene Varianzen zurück.

Ein weiteres Prüfverfahren, das in dieser Untersuchung seine Anwendung findet, befasst sich mit der Prüfung der Korrelationskoeffizienten. Es wird geprüft, ob zwei Merkmalsausprägungen einer Stichprobe linear abhängig oder linear unabhängig sind. Der Koeffizient kann nur Werte zwischen -1 und +1 annehmen. Ein Wert von +1 bedeutet, dass die Variablen in positiver (gleicher) Richtung vollständig miteinander verbunden sind. Ein Koeffizientenwert von 0 sagt aus, dass überhaupt kein linearer Zusammenhang besteht; die Werte beider Variablen sind dann völlig unabhängig voneinander. Ein Wert von -1 bedeutet, dass die Variablen in negativer (entgegengesetzter) Richtung vollständig miteinander verbunden sind.

Alle aus statistischen Verfahren gewonnenen Ergebnisse unterliegen einem gewissen Fehlerrisiko. Unsere Irrtumswahrscheinlichkeit haben wir im Allgemeinen auf 5% festgelegt, was bedeutet, dass die Aussagen mit einer Wahrscheinlichkeit von 0,95 zutreffen. Bei einer Irrtumswahrscheinlichkeit von 1% liegt eine 99%ige statistische Sicherheit vor; d.h. in einem von 100 Fällen wird eine falsche Entscheidung getroffen. Auf dem 1%-Niveau der Verlässlichkeit sind hochsignifikante Zusammenhänge gesichert.

Für die Anwendung der oben beschriebenen Prüfverfahren stand das Statistikprogramm SPSS am Institut für Sport und Sportwissenschaft der Universität Karlsruhe zur Verfügung.

2.3.2 Graphische Darstellung

Eine graphische Darstellung ist das geometrische Bild einer Menge von Daten oder eines mathematischen Zusammenhangs. In unserer Untersuchung wird für die graphische Darstellung einer Häufigkeitsverteilung die Häufigkeit eines Messwertes auf die Länge eines Balkens im Balkendiagramm übertragen. Diese anschauliche Darstellungstechnik erspart dem Betrachter die Umsetzung von Zahlen in angemessene Mengenvorstellungen, die bei der Betrachtung von Häufigkeitstabellen unerlässlich ist. Die Graphik unterscheidet sich von der Tabelle nur in ihrer Form, denn inhaltlich vermitteln beide die gleichen Informationen. Nach BÖS [1986] ermöglicht diese Darstellungsform eine große Informationsvermittlung, darf aber nicht als primäre Beschreibungskategorie der Daten gelten. In der vorliegenden Untersuchung wurden hauptsächlich Balkendiagramme verwendet.

2.3.3 Gütekriterien

Die Berücksichtigung diverser Gütekriterien ist notwendig, insbesondere aufgrund der Verschiedenartigkeit der Probanden (Kraft-, Ausdauer- und Nichtsportler aus zwei Altersgruppen), der Verschiedenartigkeit der verwendeten Untersuchungsgeräte sowie der unterschiedlichen Fachgebiete (Soziologie, Leistungsbiographie, Anthropometrie, Anamnese, Motorik, Medizin und Physiologie), welche die Anwendung unterschiedlicher Untersuchungsmethoden (Methodenpluralismus) voraussetzen.

Die Akzeptabilität ist in der vorliegenden Untersuchung gewährleistet. Ein Kooperationszwang bei unseren Probanden ist nicht vorhanden, da sie sich nach unserer Einladung freiwillig und mit Interesse für die Untersuchung entschieden haben. Alle waren an der Feststellung ihrer Leistungsfähigkeit und ihres allgemeinen Gesundheitszustandes interessiert.

Die Objektivität ist gegeben, da standardisierte Prüf- und Messverfahren angewendet wurden. Subjektive Einflüsse können sich lediglich im Hinblick auf die Angaben der Probanden in den Fragebögen ergeben, wo die Erinnerungslücken eventuell eigenen Überschätzungen oder falschen Angaben Raum lassen.

Die Reproduzierbarkeit kann als gesichert gelten. Die Genauigkeit der Messmethode wird gekennzeichnet durch die Varianz der Messgröße (Vertrauensbereich, Standardabweichung, Variationskoeffizient). Es wurde mit bewährten und meist bundesweit beziehungsweise nach DIN Norm anerkannten Messmethoden gearbeitet, bei denen der Variationskoeffizient unter acht bis zehn Prozent liegt.

Die Zuverlässigkeit (Reliabilität) der Messverfahren ist gegeben, da die inter- und intraindividuelle Streuung durch Einweisung der Untersucher und die Durchführung der Messungen durch die gleiche Person und unter konstanten zeitlichen und räumlichen Bedingungen minimiert wird. Dies ist besonders bei den anthropometrischen Messungen und bei der Blutdruckmessung von Bedeutung.

Auch das Gütekriterium Validität ist gewährleistet. Die angewendeten Untersuchungsmethoden sind so ausgewählt, dass sie die jeweils zu bestimmenden Parameter möglichst genau beschreiben.

2.3.4 Mögliche Fehlerquellen

Fehler können bei der Gewinnung und Bearbeitung der Daten, bei der Gruppeneinteilung, bei der Auswahl des Probandenkollektivs und bei der statistischen Auswertung auftreten. Bei der Auswahl der Probanden sollte möglichst eine große Anzahl nach dem Zufallsprinzip ausgewählt werden. Bei der vorliegenden Untersuchung wurde jedoch vorab eine gewisse Auslese getroffen, da größtenteils Personen aus Baden-Württemberg – insbesondere aus dem Raum Karlsruhe – erfasst worden sind. Darüber hinaus erfolgte die Auswahl der Probanden nach den Kriterien Alter und Zugehörigkeit zu einem Kraft- oder Ausdauersportverein beziehungsweise Nichtzugehörigkeit zu einem Verein. Auch Personen, die ernsthafte Funktionsstörungen im Herz-Kreislauf-Bereich zeigten, sind in diese Querschnittsuntersuchung nicht eingegangen.

Fehler bei der Gruppeneinteilung (Homogenität) können durch die Zusammenfassung von verschiedenen Sportarten zu einer Sportartengruppe entstehen. Die Gruppe der Kraftsportler setzt sich aus Rasenkraftsportlern, Gewichthebern, Ringern und Bodybuildern zusammen. Zu der Gruppe der Ausdauersportler gehören nicht nur Leichtathleten, sondern auch Fitnesssportler, deren Leistungstestergebnisse teilweise auch über den Werten der Leichtathleten liegen. Darüber hinaus wurden bei der Gruppeneinteilung die Trainingsintensität, der Trainingsumfang, der Trainingszustand vor der Belastungsprobe wie auch die körperliche Belastung im Berufsleben außer Acht gelassen. Um bei der Belastungsprobe keine Sportartengruppe zu bevorteilen, wurde die Fahrradergometrie angewendet. Sie bietet den Vorteil, dass sie keine besondere Anpassung an Bewegungsmuster und Schnelligkeit fordert und dass sie durch ein ausgewogenes Kraft-Ausdauer-Verhältnis gekennzeichnet ist.

Bei der Gewinnung und Bearbeitung der Werte wurde darauf geachtet, dass die Messungen immer bei gleichen, konstanten äußeren Bedingungen durchgeführt wurden. Das bedeutet, dass die Probanden jeweils im gleichen Raum, bei gleicher Raumtemperatur und um die gleiche Tageszeit untersucht wurden. Das von Fachleuten eingewiesene Untersuchungsteam führte die Messungen durch. Es wurde darüber hinaus darauf geachtet, dass möglichst immer die gleichen Personen bei allen Probanden die gleichen Messungen durchführten. Alle eingegebenen Daten wurden als Rohdaten im Rechner überprüft, bevor mit der Auswertung begonnen wurde. Dennoch können messtechnische Fehler, die durch ein ordnungsgemäßes Anschließen der technischen Geräte, eine fachgerechte Bedienung und eine genaue Kalibrierung minimal gehalten werden sowie Fehler beim Ablesen, beim Diktieren und bei der Eingabe der Daten in den Computer und Fehler durch Auf- und Abrunden der Messwerte nicht ausgeschlossen werden.

Sollten doch einmal fehlerhafte Messungen auftreten, so werden diese durch die mittlere Größe der Probandengruppen nur teilweise relativiert.

Die Einteilung der Referenzbereiche in einigen Untersuchungen, insbesondere der Anamnese und der Leistungsbiographie, kann zu einem Informationsverlust führen.

Auch die relativ große Altersspanne innerhalb der beiden Altersgruppen führt möglicherweise zu Informationsverlusten. Jedoch hilft sie auch dabei, die Unterschiede zwischen Jüngeren und Älteren möglichst stark hervorzuheben.

Grundsätzlich besteht bei allen Untersuchungen das Problem der Vergleichbarkeit von Messwerten, bei denen verschiedene wichtige Einflussfaktoren nicht in Betracht gezogen werden. Diese Einflüsse müssen daher spätestens bei der Interpretation berücksichtigt werden, damit es nicht zu voreiligen Verallgemeinerungen von Aussagen kommt.

3 Ergebnisse

In der vorliegenden Untersuchung werden aktive Seniorensportler aus den Bereichen des Kraft- und Ausdauersports sowie Nichtsportler unter dem Aspekt des Alternsvorganges verglichen. Die Ergebnisse sollen nicht nur Einblicke in den biologischen Abbau geben, sondern vor allem auch präventivmedizinische Gesichtspunkte in die Diskussion einfließen lassen. Die Untersuchungs- schwerpunkte liegen auf den Gebieten Sportsoziologie, Leistungsbiographie (Leistungsevolution und -devolution), Sportanthropometrie, Anamnese, Motorik, Sportphysiologie und Serologie.

3.1 Sportsoziologische Untersuchung

In dem sportsoziologischen Teil der vorliegenden Untersuchung werden zwei Schwerpunkte gesetzt. Zum einen soll herausgefunden werden, ob Zusammenhänge zwischen Sportart und Schichtzugehörigkeit bestehen, und zum anderen, ob sich die Trainingsgründe im Alterns- vorgang ändern. Die Fragestellungen sind in Kapitel 1.4.1 zu finden. Die Ergebnisse dieser Untersuchung werden abschließend denen aus den Untersuchungen von PFETSCH [1975], SCHLAGENHAUF [1977], NEUMANN [1978] und HEINEMANN [1983] gegenübergestellt.

3.1.1 Auswahl bisheriger Untersuchungen und deren Ergebnisse

Es gibt eine Reihe von Untersuchungen, die sich mit dem Zusammenhang von sozialer Schicht und sportlicher Aktivität beschäftigt haben. Die Befunde belegen, dass das menschliche Verhalten in jedem Handlungsbereich – also auch im Sport – auf schichtspezifischen Bedürfnissen beruht. Der Einfluss der sozialen Schicht wird durch Veränderungen hinsichtlich der Massenbeteiligung am Sport, der Geschlechts- und Altersspezifik sowie der Bewertung der Sportarten und des Sporttreibens nicht vermindert. Die Bedeutung des Lebensalters als bestimmende Größe des Freizeitverhaltens wird gegenüber anderen Einflussgrößen wie Geschlecht, soziale Schichtung, Gesundheitszustand, familiäre Situation, Wohnsituation und anderen zunehmend in Frage gestellt. Dennoch scheint es einige Freizeitaktivitäten zu geben, die in einem relativ engen Zusammenhang mit dem Lebensalter stehen. Das aktive Sportengagement älterer Menschen gehört offensichtlich dazu.

Nach PFETSCH [1975] zeigt das Sportengagement einzelner sozialer Schichten qualitative Unterschiede. Personen aus oberen sozialen Schichten und mit überdurchschnittlichem Einkommen sind sportlich aktiver als Personen aus unteren sozialen Schichten. Darüber hinaus bevorzugen Mitglieder unterer sozialer Schichten im Gegensatz zu denen oberer sozialer Schichten meist Sportarten, bei denen die physische Kraft und die äußere Erscheinung (Muskelausprägung, Körperimage) ausschlaggebend sind. Aufgrund dieser Erkenntnisse nahm HEINEMANN [1983] eine Kategorisierung verschiedener Sportarten in Bezug zur sozialen Schicht vor. Demnach spielen Angehörige der Oberschicht Tennis, Hockey oder Golf. Die Mittelschicht betreibt Rudern, Schwimmen, Reiten, Gymnastik, Tischtennis, Turnen und Badminton. Vertreter der Unterschicht spielen Feldhandball, Fußball oder wenden sich dem Ringen oder Gewichtheben zu.

SCHLAGENHAUF [1977] beobachtete generell ein Nachlassen der Sportaktivität mit zunehmen- dem Alter (Abb. 32). Entgegen anderen Untersuchungen stellt er eine erneute Zunahme sportlicher Aktivitäten ab 26 Jahren fest, die ihren Höhepunkt in der Altersgruppe der 31- bis 35-Jährigen hat.

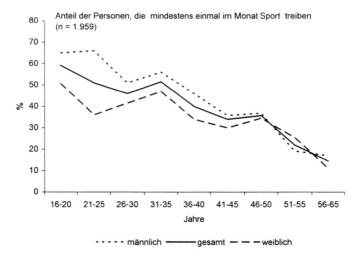

Abb. 32: Sportaktivität nach Alter und Geschlecht [SCHLAGENHAUF, 1977]

Hinsichtlich der Beziehung zwischen Sportaktivität und Alter nach sozialer Schichtzugehörigkeit zeigten sich in den Untersuchungen von SCHLAGENHAUF große Unterschiede zwischen der Mittel- und Unterschicht bezüglich ihrer Sportaktivität ab dem 20. Lebensjahr. Auffallend ist auch, dass der Anteil der sportlich Aktiven der Mittelschicht zwischen 51 und 55 Jahren genauso groß ist wie der Anteil der 21- bis 25-Jährigen der Unterschicht (Abb. 33).

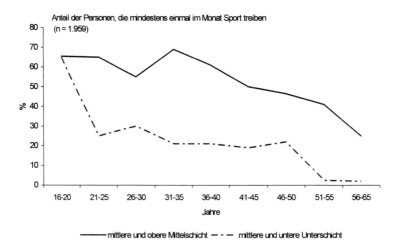

Abb. 33: Sportaktivität nach Geschlecht und sozialer Schichtzugehörigkeit, ab 16 Jahre
[SCHLAGENHAUF, 1977]

Diese Ergebnisse könnten ein Indiz dafür sein, dass das chronologische Alter nicht als Schlüsselvariable im Hinblick auf das aktive Sportengagement angesehen werden kann.

SCHLAGENHAUF [1977] stellt darüber hinaus fest, dass die Wettkampfaktivität mit zunehmendem Alter sinkt. Unterschiede bezüglich der Wettkampfaktivitäten bei unterschiedlichen sozialen Schichten stellte er nicht fest. Die Wahl der Sportart ist abhängig von der Schichtzugehörigkeit und der damit einhergehenden unterschiedlichen Bewertung des Körpers. Mitglieder aus unteren sozialen Schichten bevorzugen in stärkerem Umfang Mannschaftssportarten und Individualsportarten mit häufigem Körperkontakt. Personen aus mittleren sozialen Schichten schätzen dagegen eher Individualsportarten ohne Körperkontakt. Hinsichtlich der Trainingsgründe gibt es nach SCHLAGENHAUF ebenfalls schichtabhängige Unterschiede. Sport dient bei den unteren sozialen Schichten primär der Unterhaltung und Erholung beziehungsweise Geselligkeit und Kommunikation, in oberen dem Erwerb oder Erhalt eines gesunden und schönen Körpers.

SCHLAGENHAUF [1977] untersuchte überdies, in welcher Beziehung die Sportaktivität und die Vereinsgeselligkeit im Alterungsprozess zueinander stehen. Er stellte fest, dass eine „starke positive Beziehung zwischen intensiver Sportaktivität und Teilnahme an Vereinsgeselligkeit" besteht und dass eine ehemalige Wettkampfaktivität günstige Auswirkungen auf das Vereinsengagement hat. Sportaktive ohne Wettkampferfahrung werden in ihrem Vereinsengagement nicht von den ehemaligen Wettkampfaktiven überflügelt. Anhand dieser Ergebnisse ist SCHLAGENHAUF der Ansicht, dass Geselligkeit stark mit einer aktuellen Sportausübung verbunden ist. Für ihn sind es ehemalige wie derzeitige wettkampfaktive Gruppen, die den Status exponierter Geselligkeitsträger haben.

NEUMANN [1978] betrachtete in seiner Untersuchung an 400 über 50-jährigen Personen die Gründe für sportliche Aktivitäten bei Sportlern, Nichtsportlern und ehemaligen Sportlern. In der Gruppe der Nichtsportler wurden die Beweggründe erfasst, die zur Teilnahme an der Aktion „Sport für Ältere" führten. Es zeigt sich, dass für alle Probandengruppen gesundheitliche Gründe an erster Stelle genannt werden, gefolgt vom Ausgleich zum beruflichen Stress. Auffällig ist, dass nur für die ehemaligen Sportler der Erwerb des Sportabzeichens eine Rolle spielt (Tab. 16).

Tab. 16: Gründe für kontinuierliches Sporttreiben beziehungsweise Wiederaufnahme sportlicher Betätigung – Mehrfachnennungen waren möglich [NEUMANN, 1978]

Begründung	Sportler	Ehemalige Sportler	Nichtsportler
Gesundheitliche Gründe	80%	90%	95%
Ausgleich zum beruflichen Stress	47%	83%	73%
Bedürfnis nach mitmenschlichem Kontakt	19%	41%	52%
Freude an der Bewegung	60%	24%	9%
Aus Gewohnheit	11%	---	---
Erwerb des Sportabzeichens	---	7%	---

Weitere Untersuchungen, wie jene von VOIGT [1978] und WEISS und RUSSO [1987] betrachten die Trainings- beziehungsweise Sportmotive unter dem Gesichtspunkt der Schulbildung, des Berufes oder der sozialen Schichtung. Als Gründe für eine sportliche Betätigung findet man überwiegend Ausgleich/Abwechslung, Freude/Spaß, Geselligkeit/Kommunikation und Leistung / sportlicher Erfolg. Die bislang vorliegenden Untersuchungen lassen keine Reihenfolge oder Gewichtung dieser Komplexe zu. Es ist jedoch zu vermuten, dass die verschiedenen Motivkomplexe je nach Alter, Geschlecht, Schichtzugehörigkeit und sportlichem Engagement der Befragten und der Befragungsmethode unterschiedlich ausfallen.

KLEINE und FRITSCH [1990] untersuchten sowohl Volleyball- und Fußballspieler als auch Tauchsportler hinsichtlich ihrer Trainingsmotive. Sie kamen zu dem Ergebnis, dass nur wenige wettkampfaktive wie -inaktive Sportler die Situation Training und Wettkampf als gesellig oder gesellikeitsgeeignet ansehen. Weiter stellten sie fest, dass sich die betriebene Sportart, die Wochenfrequenz des Sporttreibens sowie das Alter und Geschlecht unterschiedlich auf die Beurteilung der nachgefragten „Situation Freizeit" und „Sportumfeld" auswirken. Junge aktive Sportler zeigen eine geringe Neigung zur Geselligkeit, die aber mit zunehmendem Alter größer wird.

Bei allen aufgeführten Untersuchungen handelt es sich um Querschnittsuntersuchungen, d.h. es lassen sich nur bedingt Fragen nach Konstanz beziehungsweise Veränderung der sportlichen Aktivität im Alterungsprozess beantworten. Die Beziehung zwischen Sportaktivität und Alter wurde in den meisten Arbeiten nur eindimensional untersucht. Interessant wäre auch die Darstellung bei der Überlappung mehrerer Einflussgrößen gewesen. Da vor allem sehr globale Fragen gestellt wurden hinsichtlich „sportlicher Betätigung" nach dem „Sporttreiben", bestätigte sich der Trend, dass im Alterungsprozess das Sportengagement nachlässt. Eine Horizontaluntersuchung, welche die Veränderung bestimmter Motive im Alterungsprozess zum Untersuchungsgegenstand hat, liegt nach den durchgeführten Recherchen nicht vor.

3.1.2 Ergebnisse unserer Untersuchung

3.1.2.1 Sozialstatus der Probanden

Aufgrund der Angaben über Schulbildung und Beruf sollen vorab Aussagen über den sozialen Status unserer Probanden getroffen werden.

3.1.2.1.1 Schulbildung

Alle untersuchten Personen besitzen einen Schulabschluss und konnten einer der drei folgenden Kategorien zugeordnet werden. So haben von den hier erfassten 247[*] Probanden 54,5% einen Hauptschulabschluss, 16,5% einen mittleren Schulabschluss und 29% eine Hochschulzugangsberechtigung.

Bei den Kraftsportlern der Altersgruppe 1 haben 62,2% einen Hauptschulabschluss, 16,2% einen mittleren Abschluss und 21,6% eine Hochschulzugangsberechtigung. In der Altersgruppe 2 der Kraftsportler beträgt der Anteil der Probanden mit Hauptschulabschluss 59,2%. Einen mittleren Schulabschluss besitzen 24,1% und eine Hochschulzugangsberechtigung 16,7%.

Die Ausdauersportler der Altersgruppe 1 weisen den höchsten Anteil an Probanden mit Hochschulzugangsberechtigung (47,7%) auf; lediglich 9,1% haben einen mittleren Schulabschluss und 43,2% einen Hauptschulabschluss. In Altersgruppe 2 sieht die Verteilung anders aus. 50% der Probanden haben die Hauptschule erfolgreich abgeschlossen, 20% eine Schule mit einem mittleren Abschluss und 30% eine höhere Schule.

In der Gruppe der Nichtsportler beträgt der Anteil der Probanden mit einem Hauptschulabschluss in Altersgruppe 1 47,4%; in Altersgruppe 2 sind es sogar 61,7%. Einen mittleren Schulabschluss weisen 10,5% in Altersgruppe 1 und 11,8% in Altersgruppe 2 auf. Hingegen

---

[*] Nach der sportsoziologischen Untersuchung ergab sich als Dropout-Problem die Tatsache, dass sechs Probanden bei den weiteren Untersuchungskomplexen nicht mehr beteiligt waren.

liegt der Anteil der Nichtsportler mit Hochschulzugangsberechtigung in Altersgruppe 1 (42,1%) um ca. 15% höher als der in Altersgruppe 2 (26,5%) (Tab. 17 und Abb. 34 bis 36).

Tab. 17: Prozentuale Verteilung der Probanden bezüglich ihrer Schulbildung

Schul-abschluss	Altersgruppe 1 (31 bis 49 Jahre) n = 99			Altersgruppe 2 (50 bis 73 Jahre) n = 148		
	Kraftsp. (n = 37)	Ausdauersp. (n =43)	Nichtsp. (n = 19)	Kraftsp. (n = 54)	Ausdauersp. (n = 60)	Nichtsp. (n = 34)
HA	62,2%	43,2%	47,4%	59,2%	50%	61,7%
MA	16,2%	9,1%	10,5%	24,1%	20%	11,8%
HZB	21,6%	47,7%	42,1%	16,7%	30%	26,5%

Hauptschulabschluss (HA); Mittlere Reife (MA); Hochschulzugangsberechtigung (HZB)

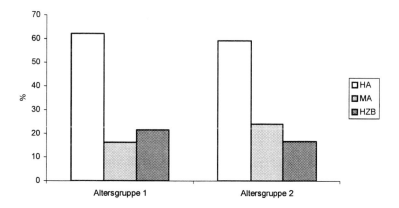

Abb. 34: Schulbildung der Kraftsportler in den beiden Altersgruppen

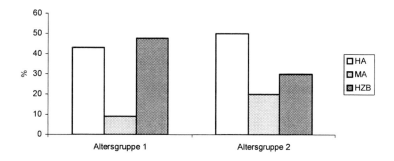

Abb. 35: Schulbildung der Ausdauersportler in den beiden Altersgruppen

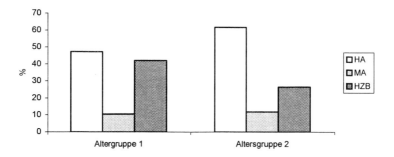

Abb. 36: Schulbildung der Nichtsportler in den beiden Altersgruppen

Der Korrelationstest ergab, dass kein signifikanter Zusammenhang zwischen den Merkmalen Schulbildung und Lebensalter besteht. Ebenso konnte keine lineare Beziehung zwischen den Merkmalen Schulbildung und Sportartengruppe nachgewiesen werden.

Bei den älteren Probanden ist der Anteil derjenigen mit Hauptschulabschluss in allen Probandengruppen vergleichsweise hoch. Das mag darin begründet sein, dass alle Probanden ab 50 Jahren ihre Schulzeit zu Zeiten politischer Labilität oder in der Zeit des Zweiten Weltkrieges absolvieren mussten. Für sie war es schwieriger, einen höheren Schulabschluss oder einen qualifizierten Beruf zu erreichen. Darüber hinaus haben sich die Möglichkeiten für den Besuch einer Schule, besonders einer weiterführenden Schule, im Laufe der Zeit gewandelt. Eine Volksschule gab es früher in fast jedem Dorf, weiterführende Schulen nur in den Städten. Das Angebot an Ausbildungsplätzen war im städtischen Bereich größer als auf dem Land. Eine Ausbildung im Industriebetrieb oder in der Verwaltung war nur in der Stadt möglich. Für die Schulabgänger der ländlichen Schulen blieb zum einen das Erlernen eines Handwerksberufes, zum anderen das direkte Eintreten ins Erwerbsleben.

3.1.2.1.2 Berufe

57,9% aller Probanden gaben an, Angestellte oder Beamte zu sein, 25,1% sind Arbeiter, 2,4% sind selbständig, 7,7% sind Ärzte, Professoren, Rechtsanwälte oder leitende Angestellte und 6,9% sind bereits Rentenempfänger.

In der Altersgruppe 1 der Kraftsportler liegt der Anteil der Angestellten (63,8%) um etwa 10% höher als der in der Altersgruppe 2 (54,2%). 5,6% der Kraftsportler der Altersgruppe 1 und 1,9% der Altersgruppe 2 sind selbständig. Der Anteil der Arbeiter in der Altersgruppe 1 (27,8%) ist ebenfalls höher als in der Altersgruppe 2 (25,3%). 2,8% der Kraftsportler aus Altersgruppe 1 gehören einer Berufsgruppe der oberen Mittelschicht an, in Altersgruppe 2 übt keiner der Probanden einen solchen Beruf aus. Der Anteil der Rentenempfänger beträgt bei den Kraft-sportlern 18,6%.

Bei den Ausdauersportlern sind 65,9% der Altersgruppe 1 beziehungsweise 52,5% der Altersgruppe 2 Angestellte und Beamte und 4,8% der Altersgruppe 1 beziehungsweise 1,7% der Altersgruppe 2 sind selbständig. Der Arbeiteranteil liegt bei dieser Sportgruppe in der Altersgruppe 2 mit 23,7% nur um 1% über dem Wert der Altersgruppe 1 (22,7%). Die Gruppe der Ausdauersportler stellt die einzige Sportartengruppe dar, bei welcher der Anteil der Probanden, die einen Beruf der oberen Mittelschicht ausüben, in Altersgruppe 2 (11,9%) höher ist als der in Altersgruppe 1 (6,6%). 10,2% der Ausdauersportler sind Rentner.

Bei den Nichtsportlern liegt der Anteil der Angestellten und Beamten bei 63,9% in der Altersgruppe 1 und bei 54,9% in der Altersgruppe 2. 5,9% der Altersgruppe 1 und 2,1% der Altersgruppe 2 sind selbständig. Der Arbeiteranteil beträgt 27,8% in Altersgruppe 1 beziehungsweise 22,4% in Altersgruppe 2. Berufe, die der oberen Mittelschicht zuzuordnen sind, üben bei den Nichtsportlern der Altersgruppe 1 2,4% aus, in Altersgruppe 2 sind diese Berufszweige nicht vertreten. 20,6% der Nichtsportler sind im Ruhestand (Tab. 18 und Abb. 37 bis 39).

Tab. 18: Prozentuale Verteilung der Probanden bezüglich der Berufsgruppen

Beruf	Altersgruppe 1 (n = 99)			Altersgruppe 2 (n = 148)			alle (n=247)
	K n=37	A n =43	N n=19	K n=54	A n=60	N n=34	% Σ (n)
Arzt, Dipl.-Wiss. Rechtsanwalt, Ltd. Angestellter	2,8%	6,6%	2,4%	0%	11,9%	0%	7,7% 19
Angestellter, Beamter, Selbständiger	63,8% 5,6%	65,9% 4,8%	63,9% 5,9%	54,2% 1,9%	52,5% 1,7%	54,9% 2,1%	57,9% 143 2,4% 6
Arbeiter	27,8%	22,7%	27,8%	25,3%	23,7%	22,4%	25,1% 62
Rentner	0%	0%	0%	18,6%	10,2%	20,6%	6,9% 17

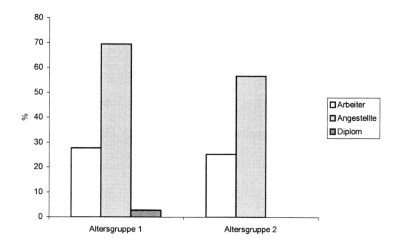

Abb. 37: Berufe der Kraftsportler in den beiden Altersgruppen

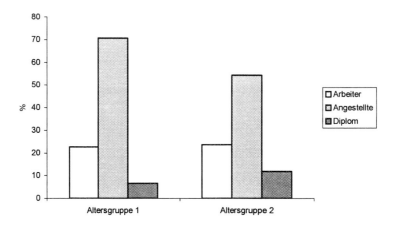

Abb. 38: Berufe der Ausdauersportler in den beiden Altersgruppen

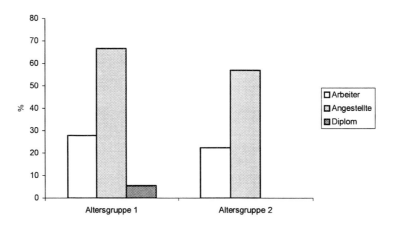

Abb. 39: Berufe der Nichtsportler in den beiden Altersgruppen

Statistisch aussagekräftige Ergebnisse über Zusammenhänge zwischen Sportart und ausgeübtem Beruf konnten keine getroffen werden, da die Anzahl der Personen in einigen Gruppen zu gering war. Es lassen sich dennoch Trends erkennen. Angehörige der oberen Mittelschicht bevorzugen Ausdauersportarten. Angehörige der mittleren Mittelschicht sind nicht eindeutig zuzuordnen, wohingegen bei den Arbeitern eine Tendenz zum Kraftsport zu erkennen ist.

3.1.2.1.3 Schichtzugehörigkeit

Die mit Hilfe des Schichtindex (Kap. 2.2.1) ermittelte Schichtzugehörigkeit der Probanden ergab, dass 29,7% der oberen Mittelschicht, 41,0% der mittleren Mittelschicht und 29,3% der unteren Mittelschicht angehören. Wie zu erwarten war, ist der Anteil der oberen Mittelschicht der Altersgruppe 1 (36,7%) höher als derjenige der Altersgruppe 2 (25%). Demgegenüber sind die Anteile der Probanden der mittleren und unteren Mittelschicht der Altersgruppe 2 höher als in der Altersgruppe 1 (Tab. 19).

Tab. 19: Prozentuale Verteilung der Probanden bezüglich ihrer Schichtzugehörigkeit

Schicht	Altersgruppe 1	Altersgruppe 2	Gesamt
obere Mittelschicht (2,5-3 Pkt.)	36,7%	25,0%	29,7%
mittlere Mittelschicht (1,5-2 Pkt.)	39,1%	41,8%	41,0%
untere Mittelschicht (0,5-1 Pkt.)	24,2%	33,2%	29,3%

Tab. 20: Prozentuale Verteilung der Probanden bezüglich ihrer Schichtzugehörigkeit und Sportart bzw. sportlicher Nichtaktivität

Schicht	Altersgruppe 1			Altersgruppe 2		
	Kraftsp.	Ausdauersp.	Nichtsp.	Kraftsp.	Ausdauersp.	Nichtsp.
obere Mittelschicht	22,1%	46,5%	42,1%	16,7%	32,2%	25,7%
mittlere Mittelschicht	50,0%	30,2%	36,8%	51,8%	39,8%	34,3%
untere Mittelschicht	27,8%	23,3%	21,0%	31,5%	28,8%	40,0%

Betrachtet man die Schichtzugehörigkeit im Zusammenhang mit den Sportartengruppen, ergibt sich folgendes Bild. Der Anteil der Kraftsportler in der oberen Mittelschicht beträgt in Altersgruppe 1 22,1% und in der Altersgruppe 2 16,7%. In der mittleren Mittelschicht ergibt sich eine Verteilung von 50% in Altersgruppe 1 und 51,8% in Altersgruppe 2 und in der unteren Mittelschicht eine von 27,8% in Altersgruppe 1 und 31,5% in Altersgruppe 2.

In der Gruppe der Ausdauersportler gehören 46,5% in der Altersgruppe 1 der oberen Mittelschicht, 30,2% der mittleren Mittelschicht und 23,3% der unteren Mittelschicht an. In der Altersgruppe 2 ergibt sich ein Anteil von 32,2% in der oberen Mittelschicht, von 39,8% in der mittleren Mittelschicht und von 28,8% in der unteren Mittelschicht.

Bei den Nichtsportlern zeigt sich bezüglich der Schichtzugehörigkeit ein ähnliches Bild wie bei den Kraft- und den Ausdauersportlern. Der Anteil der Probanden der Altersgruppe 1 in der oberen Mittelschicht ist mit 42,1% deutlich über dem der Altersgruppe 2 (25,7%). Der mittleren Mittelschicht gehören 36,8% in Altersgruppe 1 und 34,3% in Altersgruppe 2 an. 21% der Nichtsportler in Altersgruppe 1 und 40% der Altersgruppe 2 können der unteren Mittelschicht zugeordnet werden (Tab. 20 und Abb. 40).

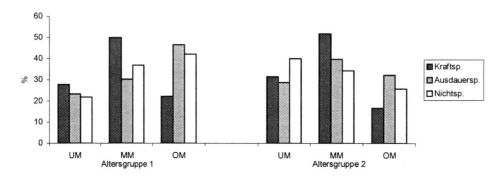

Abb. 40: Schichtzugehörigkeit der Probanden (OM = obere Mittelschicht, MM = mittlere Mittelschicht, UM = untere Mittelschicht)

Die Ergebnisse in beiden Altersgruppen der Kraft- und Ausdauersportler zeigen, dass sich diese aus allen Schichten zusammensetzen. Es ergibt sich eine Übereinstimmung mit der Aussage SCHLAGENHAUFs [1977], dass keine exakte vergleichende Berechnung der statistischen Streuung der Schichtverteilung möglich ist, da die meisten Sportarten trotz ihrer zum Teil starken sozialen Schwerpunkte eine große Bandbreite haben und in ihrer Rekrutierung kaum eine soziale Schicht vollkommen ausschließen.

Dennoch muss bezüglich dieser Aussage eine Einschränkung getroffen werden. Die Aussagen von PFETSCH [1975] und von HEINEMANN [1983], nach denen Angehörige unterer sozialer Schichten eher Sportarten bevorzugen, bei denen die Kraftkomponente im Vordergrund steht, können nur eingeschränkt bestätigt werden. Der geringe Anteil der Kraftsportler der oberen Mittelschicht bestätigt zwar diese Aussage, aber der Anteil der Kraftsportler in der mittleren Mittelschicht ist höher als der in der unteren Mittelschicht. Die hohen Anteile von Ausdauer-sportlern in der oberen Mittelschicht und die geringen Anteile in der unteren Mittelschicht bestätigen hingegen die Ergebnisse von PFETSCH [1975] und HEINEMANN [1983].

Es bleibt noch festzustellen, dass hauptsächlich die zwei Sportartengruppen der Oberschicht der Altersgruppe 2 gegenüber der Altersgruppe 1 schwächer vertreten sind zugunsten der mittleren und unteren Mittelschicht. Trotzdem lassen sich die gleichen Tendenzen wie in der Altersgruppe 1 nachweisen. Bei den Nichtsportlern können die hohen Werte bei der Zugehörigkeit zur oberen Mittelschicht in der Altersgruppe 1 und zur unteren Mittelschicht in der Altersgruppe 2 dadurch erklärt werden, dass der Zugang zu höheren Schulen, d.h. eine qualitativ bessere Schulausbildung für die jüngeren Altersgruppen leichter zu erreichen war als für die älteren. Die Werte sind jedoch mit Vorbehalt zu betrachten, da die Nichtsportler in beiden Altersgruppen ausschließlich Angestellte und Beamte der Universität Karlsruhe und der früheren Badenwerke Karlsruhe sind.

3.1.2.2 Trainingsgründe und deren Bedeutung bei Kraft- und Ausdauersportlern im Alternsvorgang

Bei der Untersuchung der Trainingsgründe in Abhängigkeit vom Alter wurden die Gründe für den Beginn des sportlichen Trainings und die Gründe für die Fortsetzung des regelmäßigen sportlichen Trainings bis zum Zeitpunkt der Befragung betrachtet. Dabei waren lediglich die Kraft- und die Ausdauersportler von Interesse. Den Trainingsgründen Geselligkeit, Bewegungs-bedürfnis, Gesundheit, Fitness und Wettkampf wurden von den Probanden die Kategorien „wichtig" (+), „weder/noch" (o) und „unwichtig" (-) zugeordnet. Tabelle 21 gibt eine Übersicht über die Angaben der Probanden.

Tab. 21: Prozentuale Verteilung der Probanden bezüglich ihrer Trainingsgründe zu Beginn ihres sportlichen Trainings und zum Zeitpunkt der Befragung

Trainingsgründe	Zeit-punkt	Altersgruppe 1						Altersgruppe 2					
		Kraftsportler (%)			Ausdauersportler (%)			Kraftsportler (%)			Ausdauersportler (%)		
		+	0	-	+	0	-	+	0	-	+	0	-
Gemeinschaft und Geselligkeit	Zu Beginn	37,1	31,4	31,4	28,9	42,1	28,9	60,0	23,5	11,7	25,5	38,3	36,2
	Heute	50,0	29,4	20,6	30,8	33,3	35,9	64,5	22,9	12,5	47,8	28,3	23,9
Bewegungs-bedürfnis	Zu Beginn	64,7	14,7	20,6	76,3	18,4	5,3	83,3	5,9	9,8	88,9	5,6	5,6
	Heute	74,3	11,4	14,3	87,2	5,1	7,7	88,2	11,8	0,0	92,5	5,6	1,9
Gesundheitliche Gründe	Zu Beginn	43,3	26,7	30,0	47,4	21,1	31,6	51,1	27,7	21,3	78,4	13,7	7,8
	Heute	62,5	28,1	9,4	72,5	15,1	12,5	70,0	26,0	4,0	88,7	6,0	0,0
Allgemeine Fitness	Zu Beginn	63,3	13,3	23,3	56,4	28,2	15,4	69,4	30,6	0,0	71,4	22,4	6,1
	Heute	82,4	8,8	8,8	84,6	7,7	7,7	78,0	22,0	0,0	82,4	15,6	2,0
Wettkampf und Leistungsvergleich	Zu Beginn	73,0	18,9	8,1	57,9	18,4	23,7	77,4	15,1	7,5	55,8	21,2	23,1
	Heute	51,4	17,1	31,4	52,6	15,8	31,6	66,0	26,4	7,5	61,5	9,6	28,8

3.1.2.2.1 Trainingsgrund „Gemeinschaftserleben und Geselligkeit"

In der Altersgruppe 1 der Kraftsportler steigt die Bedeutung von „Gemeinschaftserleben und Geselligkeit" von 37,1% (zu Beginn) auf 50% (heute). Zu beiden Zeitpunkten war für ca. 30% dieser Probandengruppe dieses Motiv weder wichtig noch unwichtig. In der Altersgruppe 2 ist es wichtig für 60,0% (zu Beginn) und 64,5% (heute). Für 12,5% der älteren Kraftsportler ist das Motiv zu beiden Zeitpunkten unwichtig (Tab. 21 und Abb. 41).

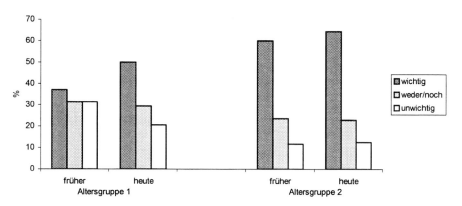

Abb. 41: Bedeutung des Trainingsmotivs „Gemeinschaftserleben und Geselligkeit" bei den Kraftsportlern in beiden Altersgruppen

Für die Ausdauersportler beider Altersgruppen war dieses Trainingsmotiv sowohl zu Beginn ihres sportlichen Trainings als auch zum Zeitpunkt der Untersuchung weniger wichtig als für die Kraftsportler. In der Altersgruppe 1 erachteten 28,9% der Probanden dieses Trainingsmotiv für den Beginn ihrer sportlichen Aktionen als wichtig, in Altersgruppe 2 waren es 25,5%. Im Verlaufe ihres Lebens nahm für beide Altersgruppen die Bedeutung des Trainingsgrundes „Gemeinschaftserleben und Geselligkeit" zu. In Altersgruppe 1 stieg der Wert auf 30,8%, in Altersgruppe 2 sogar auf 47,8% an (Abb. 42).

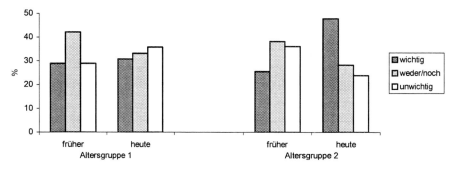

Abb. 42: Bedeutung des Trainingsmotivs „Gemeinschaftserleben und Geselligkeit" bei den
Ausdauersportlern in beiden Altersgruppen

Die untersuchten Sportgruppen messen dem Trainingsmotiv „Gemeinschaftserleben und Geselligkeit" ganz unterschiedliche Bedeutung bei. Für die Altersgruppen kann festgestellt werden, dass die Kraftsportler, sowohl zu Beginn als auch heute, mehr Wert auf das Trainingsmotiv „Gemeinschaftserleben und Geselligkeit" legten beziehungsweise legen als die Ausdauersportler.

Ein Vergleich zwischen diesem Ergebnis und dem Ergebnis anderer Untersuchungen ist, bedingt durch die unterschiedlichen Untersuchungsstrategien, nicht möglich, auch wenn gemeinsame Tendenzen herausgearbeitet werden können. In Übereinstimmung mit der Untersuchung von KLEINE und FRITSCH [1990] kann festgestellt werden, dass jüngere aktive Wettkampfsportler eine gedämpfte Geselligkeitsneigung zeigen, dass bei älteren aktiven Sportlern eine höhere Geselligkeitsneigung zu verzeichnen ist, und dass in den verschiedenen Sportgruppen die Geselligkeitsneigung unterschiedlich ausgeprägt ist.

3.1.2.2.2 Trainingsgrund „Bewegungsbedürfnis"

Das „Bewegungsbedürfnis" war früher* für 64,7% der Kraftsportler in Altersgruppe 1 und für 83,3% der Kraftsportler in Altersgruppe 2 ein wichtiger Grund, mit einem regelmäßigen Training zu beginnen. Zum Zeitpunkt der Untersuchung messen in Altersgruppe 1 74,3% und 88,2% in Altersgruppe 2 diesem Trainingsmotiv hohe Bedeutung zu. Für 20,6% der Altersgruppe 1 war dieses Motiv für den Beginn ihrer Kraftsporttätigkeit unwichtig. Heute spielt das „Bewegungsbedürfnis" als Trainingsgrund für 14,3% in Altersgruppe 1 keine Rolle. Dementsprechend gering ist auch der Anteil der Probanden, die das „Bewegungsbedürfnis" als Trainingsmotiv für unwichtig erachten (11,4%). Früher betrug der Wert in Altersgruppe 2 9,8%, zum Zeitpunkt der Untersuchung beträgt er sogar 0% (Abb. 43).

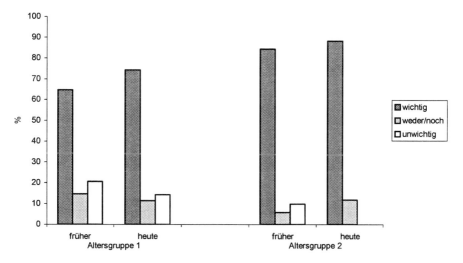

Abb. 43: Bedeutung des Trainingsmotivs „Bewegungsbedürfnis" bei den Kraftsportlern in beiden Altersgruppen

In der Gruppe der Ausdauersportler liegt die Zahl der Personen, für die das „Bewegungsbedürfnis" wichtig ist, noch höher. In der Altersgruppe 1 stieg der Wert im Alternsverlauf von 76,3% auf 87,2% und in Altersgruppe 2 sogar von 88,9% auf 92,5%. Für den Trainingsbeginn als unwichtig erachteten es in Altersgruppe 1 5,3% der Ausdauersportler und in Altersgruppe 2 5,6%. Zum Zeitpunkt der Untersuchung liegen die Werte in Altersgruppe 1 bei 7,7% und in Altersgruppe 2 bei 1,9% (Abb. 44).

---

* früher = zu Beginn des sportlichen Trainings

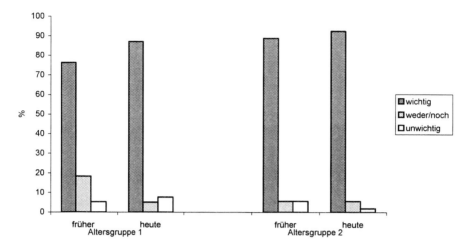

Abb. 44: Bedeutung des Trainingsmotivs „Bewegungsbedürfnis" bei den Ausdauersportlern
in beiden Altersgruppen

Es ist festzustellen, dass die Befriedigung des „Bewegungsbedürfnisses" für alle Probanden ein wichtiges Trainingsmotiv darstellt. Eine Erklärung für die große Bedeutung des Trainingsmotivs „Bewegungsbedürfnis" lässt sich daraus ableiten, dass es sich bei diesem Probandenkreis um seit Jahrzehnten aktive Wettkampfsportler handelt, die sowohl zu Beginn (früher) als auch heute einem regelmäßigen Training nachgingen beziehungsweise nachgehen. Dem Körper der Sportler werden seit Jahrzehnten regelmäßig bestimmte Leistungen abverlangt. Dies führt möglicherweise zu einem Bedürfnis, in bestimmten Zeitabständen im Sinne eines Vergleichswettkampfes Leistungen erbringen zu wollen. Für fast alle untersuchten Probanden ist die Befriedigung des Bewegungsbedürfnisses durch ein regelmäßiges Training am wichtigsten. Die Ausnahme bilden die Kraftsportler der Altersgruppe 1 (zu Beginn). Sie geben dem Trainigsmotiv „Wettkampf" beziehungsweise „Leistungsvergleich" (zu Beginn) und der „allgemeinen Fitness" (heute) den Vorrang.

Die Ergebnisse dieser Studie bestätigen die Erkenntnisse von NEUMANN [1978], bei dessen Untersuchung 60% der Probanden „Bewegungsbedürfnis" als Trainingsmotiv angaben.

3.1.2.2.3 Trainingsgrund „Gesundheitsbewusstsein"

In der Altersgruppe 1 der Kraftsportler legten zu Beginn 43,3% Wert auf ihre Gesundheit, in der Altersgruppe 2 waren es 51,1%. Zum Zeitpunkt der Untersuchung nimmt der Gesundheitsaspekt unter den Gründen für das sportliche Training der Kraftsportler mit 62,5% in Altersgruppe 1 und 70,0% in Altersgruppe 2 einen signifikant höheren Stellenwert ein. So wie das „Gesundheitsbewusstsein" im Alternsvorgang der Altersgruppe 1 und 2 zunimmt, geht der Anteil der Probanden, die den Gesundheitsaspekt ihres Trainings für unwichtig halten, zurück, in Altersgruppe 1 von 30% auf 9,4% und in Altersgruppe 2 von 21,3% auf 4,0% (Abb. 45).

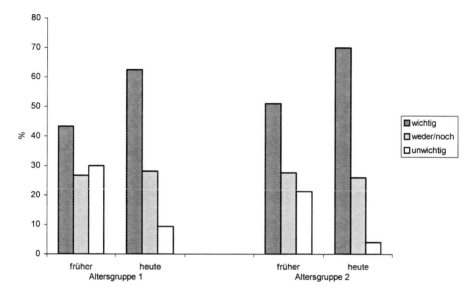

Abb. 45: Bedeutung des Trainingsmotivs „Gesundheitsbewusstsein" bei den Kraftsportlern in beiden Altersgruppen

Ebenso wie bei den Kraftsportlern gewinnt auch bei den Ausdauersportlern der Gesundheitsaspekt für die Ausübung der Sportart an Bedeutung. In Altersgruppe 1 betreiben zum Zeitpunkt der Untersuchung 72,5% und in Altersgruppe 2 88,7% der Ausdauersportler u. a. aus gesundheitlichen Gründen Sport. In Zusammenhang damit nahm die Anzahl der Ausdauersportler ab, für die gesundheitliche Aspekte unwichtig sind. In Altersgruppe 1 ist eine Abnahme von 31,6% auf 12,5% und in Altersgruppe 2 eine von 7,8% auf 0,0% zu verzeichnen (Abb. 46).

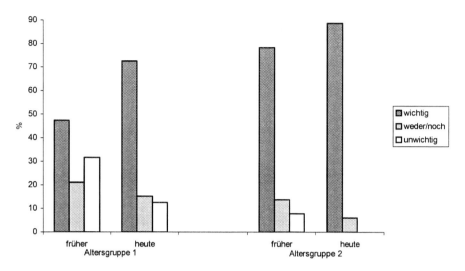

Abb. 46: Bedeutung des Trainingsmotivs „Gesundheitsbewusstsein" bei den Ausdauersportlern
in beiden Altersgruppen

Diese Ergebnisse unterstreichen die Erkenntnisse aus der Untersuchung von NEUMANN [1978],
dass die Bedeutung von gesundheitlichen Aspekten mit dem Alter zunimmt, was sich wohl auf
ein verstärktes Gesundheitsbewusstsein und möglicherweise mit dem Alter auftretende
Beschwerden zurückführen lässt.

3.1.2.2.4   Trainingsgrund „Allgemeine Fitness"

Zu Beginn ihrer sportlichen Aktivitäten erachteten 63,3% der Kraftsportler in Altersgruppe 1
und 69,4% der Altersgruppe 2 die „Allgemeine Fitness" als wichtigen Trainingsgrund. Zum
Zeitpunkt der Untersuchung sind es 82,4% in Altersgruppe 1 und 78,0% in Altersgruppe 2. Im
Gegensatz zu früher, als für 23,3% der Kraftsportler aus Altersgruppe 1 die allgemeine Fitness
als Trainingsmotiv unwichtig war, ist sie zum Zeitpunkt der Untersuchung nur noch für 8,8%
dieser Probandengruppe unwichtig. In der Altersgruppe 2 war und ist die „Allgemeine Fitness"
für keinen der Probanden unwichtig (Abb. 47).

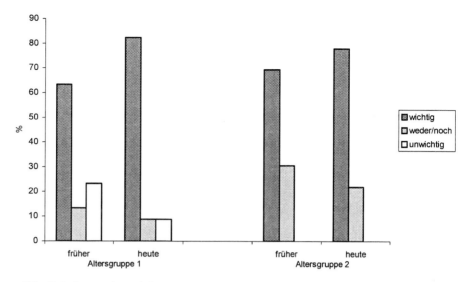

Abb. 47: Bedeutung des Trainingsmotivs „Allgemeine Fitness" bei den Kraftsportlern
in beiden Altersgruppen

Bei den Ausdauersportlern hielten in Altersgruppe 1 zu Beginn 56,4% und in Altersgruppe 2 71,4% die „Allgemeine Fitness" für einen wichtigen Trainingsaspekt. Im Laufe der Trainingsjahre hat die Bedeutung dieses Trainingsmotivs in der Altersgruppe 1 um 28,2% auf 84,6% und in der Altersgruppe 2 um 11,0% auf 82,4% zugenommen. Umgekehrt ging die Zahl derer zurück, die der allgemeinen Fitness keine Bedeutung zumaßen. In der Altersgruppe 1 sank der Wert von 15,4% zu Beginn auf 7,7% heute und in der Altersgruppe 2 von 6,2% zu Beginn auf 2,0% heute (Abb. 48).

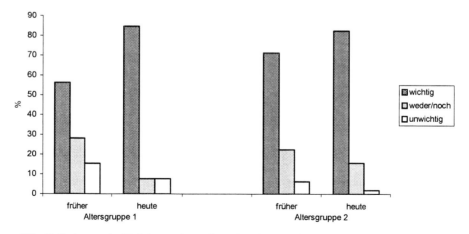

Abb. 48: Bedeutung des Trainingsmotivs „Allgemeine Fitness" bei den Ausdauersportlern
in beiden Altersgruppen

Die „Allgemeine Fitness" gewinnt als Trainingsgrund sowohl bei den Kraft- als auch bei den Ausdauersportlern mit zunehmendem Alter an Bedeutung. Diese Ergebnisse stimmen mit den Feststellungen von NEUMANN [1978] und OPASCHOWSKI [1987] überein.

Eine Erklärung könnte darin liegen, dass sich mit zunehmendem Alter das Gesundheits-bewusstsein erhöht, möglicherweise aber auch eine Zunahme von Altersbeschwerden zu beobachten ist.

3.1.2.2.5   Trainingsgrund „Wettkampf und Leistungsvergleich"

Bei 73,0% der Kraftsportler der Altersgruppe 1 und 77,4% der Altersgruppe 2 wurde früher das Training hauptsächlich wegen des „Wettkampfes beziehungsweise Leistungsvergleiches" durchgeführt. Zum Zeitpunkt der Untersuchung wird dieses Motiv in Altersgruppe 1 noch von 51,4% und in Altersgruppe 2 von 66,1% der Probanden als „wichtig" angegeben. „Weniger wichtig" ist dieser Trainingsaspekt heute für 31,4% in der Altersgruppe 1 und für 7,5% in der Altersgruppe 2. Die Wertung „weder/noch" liegt zum Zeitpunkt der Untersuchung in der Altersgruppe 1 mit 17,2% und in der Altersgruppe 2 mit 26,4% relativ hoch, obwohl es sich bei den Befragten ausschließlich um Wettkampfsportler handelt (Abb. 49).

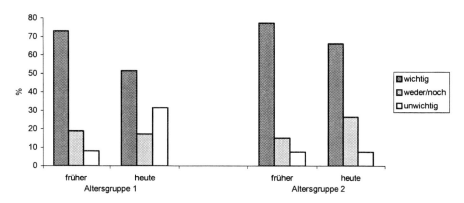

Abb. 49: Bedeutung des Trainingsmotivs „Wettkampf und Leistungsvergleich" bei den Kraftsportlern
in beiden Altersgruppen

In Altersgruppe 1 betrieben früher 57,9% und in Altersgruppe 2 55,8% der Ausdauersportler das Training im Hinblick auf einen später folgenden Wettkampf. In Altersgruppe 1 sank diese Zahl geringfügig auf 52,6%. Etwas anders verhalten sich die Ausdauersportler der Altersgruppe 2. Sie zeigen zum Zeitpunkt der Untersuchung mit 61,5% eine zunehmende Wettkampfbereitschaft. Dennoch hielt eine nicht unwesentliche Zahl der Befragten den Leistungsvergleich als Motiv ihres Trainings für unwichtig (Abb. 50).

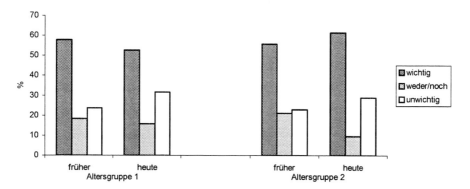

Abb. 50: Bedeutung des Trainingsmotivs „Wettkampf und Leistungsvergleich" bei den Ausdauersportlern in beiden Altersgruppen

Wie auch die Untersuchung von SCHLAGENHAUF [1977] zeigt diese Untersuchung, dass die Bereitschaft zu einer Wettkampfaktivität mit steigendem Alter abnimmt. Gründe hierfür sind das Abflauen des Wettkampfinteresses wegen anderer Interessen (zum Beispiel Musik) sowie nachlassende Leistungsfähigkeit.

Bei der Betrachtung der Ergebnisse fällt auf, dass bei den Kraft- und Ausdauersportlern der Altersgruppe 2 alle Trainingsmotive, die für den Beginn des sportlichen Trainings ausschlaggebend waren, unerwartet hoch ausfallen im Vergleich mit den Ergebnissen der Altersgruppe 1. Das ist wohl damit erklärbar, dass es sich bei der vorliegenden Untersuchung um keine echte Längsschnittstudie handelt, da die Antworten der Probanden der Altersgruppe 2 zum heutigen Zeitpunkt gegeben wurden, was bedeutet, dass sie sich teilweise mehr als 25 Jahre zurückerinnern mussten, um die damaligen Motivationen für den Beginn des Trainings nennen zu können. Eine Ausnahme bildet die Befragung der Ausdauersportler der Altersgruppe 2 nach dem Trainingsmotiv „Gemeinschaftserleben und Geselligkeit". Hier ist der Wert niedriger als der vergleichbare Wert der Altersgruppe 1.

Im Unterschied zu der hohen Bedeutung des Trainingsmotivs „Bewegungsbedürfnis" steht das Motiv „Gemeinschaft beziehungsweise Geselligkeit" bei allen untersuchten Sportgruppen an letzter Stelle. Eine Ausnahme sind die Kraftsportler der Altersgruppe 2, was jedoch nicht weiter untersucht werden soll, da es sich hierbei um keinen gesicherten Unterschied handelt.

3.1.2.2.6 *Korrelationen der Trainingsgründe*

Der Korrelationstest ergab, dass eine starke lineare Abhängigkeit zwischen den Merkmalen Gesundheit und Lebensalter im Hinblick auf den Beginn des sportlichen Trainings besteht. Bei den Kraftsportlern konnte ein signifikanter Zusammenhang zwischen dem Lebensalter und dem Trainingsmotiv „Gemeinschaft und Geselligkeit" für den Beginn des Trainings beziehungsweise „Bewegungsbedürfnis" für die Fortsetzung des Trainings festgestellt werden. In der Gruppe der Ausdauersportler besteht eine lineare Beziehung zwischen dem Trainingsmotiv „Gesundheit" und dem Lebensalter sowohl für den Zeitpunkt des Beginns des sportlichen Trainings als auch für seine Fortsetzung. Diese Ergebnisse treffen mit 99%iger Wahrscheinlichkeit zu (Tab. 22).

In den Korrelationstabellen werden folgende Abkürzungen verwendet:

Trainingsgrund	zu Beginn	zum Zeitpunkt der Untersuchung
Gemeinschaftserleben und Geselligkeit	A 90	A 98
Bedürfnis nach Bewegung	A 91	A 99
gesundheitliche Gründe	A 93	A 101
allgemeine Fitness	A 94	A 102
Wettkampf und Leistungsvergleich	A 95	A 103

Tab. 22: Korrelation der Merkmale Lebensalter und Trainingsgründe (zu Beginn und heute)

Lebensalter	Trainingsgrund (zu Beginn)				
	Gemeinsch. A 90	Bewegung A 91	Gesundheit A 93	Fitness A 94	Wettkampf A 95
Kraft- u. Ausdauersportler	.1149	.1014	.1891*	.1515	-.0195
Kraftsportler	.3184*	.2145	.1030	.1868	-.0412
Ausdauersportler	-.0827	.0648	.3405*	.1886	-.0412
Lebensalter	Trainingsgrund (heute)				
	Gemeinsch. A 98	Bewegung A 99	Gesundheit A 101	Fitness A 102	Wettkampf A 103
Kraft- u. Ausdauersportler	.1455	.0729	.0735	-.0506	.0695
Kraftsportler	.1911	.2726*	.0598	-.0007	.2082
Ausdauersportler	.1962	.1010	.2891	.0607	.0653

Signifikanzniveau: * = 0,01   ** = 0,001

Somit wird deutlich, dass sich die Gründe für sportliche Aktivitäten im Alternsvorgang sowohl bei Kraft- als auch bei Ausdauersportlern eindeutig verändern. Während die Trainingsmotive Gesundheit, Fitness und Bewegung an Bedeutung gewinnen, ist eine Abnahme der Motive Wettkampf und Leistungsvergleich zu verzeichnen. Eine Indifferenz besteht bei der Bewertung von Gemeinschaftserleben und Geselligkeit.

3.1.3   Unsere Ergebnisse im Überblick

Im ersten Teil der vorliegenden sportsoziologischen Querschnittsuntersuchung wird der Zusammenhang zwischen dem Persönlichkeitsprofil (Schulbildung und Schichtstatus) bei ausgewählten Probanden unter Berücksichtigung der ausgeübten Sportart (Kraft-, Ausdauer- sportler) beziehungsweise sportlicher Inaktivität (Nichtsportler) untersucht.

Es zeigt sich kein signifikanter Zusammenhang zwischen der Schulbildung und den Probanden in den beiden Altersgruppen. Einzig bei den Probanden der Altersgruppe 2 ist der Anteil derjenigen mit Hauptschulabschluss in allen drei untersuchten Gruppen vergleichsweise höher. Es besteht jedoch keine lineare Beziehung zwischen der Schulbildung und der Sportartengruppe.

Aussagen über die Zusammenhänge zwischen der Sportart und dem ausgeübtem Beruf konnten keine getroffen werden, da die Anzahl der Personen in einigen Gruppen zu gering war. Es lassen sich dennoch Trends erkennen. Die Angehörigen der oberen Mittelschicht bevorzugen Ausdauersportarten. Die Angehörigen der mittleren Mittelschicht sind nicht eindeutig einer

Sportart zuzuordnen, wohingegen bei den Angehörigen der unteren Mittelschicht eine Tendenz zum Kraftsport zu erkennen ist.

Die Kraftsportler dieser Untersuchung sind in der oberen Mittelschicht beider Altersgruppen deutlich geringer vertreten als die Ausdauer- und Nichtsportler. Dass diejenigen Sportler, die gesteigerten Wert auf physische Merkmale (Muskelausprägung u. a.) legen, aus den unteren Schichten stammen und hauptsächlich zu Kraftsportarten tendieren, wird andeutungsweise erkennbar.

Im zweiten Teil der Untersuchung wurden dieselben Kraft- und Ausdauersportler beider Altersgruppen aufgefordert, sowohl für den Zeitpunkt der Befragung als auch für den Zeitpunkt des Beginns ihrer Sporttätigkeit die vorgegebenen Trainingsmotive „Gemeinschaftserleben und Geselligkeit", „Bewegungsbedürfnis", „Gesundheit", „allgemeine Fitness" und „Wettkampf und Leistungsvergleich" anhand einer Werteskala zu gewichten. Dabei wurde deutlich, dass sich die Gründe für sportliche Aktivitäten im Alternsvorgang verschieben.

Im Einzelnen zeigt sich dies bei den Kraftsportlern wie folgt: Für die Kraftsportler der beiden Altersgruppen war der Trainingsgrund „Wettkampf und Leistungsvergleich" zu Beginn ihrer sportlichen Tätigkeit der wichtigste, gefolgt von „Bewegungsbedürfnis" und „Allgemeine Fitness". Dem entgegen ordnen die Angehörigen der beiden Altersgruppen zum Zeitpunkt unserer Befragung der „Allgemeinen Fitness" und dem „Bewegungsbedürfnis" den größten Stellenwert zu.

Die Ausdauersportler der Altersgruppe 1 gaben dem Trainingsgrund „Bewegungsbedürfnis" sowohl zu Beginn ihrer sportlichen Tätigkeit als auch zum Zeitpunkt unserer Befragung den größten Stellenwert. An zweiter Stelle folgten „Wettkampf und Leistungsvergleich" und „Allgemeine Fitness" für beide Zeitpunkte mit annähernd gleichem Stellenwert. Bei den Ausdauersportlern der Altersgruppe 2 treten die „gesundheitlichen Gründe" sowohl zu Beginn der sportlichen Betätigung als auch zum Zeitpunkt unserer Befragung an die zweite Stelle, sind jedoch fast gleichrangig mit „Bewegungsbedürfnis", das an erster Stelle steht. Der Trainingsgrund „allgemeine Fitness" hat auch einen hohen Stellenwert, während „Wettkampf und Leistungsvergleich" weniger wichtig sind.

Das Trainingsmotiv „Gemeinschaftserleben und Geselligkeit" wird in unserer Untersuchung bei allen Probanden relativ gering bewertet. Auch ein Anstieg im Alternsvorgang widerlegt dies nicht. Dieses Ergebnis resultiert wohl aus der Tatsache, dass es sich hierbei ausschließlich um die Befragung von Wettkampfsportlern handelt. Auch trainieren Ausdauersportler häufig alleine und außerhalb des Vereins, wie auch Kraftsportler nicht selten Individualisten sind.

Unsere Ergebnisse decken sich weitgehend mit den Ergebnissen anderer Autoren (Kap. 4.1).

3.2   Leistungsbiographie der Kraft- und Ausdauersportler

Die Frage, ob sich die physische Leistungsfähigkeit im Alter zwischen sportlich aktiven und inaktiven Menschen unterscheidet, wurde anhand von medizinischen Arbeiten schon oft untersucht. Die Entwicklung der physischen Leistungsfähigkeit speziell von Seniorenwettkampf-sportlern im Kraft- und Ausdauersport ist jedoch in seiner Komplexität noch weniger erforscht.

In der vorliegenden Studie wurden die Leistungsbiographien von Kraft- und Ausdauersportlern untersucht. Von Interesse war dabei, wie sich die Leistungsfähigkeit im Alternsvorgang entwickelt (Leistungsevolution beziehungsweise -devolution) und wie sie von altersbedingten biologischen Veränderungen beziehungsweise vom Trainingsumfang beeinflusst wird. Die konkrete Fragestellung zu dieser Thematik wurde in Kapitel 1.4.2 dargestellt.

3.2.1   Auswahl bisheriger Untersuchungen und deren Ergebnisse

Die Entwicklung der physischen Leistungsfähigkeit des alternden Menschen ist Inhalt zahl-reicher Untersuchungen und Veröffentlichungen, wobei sich die Untersuchungsmethoden zum Teil sehr voneinander unterscheiden. Dabei wurde bei vielen dieser Untersuchungen, wie zum Beispiel bei denen von SCHARSCHMIDT et al. [1969], BRINGMANN [1977], HOLLMANN et al. [1978] oder ISRAEL et al. [1982], der Entwicklung und Trainierbarkeit der Ausdauerleistungs-fähigkeit besondere Beachtung geschenkt.

SCHNEITER [1972] erstellte anhand von Weltbestleistungen in den Jahren 1965 bis 70 im Marathonlauf eine hypothetische Bestleistungskurve auf. Er kam dabei zu dem Schluss, dass sich bei einem Durchschnittssportler leistungsmindernde Alterserscheinungen erst nach dem 55. Lebensjahr bemerkbar machen. Der oft schon früher verzeichnete so genannte altersbedingte Leistungsabfall ist dabei nicht nur auf das Alter, sondern auch auf mangelndes Training zurückzuführen. Des Weiteren wies er auf eine gewisse Diskrepanz im Leistungsrückgang zwischen Spitzensportlern und Durchschnittssportlern mit mittelmäßigen Leistungen hin. Während bei den Spitzensportlern die Leistung kontinuierlich zurückgeht, zeigen die Durchschnittssportler einen relativ geringen Leistungsabfall mit zunehmendem Alter. Dies liegt nach SCHNEITER daran, dass sich die „Leistungssportler" an der oberen Grenze ihrer Leistungsfähigkeit befinden und eine Steigerung des Trainingsumfanges kaum noch möglich ist, während bei den „Durchschnittssportlern" einem Leistungsabfall nach dem 55. Lebensjahr noch durch Erweiterung des Trainingsumfangs entgegengewirkt werden kann.

SCHARSCHMIDT et al. [1974] veröffentlichten eine Längsschnittstudie über ein zehnjähriges Ausdauertraining, an der allerdings nur eine Versuchsperson teilnahm. Diese begann im Alter von 55 Jahren mit einem planmäßigen Dauerlauftraining, wobei an 200 Tagen im Jahr etwa 60 bis 75 Minuten pro Trainingseinheit gelaufen wurde. Im Untersuchungszeitraum nahm die Leistungsfähigkeit kontinuierlich ab. Allerdings wurde in den ersten drei Jahren eine vorübergehende Verbesserung der Leistungsfähigkeit festgestellt. So nahm zum Beispiel die relative maximale Sauerstoffaufnahme während der ersten drei Jahre von 40,5 auf 52,0 ml/kg·min zu, um dann auf 29,6 ml/kg·min in den nächsten sieben Jahren zurückzugehen. Auch die Herzfrequenz bei submaximaler Belastung verringerte sich im gleichen Zeitraum von 150 auf 130 Schläge pro Minute, um anschließend wieder bis auf 165 Schläge pro Minute anzusteigen. Im Bereich des Trainings konnte zwar der Gesamtumfang während der zehn Jahre beibehalten werden, jedoch nahm der Anteil an Kilometern, die im Gehtempo zurückgelegt wurden, deutlich zu, was jedoch eine Verringerung der Intensität bedeutet.

E<small>HRSAM</small> und Z<small>AHNER</small> [1996] stellen in ihren Studien „Kraft und Krafttraining im Alter" eine Anzahl von Untersuchungen verschiedener nationaler und internationaler Autoren vor. Dabei steht vor allem die Frage nach dem Anstieg und Abfall der Kraft bei Männern und Frauen in verschiedenen Altersabschnitten im Mittelpunkt ihrer Recherchen.

Die Studien zeigen Kraftverluste von durchschnittlich 15% je Dekade im mittleren und bis zu 30% im späteren Erwachsenenalter, was sich aufgrund von Leistungsbiographien besonders bei Kraftsportlern nachweisen ließ. Nach den Erkenntnissen verschiedener Autoren waren im Rahmen der alterungsbedingten Veränderungen die Fasertypen „fast twitch" (Schnellkraft- und Kraftsportler) und „slow twitch" (Ausdauersportler) in unterschiedlichem Maße davon betroffen.

3.2.2   Ergebnisse unserer Untersuchung

3.2.2.1   Kraftsportler

Hinsichtlich der Leistungsentwicklung der Kraftsportler werden zuerst Gewichtheber (Stoßen) und danach Rasenkraftsportler (Dreikampf) betrachtet.

Ihren Leistungshöhepunkt haben unsere untersuchten Gewichtheber im Mittel im Alter von 30 Jahren im Stoßen mit 127,8 kg (s=28,9 kg). In den darauf folgenden Dekaden geht die Leistung zurück, wobei im Alter von 40 Jahren im Stoßen eine durchschnittliche Leistung von 118,5 kg (s=26,0 kg) und mit 50 Jahren eine solche von 103,7 kg (s=28,2 kg) erbracht wurde. Die mit 50 Jahren erzielte Leistung liegt damit erwartungsgemäß unter der mit 20 Jahren.

Die absolvierten wöchentlichen Trainingsumfänge der Probanden am Beispiel des Stoßens zeigen eine geringe Steigerung von ungefähr einer halben Stunde pro Woche von den 20- zu den 30-Jährigen und erreichen (im Durchschnitt) 6:27 Stunden pro Woche (s=3:02 h). In den darauf folgenden Dekaden verringern sich die Trainingsumfänge um etwa 1:45 Stunden in dieser Disziplin (Abb. 51).

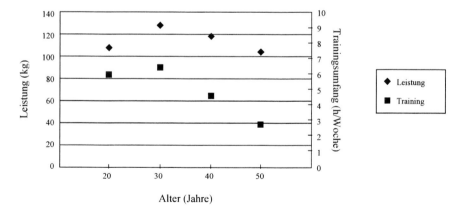

Abb. 51: Entwicklung von Trainingsumfang und Leistung im Alternsvorgang der Kraftsportler
für die Disziplin Stoßen (Gewichtheben)

Bei den Gewichthebern wird zusätzlich zur Entwicklung der Leistung und des Trainingsumfangs auch die teilweise altersbedingte Veränderung des Körpergewichts betrachtet. So ist z.B. in der Disziplin Stoßen eine Zunahme des Körpergewichts von 73,3 kg (s=9,8 kg) im Alter von 20 Jahren auf 81,9 kg (s=12,4 kg) bei den 40-Jährigen zu erkennen. Im Alter von 50 Jahren geht das Körpergewicht der Probanden auf durchschnittlich 80,7 kg (s=10,1 kg) zurück (Tab. 23).

Tab. 23: Mittelwerte von Leistung, Trainingsumfang und Körpergewicht in den jeweiligen Altersstufen der Kraftsportler für die Disziplin Stoßen (Gewichtheben)

Stoßen

Alter	Anzahl	Leistung (kg)		Training (h:min/Woche)		Körpergewicht (kg)	
	n	x	s	x	s	x	s
20	31	107,4	21,2	5:17	3:06	73,3	9,8
30	36	127,8	28,9	6:27	3:02	80,5	11,8
40	31	118,5	26,0	4:33	2:46	81,9	12,4
50	11	103,7	28,2	2:50	1:24	80,7	10,1

x=Mittelwert, s=Standardabweichung

In den Disziplinen des Rasenkraftsports (Steinstoßen, Hammerwerfen und Gewichtwerfen) zeigen sich ebenfalls Parallelen hinsichtlich der Parameter Leistung, Trainingsumfang und Körpergewicht in den Biographien der Probandengruppen (Tab. 24, 25, 26).

Tab. 24: Mittelwerte von Leistung, Trainingsumfang und Körpergewicht in den jeweiligen Altersstufen der Kraftsportler für die Disziplin Steinstoßen (Rasenkraftsport)

Steinstoßen

Alter	Anzahl	Leistung (m)		Training (h:min/Woche)		Körpergewicht (kg)	
	n	x	s	x	s	x	s
20	18	7,71	1,19	6:22	3:13	77,8	10,6
30	34	8,43	1,28	5:17	2:18	82,1	10,0
40	34	8,02	1,38	4:11	2:32	84,6	10,4
50	22	7,91	0,92	4:23	2:11	86,0	10,5

x=Mittelwert, s=Standardabweichung

Tab. 25: Mittelwerte von Leistung, Trainingsumfang und Körpergewicht in den jeweiligen Altersstufen der Kraftsportler für die Disziplin Hammerwerfen (Rasenkraftsport)

Hammerwerfen

Alter	Anzahl	Leistung (m)		Training (h:min/Woche)		Körpergewicht (kg)	
	n	x	s	x	s	x	s
20	18	41,33	8,66	6:35	3:22	77,2	11,0
30	31	44,03	10,09	5:19	2:20	82,2	10,5
40	32	42,97	9,52	4:37	2:41	86,1	12,3
50	18	39,97	6,29	3:43	1:33	85,5	10,9

x=Mittelwert, s=Standardabweichung

Tab. 26: Mittelwerte von Leistung, Trainingsumfang und Körpergewicht in den jeweiligen Altersstufen der Kraftsportler für die Disziplin Gewichtwerfen (Rasenkraftsport)

Gewichtwerfen

Alter	Anzahl	Leistung (m)		Training (h:min/Woche)		Körpergewicht (kg)	
	n	x	s	x	s	x	s
20	14	17,25	3,19	6:47	3:27	76,6	11,0
30	28	18,37	3,04	5:04	2:26	81,8	10,2
40	32	17,64	3,17	4:23	2:43	86,0	11,8
50	15	16,88	2,28	4:07	1:31	84,7	10,1

x=Mittelwert, s=Standardabweichung

Der Leistungshöhepunkt wird bei allen drei Disziplinen im Alter von ca. 30 Jahren erreicht. Im Steinstoßen beträgt die durchschnittliche Bestleistung in diesem Alter 8,43 m (s=1,28 m), im Hammerwerfen 44,03 m (s=10,09 m) und im Gewichtwerfen 18,37 m (s=3,04 m). Anschließend nimmt die erzielte Leistung ab und erreicht im Alter von 50 Jahren mit 7,91 m (s=0,92 m) bei den Steinstoßern, 39,97 m (s=6,29 m) bei den Hammerwerfen und 16,88 m (s=2,28 m) bei den Gewichtwerfern den niedrigsten Stand.

Die wöchentlichen Trainingsumfänge gehen im Untersuchungszeitraum für die Disziplin Steinstoßen von 6:22 Stunden (s=3:13 h) im Alter von 20 Jahren auf 4:23 Stunden (s=2:11 h) im Alter von 50 Jahren zurück. Noch deutlicher zeigt sich der Rückgang bei den Hammerwerfern. Hier wurden im Alter von 20 Jahren noch 6:35 Stunden (s=3:22 h) trainiert, die 50-Jährigen investieren allerdings nur noch 3:43 Stunden (s=1:33 h) pro Woche für das Training. Bei den Gewichtwerfern verhält es sich ähnlich wie bei den Steinstoßern. Im Alter von 20 Jahren trainieren sie noch 6:47 Stunden (s=3:27 h) pro Woche, mit 50 Jahren sinkt der Wert allerdings auf 4:07 Stunden (s=1:31 h).

Generell fällt auf, dass die Standardabweichung der Trainingsdauer innerhalb aller Gruppen der 20-Jährigen über drei Stunden liegt. Mit zunehmendem Alter geht diese starke Streuung zurück. Im Alter von 50 Jahren beträgt die Standardabweichung nur noch 1:31 (Gewichtwerfen) bis 2:11 (Steinstoßen) Stunden. Das bedeutet, dass sich die individuelle wöchentliche Trainingsdauer bei den Probanden innerhalb einer Gruppe mit zunehmendem Lebensalter immer weniger unterscheidet. Ebenso verhält es sich bei der Leistung: Bei den 20-Jährigen streut die Abweichung der individuellen Bestleistung vom Mittelwert der entsprechenden Altersgruppe viel stärker als bei den 50-Jährigen.

Die zum Körpergewicht erhobenen Daten zeigen in den drei Disziplinen eine ähnliche Tendenz. Das maximale Körpergewicht wird sowohl im Hammerwerfen als auch im Gewichtwerfen mit 40 Jahren, im Steinstoßen dagegen erst im Alter von 50 Jahren erreicht.

Im Steinstoßen nimmt das Körpergewicht in immer kleiner werdenden Schritten von 20 nach 50 Jahren zu (77,8 kg, s=10,6 kg mit 20 Jahren; 86,0 kg, s=10,5 kg mit 50 Jahren). Dabei verändert sich die Standardabweichung kaum.

Im Hammerwerfen zeigt sich ein ähnliches Bild. Auch hier nimmt das Körpergewicht mit zunehmendem Alter in immer kleineren Differenzen zu (77,2 kg, s=11,0 kg mit 20 Jahren; 86,1 kg, s=12,3 kg mit 40 Jahren). Allerdings geht es in der fünften Lebensdekade wieder auf 85,5 kg (s=10,9 kg) zurück. Eine Tendenz hinsichtlich eines Einflusses des Alterns auf die Standardabweichung der Werte ist nicht eindeutig bestimmbar.

Im Gewichtwerfen ist eine Zunahme des Körpergewichts von 76,6 kg (s=11,0 kg) mit 20 Jahren auf 81,8 kg (s=10,2 kg) mit 30 Jahren zu verzeichnen. In der anschließenden Dekade erfolgt eine Zunahme des Körpergewichts auf 86,0 kg (s=11,8 kg). Mit 50 Jahren geht das Körpergewicht dann wieder auf 84,7 kg (s=10,1 kg) zurück – wie bei den Hammerwerfern. Hinsichtlich der Standardabweichung ist auch hier kein eindeutiger Zusammenhang feststellbar, dafür aber in Bezug auf den absoluten Wert des Körpergewichts, der zwischen 20 und 40 Jahren eindeutig zunimmt.

Im Folgenden soll der Einfluss der wöchentlichen Trainingsdauer in Bezug auf die Leistungsfähigkeit untersucht werden.

Für den Rasenkraftsport (Steinstoßen, Hammerwerfen, Gewichtwerfen) sollen die Untersuchungsergebnisse aus der Disziplin Steinstoßen vorab einen Überblick über den Zusammenhang zwischen Leistung und Trainingsumfang im Alterungsprozess der Probanden geben. Es zeigt sich, dass trotz eines Trainingsrückgangs (h) mit zunehmendem Alter die Leistung wenig abfällt (Abb. 52).

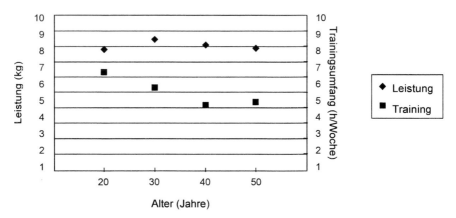

Abb. 52: Entwicklung von Trainingsumfang und Leistung im Alternsvorgang der Probanden für die Disziplin Steinstoßen (Rasenkraftsport)

Aufgrund dieses Sachverhaltes wurde exemplarisch für den Rasenkraftsport die Leistungsentwicklung im Alterungsprozess für diese spezielle Stoßdisziplin näher untersucht.

Die Disziplin Steinstoßen wurde deswegen ausgewählt, weil sie in ihrem technischen Ablauf weniger kompliziert ist als die anspruchsvolle Drehbewegung beim Hammer- und Gewichtwerfen und daher von älteren Athleten noch besser beherrscht wird. Dies gilt auch für Quereinsteiger aus der Leichtathletik (Kugelstoßer). Die Leistungsangaben wurden fünf Bereichen zugeordnet. Gestoßen wurde mit dem 15 kg Stein.

Am auffälligsten ist die Verteilung nach den erzielten Leistungen bei den 20-Jährigen. Etwa 45% dieser Altersgruppe weisen eine Leistung von weniger als 7,5 m auf. Die verbleibenden Probanden verteilen sich nahezu gleichmäßig auf die weiteren Bereiche. Im Alter von 30 Jahren verteilen sich die Probanden insgesamt gesehen gleichmäßiger über die fünf Bereiche, wobei der höchste (>9 m) und niedrigste (<7,5 m) Leistungsbereich mit jeweils 25% den größten Anteil bildet. Die Gruppe der 40-Jährigen ist mit ungefähr 30% in den beiden niedrigeren Leistungsbereichen (<8 m) vertreten. Daneben weisen aber auch 20% der Probanden eine Leistung von über 9,0 m auf. Ungefähr ein Drittel der 50-Jährigen ist im Bereich zwischen 7,5 und 8,0 m vertreten. Die daran angrenzenden Bereiche weisen mit jeweils etwa 20% ebenfalls eine beachtliche Häufigkeit auf (Abb. 53).

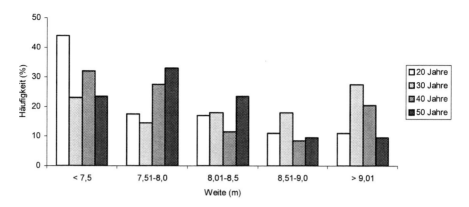

Abb. 53: Erbrachte Leistung der Probanden in der Disziplin Steinstoßen (Rasenkraftsport)

Betrachtet man die Entwicklung der Trainingsumfänge der Probanden im Steinstoßen exemplarisch für den Rasenkraftsport, so ergibt sich das folgende Bild. Während mit 20 Jahren eine deutliche Verteilung auf den Bereich der höheren Trainingsumfänge zu finden ist, zeigt sich mit zunehmendem Alter eine Tendenz in Richtung zu den Bereichen mit niedrigeren Trainingszeiten. Die 30-Jährigen liegen in ihrer Verteilung hauptsächlich in den mittleren Bereichen von 2:30 bis 7:00 Stunden pro Woche. Dagegen sind im Alter von 40 und 50 Jahren die Probanden verstärkt in den niedrigeren Bereichen, das heißt in den Bereichen mit weniger als 2:30 Stunden Training pro Woche, zu finden (Abb. 54).

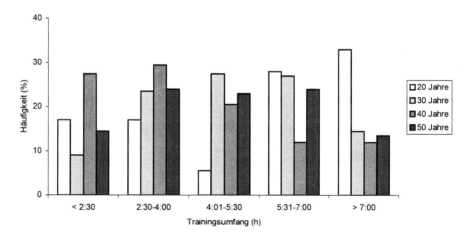

Abb. 54: Trainingsumfang (h/Woche) der Probanden in der Disziplin Steinstoßen (Rasenkraftsport)

Für das Körpergewicht der Probanden im Steinstoßen wird die im Rasenkraftsport übliche Klasseneinteilung in Leichtgewicht (<70 kg), Mittelgewicht (70 bis 85 kg) und Schwergewicht (>85 kg) angewendet[*]. Das Mittelgewicht ist in allen Altersstufen am häufigsten, während das Leichtgewicht in der Gruppe der 30-, 40- und 50-Jährigen am wenigsten vorhanden ist. Die Schwergewichtler liegen etwa in der Mitte (Abb. 55).

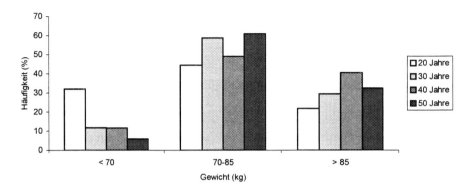

Abb. 55: Körpergewicht der Probanden in der Disziplin Steinstoßen (Rasenkraftsport)

Bei der statistischen Auswertung in den Kraftsportdisziplinen konnten keine signifikanten Korrelationen zwischen den erzielten Leistungen und dem Lebensalter festgestellt werden. Signifikant ist hingegen in einigen Altersstufen der Einfluss des Trainingsumfangs und des Körpergewichts auf die Leistung (Tab. 27 und 28).

Im Gewichtheben besteht in den Disziplinen Stoßen und Reißen zwischen der Leistung mit 30 Jahren und dem absolvierten Training eine hochsignifikante Beziehung. Darüber hinaus weist die Leistung der 40-Jährigen im Reißen einen signifikanten Zusammenhang mit dem Trainingsumfang auf.

Im Rasenkraftsport konnte in den Disziplinen Steinstoßen und Gewichtwerfen ebenfalls eine signifikante Beziehung zwischen der Leistung im Alter von 30 Jahren und dem Trainingsumfang nachgewiesen werden (Tab. 27).

Tab. 27: Korrelation zwischen Trainingsumfang und der erzielten Leistung der Kraftsportler in Abhängigkeit vom Lebensalter

Kraftsport - Disziplinen

Alter	Gewichtheben		Rasenkraftsport		
	Stoßen	Reißen	Steinstoßen	Gewichtwerfen	Hammerwerfen
20	0,268	0,198	0,368	0,436	0,419
30	0,575**	0,553**	0,438*	0,471*	0,311
40	0,182	0,432*	0,346	0,343	0,329
50	0,191	0,184	0,349	0,298	0,349

Signifikanzniveau: * = 0,01;   ** = 0,001

---

[*] Stand 2005

In den Kraftsportdisziplinen bestehen ab dem 30. Lebensjahr auch signifikante bis hochsignifikante Beziehungen zwischen der Leistung und dem Körpergewicht (Tab. 28). Dabei sind die Probanden zahlenmäßig in der mittleren Gewichtsklasse (70 bis 85 kg) am stärksten vertreten, wie beispielsweise Abbildung 55 (Steinstoßen) zeigt.

Tab. 28: Korrelation zwischen Leistung und Körpergewicht der Kraftsportler in Abhängigkeit vom Lebensalter

Kraftsport - Disziplinen

Alter	Gewichtheben		Rasenkraftsport		
	Stoßen	Reißen	Steinstoßen	Gewichtwerfen	Hammerwerfen
20	0,336	0,382	0,350	0,512	0,671
30	0,502**	0,655*	0,474*	0,671**	0,572*
40	0,481*	0,706**	0,459*	0,565**	0,677*
50	0,756*	0,743*	0,643*	0,815**	0,696

Signifikanzniveau: * = 0,01; ** = 0,001

3.2.2.2 Ausdauersportler

Die Untersuchung der Ausdauersportler beschränkt sich auf die Disziplinen des Mittel- und Langstreckenlaufs (1.500 m-Lauf, 5.000 m-Lauf, 10.000 m-Lauf) und des Marathons.

In der Disziplin 1.500 m-Lauf wird das beste Ergebnis (x=4:19,8 min; s=0:17,8 min) im Alter von 20 Jahren erzielt. Anschließend tritt mit zunehmender Altersstufe ein Leistungsverlust auf. Mit 30 Jahren macht sich diese Entwicklung nur geringfügig bemerkbar (x=4:22,8 min; s=0:17,4 min). In der darauf folgenden Dekade nimmt die durchschnittlich erzielte Zeit von 4:31,2 min (s=0:15,4 min) auf 4:52,4 min (s=0:17,4 min) zu (Tab. 29).

Betrachtet man die Parameter des wöchentlichen Trainingsumfanges, so ist festzustellen, dass von 20. bis zum 30. Lebensjahr eine Steigerung von 3:20 Stunden (s=1:45 h) auf 5:46 Stunden (s=3:08 h) erfolgt. In den folgenden Jahrzehnten bleibt der Trainingsumfang auf einem hohen Niveau und weist nur geringe Schwankungen auf (Tab. 29).

Tab. 29: Mittelwerte von Trainingsumfang und Leistung in den jeweiligen Altersstufen der Ausdauersportler für die Disziplin 1.500 m-Lauf

1.500 m-Lauf

Alter	Anzahl	Leistung (min:sec)		Training (h:min/Woche)	
	n	x	s	x	s
20	13	4:19,8	0:17,8	3:20	1:45
30	16	4:22,8	0:17,4	5:46	3:08
40	19	4:31,2	0:15,4	5:08	2:24
50	12	4:52,4	0:17,4	5:42	2:23

x=Mittelwert, s=Standardabweichung

Im 5.000 m-Lauf werden die besten Leistungen (x=16:51,4 min, s=1:42,5 min) im Alter von 30 Jahren erzielt. Bis zum 40. Lebensjahr verschlechtert sich die durchschnittlich gelaufene Zeit nur um 6,2 Sekunden (x=16:57,6 min, s=1:42,7 min). Erst in der darauf folgenden Dekade ist eine deutliche Leistungsabnahme zu erkennen. Mit 50 Jahren liegt die Durchschnittszeit bei 17:42,6 min (s=1:06,1 min) (Tab. 30).

Der Trainingsumfang nimmt vom 20. bis zum 40. Lebensjahr um ca. 3:30 Stunden zu. Er liegt bei 40 Jährigen im Durchschnitt bei 6:14 h (s=3:00 h). Bis zum 50. Lebensjahr nimmt der Trainingsumfang nur geringfügig ab (Tab. 30).

Tab. 30: Mittelwerte von Trainingsumfang und Leistung in den jeweiligen Altersstufen der Ausdauersportler für die Disziplin 5.000 m-Lauf

5.000 m-Lauf

Alter	Anzahl	Leistung (min:sec)		Training (h:min/Woche)	
	n	x	s	x	s
20	19	17:54,0	2:18,9	2:52	1:43
30	27	16:51,4	1:42,5	5:18	2:53
40	40	16:57,6	1:42,7	6:14	3:00
50	23	17:42,6	1:06,1	6:04	2:19

x=Mittelwert, s=Standardabweichung

Im 10.000 m-Lauf stellt sich ebenfalls ein Leistungsplateau zwischen dem 30. und 40. Lebensjahr ein. Die durchschnittlich erzielte Bestleistung liegt bei 35:01,1 min (s=2:20,5 min) bei einem Alter von 40 Jahren. Der höchste Trainingsumfang wird ebenfalls von den 40-Jährigen absolviert (x=6:20; s=2:58 h) (Tab. 31).

Tab. 31: Mittelwerte von Trainingsumfang und Leistung in den jeweiligen Altersstufen der Ausdauersportler für die Disziplin 10.000 m-Lauf

10 000 m-Lauf

Alter	Anzahl	Leistung (min:sec)		Training (h:min/Woche)	
	n	x	s	x	s
20	10	37:34,4	3:44,8	2:52	1:27
30	29	35:05,3	3:22,2	5:16	2:50
40	39	35:01,0	2:20,5	6:20	2:58
50	22	37:01,5	2:24,2	6:12	2:18

x=Mittelwert, s=Standardabweichung

In der Disziplin Marathonlauf liegen wenige Angaben über die Leistung und die Trainingsumfänge bei einem Alter von 20 Jahren vor. Die erzielten Leistungen verändern sich zwischen dem 30. und dem 50. Lebensjahr nur geringfügig. Die 30-jährigen erreichten im Durchschnitt Zeiten von 2:55 h (s=17 min), die 40- und 50-Jährigen 2:52 h (s=14 min beziehungsweise s=7 min).

In Bezug auf die Trainingsumfänge ist beim Marathonlauf die gleiche Tendenz zu beobachten wie beim 5.000 m- und 10.000 m-Lauf. Bis zum 40. Lebensjahr nimmt der Trainingsaufwand von 2:51 h (s=2:44 h) auf 6:26 h (s=2:46 h) zu. Bis zum 50. Lebensjahr verändert er sich dann kaum (Tab. 32).

Tab. 32: Mittelwerte von Trainingsumfang und Leistung in den jeweiligen Altersstufen der Ausdauersportler für die Disziplin Marathon

Marathonlauf

Alter	Anzahl	Leistung (h:min)		Training (h:min/Woche)	
	n	x	s	x	s
20	3	3:16	0:29	2:51	2:44
30	22	2:55	0:17	5:15	2:55
40	33	2:52	0:14	6:26	2:46
50	18	2:52	0:07	6:23	2:26

x=Mittelwert, s=Standardabweichung

Exemplarisch für den Ausdauersport (1.500 m, 5.000 m, 10.000 m und Marathon) sollen die Untersuchungsergebnisse aus der Disziplin 5.000 m vorab einen Überblick geben über den Zusammenhang zwischen Leistung und Trainingsumfang im Alternsvorgang der Probanden.

Es zeigt sich, dass bei einer fortlaufenden Trainingszunahme die Leistung mit 30 Jahren am höchsten ist, mit 40 leicht abfällt und erst ab 50 Jahren dann deutlich zurückgeht (Abb. 56).

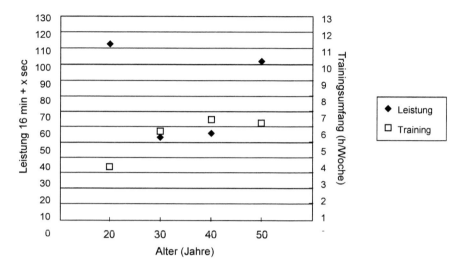

Abb. 56: Entwicklung von Leistung und Trainingsumfang der Probanden mit zunehmendem Alter für die Disziplin 5.000 m-Lauf

Aufgrund dieses Sachverhaltes wurde im Folgenden speziell die Entwicklung der Laufleistungen im Alternsvorgang für den 5.000 m-Lauf dargestellt. Hierfür wurden die Leistungen fünf Referenzbereichen zugeordnet. Die im Alter von 20 Jahren erzielten Laufleistungen verteilen sich zu etwa einem Drittel auf den mittleren Referenzbereich (von 16:31 bis 17:30 min) und zu einem weiteren Drittel auf den niedrigen Leistungsbereich (>18:30 min). Dagegen weisen die 30-Jährigen einen starken Anteil von ungefähr 30% im höchsten Leistungsbereich (<15:30 min) auf. Eine deutliche Häufung ist auch hier im mittleren und niedrigen Leistungsbereich (jeweils etwa 20%) zu finden. Im Alter von 40 Jahren verteilen sich die Probanden zu 60% auf den mittleren und höheren Leistungsbereich (15:31 bis 16:30 min). Mit etwa 45% im mittleren Bereich zeigen sich die 50-Jährigen in ihrer Leistung relativ geschlossen. Den höchsten Leistungsbereich erreichte in dieser Altersgruppe allerdings keiner der Probanden (Abb. 57).

112

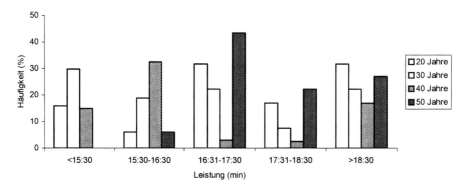

Abb. 57: Bestlaufzeiten der Probanden in der Disziplin 5.000 m-Lauf

Die Entwicklung der Trainingsumfänge der Ausdauersportler wird ebenfalls am Beispiel der Disziplin 5.000 m-Lauf aufgezeigt. Die geleisteten Trainingsumfänge werden einem von fünf Referenzbereichen zugeordnet (Tab. 33 und Kap. 2.2.2).

Tab. 33: Trainingsumfänge der Ausdauersportler, Referenzbereiche

Trainingsumfang	sehr gering	gering	mittel	mittelhoch	hoch
h / Woche	< 2:30	2:30 – 4:00	4:01 – 5:30	5:31 – 7:00	> 7:00
Tr.-Einheiten	1	2	3	4	5 und mehr

Ein drei- bis viermaliges Training pro Woche von 1:00 bis 1:30 Stunden pro Tag entspricht in der Praxis einem mittleren Trainingsumfang von 4:00 bis 5:30 Stunden pro Woche. Ein hoher Trainingsumfang ist dagegen aus unserer Sicht bei einer wöchentlichen Trainingsdauer von mehr als 7:00 Stunden gegeben. Dem Bereich unter 2:30 Stunden pro Woche ist in der Praxis ein ein- bis zweimaliges Training zugeordnet und stellt somit einen geringen Umfang dar. Zusätzlich erfolgt zwischen diesen Bereichen noch eine Einteilung in zwei weitere, da in diesen Übergangsbereichen viele Angaben vorliegen.

Anhand der Ergebnisse konnte eine Steigerung des Trainingsumfanges mit zunehmendem Alter festgestellt werden. Aus der Gruppe der 20-Jährigen trainierten mehr als die Hälfte der Probanden weniger als 2:30 Stunden und ein weiteres Drittel zwischen 2:30 und 4:00 Stunden pro Woche. Im Vergleich dazu trainierte im Alter von 30 Jahren ungefähr die Hälfte der Probanden mehr als 5:30 Stunden, davon etwa 20% zwischen 5:30 und 7:00 Stunden und rund 30% mehr als 7:00 Stunden pro Woche. Demgegenüber nimmt die Zahl der Probanden, die weniger als 2:30 Stunden pro Woche trainierten auf unter 20% ab. Im Alter von 40 Jahren wiesen über 40% der Probanden einen wöchentlichen Trainingsumfang von mehr als 7:00 Stunden auf. Jeweils etwa 20% der Probanden absolvierten ein wöchentliches Training mit einer Zeitdauer zwischen 5:30 und 7:00 Stunden und im Bereich 2:30 bis 4:00 Stunden. In der Gruppe der 50-Jährigen trainierten 60% der Probanden mehr als 5:30 Stunden pro Woche, wobei sich diese gleichmäßig (jeweils 30%) auf die zwei Trainingsbereiche verteilten (Abb. 58).

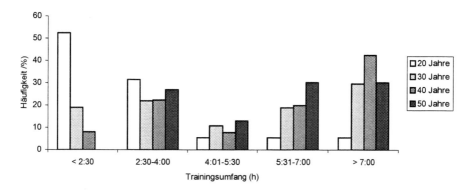

Abb. 58: Trainingsumfang (h/Woche) der Probanden in der Disziplin 5.000 m-Lauf

Bei der statistischen Betrachtung der Einflussnahme des Alters und des Trainingsumfangs zeigten sich in den untersuchten Ausdauerdisziplinen keine signifikanten Korrelationen zwischen der erzielten Leistung und dem Lebensalter. Dagegen können in einigen Altersstufen signifikante Einflüsse des Trainings auf die Leistung nachgewiesen werden. Die Altersstufen 30 und 40 zeigen die deutlichsten Zusammenhänge zwischen der erzielten Leistung und dem absolvierten Training auf. Hochsignifikante Zusammenhänge konnten in der Altersstufe 30 für den 5.000 m-Lauf und den 10.000 m-Lauf und in der Altersstufe 40 für den 5.000 m-Lauf und den Marathon nachgewiesen werden. In der Altersstufe 40 bestand darüber hinaus eine signifikante Beziehung zwischen dem Trainingsumfang und der Leistung im 10.000 m-Lauf. In der Altersstufe 50 konnten dagegen keine signifikanten Beziehungen ermittelt werden. Mit Ausnahme der Disziplin 5.000 m-Lauf wiesen die 20-Jährigen zwar eine relativ hohe Beziehung zwischen dem Trainingsumfang und der Leistung auf; sie bleibt aber unter dem Signifikanz-niveau (Tab. 34).

Tab. 34: Korrelation zwischen Leistung und Trainingsumfang der Ausdauersportler in Abhängigkeit vom Lebensalter

Alter	1.500 m	5.000 m	10.000 m	Marathon
20	- 0,574	- 0,660*	- 0,650	n. b.
30	- 0,685	- 0,724**	- 0,608**	- 0,467
40	- 0,201	- 0,550**	- 0,518*	- 0,617**
50	- 0,409	- 0,365	- 0,487	- 0,275

Signifikanzniveau: * = 0,01;   ** = 0,001   *n. b.: nicht berechnet*

3.2.2.3   Vergleich der Ergebnisse der Kraft- und Ausdauersportarten

Für den Vergleich der betrachteten Kraft- und Ausdauersportarten werden die erzielten Leistungen im Alter von 30 Jahren gleich 100% gesetzt. In dieser Altersgruppe sind in den meisten Disziplinen die besten Leistungen erzielt worden. Die Leistungen der anderen Altersstufen werden prozentual dazu berechnet. Im Bereich des Kraftsports wird ferner eine relative Leistung als Quotient aus der absoluten Leistung und dem Körpergewicht gebildet. Dadurch kann der Einfluss des Körpergewichtes auf die Leistung weitgehend eliminiert und eine gewisse Vergleichbarkeit ermöglicht werden (Tab. 35).

Die erzielten Leistungen der Kraftsportler weisen im Vergleich zu denen der Ausdauersportler sowohl von der Altersstufe 30 auf die Altersstufe 40 als auch von der Altersstufe 40 auf die Altersstufe 50 einen stärkeren Rückgang auf. Im Durchschnitt beträgt der Leistungsverlust bei den Kraftsportlern zwischen dem 30. und dem 40. Lebensjahr 8,0%. Zwischen dem 40. und dem 50. Lebensjahr nimmt die Leistung bei den Gewichthebern stärker ab (ca. 12,5%) als bei den Rasenkraftsportlern (ca. 4,2%). Bei den Ausdauersportlern zeigen die Daten der Disziplin 1.500 m-Lauf einen ähnlichen Verlauf wie die bei den Kraftsportlern. Zwischen dem 30. und dem 40. Lebensjahr liegt die Leistung 3,1% unter der mit 30 Jahren erzielten. Bis zum 50. Lebensjahr verringert sie sich weiter um 7,0%. Im 5.000 m-Lauf und im 10.000 m-Lauf ist der Leistungsverlust mit 5,0% in 20 Jahren sehr gering und im Marathon ist sogar eine Leistungszunahme um 1,14% zu verzeichnen.

Tab. 35: Die prozentualen Veränderungen der Leistung mit zunehmendem Alter in den einzelnen Disziplinen des Kraft- und Ausdauersports

Disziplinen		Prozentualwerte zum Referenzwert 100% Altersdekaden			
		20	30	40	50
Kraftsport:	Stoßen	92,6	100	91,3	80,0
	Steinstoßen	96,9	100	92,1	88,4
Ausdauersport:	5.000 m	94,2	100	99,4	95,2

Um den Einfluss des Trainingsumfanges auf die Leistung eingehender zu untersuchen, wurden vier Disziplinen ausgewählt, die zum einen die einzelnen Teilbereiche Gewichtheben und Rasenkraftsport abdecken und zum anderen über eine große Zahl an Probanden verfügen sollten. In den Disziplinen Stoßen (Gewichtheben), Hammerwurf, 5.000 m- und 10.000 m-Lauf wurden alle Probanden, die in einer Dekade eine Steigerung ihrer Leistung zu verzeichnen hatten, ausgewählt. Die Mittelwerte der Leistung und des Trainingsumfangs wurden berechnet. Ebenso wurde die Veränderung als prozentuales Verhältnis bezüglich des Ausgangsniveaus ermittelt. Im weiteren Verlauf werden in den vier Disziplinen diejenigen Fälle ausgewählt, deren Leistung in einer Dekade annähernd konstant blieb (Tab. 36).

Die Ausdauerdisziplinen sind durch eine Steigerung des Trainingsumfanges, im 5.000 m-Lauf um 20% und im 10.000 m-Lauf um 9,5%, gekennzeichnet. Um die Leistung über zehn Jahre konstant halten zu können, bedeutet dies für einen 5.000 m-Läufer eine Steigerung des Trainingsumfanges um etwa eine Stunde pro Woche.

Dagegen ist das Steinstoßen durch einen Rückgang des Trainingsumfanges von 20% oder einer Stunde pro Woche gekennzeichnet. Im Hammerwerfen wird bei gleicher Leistung in zwei aufeinander folgenden Altersstufen keine bedeutsame Veränderung im Trainingsumfang festgestellt.

Tab. 36: Gegenüberstellung von Trainingsumfang und Leistungssteigerung in einer Dekade für ausgewählte Disziplinen

Disziplin	Anzahl	Leistung			Training		
	n	x	y	%	x	y	%
Stoßen	22	112,1 kg	142,60 kg	+27,2	5:44 h	7:31 h	+31,2
5.000 m	27	18:23 min	16:38 min	+10,6	2:56 h	6:22 h	+117

x=Leistung bzw. Trainingsumfang im jüngeren Alter / Woche
y=Leistung bzw. Trainingsumfang in der darauf folgenden Altersstufe / Woche

Die in den Tabellen 35 und 36 angegebenen Werte zeigen eine Tendenz auf, die allerdings nur auf die untersuchten Probanden bezogen werden kann. Würde der Untersuchung ein anderer Leistungsstand zugrunde liegen, wären wohl auch die Trainingsparameter andere. Daraus ergäben sich gegebenenfalls andere Entwicklungen in Bezug auf den Umfang. Denn je höher das Ausgangsniveau, desto größere Anstrengungen sind erforderlich, eine Leistungssteigerung zu erzielen.

3.2.3 Unsere Ergebnisse im Überblick

Im Rahmen unserer Fragestellung besitzt die vorliegende leistungsbiographische Untersuchung nur für die untersuchte Stichprobe von Kraft- und Ausdauersportlern der Altersgruppe von 20 bis 50 Jahren Gültigkeit. Eine Verallgemeinerung auf alle Senioren-Leistungssportler im Ausdauer- und Kraftbereich kann nur mit Vorbehalten vorgenommen werden. So sind beispielsweise unsere Ausdauersportler der Altersgruppe 1 durch eine Inhomogenität in den Leistungen im zweiten, dritten und vierten Lebensjahrzehnt gekennzeichnet. Dies wird an den Standardabweichungen und den Verteilungen auf die verschiedenen Leistungsbereiche deutlich. Das lässt sich damit erklären, dass ein Teil unserer untersuchten Ausdauersportler in jungen Jahren sportlich noch weniger aktiv und dadurch auch weniger leistungsfähig war. Hingegen betrieb ein anderer Teil unserer Probanden bereits mit 20 Jahren leistungsorientierten Ausdauersport. Daraus resultieren zwangsläufig große Streuungen in den Leistungen.

Ein anderes Ergebnis ergibt sich für die Kraftsportler. Aufgrund disziplinbedingter hoher technischer Anforderungen wurde bereits in jungen Jahren von allen ein hoher Trainingsumfang absolviert. Anschließend wurde dieser reduziert, wobei die Leistung zwar abnahm, aber nicht in dem Maße wie der Trainingsumfang. Das Kraftniveau bleibt trotz eines verminderten Trainingsumfangs hoch und zeigt somit eine geringe Altersdynamik auf.

Innerhalb der Kraftsportarten zeigt sich ein signifikanter Einfluss des Körpergewichts auf die Leistung. Bei einem mit aller Vorsicht zu interpretierenden Vergleich der relativen Leistung als Quotient der erzielten Leistung und dem Körpergewicht zeigten die Kraftsportler der Altersgruppe 1 einen stärkeren Abfall ihrer Leistungsfähigkeit als beispielsweise die Ausdauersportler derselben Altersgruppe. So beträgt der durchschnittliche Leistungsverlust bei allen untersuchten Kraftsportlern zwischen dem 30. und dem 40. Lebensjahr 8%. Zwischen dem 40. und dem 50. Lebensjahr nehmen die Gewichtheber 12,5%, die Rasenkraftsportler dagegen nur 4,2% an Leistung ab. Ein Grund für den stärkeren Rückgang bei den Gewichthebern könnte neben disziplinspezifischen Faktoren auch der festgestellte deutlich reduzierte Trainingsumfang (20%) in diesem Altersabschnitt sein.

Dennoch zeichnet sich bei den Kraftsportlern der Rückgang der Leistungsfähigkeit in weit geringerem Maße ab als der Rückgang des Trainingsumfanges von 20%. Das bedeutet, dass ein gewisses Kraftniveau mit geringerem Aufwand lange gehalten werden kann.

Bei den Ausdauersportlern liegen die Leistungen in den Disziplinen 1.500 m-Lauf im 40. Lebensjahr 3,1% unter den mit 30 Jahren erzielten Werten. Bis zum 50. Lebensjahr verringert sich die Leistung nochmals um 7%. Im 5.000 m-Lauf und im 10.000 m-Lauf geht die Leistung zwischen dem 30. und 50. Lebensjahr dagegen nur um 5% zurück, im Marathon ist sogar eine Zunahme um 1,14% zwischen dem 30. und 50. Lebensjahr festzustellen. Gleichzeitig zeigt sich jedoch bei den Probanden eine Zunahme ihrer Trainingsarbeit (quantitativ und qualitativ) und zwar im 5.000 m-Lauf um 20% und im 10.000 m-Lauf und im Marathon um 9,5%. Im Alter zwischen 20 und 50 Jahren kann also durch eine Steigerung von Trainingsumfang und Intensität die Ausdauerleistungsfähigkeit nahezu stabil erhalten werden.

Somit kann im Bereich von 20 bis 50 Jahren der Einfluss des Alters auf die Leistung sowohl im Ausdauer-, als auch im Kraftbereich als deutlich erkennbar bezeichnet werden. Ein Rückgang der körperlichen Aktivitäten stellt die Hauptursache für einen Leistungsabbau in diesem Altersbereich dar. Die ablaufenden Alterungsprozesse können durch ein altersangepasstes körperliches Training zumindest bis zum 50. Lebensjahr weitgehend kompensiert werden. Dies kann für die Gesunderhaltung und das Wohlbefinden in diesem Altersabschnitt von besonderer Bedeutung sein. Das „Ausdauertraining" führt zu Adaptationen des Herz-Kreislauf-Systems und mit einem „allgemeinen Krafttraining" kann die Skelettmuskulatur auf einem hohen Leistungsstand gehalten werden, was wiederum für die Entlastung des Skelettapparates von großer Bedeutung ist.

Die Frage, wie sich die Leistungsfähigkeit von Seniorenleistungssportlern in der Altersgruppe 2, die sich an der oberen Grenze ihrer Leistungsfähigkeit befinden, mit zunehmendem Alter verhält, kann mit dieser Untersuchung jedoch nicht geklärt werden. Hierzu wäre vor allem auch eine Untersuchung der Leistungsbiographien der Kraft- und Ausdauersportler der Altersgruppe 2 notwendig.

3.3   Sportanthropometrische Untersuchung

In diesem Teil der Studie wird untersucht, wie sich die Probandengruppen bezüglich ausgewähl-ter leistungsbezogener anthropometrischer Parameter unterscheiden und ob im Alternsvorgang signifikante Änderungen in diesem Bereich auftreten. Darüber hinaus erfolgt eine Einordnung der Probandengruppen in das CONRAD'sche Konstitutionstypenschema.

Die konkrete Fragestellung zu dieser Thematik wurde in Kapitel 1.4.3 dargestellt.

12 Bildreihen im Anhang zeigen Kraft-, Ausdauer- und Nichtsportler beider Altersgruppen mit den jeweils für sie typischen Konstitutionsmerkmalen.

3.3.1   Auswahl bisheriger Untersuchungen und deren Ergebnisse

Anthropometrische Untersuchungen zur Bestimmung des Konstitutionstypus bei Senioren-sportlern verschiedener Altersgruppen liegen in der gesichteten Literatur kaum vor. Der Grund dafür liegt vermutlich in der längst widerlegten Meinung, dass nach Abschluss der Wachstums-periode im früheren Erwachsenenalter nur noch wenig signifikante Veränderungen des Konstitu-tionstypus zu erwarten seien.

MARTIN und SALLER [1957] zeigten die Veränderungen des ROHRER-Index im Alternsvorgang auf. Dieser ist im ersten Lebensjahr am größten. Vom zweiten Lebensjahr an nimmt die Körperfülle konstant ab, um bei Mädchen mit dem 10. Lebensjahr und bei Jungen mit dem 11. Lebensjahr sein Minimum zu erreichen. Anschließend kommt es zu einer kontinuierlichen Zunahme dieses Parameters, der beim Erwachsenen zwischen dem 50. und 60. Lebensjahr ein weiteres Maximum erreicht. Teilweise steigt der Index durch Gewichtszunahme, teilweise aber auch durch Abnahme der Körperhöhe. Auch die Abhängigkeit des ROHRER-Index von der Körperhöhe wurde bei verschiedenen ethnischen Gruppen untersucht, tabellarisch erfasst und dargestellt.

ARNOLD [1965] wies auf einen Zusammenhang zwischen Handdruckkraft und Kugelstoßweite hin. Bei ihm findet man auch eine Auflistung durchschnittlicher Körpergewichte von Sportlern in verschiedenen Sportarten. Dabei fällt auf, dass die Werfer im Durchschnitt die bei weitem schwergewichtigsten Athleten (77,8 kg) stellen, Langstreckler (61,3 kg) jedoch erst am Ende der Skala auftauchen. Er verglich des Weiteren etliche Indizes von Schwerathleten und Marathonläufern miteinander. Die Kraftsportler zeichnen sich hierbei durch großen Brustumfang und Körperfülle aus. Ausdauersportler zeigen leptosome Züge mit kürzerem Oberkörper. ARNOLD kam zu dem Schluss, dass die 3.000 m-Laufzeiten besser werden, je kleiner der ROHRER-Index des Läufers ist, während beim Kugelstoßen aus der Erhöhung des ROHRER-Index ein Anstieg der Stoßweite resultiert.

FISCHER, ISRAEL, STRANZENBERG und THIERBACH [1970] fanden bei Ausdauer- und Schnellkraftsportlern einen um 7% geringeren Fettanteil als bei Nichtsportlern. Im Gesamt-kollektiv fanden sich die größten Hautfaltendicken am Bauch (9,59 mm) und am Rücken (7,29 mm); die kleinsten an der Wade (4,44 mm), am Hals (4,02 mm) und an der Schulter (3,68 mm). Bei Ausdauersportlern, welche die unteren Extremitäten stärker belasten, betrug der prozentuale Fettanteil 8,82%, bei denen, die die oberen Extremitäten vermehrt benutzen, 11,47%. Die Schnellkraftsportler wiesen einen prozentualen Fettanteil von 11,69% an den oberen Extremitäten auf.

WUTSCHERK [1970] stellte gerade bei Athleten der Wurfdisziplinen einen vergrößerten Anteil an Körperdepotfett fest. So überragen die Hautfaltensummen der Werfer und Stoßer die der Ausdauersportler (70,5 bis 94,8 mm) bei weitem. Trotz des höheren Fettanteils der Kraftsportler liegt die aktive Körpersubstanz in ihrem absoluten Wert über dem der Ausdauersportler, was auch durch das höhere Körpergewicht zum Ausdruck kommt.

PARIZKOVA [1974] gab für Nichtsportler Hautfaltendicken an, wobei die größten am Bauch (19,70 mm), am Rücken (15,00 mm), an der Hüfte (14,20 mm) und am Thorax (13,80 mm) zu finden sind. Die dünnsten Hautfalten kommen am Kopf (6,90 mm), der Wade (7,00 mm), am Hals (7,20 mm) und der Schulter (8,10 mm) vor. Der prozentuale Fettanteil betrug für diese Nichtsportler 17,80%. FISCHER et al. [1970] geben für Wettkampfsportler die größten Hautfaltendicken am Bauch (9,59 mm) und am Rücken (7,29 mm), die kleinsten an der Wade (4,44 mm), am Hals (4,02 mm) und an der Schulter (3,68 mm) an. Der prozentuale Fettanteil am Körpergewicht betrug bei diesen Sportlern 10,02%. Er erläuterte, dass körperliche Betätigung zu einer Verminderung der Fettmenge bei gleichzeitiger relativer Erhöhung der aktiven Körpermasse führt. Dazu ist die Intensität der sportlichen Betätigung ein für die Körperzusammensetzung maßgeblich bestimmender Faktor. Vergleiche korrespondierender Gruppen bei Frauen und Männern ergaben an fast allen Messstellen bei den Männern eine ca. 6% signifikant geringere Hautfaltendicke. Laut internationaler Literatur liegt der normale Körperfettgehalt bei Männern zwischen 13 und 19%, bei Frauen zwischen 20 und 28% der Gesamt-Körpermasse. Dieser höhere Fettanteil der Frauen ist durch konstitutionelle und endokrine Faktoren bedingt.

NOVAK und KUNDRAT [1975] bestimmten bei den Teilnehmern der Weltmeisterschaften im Veteranenlauf anhand der Hautfaltendicken von Oberarm und Rücken den Prozentsatz der Fettgewebsdicke. Das meiste Fettgewebe wurde bei der Altersgruppe der 51- bis 60-Jährigen gefunden, das jedoch nur im Vergleich mit der Altersgruppe der 41- bis 50-Jährigen signifikant korrelierte. Die im mittleren und späten Erwachsenenalter festgestellten, sehr niedrigen Werte des Fettgewebes bei systematisch trainierenden Läufern gelten als Beweis der günstigen Trainingsauswirkungen auch im fortgeschrittenem Alter.

WOLFF, BUSCH und MELLEROWICZ [1979] untersuchten 75 männliche trainierte Ausdauersportler sowie 75 Nichtsportler verschiedener Altersklassen. Es zeigte sich, dass das Gewicht der Ausdauertrainierten in allen Altersklassen niedriger war. Übergewichtig (nach BROCA) waren bei den 35- bis 44-Jährigen in beiden Gruppen je drei Probanden, bei den 45- bis 54-Jährigen sowie bei den 55- bis 66-Jährigen je sieben Probanden bei den Nichtsportlern und drei Probanden bei den Ausdauersportlern. Beide Kollektive stimmten in wesentlichen konstitutionellen Merkmalen annähernd überein, insbesondere in der Körperhöhe in allen Altersgruppen. Mit zunehmendem Alter zeigte sich eine Gewichtszunahme der Gruppe der Nichtsportler, während sich das Gewicht bei den Ausdauersportlern reduzierte.

NOVOTNY [1981] stellte an Langstreckenläufern, die zwischen 17 und 75 Jahre alt waren, im Alternsvorgang eine spezifische Änderungstendenz der Hautfaltendicken fest. Die Unterschiede in der Körperzusammensetzung waren bei 18- bis 55-Jährigen gering. Die Gesamt-Körpermasse sowie die fettfreie Körpersubstanz erhöhten sich leicht bis zum Alter von 35 Jahren und vergrößerten sich stärker zwischen 45 und 55 Jahren. Bei Ausdauersportlern höheren Alters war ein Trend zur Erhöhung des Körperfetts vorhanden. Doch auch dieser Wert blieb deutlich unter den Werten der Nichtsportler.

3.3.2 Ergebnisse unserer Untersuchung

3.3.2.1 Körpermaße

Hinsichtlich der Körpermaße waren in erster Linie die Körperhöhe, die Schulterbreite, die Exkursionsbreite, die Hautfaltendicken beziehungsweise die Summe der Hautfalten und das Körpergewicht von Interesse. Tabelle 37 gibt einen Überblick über die Mittelwerte der Körpermaße in Abhängigkeit von den Probandengruppen.

Tab. 37: Mittelwerte der Körpermaße bezüglich der Probandengruppen

Parameter	AG	Kraftsportler (n=74)			Ausdauersportler (n=112)			Nichtsportler (n=53)		
		n	x	s	n	x	s	n	x	s
Körperhöhe (cm)	1	40	174,26	7,22	56	174,95	9,40	31	171,78	14,81
	2	34	174,81	6,20	56	173,08	9,09	22	171,80	6,17
Schulterbreite (cm)	1	40	41,14	6,10	56	39,36	6,40	31	40,97	10,10
	2	34	41,69	6,30	56	39,13	7,20	22	40,48	11,20
Exkursions- breite (cm)	1	40	6,35	7,20	56	6,45	5,80	31	4,59	7,20
	2	34	6,29	7,70	56	6,28	7,70	22	3,96	7,50
Summe der Hautfalten (mm)	1	40	116,70	42,99	56	95,74	39,28	31	134,93	49,33
	2	34	126,30	46,70	56	100,10	40,12	22	147,52	45,07
Körpergewicht (kg)	1	40	83,69	11,52	56	71,23	12,20	31	81,30	11,15
	2	34	84,79	12,21	56	71,51	12,40	22	82,34	10,42

n = Anzahl der Probanden, x = Mittelwert, s = Standardabweichung

3.3.2.1.1 Körperhöhe

Sowohl zwischen den einzelnen Sportartengruppen als auch im Vergleich der beiden Altersgruppen sind nur geringfügige Unterschiede bezüglich der Körperhöhe zu finden. Die Kraftsportler in Altersgruppe 1 sind im Durchschnitt 174,26 cm (s=7,22 cm) und in Altersgruppe 2 174,81 cm (s=6,20 cm) groß. Die Ausdauersportler haben in Altersgruppe 1 eine mittlere Körperhöhe von 174,95 cm (s=9,40 cm) und in Altersgruppe 2 von 173,08 cm (s=9,09 cm). Die Nichtsportler sind im Mittel die kleinsten mit einer Körperhöhe von 171,78 cm (s=14,81 cm beziehungsweise 6,17 cm) in Altersgruppe 1 und 171,80 cm (s=6,17 cm) in Altersgruppe 2. Weder im Alterungsprozess noch im Vergleich der Sportartengruppen konnten signifikante Unterschiede festgestellt werden (Abb. 59).

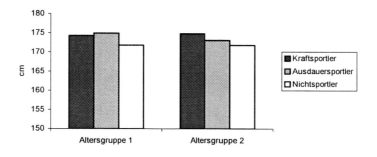

Abb. 59: Mittlere Körperhöhe (cm) der Probanden

3.3.2.1.2   Schulterbreite

Die Kraftsportler haben im Vergleich zu den anderen untersuchten Gruppen die größte Schulterbreite. In Altersgruppe 1 beträgt sie 41,14 cm (s=6,10 cm) und in Altersgruppe 2 41,69 cm (s=6,30 cm).

Die Ausdauersportler weisen mit 39,36 cm (s=6,40 cm) in Altersgruppe 1 und 39,13 cm (s=7,20 cm) in Altersgruppe 2 die geringsten Werte auf.

Die Schulterbreite der Nichtsportler beläuft sich in Altersgruppe 1 auf 40,97 cm (s=10,10 cm) und in Altersgruppe 2 auf 40,48 cm (s=11,20 cm) (Abb. 60).

Signifikante Veränderungen der Schulterbreite sind im Alterungsprozess nicht festzustellen.

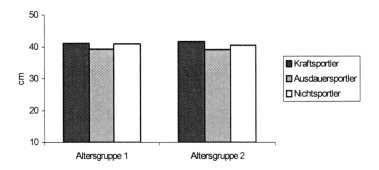

Abb. 60: Mittlere Schulterbreite (cm) der Probanden

3.3.2.1.3   Exkursionsbreite

Die mittlere Exkursionsbreite der Kraft- und der Ausdauersportler ist in beiden Altersgruppen wesentlich größer als die der Nichtsportler. Der Unterschied beträgt je nach Altersgruppe zwischen 2 und 2,5 cm. Hinsichtlich der Entwicklung im Alterungsprozess ist festzustellen, dass Kraft- und Ausdauersportler nur eine geringfügige Abnahme der Exkursionsbreite aufweisen. Die Kraftsportler erreichten in Altersgruppe 1 eine Exkursionsbreite von 6,35 cm und in Altersgruppe 2 von 6,29 cm. Bei den Ausdauersportlern lag der Wert in Altersgruppe 1 bei 6,45 cm und in Altersgruppe 2 bei 6,28 cm. Die Nichtsportler weisen in beiden Altersgruppen die niedrigsten Werte auf. Dabei liegt die Exkursionsbreite der Nichtsportler der Altersgruppe 2 mit 3,96 cm auffällig niedriger als diejenige der Nichtsportler der Altersgruppe 1 mit 4,59 cm (Abb. 61).

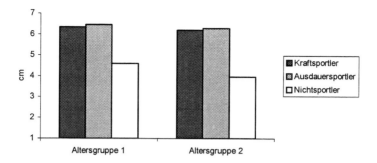

Abb. 61: Mittlere Exkursionsbreiten (cm) der Probanden

Als Erklärung für diese Entwicklung ist anzumerken, dass Ausdauersportler bedingt durch die starke Beanspruchung des kardiopulmonalen Systems einen großen Brustkorb und auch eine größere Brustkorbelastizität haben, die sie bei regelmäßigem Training im Alter beibehalten können. Ähnlich verhält es sich bei den Kraftsportlern. Sie besitzen in der Regel schon von ihrer Körpergestalt her einen entsprechend großen Brustkorb. Mit regelmäßigem Training, bei dem die effizienten, tiefen Atembewegungen eine wichtige Rolle spielen, können auch sie ihre Brustkorbelastizität im Alter lange erhalten.

3.3.2.1.4 Hautfaltendicken

Die mittlere Summe der Hautfaltendicken ist bei den Nichtsportlern in den Altersgruppen 1 und 2 mit 134,93 mm (s=49,33 mm) bzw. 147,52 mm (s=45,07 mm) am größten, bei den Ausdauersportlern mit 95,74 mm (s=39,28 mm) bzw. 100,10 mm (s=40,12 mm) am geringsten. Die Kraftsportler weisen eine Summe der Hautfaltendicken von 116,70 mm (s=42,99 mm) in Altersgruppe 1 bzw. 126,30 mm (s=46,70 mm) in Altersgruppe 2 auf. Mit zunehmendem Alter geht in allen Probandengruppen eine Vergrößerung der Hautfaltensumme einher (Abb. 62).

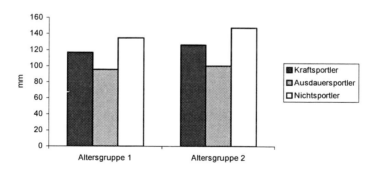

Abb. 62: Summe der Hautfaltendicken der Probanden

Betrachtet man die Mittelwerte der einzelnen Hautfaltenmessungen in den drei Gruppen, so fällt auf, dass sowohl in Altersgruppe 1 als auch in Altersgruppe 2 die Ausdauersportler im Mittel an allen zehn Messstellen die kleinsten Werte und die Nichtsportler die größten Werte aufweisen. Die einzige Ausnahme bildet die Messstelle am Knie, wo bei den Kraftsportlern in beiden Altersgruppen größere Werte als bei den Nichtsportlern gemessen wurden (Tab. 38).

Tab. 38: Mittelwerte der Hautfaltendicken aller Probanden

Messung	AG	Kraftsportler			Ausdauersportler			Nichtsportler		
		n	x (mm)	s (mm)	n	x (mm)	s (mm)	n	x (mm)	s (mm)
Wange	1	40	11,36	3,58	56	9,79	2,64	31	12,49	3,10
	2	34	11,36	4,14	56	10,16	3,23	22	14,63	2,98
Mundboden	1	40	8,13	3,08	56	7,62	2,74	31	9,49	3,07
	2	34	8,90	3,75	56	7,25	6,67	22	12,25	3,59
Bauch	1	40	18,48	7,63	56	13,03	5,58	31	20,89	8,03
	2	34	19,60	7,27	56	13,85	6,04	22	23,15	7,69
Brust	1	40	10,67	4,44	56	8,70	4,24	31	14,24	6,05
	2	34	12,54	5,55	56	9,46	4,18	22	15,57	4,86
Hüfte	1	40	14,95	6,20	56	11,00	4,88	31	16,76	6,96
	2	34	15,93	6,14	56	11,85	4,18	22	18,97	6,79
Knie	1	40	9,81	3,22	56	8,72	3,53	31	9,09	3,93
	2	34	10,81	5,55	56	9,02	2,43	22	9,73	3,39
Rücken	1	40	13,28	4,46	56	11,40	4,85	31	16,11	5,39
	2	34	15,04	3,87	56	12,14	4,26	22	18,12	5,01
Oberarm	1	40	9,98	3,47	56	9,04	3,60	31	12,42	5,13
	2	34	10,74	4,22	56	8,99	2,47	22	11,38	4,06
Achsel	1	40	12,16	4,40	56	9,47	4,50	31	14,39	4,87
	2	34	14,04	3,96	56	11,03	4,74	22	16,22	3,36
Wade	1	40	7,89	2,51	56	6,97	2,69	31	9,05	2,80
	2	34	7,38	2,25	56	6,39	1,92	22	7,50	3,34

n = Anzahl der Probanden, x = Mittelwert, s = Standardabweichung

Mit dem Alterungsprozess nimmt die Dicke der Hautfalten unabhängig von der Sportart an nahezu allen Messstellen zu. Eine Abnahme der Hautfaltendicke mit dem Alter ist bei den Ausdauersportlern am Mundboden, am Oberarm und an der Wade und bei den Nichtsportlern am Oberarm und an der Wade zu verzeichnen. Auch die Kraftsportler lassen einen Rückgang der Hautfaltendicke an der Wade erkennen (Tab. 38).

Die größten Hautfaltendicken sind sowohl bei Nichtsportlern als auch bei Kraft- und Ausdauersportlern beider Altersgruppen am Bauch, an der Hüfte und am Rücken zu finden. Die kleinsten Hautfaltendicken befinden sich an der Wade und am Mundboden (Abb. 63).

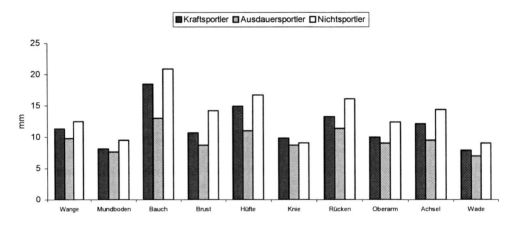

Abb. 63: Hautfaltendicken der Probanden in der Altersgruppe 1

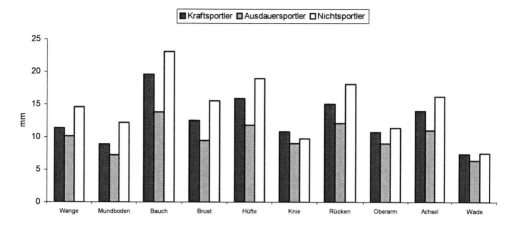

Abb. 64: Hautfaltendicken der Probanden in der Altersgruppe 2

Die Unterschiede der Hautfaltendicken sind innerhalb der Altersgruppen teilweise groß (Abb. 63 und 64). Bei den Kraftsportlern sind die größten Unterschiede am Bauch mit einer Differenz von 31 mm in Altersgruppe 1 beziehungsweise 33 mm in Altersgruppe 2, an der Hüfte mit 26 mm beziehungsweise 25,7 mm und an der Brust mit 22,5 mm beziehungsweise 29,6 mm festzustellen. An der Wade (9,8 mm beziehungsweise 8,2 mm) unterscheiden sich in beiden Altersgruppen die Werte am wenigsten (Tab. 39).

Tab. 39: Dünnste und dickste Hautfalten der Kraftsportler in den beiden Altersgruppen

Messstelle	Altersgruppe 1		Altersgruppe 2	
	kleinster Wert (mm)	größter Wert (mm)	kleinster Wert (mm)	größter Wert (mm)
Wange	6,4	23,0	9,0	18,0
Mundboden	4,6	15,0	5,8	15,2
Bauch	6,0	37,0	8,8	41,8
Brust	4,1	26,6	4,6	34,2
Hüfte	8,2	32,2	7,3	33,0
Knie	6,4	21,6	5,0	35,0
Rücken	5,2	24,6	9,6	27,0
Oberarm	5,2	18,4	4,8	24,2
Achsel	6,2	24,0	8,4	26,6
Wade	4,4	14,2	4,2	12,4

Bei den Ausdauersportlern sind in Altersgruppe 1 die größten Schwankungen am Bauch mit einer Differenz von 25,8 mm, am Rücken mit 25 mm und an der Hüfte mit 20,9 mm festzustellen. In Altersgruppe 2 hingegen differieren die gemessenen Werte am Bauch (28,1 mm) und an der Achsel (19,7 mm) am weitesten. An der Wade (10,2 mm beziehungsweise 8,7 mm) unterscheiden sich in beiden Altersgruppen die Werte am wenigsten (Tab. 40).

Tab. 40: Dünnste und dickste Hautfalten der Ausdauersportler in den beiden Altersgruppen

Messstelle	Altersgruppe 1		Altersgruppe 2	
	kleinster Wert (mm)	größter Wert (mm)	kleinster Wert (mm)	größter Wert (mm)
Wange	4,6	17,0	6,2	16,4
Mundboden	3,4	15,8	3,4	13,6
Bauch	5,4	31,2	4,3	32,4
Brust	4,2	21,1	3,2	21,2
Hüfte	4,6	25,5	4,0	23,2
Knie	5,0	21,4	5,0	17,8
Rücken	5,4	29,4	4,6	22,4
Oberarm	3,7	22,8	4,3	15,6
Achsel	4,2	21,6	3,8	23,5
Wade	3,4	13,6	3,4	12,1

Bei den Nichtsportlern schwanken die Messwerte am stärksten. Die größten Differenzen sind in Altersgruppe 1 am Bauch mit 34,8 mm, an der Brust mit 32,6 mm und an der Hüfte mit 30,0 mm zu konstatieren. In Altersgruppe 2 schwanken die Messwerte am Oberarm (30,2 mm), am Bauch (29,9 mm) und an der Hüfte (27,8 mm) am meisten. Wie auch bei den Kraft- und den Ausdauersportlern unterscheiden sich in beiden Altersgruppen die Werte an der Wade (12,6 mm beziehungsweise 11,8 mm) am wenigsten (Tab. 41).

Tab. 41: Dünnste und dickste Hautfalten der Nichtsportler in den beiden Altersgruppen

Messstelle	Altersgruppe 1		Altersgruppe 2	
	kleinster Wert (mm)	größter Wert (mm)	kleinster Wert (mm)	größter Wert (mm)
Wange	8,4	24,8	8,4	26,6
Mundboden	5,0	18,2	6,2	21,6
Bauch	8,6	43,4	6,5	36,4
Brust	2,0	34,6	5,8	27,8
Hüfte	6,4	36,4	7,6	35,4
Knie	5,0	20,4	5,8	18,8
Rücken	8,7	28,0	7,6	30,2
Oberarm	5,0	31,0	6,6	36,8
Achsel	6,1	25,4	6,8	24,8
Wade	4,0	16,6	3,6	15,4

Um die spezielle Hautfaltendickenverteilung in den einzelnen Sportarten- und Altersgruppen besser herausstellen zu können, wurden in Kap. 2.2.3.1 Grenzbereiche für „magere", „akzeptable" und „fette" Hautfaltendicken festgelegt. Hautfalten lassen sich aber nicht nur auf die Altersgruppe und Sportart hin relativieren. Sicherlich spielen bei der Ausprägung auch andere Faktoren wie zum Beispiel der Beruf oder das ökologische Umfeld eine Rolle.

Bei den Kraftsportlern der Altersgruppe 1 gab es keinen Probanden, dessen Hautfalten der Hüfte als „mager" zu bezeichnen gewesen wären. Ansonsten waren an allen Messstellen „magere" bis „fette" Hautfalten zu verzeichnen. Insgesamt zeigten die Kraftsportler der Altersgruppe 1 dünne Hautfettfalten am Knie, Oberarm und Mundboden. Dicke Hautfalten waren dagegen an der Hüfte und am Bauch zu verzeichnen. In der Altersgruppe 2 gab es keine Probanden mit „mageren" Messstellen an Hüfte, Rücken und Achsel. Überwiegend dünne Hautfalten waren am Knie, am Oberarm und an der Wade zu finden. Dicke Hautfalten wiesen die Kraftsportler der Altersgruppe 2 dagegen an Hüfte, Bauch und Achsel auf (Abb. 65 und 66).

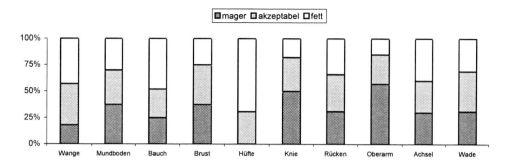

Abb. 65: Prozentuale Indikatorwerte bezüglich der Hautfaltendicke der Kraftsportler in der Altersgruppe 1

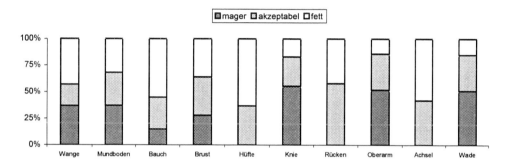

Abb. 66: Prozentuale Indikatorwerte bezüglich der Hautfaltendicke der Kraftsportler in der Altersgruppe 2

Bei den Ausdauersportlern der Altersgruppen 1 und 2 waren überall „magere" bis „fette" Hautfalten zu finden. Überwiegend „magere" Hautfalten wiesen die Probanden der Altersgruppe 1 am Knie, an der Achsel und an der Brust auf. „Fette" Hautfalten zeigten sich in der Mehrzahl an Hüfte und Wade. In der Altersgruppe 2 waren dünne Hautfalten überwiegend an der Wade und am Trizeps, dicke vor allem an der Hüfte, am Rücken, an der Achsel und an der Wange zu verzeichnen (Abb. 67 und 68).

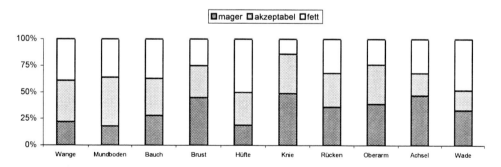

Abb. 67: Prozentuale Indikatorwerte bzgl. der Hautfaltendicke der Ausdauersportler in der Altersgruppe 1

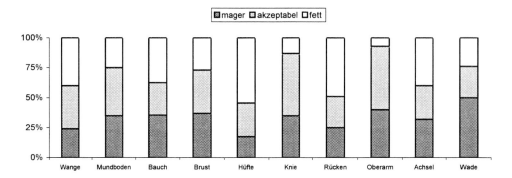

Abb. 68: Prozentuale Indikatorwerte bzgl. der Hautfaltendicke der Ausdauersportler in der Altersgruppe 2

Bei den Nichtsportlern der Altersgruppe 1 gab es an der Wange, an der Hüfte und am Rücken keine „mageren" Hautfalten. Überwiegend dünne Hautfalten hatten die Probanden dieser Gruppe an Knie und Brust, dicke Hautfalten an der Hüfte, am Rücken, an der Achsel, an der Wange und am Bauch. In der Altersgruppe 2 der Nichtsportler fanden sich an der Wange, am Mundboden und an der Hüfte keine Hautfalten der Kategorie „mager". Mehrheitlich dünne Hautfalten fanden sich an den Knien und an den Waden. Rumpf und Kopf wiesen vor allem „fette" Hautfalten auf (Abb. 69 und 70).

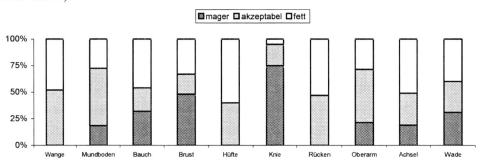

Abb. 69: Prozentuale Indikatorwerte bzgl. der Hautfaltendicke der Nichtsportler in der Altersgruppe 1

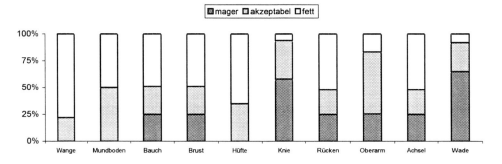

Abb. 70: Prozentuale Indikatorwerte bzgl. der Hautfaltendicke der Nichtsportler in der Altersgruppe 2

In Übereinstimmung mit WUTSCHERK [1970] lagen die Hautfaltensummen unserer Kraftsportler über denen der Ausdauersportler. Jedoch lagen die in dieser Untersuchung ermittelten Werte weit über denen von WUTSCHERK.

Die ermittelten Messwerte bei unseren Probanden stimmen auch mit den von PARIZKOVA [1974] für Nichtsportler angegebenen Hautfaltendicken nicht überein. So liegen die Mittelwerte der größten Hautfaltendicken an Bauch, Rücken, Hüfte und Brust höher als die von PARIZKOVA ermittelten Werte.

Darüber hinaus können die von FISCHER et al. [1970] ermittelten Werte der Hautfaltendicken von Kraft-, Ausdauer- und Nichtsportlern ebenfalls nicht bestätigt werden. Bei unseren Probanden waren die ermittelten größten Hautfalten dicker und die kleinsten Hautfalten dünner als die der Probanden bei FISCHER et al. Hingegen stimmen die Ergebnisse, dass Kraft-, Ausdauer- und Nichtsportler am Bauch die größten Hautfalten und am Mundboden die kleinsten Hautfalten aufweisen, mit den Aussagen von FISCHER et al. überein.

3.3.2.1.5 Körpergewicht

Die Kraftsportler sind in beiden Altersgruppen mit 83,69 kg (s=11,52 kg) beziehungsweise 84,79 kg (s=12,21 kg) die schwersten, dicht gefolgt von den Nichtsportlern mit 81,30 kg (s=11,15 kg) beziehungsweise 82,34 kg (s=10,42 kg). Die Ausdauersportler wiegen in beiden Altersgruppen mit 71,23 kg (s= 12,20 kg) beziehungsweise 71,51 (s=12,40 kg) am wenigsten.*

Im Altersvorgang steigt bei dem Vergleich der beiden Altersgruppen bei den Kraftsportlern und den Nichtsportlern das mittlere Körpergewicht im Durchschnitt um 1 kg an. Die Ausdauersportler können ihr Gewicht annähernd konstant halten (Abb. 71).

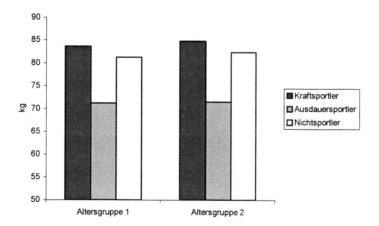

Abb. 71: Mittleres Körpergewicht (kg) der Probanden

Die Unterschiede zwischen Kraft- und Ausdauersportlern unter dem Gesichtspunkt des Körpergewichts sind in beiden Altersgruppen hochsignifikant. Gleiches gilt für den Vergleich zwischen Ausdauer- und Nichtsportlern. Keine Signifikanz besteht allerdings zwischen den Kraft- und Nichtsportlern sowohl in Altersgruppe 1 als auch in Altersgruppe 2 (Abb. 71).

---

* Siehe hierzu die Bildreihen 1 bis 12 im Anhang.

Die Beurteilung des Körpergewichts der Probanden nach der BROCA-Formel liefert weitere interessante Ergebnisse. Der BROCA-Index hat jedoch den Nachteil, dass er nur das reine Körpergewicht betrachtet und die Zusammensetzung der Körpermasse außer Acht lässt.

Die Kraftsportler überschreiten in beiden Altersgruppen den für das Normalgewicht berechneten Wert. Dabei muss aber berücksichtigt werden, dass die Zusammensetzung der Körpermasse von Kraftsportlern nicht der von Übergewichtigen (hoher Fettanteil am Gesamtkörpergewicht) im herkömmlichen Sinne entspricht. Ein hoher Anteil der Körpermasse besteht bei Kraftsportlern nicht aus überflüssigen Fettreserven, sondern aus zusätzlicher Muskelmasse (Tab. 42).

Die Ausdauersportler beider Altersgruppen unterschreiten im Gruppenmittel das Normalgewicht, liegen aber noch über dem Idealgewicht. Die Tatsache, dass die Ausdauersportler so leichtgewichtig sind, hängt unter anderem mit der Beanspruchung der aeroben Ausdauer über lange Zeit und einem dadurch bedingten hohen Energieverbrauch durch die Fettverbrennung zusammen. Eine regelmäßige Beanspruchung dieser Art führt somit zu einer Gewichtsreduktion oder verhindert von vorne herein eine Gewichtszunahme (Tab. 42).

Die Probanden aus der Gruppe der Nichtsportler sind im Mittel etwas leichter als die Kraftsportler, aber sie liegen in der Altersgruppe 1 um 6 kg und in der Altersgruppe 2 um fast 11 kg über dem für ihre Gruppe berechneten Normalgewicht. In der Altersgruppe 2 liegt der Mittelwert sogar 3,7 kg über dem Wert, der ein Übergewicht kennzeichnet. Man muss bei den Nichtsportlern unter Berücksichtigung der Werte für das Körpergewicht und den ROHRER-Index davon ausgehen, dass Bewegungsmangel ein entscheidender Faktor für die Fettleibigkeit ist (Tab. 42).

Tab. 42: Errechnetes Idealgewicht, Normalgewicht und Übergewicht im Vergleich zu den Mittelwerten der Probanden in Abhängigkeit von Sportart (bzw. sportlicher Inaktivität) und Altersgruppe

	AG	Idealgewicht (kg)	Normalgewicht (kg)	Übergewicht (kg)	Mittelwert (kg)
Kraftsportler	1	67,14	74,60	82,06	83,69
	2	67,23	74,70	82,17	84,79
Ausdauersportler	1	67,23	74,70	82,17	71,23
	2	65,79	73,10	80,41	71,51
Nichtsportler	1	67,59	75,10	82,61	81,30
	2	64,29	71,40	78,54	82,34

Entsprechend zu der Untersuchung von ARNOLD [1965] sind die Kraftsportler schwerer als die Ausdauersportler. Darüber hinaus stimmen die in dieser Arbeit ermittelten Ergebnisse mit WOLFF, BUSCH und MELLEROWICZ [1979] überein, die ein geringeres Gewicht der Ausdauersportler gegenüber den Nichtsportlern sowie eine Gewichtszunahme der Nichtsportler im Alterungsprozess festgestellt haben. Jedoch konnte eine Reduzierung des Körpergewichts der Ausdauersportler mit zunehmendem Alter in unserer Untersuchung nicht bestätigt werden.

3.3.2.2 Indizes

Von besonderem Interesse waren in unserer Untersuchung der Skelische-Index, der AKS-Index, der KAUP-Index, der ROHRER-Index und das Rumpfmerkmal. Die Formeln zur Berechnung der Indizes sind in Kapitel 2.2.3.2 zu finden. Die Mittelwerte der Indizes, die im Rahmen dieser Untersuchung errechnet wurden, sind in Tabelle 43 zusammengefasst.

Tab. 43: Mittelwerte der Indizes bezüglich der Probandengruppen

Parameter	AG	Kraftsportler			Ausdauersportler			Nichtsportler		
		n	x	s	n	x	s	n	x	s
Skelischer Index	1	40	51,76	1,09	56	51,70	1,44	31	51,84	1,62
	2	34	51,56	1,23	56	51,33	1,25	22	51,21	0,90
AKS-Index	1	40	1,32	0,14	56	1,13	0,12	31	1,24	0,16
	2	34	1,32	0,12	56	1,17	0,10	22	1,32	0,12
KAUP-Index	1	40	2,76	0,31	56	2,34	0,26	31	2,67	0,36
	2	34	2,77	0,29	56	2,38	0,24	22	2,78	0,28
ROHRER-Index	1	40	1,59	0,19	56	1,34	0,17	31	1,52	0,23
	2	34	1,59	0,16	56	1,38	0,14	22	1,62	0,17
Rumpf-merkmal	1	40	74,23	6,21	56	83,82	6,31	31	76,30	7,47
	2	34	75,06	6,46	56	83,03	7,46	22	73,17	6,54

n = Anzahl der Probanden, x = Mittelwert, s = Standardabweichung

3.3.2.2.1 Skelischer-Index

Die Kraftsportler erreichen in der Altersgruppe 1 im Mittel einen Skelischen-Index von 51,76 (s=1,09) und in Altersgruppe 2 einen von 51,56 (s=1,23). In Altersgruppe 1 der Ausdauersportler beträgt der Skelische-Index 51,70 (s=1,44) und in der Altersgruppe 2 beträgt er 51,33 (s=1,25). Die Nichtsportler weisen in Altersgruppe 1 mit 51,84 (s=1,623) den größten Skelischen-Index auf. In Altersgruppe 2 beträgt er 51,21 (s=0,90). Signifikante Veränderungen sind im Alterungsprozess keine festzustellen (Abb. 72).

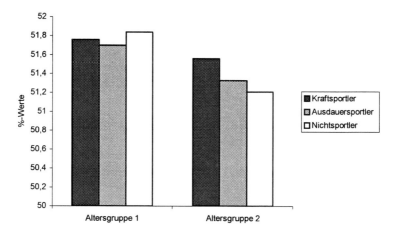

Abb. 72: Mittlerer Skelischer-Index der Probanden

Der Skelische-Index ist bei den Probanden der untersuchten Sportartengruppen unabhängig von der Altersgruppe etwa gleich groß. Die Werte unterscheiden sich nicht signifikant voneinander und lassen keine Aussagen über das sportartspezifische Verhältnis von Sitzhöhe zu Körperhöhe zu. Diese Tatsache könnte darin mitbegründet sein, dass es sich bei den Probanden der vorliegenden Untersuchung weitgehend nicht um Sportler handelt, die in ihren speziellen Sportarten häufig morphologisch-konstitutionsbiologische Besonderheiten zeigen, wie es etwa bei Hochspringern oder Gewichthebern der Fall gewesen wäre.

3.3.2.2.2 AKS-Index

Um den AKS-Index berechnen zu können, muss zuerst der Anteil an aktiver Körpersubstanz (AKS) und der Anteil der prozentualen aktiven Körpersubstanz (AKS%) ermittelt werden (Tab. 44).

Tab. 44: AKS und AKS% bezüglich aller Probanden

Parameter	AG	Kraftsportler			Ausdauersportler			Nichtsportler		
		n	x	s	n	x	s	n	x	s
AKS	1	40	69,86 kg	8,74 kg	56	60,85 kg	6,65 kg	31	66,27 kg	7,76 kg
	2	34	69,67 kg	8,85 kg	56	66,32 kg	6,41 kg	22	60,51 kg	7,73 kg
AKS%	1	40	83,47%	3,46%	56	85,62%	3,25%	31	81,73%	2,45%
	2	34	82,17%	2,30%	56	84,85%	2,72%	22	80,67%	2,26%

n = Anzahl der Probanden, x = Mittelwert, s = Standardabweichung

In der Altersgruppe 1 ergibt sich für den AKS-Index für die Kraftsportler ein Wert von 1,32 (s=1,14), die Ausdauersportler erreichen einen Wert von 1,13 (s=0,12), während die Nichtsportler einen Wert von 1,24 (s=0,16) aufweisen (Abb. 73).

Mit zunehmendem Alter verändert sich der AKS-Index der Kraftsportler nicht. In der Altersgruppe 2 liegt der AKS-Index der Ausdauersportler mit 1,17 (s=0,10) und derjenige der Nichtsportler mit 1,32 (s=0,13) höher als in der Altersgruppe 1. Die Nichtsportler erreichen dabei den Wert der Kraftsportler (Abb. 73).

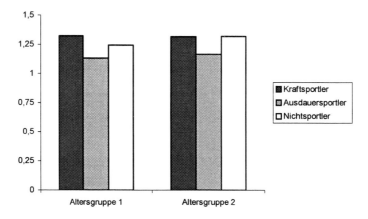

Abb. 73: Mittlerer AKS-Index der Probanden

Die Summe der Hautfaltendicken ist bei den Kraftsportlern geringer als bei den Nichtsportlern. Das Körpergewicht der Kraftsportler ist höher als das der Nichtsportler. Demzufolge ist der AKS-Index der Kraftsportler im Mittel höher als derjenige der Nichtsportler. Die Kraftsportler besitzen also eine größere aktive Körpersubstanz. Die aktive Körpersubstanz der Kraftsportler wirkt sich vorteilhaft auf die Leistung aus, weil der Athlet dadurch genügend Kraft zur Beschleunigung seiner Körpermasse besitzt. Die aktive Körpersubstanz stellt somit bei den Kraftsportlern einen leistungsbestimmenden Faktor dar, d.h. mit zunehmendem AKS-Index können bessere Leistungen vollbracht werden. Hingegen benötigen Ausdauersportler einen möglichst niedrigen AKS-Index. Diese Ergebnisse stimmen mit denen der Untersuchung von TITTEL und WUTSCHERK [1974] überein, die während der Olympischen Spiele in Rom (1960) durchgeführt wurden.

3.3.2.2.3 KAUP-Index

Im Alternsvorgang ist festzustellen, dass sich der KAUP-Index der Kraft- und Ausdauersportler in der Altersgruppe 1 nur unwesentlich von dem Wert der Altersgruppe 2 unterscheidet. Lediglich bei den Nichtsportlern ist eine Zunahme des KAUP-Index mit zunehmendem Alter zu verzeichnen. Bei den Kraftsportlern beträgt der KAUP-Index der Altersgruppe 1 im Mittel 2,76 (x=0,31) und in der Altersgruppe 2 2,77 (s=0,29). Die Ausdauersportler erreichen einen durchschnittlichen Wert von 2,34 (s=0,26) in Altersgruppe 1 und von 2,38 (s=0,24) in Altersgruppe 2. Der KAUP-Index der Nichtsportler liegt bei 2,67 (s=0,36) in Altersgruppe 1 und bei 2,78 (s=0,28) in Altersgruppe 2. Somit sind keine statistisch gesicherten Veränderungen des KAUP-Index im Alternsvorgang festzustellen (Abb. 74).

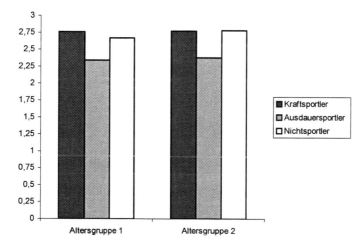

Abb. 74: Mittlerer KAUP-Index der Probanden

Hingegen konnte ein hochsignifikanter Unterschied zwischen der Gruppe der Kraftsportler und der Ausdauersportler festgestellt werden. Zwischen den Nichtsportlern und den Ausdauersportlern besteht ein signifikanter Unterschied (Tab. 43).

3.3.2.2.4 ROHRER-Index

Bei den Kraftsportlern wurde ein durchschnittlicher ROHRER-Index von 1,59 (s=0,19 beziehungsweise s=0,16) in beiden Altersgruppen ermittelt. Die Ausdauersportler weisen mit 1,34 (s=0,17) und 1,38 (s=0,14) in beiden Altersgruppen die geringsten Werte auf. Die Nichtsportler liegen in Altersgruppe 1 mit 1,52 (s=0,23) zwischen den Kraft- und den Ausdauersportlern, und in Altersgruppe 2 erreichen sie mit 1,62 (s=0,17) den größten Wert (Abb. 75). Insgesamt konnten im Alternsvorgang keine statistisch gesicherten Veränderungen festgestellt werden. Dem entgegen sind die Unterschiede bezüglich des ROHRER-Index zwischen den Kraft- und den Ausdauersportlern signifikant (Tab. 43).[*]

---

[*] Siehe hierzu die Bildreihen 1 bis 12 im Anhang.

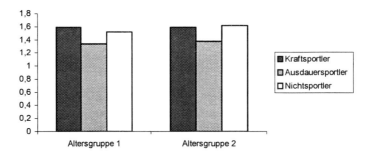

Abb. 75: Mittlerer ROHRER-Index der Probanden

3.3.2.2.5 Rumpfmerkmal

Das Rumpfmerkmal der Kraftsportler beträgt im Mittel in Altersgruppe 1 74,23 (s=6,21) und in Altersgruppe 2 75,06 (s=6,46). Die Ausdauersportler haben in den beiden Altersgruppen mit 83,82 (s=6,31) und 83,03 (s=7,46) die höchsten Werte. Die Nichtsportler haben ein durchschnittliches Rumpfmerkmal von 76,30 (s=7,47) in Altersgruppe 1 und 73,17 (s=6,54) in Altersgruppe 2 (Abb. 76). Statistische Veränderungen mit dem Alter sind keine festzustellen. Ein hochsignifikanter Unterschied besteht zwischen dem Rumpfmerkmal der Kraft- und dem der Ausdauersportler. Signifikante Unterschiede bestehen darüber hinaus zwischen den Ausdauer- sportlern und den Nichtsportlern (Tab. 43).

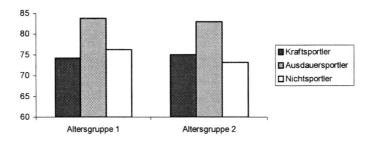

Abb. 76: Die Mittelwerte des Rumpfmerkmals in den Alters- und Sportartengruppen bzw. bei den Nichtsportlern

3.3.2.2.6 Korrelationen der anthropometrischen Indizes

Die Korrelationstabelle zeigt eine starke lineare Abhängigkeit des AKS-Index mit dem Skelischen-, dem KAUP- und dem ROHRER-Index. Diese Beziehungen können mit einer Wahrscheinlichkeit von 99% angenommen werden. Eine ebenso starke, aber linear fallende Abhängigkeit besteht zwischen dem AKS-Index und dem Rumpfmerkmal. Der ROHRER-Index korreliert hochsignifikant mit dem Skelischen- und dem KAUP-Index sowie negativ mit dem Rumpfmerkmal. Es besteht weiterhin ein linear fallender, hochsignifikanter Zusammenhang zwischen dem Rumpfmerkmal und dem KAUP-Index. Der Skelische-Index korreliert mit dem KAUP-Index signifikant. Die restlichen Korrelationsmöglichkeiten zwischen den Parametern lassen keine weiteren Signifikanzen erkennen (Tab. 45).

Tab. 45: Korrelationen zwischen den Indizes bei allen Probanden

Korrelation	ALTER	AKSI	SKI	KPI	ROI	RUM
ALTER	1.0000	.0759	-.0624	.0448	.0668	-.0181
AKSI	.0759	1.0000	.2717**	.9024**	.9533**	-.7768**
SKI	-.0624	.2717**	1.0000	.1819*	.2899**	-.1016
KPI	.0448	.9024**	.1819*	1.0000	.9546**	-.8901**
ROI	.0668	.9533**	.2899**	.9546**	1.0000	-.8299**
RUM	-.0181	-.7768**	-.1016	-.8901**	-.8299**	1.0000

Signifikanzniveau: * = .01   ** = .001

Bei den Kraftsportlern steht das Rumpfmerkmal in hochsignifikanter, linear fallender Beziehung zum AKS-, KAUP- und ROHRER-Index. Ebenso starke Zusammenhänge ergaben sich untereinander zwischen dem AKS-, dem KAUP- und dem ROHRER-Index (Tab. 46).

Tab. 46: Korrelationen zwischen den Indizes bei den Kraftsportlern

Korrelation	ALTER	AKSI	SKI	KPI	ROI	RUM
ALTER	1.0000	-.0308	-.0637	.0270	.0021	.0663
AKSI	-.0308	1.0000	.1800	.8513**	.9358**	-.6937**
SKI	-.0637	.1800**	1.0000	-.0206*	.1396	.1341
KPI	.0270	.8513**	-.0206	1.0000	.9239**	-.8672**
ROI	.0021	.9358**	.1396	.9239**	1.0000	-.7797**
RUM	-.0663	-.6937**	-.1341	-.8672**	-.7797**	1.0000

Signifikanzniveau: * = .01   ** = .001

Bei den Ausdauersportlern korrelieren ebenfalls der AKS-, der KAUP- und der ROHRER-Index hochsignifikant miteinander sowie in linear fallender Weise das Rumpfmerkmal mit dem AKS-, dem KAUP- und dem ROHRER-Index. Ein genauso wahrscheinlicher Zusammenhang wurde auch zwischen ROHRER- und Skelischem-Index errechnet, während die Beziehung zwischen KAUP- und Skelischem-Index nur mit einer Irrtumswahrscheinlichkeit von 1% angenommen werden kann (Tab. 47).

Tab. 47: Korrelationen zwischen den Indizes bei den Ausdauersportlern

Korrelation	ALTER	AKSI	SKI	KPI	ROI	RUM
ALTER	1.0000	.1551	-.1366	.0937	.1284	-.0577
AKSI	.1551	1.0000	.3330**	.8160**	.9156**	-.6579**
SKI	-.1366	.3330**	1.0000	.2633*	.3730**	-.1424
KPI	.0937	.8160**	.2633*	1.0000	.9276**	-.8475**
ROI	.1284	.9156**	.3730**	.9276**	1.0000	-.7572**
RUM	-.0577	-.6579**	-.1424	-.8475**	-.7572**	1.0000

Signifikanzniveau: * = .01   ** = .001

Bei den Nichtsportlern bestehen lineare, hochsignifikante Korrelationen zwischen dem AKS-, dem ROHRER- und dem KAUP-Index. Wie auch bei den Kraftsportlern existieren hochsignifikante, negative Zusammenhänge dieser drei Parameter mit dem Rumpfmerkmal (Tab. 48).

Tab. 48: Korrelationen zwischen den Indizes bei den Nichtsportlern

Korrelation	ALTER	AKSI	SKI	KPI	ROI	RUM
ALTER	1.0000	.2558	.1332	.1784	.2279	-.2163
AKSI	.2558	1.0000	.2820	.9395**	.9679**	-.7682**
SKI	.1332	.2820	1.0000	.1871	.3056	-.0811
KPI	.1784	.9395**	.1871	1.0000	.9628**	-.8347**
ROI	.2279	.9679**	.3056	.9628**	1.0000	-.7748**
RUM	-.2163	-.7682**	-.0811	-.8347**	-.7748**	1.0000

Signifikanzniveau: * = .01   ** = .001

3.3.2.3   Konstitution

Die Betrachtung der Konstitution der Probanden geht mit ihrer Einordnung in das CONRAD'sche Koordinatenschema einher. Die Grundlagen hierzu sind in Kapitel 2.2.3.3 zu finden. Dazu werden vorab der Metrik- und der Plastik-Index unserer Probanden bestimmt (Tab. 49).

Tab. 49: Metrik- und Plastik-Index der Probanden

	Altersgruppe 1			Altersgruppe 2		
	Kraftsp.	**Ausdauersp.**	**Nichtsp.**	**Kraftsp.**	**Ausdauersp.**	**Nichtsp.**
Metrik-Index	-1,4 bis +0,9 Mittelw.= -0,44	-1,9 bis +0,8 Mittelw.= -0,84	-1,7 bis +0,7 Mittelw.= -0,43	-1,1 bis +0,9 Mittelw.= +0,11	-1,3 bis +0,7 Mittelw.= -0,46	-0,7 bis +0,7 Mittelw.= +0,06
Plastik-Index	86,5 bis 99,9 Mittelw.= 93,47	78,5 bis 99,9 Mittelw.= 87,43	82,0 bis 99,0 Mittelw.= 91,66	86,5 bis 99,9 Mittelw.= 93,49	76,0 bis 99,9 Mittelw.= 87,64	93,0 bis 98,5 Mittelw.= 90,46

3.3.2.3.1   *Kraftsportler*

Der Metrik-Index der Altersgruppe 1 der Kraftsportler reicht von -1,4 bis +0,9 (Mittelw.= -0,44), während sich der Plastik-Index zwischen 86,5 und 99,9 (Mittelw.= 93,47) befindet. Es zeigen sich Tendenzen zum Leptosomen, aber auch zum Pykniker, mit hyperplastischen Ausprägungen der Muskulatur. Der Metrik-Index der älteren Kraftsportler liegt zwischen -1,1 und +0,9 (Mittelw.= +0,11). Der Plastik-Index umfasst Werte von 86,5 bis 99,9 (Mittelw.= 93,49). Somit bewegen sich die älteren Kraftsportler in Richtung hyperplastischem Pykniker.

Abbildung 77 und 78 stellen die Mittelwerte der Metrik- und Plastikindizes der Kraftsportler beider Altersgruppen gegenüber. Dabei steht die Länge des Balkens für den jeweiligen Mittelwert der Gruppe.

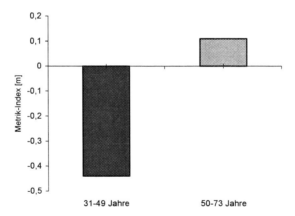

Abb. 77: Mittelwert des Metrik-Index der Kraftsportler in den
beiden Altersgruppen

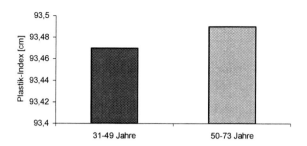

Abb. 78: Mittelwert des Plastik-Index der Kraftsportler in den beiden Altersgruppen

Entsprechend der Mittelwerte des Plastik- und Metrik-Index erhalten die Kraftsportler der Altersgruppe 1 (KS 1) die Koordinate E8 und die Altersgruppe 2 (KS 2) die Koordinate D8. Nach diesen Koordinaten werden beide Gruppen in das Konstitutionstypenschema eingeordnet (Abb. 79).*

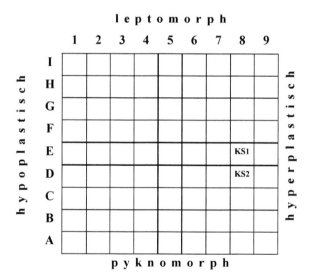

Abb. 79: Einordnung der Kraftsportler in das CONRAD'sche Konstitutionstypenschema

---

* Siehe hierzu auch die Bildreihen 1 bis 4 im Anhang.

3.3.2.3.2 *Ausdauersportler*

Die Werte für den Metrik-Index bei der Altersgruppe 1 der Ausdauersportler reichen von -1,9 bis +0,8 (Mittelw.= -0,84), während sich die Werte für den Plastik-Index zwischen 78,5 und 99,9 (Mittelw.= 87,43) befinden. Die Konstitution entspricht im Mittel derjenigen des Athletikers mit einer geringen Tendenz zum leptosomen Typ. Die Sportler sind teilweise leicht hypoplastisch, mehrere jedoch zeigen eine mittlere Plastizität.

Die älteren Ausdauersportler besitzen einen Metrik-Index von -1,3 bis +0,7 (Mittelw.= -0,46) sowie einen Plastik-Index von 76,0 bis 99,9 (Mittelw.= 87,64). Im Gegensatz zu den Jüngeren zeigt die Altersgruppe 2 eine größere Streubreite vom Leptosomen zum Pykniker. Gleichzeitig ist zu erkennen, dass die Leptosomen eher hypoplastisch sind, die Pykniker sich eher hyperplastisch darstellen.

Die Abbildungen 80 und 81 stellen die jeweiligen Mittelwerte der beiden Altersgruppen gegenüber. Dabei steht die Länge des Balkens wieder für den jeweiligen Mittelwert.

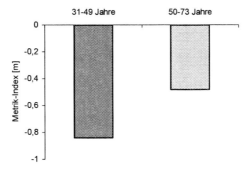

Abb. 80: Mittelwert des Metrik-Index der Ausdauersportler
in den beiden Altersgruppen

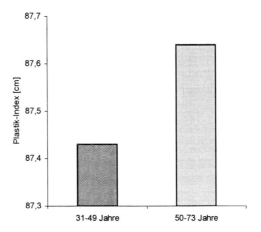

Abb. 81: Mittelwert des Plastik-Index der Ausdauersportler
in den beiden Altersgruppen

Die Ausdauersportler erhalten aufgrund ihrer Mittelwerte von Metrik-Index und Plastik-Index für die Altersgruppe 1 (AS 1) die Koordinate G6 und für Altersgruppe 2 (AS 2) die Koordinate F6 (Abb. 82).

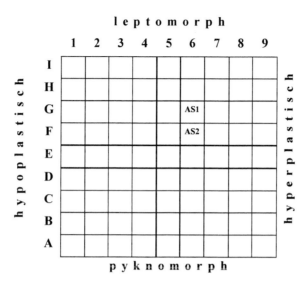

Abb. 82: Einordnung der Ausdauersportler in das CONRAD'sche Konstitutionstypenschema

Es fällt auf, dass die Altersgruppe 1 (AS 1) in der Variationsebene „eins" (vgl. Kap. 2.2.3.3 und Abb. 21) klar dem leptomorphen Habitus zuzuordnen ist. In der Variationsebene „zwei" gehört die Gruppe dem leicht hyperplastischen Typus an.

Die Altersgruppe 2 (AS 2) rangiert in der Variationsebene „eins" ebenfalls im Bereich der leptomorphen Körperform, aber einen Grad weniger ausgeprägt. In der Variationsebene „zwei" ist sie genauso einzustufen wie die jüngere Altersgruppe.*

---

* Siehe hierzu die Bildreihen 5 bis 8 im Anhang.

138

3.3.2.3.3 Nichtsportler

Die jüngeren Nichtsportler zeigen einen Metrik-Index von -1,7 bis +0,7 (Mittelw.= -0,43) sowie einen hohen Plastik-Index zwischen 82 und 99 (Mittelw.= 91,66). Der hauptsächliche Trend dieser Gruppe geht in die Richtung hyperplastisch, wobei die Streuung von metromorph bis hin zum Pykniker reicht. Dagegen weisen die älteren Nichtsportler einen Metrik-Index von -0,7 bis +0,7 (Mittelw.= +0,06) auf, kombiniert mit einem Plastik-Index, der von 93,0 bis 98,5 (Mittelw.= 90,46) reicht. Sie zeigen sich eher pyknisch, aber auch metromorph, dabei eher hyperplastisch. Die Abbildungen 83 und 84 vergleichen die jeweiligen Mittelwerte.

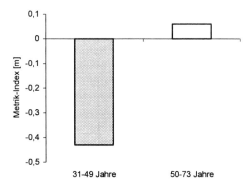

Abb. 83: Mittelwert des Metrik-Index der Nichtsportler
in den beiden Altersgruppen

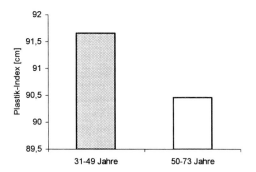

Abb. 84: Mittelwert des Plastik-Index der Nichtsportler
in den beiden Altersgruppen

Die Nichtsportler erhalten im Konstitutionstypenschema aufgrund ihrer Mittelwerte von Metrik- und Plastik-Index die Koordinaten E8 in Altersgruppe 1 und D7 in Altersgruppe 2 (Abb. 85).

Die Nichtsportler der Altersgruppe 1 (NS 1) bewegen sich in der Variationsebene „eins" im neutralen metromorphen Bezirk. Sie nehmen eine Mittelstellung zwischen lepto- und pykno-morpher Ausprägung ein. In der Variationsebene „zwei" weisen sie wie die Kraftsportler einen stark hyperplastischen Habitus auf. Die älteren Nichtsportler (NS 2) sind durch leicht pykno-morphe Merkmale gekennzeichnet und haben bezüglich der Proportionen eine um eine Stufe niedriger ausgeprägte Hyperplasie.*

---

* Siehe hierzu die Bildreihen 9 bis 12 im Anhang.

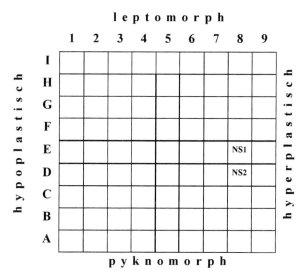

Abb. 85: Einordnung der Nichtsportler in das CONRAD'sche
Konstitutionstypenschema

3.3.2.3.4 Konstitutionsbiologischer Vergleich zwischen Kraft-, Ausdauer- und Nichtsportlern

Im Vergleich zu den anderen Gruppen haben alle Kraftsportler unabhängig vom Alter einen gleichen, gut ausgeprägten hyperplastischen Habitus. Dieses Ergebnis belegt die Tatsache, dass Kraftsportler zur Ausführung ihres Sportes eine gut ausgebildete und kräftige Muskulatur benötigen.

Die Ausdauersportler beider Altersgruppen weichen durch ihre nur sehr gering ausgeprägte Hyperplasie deutlich von den beiden anderen Gruppen ab. Wie der Name schon sagt, liegt im Ausdauersport der Trainingsschwerpunkt in der Entwicklung der Ausdauerleistungsfähigkeit. Dabei werden hauptsächlich die langsamen, roten Muskelfasern beansprucht und trainiert. Die Fasern sind im Gegensatz zu den weißen Muskelfasern sehr dünn, woraus sich auch die wesentlich kleinere Muskelmasse erklären lässt. Da im Ausdauersport viel Energie verbraucht wird, werden die Fettreserven sehr stark als Energiequelle herangezogen. Dadurch ist der Körperfettanteil sehr klein, was ebenfalls den wesentlich geringeren hyperplastischen Habitus erklärt (Abb. 88).

Die Nichtsportler repräsentieren auch einen bedingten hyperplastischen Konstitutionstyp. Er ist aber nach den Ergebnissen unserer Untersuchung der Hautfaltendicken nicht so sehr auf eine gut ausgebildete Muskulatur zurückzuführen, sondern eher auf die größeren Fettanteile. Da bei der Bestimmung des Plastik-Index die Umfangsmaße eine große Rolle spielen, kann ein großer Umfang sowohl durch Muskulatur als auch durch Fettgewebe hervorgerufen werden.

In Abbildung 86 und 87 sind die Mittelwerte der Metrik- und Plastik-Indizes aller untersuchten Gruppen im Vergleich dargestellt.

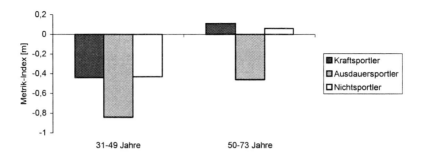

Abb. 86: Mittelwert des Metrik-Index der Gruppen im Vergleich

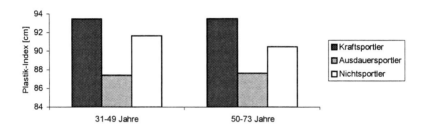

Abb. 87: Mittelwert des Plastik-Index der Gruppen im Vergleich

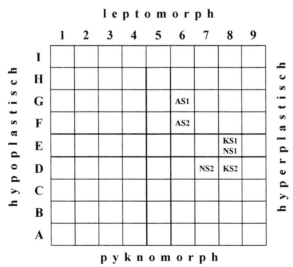

Abb. 88: Einordnung aller Gruppen in das CONRAD'sche
Konstitutionstypenschema

Die Tatsache, dass die Altersgruppe 2 jeder Gruppe bezüglich der Variationsebene „eins" (lepto-morph-pyknomorph) im Ausprägungsgrad immer eine Stufe unter der entsprechenden Alters-gruppe 1 liegt, ist vielleicht ein Zeichen für die allgemein größere Körperhöhe der jüngeren Generationen (Akzeleration) und für die mit zunehmendem Alter rückläufige Körperhöhe.

Bei den Nichtsportlern ist außerdem anzumerken, dass sie im Alternsvorgang als einzige Gruppe zu einer Verlagerung der Konstitution in Richtung des hypoplastischen Bereichs neigen (Abb. 88).

Zusammenfassend ist festzustellen, dass Nichtsportler und Kraftsportler einen ähnlichen konsti-tutions-typologischen Habitus besitzen, während Ausdauersportler stark davon abweichen. Mit zunehmendem Alter zeigt sich, dass bei allen Gruppen die Variationsebene „eins" einen geringeren Ausprägungsgrad bekommt. Ausdauer- und Kraftsportler können im Gegensatz zu den Nichtsportlern ihre Körpermaße in der Variationsebene „zwei" auch im Alter annähernd beibehalten. Gründe dafür sind in der sportlichen Betätigung zu suchen.

3.3.3 Unsere Ergebnisse im Überblick

Die Körperhöhe der Probanden unterscheidet sich nur geringfügig beim Vergleich zwischen den Angehörigen der Kraft-, Ausdauer- und Nichtsportlergruppe und auch zwischen den Alters-gruppen. Bei der Schulterbreite erzielten die Kraftsportler in beiden Altersgruppen höhere Werte als die Ausdauer- und Nichtsportler. Die Exkursionsbreite ist bei Kraft- und Ausdauersportlern beider Altersgruppen wesentlich größer als bei Nichtsportlern. Außerdem ist ihr Rückgang mit zunehmendem Alter (von AG 1 zu AG 2) bei den Kraft- und Ausdauersportlern deutlich geringer als bei den Nichtsportlern. Die Hautfaltendicke ist in beiden Altersgruppen bei den Nicht-sportlern am größten und bei den Ausdauersportlern am geringsten. Innerhalb jeder untersuchten Gruppe liegen die Werte der Probanden der Altersgruppe 2 höher als diejenigen der Alters-gruppe 1. Hinsichtlich des Körpergewichts wurden bei den Kraftsportlern in beiden Alters-gruppen die höchsten Werte gemessen, dicht gefolgt von den Nichtsportlern beider Alters-gruppen. Die Ausdauersportler sind in beiden Altersgruppen deutlich leichter. In allen Gruppen zeigt sich eine leichte Zunahme des Gewichts im Alternsvorgang.

In beiden Altersgruppen konnten zwischen Kraft- und Ausdauersportlern hochsignifikante[*] Unterschiede bezüglich des Rumpfmerkmals, des AKS-Index, des ROHRER-Index und des KAUP-Index festgestellt werden, wobei das Rumpfmerkmal bei den Ausdauersportlern hochsignifikant größer ist als bei den Kraftsportlern. Die Werte der drei anderen Indizes liegen dagegen in beiden Altersgruppen bei den Kraftsportlern über denen der Ausdauersportler. Der Skelische-Index zeigt in der Altersgruppe 1 und 2 zwischen den Kraft- und Ausdauersportlern keine Unterschiede.

Die Nichtsportler unterscheiden sich in Altersgruppe 1 nur bezüglich des Rumpfmerkmals und des KAUP-Index von den Ausdauersportlern der Altersgruppe 1, wobei jedoch nur ein signifi-kanter Unterschied besteht. In Altersgruppe 2 bestehen hochsignifikante Unterschiede zwischen Kraft- und Ausdauersportlern bei fast allen untersuchten Parametern (Ausnahme: Skelischer-Index). Auch hier liegt der Wert des Rumpfmerkmals der Ausdauersportler der Altersgruppe 2 beträchtlich über dem der Nichtsportler. Bei den anderen Parametern liegen die Werte der Nichtsportler in beiden Altersgruppen über denjenigen der Ausdauersportler. Ein Unterschied

---

[*] Irrtumswahrscheinlichkeit p < 1%

zwischen den Kraft- und den Nichtsportlern wurde lediglich in der Gruppe der 31- bis 49-Jährigen (AG 1) belegt. Hier lag der Wert des AKS-Index der Kraftsportler signifikant über dem der Nichtsportler.

Die stärksten anthropometrischen Veränderungen mit dem Alter sind bei den Nichtsportlern zu finden. Sie werden im Alter deutlich schwerer, haben eine geringere Brustkorbelastizität, werden massiger und wirken daher untersetzter. In ihrer konstitutionstypologischen Veränderung zeigen sie Tendenzen in Richtung Pyknomorphie. Die Kraftsportler legen zwar im Alter auch an Körpermasse zu, können aber sonst ihre anthropometrischen Körpermaße halten. Konstitutionstypologisch neigen sie ebenfalls zur Pyknomorphie. Die geringsten anthropometrischen Veränderungen weisen die Ausdauersportler auf. Bei ihnen gibt es zwischen den Probanden der Altersgruppe 1 und der Altersgruppe 2 hinsichtlich der anthropometrischen Maße so gut wie keine Veränderungen. Konstitutionstypologisch neigen sie zur Leptomorphie.

Ein konstitutionsbiologischer Vergleich zwischen den drei untersuchten Gruppen hinsichtlich der Einordnung im CONRAD'schen Konstitutionstypenschema zeigt, dass die Lokalisation der Kraftsportler derjenigen der Nichtsportler ähnlich ist (E8, D8 und E8, D7). Die Ausdauersportler der Altersgruppe 1 und 2 dagegen grenzen sich konstitutionell gegen die beiden obigen Gruppen stark ab (G6, F6).

Im Anhang zeigen die Bildreihen 1 bis 12 typische Konstitutionen für Kraft-, Ausdauer- und Nichtsportler.

Die Ergebnisse zeigen, dass bei den Kraft- und Ausdauersportlern der Altersgruppen 1 und 2 ihr regelmäßiges Training zu einem Hinauszögern beziehungsweise zu einer Kompensation altersbedingter Veränderungen des äußeren Habitus beiträgt, wohingegen sich die Inaktivität der Nichtsportler in beiden Altersgruppen eher negativ auf das äußere Erscheinungsbild beziehungsweise auf die untersuchten Parameter auswirkt.

3.4 Anamnese

Im Rahmen der anamnestischen Erhebung soll festgestellt werden, ob und wie häufig chronische Erkrankungen, Erkrankungen des Immunsystems sowie sportbedingte und nichtsportbedingte Beschwerden und Verletzungen am Bewegungsapparat bei Kraft-, Ausdauer- und Nichtsportlern verschiedener Altersgruppen auftreten. Daneben soll eine Berufs-, Medikamenten- und Genussmittelanamnese Aussagen über positive oder negative Einflüsse auf die Gesundheit unserer Untersuchungskollektive treffen. Eine Familienanamnese wird schließlich Auskunft über die Häufigkeit von Risikofaktoren beziehungsweise speziellen Erkrankungen in den Familien unserer Probanden geben. Die genauen Untersuchungsfragen finden sich in Kapitel 1.4.4.

3.4.1 Auswahl bisheriger Untersuchungen und deren Ergebnisse

RÜGAMER [1983] führte Untersuchungen an Teilnehmern eines 100 km-Laufs im Alter von über 65 Jahren durch. Sie wurden sportmedizinisch und orthopädisch untersucht sowie bezüglich Anamnese, Sportanamnese und Trainingsgewohnheiten befragt. Insgesamt sprach er dem Langstreckenlauf einen positiven Einfluss auf den Leistungs- und Gesundheitszustand älterer Menschen zu. Selbst in höherem Alter führte eine extreme Ausdauerbelastung bei dieser Probandengruppe nicht zu degenerativen Gelenkerkrankungen beziehungsweise deren Fortschreiten.

PROKOP und BACHL [1984] verweisen auf repräsentative Erhebungen bei Seniorenwettkampfsportlern im mittleren und späten Erwachsenenalter durch PUFE, BAUMGARTL, KURODA und POLLOCK, bei denen in etwa 5 bis 15% der Fälle bronchiopulmonale Erkrankungen festgestellt wurden, wobei vor allem bei Athleten über dem 60. Lebensjahr eine deutliche Zunahme von Bronchitiden zu verzeichnen war. Ebenfalls stellten diese Autoren mit zunehmendem Alter vermehrt den Befund eines Lungenemphysems fest. Kardiovaskuläre Symptome (zum Beispiel Rhythmusstörungen, latente Koronarinsuffizienzen) konnten nur in 5 bis 8% der Fälle festgestellt werden. Auch Hypertonien wurden bei den untersuchten Sportlern nur in weniger als 5% der Fälle festgestellt. Deutlich höher fällt die Zahl der Beschwerden und Verletzungen des Bewegungsapparates ins Gewicht. Besonders bei Läufern mit hohen Trainingsumfängen werden gehäuft Knie-, Fuß- und Achillessehnenschäden gefunden.

BIENER [1986] untersuchte in der „Züricher Alterssportstudie I" die Auswirkungen des im frühen und mittleren Erwachsenenalter betriebenen Sports auf den gegenwärtigen Gesundheitszustand der Probanden. Die 142 Frauen und 104 Männer waren zum Untersuchungszeitpunkt alle über 65 Jahre alt. Sie wurden nach der Häufigkeit des Sporttreibens in drei Gruppen unterteilt, wobei die eine Gruppe viel, die zweite mittel viel und die letzte wenig Sport betrieb. Die in der Anamnese erfassten Krankheiten wurden zur Auswertung in folgende Rubriken unterteilt: Erkrankungen des Herz-Kreislauf-Systems, der Lunge, des Magen-Darm-Leber-Bereichs, Erkrankungen im rheumatischen Formenkreis, an Arthrosen, an Diabetes und an Tumoren. Es wurde festgestellt, dass die Zahl der Probanden, die außer Kinderkrankheiten keine Erkrankungen angaben, mit zunehmender sportlicher Aktivität stieg und die Anzahl derer, die bei der Anamnese Herz-Kreislauf-Erkrankungen angaben, mit zunehmender Aktivität sank. Ferner wurde in einem weiteren Teil festgestellt, dass Sportler weniger Medikamente einnahmen als Nichtsportler. Darüber hinaus wurden unter den viel Sport treibenden Senioren mehr Nichtraucher registriert.

In einer weiteren von BIENER [1986] am gleichen Probandenkollektiv durchgeführten Unter-suchung war die zentrale Fragestellung, ob Sportler über 65 Jahre vermehrt Sportunfälle erlitten haben. Die anamnestisch erhobenen Daten wurden in Arbeits-, Heim-, Verkehrs- und Sport-unfälle gegliedert. Als Ergebnis wurde festgestellt, dass die meisten Sportverletzungen bei der sportlich aktivsten Gruppe der Männer zu finden waren. Bezogen auf Geschlecht und Unfallart zogen sich die Frauen Verletzungen am häufigsten bei Heim- und Verkehrsunfällen zu, während die Männer vermehrt von Arbeits- und Sportunfällen betroffen waren.

BIENER [1986] versuchte im Weiteren, den Einfluss von familiären Faktoren (genetische Veranlagung) und Risikofaktoren (Rauchen, Stress, Berufsbelastung, Übergewicht) sowie von körperlicher Aktivität (Sport, Arbeit, Arbeitsweg, Garten) zu analysieren. Für diese Unter-suchung wurde eine Gruppe von unter 65 Jahren verstorbenen Berufstätigen und eine Gruppe von noch lebenden über 78 Jahre alten ehemaligen Angestellten eines Schweizer Großbetriebes ausgewählt. Innerhalb des Gesamtkollektivs konnte bei den bereits Verstorbenen ein häufigeres Auftreten von familiären Erkrankungen festgestellt werden. Die Lebenserwartung schien am meisten durch starkes Rauchen eingeschränkt zu sein, während körperliche Aktivität die durchschnittliche Lebenserwartung vergrößerte.

ISRAEL und WEIDNER [1988] untersuchten 864 Personen im Alter zwischen 30 und 60 Jahren. Bei der Auswertung der anamnestischen Daten wurde nach Männern und Frauen getrennt sowie nach sportlich aktiven und sportlich inaktiven Personen unterschieden. Die erhobenen Daten beruhten besonders auf Angaben zu solchen Krankheiten, die bei der allgemeinen Morbidität der Bevölkerung des untersuchten Altersabschnitts eine Rolle spielen. Im Einzelnen wurde in folgende Kategorien unterteilt und ausgewertet: Angina Pectoris, bronchiale Erkrankungen, renale Erkrankungen, Stoffwechselerkrankungen, allergische Erkrankungen, neurovegetative Dystonie, vertebragene Störungen, Arthrosen, Periostosen und Tendinosen, Verletzungen des Bewegungsapparates und krankheitsbedingte Arbeitsunfähigkeit. Die Auswertung konzentrierte sich auf die Alternsdynamik der Krankheiten. Tatsächlich konnte den Daten in einzelnen Kategorien eine positive Wirkung des Sports entnommen werden. Zum Beispiel wurde für das Probandenkollektiv durchgehend ein günstiger Einfluss des Sporttreibens auf den Krankenstand festgestellt, wobei sich dieser Effekt besonders in höherem Lebensalter verstärkt zeigte.

DIEM [1989] untersuchte 246 Frauen und 56 Männer des Altensportzentrums in Möncheng-ladbach hinsichtlich ihres Gesundheits- und Leistungszustandes. Das Durchschnittsalter der Probanden lag bei $67,9 \pm 6,0$ Jahren. In dieser Untersuchung zeigte sich eine Häufung der Herz-Kreislauf-Erkrankungen, wobei 44,5% der Probanden einen erhöhten Blutdruck angaben. Erkrankungen des Bewegungsapparates wurden zu 20% angegeben. Von besonderer Bedeutung war auch die Frage nach der Medikamenteneinnahme. Insgesamt gaben 76% der Probanden an, Medikamente einzunehmen, wobei die Herzglykoside (Digitalispräparate) mit 19% an erster Stelle standen.

3.4.2   Ergebnisse unserer Untersuchung

Um eine statistisch sinnvolle Auswertung zu ermöglichen, wurden die Angaben aus den Anamnesebögen für die spezielle Untersuchung zu einzelnen Kategorien zusammengefasst. Diese erfassen im Einzelnen die chronischen Erkrankungen, das Immunsystem, den Bewegungs- apparat, die Berufsanamnese, die Medikamentenanamnese, die Genussmittelanamnese sowie die Familienanamnese.

3.4.2.1   Chronische Erkrankungen

Bei den chronischen Erkrankungen stehen Erkrankungen des Herz-Kreislauf-Systems, Diabetes, Gicht und Hyperlipidämie im Mittelpunkt des Interesses.

Tab. 50: Prozentuale Verteilung der Probanden bzgl. der chronischen Erkrankungen in der Eigenanamnese

Chronische Erkrankungen	Kraftsportler				Ausdauersportler				Nichtsportler			
	AG 1 n= 39		AG 2 n= 34		AG 1 n= 56		AG 2 n= 55		AG 1 n= 30		AG 2 n= 22	
	n	%	n	%	n	%	n	%	n	%	n	%
Herz-Kreislauf-System	3	7,7	4	11,8	4	7,1	8	14,5	3	10,0	8	36,4
Diabetes	0	0,0	1	2,9	0	0,0	1	1,8	1	3,3	1	4,5
Gicht	2	5,1	0	0,0	1	1,8	3	5,5	1	3,3	0	0,0
Hyperlipidämie	2	5,1	3	8,8	4	7,1	7	12,7	1	3,3	6	27,3

n = Anzahl der Probanden, AG = Altersgruppe

Beim Parameter Herz-Kreislauf zeigt sich bei allen drei Gruppen ein Anstieg an chronischen Erkrankungen im Alterungsprozess. Bei den Kraftsportlern der Altersgruppe 1 sind bei 7,7% und in Altersgruppe 2 bei 11,8% der Probanden chronische Erkrankungen des Herz-Kreislauf- Systems festzustellen. Bei den Ausdauersportlern steigt der Anteil der Erkrankungen von 7,1% in Altersgruppe 1 auf 14,5% in Altersgruppe 2 an. Der größte Anteil an Herz-Kreislauf- Erkrankungen wurde bei den älteren Nichtsportlern mit 36,4% festgestellt. Während die jüngere Gruppe mit 10% noch in etwa im Bereich der Sportlergruppen liegt, steigt der Wert in der Altersgruppe 2 auf einen mehr als doppelt so großen Wert wie bei den gleichaltrigen Sportlergruppen (Tab. 50 und Abb. 89).

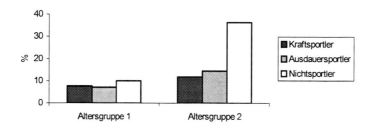

Abb. 89: Prozentuale Häufigkeit des Auftretens von chronischen Herz-Kreislauf-
Beschwerden bei den Probanden

Hinsichtlich einer Erkrankung an Diabetes gab es nur in der Altersgruppe 1 der Nichtsportler einen Probanden, der angegeben hat, an Diabetes zu leiden, während in der Altersgruppe 2 insgesamt drei Probanden an Diabetes erkrankt sind. Diese verteilen sich jedoch gleichmäßig auf alle drei Probandengruppen. Eine statistisch gesicherte Aussage kann daher nicht getroffen werden (Tab. 50).

An Gicht sind bei den Kraftsportlern in Altersgruppe 1 zwei Probanden (5,1%) erkrankt. In Altersgruppe 2 liegt bei keinem Probanden eine Erkrankung vor. Bei den Ausdauersportlern steigt der Anteil der Erkrankungen von 1,8% in Altersgruppe 1 auf 5,5% in Altersgruppe 2 an. Bei den Nichtsportlern zeigt sich ein ähnliches Bild wie bei den Kraftsportlern. In Altersgruppe 1 leidet ein Proband (3,3%) unter Gicht, in Altersgruppe 2 ist keine Erkrankung zu verzeichnen. Somit lässt sich keine Zunahme an Gichterkrankungen bei den untersuchten Probanden im Alter feststellen (Tab. 50).

In allen Probandengruppen ist eine Hyperlipidämie im Altersverlauf gut ersichtlich. Die geringsten Werte weisen die Kraftsportler auf, die auch mit 3,7% den geringsten prozentualen Anstieg im Alterungsprozess zu verzeichnen haben. Bei den Ausdauersportlern steigt die Anzahl von 7,1% auf 12,7%. Bei den Nichtsportlern, die in der Altersgruppe 1 mit 3,3% noch den geringsten Wert aufweisen, kommt es in der Altersgruppe 2 fast zu einer Verzehnfachung der Fälle auf 27,3%, was deutlich der höchste Wert bei dieser Erkrankung ist (Tab. 50 und Abb. 90).

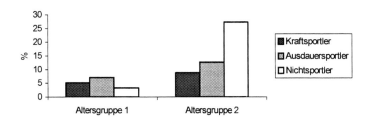

Abb. 90: Prozentuale Häufigkeit des Auftretens der Hyperlipidämie bei den Probanden

Im Bereich der chronischen Erkrankungen lassen die Erkrankungen des Herz-Kreislauf-Systems (zum Beispiel Hypertonie) und die Hyperlipidämie eine große Differenz zwischen den Altersgruppen, den Sportartengruppen und den Nichtsportlern erkennen, wobei jeweils eine Zunahme der Fälle mit dem Alter zu konstatieren ist. Am stärksten betroffen sind die Nichtsportler, wobei sich die Unterschiede zu den Sportartengruppen bei den jüngeren Nichtsportlern noch nicht so stark bemerkbar machen. Erst in der älteren Gruppe werden bei den Nichtsportlern zwei- bis dreimal höhere Werte festgestellt als bei den Sportlern. Diese Beobachtung deckt sich mit den Ergebnissen von ISRAEL und WEIDNER [1988], die bei stenokardischen Beschwerden einen leichten Anstieg mit dem Lebensalter beobachteten. Die Autoren sehen die Nichtsportler aber auch erst ab einem Alter von 55 Jahren deutlich im Nachteil. Auch BIENER [1986] stellte mit zunehmender Aktivität seiner über 65-jährigen Probanden weniger Herz-Kreislauf-Erkrankungen in der Anamnese fest.

Im Vergleich zwischen den Kraft- und Ausdauersportlern zeigen sich keine entscheidenden Differenzen. Die Ergebnisse erwecken den Anschein, dass sowohl die Ausdauer- als auch die Kraftsportler von der körperlichen Aktivität im Sinne einer Prävention der Herz-Kreislauf-Erkrankungen und Fettstoffwechselstörungen profitieren. Ob dies tatsächlich so ist, kann aber nicht abschließend beurteilt werden. Das schlechte Abschneiden der Nichtsportler kann jedoch nicht allein auf den Bewegungsmangel bezogen werden, sondern der gesamte Lebenswandel mit Faktoren, wie zum Beispiel Nikotinkonsum und Ernährung muss berücksichtigt werden. Ein ungesünderer Lebenswandel könnte sich durchaus ebenso ungünstig auf die Entstehung der

Beschwerden im Bereich des Herz-Kreislauf-Systems auswirken, wie sich mangelnde sportliche Betätigung negativ auf das Herz-Kreislauf-System auswirkt.

3.4.2.2 Erkrankungen des Immunsystems

Bei den Erkrankungen des Immunsystems wurden die Infektanfälligkeit und das Bestehen von Allergien untersucht.

Tab. 51: Prozentuale Verteilung der Probanden bzgl. der Infekte und Allergien in der Eigenanamnese

Infekte / Allergien	Kraftsportler				Ausdauersportler				Nichtsportler			
	AG 1 n= 39		AG 2 n= 34		AG 1 n= 56		AG 2 n= 55		AG 1 n= 30		AG 2 n= 22	
	n	%	n	%	n	%	n	%	n	%	n	%
1-2 Infekte/Jahr	10	25,6	9	26,5	17	30,4	8	14,5	7	23,3	6	27,3
> 2 Infekte/Jahr	2	5,1	3	8,8	3	5,4	2	3,6	2	6,7	0	0,0
Infekt insg.	12	30,8	12	35,3	20	35,8	10	18,2	9	30,0	6	27,3
Allergien	4	10,3	5	14,7	7	12,5	8	14,5	9	30,0	5	22,7

n = Anzahl der Probanden, AG = Altersgruppe

Im Durchschnitt hat jeder dritte Proband der Untersuchung mindestens einmal im Jahr einen Infekt. Den Spitzenwert liefert dabei die jüngere Gruppe der Ausdauersportler, von denen 35,8% angeben, mindestens einmal im Jahr an einer Erkältung zu leiden. Dieser Wert halbiert sich jedoch in der Altersgruppe 2 auf 18,2%. Kraft- und Nichtsportler haben in Altersgruppe 1 mit 30,8% beziehungsweise 30,0% nahezu identische Werte. Für die älteren Nichtsportler lässt sich im Alternsvorgang jedoch ein Rückgang auf 27,3% in Altersgruppe 2 feststellen, während man für die Kraftsportler der Altersgruppe 2 einen Anstieg auf 35,3% zu verzeichnen hat. Die Zahl derer, die mehr als zwei Infekte pro Jahr haben, liegt in jeder Sportartengruppe deutlich unter denen mit höchstens zwei Infekten pro Jahr (Tab. 51 und Abb. 91).

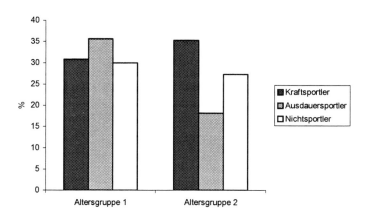

Abb. 91: Prozentuale Häufigkeit des Auftretens von Infekten bei den Probanden

Unter Allergien leiden mehr Nichtsportler als Kraft- oder Ausdauersportler. Den höchsten Wert findet man in der Altersgruppe 1 der Nichtsportler, in der 30% der Probanden das Bestehen einer Allergie angeben. Bei den über 50-jährigen Nichtsportlern sind dagegen mit 22,7% weniger von Allergien betroffen als die jüngeren Kraftsportler. Die Kraftsportler sind mit dem kleinsten Wert von 10,3% in Altersgruppe 1 zu einem Drittel weniger von Allergien geplagt als die gleich alten Nichtsportler. Mit dem Alter ist bei den Kraftsportlern ein Anstieg um 4,4% zu verzeichnen. Bei den Ausdauersportlern steigt die Anzahl der Probanden, die unter Allergien leiden, mit dem Alter von 12,5% in Altersgruppe 1 auf 14,5% in Altersgruppe 2 (Tab. 51 und Abb. 92).

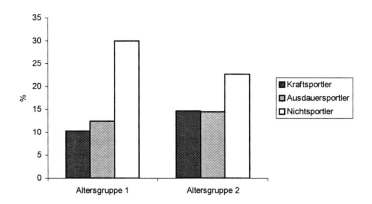

Abb. 92: Prozentuale Häufigkeit des Auftretens von Allergien bei den Probanden

Hinsichtlich der Erkrankungen des Immunsystems kann keine erhöhte Infektanfälligkeit mit zunehmendem Alter festgestellt werden. Von Allergien sind die Nichtsportler doppelt so oft betroffen wie die Kraft- oder die Ausdauersportler, jedoch ist auch hier keine altersspezifische Dynamik erkennbar. Diese Feststellung stimmt mit den Ergebnissen von ISRAEL und WEIDNER [1988] überein, bei denen die Sportler gegenüber den Nichtsportlern eindeutig im Vorteil sind. Doch wie bei ISRAEL und WEIDNER [1988] muss auch hier darauf hingewiesen werden, dass nicht eindeutig gesagt werden kann, ob es sich bei diesem Ergebnis um eine Sporteinwirkung oder um das Resultat einer Selektion handelt. Ein Einfluss des Sporttreibens auf die Allergie-inzidenz erscheint jedoch nach ISRAEL und WEIDNER [1988] weder über bewegungsinduzierte Adaptationen noch über eine sportgerechte Lebensweise wahrscheinlich.

3.4.2.3   Verletzungen des Bewegungsapparates

Die vielfältigen Verletzungsformen des Bewegungsapparates wurden in drei Kategorien unterteilt, um sinnvolle Ergebnisse bei der Auswertung zu erhalten. Es wurden chronische Beschwerden, sportbedingte Verletzungen und Verletzungen, die sich die Probanden anderweitig zugezogen haben, voneinander unterschieden.

3.4.2.3.1   *Chronische Beschwerden des Bewegungsapparates*

Bei den chronischen Beschwerden wird wie auch in den weiteren Kapiteln bezüglich Verletzungen des Bewegungsapparates zwischen folgenden Körperpartien unterschieden: Hals-, Brust- und Lendenwirbelsäule, Schulter, Ellbogen, Handgelenk, Oberschenkel, Kniegelenk, Unterschenkel, Sprunggelenk und Fuß.

In der Altersgruppe 1 geben mit 7,7% mehr Kraftsportler Beschwerden an der Halswirbelsäule an als die Nichtsportler (6,7%). Die Ausdauersportler sind mit 3,6% noch weniger betroffen. Mit zunehmendem Alter steigt die Häufigkeit bei den Ausdauersportlern auf 9,1%, bei den

Nichtsportlern auf 13,6%. Eine gegenläufige Entwicklung zeigt sich für die Kraftsportler, bei denen die Probanden der Altersgruppe 2 mit 2,9% weniger Probleme an der Halswirbelsäule haben (Tab. 52).

Tab. 52: Prozentuale Verteilung der Probanden bezüglich chronischer Beschwerden des Bewegungsapparates in der Eigenanamnese

Chronische Beschwerden	Kraftsportler				Ausdauersportler				Nichtsportler			
	AG 1 n= 39		AG 2 n= 34		AG 1 n= 56		AG 2 N= 55		AG 1 n= 30		AG 2 n= 22	
	n	%	n	%	n	%	n	%	n	%	n	%
HWS	3	7,7	1	2,9	2	3,6	5	9,1	2	6,7	3	13,6
BWS	1	2,6	0	0,0	2	3,6	3	5,5	1	3,3	0	0,0
LWS	10	25,6	10	29,4	18	32,1	20	36,4	14	46,7	8	36,4
Schulter	8	20,5	8	23,5	2	3,6	5	9,1	2	6,7	2	9,1
Ellbogen	3	7,7	0	0,0	1	1,8	1	1,8	3	10,0	0	0,0
Handgelenk	2	5,1	1	2,9	0	0,0	0	0,0	0	0,0	0	0,0
Oberschenkel	2	5,1	1	2,9	3	5,4	2	3,6	1	3,3	2	9,1
Kniegelenk	12	30,8	4	11,8	2	3,6	11	20,0	3	10,0	8	36,4
Unterschenkel	0	0,0	0	0,0	1	1,8	0	0,0	1	3,3	0	0,0
Sprunggelenk	2	5,1	1	2,9	1	1,8	3	5,5	1	3,3	0	0,0
Fuß	1	2,6	2	5,9	4	7,1	3	5,5	0	0,0	2	9,1

HWS = Halswirbelsäule   BWS = Brustwirbelsäule   LWS = Lendenwirbelsäule   n = Anzahl der Probanden

An chronischen Beschwerden der Brustwirbelsäule leidet bei den Kraft- und Nichtsportlern der Altersgruppe 1 jeweils nur ein Proband (2,6% beziehungsweise 3,3%), in der Altersgruppe 2 ist kein Proband betroffen. Bei den Ausdauersportlern geben zwei Probanden der Altersgruppe 1 und drei Probanden der Altersgruppe 2 an, unter Beschwerden zu leiden, was 3,6% beziehungsweise 5,5% entspricht und gleichzeitig für die jeweilige Altersgruppe den Spitzenwert bedeutet (Tab. 52).

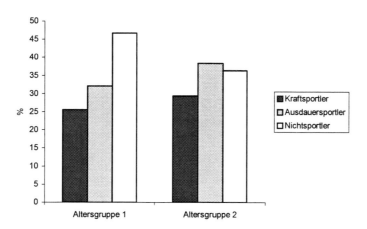

Abb. 93: Prozentuale Häufigkeit des Auftretens von chronischen LWS-Beschwerden bei den Probanden

Unter den chronischen Beschwerden an der Wirbelsäule sind diejenigen an der Lenden-wirbelsäule am häufigsten vertreten. Die mittlere Häufigkeit aller Gruppen beträgt 33,8%. Somit leidet ein Drittel der Befragten unter chronischen Beschwerden im Bereich der Lenden-wirbelsäule. Am schlimmsten betroffen sind die Nichtsportler unter 50 Jahren, bei denen mit

46,7% nahezu die Hälfte der Probanden Schmerzen der Lendenwirbelsäule zu beklagen hat. In Altersgruppe 2 ist im Vergleich dazu ein Rückgang auf 36,4% zu verzeichnen. Bei den Ausdauersportlern kann hingegen im Alternsvorgang ein Anstieg von 32,1% in Altersgruppe 1 auf 36,4% in Altersgruppe 2 festgestellt werden. Die Kraftsportler haben in beiden Altersgruppen die jeweils geringsten Werte, wobei sie mit 25,6% und 29,4% auch noch in Altersgruppe 2 unter den Werten der jüngeren Gruppen der Ausdauer- und Nichtsportler liegen (Tab. 52 und Abb. 93).

Unter chronischen Schulterbeschwerden leiden vor allem die Kraftsportler. In Altersgruppe 1 beträgt der Anteil 20,5%, in Altersgruppe 2 steigt er auf 23,5%. Obwohl in allen Probandengruppen mit zunehmendem Alter ein Anstieg der Probanden mit chronischen Beschwerden zu verzeichnen ist, weisen die Kraftsportler der Altersgruppe 1 einen fast doppelt so hohen prozentualen Anteil auf wie die Ausdauer- und die Nichtsportler der Altersgruppe 2. Bei den Ausdauersportlern steigen die Werte mit zunehmendem Alter von 3,6% auf 9,1%, bei den Nichtsportlern von 6,7% auf 9,1% (Tab. 52 und Abb. 94).

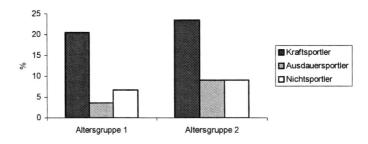

Abb. 94: Prozentuale Häufigkeit des Auftretens von chronischen Schulterbeschwerden bei den Probanden

Chronische Beschwerden am Ellbogen bestehen im Vergleich zur Schulter recht wenige. Der höchste Prozentsatz findet sich mit 10% in der Altersgruppe 1 der Nichtsportler, während die ältere Gruppe hier gar keine Beschwerden angibt. Ähnlich verhält es sich bei den Kraftsportlern. In Altersgruppe 1 leiden drei Probanden (7,7%) unter Ellbogenproblemen, in Altersgruppe 2 keiner. Bei den Ausdauersportlern ändert sich die Häufigkeit des Auftretens von chronischen Ellbogenbeschwerden nicht. In beiden Altersgruppen handelt es sich jeweils nur um einen Probanden (1,8%) (Tab. 52).

Beschwerden im Handgelenk weisen nur die Kraftsportler auf. Der Anteil verringert sich von 5,1% in Altersgruppe 1 auf 2,9% in Altersgruppe 2. Alle anderen Gruppen sind frei von chronischen Beschwerden des Handgelenks (Tab. 52).

In Bezug auf Beschwerden am Oberschenkel gibt es keine Gruppe, deren Werte sich entscheidend von denen der anderen abheben. Der Vergleich der Altersgruppen lässt keine eindeutige Tendenz erkennen. Während bei den Kraft- und den Ausdauersportlern die Werte der Altersgruppe 2 unter denen der Altersgruppe 1 liegen, ist bei den Nichtsportlern das Gegenteil der Fall. Bei den Kraftsportlern beträgt der Anteil der Probanden mit chronischen Beschwerden 5,1% in Altersgruppe 1 und 2,9% in Altersgruppe 2. Bei den Ausdauersportlern liegen die Werte bei 5,4% in Altersgruppe 1 und 3,6% in Altersgruppe 2. Die Nichtsportler weisen mit 3,3% den geringsten Wert in Altersgruppe 1 und mit 9,1% in Altersgruppe 2 den höchsten Wert auf (Tab. 52).

Chronische Beschwerden am Kniegelenk treten bei den Pobanden häufig auf. Immerhin geben insgesamt 17% der Befragten an, dass sie in irgendeiner Form dauerhafte Schmerzen oder Funktionseinbußen am Knie haben. Der höchste Prozentanteil findet sich in der Altersgruppe 2 der Nichtsportler. Diese sind zu 36,4% betroffen, während die jüngere Gruppe nur zu 10,0% an chronischen Beschwerden am Knie leidet. Der zweitgrößte Wert überhaupt und der höchste Wert in Altersgruppe 1 ist für die jüngeren Kraftsportler zu verzeichnen; mit 30,8% ist fast jeder Dritte betroffen. Jedoch verringert sich bei den Kraftsportlern der Wert mit zunehmendem Lebensalter bedeutend. In Altersgruppe 2 der Kraftsportler sind nur noch 11,8% von Knieproblemen betroffen, das entspricht dem geringsten Wert in dieser Altersgruppe. Bei den Ausdauersportlern geben nur 3,6% der Altersgruppe 1 Beschwerden an, in der Altersgruppe 2 sind es 16,4% mehr, also 20,0% (Tab. 52 und Abb. 95).

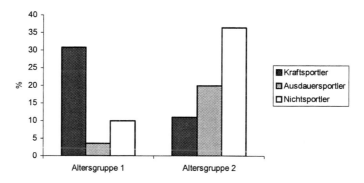

Abb. 95: Prozentuale Häufigkeit des Auftretens chronischer Kniebeschwerden
bei den Probanden

Von chronischen Beschwerden des Unterschenkels scheinen die Probanden nicht betroffen zu sein. So gibt es jeweils nur eine Angabe in der Altersgruppe 1 der Ausdauer- und der Nichtsportler (1,8% beziehungsweise 3,3%) (Tab. 52).

Bei den Ausdauersportlern steigt die relative Häufigkeit der Sprunggelenkverletzungen von Altersgruppe 1 zu Altersgruppe 2 von 1,8% auf 5,5% an. Bei den anderen beiden Gruppen lässt sich im Alternsverlauf ein Rückgang beobachten. Die jüngeren Kraftsportler leiden zu 5,1% an chronischen Beschwerden, die ältere Gruppe nur noch zu 2,9%. Von den Nichtsportlern ist überhaupt nur ein Proband (3,3%) der Altersgruppe 1 betroffen.

Auch hinsichtlich der Fußverletzungen gibt es keine eindeutige Altersentwicklung. Der Wert der Kraftsportler steigert sich von 2,6% in der Gruppe der unter 50-Jährigen auf 5,6% in der älteren Gruppe. Für die Altersgruppe 1 lässt sich bei den Ausdauersportlern mit 7,7% der höchste Wert finden, hier wird jedoch zur Altersgruppe 2 ein Rückgang auf 5,5% aus der Untersuchung ersichtlich. Die Nichtsportler weisen für die Altersgruppe 2 mit 9,1% den höchsten Prozentsatz auf, sind jedoch in der jüngeren Gruppe gar nicht betroffen (Tab. 52).

In Bezug auf die chronischen Beschwerden des Bewegungsapparates lässt sich feststellen, dass der Bereich der Lendenwirbelsäule der am häufigsten belastete Teil des Bewegungsapparates ist. Insbesondere die Nichtsportler sind davon betroffen. Die Kraftsportler, die während des Trainings sehr viel mit Gewichten arbeiten und ihre Wirbelsäule dadurch sehr belasten, zeigen vergleichsweise wenig Beschwerden, sogar weniger als die Ausdauersportler. Dies lässt sich eigentlich nur durch die bei den Kraftsportlern besonders gut ausgebildete Rumpfmuskulatur und die besondere Bedeutung der technischen Fertigkeiten erklären, die die hohe Belastung der Wirbelsäule erst möglich machen.

Die Entwicklung der chronischen Kniebeschwerden zeigt bei den Ausdauer- und Nichtsportlern im Alternsvorgang einen deutlichen Anstieg. Die Kraftsportler, die sicherlich ihre Kniegelenke am stärksten beanspruchen, weisen jedoch einen starken Rückgang von Altersgruppe 1 zu Altersgruppe 2 auf. Eine Deutung scheint nur insofern möglich zu sein, als dass die Kraftsportler schon früh von Verschleißerscheinungen des Kniegelenkes betroffen sind und aus diesem Grund ihren Sport irgendwann aufgeben müssen.

3.4.2.3.2 Sportbedingte Verletzungen des Bewegungsapparates

Bei den sportbedingten Verletzungen des Bewegungsapparates wird zwischen folgenden Körperpartien unterschieden: Hals-, Brust-, Lendenwirbelsäule, Schulter, Ellbogen, Handgelenk, Oberschenkel, Kniegelenk, Unterschenkel, Sprunggelenk und Fuß (Tab. 53).

Tab. 53: Prozentuale Verteilung der Probanden bzgl. sportbedingter Verletzungen des Bewegungsapparates in der Eigenanamnese[*]

Sportbedingte Beschwerden	Kraftsportler				Ausdauersportler				Nichtsportler*			
	AG 1 n=39		AG 2 n=34		AG 1 n=56		AG 2 n=55		AG 1 n=30		AG 2 n=22	
	n	%	n	%	n	%	n	%	n	%	n	%
HWS	1	2,6	1	2,9	0	0,0	1	1,8	0	0,0	0	0,0
BWS	0	0,0	1	2,9	2	3,6	0	0,0	0	0,0	0	0,0
LWS	2	5,1	1	2,9	0	0,0	2	3,6	0	0,0	0	0,0
Schulter	9	23,1	4	11,8	5	8,9	5	9,1	3	10,0	1	4,5
Ellbogen	2	5,1	2	5,9	2	3,6	0	0,0	0	0,0	0	0,0
Handgelenk	2	5,1	2	5,9	4	7,1	2	3,6	4	13,3	1	4,5
Oberschenkel	7	17,9	5	14,7	7	12,5	5	9,1	1	3,3	1	4,5
Kniegelenk	13	33,3	9	26,5	9	16,1	8	14,5	4	13,3	1	4,5
Unterschenkel	4	10,3	2	5,9	7	12,5	2	3,6	2	6,7	0	0,0
Sprunggelenk	7	17,9	3	8,8	7	12,5	3	5,5	3	10,0	3	13,6
Fuß	0	0,0	3	8,8	4	7,1	2	3,6	1	3,3	0	0,0

HWS = Halswirbelsäule   BWS = Brustwirbelsäule   LWS = Lendenwirbelsäule   n = Anzahl der Probanden

Halswirbelsäule

Sportbedingte Verletzungen finden sich in der Untersuchungsstichprobe kaum. Nur jeweils ein Proband der jüngeren und älteren Kraftsportler und einer aus der Altersgruppe 2 der Ausdauersportler haben eine solche Verletzung erfahren. Nichtsportler sind nicht betroffen (Tab. 53).

Brustwirbelsäule

Auch hier geben die Probanden insgesamt nur drei Verletzungen an, die auf den Sport zurückzuführen sind. Verletzt haben sich ein Kraftsportler der Altersgruppe 2 und zwei Ausdauersportler der Altersgruppe 1. Wiederum blieben die Nichtsportler vor diesen Verletzungen verschont (Tab. 53).

---

[*] In der Eigenanamnese haben einige wenige Probanden aus der Gruppe der Nichtsportler zur Frage sportbedingter Verletzungen des Bewegungsapparates positive Angaben gemacht. Hierbei handelt es sich um Verletzungen, die teilweise mehr als 30 Jahre zurückliegen oder um Verletzungen, die beim versuchten Einstieg in eine Sportart aufgetreten sind.

Lendenwirbelsäule

Mit fünf Angaben ist dieser Bereich der Wirbelsäule im Prinzip genauso wenig durch Verletzungen belastet wie die anderen Teile. Noch am häufigsten scheinen die Kraftsportler betroffen, bei denen zwei Probanden der jüngeren Gruppe (5,1%) und ein Proband der Altersgruppe (2,9%) angeben, beim Sport schon einmal eine solche Verletzung erlitten zu haben. In den weiteren Gruppen finden sich nur noch bei den älteren Ausdauersportlern zwei Probanden (3,6%) (Tab. 53).

Schulter

Die Schulter ist im Vergleich zur Wirbelsäule deutlich öfter von Sportverletzungen betroffen. Den mit Abstand größten Wert findet man in der Altersgruppe 1 der Kraftsportler. Hier haben bereits 23,1% eine Verletzung an der Schulter erlitten. Bemerkenswert ist, dass die Gruppe der älteren Kraftsportler im Durchschnitt mit 11,8% weniger Verletzungen angibt. Dieser Wert ist jedoch immer noch größer als derjenige von Nicht- und Ausdauersportlern. Bei den Ausdauersportlern geben 8,9% der jüngeren und 9,1% der älteren Sportler an, sich beim Sporttreiben an der Schulter verletzt zu haben. In Altersgruppe 1 der Nichtsportler findet sich bei 10% in der Anamnese eine Schulterverletzung. Sie erlitten sogar mehr Verletzungen im Sport als die gleich alten Ausdauersportler. Für die Altersgruppe 2 sinkt der Prozentsatz auf 4,5% ab, was den niedrigsten Wert aller Gruppen bedeutet (Tab. 53 und Abb. 96).

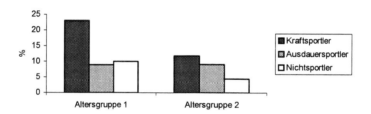

Abb. 96: Prozentuale Häufigkeit des Auftretens sportbedingter Schulterverletzungen bei den Probanden

Ellbogen

Verletzungen des Ellbogens sind in sechs Fällen festzustellen. Bei den Kraftsportlern finden sich mit 5,1% in Altersgruppe 1 und 5,9% in Altersgruppe 2 die beiden höchsten Werte. Zwei der jüngeren Ausdauersportler (3,6%) hatten ebenfalls eine Verletzung am Ellbogen. In der Altersgruppe 2 der Ausdauersportler und bei den Nichtsportlern traten keine entsprechenden Verletzungen auf (Tab. 53).

Handgelenk

Sportbedingte Verletzungen am Handgelenk werden wesentlich häufiger angegeben als chronische Beschwerden. Bemerkenswert ist, dass die Altersgruppe 1 der Nichtsportler mit 13,3% den höchsten Wert aufweist, die Altersgruppe 2 liegt mit 4,5% darunter. Auch bei den Ausdauersportlern ist der Anteil der sportbedingten Handgelenkverletzungen in Altersgruppe 2 mit 3,6% geringer als der in Altersgruppe 1 (7,1%). Bei den Kraftsportlern finden sich in Altersgruppe 1 und in Altersgruppe 2 ähnliche Werte (5,1% und 5,9%) (Tab. 53 und Abb. 97).

154

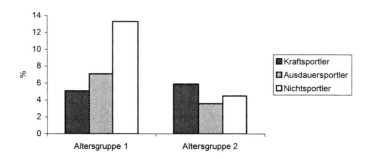

Abb. 97: Prozentuale Häufigkeit des Auftretens sportbedingter Handgelenkverletzungen bei den Probanden

Oberschenkel

Der Oberschenkel war bei den Probanden relativ häufig von Verletzungen betroffen. Die größten
Werte in beiden Altersgruppen finden sich jeweils bei den Kraftsportlern. Mit 17,9% zogen sich
die Kraftsportler unter 50 Jahren am häufigsten Verletzungen dieses Körperteils zu, in der
älteren Gruppe sind es nur noch 14,7%. Am zweithäufigsten sind jeweils die Ausdauersportler
betroffen. Auch hier lässt sich aus den Zahlen ein leichter Rückgang der Angaben im
Alternsvorgang von 12,5% in Altersgruppe 1 auf 9,1% in Altersgruppe 2 feststellen. Bei den
Nichtsportlern hatte sowohl in Altersgruppe 1 als auch in Altersgruppe 2 jeweils nur ein Proband
eine Verletzung am Oberschenkel (3,3% beziehungsweise 4,5%) (Tab. 53 und Abb. 98).

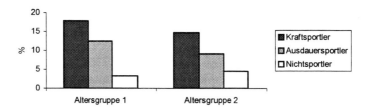

Abb. 98: Prozentuale Häufigkeit des Auftretens sportbedingter Oberschenkel-
Verletzungen bei den Probanden

Kniegelenk

Wie schon bei den chronischen Beschwerden sind auch die sportbedingten Knieverletzungen
unter den Probanden sehr stark vertreten. Den höchsten Prozentsatz gibt es bei den jüngeren
Kraftsportlern (33,3%), bei denen jeder dritte bereits eine Knieverletzung erlitten hat. Der
Rückgang im Alternsvorgang ändert nichts daran, dass 26,5% in Altersgruppe 2 den höchsten
Wert dieser Altersgruppe darstellt. Bei den Ausdauersportlern unterscheiden sich die Werte der
Altersgruppe 1 und der Altersgruppe 2 mit 16,1% beziehungsweise 14,5% nur geringfügig
voneinander. Bei den Nichtsportlern ist dem entgegen ein deutlicher Rückgang mit
zunehmendem Alter zu verzeichnen. Gaben in Altersgruppe 1 13,3% der Probanden an, eine
sportbedingte Knieverletzung erlitten zu haben, sind es in Altersgruppe 2 nur noch 4,5% (Tab.
53 und Abb. 99).

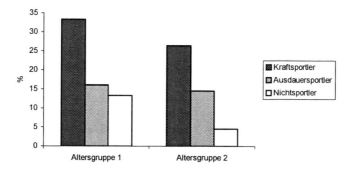

Abb. 99: Prozentuale Häufigkeit des Auftretens sportbedingter Knieverletzungen
bei den Probanden

Unterschenkel

In allen drei untersuchten Gruppen werden mit steigendem Alter der Probanden weniger
Unterschenkelverletzungen angegeben. Das Maximum in der Gruppe der unter 50-Jährigen zeigt
sich bei den Ausdauersportlern, bei denen 12,5% verletzt waren. Geringfügig darunter liegt der
Wert der Kraftsportler (10,3%). Die Nichtsportler sind mit 6,7% am wenigsten betroffen und
beklagen in der Altersgruppe 2 gar keine Verletzungen. Der höchste Wert liegt hier bei den
Kraftsportlern, die mit 5,9% jedoch ähnlich wenige Verletzungen aufweisen wie die
Ausdauersportler mit 3,6% (Tab. 53 und Abb. 100).

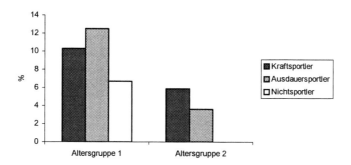

Abb. 100: Prozentuale Häufigkeit des Auftretens sportbedingter Unterschenkelverletzungen bei den Probanden

Sprunggelenk

Sowohl bei den Kraftsportlern als auch bei den Ausdauersportlern gibt die ältere Gruppe in der
Anamnese jeweils weniger Verletzungen des Sprunggelenks an als die jüngere; bei den
Nichtsportlern verhält es sich umgekehrt. Der höchste Prozentsatz der Altersgruppe 1 findet sich
bei den Kraftsportlern, die mit 17,9% etwa fünf Prozent über den Ausdauersportlern (12,5%)
liegen. Auch die Nichtsportler haben sich zu 10,0% schon einmal eine Verletzung des
Sprunggelenkes zugezogen. In Altersgruppe 2 stellt der Anteil der Nichtsportler von 13,6% den
Spitzenwert dar. Bei den Kraftsportlern und den Ausdauersportlern sind mit 8,8%
beziehungsweise 5,5% in der Altersgruppe 2 fast halb so viele Probanden von Verletzungen
betroffen wie in Altersgruppe 1 (Tab. 53 und Abb. 101).

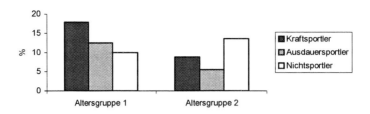

Abb. 101: Prozentuale Häufigkeit des Auftretens sportbedingter Sprunggelenkverletzungen bei den Probanden

Fuß

Sportbedingte Verletzungen am Fuß finden sich in Altersgruppe 1 am häufigsten bei den
Ausdauersportlern (7,1%). Die Nichtsportler sind kaum (3,3%), die Kraftsportler überhaupt nicht
belastet. Bei den Kraftsportlern steigt der Wert in Bezug auf die ältere Gruppe auf 8,8%. Dies
bedeutet den maximalen Wert vor den Ausdauersportlern, die in dieser Gruppe nur noch zu 3,6%
eine Verletzung erlitten haben. Die älteren Nichtsportler sind nicht betroffen (Tab. 53).

3.4.2.3.3 Nicht sportbedingte Verletzungen

Tab. 54: Prozentuale Verteilung der Probanden bzgl. der nicht sportbedingten Verletzungen des
Bewegungsapparates in der Eigenanamnese

Nicht sportbedingte Verletzungen	Kraftsportler				Ausdauersportler				Nichtsportler			
	AG 1 n= 39		AG 2 n= 34		AG 1 n= 56		AG 2 n= 55		AG 1 n= 30		AG 2 n= 22	
	n	%	n	%	n	%	n	%	n	%	n	%
HWS	0	0,0	0	0,0	1	1,8	1	1,8	0	0,0	1	4,5
BWS	2	5,1	0	0,0	3	5,4	3	5,5	0	0,0	1	4,5
LWS	1	2,6	0	0,0	0	0,0	0	0,0	1	3,3	3	13,6
Schulter	2	5,1	2	5,9	0	0,0	1	1,8	3	10,0	2	9,1
Ellbogen	0	0,0	1	2,9	2	3,6	3	5,5	1	3,3	1	4,5
Handgelenk	1	2,6	4	1,8	4	7,1	1	1,8	2	6,7	3	13,6
Oberschenkel	1	2,6	0	0,0	1	1,8	0	0,0	0	0,0	0	0,0
Kniegelenk	2	5,1	3	8,8	2	3,6	0	0,0	2	6,7	3	13,6
Unterschenkel	0	0,0	4	11,8	4	7,1	2	3,6	0	0,0	0	0,0
Sprunggelenk	2	5,1	3	8,8	0	0,0	0	0,0	2	6,7	0	0,0
Fuß	0	0,0	0	0,0	2	3,6	3	5,5	0	0,0	2	9,1

HWS = Halswirbelsäule   BWS = Brustwirbelsäule   LWS = Lendenwirbelsäule   n = Anzahl der Probanden

Nicht sportbedingte Verletzungen der Halswirbelsäule sind bei den untersuchten Probanden sehr
selten. Kein Kraftsportler hat in dieser Kategorie eine Angabe gemacht. Bei den Ausdauersportlern gibt es pro Altersgruppe jeweils einen Fall (je 1,8%), bei den Nichtsportlern ist nur ein
Proband der älteren Gruppe (4,5%) betroffen (Tab. 54).

Die Spitzenwerte im Vergleich der Altersgruppen bezüglich der Verletzungen der Brustwirbelsäule erreichen jeweils die Ausdauersportler mit 5,4% in Altersgruppe 1 und 5,5% in Altersgruppe 2. Bei den Kraftsportlern finden sich bei 5,1% der Altersgruppe 1 Verletzungen, während
für die ältere Gruppe kein Fall verzeichnet wurde. Keiner der jüngeren Nichtsportler gab eine

Verletzung der Brustwirbelsäule an, bei den älteren machte ein Proband eine Angabe (4,5%) (Tab. 54).

Wie die anderen Bereiche der Wirbelsäule ist auch die Lendenwirbelsäule der Untersuchungsteilnehmer nur selten Opfer direkter Verletzungen. Eine Ausnahme findet sich nur in der Altersgruppe 2 der Nichtsportler, wo zu 13,6% eine Verletzung angegeben wird. Aber auch hier ist der Wert für die Altersgruppe 1 gering (3,3%). Die Ausdauersportler geben weder in Altersgruppe 1 noch in Altersgruppe 2 Verletzungen an, bei den Kraftsportlern hat es lediglich in der jüngeren Gruppe eine Verletzung (2,6%) gegeben (Tab. 54).

Bei den Verletzungen der Schulter findet sich das Maximum der beiden Gruppen bei den Nichtsportlern (10,0% und 9,1%). Den zweithöchsten Prozentsatz erreichen jeweils die Kraftsportler, die zu 5,1% in Altersgruppe 1 und 5,9% in Altersgruppe 2 betroffen sind. Bei den Ausdauersportlern gab es nur eine nicht durch Sport bedingte Verletzung in der Gruppe der älteren Sportler (1,8%). Eine Veränderung der Häufigkeiten mit dem Alter lässt sich nicht erkennen (Tab. 54).

Die Werte der Verletzungen des Ellbogens nehmen mit steigendem Alter jeweils geringfügig zu. An erster Stelle bei diesen Verletzungen stehen erstaunlicherweise die Ausdauersportler mit 3,6% in Altersgruppe 1 und 5,5% in Altersgruppe 2, gefolgt von den Nichtsportlern, die mit 3,3% in Altersgruppe 1 und 4,5% in Altersgruppe 2 betroffen waren. Bei den Kraftsportlern traten in der jüngeren Gruppe keine und in der älteren Gruppe lediglich eine Verletzung (2,9%) auf (Tab. 54).

Den höchsten Wert bei den Handgelenkverletzungen der Altersgruppe 1 wiesen die Ausdauersportler mit 7,1% auf. In Altersgruppe 2 betrug die Häufigkeit nur noch 1,8%. Bei den anderen Probandengruppen wurden bei den älteren Sportlern mehr Verletzungen angegeben als bei den jüngeren. Bei den Kraftsportlern sank der Anteil der Probanden mit Handgelenkverletzungen von 2,6% in Altersgruppe 1 auf 1,8% in Altersgruppe 2. Die verhältnismäßig meisten Verletzungen dieser Art hatten die älteren Nichtsportler (13,6%), die doppelt so viele Verletzungen angaben wie die jüngeren (6,7%) (Tab. 54 und Abb. 102).

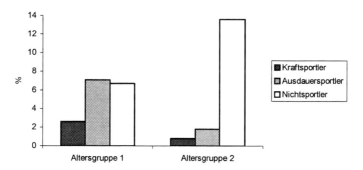

Abb. 102: Prozentuale Häufigkeit des Auftretens nicht sportbedingter Handgelenkverletzungen bei den Probanden

Hinsichtlich der Verletzungen am Oberschenkel finden sich nur zwei Angaben. Der Versuch einer Auswertung wird deshalb nicht unternommen.

Im Gegensatz zu chronischen Beschwerden und sportbedingten Verletzungen war das Kniegelenk von nicht sportbedingten Verletzungen weniger betroffen. Die Nichtsportler wiesen dabei die höchsten Werte auf. Zwischen der jüngeren und der älteren Gruppe kommt es zu einer

Verdoppelung der Verletztenzahlen von 6,7% in Altersgruppe 1 auf 13,6% in Altersgruppe 2. Auch bei den Ausdauersportlern gibt die Altersgruppe 2 mehr Verletzungen an (8,8%) als die Altersgruppe 1 (5,1%). Beide Werte sind jeweils die zweitgrößten Prozentsätze der jeweiligen Altersgruppe. Am wenigsten Verletzungen beklagen die Ausdauersportler, die in der Gruppe der unter 50-Jährigen zu 3,6% verletzt waren und in der Altersgruppe darüber keine Verletzungen mehr angeben (Tab. 54).

Während bei den Ausdauersportlern in Bezug auf Unterschenkelverletzungen die Werte für die Altersgruppe 2 (3,6%) kleiner sind als die der Altersgruppe 1 (7,1%), stellen die Kraftsportler durch eine Erhöhung der Werte von 0% bei den Jüngeren auf 11,8% in der Altersgruppe 2 die meisten Verletzten bei den älteren Probanden. Bei den Nichtsportlern traten keine Verletzungen auf (Tab. 54).

Von keinem Ausdauersportler wird in der Anamnese eine Sprunggelenkverletzung angegeben, die er sich außerhalb des Sports zugezogen hat. Der höchste Wert im Bereich der Jüngeren ergibt sich mit 6,7% bei den Nichtsportlern, bei denen aber in Altersgruppe 2 ebenfalls keine Angabe mehr erfolgte. Die Kraftsportler der Altersgruppe 2 sind mehr betroffen als die jüngeren Sportler (8,8% zu 5,1%) (Tab. 54).

Verletzungen am Fuß gibt es unter den Teilnehmern der Untersuchung selten. Kraftsportler gaben keine Verletzungen an. Bei den anderen Gruppen wurde jeweils für die ältere Gruppe eine größere prozentuale Häufigkeit ermittelt. Die Nichtsportler sind in Altersgruppe 1 gar nicht, in Altersgruppe 2 zu 9,1% betroffen gewesen. Werte von 3,6% in Altersgruppe 1 und 5,5% in Altersgruppe 2 ergaben sich für die Ausdauersportler (Tab. 54).

Bei sonstigen Verletzungen gibt es keine großen Abweichungen zwischen den Probanden-gruppen. Jedoch ist eine Tendenz dahingehend zu erkennen, dass die Nichtsportler etwas häufiger betroffen sind. So haben sie an Lendenwirbelsäule, Schulter, Hand- und Kniegelenk häufiger Verletzungen erlitten als die Sportler. Ein Versuch der Interpretation dieser Ergebnisse soll innerhalb dieser Arbeit aber nicht erfolgen, da die Unterschiede nicht groß genug sind, so dass hier nur Spekulationen angestellt werden könnten.

Im Bereich des Bewegungsapparates ergibt sich für die Nichtsportler kein entscheidender Vorteil gegenüber den Sportlern. Zwar erleiden sie weniger Sportverletzungen als die Sportler, sind aber häufiger von nicht sportbedingten Unfällen und Rückenbeschwerden, speziell der Lendenwirbel-säule, betroffen. Überschlägt man die gesamten Parameter des Bewegungsapparates, so deutet sich tendenziell an, dass die Ausdauersportler sogar weniger von chronischen Beschwerden und Verletzungen betroffen sind als die Nichtsportler. Die Auswertung der Anamnese stützt also eher die Ansicht, dass sich Sport, insbesondere Ausdauersport, positiv auf den Gesundheitszustand auswirkt. Die Meinung, Sport würde seinen eventuell präventiven Charakter auf chronische Erkrankungen dadurch einbüßen, dass er vermehrt Verletzungen des Bewegungsapparates verursacht, kann, zumindest für die Ausdauersportler dieser Untersuchung, verworfen werden. Die Kraftsportler schneiden gerade durch die größere Häufigkeit von Verletzungen des Knie-gelenks und der Schulter und den daraus resultierenden chronischen Beschwerden etwas schlechter ab. Teilweise kompensiert wird diese Tatsache vom positiven Einfluss des Krafttrainings auf die Wirbelsäule.

3.4.2.4 Berufsanamnese

Bei der Berufsanamnese ist von Interesse, ob die Probanden Schichtarbeit verrichten und ob eine körperliche Belastung während der Arbeit erfolgt.

Tab. 55: Prozentuale Verteilung der Probanden bezüglich der Berufsanamnese

Schichtdienst	Kraftsportler				Ausdauersportler				Nichtsportler			
	AG 1 n= 39		AG 2 n= 34		AG 1 n= 56		AG 2 n= 55		AG 1 n= 30		AG 2 n= 22	
	n	%	N	%	n	%	n	%	n	%	n	%
Schichtdienst insg.	3	7,7	6	17,6	6	10,7	4	7,3	3	10,0	2	9,1
2 Schichten	2	5,1	1	2,9	2	3,6	3	5,5	2	6,7	1	4,5
3 Schichten	1	2,6	5	14,7	4	7,1	1	1,8	1	3,3	1	4,5
körperliche Belastung	3	7,7	3	8,8	6	10,7	5	9,1	2	6,7	2	9,1

n = Anzahl Probanden, AG = Altersgruppe

Arbeiten im Schichtdienst wird in der Altersgruppe 1 am häufigsten von den Ausdauersportlern (10,7%) angegeben, gefolgt von den Nichtsportlern (10,0%) und den Kraftsportlern (7,7%). Bei den älteren Gruppen ist der Spitzenwert bei den Kraftsportlern zu finden, bei denen 17,6% im Schichtdienst arbeiten. Bei Ausdauer- und Nichtsportlern sind weniger Probanden im Schichtdienst beschäftigt (7,3% und 9,1%). In der Gruppe der älteren Kraftsportler arbeiten nicht nur die meisten Probanden im Schichtdienst, sondern mit 14,7% auch die meisten in drei Schichten. Auch von den jüngeren Ausdauersportlern arbeiten noch 7,1% im Schichtdienst mit drei Schichten. Bei den anderen Gruppen ist die Verteilung zwischen dem Dienst in drei Schichten und dem in zwei Schichten relativ ausgeglichen (Tab. 55).

Über 90% der Probanden sind bei der Berufsausübung einer geringen körperlichen Belastung ausgesetzt. Der höchste Prozentsatz erscheint bei den jüngeren Ausdauersportlern, von denen 10,7% einer körperlich belastenden Arbeit nachgehen. Dieser Wert wird auch von der älteren Gruppe (9,1%) annähernd erreicht. Bei den anderen beiden Sportgruppen zeigt sich bei der älteren Gruppe jeweils der größere Anteil an körperlicher Belastung bei der Berufsausübung (8,8% bei den Kraft-, 9,1% bei den Nichtsportlern). Die Werte der Altersgruppe 1 liegen aber mit 7,7% und 6,7% nicht weit unter diesen Häufigkeiten (Tab. 55).

Die Berufsanamnese hat zwischen den einzelnen Probandengruppen keine großen Unterschiede ergeben. Bis auf die älteren Kraftsportler, die etwas öfter im Schichtdienst arbeiten, hält sich der Anteil der Schichtarbeiter in allen anderen Gruppen bei zehn Prozent. Hier ergeben sich bezüglich dieses Risikofaktors die gleichen Ausgangsbedingungen für alle Probandengruppen. Da auch die Frage nach körperlicher Belastung von allen ähnlich beantwortet wird, kann man bei den Gruppen in Bezug auf diese Parameter von einer gleichen Basis ausgehen. Wie anstrengend der Beruf der einzelnen Probanden dabei wirklich ist und wie viel Stress sie bewältigen, ist damit freilich noch nicht gesagt.

3.4.2.5   Medikamentenanamnese

Bei allen drei Gruppen steigt mit dem Alter der Probanden die Anzahl derer, die in der Anamnese die Einnahme von Medikamenten angeben. So lässt sich für die Altersgruppe 1 insgesamt ein Wert von 11,4% errechnen, während in Altersgruppe 2 mit 36,5% jeder dritte Proband Medikamente einnimmt, was einer Verdreifachung entspricht (Tab. 56).

Tab. 56: Prozentuale Verteilung der Probanden bezüglich der Medikamentenanamnese

Medikamenten-einnahme	Kraftsportler				Ausdauersportler				Nichtsportler			
	AG 1 n= 39		AG 2 n= 34		AG 1 n= 56		AG 2 n= 55		AG 1 n= 30		AG 2 n= 22	
	n	%	n	%	n	%	n	%	n	%	n	%
Medikamente	4	10,3	10	29,4	4	7,1	14	25,5	5	16,7	12	54,5

n = Anzahl Probanden, AG = Altersgruppe

In beiden Altersgruppen finden sich unter den Nichtsportlern die meisten Probanden, die regelmäßig Medikamente einnehmen. Schon in der Altersgruppe 1 liegen die Nichtsportler mit 16,7% weit über den Kraftsportlern (10,3%) und mehr als das Doppelte über den Ausdauersportlern (7,1%). In der Altersgruppe 2 entwickeln sich die Zahlen sehr zu Ungunsten der Nichtsportler. Über die Hälfte der Probanden nimmt hier regelmäßig Medikamente ein (54,5%). Auch für die Kraft- und Ausdauersportler in der Altersgruppe 2 steigt der Medikamentenkonsum deutlich an, beträgt aber mit 29,4% bzw. 25,5% wesentlich weniger als bei den Nichtsportlern. Die Ausdauersportler weisen in beiden Altersgruppen die geringsten Werte auf (Tab. 56 und Abb. 103).

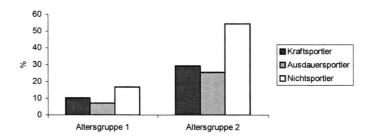

Abb. 103: Prozentuale Häufigkeit der Probanden mit Medikamenteneinnahme

Die Auswertung der Medikamentenanamnese liefert eindeutige Unterschiede im Alternsvorgang und zwischen den untersuchten Gruppen. Medikamente werden von den älteren Gruppen dreimal so oft eingenommen wie von den unter 50-Jährigen. An der Spitze der Medikamentenkonsumenten stehen jeweils die Nichtsportler. Besonders in Altersgruppe 2 ist der Unterschied zwischen Aktiven und Nichtsportlern deutlich zu sehen. Zwischen Ausdauer- und Kraftsportlern besteht jeweils nur ein geringer Unterschied, wobei die Ausdauersportler etwas günstiger abschneiden. Die Daten bestätigen die Ergebnisse der „Züricher Alterssportstudie" von BIENER [1986], der ebenfalls bei den sportlich Aktiven einen geringeren Medikamentenkonsum registrierte. Das Probandenkollektiv des Altensportzentrums „Sport für betagte Bürger" Mönchengladbach [DIEM, 1989] gibt dagegen zu 76% die Einnahme von Medikamenten an. Hier sind die Teilnehmer im Durchschnitt 67 Jahre alt, also deutlich älter als in der vorliegenden Arbeit. Ein Vergleich der Werte von BIENER beziehungsweise unserer Werte mit den Werten von DIEM ist wegen der unterschiedlichen Altersangaben nicht möglich.

3.4.2.6 Genussmittelanamnese

Bei der Genussmittelanamnese sind der Nikotin- und der Alkoholkonsum der Probanden von Interesse. Bezüglich des Rauchens werden ehemalige Raucher, Nichtraucher und derzeitige Raucher unterschieden.

Tab. 57: Prozentuale Verteilung der Probanden bezüglich der Genussmittelanamnese

Genussmittel-konsum	Kraftsportler				Ausdauersportler				Nichtsportler			
	AG 1 n= 39		AG 2 n= 34		AG 1 n= 56		AG 2 n= 55		AG 1 n= 30		AG 2 n= 22	
	n	%	n	%	n	%	n	%	n	%	n	%
ehemalige Raucher	11	28,2	5	14,7	9	16,1	12	21,8	6	20,0	10	45,5
Nieraucher	35	89,7	32	94,1	51	91,1	50	90,9	17	56,7	17	77,3
Raucher aktuell	4	10,3	2	5,9	5	8,9	5	9,1	13	43,3	5	22,7
1 bis 15 Zig./Tag	2	5,1	1	2,9	2	3,6	5	9,1	3	10,0	2	9,1
über 15 Zig./Tag	2	5,1	1	2,9	3	5,4	0	0,0	10	33,3	3	13,6
Alkohol*	21	53,8	9	26,5	18	32,1	23	41,8	14	46,7	8	36,4

n = Anzahl Probanden, AG = Altersgruppe, * = mind. 0,4 l Bier oder 0,25 l Wein täglich (= 20 g Alkohol / Tag), Grenzwert gemäß der Einteilung des Robert-Koch-Instituts: a) „abstinent" = kein Alkohol in den letzten 12 Monaten, b) „tolerabel" = für Männer max. 20 g Alkohol / Tag, c) „Alkoholkonsum über Grenzwert" (Lademann [2005])

Die meisten aktiven Raucher finden sich bei dieser Untersuchung bei den jüngeren Nichtsportlern. 43,3% der Befragten geben an zu rauchen, 76,9% davon sogar über 15 Zigaretten pro Tag. Die Probanden der Altersgruppe 2 rauchen zwar wesentlich weniger (22,7%), sind aber unter den Älteren immer noch diejenigen, die am häufigsten zur Zigarette greifen. Nur bei den jüngeren Kraftsportlern rauchen mit 10,3% noch mehr als 10% der Probanden. Ein Rückgang lässt sich hier im Altersgang verzeichnen auf 5,9%. Bei den Ausdauersportlern bleiben die Zahlen in etwa konstant. In der Altersgruppe 1 ergibt sich ein Anteil der Raucher von 8,9%, der praktisch auch in der älteren Gruppe (9,1%) besteht (Tab. 57 und Abb. 104).

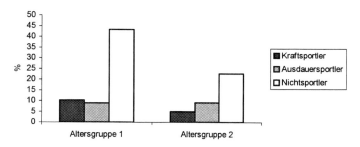

Abb. 104: Prozentuale Häufigkeit der Raucher bei den Probanden

Die Zahl der ehemaligen Raucher scheint in der zweiten Altersgruppe größer zu sein. Auf jeden Fall gilt diese Feststellung für die Ausdauer- und Nichtsportler. Bei den Nichtsportlern sind in der Altersgruppe 1 nur 20,0% ehemalige Raucher, bei den älteren sind es 45,5%. Für die Ausdauersportler lässt sich ebenfalls ein Anstieg von 16,1% in Altersgruppe 1 auf 21,8% in Altersgruppe 2 erkennen. Unterschiedlich ist die Anamnese bei den Kraftsportlern. Schon in der Altersgruppe 1 gibt es 28,2% ehemalige Raucher. Während die Altersgruppe 2 nur 14,7% Probanden enthält, die das Rauchen aufgegeben haben.

Interessant ist die Frage nach dem berechneten Anteil der Probanden, die nie geraucht haben. Dieser Anteil ist für die beiden Sportartengruppen jeweils größer als bei den Nichtsportlern. Bei den jüngeren Kraftsportlern haben 61,5% und bei den älteren 79,4% der Probanden nie geraucht.

Bei den Ausdauersportlern lassen sich Werte von 75% in Altersgruppe 1 und 69,1% in Altersgruppe 2 berechnen und bei den Nichtsportlern finden sich nur noch 36,6% der jüngeren und 31,8% der älteren Untersuchungsteilnehmer, die nie geraucht haben.

Die größten Alkoholkonsumenten (mind. 0,4 l Bier oder 0,25 l Wein täglich) dieser Untersuchung waren die jüngeren Kraftsportler (53,8%). Allerdings nimmt der Anteil bei ihren älteren Sportkameraden deutlich ab (26,5%), was gleichzeitig den niedrigsten Wert überhaupt darstellt. Mit 46,7% steht die Altersgruppe 1 der Nichtsportler den Kraftsportlern nicht wenig nach. Der kleinste Wert (32,1%) wird für die Ausdauersportler der Altersgruppe 1 notiert, die jedoch in Altersgruppe 2 mit 41,8% den größten Prozentsatz liefern. Mit einem Wert von 36,4% liegen die Nichtsportler der Altersgruppe 2 im Durchschnitt.

Ein bewiesenermaßen gewichtiger Auslöser für verschiedene Krankheiten, wie die koronare Herzkrankheit und Krebs, ist der Nikotinkonsum. In diesem Bereich lassen sich deutliche Abweichungen der einzelnen Gruppen ermitteln. Die Sportler leben hier deutlich gesünder als die Nichtsportler. Fasst man die beiden Altersgruppen zusammen, so rauchen 34,6% der Nichtsportler. Von den beiden Sportgruppen rauchen jeweils unter zehn Prozent. Außerdem werden von den Nichtsportlern erheblich mehr Zigaretten geraucht. Im Alterungsprozess geht die Anzahl der Raucher zurück. Der stärkste Rückgang zeigt sich bei den Nichtsportlern, was bei 43,3% Rauchern in Altersgruppe 1 aber auch nicht weiter verwunderlich sein dürfte. BIENER [1986] kommt in seiner Studie ebenfalls zu dem Ergebnis, dass die Senioren, die viel Sport treiben, weniger rauchen. Für die Probanden, die wenig Sport treiben, wurde hier ein Raucheranteil von 35% ermittelt, 20% der Sportler waren Raucher. Es sieht also tatsächlich so aus, als ob sich Sport und Nikotinkonsum nicht ohne weiteres vereinbaren lassen. Wenn auch im Moment kein Beweis für die direkte präventive Wirkung des Sporttreibens vorliegt [ROST, 1991], so wäre die Tatsache, dass Sportler weniger rauchen, schon Grund genug, eine positive Bilanz für den Sport zu ziehen.

Beim Alkoholkonsum der Probanden lassen sich keinerlei Tendenzen angeben. Dies mag daran liegen, dass die Frage nach dem Alkoholkonsum von einem Probanden nur so lange ehrlich beantwortet wird, wie dieser nur gelegentlich ein Bier trinkt. Gewohnheitstrinker, die schon den morgendlichen Kaffee durch ein Bier ersetzen, werden wohl selten auf die Frage nach ihrem Alkoholkonsum mehr als ein Bier am Tag zugeben. Man kann also in Bezug auf diesen Parameter nur mit Vorbehalten brauchbare Ergebnisse von der Anamnese erwarten.

3.4.2.7   Familienanamnese

Bei den errechneten prozentualen Häufigkeiten der Parameter der Familienanamnese ist zu berücksichtigen, dass zur Familie eines Probanden immer mehrere Personen gehören. Die Wahrscheinlichkeit, eine Krankheit festzustellen, müsste also höher sein, als die in den Morbiditätsstatistiken der Bevölkerung. Der Vergleich der prozentualen Häufigkeiten der Familienanamnese mit denen der Eigenanamnese sollte deshalb nur auf der Basis von Tendenzen erfolgen. Der Vergleich der Prozentwerte selbst wäre nicht berechtigt und würde keinen Sinn ergeben. Untereinander sollten die Werte jedoch vergleichbar sein und gegebenenfalls Hinweise auf Unterschiede erkennen lassen.

Die Angaben im Rahmen der Familienanamnese wurden in vier Kategorien unterteilt. So wurden unter dem Stichpunkt Herz-Kreislauf-System Krankheiten wie Bluthochdruck, Herzinfarkt, periphere Durchblutungsstörungen und Arteriosklerose erfasst. Blutfettspiegel und Übergewicht wurden unter dem Begriff Fettstoffwechsel vereinigt. Weiterhin wurden noch Diabetes und Krebserkrankungen einzeln aufgeführt. Andere Krankheiten wurden unter einem fünften Punkt zusammengefasst und nicht weiter aufgegliedert.

Tab. 58: Prozentuale Verteilung der Probanden bezüglich der Familienanamnese

Erkrankungen bzgl. der Familienanamnese	Kraftsportler				Ausdauersportler				Nichtsportler			
	AG 1 n= 39		AG 2 n= 34		AG 1 n= 56		AG 2 n= 55		AG 1 n= 30		AG 2 n= 22	
	n	%	n	%	n	%	n	%	n	%	n	%
Herz-Kreislauf-System	10	25,6	4	11,8	9	17,9	15	27,3	9	30,0	5	22,7
Diabetes	7	17,9	5	14,7	1	1,8	3	5,4	1	3,3	2	9,1
Fettstoffwechsel	2	5,1	0	0,0	2	3,6	4	7,3	0	0,0	1	4,5
Krebs*	3	7,7	8	23,5	9	16,1	15	27,3	8	26,7	7	31,8
Andere Krankheiten	3	7,7	4	8,0	7	12,5	10	18,2	4	13,3	4	18,2

*n = Anzahl Probanden, AG = Altersgruppe, * Das gehäufte Auftreten bestimmter Krebsarten in unterschiedlichen Altersabschnitten ist hier nicht berücksichtigt (z.B. Magenkrebs, Prostatakrebs)*

Insgesamt werden Herz-Kreislauf-Krankheiten in der Familienanamnese am häufigsten genannt (n=52), dicht gefolgt von Krebserkrankungen (n=50). Fettstoffwechsel-Störungen gibt es in den Familien der Probanden eher selten (n=9). Die Fälle von Diabetes sind in den Gruppen der Ausdauer- und der Nichtsportler etwa ähnlich niedrig (n=7). Hier fällt jedoch auf, dass die Familien der Kraftsportler relativ stark belastet sind (n=12). In 32 Fällen wurden von den Probanden Krankheiten wie zum Beispiel TBC, Rheuma oder Malaria genannt.

Unterlässt man hinsichtlich Herz-Kreislauf-Erkrankungen die Aufteilung der Sportartengruppen in Altersgruppen, so zeigt sich in der Familienanamnese ein ähnliches Bild wie in der Eigenanamnese. In den Familien der Kraftsportler gibt es etwas weniger Fälle als bei den Ausdauersportlern, am meisten familiär belastet sind die Nichtsportler. Jedoch ist diese Übereinstimmung eher vordergründig. So gibt die jüngere Gruppe der Kraftsportler in der Eigenanamnese weniger Herz-Kreislauf-Krankheiten an als die ältere. In der Familienanamnese ist dies genau umgekehrt. Hier errechnet sich bei den jüngeren Sportlern ein Wert von 25,6%, in den Familien der älteren treten diese Krankheiten nur in 11,8% der Fälle auf. Auch auf die Nichtsportler trifft dies zu. Hier ist Altersgruppe 2 etwa dreimal häufiger betroffen als Altersgruppe 1. Die Familien sind allerdings mit 22,7% weniger belastet als diejenigen der Altersgruppe 1 (30,0%). Nur bei den Ausdauersportlern ergibt die Eigenanamnese ein übereinstimmendes Bild mit der Familienanamnese. Die Familien der jüngeren Gruppe sind weniger belastet (17,9%) als die der älteren (27,3%) (Tab. 58).

Diabetes wurde weder in der Eigen- noch in der Familienanamnese häufig genannt. Aus dem Rahmen fällt hier allerdings die Zahl der Diabetesfälle, die von den Kraftsportlern in der Familienanamnese angegeben werden. 17,9% in Altersgruppe 1 und 14,7% in Altersgruppe 2 bedeuten sowohl relativ als auch absolut gesehen die größten Werte in der Kategorie. Obwohl hier die Altersgruppe 1 der Kraftsportler die erblich größte Vorbelastung tragen sollte, tritt die Krankheit bei den Sportlern selbst nicht auf und auch bei den älteren ist nur ein einziger zuckerkrank. Bei den Ausdauersportlern und Nichtsportlern stimmen die Tendenzen aus der Familienanamnese mit denen der Eigenanamnese überein. Die Prozentzahlen aus der Familienanamnese steigen von Altersgruppe 1 nach Altersgruppe 2 bei den Ausdauersportlern von 1,8% auf 5,4%, die Befragung der Nichtsportler erbrachte 3,3% und 9,1%. Die Ausdauersportler sind am wenigsten betroffen beziehungsweise vorbelastet (Tab. 58).

Der Parameter Fettstoffwechsel bietet keine großen Parallelitäten zwischen familiärer Vorbelastung und eigener Erkrankung der Probanden. Bei den Kraftsportlern selbst geben die älteren öfter Störungen im Bereich des Fettstoffwechsels an, jedoch sind nur die jüngeren erblich belastet. Bei den Ausdauersportlern und Nichtsportlern stimmen die steigenden Tendenzen im Altersgang bei Familien- und Eigenanamnese überein, jedoch ist die relativ wenig vorbelastete Altersgruppe 2 der Nichtsportler mit 27,3% sehr stark betroffen (Tab. 58).

Die Krebserkrankungen wurden als eigenständiger Punkt in die Auswertung aufgenommen, weil deren Vorkommen auffällig oft geschildert wurde. Die älteren Gruppen geben diese Krankheit in der Familienanamnese öfter an als die unter 50-Jährigen. Bei den Kraftsportlern steigt die Häufigkeit von 7,7% auf 23,5%, was die geringste erbliche Vorbelastung der jeweiligen Altersgruppen bedeutet. Häufiger betroffen sind die Ausdauersportler, in deren Familien im Durchschnitt zu 16,1% und 27,3% eine Krebserkrankung aufgetreten ist. Den Spitzenwert in den Altersgruppen liefern jeweils die Nichtsportler. 26,7% der jüngeren und 31,8% der älteren Probanden sind vorbelastet (Tab. 58).

Die Familienanamnese liefert keine eindeutigen Ergebnisse. Die Familien der Nichtsportler sind am häufigsten von Krebserkrankungen betroffen, die der Ausdauersportler liegen 6% unter diesem Wert, die der Kraftsportler noch einmal 6% darunter. Diese Werte scheinen am ehesten der Wirklichkeit zu entsprechen, da jeweils die ältere Gruppe mehr Fälle angibt. Da hier die Eltern über 70 Jahre sein müssten oder bereits verstorben sind, erwartet man, dass mehr Krankheiten aufgetreten sind als bei den Familien der jüngeren Probanden, bei denen die Eltern im Schnitt jünger sind. Bei den Herz-Kreislauf-Erkrankungen zeichnet sich ebenfalls für die Familien der Nichtsportler eine größere Vorbelastung ab, berechtigt hier aber nicht zu großen Spekulationen, weil zum Beispiel die besonders häufig an chronischen Herz-Kreislauf-Beschwerden leidende Altersgruppe 2 der Nichtsportler weniger Angaben für die Familien macht als die Altersgruppe 1. Dies könnte dafür sprechen, dass sich gerade die älteren Probanden wenig an die Krankheiten der Eltern erinnern. Eine große Abweichung gibt es noch bei den Diabetesfällen. Die Familien der Kraftsportler sind in beiden Altersgruppen am stärksten betroffen. Jedoch findet diese erbliche Vorbelastung keinen Einfluss auf die Eigenanamnese. Hier sind alle Gruppen gleich selten betroffen.

Abschließend lässt sich sagen, dass sich bei der Auswertung der Anamnese für die Sportler weniger Risikofaktoren ergeben haben als für die Nichtsportler. Sie leiden speziell auch in der älteren Gruppe weniger unter chronischen Herz-Kreislauf-Krankheiten und Fettstoffwechsel-störungen, rauchen weniger und müssen weniger Medikamente einnehmen. Dieser Vorteil geht zumindest auf Seiten der Ausdauersportler nicht auf Kosten des Bewegungsapparates. Bei den Kraftsportlern fällt die häufige Verletzung des Kniegelenkes und der Schulter negativ ins Gewicht, was jedoch durch die positive Wirkung auf die Wirbelsäule teilweise kompensiert wird.

Warum dieses Ergebnis letztendlich zustande kommt, kann aus dieser Untersuchung nicht abgelesen werden. So kann man sich zum Beispiel den niedrigen Medikamentenkonsum der Sportler damit erklären, dass Sporttreiben tatsächlich einen positiven Einfluss auf den Gesundheitszustand der Probanden hat, andererseits ist es aber durchaus nicht ausgeschlossen, dass Sportler von vornherein ein selektiertes Kollektiv sind, und nur solche Menschen Freude am Sport finden, die auch in der Grundvoraussetzung gesünder als andere sind. Ebenfalls denkbar wäre, dass Menschen erst durch eine bestehende Herz-Kreislauf-Erkrankung und den Rat des Arztes zum Sport finden.

Auch wenn man eine gleiche Ausgangsgesundheit der Probanden voraussetzt, lässt sich nicht sagen, ob tatsächlich der Bewegungsmangel der Grund für das schlechtere Abschneiden der Nichtsportler ist oder ob andere Faktoren, wie etwa ein hoher Nikotinkonsum den Ausschlag geben. Ein weiterer Einwand besteht darin, dass man aufgrund der Querschnittsuntersuchung keinerlei Möglichkeit hat, nachzuvollziehen, wie viele Opfer der Sport fordert, wie viele frühzeitig mit dem Sport aufhören müssen, weil häufige Verletzungen ihren Tribut fordern. So gibt es unter Fußballprofis Spieler, die aufgrund der erlittenen Verletzungen schon mit 30 Jahren zu Frührentnern werden.

Will man wirklich abschließend Einblick gewinnen in das verstrickte Gefüge von Ursachen und Folgen, so könnte nur eine groß angelegte Längsschnittuntersuchung zum Erfolg führen. Da aber auch dann nicht alle Eventualitäten ausgeschlossen werden können, würde sich der enorme finanzielle, zeitliche und personelle Aufwand einer Längsschnittuntersuchung nicht zwingend lohnen.

3.4.3   Unsere Ergebnisse im Überblick

Chronische Erkrankungen mit einer altersabhängigen Steigerung ihres Auftretens sind in unserer Untersuchung insbesondere im Bereich des Herz-Kreislauf-Systems und des Fettstoffwechsels zu beobachten. Die Erkrankungen nehmen in den untersuchten Gruppen von Altersgruppe 1 zu Altersgruppe 2 zu. Am stärksten betroffen ist die Gruppe der Nichtsportler. Dabei sind in der älteren Gruppe 2 die Nichtsportler deutlich häufiger erkrankt als die Sportler derselben Altersgruppe. Die Zunahme bei den Kraft- und Ausdauersportlern ist jeweils ähnlich groß.

Bei den Nichtsportlern ist die Häufigkeit von Allergien in beiden Altersgruppen jeweils doppelt so groß wie bei den Kraft- und Ausdauersportlern.

Bei unseren Probanden ist der am häufigsten von chronischen Beschwerden betroffene Teil des Bewegungsapparates die Lendenwirbelsäule. Der Untersuchung zufolge sind besonders die Nichtsportler betroffen. Mit Abstand am besten schneiden die Kraftsportler ab. Dagegen sind bei den chronischen Kniebeschwerden in Altersgruppe 1 die Kraftsportler mit 30% dreimal mehr belastet als die Nichtsportler und sogar um das Zehnfache stärker betroffen als die Ausdauersportler. Allerdings steigen die chronischen Kniebeschwerden bei den Ausdauer- und Nichtsportlern im Alternsvorgang deutlich an, während sie bei den Kraftsportlern zurückgehen. Diese Tatsache lässt sich dadurch erklären, dass nur diejenigen den Kraftsport bis ins hohe Lebensalter durchführen können, die wenig an Kniebeschwerden leiden. Ausdauersportler haben in beiden Altersgruppen wesentlich weniger Kniebeschwerden als Nichtsportler.

An chronischen Beschwerden im Schulterbereich leiden die Kraftsportler am häufigsten.

Die häufigsten Sportverletzungen finden sich bei unseren Probanden an den Extremitäten. Das Kniegelenk ist dafür besonders anfällig. Mit Abstand an der Spitze liegen die Kraftsportler, die eine relative Häufigkeit von etwa 30% erreichen. Die Ausdauersportler sind nur in knapp der Hälfte der Fälle betroffen. Die Kraftsportler sind auch doppelt so häufig von Schulterverletzungen betroffen wie die Ausdauersportler. Dieses Ergebnis lässt sich vereinbaren mit der Literatur, wo für Kraftsportler, insbesondere Gewichtheber, häufig Kniebeschwerden und Knieverletzungen beschrieben werden [GEIGER, 1991; ENGELHARDT und NEUMANN, 1994; COTTA, 1994; u. a.]. Bei der Verletzungshäufigkeit des Oberschenkels finden sich ebenfalls größere Unterschiede: Die Kraftsportler sind am häufigsten verletzt und liegen etwa 5% über den Werten der Ausdauersportler. Am Sprunggelenk verletzen sich beide Gruppen etwa gleich häufig.

Im Bereich der Verletzungen sollte man eigentlich von den Nichtsportlern keine Angaben erwarten. Aber auch hier werden gerade im Bereich der unteren Extremitäten, des Knie- und Sprunggelenkes von mehr als 13% Verletzungen angegeben, die sie sich lange zurückliegend oder beim versuchten Einstieg in eine Sportart zugezogen haben. Insbesondere das Handgelenk ist verletzungsanfälliger als das der Sportler. Wie die Ergebnisse zeigen, birgt gelegentliche sportliche Aktivität der Nichtsportler ohne systematisches Aufwärmen ein erhöhtes Verletzungsrisiko.

Die Angehörigen der Altersgruppe 2 geben weniger Sportverletzungen an als diejenigen der Altersgruppe 1. Dies ist verwunderlich, da sich durch das höhere Lebensalter eine größere Gefährdung für Sportunfälle ergibt. Eine Erklärung könnte einerseits darin liegen, dass die Altersgruppe 2 eventuell früher andere Trainingsmethoden verwendet oder in geringeren Umfängen trainiert haben könnte, als es die Sportler der Altersgruppe 1 tun. Andererseits mussten häufig verletzte Sportler den (Leistungs-) Sport eventuell irgendwann aufgeben, was aber den festgestellten Rückgang von Verletzungen bei den Nichtsportlern der Altersgruppe 2 nicht erklären kann.

Alles in allem lässt sich für diese Untersuchung feststellen, dass die Sportler relativ häufig von Sportverletzungen betroffen sind, wobei die Kraftsportler klar die Verletzungsliste anführen, nicht zuletzt durch sportartspezifische Verletzungen des Kniegelenkes, der Schulter und des Oberschenkels. Bei nicht sportbedingten Verletzungen gibt es keine großen Abweichungen zwischen den Angehörigen der beiden Sportartengruppen. Die Nichtsportler sind etwas häufiger betroffen.

Die Berufsanamnese hat zwischen den einzelnen Probandengruppen keine wesentlichen Unterschiede ergeben. Allein die älteren Kraftsportler arbeiten etwas häufiger im Schichtdienst.

Bei allen untersuchten Gruppen nehmen die Probanden der Altersgruppe 2 etwa dreimal häufiger Medikamente ein als diejenigen der Altersgruppe 1. An der Spitze des Medikamentenkonsums stehen jeweils die Nichtsportler. Besonders in Altersgruppe 2 ist der Unterschied zwischen Sportlern und Nichtsportlern frappierend. Zwischen Ausdauer- und Kraftsportlern besteht jeweils nur ein geringer Unterschied.

Hinsichtlich des Alkoholkonsums der Probanden lassen sich keine Signifikanzen angeben. Dennoch zeigt sich, dass jüngere Kraftsportler mehr Trinken als jüngere Ausdauersportler.

Von den Nichtsportlern rauchen in Altersgruppe 1 mit über 40% viermal mehr Probanden als bei den Sportlern. Im Vergleich der Altersgruppe 1 mit Altersgruppe 2 halbiert sich bei Kraft- und Nichtsportlern die Anzahl der Raucher, bei den Ausdauersportlern bleibt der Wert konstant.

Die Familien der Nichtsportler sind am häufigsten von Krebserkrankungen betroffen, die Werte der Ausdauersportler liegen 6%, die der Kraftsportler 12% unter diesem Wert. Auch bei den Herz-Kreislauf-Erkrankungen sind die Familien der Nichtsportler mehr vorbelastet. Die Familien der Kraftsportler sind in beiden Altersgruppen am stärksten von Diabetes betroffen.

Es haben sich also bei der Auswertung der Anamnese für die untersuchten Probanden, die Sport treiben, weniger Risikofaktoren ergeben als für die Nichtsportler. Die Sportler sind besonders in der Altersgruppe 2 weniger von chronischen Herz-Kreislauf-Krankheiten und Fettstoffwechsel-störungen betroffen, rauchen weniger und nehmen weniger Medikamente ein. Im Bereich des aktiven und passiven Bewegungsapparates ergibt sich für die Nichtsportler kein entscheidender Unterschied gegenüber den Sportlern. Zwar erleiden sie keine Sportverletzungen, sind aber häufiger von nicht sportbedingten Unfällen und Rückenbeschwerden, speziell der Lendenwirbelsäule, betroffen. Insgesamt sind die Ausdauersportler weniger von chronischen Beschwerden und Verletzungen betroffen als die Nichtsportler. Die Kraftsportler schneiden durch die größere Häufigkeit der Verletzungen des Kniegelenks und der Schulter und den daraus resultierenden chronischen Beschwerden schlechter ab. Teilweise kompensiert wird diese Tatsache vom positiven Einfluss des Krafttrainings auf die Wirbelsäule. An dieser Stelle lässt sich ein vorläufiges Fazit erstellen. Sportliche Aktivität, sowohl Ausdauersport als auch Kraftsport, wirkt sich positiv auf das Muskel- und Organsystem und damit auf den gesamten Gesundheitszustand aus.

3.5 Motorische Untersuchung

Die Beweglichkeit und Gelenkfreiheit der Probanden wird exemplarisch an der Lendenwirbel-säule, am Kniegelenk und am Hüftgelenk untersucht. Zur Beurteilung der Muskelkraft wird die Handdruckkraft der Probanden analysiert. Die konkreten Fragen zu dieser Thematik wurden in Kapitel 1.4.5 dargestellt.

3.5.1 Beweglichkeit

Die ermittelten Beweglichkeitsmaße sollen Aufschlüsse geben über die Bedeutung der Beweg-lichkeit für den alternden Menschen. Darüber hinaus sollen Aussagen über sportartspezifische Unterschiede bezüglich der Erhaltung der Beweglichkeit im Alterungsprozess getroffen werden.

3.5.1.1 Auswahl bisheriger Untersuchungen und deren Ergebnisse

NEUMANN [1978] ermittelte die Beweglichkeit der Wirbelsäule, indem er die Rumpftiefbeuge beziehungsweise den Finger-Boden-Abstand als Messgröße nahm. Er erhielt erhebliche Unter-schiede, zum einen zwischen den Altersgruppen und zum anderen zwischen den Nichtsportlern und den Sportlern.

Des Weiteren untersuchte er 50- bis 70-jährige männliche und weibliche Nichtsportler, ehemali-ge Sportlerinnen und Sportler sowie kontinuierlich aktiv gebliebene Sportlerinnen und Sportler. Er stellte fest, dass die Beweglichkeit selbst im sechsten und siebten Lebensjahrzehnt noch entscheidend gefördert werden kann. Selbst bei den Nichtsportlern konnte noch ein Leistungs-zuwachs erreicht werden. Die Kraft der Muskulatur ist eine die Beweglichkeit bestimmende Komponente. Der Muskelanteil, bezogen auf die Gesamtkörpermasse, verringert sich kontinuier-lich mit zunehmendem Alter. Im Durchschnitt verliert ein Mensch vom 20. bis 70. Lebensjahr ca. 40% seiner Muskelmasse. Funktionell ist ein Nachlassen der Elastizität, der Muskelkraft und der Kontraktionsgeschwindigkeiten zu verzeichnen. Der Aktionsradius der Gelenke wird dadurch wesentlich eingeschränkt und die Beweglichkeit des gesamten Körpers reduziert.

Untersuchungen von OSIPOV und PROTASOVA an 1.327 männlichen und weiblichen Teilnehmern aus Gesundheitssportgruppen im Alter von 30 bis 80 Jahren zeigten, dass Körperübungen auch noch im fortgeschrittenen Alter zu Verbesserungen der Wirbelsäulenbeweglichkeit führen [BUHL, 1981].

NIETHARDT und PFEIL [1992] zeigen aufgrund ihrer Untersuchungen, dass um das 40. Lebensjahr etwa bei der Hälfte der Bevölkerung degenerative Veränderungen der Gelenke festgestellt werden, die zur Beeinträchtigung der Bewegungsfähigkeit führen können. Diese Veränderungen müssen jedoch nicht mit sportlichen Aktivitäten in Zusammenhang stehen.

3.5.1.2 Ergebnisse unserer Untersuchung

Im Mittelpunkt der Untersuchung standen folgende Beweglichkeitsmaße:

Beweglichkeitsmaß der Lendenwirbelsäule	nach SCHOBER	BEW
Beweglichkeitsmaß am Knie	Beugung	GFK
Beweglichkeitsmaße der Hüfte	Abduktion	GFA
	Flexion	GFF
	Hyperextension	GFH

Diese Maße wurden in Abhängigkeit vom Alter für die Kraft-, Ausdauer- und Nichtsportler erfasst. Nur für die Parameter Lendenwirbelsäulen-Beweglichkeit und dem Beweglichkeitsmaß Hüfte/Hyperextension liegen verwertbare Vergleichs- oder Normwerte in der Literatur vor, auf welche die vorliegenden Ergebnisse bezogen werden können. Tabelle 59 gibt einen ersten Überblick über die Mittelwerte der ausgewählten Beweglichkeitsmaße bei den Probanden.

Tab. 59: Mittelwerte der ausgewählten Beweglichkeitsmaße (hohe Werte stehen für eine bessere Beweglichkeit, mit Ausnahme des Parameters GFK, bei dem es umgekehrt ist)

Parameter	AG	Kraftsportler			Ausdauersportler			Nichtsportler		
		n	x	s	n	x	s	n	x	s
BEW	1	40	4,34	1,59	55	3,90	1,25	31	4,14	0,93
	2	34	4,12	1,25	56	3,89	1,18	22	3,93	0,85
GFK	1	40	60,08	8,23	55	56,38	8,77	31	55,58	9,60
	2	34	58,94	9,99	56	60,75	9,78	22	60,45	8,58
GFA	1	40	55,70	9,99	55	50,02	7,94	31	49,03	7,46
	2	34	50,38	12,95	56	46,82	8,85	22	42,95	6,84
GFF	1	40	61,30	10,05	55	59,11	8,32	31	62,42	9,91
	2	34	60,74	10,77	56	59,80	9,28	22	72,95	13,60
GFH	1	40	37,88	11,52	55	36,70	10,04	31	31,97	9,65
	2	34	33,38	8,58	56	35,00	9,18	22	26,14	5,55

n=Anzahl der Probanden; x=Mittelwert; s=Standardabweichung; AG = Altersgruppe

3.5.1.2.1 Lendenwirbelsäulenbeweglichkeit

In der Altersgruppe 1 der Kraftsportler liegt der Mittelwert für die Lendenwirbelsäulen-beweglichkeit bei 4,34 cm (s=1,59 cm) und in der Altersgruppe 2 bei 4,12 cm (s=1,25 cm). Die Ausdauersportler weisen im Durchschnitt in Altersgruppe 1 eine Lendenwirbelsäulen-beweglichkeit von 3,90 cm (s=1,25 cm) und in Altersgruppe 2 von 3,89 cm (s=1,18 cm) auf. Der bei den Nichtsportlern erzielte Durchschnittswert liegt in Altersgruppe 1 bei 4,14 cm (s=0,93 cm) und in Altersgruppe 2 bei 3,93 cm (s=0,85 cm). In allen drei Gruppen lässt sich keine alterungsbedingte Abnahme dieses Parameters nachweisen (Tab. 59).

Die Mittelwerte der Probanden liegen knapp unter dem Normbereich. Daneben weisen einzelne Probanden sehr schlechte Messergebnisse auf; zum Teil liegen bei ihnen konkrete Beweglichkeitseinschränkungen vor. Ergänzend zu den Mittelwerten ist in Tab. 60 der Gesamtmessbereich des SCHOBER-Tests für alle Probanden aufgeführt.

Tab. 60: Minimal- und Maximalwerte bzgl. der Lendenwirbelsäulen-Beweglichkeit [cm] der Probanden

SCHOBER-Test	Kraftsportler		Ausdauersportler		Nichtsportler	
	AG 1	AG 2	AG 1	AG 2	AG 1	AG 2
Min.wert	2,5	2,0	2,0	1,5	2,0	2,5
Max.wert	6,5	6,5	6,5	6,5	7,5	5,5

AG = Altersgruppe

Betrachtet man die Häufigkeitsverteilung hinsichtlich der Lendenwirbelsäulenbeweglichkeit in den drei Referenzbereichen, so zeigt sich bei den Kraftsportlern der Altersgruppe 1 eine Anhäufung der Probanden im Referenzbereich 3 (ab 4,8 cm) und in der Altersgruppe 2 eine relativ gleichmäßige Verteilung. Die Messwerte der jüngeren Ausdauersportler verteilen sich hauptsächlich auf die ersten beiden Referenzbereiche, während die Messwerte der Probanden der Altersgruppe 2 mehrheitlich im Bereich 2 von 3,4 bis 4,7 cm liegen. In der Gruppe der Nichtsportler liegen die Messwerte sowohl in Altersgruppe 1 als auch in Altersgruppe 2 mehrheitlich im Referenzbereich 2 (Abb. 105).

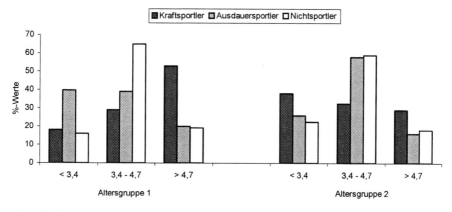

Abb. 105: Prozentuale Verteilung der Probanden bzgl. der Lendenwirbelsäulen-Beweglichkeit [cm]

Im Gegensatz zu NEUMANN [1978] konnten in dieser Untersuchung bezüglich der Lenden-wirbelsäulenbeweglichkeit bei allen Probanden keine altersbedingten Veränderungen festgestellt werden. Möglicherweise war der SCHOBER-Test nicht geeignet zur Überprüfung der Lendenwirbelsäulenbeweglichkeit, zumal er nur eine indirekte Messmethode ist. Eventuell wäre eine Kombination der Messergebnisse des SCHOBER-Tests und der Rumpftiefbeuge eine erfolgreichere und genauere Messmethode gewesen.

3.5.1.2.2   Gelenkfreiheit-Knie

Die Mittelwerte der Gelenkfreiheit-Knie betragen in der Altersgruppe 1 der Kraftsportler 60,08° (s=8,23°) und 58,94° (s=9,99°) in der Altersgruppe 2. Anhand dieser Werte lassen sich keine signifikanten Veränderungen bezüglich der Gelenkfreiheit-Knie bei den Kraftsportlern fest-stellen. Bei den Ausdauersportlern tritt hingegen eine positive signifikante lineare Korrelation zwischen dem Alter und dem Beweglichkeitsmaß Gelenkfreiheit-Knie auf. In der Altersgruppe 1 beträgt die Gelenkfreiheit-Knie im Durchschnitt 56,38° (s=8,77°), wohingegen in der Altersgruppe 2 ein Wert von 60,75° (s=9,78°) erreicht wird. Das bedeutet, dass bei den Ausdauersportlern die aktive Kniebeugefähigkeit mit zunehmendem Alter abnimmt. In der Gruppe der Nichtsportler zeigt sich ebenfalls eine signifikante Abnahme der Funktionsfähigkeit des Knies im Alterungsprozess. In der Altersgruppe 1 wurden im Mittel Werte von 55,58° (s=9,60°) und in der Altersgruppe 2 von 60,45° (s=8,58°) erreicht (Tab. 59).

Der Vollständigkeit wegen sind in Tabelle 61 die ermittelten Minimal- und Maximalwerte angegeben. Beim Parameter Gelenkfreiheit-Knie bedeuten höhere Messwerte eine geringere Beweglichkeit im Kniegelenk.

Tab. 61: Minimal- und Maximalwerte bzgl. der Kniebeugefähigkeit der Probanden

GFK	Kraftsportler		Ausdauersportler		Nichtsportler	
	AG 1	AG 2	AG 1	AG 2	AG 1	AG 2
Min.wert	40°	45°	40°	45°	40°	40°
Max.wert	75°	80°	80°	85°	90°	95°

AG = Altersgruppe

Die Häufigkeitsverteilung hinsichtlich der Gelenkfreiheit-Knie zeigt deutlich die Verlagerung der Messwerte in die höheren Referenzbereiche mit zunehmendem Alter. Der Referenzbereich 1 beinhaltet alle Messwerte bis 50°, der Referenzbereich 2 alle von 51° bis 63° und der Referenzbereich 3 alle ab 64°. Bei den Kraftsportlern ist in Altersgruppe 1 eine Anhäufung der Probanden in den Referenzbereichen 2 und 3 festzustellen, wohingegen sich in Altersgruppe 2 die Werte der Probanden gleichmäßig auf alle drei Referenzbereiche verteilen. In der Gruppe der Ausdauersportler liegen die Messwerte der Probanden in Altersgruppe 1 hauptsächlich in den Referenzbereichen 1 und 2 und in Altersgruppe 2 in den Referenzbereichen 2 und 3. Die Nichtsportler ordneten sich in Altersgruppe 1 fast gleichmäßig in die Referenzbereiche 1 und 2 ein, in Altersgruppe 2 ist eine Anhäufung in Referenzbereich 2 festzustellen, wobei auch in dieser Probandengruppe die Verlagerung der Messwerte in die höheren Referenzbereiche deutlich wird (Abb. 106).

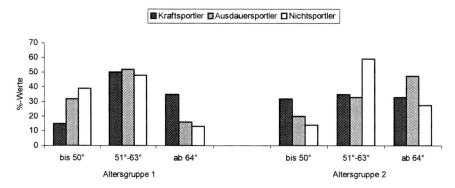

Abb. 106: Prozentuale Verteilung der Probanden bzgl. der Kniebeugefähigkeit

3.5.1.2.3 Gelenkfreiheit-Hüfte/Abduktion

Bei den Kraftsportlern beträgt der Mittelwert der Gelenkfreiheit-Hüfte/Abduktion in Altersgruppe 1 55,70° (s=9,99°) und der in Altersgruppe 2 50,38° (s=12,95°). Es zeigt sich somit eine Verringerung der Abduktionsfähigkeit im Alternsvorgang. Die Ausdauersportler weisen ebenfalls eine signifikante Abnahme der Gelenkfreiheit-Hüfte/Abduktion auf. In der Altersgruppe 1 liegt die Gelenkfreiheit-Hüfte/Abduktion der Ausdauersportler im Durchschnitt bei 50,02° (s=7,94°) und in Altersgruppe 2 bei 46,82° (s=8,85°). In der Gruppe der Nichtsportler sind die Unterschiede zwischen den beiden Altersgruppen sogar hochsignifikant. Mit zunehmendem Alter nimmt die Gelenkfreiheit-Hüfte/Abduktion der Nichtsportler von 49,03° (s=7,46°) in Altersgruppe 1 auf 42,95° (s=6,84°) in Altersgruppe 2 ab (Tab. 59).

Die Minimal- und Maximalwerte der Untersuchung liegen zum Teil sehr weit auseinander. Dabei ist es erstaunlich, wie gering die erzielten Ergebnisse einzelner Probanden sind, obwohl bei den Kraft- und Ausdauersportlern davon auszugehen ist, dass sie regelmäßig Sport betrieben haben (Tab. 62).

Tab. 62: Minimal- und Maximalwerte bzgl. der Gelenkfreiheit-Hüfte/Abduktion der Probanden

GFA	Kraftsportler		Ausdauersportler		Nichtsportler	
	AG 1	AG 2	AG 1	AG 2	AG 1	AG 2
Min.wert	35°	25°	25°	35°	35°	35°
Max.wert	75°	60°	70°	70°	65°	60°

AG = Altersgruppe

Bei der Gelenkfreiheit-Hüfte/Abduktion umfasst der Referenzbereich 1 die Messwerte bis 43°, der Referenzbereich 2 die von 44° bis 54° und der Referenzbereich 3 die Messwerte ab 55°. Das bedeutet, je besser die Abduktionsfähigkeit des Probanden, desto höher ist der Referenzbereich, in dem der Messwert eingeordnet wird. 60% aller Messwerte der Kraftsportler liegen in der Altersgruppe 1 in Referenzbereich 3 und nur 10% in Referenzbereich 1. In Altersgruppe 2 findet eine Verlagerung von Referenzbereich 3 zu den Referenzbereichen 2 und 1 statt. Sowohl bei den Ausdauersportlern als auch bei den Nichtsportlern verteilen sich in Altersgruppe 1 die Messwerte der Probanden mehrheitlich auf die Referenzbereiche 2 und 3, wohingegen in Altersgruppe 2 der Anteil der in Referenzbereich 1 gelegenen Messwerte überwiegt (Abb. 107).

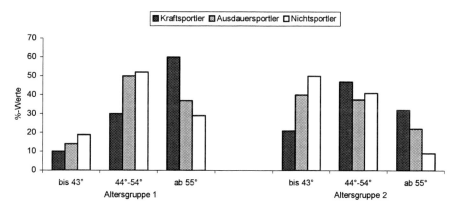

Abb. 107: Prozentuale Verteilung der Probanden bzgl. der Gelenkfreiheit-Hüfte/Abduktion

3.5.1.2.4   Gelenkfreiheit-Hüfte/Flexion

Die Mittelwerte der Kraftsportler bezüglich der Gelenkfreiheit-Hüfte/Flexion verändern sich im Alterungsprozess nur unwesentlich. In Altersgruppe 1 beträgt die Gelenkfreiheit-Hüfte/Flexion im Mittel 61,30° (s=10,05°) und in Altersgruppe 2 60,74° (s=10,77°). Bei den Ausdauersportlern liegen die Werte der Altersgruppe 1 (x=59,17°; s=8,32°) und der Altersgruppe 2 (x=59,80°; s=9,28°) ebenfalls so dicht beieinander, dass keine signifikanten Veränderungen festzustellen sind. Anders verhält es sich in der Gruppe der Nichtsportler. Die Mittelwerte nehmen hier von 62,42° (s=9,91°) in Altersgruppe 1 auf 72,95° (s=13,60°) in Altersgruppe 2 hochsignifikant zu. Das bedeutet, dass sich bei den Nichtsportlern mit zunehmendem Alter die Flexionsfähigkeit verbessert (Tab. 59).

Die Minimal- und Maximalwerte weisen bei dem Beweglichkeitsmaß Gelenkfreiheit-Hüfte/Flexion wiederum eine große Streuung auf (Tab. 63).

Tab. 63: Minimal- und Maximalwerte bzgl. der Gelenkfreiheit-Hüfte/Flexion der Probanden

GFF	Kraftsportler		Ausdauersportler		Nichtsportler	
	AG 1	AG 2	AG 1	AG 2	AG 1	AG 2
Min.wert	35°	37°	35°	45°	40⁰	45°
Max.wert	80°	80°	75°	90°	90°	90°

AG = Altersgruppe

172

Die bei der Betrachtung der Häufigkeitsverteilung zugrunde liegenden Referenzbereiche umfassen die Werte bis 53° (Referenzbereich 1), von 54° bis 69° (Referenzbereich 2) und ab 70° (Referenzbereich 3). In Altersgruppe 1 verhält sich die Häufigkeitsverteilung bei allen Probanden nahezu identisch. Die Messwerte liegen mehrheitlich im Referenzbereich 2. Ebenso sieht die Verteilung bei den Kraftsportlern und den Ausdauersportlern in Altersgruppe 2 aus. Bei den Nichtsportlern hingegen findet eine Verlagerung der Messwerte vom Referenzbereich 2 zum Referenzbereich 3 statt, so dass über 70% der Nichtsportler dem Referenzbereich 3 zugeordnet werden können (Abb. 108).

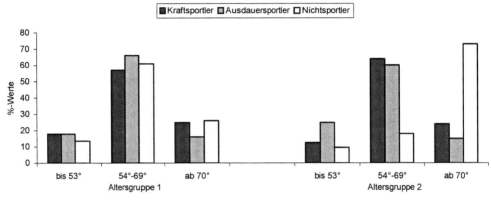

Abb. 108: Prozentuale Verteilung der Probanden bzgl. der Gelenkfreiheit-Hüfte/Flexion

3.5.1.2.5 Gelenkfreiheit-Hüfte/Hyperextension

Bei den Kraftsportlern beträgt die Gelenkfreiheit-Hüfte/Hyperextension im Durchschnitt 37,88° (s=11,52°) in Altersgruppe 1 und 33,38° (s=8,58°) in Altersgruppe 2. Die Abnahme der Hyperextensionsfähigkeit der Kraftsportler mit dem Alter ist signifikant. Hingegen sind bei den Ausdauersportlern keine signifikanten altersbedingten Veränderungen festzustellen. Der Mittelwert beträgt bei den Ausdauersportlern der Altersgruppe 1 36,70° (s=10,04°) und 35,00° (s=9,18°) in Altersgruppe 2. Die Gelenkfreiheit-Hüfte/Hyperextension nahm bei den Nichtsportlern von 31,97° (s=9,65°) in Altersgruppe 1 auf 26,14° (s=5,55°) in Altersgruppe 2 signifikant ab. Die Abnahme erfolgt aber nicht linear (Tab. 59). Die Minimal- und Maximalwerte werden ergänzend in Tabelle 64 aufgeführt.

Tab. 64: Minimal- und Maximalwerte der Probandengruppen bezüglich des Beweglichkeitsmaßes Gelenkfreiheit-Hüfte/Hyperextension

GFH	Kraftsportler		Ausdauersportler		Nichtsportler	
	AG 1	AG 2	AG 1	AG 2	AG 1	AG 2
Min.wert	20°	20°	20°	25°	20°	15°
Max.wert	75°	65°	60°	50°	62°	45°

AG = Altersgruppe

Im Hinblick auf die Häufigkeitsverteilung wurden die Messwerte bei 25° dem Referenzbereich 1, die Werte zwischen 26° und 39° dem Referenzbereich 2 und die Werte ab 40° dem Referenzbereich 3 zugeordnet. Bei den Kraftsportlern ist die Mehrheit der Altersgruppe 1 im Referenzbereich 3 zu finden. Mit zunehmendem Alter verlagert sich die Verteilung, so dass in Altersgruppe 2 die größte Häufigkeit im Referenzbereich 2 angesiedelt ist. In der Gruppe der

Ausdauersportler gleicht sich im Alternsvorgang die Verteilung zugunsten des Referenzbereiches 1 immer mehr aus. Sehr deutlich ist die alternsbedingte Zunahme der Probanden, die
dem Referenzbereich 1 zugeordnet werden, bei den Nichtsportlern (Abb. 109).

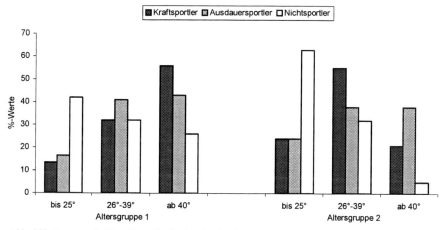

Abb. 109: Prozentuale Verteilung der Probanden bzgl. der Gelenkfreiheit-Hüfte/Hyperextension

3.5.1.2.6 Korrelationen der Beweglichkeitsparameter

Bei der Betrachtung der Beziehungen der Beweglichkeitsmaße zueinander und der
Beweglichkeitsmaße in Bezug zum Alter ergeben sich bei der Gesamtheit der Probanden in zwei
Fällen hochsignifikante lineare Zusammenhänge. Der Parameter Gelenkfreiheit-Knie (GFK)
korreliert positiv mit dem Parameter Gelenkfreiheit-Hüfte/Flexion (GFF); d.h. je größer die
Beweglichkeit der Hüfte bezüglich der Flexion ist, desto geringer ist die Beweglichkeit im Knie.
Das Alter steht dagegen in negativen Zusammenhang mit der Gelenkfreiheit-Hüfte/Abduktion
(GFA). Das bedeutet, dass mit zunehmendem Alter der Probanden die beim Test ermittelten
Werte bezüglich der Abduktionsfähigkeit geringer sind.

Darüber hinaus besteht eine signifikante lineare Korrelation zwischen dem Beweglichkeitsmaß
Gelenkfreiheit-Hüfte/Flexion (GFF) und Gelenkfreiheit-Hüfte/Hyperextension (GFH). Weitere
lineare Zusammenhänge konnten nicht festgestellt werden (Tab. 65).

Tab. 65: Korrelationen bzgl. der Beweglichkeitsmaße aller Probanden

	Alter	BEW	GFK	GFA	GFF	GFH
Alter	1.0000	-.0786	.1522	-.3003**	-.0517	-.1263
BEW	-.0786	1.0000	.0472	.1451	.0389	.0691
GFK	.1522	.0472	1.0000	.0963	.3285**	.0680
GFA	-.3003**	.1451	.0963	1.0000	-.0753	.1136
GFF	.0517	.0389	.3285**	.0753	1.0000	-.1894*
GFH	-.1263	.0691	.0680	.1136	-.1894*	1.0000

Signifikanzniveau: * = .01   ** = .001

In der Gruppe der Kraftsportler und in derjenigen der Ausdauersportler bestehen, wie auch bei der Gesamtheit der Probanden, hochsignifikante Beziehungen zwischen der Gelenkfreiheit-Knie (GFK) und der Gelenkfreiheit-Hüfte/Flexion (GFF). Das bedeutet, je besser die Flexionsfähigkeit im Hüftgelenk ist, desto schlechter ist die Beugefähigkeit im Kniegelenk. Entgegen den Ergebnissen des Gesamtprobandenkollektivs ist in beiden Sportartengruppen zwischen der Gelenkfreiheit-Hüfte/Abduktion (GFA) und dem Alter lediglich ein signifikanter Zusammenhang in negativer Richtung festzustellen. Darüber hinaus konnte in der Gruppe der Ausdauersportler eine negative signifikante lineare Beziehung zwischen der Gelenkfreiheit-Knie (GFK) und dem Alter nachgewiesen werden. Weitere lineare Korrelationen traten keine auf (Tab. 66 und 67).

Tab. 66: Korrelationen bzgl. der Beweglichkeitsmaße der Kraftsportler

	Alter	BEW	GFK	GFA	GFF	GFH
Alter	1.0000	-.2329	-.1204	-.3222*	-.0431	-.2445
BEW	-.2329	1.0000	-.0069	.1435	-.1820	.2002
GFK	-.1204	-.0069	1.0000	.1349	.3715**	.0639
GFA	-.3222*	.1435	.1349	1.0000	-.1348	.0594
GFF	-.0431	-.1820	.3715**	-.1348	1.0000	-.1310
GFH	-.2445	.2002	.0639	.0594	.1310	1.0000

*Signifikanzniveau: * = .01   ** = .001*

Tab. 67: Korrelationen bzgl. der Beweglichkeitsmaße der Ausdauersportler

	Alter	BEW	GFK	GFA	GFF	GFH
Alter	1.0000	.0752	.2803*	-.2271*	-.0586	-.0628
BEW	.0752	1.0000	.0828	.1156	.0340	.0596
GFK	.2803*	.0828	1.0000	.0338	.2910**	.0012
GFA	-.02271*	.1156	.0338	1.0000	.0086	.0149
GFF	-.0586	.0340	.2910**	.0086	1.0000	-.0991
GFH	-.0628	.0596	.0012	.0149	-.0991	1.0000

*Signifikanzniveau: * = .01   ** = .001*

In der Gruppe der Nichtsportler ergaben sich in drei Fällen signifikante lineare Zusammenhänge. Sowohl der Parameter Lendenwirbelsäulenbeweglichkeit (BEW) als auch der Parameter Gelenkfreiheit-Knie (GFK) korrelieren positiv mit dem Parameter Gelenkfreiheit-Hüfte/Flexion (GFF). Das bedeutet, je besser die Gelenkfreiheit-Hüfte/Flexion (GFF) ist, desto höher ist die Lendenwirbelsäulenbeweglichkeit (BEW), aber desto schlechter ist die Gelenkfreiheit-Knie (GFK). Zwischen dem Alter und der Gelenkfreiheit-Hüfte/Abduktion (GFA) besteht ein negativer linearer Zusammenhang, d.h. je älter die Probanden waren, desto niedriger lag der bei der Gelenkfreiheit-Hüfte/Abduktion (GFA) ermittelte Wert (Tab. 68).

Tab. 68: Korrelationen bzgl. der Beweglichkeitsmaße der Nichtsportler

	Alter	BEW	GFK	GFA	GFF	GFH
Alter	1.0000	-.0269	.2868	-.4089*	.3127	-.2935
BEW	-.0269	1.0000	.1080	.0238	.3375*	-.1583
GFK	.2868	.1080	1.0000	.1220	.3952*	.0651
GFA	-.4089*	.0238	.1220	1.0000	-.0884	.1946
GFF	.3127	.3375*	.3952*	-.0884	1.0000	-.2607
GFH	-.2935	-.1583	.0651	.1946	-.2607	1.0000

*Signifikanzniveau: * = .01   ** = .001*

3.5.1.3 Unsere Ergebnisse im Überblick

Die Mittelwerte der Lendenwirbelsäulenbeweglichkeit unterscheiden sich weder innerhalb noch im Vergleich der drei untersuchten Gruppen signifikant. Darüber hinaus konnten keine altersbedingten Veränderungen nachgewiesen werden. Diese Erkenntnisse widersprechen den Ergebnissen der Untersuchungen von NEUMANN [1978] sowie NIETHARDT und PFEIL [1992]. Dies könnte zum einen durch die Auswahl des Testverfahrens, zum anderen aber auch durch die Auswahl des Probandenkollektivs begründet sein. Bei den Nichtsportlern besteht eine signifikante Korrelation zwischen den Parametern Lendenwirbelsäulenbeweglichkeit und Gelenkfreiheit-Hüfte/Flexion. Die Dehnfähigkeit der Ischiokruralmuskulatur wirkt sich neben anderen Faktoren limitierend auf die beim SCHOBER-Test durchzuführende Rumpfvorbeuge aus. Die Nichtsportler, besonders die älteren Probanden, zeichnen sich durch eine im Vergleich zu den Kraft- und Ausdauersportlern höhere Flexionsfähigkeit des gestreckten Beines aus. Schlussfolgernd könnte man vermuten, dass ihre Lendenwirbelsäulenbeweglichkeit auch besser ist. Dies hat sich in der Untersuchung aber nicht bestätigt.

Bei der Betrachtung des Beweglichkeitsmaßes Gelenkfreiheit-Knie muss beachtet werden, dass das aktive Beugen und Halten des Knies nach hinten zum einen durch die Dehnfähigkeit der vorderen Oberschenkelmuskulatur und zum anderen durch die Kraftfähigkeit der Ischiokrural-muskulatur beeinflusst wird. Bei den älteren Probanden, sowohl der Ausdauer- als auch der Nichtsportler, scheint die Kraftfähigkeit der ischiokruralen Muskulatur im Alter nachzulassen. Somit fehlt ihnen mit großer Wahrscheinlichkeit die Kraft, den Unterschenkel noch näher an das Gesäß heranzuführen. Eine mögliche Ursache für das schlechtere Abschneiden der Kraftsportler innerhalb der Altersgruppe 1 ist wohl darin zu sehen, dass die Dehnfähigkeit der vorderen Oberschenkelmuskulatur zu gering ist beziehungsweise in diesem Bereich Muskelverkürzungen vorliegen. Es besteht kein Gleichgewicht zwischen den beiden oben genannten Faktoren.

Bezüglich der Gelenkfreiheit-Hüfte/Abduktion konnte bei allen Probanden festgestellt werden, dass die Abduktionsfähigkeit mit zunehmendem Alter abnimmt. Der leistungslimitierende Faktor bei der im Test durchzuführenden Seitgrätsche ist die Dehnfähigkeit der Adduktoren. Da es sich bei dieser Übung nicht um ein aktives Abspreizen und Halten des Beines in der Luft handelt, kann die Kraftfähigkeit der Abduktoren wohl außer Betracht gelassen werden. Ein weiterer begrenzender, bei unserer Untersuchung aber nicht feststellbarer Faktor, könnten degenerative Veränderungen im Hüftgelenk sein, die sich negativ auf die Spreizfähigkeit auswirken. Aufgrund der überdurchschnittlich guten Ergebnisse der Kraftsportler in Altersgruppe 1 gegenüber den anderen Probandengruppen ist die Vermutung zu unterstützen, dass die Kraftsportler im Bereich der Adduktoren Dehnübungen durchführten. Angaben über die Art ihrer Dehnprogramme bestätigen diese Vermutung.

Auch in der Altersgruppe 2 zeigt sich das oben genannte Ergebnis, obwohl nur einfach signifikante Unterschiede nachweisbar sind. Während die Unterschiede zwischen den Kraft- und Ausdauersportlern gering sind, sind die Unterschiede zu den Nichtsportlern dagegen beträchtlicher. Innerhalb der untersuchten Gruppen wirkt sich die sportliche Betätigung also fördernd auf die Abduktionsfähigkeit aus und erbringt somit höhere durchschnittliche Messergebnisse als bei den Nichtsportlern.

Die Gelenkfreiheit-Hüfte/Flexion bei den Kraft- und Ausdauersportlern lässt keine signifikanten Veränderungen im Alternsvorgang erkennen. Man könnte zur Begründung anführen, dass durch das Betreiben von Sport ein gewisses Beweglichkeitsniveau aufrechterhalten werden kann und gleichzeitig auch die Unterschiede zwischen den jüngeren und älteren Probanden nicht wesentlich sind. Vergleicht man aber die Mittelwerte der beiden Altersgruppen der Nichtsportler, so ergibt sich zu dem oben genannten ein gewisser Widerspruch. Die älteren

Probanden erzielen mit einer Fehlerwahrscheinlichkeit von <1% die höheren Messergebnisse. Möglicherweise ist jedoch der Muskeltonus bei älteren Nichtsportlern aufgrund von seltener kräftigender Tätigkeit relativ niedrig und die Muskulatur nur schwach ausgebildet. Um diese Hypothese verifizieren beziehungsweise widerlegen zu können, wären zusätzliche Messungen notwendig.

Des Weiteren bleibt die Frage offen, warum die Abduktionsfähigkeit erwartungsgemäß im Alter bei den Nichtsportlern zurückgeht, die Flexionsfähigkeit dagegen gegenläufige Tendenzen aufzeigte. Möglicherweise verhalten sich die Muskelgruppen unterschiedlich im Bezug auf altersbedingte Veränderungen.

Die Fähigkeit zur Hyperextension des Beines nimmt bei den Kraft- und den Nichtsportlern im Alternsvorgang ab, bei den Ausdauersportlern sind die Ergebnisse der beiden Altersgruppen nahezu identisch. Die möglichen Ursachen hierfür sind wohl in den die Hyperextension leistungsbestimmenden Faktoren zu suchen. Entscheidend für die Hyperextension im Hüftgelenk ist die Kraftfähigkeit des glutaeus maximus, der Ischiokruralmuskulatur und des erector trunci der Gegenseite und die Dehnfähigkeit des musculus iliopsoas. Ob nun eine Abschwächung des glutaeus maximus oder aber eine Psoasverkürzung oder möglicherweise beides die schlechteren Messergebnisse der Nichtsportler bedingen, ist nur mit entsprechenden Muskelfunktionstests feststellbar.

Bei allen Kollektiven ergeben sich hochsignifikante beziehungsweise signifikante lineare Zusammenhänge zwischen den Parametern Gelenkfreiheit-Knie und Gelenkfreiheit-Hüfte/ Flexion. Das bedeutet, dass mit zunehmenden Hüftgelenk-Flexionswerten auch die Werte der Gelenkfreiheit-Knie anstiegen, was mit abnehmender Beugefähigkeit im Knie gleichzusetzen ist. Die Flexionsfähigkeit ist gekennzeichnet durch die Dehnfähigkeit der Ischiokruralmuskulatur und die Gelenkfreiheit-Knie, mitunter durch deren Kraftfähigkeit. Die Ursache könnte in der Beziehung der Muskelfunktionen bestehen, so dass bei geringer aktiver Beugefähigkeit im Knie die Kraft und somit der Muskeltonus der ischiokruralen Muskulatur kleiner ist, was aber eine erhöhte Dehnfähigkeit derselben ermöglicht. Es wäre falsch, daraus den Schluss zu ziehen, dass die Beweglichkeit verbessert beziehungsweise erhalten werden kann, ohne dass man die Muskulatur durch kräftigende Übungen trainiert. Die Kraftfähigkeit der Muskulatur ist für das Sporttreiben notwendig. Das Ziel muss deshalb das Erreichen eines Gleichgewichts zwischen Dehnfähigkeit und Kraftfähigkeit muskulärer Strukturen sein, desgleichen natürlich auch zwischen Agonisten und Antagonisten.

Die einzelnen Beweglichkeitsparameter verhalten sich also recht unterschiedlich. Man kann nicht von einer konstanten altersspezifischen Abnahme der Beweglichkeit sprechen. Die Sportler erreichen in zwei Bereichen (Abduktionsfähigkeit und Hyperextensionsfähigkeit) die signifikant besseren Ergebnisse als die Nichtsportler.

3.5.2 Handdruckkraft

Die Handdruckkraft gilt als relativ aussagekräftiges Kriterium zur Beurteilung der allgemeinen Muskelkraft. Bei der Untersuchung der Handdruckkraft soll herausgefunden werden, ob zwischen den drei untersuchten Gruppen der Kraft-, Ausdauer- und Nichtsportler Unterschiede festgestellt werden können. Darüber hinaus ist von Interesse, inwieweit die Abnahme der Handdruckkraft im Alter in den untersuchten Gruppen differiert (Kap. 1.4.5).

3.5.2.1 Auswahl bisheriger Untersuchungen und deren Ergebnisse

Die Muskulatur nimmt bei einem jungen Mann am Gesamtgewicht des Körpers einen Anteil von circa 40% ein. NÖCKER [1980] spricht von 36 kg absolutem Muskelgewicht bei einem jungen Menschen, das sich auf 23 kg bei 70-Jährigen reduziert. BAUER [1983] bestätigt diese Werte. Übereinstimmend berichten verschiedene Autoren [NÖCKER, 1980; PROKOP und BACHL, 1984; ASTRAND, 1987; HOLLMANN und HETTINGER, 1990; SPRING et al., 1990], dass die Muskelkraft im Alter von ungefähr 20 bis 30 Jahren ihr Maximum erreicht hat. Danach ist mit zunehmendem Alter eine Abnahme der Muskelkraft zu verzeichnen. Nach ASTRAND [1987] beträgt die Muskelkraft bei 65-Jährigen noch etwa 80% ihrer Maximalkraft. HOLLMANN und HETTINGER [1990] machen vergleichbare Angaben. Sie ermittelten bei 65-Jährigen eine Muskelkraft, die rund 75% derjenigen der 20- bis 30-Jährigen beträgt. Abb. 110 zeigt die Ergebnisse von NÖCKER [1980].

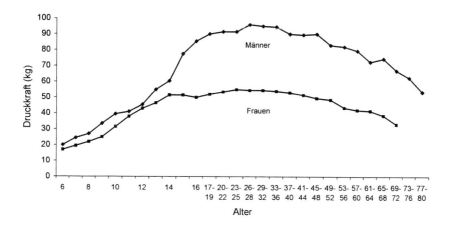

Abb. 110: Vergleich der absoluten Druckkraft der Hand bei Mann und Frau in den verschiedenen Alterstufen [NÖCKER, 1980]

Widersprüchliche Angaben findet man darüber, welche Teile der Muskulatur zuerst von der Kraftabnahme betroffen sind. PROKOP und BACHL [1984] sind der Ansicht, dass die Abnahme der Muskelkraft nicht in jedem Muskel gleich verläuft, sondern am deutlichsten bei den Beugemuskeln des Unterarms und jenen Muskeln, die den Körper aufrichten, auftritt. Im Widerspruch dazu ändert sich nach Untersuchungen von HOLLMANN [1976] die Kraft der Arm- und Rumpfmuskulatur vom 20. bis 65. Lebensjahr nicht signifikant.

In der Literatur ist unumstritten, dass die Trainierbarkeit der Muskelkraft altersbedingte Unterschiede aufweist. So liegt nach HOLLMANN und HETTINGER [1990] das Maximum der Trainierbarkeit beim Mann zwischen einem Alter von 15 und 25 Jahren. Mit fortschreitendem Alter kommt es zu einem Abfall der Werte. Die Trainierbarkeit der Muskelkraft eines 65- bis 70-jährigen Mannes entspricht annähernd der eines Kindes.

3.5.2.2   Ergebnisse unserer Untersuchung

Die Handkraft gibt Aufschluss über das Kraftniveau der Probanden. Hierbei zeichnen sich die Kraftsportler durch die absolut und relativ höchsten Werte der Probanden aus. Die Kraftsportler der Altersgruppe 1 haben eine Handkraft von 350,27 lbs* (s=63,83 lbs) und in der Altersgruppe 2 von 328,87 lbs (s=54,14 lbs). Diese Werte werden weder von den Ausdauer- noch von den Nichtsportlern annähernd erreicht. Der Mittelwert der Handkraft bei den Ausdauersportlern beträgt 298,94 lbs (s=61,37) für die Altersgruppe 1 und 261,73 lbs (s=48,29 lbs) für die Altersgruppe 2. Die Nichtsportler weisen im Durchschnitt eine Handkraft von 326,42 lbs (s=60,56 lbs) und 269,11 lbs (s=59,79 lbs) auf (Tab. 69).

Insgesamt nimmt die Handkraft im Alterungsprozess bei den Kraftsportlern mit 21,5 lbs am wenigsten, bei den Ausdauersportlern mit 37 lbs am zweitwenigsten und bei den Nichtsportlern mit 57 lbs am stärksten ab.

Tab. 69: Mittelwerte für die Handkraft (in lbs*) der Probanden

Handkraft (lbs)	Kraftsportler			Ausdauersportler			Nichtsportler		
	n	x	s	n	x	s	n	x	s
Altersgruppe 1	40	350,27	63,83	56	298,94	61,37	31	326,42	60,56
Altersgruppe 2	34	328,87	54,14	56	261,73	48,29	22	269,11	59,79

n=Anzahl der Probanden; x=Mittelwert; s=Standardabweichung

Der Mittelwert der älteren Kraftsportler ist sogar noch höher als derjenige der 31 bis 49 Jahre alten Nichtsportler. Der Unterschied zwischen Kraft- und Ausdauersportlern beziffert sich in der ersten Altersgruppe auf rund 51 lbs und steigt in Altersgruppe 2 auf 67 lbs an. In Altersgruppe 1 beträgt der Unterschied zwischen den Kraft- und den Nichtsportlern ca. 24 lbs und wächst auf 60 lbs in Altersgruppe 2.

---

* lbs (lat. libra = Waage) = Pfund (Gewichtseinheit von 500g)

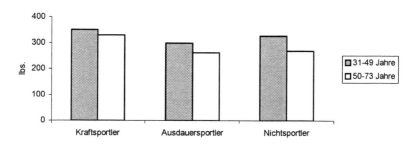

Abb. 111: Mittelwerte der Handkraft (in lbs) der Probanden

Vergleicht man die höchsten und niedrigsten Werte für die Handkraft bei unseren Probanden, so lassen sich folgende Zahlen ermitteln (Tab. 70):

Tab. 70: Kleinste und größte Werte der Handkraft (in lbs)

Handkraft (lbs)	Altersgruppe 1			Altersgruppe 2		
	Kraft-sportler	Ausdauer-sportler	Nicht-sportler	Kraft-sportler	Ausdauer-sportler	Nicht-sportler
Kleinste Werte	240	150	230	190	200	170
Größte Werte	470	440	460	425	400	420

Die kleinsten Werte findet man in der Altersgruppe 1 bei den Ausdauersportlern (150 lbs) und in der Altersgruppe 2 bei den Nichtsportlern (170 lbs). Dabei bildet der Wert von nur 150 lbs gewiss eine Ausnahme, denn der zweitkleinste Wert bei den Ausdauersportlern beträgt immerhin 190 lbs. Die Werte der Kraftsportler sind in beiden Altersgruppen relativ groß (240 beziehungsweise 190 lbs), was sich auch im größten Gruppenmittelwert niederschlägt (Abb. 111, 112 und Tab. 70).

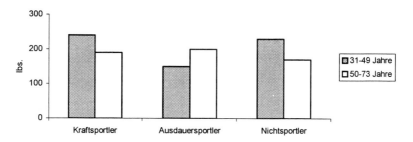

Abb. 112: Kleinste Werte der Handkraft (in lbs) der Probanden

Die größten Handkraftwerte einzelner Probanden wurden in Altersgruppe 1 und 2 bei den Kraftsportlern (470 beziehungsweise 425 lbs) gemessen, dicht gefolgt von den Nichtsportlern (460 beziehungsweise 420 lbs), und mit nur wenig kleineren Werten folgen die stärksten Ausdauersportler (440 beziehungsweise 400 lbs). Die Abnahme der Maximalwerte im Verlauf des Alterns ist bei allen drei Gruppen mit 40 lbs bei den Ausdauer- und bei den Nichtsportlern sowie 45 lbs bei Kraftsportlern in etwa gleich. Dabei wird auch erkennbar, dass die größten

180

Werte auch in der Altersgruppe 2 die Durchschnittswerte aller drei Gruppen sogar in der Altersgruppe 1 deutlich übertreffen (Abb. 113).

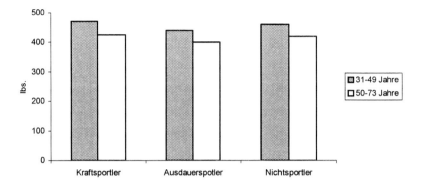

Abb. 113: Größte Werte der Handkraft (in lbs) der Probanden

Genauere Aussagen zur Beurteilung der maximalen und minimalen Werte der Probandengruppen können getroffen werden, wenn der prozentuale Anteil der Probanden an den Extremwerten betrachtet wird. Bei den Kraftsportlern in der Altersgruppe 1 liegen zwischen 400 und 470 lbs 34,1%, bei den Nichtsportlern 12,9% und bei den Ausdauersportlern mit nur 5,1% die wenigsten. In der Altersgruppe 2 verhält es sich ganz ähnlich. Zwischen 350 und 425 lbs erreichten 41,1% der Kraftsportler, 9% der Nichtsportler und 3,5% der Ausdauersportler (Abb. 114, 115).

Dem unteren Bereich der Altersgruppe 1 (150 bis 250 lbs) gehören nur 2,5% der Kraftsportler an. Bei den Ausdauersportlern sind es allerdings 27,9% und bei den Nichtsportlern 16,1%. In der Altersgruppe 2 ist mehr als die Hälfte der Ausdauersportler im Bereich von 170 bis 250 lbs angesiedelt, über ein Drittel der Nichtsportler, aber nur 5,8% der Kraftsportler (Abb. 114, 115).

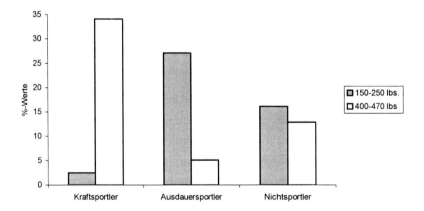

Abb. 114: Prozentuale Verteilung der Probanden der Altersgruppe 1 bzgl. der Handkraft

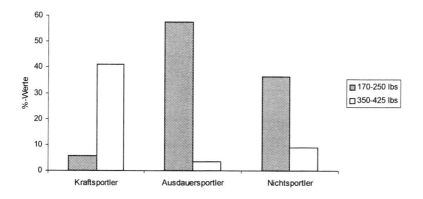

Abb. 115: Prozentuale Verteilung der Probanden der Altersgruppe 2 bzgl. der Handkraft

Für alle drei Gruppen gilt, dass die Handkraft im Gruppenmittel im Alterungsprozess sinkt. Dabei fällt vor allem auf, dass die Nichtsportler in der Altersgruppe 1 einen relativ hohen Wert (326,42 lbs) und eine große Differenz zu den Ausdauersportlern aufweisen, und dass dieser Unterschied in der Altersgruppe 2 fast nicht mehr vorhanden ist. Weiterhin ist zu sehen, dass sogar die Kraftsportler der Altersgruppe 2 ein größeres Gruppenmittel (328,87 lbs) aufweisen als die Nicht- und die Ausdauersportler der Altersgruppe 1 (Abb. 111).

Das Ausmaß der Abnahme der Handdruckkraft wird deutlich, wenn der jeweilige Mittelwert der Altersgruppe 1 als Ausgangswert gleich 100% gesetzt und der Wert für die Altersgruppe 2 in % des Ausgangswertes angegeben wird. Bei den Kraftsportlern geht die Handkraft im Mittel nur um 6,1% zurück. Diese geringe Abnahme muss mit den Trainingsinhalten und den damit verbundenen höheren Anforderungen an die Muskulatur erklärt werden. Durch diese Trainingsreize bleibt die Muskelkraft in höherem Maße erhalten als es dem altersgemäßen Rückgang für Untrainierte entspricht. Der Rückgang bei den Ausdauersportlern beträgt 12,4% und derjenige bei den Nichtsportlern 17,6% (Abb. 116).

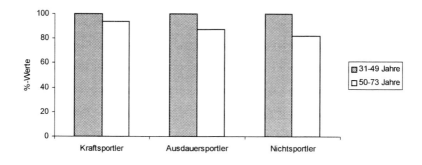

Abb. 116: Prozentualer Rückgang der Handkraft von AG 1 zu AG 2
(Bezugswert der Altersgruppe 1 = 100%)

3.5.2.2.1 Gruppenvergleiche

Die Kraftsportler unterscheiden sich in beiden Altersgruppen hochsignifikant von den Ausdauersportlern. Zwischen den Gruppenmitteln der Kraft- und der Nichtsportler besteht lediglich für die zweite Altersgruppe ein statistisch signifikanter Unterschied. Die Nichtsportler weisen in beiden Altersgruppen einen größeren Mittelwert für die Handkraft auf als die Ausdauersportler; jedoch ist dieser Unterschied in keinem der beiden Fälle signifikant (Tab. 71).

Tab. 71: Signifikanz der Mittelwertunterschiede bei der Handkraft der Probanden zwischen den Sportartengruppen der Kraft- (K), Ausdauer- (A) und Nichtsportler (N) unter Berücksichtigung der Altersgruppe (AG)

	K/A		K/N		A/N	
	AG 1	AG 2	AG 1	AG 2	AG 1	AG 2
Handkraft	0,000**	0,000**	0,130	0,002*	0,059	0,648

Signifikanzniveau: * = .01   ** = .001   Sig. = Signifikanz

Der in der Literatur beschriebene Rückgang der Muskelkraft nach dem etwa zwischen dem 20. und 30. Lebensjahr liegenden Höchstleistungsalter konnte mit dieser Studie am Beispiel der Handkraft bestätigt werden. Die Altersatrophie setzt bereits schon mit dem 30. Lebensjahr ein. Der Muskel des älteren Menschen ist aufgrund von Elastizitätsverlust und des Verlustes an Muskelfasern verletzungsanfälliger und schlechter trainierbar als der Muskel eines jüngeren Menschen. Umso erstaunlicher ist das hohe Kraftniveau, das sich die älteren Kraftsportler erhalten konnten.

Darüber hinaus wurde der Nachweis erbracht, dass ein Krafttraining den geschilderten Rückgang verlangsamen kann. Somit hat der ältere Mensch, wenn er ein entsprechendes Training betreibt, nicht nur als Seniorenwettkampfsportler, sondern auch im Alltag bei der Bewältigung der dabei anfallenden Tätigkeit gegenüber dem Inaktiven einen Vorteil. Denn die Kraft ist direkt abhängig vom Trainingszustand, der durch Umfang und Intensität, mit der eine bestimmte Muskelgruppe belastet wird, geprägt ist.

3.5.2.3   Unsere Ergebnisse im Überblick

Hinsichtlich der Handdruckkraft konnte eine ausgeprägte Sportart- und Altersabhängigkeit nachgewiesen werden. Sowohl bei den Kraftsportlern als auch bei den Ausdauer- und Nichtsportlern wurden in der Altersgruppe 1 größere Werte für die Handdruckkraft erzielt als in der Altersgruppe 2. Dieser auch in der Literatur angegebene Sachverhalt kann somit an unserem Probandenkollektiv für die Muskelkraft bestätigt werden.

Die Kraftsportler haben sowohl in der Altersgruppe 1 als auch in der Altersgruppe 2 die höchste Handkraft. Diese soll hierbei stellvertretend für die allgemeine Muskelkraft stehen. Bei den Kraftsportlern konnte mit Hilfe des Dynamometers eine mittlere Handdruckkraft von 350,27 lbs und 328,87 lbs ermittelt werden. Damit übertreffen sie die Nichtsportler (326,42 lbs beziehungsweise 269,11 lbs) geringfügig, die Ausdauersportler, die ca. 51 lbs in der Altersgruppe 1 und ca. 67 lbs in der Altersgruppe 2 hinter den für die Kraftsportler ermittelten Werten liegen, jedoch beträchtlich. Dieses Ergebnis ist für die Nichtsportler erstaunlich.

Physiologisch bedingt geht die Handkraft unabhängig von der sportlichen Aktivität oder Inaktivität mit zunehmendem Alter zurück. Durch Krafttraining kann jedoch die Größe des Rückgangs wesentlich geringer gehalten werden. So verloren die Kraftsportler im Mittel nur ca. 22 lbs ihrer Handkraft, die Ausdauersportler ca. 37 lbs, und die Nichtsportler erlitten den bedeutenden Verlust von 57 lbs. Prozentual ausgedrückt bedeutet dies für die Kraftsportler einen Verlust von 6,1%, für die Ausdauersportler 12,4% und für die Nichtsportler 17,6% ihrer ursprünglichen Handkraft. Nach MARTIN und JUNOD [1990] geht der Abbau der Muskelkraft umso schneller vor sich, je mehr die physische Aktivität der betreffenden Personen eingeschränkt ist. Bei den Ausdauersportlern geht der Verlust der Handdruckkraft nicht auf die Inaktivität zurück, sondern darauf, dass diese im Rahmen ihres Trainings weniger Krafttraining betreiben.

Die Bildreihen 1 bis 12 im Anhang zeigen Kraft-, Ausdauer- und Nichtsportler beider Altersgruppen mit den jeweils für sie gemessenen Leistungen ihrer Handdruckkraft.

3.6   Medizinisch-physiologische Untersuchung

Im Rahmen der Spirometrie in Ruhe werden mittels Vitalographie die Vitalkapazität, die Einsekundenkapazität und der Tiffeneau-Wert ermittelt. Darüber hinaus wird in den weiteren Untersuchungen mittels EKG, Fahrradspiroergometrie und Serologie der aktuelle Gesundheitszustand der Probanden erfasst. Abschließend soll versucht werden, mit Hilfe dieser Parameter die körperliche Leistungsfähigkeit der Kraft-, Ausdauer- und Nichtsportler in den Altersgruppen 1 und 2 zu bestimmen. Die konkreten Fragestellungen zu diesem Themenkomplex sind in Kapitel 1.4.6 zu finden.

3.6.1   Spirometrie in Ruhe

In diesem Kapitel soll untersucht werden, wie sich ausgewählte Lungenfunktionsparameter in den beiden Altersstufen verhalten und ob signifikante Unterschiede dieser Lungenfunktionswerte zwischen den drei untersuchten Gruppen festgestellt werden können. In diesem Zusammenhang steht auch die Frage nach dem Einfluss sportlicher Betätigung in Abhängigkeit vom Alter. Darüber hinaus soll untersucht werden, inwieweit und gegebenenfalls wie stark anthropometrische Maße mit den Funktionswerten der Lunge korrelieren, um damit die Verwendbarkeit bekannter Sollwerte für unsere Untersuchung zu prüfen.

3.6.1.1   Auswahl bisheriger Untersuchungen und deren Ergebnisse

Zahlreiche Studien haben verschiedene Einflussfaktoren auf die Lungenfunktion aufgezeigt. AMREIN et al. [1969] erfassten Einflüsse anthropometrischer Parameter auf Lungenfunktions-Parameter bei 1.200 berufstätigen Probanden im Alter zwischen 15 und 70 Jahren (Tab. 72).

Tab. 72: Statistische Sicherung der Einflüsse von Geschlecht, Alter, Körperhöhe und Relativgewicht auf verschiedene Lungenfunktionsparameter [AMREIN et al., 1969]

Lungenfunktionspar.	Geschlecht	Alter	Körperhöhe	Relativgewicht
Vitalkapazität	+++	+++	+++	+++
Residualvolumen	$\varnothing$	+++	+++	+++
Totalkapazität	+++	+++	+++	+
Funktionelle Residualkapazität	+++	+++	+++	+++
FEV$_1$% VC	+	+++	+++	$\varnothing$
Bronchialwiderstand	+++	$\varnothing$	$\varnothing$	+++

+ besser als p = 0,1;   +++ besser als p = 0,001; $\varnothing$ = kein signifikanter Einfluss

Nach AMREIN et al. [1969] spielt die Größe des Brustraumes für die Lungenfunktionswerte eine entscheidende Rolle. Allerdings kommt auch der Körperhöhe als Parameter für die Bestimmung von Vitalkapazität und Einsekundenkapazität besondere Bedeutung zu. Dieser Wert fließt auch in die Sollwertbestimmung der Vitalkapazität mit ein. Die Vitalkapazität und der FEV$_1$-Wert (Forciertes Exspirationsvolumen) steigen fast linear mit der Körperhöhe an. Im Gegensatz zu vielen anderen Autoren, die keinen Zusammenhang zwischen dem Tiffeneau-Wert und der Morphologie einer Person erkennen konnten, stellten AMREIN et al. [1969] fest, dass der Tiffeneau-Wert unter anderem von der Körperhöhe, aber nicht vom Relativgewicht abhängt. Seine Darstellung zeigt eine Zunahme des FEV$_1$% bei steigender Körperhöhe bis 186 cm. Bei größeren Probanden wurde eine Abnahme des FEV$_1$% festgestellt (Abb. 117).

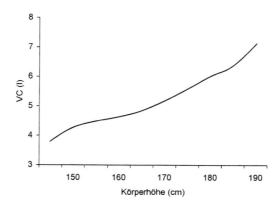

Abb. 117: Abhängigkeit der Vitalkapazität (in ml) von der Körperhöhe bei konstanten Größen des Relativgewichtes und des Alters [AMREIN et al., 1969]

HOLLMANN et al. [1970] weisen in einer Untersuchung darauf hin, dass der Tiffeneau-Test im siebten und achten Lebensjahrzehnt bei Sportlern einen auffallend besseren Wert anzeigt als bei Nichtsportlern.

LANG et al. [1979] ermittelten bei Aktiven und Alterssportlern einen deutlichen statistischen Zusammenhang zwischen der bei einem 5.000 m-Lauf erreichten Laufzeit und der Vitalkapazität. Sie gingen davon aus, dass im Gegensatz zum jüngeren Sportler beim Alterssportler eine gute Lungenfunktion stärker leistungsbestimmend ist. Darüber hinaus kommt der verbesserten Ausatmung eine entscheidende Bedeutung für die Erhöhung der Vitalkapazität im höheren Lebensalter bei Sportlern gegenüber Nichtsportlern zu. Ebenso werden durch das sportliche Training die Atrophie der Atemmuskeln, der zunehmende Elastizitätsverlust des Thorax sowie andere altersbedingte degenerative Veränderungen verlangsamt. Das regelmäßige Sporttreiben verzögert somit den Rückgang der Leistungsfähigkeit des pulmonalen Systems (Abb. 118).

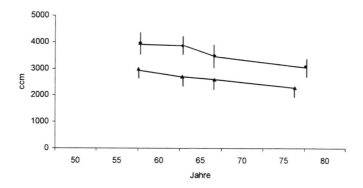

Abb. 118: Änderung der Vitalkapazität (Angabe von Mittelwert und Streubreite) im höheren Lebensalter (vom 60. bis zum 80. Lebensjahr) bei Trainierten (o) und Untrainierten (Λ) [LANG et al., 1979]

LANG et al. [1979] gelangten in ihrer Studie zu dem Schluss, dass es mit zunehmendem Alter sowohl in der Gruppe der Ausdauertrainierten als auch der Untrainierten zu einer Abnahme des FEV_1-Wertes kommt. Hierbei lagen die Mittelwerte in der Gruppe der sportlich Aktiven in allen Altersgruppen signifikant höher als bei den sportlich Inaktiven (Abb. 119). Untersuchungen von PROKOP und BACHL [1984] sowie von ISRAEL und WEIDNER [1988] bestätigten dies. Hingegen stellten LIESEN und HOLLMANN [1981] sowie BRINGMANN [1985] selbst im höheren Alter keine Unterschiede der absoluten Einsekundenkapazität zwischen Sportlern und Nichtsportlern fest.

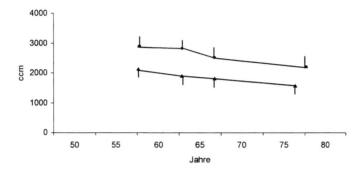

Abb. 119: Änderung des FEV_1-Wertes (Angabe von Mittelwert und Streubreite) im höheren Lebensalter (vom 60. bis 80. Lebensjahr) bei Trainierten (o) und Untrainierten (∧) [LANG, 1979]

LANG [1979] sowie LIESEN und HOLLMANN [1981] stellten selbst bei langjähriger Trainings-tätigkeit keine trainingsbedingten Veränderungen des Tiffeneau-Wertes fest. Der Tiffeneau-Wert unterscheidet sich auch nach ISRAEL und WEIDNER [1988] zwischen Sportlern und Nichtsport-lern nicht signifikant (Abb. 120).

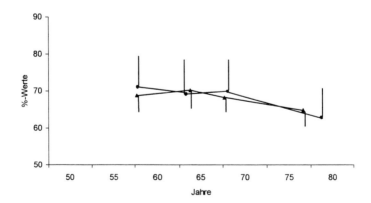

Abb. 120: Änderung des Tiffeneau-Wertes (Angabe von Mittelwert und Streubreite) im höheren Lebensalter (vom 60. bis 80. Lebensjahr) bei Trainierten (o) und Untrainierten (∧) [LANG, 1979]

BAUMGARTL et al. [1984] haben in ihrer Untersuchung bei zwei Radfahrergruppen in mittlerem Erwachsenenalter keinen Einfluss des Sports auf die Lungenfunktion festgestellt. PROKOP und BACHL [1984] zeigten die Zunahme der Vitalkapazität im jugendlichen Alter und die Abnahme derselben ab dem dritten Dezennium (Abb. 121). CHOWANETZ und SCHRAMM [1981] beschrieben sogar eine jährliche VC-Reduzierung ab dem 3. Lebensjahrzehnt um 25 ml. Seniorensportler, die erst nach dem 40. bis 50. Lebensjahr mit regelmäßiger Ausdauerschulung begannen, hatten im höheren Alter zumeist geringfügige Veränderungen der Vitalkapazität, jedoch bessere Tiffeneau-Werte.

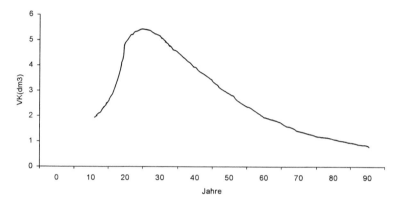

Abb. 121: Vitalkapazität im Alter [PROKOP und BACHL, 1984]

Nach ISRAEL und WEIDNER [1988] gilt es als gesichert, dass das körperliche Training eine Erhöhung der Vitalkapazität um 0,5 bis 1 l, vor allem im fortgeschrittenen Alter, bewirken kann. Sowohl bei den Untrainierten als auch bei den körperlich Trainierten ließ sich mit zunehmendem Alter eine Abnahme der durchschnittlichen Vitalkapazität nachweisen. Diese lag allerdings bei Sportlern auf einem höheren Niveau. Im jüngeren Lebensalter waren keine nennenswerten Veränderungen der Vitalkapazität zu erkennen (Abb. 122).

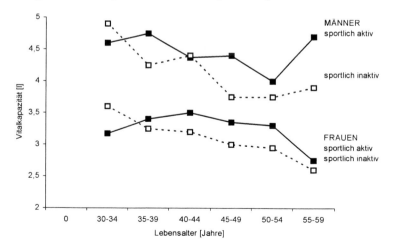

Abb. 122: Vitalkapazität bei sportlich inaktiven und sportlich aktiven Personen im Alter zwischen 30 und 60 Jahren [ISRAEL und WEIDNER, 1988]

ISRAEL und WEIDNER [1988] verzeichneten mit zunehmendem Alter ein flaches, fast lineares Abfallen des Tiffeneau-Wertes, wobei die 30- bis 40-Jährigen ca. 79% und die 50- bis 60-Jährigen nur noch ca. 73% aufwiesen. Die absolute Sekundenkapazität (FEV$_1$) nahm im Durchschnitt den gleichen Verlauf wie die Vitalkapazität. Es kam sowohl in der Gruppe der Trainierten als auch bei den Nichtsportlern zu einer Senkung des FEV$_1$-Wertes mit zunehmendem Alter, doch lag auch hier der Wert der sportlich Aktiven im Mittel höher als derjenige der sportlich Inaktiven.

Bezüglich des Tiffeneau-Wertes kam es in allen Altersgruppen zu keinen nennenswerten Veränderungen durch das Betreiben eines sportlichen Trainings. Der altersbedingte Rückgang des Tiffeneau-Wertes setzte im vierten Lebensjahrzehnt ein und erfasste sowohl die Nichtsportler als auch die sportlich Aktiven. Da die Berechnung des Tiffeneau-Wertes bei den Trainierten von einem höheren Wert des FEV$_1$ und der VC ausging als bei den Nichtsportlern, brachte der Relativwert keine signifikanten Unterschiede (Abb. 123).

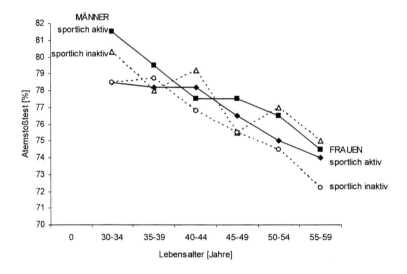

Abb. 123: Tiffeneau-Wert bei sportlich inaktiven und sportlich aktiven Personen
im Alter zwischen 30 und 60 Jahren [ISRAEL und WEIDNER, 1988]

3.6.1.2   Ergebnisse unserer Untersuchung

Wie schon in Kapitel 2.2.6.1 beschrieben, erfolgte zur Untersuchung der Lungenfunktionswerte zusätzlich eine Aufteilung der Probanden nach Körperhöhe. Somit ergeben sich für die Untersuchung der Lungenfunktionswerte vier Untersuchungsgruppen:

Untersuchungsgruppe 1:   Altersgruppe 1 (31-49 Jahre)   Körperhöhe 156,0-174,5 cm

Untersuchungsgruppe 2:   Altersgruppe 2 (50-73 Jahre)   Körperhöhe 156,0-174,5 cm

Untersuchungsgruppe 3:   Altersgruppe 1 (31-49 Jahre)   Körperhöhe 175,0-189,0 cm

Untersuchungsgruppe 4:   Altersgruppe 2 (50-73 Jahre)   Körperhöhe 175,0-189,0 cm

Die Tabellen 73 und 74 zeigen die Mittelwerte der Lungenfunktionswerte im Überblick. Dabei gelten folgende Abkürzungen:

VC (l)   = Vitalkapazität in Liter
FEV_1 (l)= Einsekundenkapazität in Liter
FEV_1% = Tiffeneau-Wert

Tab. 73: Mittelwerte der ausgewählten Lungenfunktionsparameter in den Untersuchungsgruppen 1 und 2
(Körperhöhe: 156,0 bis 174,5 cm)

Lungen-funktions-parameter	UG	Kraftsportler (n=36)			Ausdauersportler (n=60)			Nichtsportler (n=27)		
		n	x	s	n	x	s	n	x	s
VC (l)	1	20	5,01	0,521	25	4,75	0,557	13	4,85	0,676
	2	16	4,49	0,660	35	4,64	0,683	14	3,81	0,583
FEV_1 (l)	1	20	4,05	0,452	25	3,73	0,385	13	3,98	0,454
	2	16	3,38	0,680	35	3,59	0,565	14	2,90	0,489
FEV_1%	1	20	81,05	5,196	25	79,04	4,987	13	82,69	6,074
	2	16	75,13	9,266	35	77,43	7,808	14	76,57	5,801

n = Anzahl der Probanden; x = Mittelwert; s = Standardabweichung

Tab. 74: Mittelwerte der ausgewählten Lungenfunktionsparameter in den Untersuchungsgruppen 3 und 4
(Körperhöhe: 175,0 bis 189,0 cm)

Lungen-funktions-parameter	UG	Kraftsportler (n=37)			Ausdauersportler (n=51)			Nichtsportler (n=26)		
		n	x	s	n	x	s	n	x	s
VC (l)	3	20	5,73	0,582	31	5,69	0,485	18	5,02	0,688
	4	17	4,83	0,599	20	5,24	0,543	8	4,50	0,641
FEV_1 (l)	3	20	4,57	0,438	31	4,45	0,446	18	3,89	0,795
	4	17	3,72	0,761	20	4,03	0,505	8	3,35	0,660
FEV_1%	3	20	80,00	5,120	31	79,57	6,611	18	77,11	9,158
	4	17	76,41	10,572	20	76,95	5,781	8	74,38	9,195

n = Anzahl der Probanden; x = Mittelwert; s = Standardabweichung

3.6.1.2.1 Vitalkapazität

Der Mittelwert der Vitalkapazität bei den Kraftsportlern in Untersuchungsgruppe 1 liegt mit 5,01 l (s=0,521 l) signifikant höher als der Mittelwert der Untersuchungsgruppe 2 mit 4,49 l (s=0,660 l). Die VC-Mittelwerte der Untersuchungsgruppe 3 (x=5,73 l; s=0,582 l) und 4 (x=4,83 l; s=0,599 l) sind durch einen noch stärkeren Unterschied statistisch auffallend und mit einer Irrtumswahrscheinlichkeit von unter 1% gesichert. Das bedeutet, dass sowohl bei den Kraftsportlern mit einer Körperhöhe von 156,0 bis 174,5 cm als auch bei denen mit einer Körperhöhe von 175,0 bis 189,0 cm die Vitalkapazität mit zunehmendem Alter abnimmt. Besonders deutlich ist die Abnahme bei den größeren Kraftsportlern (Tab. 73 und 74).

Betrachtet man die Häufigkeitsverteilung der Kraftsportler bezüglich der Vitalkapazität, so lässt sich feststellen, dass in beiden Körperhöhengruppen nur die älteren Kraftsportler Werte unter 4,01 l aufweisen. In Untersuchungsgruppe 4 sind es 11,8% und in Untersuchungsgruppe 2 sogar 37,5%. Bei den Kraftsportlern mit einer Körperhöhe von 156,0 bis 174,5 cm hat kein Sportler eine Vitalkapazität von >6,00 l. Die jüngeren Athleten verteilen sich gleichmäßig zu jeweils 50% auf die mittleren Bereiche. Bei den älteren Kraftsportlern konzentriert sich der größte Anteil (43,7%) auf den Bereich von 4,01 bis 5,00 l. 18,8% werden dem Bereich 5,01 bis 6,00 l zugeordnet (Abb. 124).

190

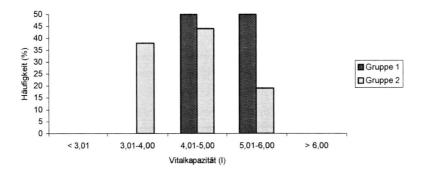

Abb. 124: Vitalkapazität der Kraftsportler mit einer Körperhöhe von 156,0 bis 174,5 cm
in beiden Altersgruppen

Bei den größeren Kraftsportlern sind höhere Vitalkapazitätwerte häufiger. 95% aller Probanden der Untersuchungsgruppe 3 haben eine Vitalkapazität von über 5,00 l; davon gehören 70% dem Bereich 5,01 bis 6,00 l an, 25% weisen eine Vitalkapazität von >6,00 l auf. In der Untersuchungsgruppe 4 sind die meisten Probanden (47%) wie in Untersuchungsgruppe 3 im Bereich von 5,01 bis 6,00 l zu finden. 41,2% der Untersuchungsgruppe 4 haben eine Vitalkapazität zwischen 4,01 bis 5,00 l (Abb. 125).

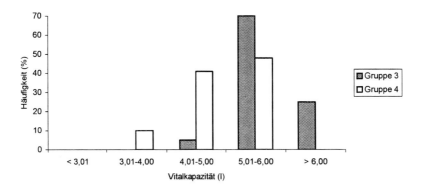

Abb. 125: Vitalkapazität der Kraftsportler mit einer Körperhöhe von 175,0 bis 189,0 cm
in beiden Altersgruppen

Bei den Ausdauersportlern mit einer Körperhöhe von 156,0 bis 174,5 cm zeigen sich im Alterungsprozess keine wesentlichen Differenzen bezüglich der Vitalkapazität. In Untersuchungsgruppe 1 beträgt die Vitalkapazität im Durchschnitt 4,75 l (s=0,557 l) und in Untersuchungsgruppe 2 4,64 l (s=0,683 l). Dem entgegen sind bei den Ausdauersportlern der Körperhöhengruppe 175,0 bis 189,0 cm hochsignifikante Veränderungen festzustellen. Mit zunehmendem Alter nimmt die Vitalkapazität von durchschnittlich 5,69 l (s=0,485 l) in Untersuchungsgruppe 3 auf 5,24 l (s=0,543 l) in Untersuchungsgruppe 4 ab (Tab. 73 und 74).

Hinsichtlich der Häufigkeitsverteilung zeigen sich in den Untersuchungsgruppen 1 und 2 ebenfalls kaum Unterschiede. In beiden Gruppen liegt die Mehrzahl der Probanden (60%) im Referenzbereich von 4,01 bis 5,00 l (Abb. 126). Dagegen zeichnet sich bei den Untersuchungsgruppen 3 und 4 eine deutliche Verschiebung der Häufigkeitsverteilung im Alterungsprozess ab.

Alle größeren Ausdauersportler haben eine Vitalkapazität von über 4,01 l. Starke Differenzen zeigen sich vor allem im Referenzbereich 4,01 bis 5,00 l. Die älteren Ausdauersportler sind hier mit 30%, die jüngeren nur mit 6,5% vertreten. Im Intervall 5,01 bis 6,00 l sind die jüngeren Ausdauersportler mit 74,2% führend; das sind ca. 20% mehr als bei den älteren Ausdauersportlern (Abb. 127).

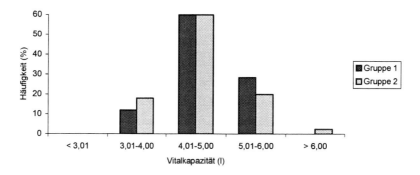

Abb. 126: Vitalkapazität der Ausdauersportler mit einer Körperhöhe von 156,0 bis 174,5 cm in beiden Altersgruppen

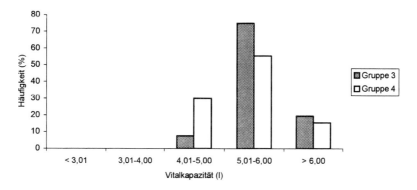

Abb. 127: Vitalkapazität der Ausdauersportler mit einer Körperhöhe von 175,0 bis 189,0 cm in beiden Altersgruppen

Der VC-Mittelwert bei den Nichtsportlern der Untersuchungsgruppe 1 liegt mit 4,85 l (s=0,676 l) signifikant über dem der Untersuchungsgruppe 2 mit 3,81 l (s=0,583 l). Statistisch nicht gesichert ist der Unterschied des Mittelwertes in Untersuchungsgruppe 3 (x=5,02 l; s=0,688 l) und 4 (x=4,50 l; s=0,641 l), obwohl eine fallende Tendenz des Mittelwertes im Alterungsprozess mit einer Differenz von über 500 ml deutlich ist (Tab. 73 und 74).

In den Untersuchungsgruppen 1 und 2 sind im Intervall 3,01 bis 4,00 l nur 7,7% der jüngeren, aber 50% der älteren Nichtsportler vertreten. Die Mehrheit (60%) der jüngeren Ausdauersportler mit einer Körperhöhe von 156,0 bis 174,5 cm hat eine Vitalkapazität zwischen 4,01 bis 5,00 l; wobei aber noch 30,8% zwischen 5,01 bis 6,00 l und 7,7% > 6,00 l aufweisen. Keiner der älteren Ausdauersportler mit einer entsprechenden Körperhöhe hat eine Vitalkapazität über 5,00 l (Abb. 128).

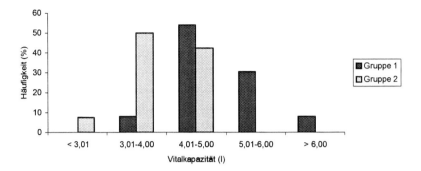

Abb. 128: Vitalkapazität der Nichtsportler mit einer Körperhöhe von 156,0 bis 174,5 cm
in beiden Altersgruppen

Eine ähnliche Tendenz ist in den Untersuchungsgruppen 3 und 4 zu beobachten; wobei die durchschnittlichen Vitalkapazitätswerte deutlich höher liegen. In dem Bereich von 3,01 bis 4,00 l sind 25% der Ausdauersportler aus Untersuchungsgruppe 3 und nur 5,6% aus Untersuchungs-gruppe 4 zu finden. 50% der älteren Ausdauersportler mit einer Körperhöhe von 175,0 bis 189,0 cm weisen eine Vitalkapazität zwischen 4,01 bis 5,00 l auf im Gegensatz zu 38,9% der Untersuchungsgruppe 3. Eine Vitalkapazität von über 5,00 l haben 55,5% der Ausdauersportler aus Untersuchungsgruppe 3 (davon 5,5% über 6,00 l) und nur 25% der Untersuchungsgruppe 4 (Abb. 129).

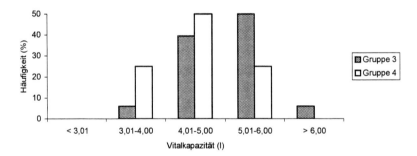

Abb. 129: Vitalkapazität der Nichtsportler mit einer Körperhöhe von 175,0 bis 189,0 cm
in beiden Altersgruppen

Setzt man die ermittelten Vitalkapazitätswerte der Probanden in Bezug zu den im Spirometer integrierten zugehörigen Sollwerten nach GARBE [1975], so ergibt sich im Vergleich der Gruppen ein interessantes Bild. Die Werte der jüngeren Kraftsportler beider Körperhöhen-gruppen liegen fast ausschließlich in den Bereichen über 104%. In Untersuchungsgruppe 2 ist die Mehrheit der Kraftsportler ebenfalls in den Bereichen über 104% zu finden; lediglich in Untersuchungsgruppe 4 sind die Probanden nahezu gleichmäßig auf alle Bereiche verteilt. Bei den Ausdauersportlern haben die anteilmäßig meisten Probanden eine Vitalkapazität von über 114% des Sollwertes. Die Mehrheit der Nichtsportler erreicht in allen vier Untersuchungs-gruppen höchstens 104% des Sollwertes. Der Anteil der Probanden mit einer Vitalkapazität von <95% des Sollwertes ist in allen Untersuchungsgruppen verhältnismäßig groß (Abb. 130 und 131).

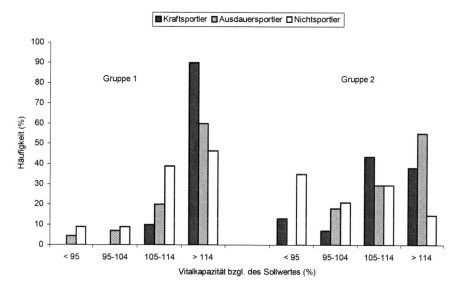

Abb. 130: Vitalkapazität bzgl. des Sollwertes bei den Probanden (der Untersuchungsgruppen 1 und 2)
mit einer Körperhöhe 156,0 bis 174,5 cm

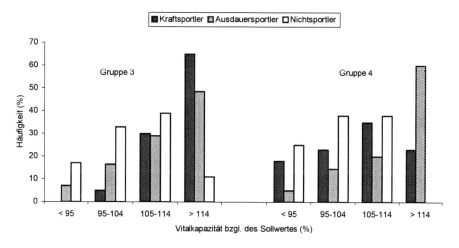

Abb. 131: Vitalkapazität bzgl. des Sollwertes bei den Probanden (der Untersuchungsgruppen 3 und 4)
mit einer Körperhöhe 175,0 bis 189,0 cm

Der statistische Vergleich der Gruppen zeigt, dass sich die Mittelwerte der Vitalkapazität in
Altersgruppe 3 zwischen Kraft- und Ausdauersportlern nicht signifikant, zwischen Kraft-
beziehungsweise Ausdauersportlern und Nichtsportlern aber hochsignifikant unterscheiden.
Demgegenüber zeigen sich beim Mittelwertsvergleich der Körperlängengruppen von 156,0 bis
174,5 cm weder in Untersuchungsgruppe 1 noch in Untersuchungsgruppe 2 sichere Unterschiede. Grund für unterschiedliche Ergebnisse sind jedoch mit großer Wahrscheinlichkeit die
noch zu breit gefächerten Gruppeneinteilungen (zwei Alters- und zwei Körperhöhengruppen). Es

kann also angenommen werden, dass vor allem bei den Kraftsportlern die Probanden in Untersuchungsgruppe 1 verhältnismäßig dicht an der 50-Jahre-Grenze liegen.

Bei den älteren Untersuchungsgruppen ist aus den Abbildungen 130 und 131 ersichtlich, dass die Ausdauersportler individuell höhere Vitalkapazitätswerte aufweisen als die Kraftsportler. Die Ausdauertrainierten haben einen um 700 bis 800 ml höheren Mittelwert als die Nichttrainierten. Diese Feststellung kann statistisch belegt werden. Ebenso ist der Mittelwert der Kraftsportler von Untersuchungsgruppe 4 um 300 ml (nicht signifikant), in Untersuchungsgruppe 2 um 700 ml (hochsignifikant) höher als bei den Nichtsportlern. Beim Vergleich der Kraftsportler mit den Ausdauersportlern ergeben sich bei den Ausdauertrainierten um 200 bis 400 ml höhere Vitalkapazitätswerte.

Die Erkenntnisse der vorliegenden Untersuchung stimmen mit den Ergebnissen von LANG [1979], MAUD et al. [1981] sowie ISRAEL und WEIDNER [1988] überein, die der regelmäßigen sportlichen Betätigung einen deutlichen Einfluss auf die Vitalkapazität zuschreiben und finden, dass dieser Einfluss mit fortschreitendem Lebensalter stärker hervortritt. Für die Erhöhung der Vitalkapazität bei jüngeren sportlich Aktiven im Kraft- oder Ausdauerbereich gegenüber gleichaltrigen sportlich Inaktiven wird die verbesserte Ausatmung sowie eine durch Belastungen stärker ausgebaute Atemmuskulatur verantwortlich gemacht. Allerdings ist es laut einiger Autoren auch möglich, die Vitalkapazitätswerte mit Hilfe eines Atemtrainings entscheidend zu steigern.

Die Werte der Vitalkapazität weisen darauf hin, dass das Ausdauertraining gerade im Alter ein günstiges Mittel darstellt, um den degenerativen Veränderungen des Brustraumes und des Lungengewebes entgegenzuwirken. Die geringste Abnahme der Vitalkapazität zeigt sich bei den Ausdauersportlern. Der positive Einfluss des Krafttrainings bezüglich der Vitalkapazität ist nicht erkennbar. In diesem Punkt stimmen die Ergebnisse von HEISS [1964] mit denen der vorliegenden Untersuchung überein, jedoch kann die Hypothese von HEISS [1964], dass Dauerleistungen mehr als Kraftleistungen die Vitalkapazität fördern, bei den jüngeren Gruppen nicht bestätigt werden.

Bezüglich der Untersuchung von BIERSTECKER, N. und BIERSTECKER, A. [1985], die keine Veränderung der Vitalkapazität durch sportliches Training in jüngeren Jahren erkannt haben, können durch diese Untersuchung aufgrund der davon abweichenden Untersuchungsgruppen-einteilung keine Aussagen getroffen werden. Die Aussage von CHOWANETZ und SCHRAMM [1981], die eine Abnahme der Vitalkapazität von etwa 25 ml pro Lebensjahr prognostizieren, kann nicht bestätigt werden.

3.6.1.2.2   Einsekundenkapazität

Die Mittelwerte der Einsekundenkapazität unterscheiden sich in den Altersgruppen der Kraft-sportler sehr stark voneinander. Die Einsekundenkapazität der Untersuchungsgruppe 1 beträgt im Mittel 4,05 l (s=0,452 l) und liegt somit mehr als 600 ml über dem Mittelwert der Untersuchungsgruppe 2 (x=3,38 l; s=0,680 l). Bei den Kraftsportlern mit einer Körperhöhe von 175,0 bis 189,0 cm ist der Mittelwert des FEV_1-Wertes in Untersuchungsgruppe 3 (x=4,57 l; s=0,438 l) sogar um über 800 ml höher als derjenige der Untersuchungsgruppe 4 (s=3,72 l; s=0,761 l). Somit lässt sich sagen, dass die Einsekundenkapazität mit zunehmendem Alter abnimmt (Tab. 73 und 74).

Bei der Betrachtung der Häufigkeitsverteilung ergibt sich bei den Kraftsportlern für die Einsekundenkapazität ein ähnliches Bild wie bei der Vitalkapazität; allerdings sind die Werte durchschnittlich einem niedrigeren Referenzbereich (1 l weniger) zuzuordnen. Die Kraftsportler der Untersuchungsgruppe 1 verteilen sich gleichmäßig zu jeweils 50% auf die Bereiche 3,01 bis

4,00 l und 4,01 bis 5,00 l. In Untersuchungsgruppe 2 haben ebenfalls 50% der Kraftsportler eine Vitalkapazität zwischen 3,01 bis 4,00 l; aber über 30% erreichen nur Werte bis 3,01 l. In Untersuchungsgruppe 3 – also bei den größeren Kraftsportlern – findet sich die Mehrheit der Probanden (>80%) in dem Referenzbereich 4,01 bis 5,00 l wieder, nur sehr wenige Probanden erreichen höhere oder niedrigere Werte. Weniger als die Hälfte der Kraftsportler in Untersuchungsgruppe 4 haben eine Vitalkapazität von über 4,00 l und unter 5,01 l (Abb. 132 und 133).

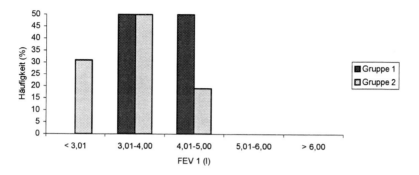

Abb. 132: Einsekundenkapazität der Kraftsportler mit einer Körperhöhe von 156,0 bis 174,5 cm in beiden Altersgruppen

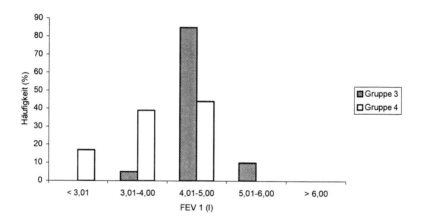

Abb. 133: Einsekundenkapazität der Kraftsportler mit einer Körperhöhe von 175,0 bis 189,0 cm in beiden Altersgruppen

Bei den Ausdauersportlern zeigt sich hinsichtlich der Mittelwerte der Einsekundenkapazität folgendes Bild. Die Untersuchungsgruppen 1 (x=3,73 l; s=0,385 l) und 2 (x=3,59 l; s=0,565 l) zeigen keine statistisch gesicherten Veränderungen des FEV_1-Wertes im Alterungsprozess, obwohl eine Reduzierung der Einsekundenkapazität zu verzeichnen ist. Dahingegen unterscheiden sich die Mittelwerte der Einsekundenkapazität der Untersuchungsgruppe 3 (x=4,45 l; s=0,446 l) statistisch gesehen sehr stark von denen der Untersuchungsgruppe 4 (x=4,03 l; s=0,505 l), so dass bci dcn Ausdaucrsportlern mit einer Körperhöhe zwischen 175,0 bis 189,0 cm von einer altersbedingten Abnahme der Einsekundenkapazität zu sprechen ist (Tab. 73 und 74).

Ähnlich wie bei den Kraftsportlern liegt die Einsekundenkapazität der Ausdauersportler der Untersuchungsgruppe 1 zwischen 3,00 l und 5,00 l, wobei die Mehrheit (>70%) unter 4,00 l liegt. Die ältere Vergleichsgruppe zählt 17,1%, die weniger als 3,01 l in der ersten Sekunde forciert ausgeatmet haben (Abb. 134).

Eine stärkere Polarisierung zeigt der Vergleich der Untersuchungsgruppen 3 und 4. Während die Spitzenhäufigkeit der jüngeren Ausdauersportler eindeutig im Intervall 4,01 bis 5,00 l mit 73,3% wieder zu finden ist, sind 55% der älteren Gruppe im Intervall 3,01 bis 4,00 l zu finden. Die Häufigkeit der älteren Ausdauertrainierten fällt von da an stufenweise bis auf 5% im Referenzbereich 5,01 bis 6,00 l (Abb. 135).

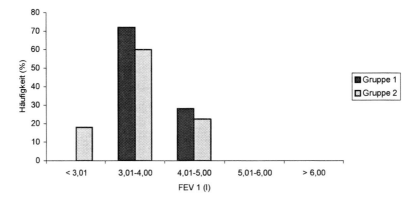

Abb. 134: Einsekundenkapazität der Ausdauersportler mit einer Körperhöhe von
156,0 bis 174,5 cm in beiden Altersgruppen

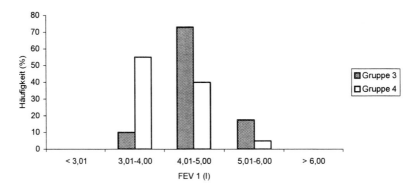

Abb. 135: Einsekundenkapazität der Ausdauersportler mit einer Körperhöhe von
175,0 bis 189,0 cm in beiden Altersgruppen

In der Gruppe der Nichtsportler ist die Abnahme der Einsekundenkapazität im Alternsvorgang von 3,98 l (s=0,454 l) der Untersuchungsgruppe 1 auf 2,90 l (s=0,489 l) der Untersuchungsgruppe 2 hochsignifikant. Beim Vergleich der Untersuchungsgruppen 3 (x=3,89 l; s=0,795 l) und 4 (x=3,35 l; s=0,660 l) stellt sich kein signifikanter Unterschied heraus, obwohl eine Abnahme des FEV_1-Wertes von 500 ml zu erkennen ist (Tab. 73 und 74).

Beim Vergleich der Häufigkeitsverteilung der Einsekundenkapazität der Untersuchungsgruppen 1 und 2 zeigt sich, dass die älteren Nichttrainierten im Referenzbereich <3,01 l mit 57,1% ihre größte Häufigkeit verzeichnen und sich im Intervall 3,01 bis 4,00 l die verbleibenden 42,9% aufhalten. Alle Nichtsportler der Untersuchungsgruppe 1 erreichen einen FEV_1-Wert, der mindestens 3,01 l beträgt. In den Intervallen 4,01 bis 5,00 l und 5,01 bis 6,00 l sind sogar 38,5% vertreten (Abb. 136).

Auch in Abb. 137 zeigt sich eine Abnahme der Einsekundenkapazität im Alterungsprozess. Die stärkere Repräsentanz der älteren Nichtsportler in den unteren FEV_1-Werten ist auffallend.

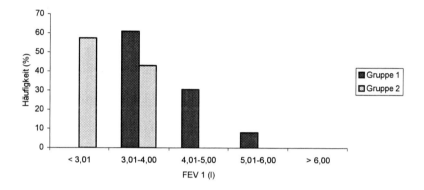

Abb. 136: Einsekundenkapazität der Nichtsportler mit einer Körperhöhe von 156,0 bis 174,5 cm in beiden Altersgruppen

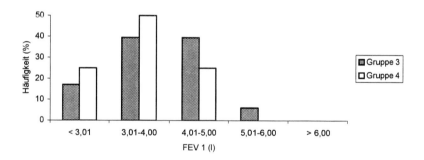

Abb. 137: Einsekundenkapazität der Nichtsportler mit einer Körperhöhe von 175,0 bis 189,0 cm in beiden Altersgruppen

Betrachtet man die FEV_1-Werte der Probanden in Relation zu ihren Sollwerten, so zeigt sich, dass die meisten Probanden über 50% des Sollwertes liegen. In Untersuchungsgruppe 1 liegen die Werte der Kraftsportler sogar zu 114% über dem Sollwert (Abb. 138). Insgesamt ist festzustellen, dass die Kraftsportler in den jüngeren Untersuchungsgruppen wesentlich höhere FEV_1-Werte erzielen als die Ausdauer- und Nichtsportler. In Untersuchungsgruppe 1 zeigt sich eine signifikante Unterscheidung zwischen den Kraft- und Ausdauertrainierten. Dagegen sind in Untersuchungsgruppe 3 zwischen den Kraft- und Ausdauersportlern zu den Nichtsportlern hochsignifikante beziehungsweise signifikante Differenzen zu erkennen (Abb. 139).

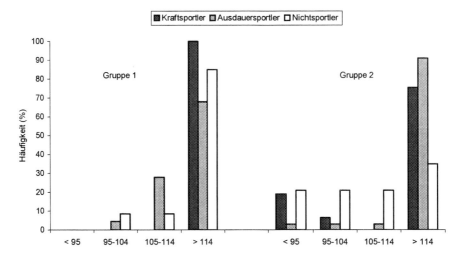

Abb. 138: Einsekundenkapazität bzgl. des Sollwertes bei den Probanden (der Untersuchungsgruppen 1 und 2) mit einer Körperhöhe von 156,0 bis 174,5 cm

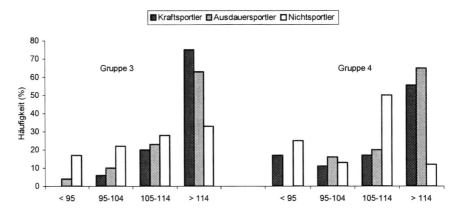

Abb. 139: Einsekundenkapazität bzgl. des Sollwertes bei den Probanden (der Untersuchungsgruppen 3 und 4) mit einer Körperhöhe von 175,0 bis 189,0 cm

Die Veränderung der Einsekundenkapazität im höheren Lebensalter unter Berücksichtigung eines sportlichen Trainings ist nur von wenigen Autoren untersucht worden. Die Ergebnisse von ISRAEL und WEIDNER [1988], PROKOP und BACHL [1984] sowie LANG [1979] stimmen mit denen der vorliegenden Untersuchung überein. Der Sport, vor allem im Ausdauerbereich, wirkt offenbar den degenerativen Veränderungen entgegen. Die verstärkte ständige Beanspruchung des Atmungssystems scheint dieses dynamischer und aktiver zu erhalten. Die unterschiedliche Ausprägung der Einsekundenkapazität bei den Sportlern und den Inaktiven ist wahrscheinlich durch die altersbedingte Veränderung des Thorax und der Lunge gekennzeichnet.

Zeigen die Kraftsportler bei den Jüngeren im Durchschnitt die höchsten absoluten FEV_1-Werte, so dominieren die Ausdauersportler bei den älteren Probanden. Die Mittelwerte der Nichtsportler hingegen liegen immer deutlich unter denjenigen der Sportler.

3.6.1.2.3 Tiffeneau-Wert

Die Tiffeneau-Mittelwerte der Kraftsportler zeigen in beiden Körperhöhengruppen bei zunehmendem Alter eine fallende Tendenz, jedoch stellt sich nur zwischen den Untersuchungsgruppen 1 (x=81,05%, s=5,196%) und 2 (x=75,13%; s=9,266%) eine signifikante Veränderung heraus. Bei den Kraftsportlern mit einer Körperhöhe von 175,0 bis 189,0 cm nimmt der Tiffeneau-Wert von 80,00% (s=5,120%) in Untersuchungsgruppe 3 auf 76,41% (s=10,572%) in Untersuchungsgruppe 4 ab (Tab. 73 und 74).

In Abbildung 140 ist ein deutlicher Unterschied zwischen den jüngeren und den älteren Kraftsportlern der Körperhöhen 156,0 bis 174,5 cm bzgl. des Tiffeneau-Wertes zu erkennen. Die Tiffeneau-Werte der jüngeren Kraftsportler bewegen sich fast ausschließlich im Bereich von 70 bis 90%. 25% der Tiffeneau-Werte der Kraftsportler aus Untersuchungsgruppe 2 liegen unterhalb von 70% des Normwertes. Bei den Untersuchungsgruppen 3 und 4 nimmt die Häufigkeit des Tiffeneau-Wertes zu den niedrigen Referenzbereichen hin kontinuierlich ab. Die größte Häufigkeit beider Gruppen zeigt sich im Tiffeneau-Referenzbereich von 81 bis 90% (Abb. 140 und 141).

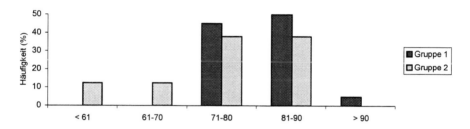

Abb. 140: Tiffeneau-Wert der Kraftsportler mit einer Körperhöhe von 156,0 bis 174,5 cm in beiden Altersgruppen

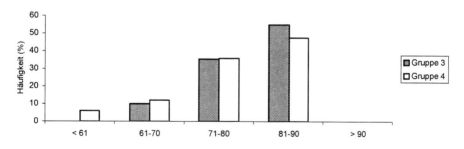

Abb. 141: Tiffeneau-Wert der Kraftsportler mit einer Körperhöhe von 175,0 bis 189,0 cm in beiden Altersgruppen

Bei den Ausdauersportlern mit einer Körperhöhe von 156,0 bis 174,5 cm sinken die mittleren Tiffeneau-Werte im Alternsvorgang von durchschnittlich 79,04% (s=4,987%) in Untersuchungsgruppe 1 auf 77,43% (s=7,808%) in Untersuchungsgruppe 2. Bei den größeren Ausdauersportlern ist eine Abnahme des Tiffeneau-Wertes von 79,57% (s=6,611%) in Untersuchungsgruppe 3 auf 76,95% (s=5,781%) in Untersuchungsgruppe 4 zu verzeichnen. Allerdings sind diese Veränderungen nicht signifikant (Tab. 73 und 74).

Die FEV_1%-Werte der jüngeren Ausdauersportler der Untersuchungsgruppe 1 konzentrieren sich in den Intervallen von 71 bis 80% und 81 bis 90%. Die Probanden der Vergleichsgruppe finden sich ebenso in diesen Intervallen am häufigsten, jedoch liegen außerdem 8,6% beziehungsweise 2,9% im Bereich unter 61% beziehungsweise über 90%. In den Untersuchungsgruppen 3 und 4 sind im Referenzbereich von 71 bis 80% die älteren Ausdauersportler um ein Drittel häufiger vertreten als die jüngeren. Dafür ist im Intervall von 81 bis 90% die Anzahl der jüngeren ca. doppelt so groß wie die der älteren. Bezüglich der Einsekundenkapazität zeigen sich wie auch bei der Mittelwertbetrachtung keine deutlichen Unterschiede (Abb. 142 und 143).

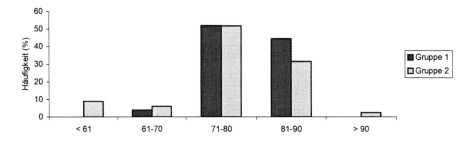

Abb. 142: Tiffeneau-Wert der Ausdauersportler mit einer Körperhöhe von 156,0 bis 174,0 cm in beiden Altersgruppen

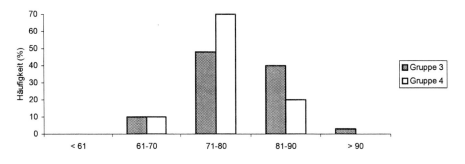

Abb. 143: Tiffeneau-Wert der Ausdauersportler mit einer Körperhöhe von 175,0 bis 189,0 cm in beiden Altersgruppen

In den Untersuchungsgruppen der Nichtsportler nehmen die Tiffeneau-Mittelwerte bei beiden Körperhöhengruppen im Alter ab. Zwischen den Untersuchungsgruppen 1 (x=82,69%, s=6,074%) und 2 (x=76,57%; s=5,801%) zeigt sich im Gegensatz zu den Untersuchungsgruppen 3 (x=77,11%; s=9,158%) und 4 (x=74,38%; s=9,195%) ein signifikanter Unterschied (Tab. 73 und 74).

Die Tendenz zur Abnahme des Tiffeneau-Wertes mit dem Alter wird durch die Häufigkeits-verteilungen verdeutlicht. Im Intervallbereich von 61 bis 70% und 71 bis 80% sind die Nichtsportler der Untersuchungsgruppe 2 mit 71,4% gegenüber denen aus Untersuchungsgruppe 1 mit 38,5% vertreten. Bei den höheren Tiffeneau-Werten kehrt sich die Sachlage gerade um. Beim Vergleich der Untersuchungsgruppen 3 und 4 ergibt sich ein ähnliches Bild. In den Bereichen von 71 bis 80% und 81 bis 90% sind die jüngeren Nichtsportler in der Überzahl. In den niedrigen Intervallbereichen finden sich ca. doppelt so viele Probanden aus Untersuchungs-gruppe 4 wie aus Untersuchungsgruppe 3 (Abb. 144 und 145).

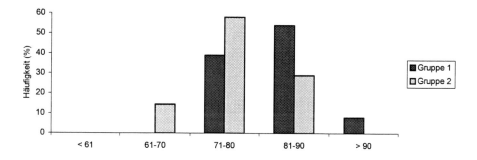

Abb. 144: Tiffeneau-Wert der Nichtsportler mit einer Körperhöhe von 156,0 bis 174,5 cm in beiden Altersgruppen

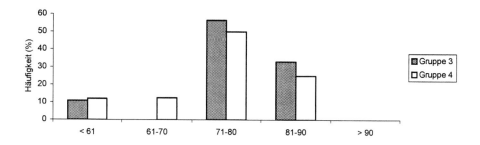

Abb. 145: Tiffeneau-Wert der Nichtsportler mit einer Körperhöhe von 175,0 bis 189,0 cm in beiden Altersgruppen

In allen vier Untersuchungsgruppen erreicht die Mehrheit der Kraftsportler, Ausdauersportler und Nichtsportler einen Tiffeneau-Wert von 70 bis 85%. Im Vergleich der Kraft-, Ausdauer- und Nichtsportler ergeben sich keine signifikanten Differenzen (Abb. 146 und 147).

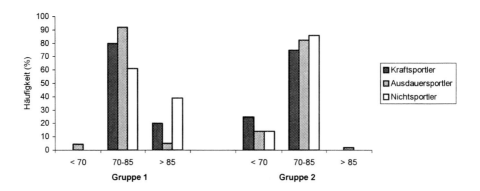

Abb. 146: Prozentuale Verteilung der Probanden (Gruppen 1 und 2, Körperhöhe von 156,0 bis 174,5 cm) bezüglich des Tiffeneau-Wertes (3 Referenzbereiche)

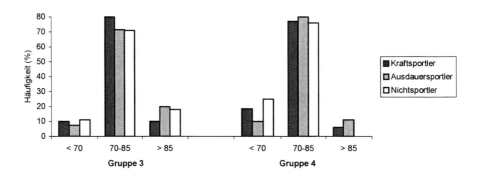

Abb. 147: Prozentuale Verteilung der Probanden (Gruppen 3 und 4, Körperhöhe von 175,0 bis 189,0 cm) bezüglich des Tiffeneau-Wertes (3 Referenzbereiche)

Auf den Einfluss des körperlichen Trainings bezüglich des Tiffeneau-Wertes gingen die Studien von ISRAEL [1988] und LANG [1979] näher ein. Die Autoren beider Publikationen fanden, dass das körperliche Training keine entscheidenden Auswirkungen auf den Tiffeneau-Wert, der einen Rückschluss auf die Beweglichkeit des Brustkorbes in Verbindung mit der Elastizität der Lunge und der Kraft der Atemmuskulatur ermöglicht, zeigt. Die Ergebnisse der vorliegenden Untersuchung schließen sich denen von ISRAEL [1988] und LANG [1979] an. Es werden beim Mittelwertvergleich in allen vier Untersuchungsgruppen keine signifikanten Veränderungen bezüglich der verschiedenen Probandengruppen festgestellt.

3.6.1.2.4 Korrelationen der Lungenfunktionswerte

In der Gesamtheit aller Probanden zeigt sich eine hochsignifikante lineare Abhängigkeit der Lungenfunktionsparameter (VC, FEV_1 und FEV_1%) vom Lebensalter. Mit steigendem Lebensalter ist eine kontinuierliche Abnahme der Lungenfunktionswerte verbunden. Eine ebenso starke Korrelation ist zwischen den Parametern VC, FEV_1 und der Körperhöhe sowie der Exkursionsbreite des Brustkorbes zu erkennen. Auch hier liegt die Irrtumswahrscheinlichkeit unter 0,1%. Es handelt sich um eine proportionale lineare Beziehung zwischen den Vergleichs-parametern. Darüber hinaus besteht in der Gesamtheit aller Probanden ein hochsignifikanter Zusammenhang zwischen der Schulterbreite und der Vitalkapazität sowie zwischen dem transversalen Brustkorbdurchmesser und dem Tiffeneau-Wert.

Signifikante Zusammenhänge zwischen dem Körpergewicht und der Vitalkapazität, zwischen der Schulterbreite und dem FEV$_1$-Wert sowie zwischen dem sagittalen Brustkorbdurchmesser und dem Tiffeneau-Wert konnten mit einer 1%igen Irrtumswahrscheinlichkeit nachgewiesen werden. Weitere Korrelationen zwischen den Lungenfunktionsparametern und den anthropo-metrischen Messgrößen sind keine zu erkennen (Tab. 75).

In den Korrelationstabellen (Tab. 75 bis 78) wurden folgende Abkürzungen verwendet:

VC	=	Vitalkapazität	THI	=	Thorakalindex
FEV$_1$	=	Einsekundenkapazität	SCHBR	=	Schulterbreite
FEV$_1$%	=	Tiffeneau-Wert	EXBR	=	Exkursionsbreite des Brustkorbes
AL	=	Alter	TRBR	=	transversaler Brustkorbdurchmesser
KM	=	Körpergewicht	SAGBR	=	sagittaler Brustkorbdurchmesser
KH	=	Körperhöhe	BRUM	=	Brustkorbumfang

Tab. 75: Korrelationen bzgl. der Lungenfunktionswerte der Probanden

	AL	KM	KH	THI	SCHBR	EXBR	TRBR	SAGBR	BRUM
VC	-.3820**	.1593*	.4647**	-.0348	.2192**	.2364**	-.0066	-.0411	.0571
FEV$_1$	-.4552**	.0830	.3966**	-.0123	.1817*	.2757**	-.1487	-.1181	-.0065
FEV$_1$%	-.2106**	-.1285	-.1008	.0305	-.0475	.1184	-.2727**	-.1575*	-.1265

*Signifikanzniveau: * = .01   ** = .001*

In der Gruppe der Kraftsportler bestehen hochsignifikante Zusammenhänge zwischen der Vital-kapazität beziehungsweise dem FEV$_1$-Wert und dem Lebensalter sowie der Vitalkapazität und der Körperhöhe. Des Weiteren korrelieren die Vitalkapazität mit dem Körpergewicht und der FEV$_1$-Wert mit der Körperhöhe, jeweils mit einer Irrtumswahrscheinlichkeit unter 1%. Eine signifikante Beziehung zwischen dem Tiffeneau-Wert und dem Lebensalter beziehungsweise dem transversalen Brustkorbdurchmesser kann ebenfalls nachgewiesen werden (Tab. 76).

Tab. 76: Korrelationen bzgl. der Lungenfunktionswerte der Kraftsportler

	AL	KM	KH	THI	SCHBR	EXBR	TRBR	SAGBR	BRUM
VC	-.4827**	.2968*	.3673**	.0553	.2318	.0611	.0140	.0342	.2092
FEV$_1$	-.5230**	.1635	.2927*	.0577	.1030	.1442	-.1428	-.0709	.1026
FEV$_1$%	-.2997*	-.1535	-.0042	.0121	-.1499	.1779	-.3130*	-.2127	-.1370

*Signifikanzniveau: * = .01   ** = .001*

In der Untersuchungsgruppe der Ausdauersportler ergeben sich bei den ausgewählten Para-metern verhältnismäßig viele signifikante Korrelationen. Das Lebensalter, die Schulterbreite, die Körperhöhe sowie das Körpergewicht der ausdauertrainierten Probanden können bei einer Irrtumswahrscheinlichkeit von 1%, sogar teilweise nur 0,1%, in eine sehr enge Beziehung mit der Vital- und Einsekundenkapazität gesetzt werden. Ein weiterer signifikanter Zusammenhang besteht zwischen dem Brustkorbumfang und der Vitalkapazität sowie dem transversalen Brustkorbdurchmesser und dem Tiffeneau-Wert (Tab. 77).

204

Tab. 77: Korrelationen bzgl. der Lungenfunktionswerte der Ausdauersportler

	AL	KM	KH	THI	SCHBR	EXBR	TRBR	SAGBR	BRUM
VC	-.2771*	.3495**	.5693**	-.0660	.3887**	.2155	.1457	.0437	.2441*
FEV₁	-.3202**	.2788*	.5353**	-.0183	.3064**	.2028	-.0382	-.0329	.1366
FEV₁%	-.1586	-.0417	.0320	.0656	-.0622	-.0463	-.2572*	-.0805	-.0953

*Signifikanzniveau: * = .01   ** = .001*

In der Gruppe der Nichtsportler besteht ein hochsignifikanter Zusammenhang zwischen der Vitalkapazität und dem Lebensalter sowie zwischen dem FEV₁-Wert und dem Lebensalter. Ein signifikanter Zusammenhang kann zwischen der Körperhöhe und der Vitalkapazität nachgewiesen werden. Allerdings steht die Körperhöhe bei der Untersuchungsgruppe der Nichtsportler in keiner signifikanten Beziehung mit der Einsekundenkapazität oder gar dem Tiffeneau-Wert. Darüber hinaus zeigt sich auch hier ein signifikanter Zusammenhang zwischen dem transversalen Brustkorbdurchmesser und dem Tiffeneau-Wert (Tab. 78).

Tab. 78: Korrelationen bzgl. der Lungenfunktionswerte der Nichtsportler

	AL	KM	KH	THI	SCHBR	EXBR	TRBR	SAGBR	BRUM
VC	-.5526**	.1604	.3497*	-.0964	.2887	.2999	-.0254	-.0848	-.0175
FEV₁	-.5644**	.0569	.1988	-.1054	.1578	.2581	-.1829	-.1961	-.1457
FEV₁%	-.2286	-.1684	-.2049	-.0450	-.2106	.0213	-.3622*	-.2725	-.2897

*Signifikanzniveau: * = .01   ** = .001*

Die vorherrschende Meinung, dass die Vitalkapazität vor allem vom Lebensalter und von der Körperhöhe abhängig ist, kann durch diese Untersuchungen bestätigt werden. Die Parameter korrelieren hochsignifikant linear bei der Gesamtzahl aller Probanden. Aus diesem Grund kann ein Vergleich mit Darstellungen, die eine Abhängigkeit der Vitalkapazität vom Lebensalter und von der Körperhöhe zeigen, befürwortet werden. Des Weiteren ist in dieser Untersuchung deutlich geworden, dass das Körpergewicht signifikant mit der Vitalkapazität korreliert. Zu diesem Ergebnis kamen auch AMREIN et al. [1969], die bei der Sollwert-Bestimmung der Vitalkapazität die leicht zu bestimmenden Parameter Alter, Körperhöhe und relatives Gewicht einfließen ließen.

Die beiden anthropometrischen Parameter Schulterbreite und Exkursionsbreite des Brustkorbes korrelieren ebenfalls hochsignifikant linear mit der Vitalkapazität, doch zeigen sich speziell bei den Kraft- und Nichtsportlern keinerlei signifikante lineare Beziehungen. Es kann zwar davon ausgegangen werden, dass die beiden Größen die Vitalkapazität beeinflussen, jedoch werden sie in der Praxis bei der Bestimmung der Vitalkapazität vernachlässigt.

Eine ähnliche Situation zeichnet sich auch bei der *Einsekundenkapazität* ab. Die engen Beziehungen zwischen dem FEV₁-Wert und den Variablen Lebensalter und Körperhöhe finden durch diese Untersuchung ihre Bestätigung. Die Vorschläge von STEINMETZ [1985], GARBE und CHAPMAN [1975] sowie NOLTE [1984] für die Sollwertbestimmung der Einsekundenkapazität können zu unserer Auswertung herangezogen werden. Die Exkursionsbreite des Brustkorbes korreliert zwar auch hochsignifikant mit dem FEV₁-Wert, doch ist die Korrelationszahl wesentlich geringer als die des Lebensalters und der Körperhöhe. Als zusätzliches Merkmal wäre denkbar, die Exkursionsbreite des Brustkorbes bei der Bestimmung des FEV₁-Wertes mit einzubeziehen, denn dieser ist nach ANTHONY [1962] von der Elastizität des Thorax sowie der Lunge abhängig. Der Einfluss des Körpergewichts auf die Einsekundenkapazität, wie ihn ANTHONY [1962] beschrieb, kann aus dieser Untersuchung heraus nicht bestätigt werden. Allerdings beschränkt sich die vorliegende Untersuchung auf lineare Korrelationen.

Die Abnahme des *Tiffeneau-Wertes* im Alterungsprozess gilt durch die Veränderung des Brustkorbes, der Atemmuskulatur und des Lungengewebes als gesichert. Der altersbedingte Rückgang des Wertes setzt im vierten Lebensjahrzehnt ein und erfasst sowohl die sportlich Inaktiven als auch die regelmäßig Trainierenden. Diese Tatsache kann durch die vorliegende Untersuchung bestätigt werden. Bei den Untersuchungsgruppen dieser Untersuchung ist sogar eine hochsignifikante Beziehung zwischen dem Lebensalter und dem Tiffeneau-Wert zu beobachten.

Auch die Publikation von AMREIN et al. [1969] führt neben dem Lebensalter die Körperhöhe als einen entscheidenden Faktor für die Bestimmung der Tiffeneau-Normwerte an. Nach der Aussage der Autoren soll der Tiffeneau-Wert bei steigender Körperhöhe ab 186 cm linear abnehmen. Die Korrelationstabelle 75 bestätigt diese Abnahme durch das negative Vorzeichen des Korrelationskoeffizienten r, dessen Wert -0,1008 beträgt [AMREIN et al., 1969; ULMER et al., 1976; CHOWANETZ und SCHRAMM, 1981; PROKOP und BACHL, 1984; ISRAEL und WEIDNER, 1988].

3.6.1.3   Unsere Ergebnisse im Überblick

Im Alternsvorgang der Probanden der Untersuchungsgruppen können folgende statistisch gesicherten Unterschiede festgestellt werden. Allgemein kommt es bei den Probanden aller Untersuchungsgruppen mit zunehmendem Alter zu einer Abnahme der Vitalkapazität, der Einsekundenkapazität und dem Tiffeneau-Wert. Die VC-Mittelwerte der Kraftsportler vermindern sich im Alternsvorgang von Untersuchungsgruppe 3 (großwüchsigere Probanden der AG 1) nach 4 (großwüchsigere Probanden der AG 2) signifikant und von Untersuchungsgruppe 1 (kleinwüchsigere Probanden der AG 1) nach 2 (kleinwüchsigere Probanden der AG 2) hochsignifikant. Die Ausdauersportler zeigen im Alternsvorgang lediglich bei der Körperhöhe 175,0 bis 189,0 cm eine hochsignifikante Verminderung der Vitalkapazität. Bei Nichtsportlern zeigt sich eine signifikante Abnahme der Vitalkapazität im Alternsvorgang in den ersten beiden Untersuchungsgruppen. Der Verlauf der Vitalkapazität in den Untersuchungsgruppen 3 und 4 kann ähnlich interpretiert werden, obwohl keine statistisch gesicherte Aussage vorliegt. Hierbei beträgt die Differenz der beiden Mittelwerte zwar 500 ml, doch ist jeweils die Streuung verhältnismäßig hoch. Die Ergebnisse bezüglich der Einsekundenkapazität sind mit den obigen Ergebnissen der Vitalkapazität prinzipiell identisch. Bei den Kraftsportlern der Körperhöhe 156,0 bis 174,5 cm ergibt sich im Alternsvorgang eine signifikante Abnahme des Tiffeneau-Wertes. Ebenso ist bei den Nichtsportlern der geringeren Körperhöhe eine signifikante Verminderung des Tiffeneau-Wertes im fortgeschrittenen Alter erkennbar.

Beim Vergleich der drei Untersuchungsgruppen in den beiden Alterseinteilungen liegen folgende Ergebnisse vor. Die jüngeren Kraft- und Ausdauersportler zeigen in der Untersuchungsgruppe von 156,0 bis 174,5 cm Körperhöhe hinsichtlich der Vitalkapazität keine Unterschiede gegenüber den Nichtsportlern. In der Untersuchungsgruppe von 175,0 bis 189,0 cm sind die Vitalkapazitätswerte der Nichtsportler in der gleichen Altersgruppe hochsignifikant niedriger als die der Sportler. Bei den älteren Probanden (ab 50 Jahre) sind die Vitalkapazitätswerte der Sportler zum Teil hochsignifikant höher als die der Nichtsportler. Die Mittelwerte der Einsekundenkapazität der Probanden der verschiedenen Untersuchungsgruppen verhalten sich ähnlich wie die Werte der Vitalkapazität. Hinsichtlich des Tiffeneau-Wertes können ebenfalls keine signifikanten Differenzen der Mittelwerte der drei untersuchten Gruppen festgestellt werden.

Bei der Überprüfung der linearen Korrelationen ergeben sich statistisch gesicherte Zusammenhänge. So korreliert bei den Probanden die Vitalkapazität mit dem Alter, der Körperhöhe, der Schulterbreite und der Exkursionsbreite des Brustkorbes hochsignifikant (p<1%) und mit dem

Körpergewicht signifikant (p<5%). Bezüglich der Einsekundenkapazität zeigen die Untersu-chungsgruppen einen hochsignifikanten Zusammenhang mit dem Alter, der Körperhöhe und der Exkursionsbreite des Brustkorbes. Außerdem steht die Schulterbreite in signifikanter Beziehung zu dem FEV_1-Wert. Hochsignifikante lineare Korrelationen zeigen sich zwischen dem Tiffeneau-Wert und dem Alter beziehungsweise dem transversalen Brustkorbdurchmesser. Der sagittale Brustkorbdurchmesser korreliert signifikant mit dem Tiffeneau-Wert.

Mit zunehmendem Alter sind also Ausdaueranforderungen im Vergleich zu kraftbetontem Training geeigneter, höhere VC- und FEV_1-Werte zu erzielen. Positive Wirkungen auf die Lungenfunktion und die altersbedingten Verluste der Lungenfunktion zeigen sich sowohl bei den Kraft- als auch den Ausdauersportlern im Gegensatz zu den Nichtsportlern.

Die in Bezug auf Alter und Körperhöhe gegebenen Sollwerte bei Lungenfunktionstests nach GARBE [1975] werden bestätigt. Im Weiteren decken sich unsere Ergebnisse mit denjenigen von LANG [1979], der herausfand, dass es im Alternsvorgang sowohl bei Ausdauersportlern als auch bei Nichtsportlern zu einer Abnahme des FEV-Wertes kommt. Hingegen stellen LIESEN und HOLLMANN [1981] selbst bei älteren Probanden keine Veränderungen der Einsekundenkapazität zwischen Sportlern und Nichtsportlern fest.

3.6.2 Ruhe-EKG-Parameter

Mit Hilfe des EKGs lassen sich Rückschlüsse über die Funktiontüchtigkeit und Leistungs-fähigkeit des Herzens ziehen. Im Folgenden soll zunächst das Verhalten der P-, der PQ-, der QRS- und der QT-Streckenlänge in Abhängigkeit vom Alter der Probanden näher untersucht werden. Darüber hinaus ist von Interesse, ob hinsichtlich des Lagetyps, des Sinusrhythmus, der Erregungsrückbildung, des inkompletten Rechtsschenkelblocks, des SOKOLOW-Index und der Bradykardie Aussagen über Veränderungen im Alter oder Unterschiede zwischen den einzelnen untersuchten Gruppen gefunden werden können (Kap. 1.4.6).

3.6.2.1   Auswahl bisheriger Untersuchungen und deren Ergebnisse

Über die P-Welle ist bekannt, dass bei einer Hypertrophie des linken Vorhofes eine doppel-gipflige verbreiterte (breiter als 0,10 sec) Welle zu finden ist. Allerdings stellte BUTSCHENKO [1967] in seiner Untersuchung fest, dass sowohl die Dauer als auch die Breite der P-Wellen in keinem Fall die obere Grenze der Norm überschritten.

Eine Verlängerung der PQ-Strecke über 0,21 sec stellte BUTSCHENKO [1967] häufiger bei Lang- und Mittelstreckenläufern, Ruderern und Boxern fest. Nach LEPESCHKIN [1957] spiegelt dies die Tonuserhöhung des Vagus wieder und kann bei Bradykardien öfter beobachtet werden. GARY et al. [1967] sehen im Rahmen der Norm keine Parallelen zwischen einer verlängerten PQ-Strecke und einer Bradykardie.

Eine Verlängerung der QRS-Strecke aufgrund einer physiologischen Hypertrophie der Herz-kammern beobachteten REINDELL und ROSKAMM [1989] bei Sportlern, die auf Ausdauer trainie-ren. BÖRGER [1978] dagegen sah bei Ausdauersportlern keine Verlängerung des Intervalls. BUTSCHENKO [1967] fand bei 34,5% der Sportler eine Verlängerung.

WOLF [1957] beobachtete bei gut trainierten Radsportlern in den meisten Fällen eine Verringerung der elektrischen Systole. Verschiedene Autoren [REINDELL, ROSKAMM und KÖNIG,

1961] fanden dagegen bei Sportlern, in der Hauptsache bei Langstreckenläufern und Skiläufern, eine Verlängerung der QT-Strecke. Andere Autoren stellten bei Marathonläufern, Ruderern und Radfahrern keine Veränderung in der Länge der QT-Strecke fest. BUTSCHENKO [1967] fand eine Verlängerung der elektrischen Systole hauptsächlich bei Langstrecken- und Marathonläufern, Schwimmern und Wasserballspielern, Radfahrern und Skiläufern mit einer ausgeprägten Bradykardie. In diesen Fällen zeugt die Verlängerung nach den Angaben von MELLEROWICZ [1961] nicht von einer Verschlechterung der Funktionstüchtigkeit des Herzens, sondern ist als eine Eigenart des Sportlerelektrokardiogramms zu betrachten. ISRAEL [1982] zeigte in seiner Untersuchung eine deutliche Abhängigkeit der PQ- sowie der QT-Streckenlänge von der Herzfrequenz (Tab. 79).

Tab. 79: Abhängigkeit der atrioventrikulären Überleitungszeit (PQ) und der QT-Streckenlänge von der Herzschlagfrequenz [ISRAEL, 1982]

Herzfrequenz (min⁻¹)	n	PQ-Streckenlänge Mittelwert +/- s	QT-Streckenlänge Mittelwert +/- s
74 ··· 65	48	$0,141 \pm 0,025$	$0,081 \pm 0,014$
64 ··· 60	49	$0,143 \pm 0,029$	$0,079 \pm 0,011$
59 ··· 55	175	$0,148 \pm 0,022$	$0,082 \pm 0,011$
54 ··· 50	233	$0,153 \pm 0,025$	$0,082 \pm 0,012$
49 ··· 45	100	$0,153 \pm 0,027$	$0,083 \pm 0,011$
44 ··· 40	66	$0,167 \pm 0,027$	$0,084 \pm 0,011$
< 40	6	$0,165 \pm 0,012$	$0,090 \pm 0,014$
r		-0,221	-0,113
t		5,89	2,97
p		< 0,1%	< 1%

n = Anzahl Probanden; r = Korrelationskoeffizient; t = t-Wert beim Sig.-Test; p = Irrtumswahrscheinlichkeit

Die Sinusarrhythmie bei Sportlern im Ruhezustand zählt zu den typischen Besonderheiten eines Sportherzens. WOLF [1957] fand sie bei 47,6% der Sportler. BUTSCHENKO [1967] stellte in einer Studie, in der 4.817 Sportler unterschiedlichsten Trainingszustandes und 218 Nichtsportler untersucht wurden, bei 57,2% der Sportler eine Sinusarrhythmie fest. Bei älteren Personen tritt, verglichen mit jüngeren, die Sinusarrhythmie bedeutend seltener auf. Eine ausgeprägte Sinusarrhythmie, wobei die Herzzyklen um mehr als 0,30 sec differieren, fand BUTSCHENKO [1967] bei 5 bis 7% der Sportler, deren Belastungen sich durch Intensität und kurze Zeiten auszeichnen (Kurzstreckenläufer, Weitspringer, Schwimmer), oder deren Belastungsintensität einem schnellen Wechsel unterworfen ist (Hockeyspieler, Boxer).

Eine einheitliche Auffassung über den Einfluss der Sportarten auf die Rechts- oder Linksabweichung der Herzachse gibt es in der Literatur nicht. Nach BUTSCHENKO [1967] überwiegt bei Sportlern die normale Lage der Herzachse, allerdings war in seiner Untersuchung festzustellen, dass die Rechtsabweichung der Herzachse in jeder beliebigen Sportart häufiger bei 16- bis 20-jährigen Sportlern vorkommt, die asthenisch gebaut sind, und die Linksverschiebung demgegenüber öfter bei 30- bis 40-jährigen Sportlern, die eher zu den Pyknikern zählen. REINDELL und ROSKAMM [1989] vertreten die Meinung, dass man bei Personen, die auf Ausdauer trainieren, häufiger eine Abweichung der Herzachse nach rechts findet, bei Kraftsportlern dagegen eine Abweichung nach links. Sie fanden, dass es bei Schwimmern, Radsportlern, Fußballspielern und Skisportlern in 42 bis 58% der Fälle zu einer Abweichung der

Herzachse nach rechts, bei Ringern, Marathonläufern und Gewichthebern in 26 bis 40% der Fälle zu einer Abweichung nach links kommt.

Aufgrund verschiedener Studien zeigt sich, dass Störungen der Erregungsrückbildung im Ruhe-EKG in Bezug auf die körperliche Belastbarkeit zunächst sehr wenig aussagen, und dass ein Belastungs-EKG unbedingt notwendig ist, um eine korrekte Aussage machen zu können. Die bedeutendste Auffälligkeit, bei der bereits das Ruhe-EKG eine Beschränkung der Sportfähigkeit ergibt, ist eine ST-Hebung nach einem Infarkt. HOLLMANN und ROST [1980] verweisen auf ein Beispiel eines Probanden mit dem größten Sportherz, das nach ihren Studien bisher beobachtet wurde. Das EKG zeigte nicht sehr ausgeprägt, jedoch deutlich genug die Veränderungen einer Rückbildungsstörung. Nach Beendigung seiner Laufbahn und der normalen Verkleinerung des Herzens waren diese Veränderungen nicht mehr nachweisbar. Die Autoren sehen diese Phänomene als eindeutiges Zeichen der Bedeutung der Hypertrophie bei der Entstehung solcher EKG-Erscheinungen.

BUTSCHENKO [1967] lehnt grundsätzlich das Vorkommen von Rückbildungsstörungen im EKG des gesunden Sportlers ab und betrachtet sie als Ausdruck einer myokardialen Erkrankung oder eines Übertrainings. VENERANDO [in ISRAEL, 1979 und 1982] beobachtete 52 Athleten mit entsprechenden Rückbildungs-Störungen, sechs davon über einen Zeitraum von 8 bis 22 Jahren hinweg. Keiner der Sportler zeigte physische Beschwerden. Er fand bei einer Untersuchung bei 10,3% der Sportler biphasische T-Wellen und die Verbindung mit ST-Hebungen bei 1,8%. GRIMBY und SALTIN [ebd.] fanden solche Hebungen bei älteren Sportlern in 23% aller Fälle. PAPARO [ebd.] beschrieb sieben Fälle mit vergleichbaren EKG-Veränderungen und ROSE [ebd.] fand unter 1.219 College-Sportlern 47 mit auffallenden Rückbildungsstörungen. Die Mehrzahl der Autoren sieht in diesen Veränderungen keine pathologische Bedeutung.

Der inkomplette Rechtsschenkelblock wird von fast allen Autoren als normale, bei Ausdauer-sportlern sehr häufig vorkommende Erscheinung betrachtet, die Zeichen einer Hypertrophie ist. Allerdings wird er in unterschiedlicher Häufigkeit festgestellt. BUTSCHENKO [1967] fand in Literaturzusammenstellungen Angaben zwischen 10,5 und 45% der Sportler mit inkomplettem Rechtsschenkelblock. Er sieht diese Erscheinung zwar als Normvariante, aber nicht sicher als Ausdruck einer Hypertrophie. Mit 51% machten VENERANDO und ROLLI eine noch höhere Angabe [in ISRAEL, 1979 und 1982].

In der Literatur findet man den SOKOLOW-Index als EKG-Kriterium für eine linksventrikuläre Hypertrophie. Allerdings lässt sich nur eine sichere Diagnose stellen, wenn gleichzeitig mehrere Kriterien für eine Hypertrophie erfüllt sind. Nach BECKER und KALTENBACH [1984] kann anhand des SOKOLOW-Index zwar der Verdacht auf eine Linkshypertrophie gerechtfertigt werden, aber ohne Kenntnis des klinischen Befundes kann keine gesicherte Aussage gemacht werden.

Als Hypertrophie-Kriterium finden sich die Grenzwerte des Index weit häufiger bei Ausdauer-trainierten als bei Nichtsportlern. BUTSCHENKO [1967] gibt als Grenzwert für die Linksherz-hypertrophie folgendes an: SV1 + RV5 > 55 mm. Diese Zahlen sind höher als die üblicherweise angegebenen Grenzwerte. HOLLMANN und ROST [1980] sehen diese Werte bei Sportlern unter Berücksichtigung des Körperbaus beziehungsweise der besseren EKG-Leitfähigkeit bedingt durch Fettarmut durchaus als gerechtfertigt.

Einig ist man sich darüber, dass die Ruhe-Herzschlagfrequenz im fortgeschrittenen Alter eine Tendenz zur Bradykardie zeigt, nach ALTMANN [1959] korreliert jedoch bis etwa zum 60.

Lebensjahr die Herzfrequenz nicht mit dem Lebensalter. Nach den Ergebnissen von MELLEROWICZ [1961] sowie nach den Ergebnissen weiterer Untersuchungen führt regelmäßiges Ausdauertraining auch noch bei Menschen fortgeschrittenen Lebensalters zu einer Trainings-Bradykardie.

Eine stark ausgeprägte Sinusbradykardie mit einer Frequenz von weniger als 40 Kontraktionen in einer Minute wird nach Untersuchungen von BUTSCHENKO [1967] bei 1,55% der untersuchten Sportler beobachtet. Sie tritt am häufigsten bei den Sportlern auf, die Ausdauertraining betreiben. Die meisten Autoren betrachten eine Sinusbradykardie bei Sportlern als Folge der Tonuserhöhung des Vagus und als Merkmal für einen guten Funktionszustand des Herzens, allerdings ist sie nur bedingt ein Kriterium für hohe Ausdauerleistungen.

BUTSCHENKO [1967] stellte aber ebenso fest, dass die Bradykardie in einigen Fällen bei Sportlern, die vorrangig im Ausdauerbereich trainieren, nicht auftritt, während sie sich oft bei jenen entwickelt, die nicht auf Ausdauer trainieren und außerdem eine schlechte Kondition haben. Er sieht darin den Beweis, dass für das Entstehen einer Bradykardie auch die individuellen Besonderheiten des Organismus eine wesentliche Rolle spielen.

ISRAEL et al. [1980] fanden bei der Untersuchung von Teilnehmern an überlangen Läufen (Lebensalter: 26 bis 61 Jahre) eine Abhängigkeit der Bradykardie vom Trainingszustand und nicht vom Alter. Interessant ist eine weitere Untersuchung von ISRAEL [1982], der die Befunde von zwei jungen Männern beschrieb, die beide kein regelmäßiges Training durchführten und trotzdem bei wiederholten Untersuchungen Herzschlagfrequenzen um 40/min zeigten. Diese konstitutionelle Bradykardie wird in relativ seltenen Fällen beobachtet. Auffällig war in beiden Fällen die Herzgröße, die sich im Gegensatz zum Sportherz im konventionellen Normalbereich befand. Hier zeigte sich ein interessantes Ergebnis seiner Untersuchung: Während er eine hochsignifikante negative Beziehung zwischen Herzgröße und Ruheherzfrequenz nachgewiesen hatte, ist ein vergrößertes Herz nicht unbedingt eine zwingende Voraussetzung für eine Sinusbradykardie.

3.6.2.2   Ergebnisse unserer Untersuchung

Die spezielle Untersuchung erfasst ausgewählte Parameter des EKG. Zur besseren Übersicht sind die Mittelwerte und Standardabweichungen der untersuchten Parameter des Elektrokardiogramms bei Kraft-, Ausdauer- und Nichtsportlern der beiden Altersgruppen in Tabelle 80 aufgeführt.

Tab. 80: Mittelwerte der EKG-Parameter der Altersgruppen 1 und 2

EKG-Parameter	AG	Kraftsportler			Ausdauersportler			Nichtsportler		
		n	x [sec]	s [sec]	n	x [sec]	s [sec]	n	x [sec]	s [sec]
P	1	35	.097	.011	47	.102	.010	30	.101	.012
	2	34	.101	.012	50	.104	.016	22	.103	.012
PQ	1	35	.169	.024	47	.170	.048	30	.194	.050
	2	34	.163	.023	50	.176	.033	22	.173	.023
QRS	1	35	.087	.011	47	.095	.024	30	.091	.011
	2	34	.091	.012	50	.100	.027	22	.086	.013
QT	1	35	.384	.027	47	.413	.038	30	.373	.025
	2	34	.397	.029	50	.421	.041	22	.385	.027

n = Anzahl der Probanden; x = Mittelwert, s = Standardabweichung

3.6.2.2.1   P-Streckenlänge

Die Daten der einzelnen Streckenlängen des EKG wurden Referenzbereichen zugeteilt, um eine Veranschaulichung der Probandenverteilung in beiden Altersgruppen zu ermöglichen (Abb. 148 und 149).

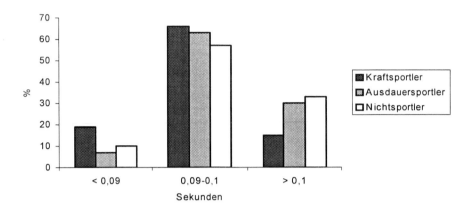

Abb. 148: P-Streckenlänge der Probanden der Altersgruppe 1

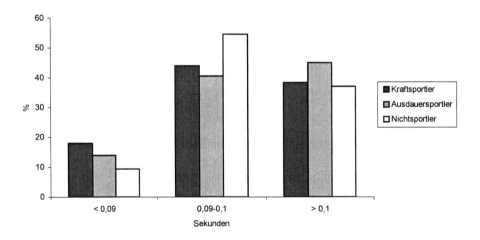

Abb. 149: P-Streckenlänge der Probanden der Altersgruppe 2

In der Altersgruppe 1 der Kraftsportler lag der Mittelwert der P-Streckenlänge bei 0,97 sec (s=0,11 sec), in Altersgruppe 2 bei 0,101 sec (s=0,12 sec). Die Verteilung der Kraftsportler auf die Referenzbereiche der Streckenlängen P zeichnet ein deutliches Bild. Die Mehrzahl der Probanden der beiden Altersgruppen befindet sich im mittleren Referenzbereich. Während sich in der Altersgruppe 1 nur 14,7% im oberen Referenzbereich (>0,1 sec) der P-Welle befinden, erreichen diesen Bereich immerhin 38,3% der Probanden in der Altersgruppe 2 (Abb. 150).

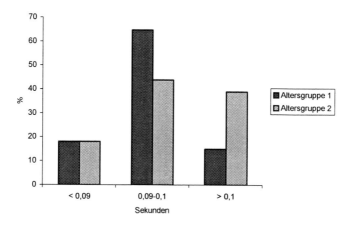

Abb. 150: P-Streckenlänge der Kraftsportler

Bei den Ausdauersportlern lag die P-Strecke in Altersgruppe 1 durchschnittlich bei 0,102 sec (s=0,10 sec), in Altersgruppe 2 bei 0,104 sec (s=0,16 sec). Die Verteilung der Probanden hinsichtlich der gewählten Grenzen ergibt folgendes Bild. Die P-Streckenlänge des oberen Bereiches wird von 29,8% der jüngeren Ausdauersportler erreicht. Im Vergleich dazu sind 44,9% der älteren zu sehen. Im Gegensatz zur Altersgruppe 2, in der sich die meisten Sportler eindeutig im oberen Referenzbereich (>0,1 sec) befinden, liegt der Schwerpunkt bei der Altersgruppe 1 mit 63,8% im mittleren (0,09 bis 0,10 sec) Bereich (Abb. 151).

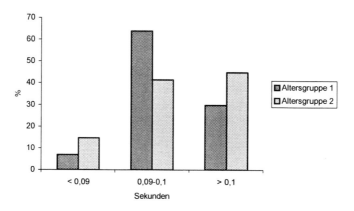

Abb. 151: P-Streckenlänge der Ausdauersportler

Die Nichtsportler besaßen in Altersgruppe 1 eine mittlere P-Streckenlänge von 0,101 sec (s=0,12 sec) und in Altersgruppe 2 von 0,103 sec (s=0,12 sec). In beiden Altersgruppen befinden sich über die Hälfte der Probanden im mittleren Referenzbereich (0,09 bis 0,10 sec). Bei immerhin 33,4% der jüngeren und 36,3% der älteren Probanden können im EKG Streckenlängen gemessen werden, die im oberen Referenzbereich liegen. Im unteren Referenzbereich werden dagegen nur ca. 10% registriert (Abb. 152).

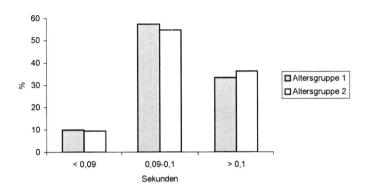

Abb. 152: P-Streckenlänge der Nichtsportler

Bezüglich der P-Streckenlänge der Altersgruppe 2 zeigt sich, dass bei den Kraftsportlern 38,3%, bei den Ausdauersportlern 44,9% und bei den Nichtsportlern 36,3% dem oberen Referenzbereich zuzuordnen sind. Die auffällige Tatsache, dass die Nichtsportler geringfügig längere P-Strecken aufweisen als die Kraftsportler, ist mit Vorsicht zu interpretieren, da der Unterschied nur 0,003 sec beträgt.

Offensichtlich wirkt sich die Hypertrophie des linken Vorhofes, die bei Kraft- und verstärkt bei Ausdauersportlern vorkommt, auf die Phasendauer aus. Darüber hinaus wird deutlich, dass ein regelmäßiges Ausdauertraining auch bei älteren Menschen zu einer Trainingsbradykardie führt. Somit ist auch im hohen Lebensalter durchaus mit einer Trainingswirkung auf die Ruhe-Herzfrequenz sowie mit weiteren Anpassungserscheinungen zu rechnen. Die Trainings-bradykardie wirkt sich überwiegend durch eine Verlängerung der Diastole aus, was auch die Verlängerung der P-Welle erklärt. In der Altersgruppe 2 befinden sich in allen untersuchten Gruppen mehr Probanden im oberen Referenzbereich als in Altersgruppe 1, was mit großer Wahrscheinlichkeit mit der so genannten Altersbradykardie zusammenhängt.

Bei den 31- bis 49-jährigen Probanden findet sich eine ähnliche Entwicklung. Hier weisen die Nichtsportler jedoch mit Abstand die höheren Werte auf. Es stellt sich somit die Frage, ob die Selbsteinschätzung der Nichtsportler korrekt erfolgte, da gerade diese Probandengruppe unerwartet hohe Ergebnisse aufweist.

3.6.2.2.2   PQ-Streckenlänge

Die Daten der PQ-Streckenlängen wurden ebenfalls Referenzbereichen zugeteilt, um eine Veranschaulichung der Probandenverteilung zu ermöglichen (Abb. 153 und 154).

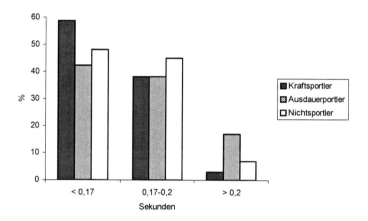

Abb. 153: PQ-Streckenlänge der Probanden der Altersgruppe 1

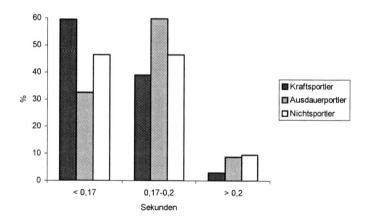

Abb. 154: PQ-Streckenlänge der Probanden der Altersgruppe 2

In der Altersgruppe 1 der Kraftsportler wurde im Mittel eine PQ-Streckenlänge von 0,169 sec (s=0,24 sec) und in Altersgruppe 2 von 0,163 sec (s=0,23 sec) gemessen. Die Verteilung in die Referenzbereiche der PQ-Streckenlänge ist ausgeglichen. Jeweils 58,8% befinden sich im unteren Referenzbereich (<0,17 sec). In den mittleren Referenzbereich (0,17 bis 0,2 sec) gehören 38,2% und nur 3% erreichen den oberen Bereich (>0,2 sec) (Abb. 155).

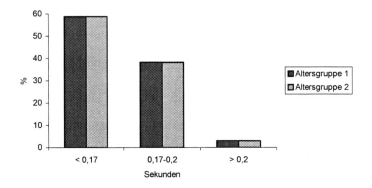

Abb. 155: PQ-Streckenlänge der Kraftsportler (beide Altersgruppen gleich verteilt)

Die Ausdauersportler der Altersgruppe 1 zeigen einen Mittelwert der PQ-Streckenlänge von 0,170 sec (s=0,048 sec), diejenigen der Altersgruppe 2 einen von 0,176 sec (s=0,033 sec). Hinsichtlich der Verteilung der Probanden auf die einzelnen Referenzbereiche zeigt sich, dass sich in Altersgruppe 1 weniger als 20% im oberen Referenzbereich (> 0,2 sec) wieder finden. Die übrigen Probanden dieser Gruppe verteilen sich gleichmäßig auf die beiden anderen Referenzbereiche. In Altersgruppe 2 ist die Mehrzahl der Probanden dem mittleren Referenzbereich (0,17 bis 0,2 sec) zuzuordnen. Der Anteil der Probanden im oberen Referenzbereich liegt unter 10% (Abb. 156).

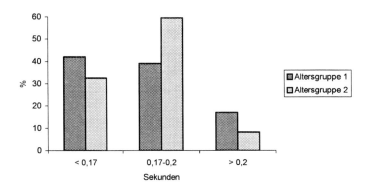

Abb. 156: PQ-Streckenlänge der Ausdauersportler

Bei den Nichtsportlern ergab sich für die Altersgruppe 1 ein Mittelwert der PQ-Streckenlänge von 0,194 sec (s=0,050 sec) und für die Altersgruppe 2 von 0,173 sec (s=0,23 sec). Hinsichtlich der Verteilung der Probanden auf die Referenzbereiche liegt der Schwerpunkt in beiden Altersgruppen bei dem unteren und dem mittleren Referenzbereich. Nur wenige Probanden erreichen die obere Grenze. Die Werte in den unteren zwei Referenzbereichen betragen 45,1% beziehungsweise 48,5%. Diese deutliche Linksverschiebung zeigt sich dann auch in den errechneten Prozentzahlen des oberen Referenzbereiches (>0,2 sec) (Abb. 157).

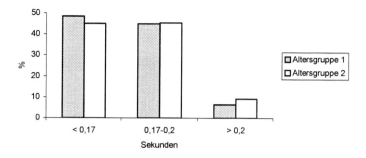

Abb. 157: PQ-Streckenlänge der Nichtsportler

Bei der Auswertung der PQ-Streckenlänge zeigen die Kraftsportler im Gegensatz zu den Ausdauersportlern eine deutliche Linksverschiebung. Hierbei muss erwähnt werden, dass in allen drei Probandengruppen keine signifikanten altersbezogenen Unterschiede festgestellt werden konnten. Bei den Kraft- und Nichtsportlern sind die Differenzen äußerst gering, und auch bei den Ausdauersportlern unterscheiden sich die Werte kaum. Die Ausdauersportler der Altersgruppe 1 übertreffen mit 16,9% die Werte der Kraft- und Nichtsportler im oberen Referenzbereich. Diese Differenzen der physiologischen Grenzwerte der Überleitungszeit sind in erster Linie von der Herzfrequenz abhängig.

Je schneller das Herz schlägt, desto kürzer ist die PQ-Streckenlänge. Für die Probandengruppe der älteren Probanden können analoge Aussagen getroffen werden. Den mittleren und oberen Referenzbereich erreichen 63,3% der Ausdauersportler. Bei den Nichtsportlern beträgt der Wert 54,4% und bei den Kraftsportlern sogar nur 41,1%.

3.6.2.2.3 QRS-Streckenlänge

Die Daten der QRS-Streckenlänge wurden ebenfalls Referenzbereichen zugeteilt, um eine Veranschaulichung der Probandenverteilung zu ermöglichen (Abb. 158 und 159).

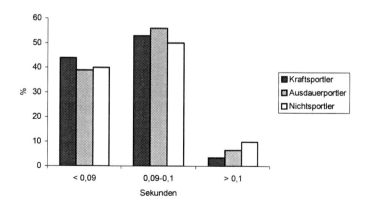

Abb. 158: QRS-Streckenlänge der Probanden der Altersgruppe 1

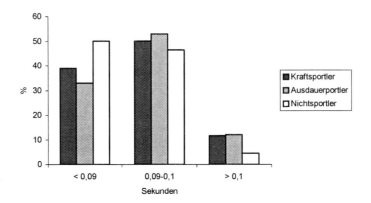

Abb. 159: QRS-Streckenlänge der Probanden der Altersgruppe 2

Bei den Kraftsportlern der Altersgruppe 1 liegt das arithmetische Mittel der QRS-Streckenlängen bei 0,087 sec (s=0,011 sec). Für die älteren Probanden zeigt sich dagegen ein Mittelwert von 0,091 (s=0,012 sec). Die Mehrzahl der Probanden liegt im mittleren Referenzbereich (0,09 bis 0,1 sec). Im oberen Referenzbereich (>0,1 sec) stehen 2,9% in der Gruppe der jüngeren Kraftsportler 11,7% aus der älteren Gruppe gegenüber (Abb. 160).

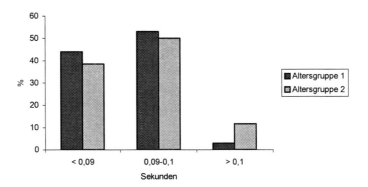

Abb. 160: QRS-Streckenlänge der Kraftsportler

Die Ausdauersportler haben im Mittel eine QRS-Streckenlänge von 0,095 sec (s=0,024 sec) in Altersgruppe 1 und von 0,100 sec (s=0,27 sec) in Altersgruppe 2. Die Aufsplittung der untersuchten Ausdauersportler ist im oberen Referenzbereich (>0,1 sec) deutlich. Im Gegensatz zu 12,2% der Altersgruppe 2 lässt sich bei nur 6,3% der Altersgruppe 1 die grenzwertige Länge messen (Abb. 161).

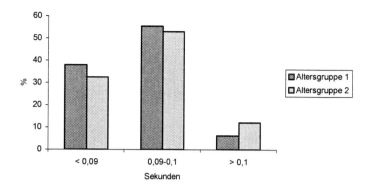

Abb. 161: QRS-Streckenlänge der Ausdauersportler

Der Mittelwert der QRS-Streckenlänge betrug in Altersgruppe 1 der Nichtsportler 0,091 sec (s=0,011 sec) und 0,086 sec (s=0,013 sec) in Altersgruppe 2. Hinsichtlich der Verteilung der Probanden auf die Referenzbereiche liegt der Schwerpunkt in beiden Altersgruppen bei dem unteren und dem mittleren Referenzbereich. Nur wenige Probanden erreichen die obere Grenze. Die QRS-Streckenlänge befindet sich zu 40% im unteren und zu 50% im mittleren Referenzbereich (Abb. 162).

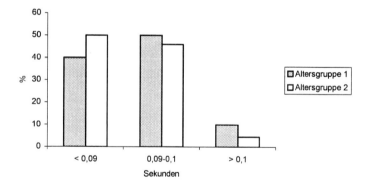

Abb. 162: QRS-Streckenlänge der Nichtsportler

Die Länge der QRS-Strecke ist also bei den Ausdauersportlern größer als bei den Kraft- und Nichtsportlern. Dies trifft für beide Altersgruppen zu. Dennoch sind im längsten Referenzbereich (>0,1 sec) die jüngeren Nichtsportler mit 10% am häufigsten vertreten. Diese Tatsache, wie auch die auffällig lange P-Welle der Nichtsportler, widerspricht den Untersuchungen mehrerer Autoren [LEPESCHKIN, 1957; KLINGE, 1987].

In der Altersgruppe 2 sind die eher geringen Unterschiede zwischen den Ausdauer- und Kraftsportlern und die signifikante Differenz zu den Nichtsportlern, die anhand anderer Untersuchungen festgestellt wurden, auch in der vorliegenden Untersuchung gegeben. Die Verlängerung der QRS-Strecke spiegelt bei den Ausdauertrainierten die physiologische Hypertrophie der Herzkammer wider.

Die verhältnismäßig hohen Werte der Kraftsportler hängen wohl damit zusammen, dass die QRS-Strecke bei Typen, die zum Athletiker und Pykniker neigen, häufiger verlängert ist. In der Altersgruppe 1 zeigt sich die gleiche Entwicklung, lässt man die Nichtsportler außer Betracht.

3.6.2.2.4 QT-Streckenlänge

Die Daten der QT-Strecke wurden ebenfalls Referenzbereichen zugeteilt, um eine Veranschaulichung der Probandenverteilung zu ermöglichen (Abb. 163 und 164).

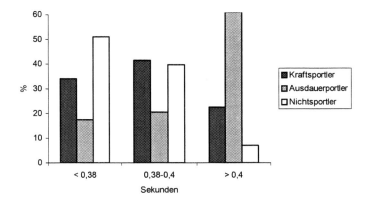

Abb. 163: QT-Streckenlänge der Probanden der Altersgruppe 1

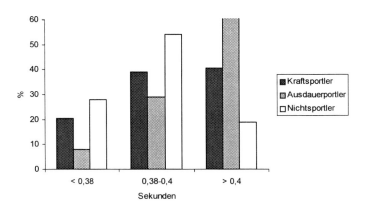

Abb. 164: QT-Streckenlänge der Probanden der Altersgruppe 2

Bei den jüngeren Probanden in der Gruppe der Kraftsportler beträgt das arithmetische Mittel 0,384 sec (s=0,027 sec). In der Altersgruppe 2 liegt das Mittel dagegen bei 0,397 sec (s=0,029 sec). Hinsichtlich der Verteilung der Kraftsportler auf die Referenzbereiche zeigt sich, dass 40,5% aus Altersgruppe 2 im Gegensatz zu 23,5% aus Altersgruppe 1 im oberen Referenzbereich (>0,4 sec) vertreten sind. Der Anteil der Probanden, die in den mittleren Referenzbereich (0,38 bis 0,4 sec) eingeordnet werden, ist in beiden Altersgruppen nahezu gleich (Abb. 165).

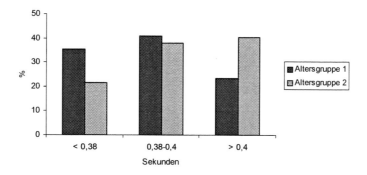

Abb. 165: QT-Streckenlänge der Kraftsportler

Die Länge der QT-Strecke beträgt bei den Ausdauersportlern im Durchschnitt 0,413 sec (s=0,038 sec) in Altersgruppe 1 und 0,421 sec (s=0,041 sec) in Altersgruppe 2. Die meisten Probanden erreichen den oberen Referenzbereich. Dennoch ist bei den Ausdauersportlern ein altersbedingter Unterschied zu beobachten. In der Altersgruppe 1 liegt die Anzahl der Probanden, die im oberen (>0,4 sec) beziehungsweise mittleren (0,38 bis 0,40 sec) Referenzbereich repräsentiert sind, bei 82,7%. Die Altersgruppe 2 ist mit deutlich mehr Probanden (91,6%) in diesen Referenzbereichen vertreten (Abb. 166).

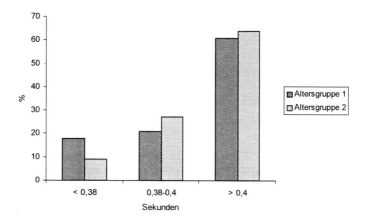

Abb. 166: QT-Streckenlänge der Ausdauersportler

In der Gruppe der jüngeren Nichtsportler beträgt der Mittelwert der QT-Streckenlänge 0,373 sec (s=0,025 sec), in der Altersgruppe 2 lag er bei 0,385 sec (s=0,027 sec). Hinsichtlich der Verteilung auf die Referenzbereiche existiert zwar eine deutliche Linksverschiebung in der Altersgruppe 1, doch zeigen sich Differenzen im Altersgruppenvergleich. Während in der Altersgruppe der 31- bis 49-Jährigen 50,3% Werte bis 0,37 sec erreichen, liegen bei den Älteren 40,1% der Werte zwischen 0,38 und 0,40 sec. Bei nur 6,6% der jüngeren Probanden lassen sich Längen von über 0,40 sec messen. Dieser letzte Prozentsatz liegt in der Gruppe der älteren Nichtsportler immerhin bei 18,2%. In der Altersgruppe 2 zeigt sich eine Verschiebung zur Mitte hin. In diesem Bereich liegen 54,6% der untersuchten Nichtsportler. Im Vergleich zu den jüngeren Nichtsportlern macht der Prozentsatz, der Werte bis 0,37 sec erreicht, mit 27,2% nur knapp die Hälfte aus (Abb. 167).

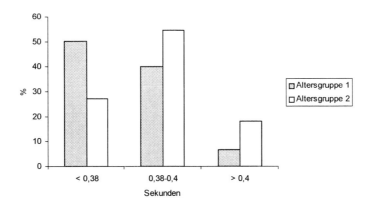

Abb. 167: QT-Streckenlänge der Nichtsportler

In der Altersgruppe 1 ist der Mittelwert der Kraftsportler mit 0,384 sec (s=0,027 sec) signifikant höher als bei den Nichtsportlern. Diese erreichen im Mittel nur 0,373 sec (s=0,025 sec). Das arithmetische Mittel der Ausdauersportler liegt ebenfalls signifikant höher als das der Kraftsportler. Die Unterschiede zu den Nichtsportlern können hier als hochsignifikant bezeichnet werden. Die Ausdauersportler stellen dem Mittel der Nichtsportler mit 0,413 sec (s=0,038 sec) einen deutlich höheren Wert entgegen.

Das gleiche Verhalten zeigt sich in der Altersgruppe 2. Zwischen den Kraft- und Nichtsportlern beziehungsweise den Ausdauer- und Kraftsportlern liegen jeweils signifikante Unterschiede vor. Bei einem Vergleich der Ausdauersportler (x=0,421 sec; s=0,041 sec) mit den Nichtsportlern (x=0,385 sec; s=0,027 sec) zeichnen sich sogar hochsignifikante Unterschiede ab.

Die Betrachtung der QT-Streckenlängen führt die Veränderungen, die infolge verschiedener sportlicher Betätigung entstehen können, sehr deutlich vor Augen. Einerseits sind hier die teilweise hochsignifikanten Unterschiede innerhalb der Probandengruppen und andererseits die hochsignifikanten Korrelationen bezüglich der Altersgruppen klar zu erkennen.

In der Altersgruppe der 31- bis 49-jährigen Probanden ist eine starke Verschiebung innerhalb der Referenzbereiche zu verzeichnen. Bei den Nichtsportlern erreichen nur 6,6% Werte, die im oberen Grenzbereich liegen. Dagegen zeigen 50,5% von ihnen in der EKG-Auswertung QT-Strecken, die weniger als 0,38 sec dauern. Im Vergleich dazu gehören nur 35,3% der Kraftsportler in den unteren Bereich und bei 23,5% wird eine Phasendauer von mehr als 0,40 sec gemessen. Bei den Ausdauersportlern ist diese Verschiebung noch ausgeprägter, denn 61,6% finden sich im oberen und nur 17,1% im unteren Referenzbereich.

Die gleiche Verschiebung innerhalb der einzelnen Bereiche ergibt sich bei den älteren Probanden etwas ausgeprägter. In Bezug auf die Kraftsportler ist der Anteil der Probanden, die Werte über 0,40 sec erreichen im Vergleich zu der jüngeren Altersgruppe sehr viel höher. Es liegt sogar eine echte Rechtsverschiebung vor, da der Anteil der Probanden im oberen Referenzbereich mit 40,6% den stärksten Teil bildet und nur 21,6% den unteren ausmachen. Im Vergleich dazu ist bei den Nichtsportlern zwar keine absolute Linksverschiebung mehr zu erkennen, doch auch in der Altersgruppe 2 liegen 54,6% im mittleren und 27,2% im unteren Referenzbereich. Dennoch beträgt der Prozentanteil im oberen Referenzbereich immerhin

18,2%, ist also um fast das Dreifache angestiegen. Bei den Ausdauersportlern ist die Rechtsver-schiebung noch stärker ausgeprägt, da insgesamt nur noch 8,4% der Probanden Werte von weniger als 0,38 sec erreichen. Die Zahl derer, die sich im oberen Referenzbereich befinden, steigt auf 64,5% an.

Die Entwicklung der QT-Streckenlänge spricht eindeutig für eine Ökonomisierung der Herz-arbeit bei den Sportlern, vor allem bei den Ausdauersportlern.

3.6.2.2.5   Herzlage

Zur Beurteilung der Herzlage bezüglich der Probandenverteilung (Kraft-, Ausdauer-, Nicht-sportler) wurde in den beiden Altersgruppen 1 und 2 unterschieden in Linkstyp, Indifferenztyp (Normtyp) und Steiltyp (Abb. 168 und 169).

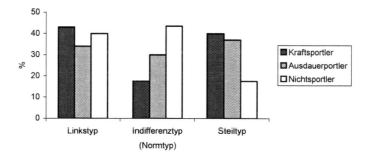

Abb. 168: Herz-Lagetypen der Probanden der Altersgruppe 1

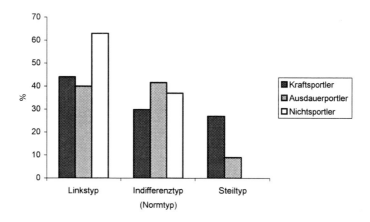

Abb. 169: Herz-Lagetypen der Probanden der Altersgruppe 2

Bezüglich der Herzlage lässt sich bei den Kraftsportlern eine Tendenz zum Linkstypus feststellen. Dies gilt für die Probanden beider Altersgruppen. In der Altersgruppe 1 zeigen immerhin 42,9% der Kraftsportler die Anzeichen des Linkstypus. Dem Indifferenz- oder Normtyp gehören 17,1% an. Der Steiltyp ist mit 40% repräsentiert. In der Altersgruppe 2 sieht

die Verteilung ähnlich aus. Allerdings ist diese hier noch deutlicher ausgeprägt. Den Steil-
(26,5%) und Indifferenztypen (29,4%) stehen hier 44,1% Linkstypen gegenüber (Abb. 170).

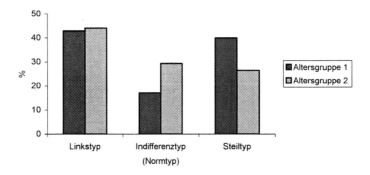

Abb. 170: Herzlagetypen der Kraftsportler

Bei den Ausdauersportlern ist die Verteilung der Häufigkeit der Herzlage bei den Mitgliedern
der Altersgruppe 1 relativ ausgeglichen, was den Links- und den Steiltyp betrifft. Der
dazugehörige Prozentsatz liegt bei 34% beziehungsweise 36,2%. Die übrigen Probanden haben
eine mittlere Herzlage. Der so genannte Rechtslagetyp kommt überhaupt nicht vor. Diese letzte
Aussage lässt sich auch für die Altersgruppe 2 treffen. Auch hier zeigt kein Proband die für den
Rechtstyp typischen Anzeichen. Die Verteilung auf die weiteren Herzlagetypen sieht etwas
anders aus. Hier können 40% zum Linkstypus und 42% zum Indifferenztypus gerechnet werden
(Abb. 171).

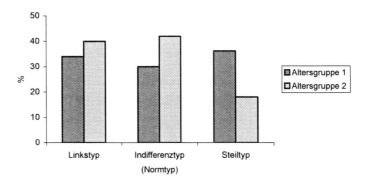

Abb. 171: Herzlagetypen der Ausdauersportler

In der Altersgruppe 1 der Nichtsportler zeichnet die Verteilung der Probanden in der Frage der
Herzlage folgendes Bild. Zum Indifferenztypus können 43,3% gerechnet werden, zum Linkstyp
gehören 40%, und 16,7% müssen dem Steiltyp zugeordnet werden. In der Altersgruppe 2 finden
sich dagegen keine Probanden mit steiltypischen Anzeichen. Den größten Anteil stellen
diejenigen, die zu den Linkstypen zählen (63,3%). Der Mittellagetyp ist geringer repräsentiert
(36,4%). Die eindeutige Verschiebung zum Links- beziehungsweise das Fehlen des Steiltypus

spricht für eine altersbezogene Entwicklung. Der Linkstypus tritt bei Erwachsenen über 40 Jahren und der Steiltyp eher bei Jugendlichen und Asthenikern auf (Abb. 172).

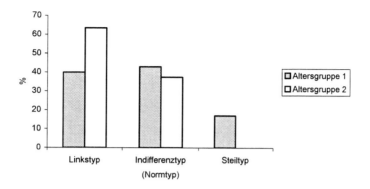

Abb. 172: Herzlagetypen der Nichtsportler

Die Ergebnisse der vorliegenden Untersuchung bezüglich der Lagetypen bestätigen die Untersuchungsergebnisse der erwähnten Untersuchungen. Es lässt sich hinsichtlich der Veränderungen mit zunehmendem Alter folgende Aussage machen. In allen drei Probandengruppen steigt der Prozentsatz der Linkstypen mit zunehmendem Alter. Bei den Kraftsportlern erhöht sich dieser von 42,9% auf 44,1%. Die Ausdauersportler weisen eine Erhöhung von 34% auf 40% auf, die Nichtsportler von 40% auf 63,6%.

Diese Verschiebung lässt sich mit der physiologischen Änderung im höheren Lebensalter erklären. Bei den Kraftsportlern zeigt sich in beiden Altersgruppen verstärkt der Linkstyp. Diese Feststellung lässt sich dadurch begründen, dass der Konstitutionstyp bezüglich der Herzlage eine sehr große Bedeutung hat. Der Linkstyp tritt häufiger bei Personen auf, die eher zum pyknischen Konstitutionstypus gezählt werden. Personen, die eher zum pyknischen Typ neigen, haben in der Regel eher die Veranlagungen für Kraftsport als asthenische Typen.

Bei den Nichtsportlern der Altersgruppe 2 macht der Linkstyp den größten Anteil aus. Allerdings tritt in dieser Probandengruppe kein Steiltyp auf. In der Altersgruppe 1 dominiert der Indifferenztyp mit 43,3%. Die gleiche Entwicklung zeigt sich bei den Ausdauersportlern in der Altersgruppe 2 mit 42%.

3.6.2.2.6   Weitere Herzfunktionsparameter

Die Daten über Sinusarrhythmien, Erregungsrückbildung, inkompletten Rechtsschenkelblock, SOKOLOW-Index und Bradykardie sind bezüglich der Verteilung auf die verschiedenen Probandengruppen in den Abbildungen 173 und 174 dargestellt.

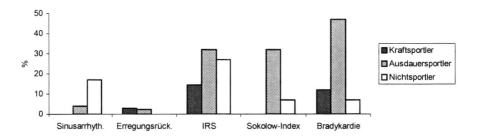

Abb. 173: Herzfunktionsparameter der Probanden der Altersgruppe 1

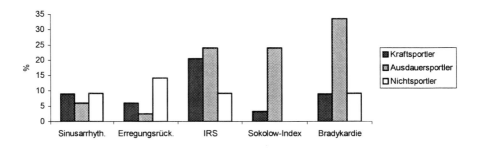

Abb. 174: Herzfunktionsparameter der Probanden der Altersgruppe 2

In der Altersgruppe 1 der Kraftsportler findet sich bei keinem Probanden ein Anzeichen einer Arrhythmie. In der Altersgruppe 2 kann bei drei Kraftsportlern (9%) eine Abweichung vom normalen Sinusrhythmus festgestellt werden.

Eine Erregungsrückbildungsstörung liegt bei einem der jüngeren Kraftsportler vor (2,7%). Von den älteren sind zwei (5,4%) betroffen.

In Bezug auf den inkompletten Rechtsschenkelblock lässt sich bei 14% der Kraftsportler der Altersgruppe 1 eine Leitungsverzögerung im rechten Tawara-Schenkel zeigen. In der Altersgruppe 2 sind es immerhin 21%.

Anzeichen einer linksventrikulären Hypertrophie können in Altersgruppe 1 überhaupt nicht und in Altersgruppe 2 nur bei einem Kraftsportler festgestellt werden.

Bei den jüngeren Kraftsportlern weisen insgesamt vier Probanden bradykarde Herzrhythmen auf (11%). Diesen vier Probanden stehen in der Altersgruppe 2 nur drei (9%) gegenüber (Abb. 175).

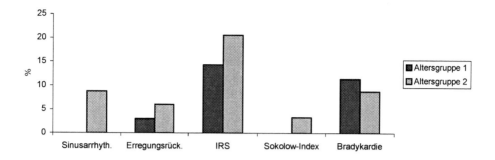

Abb. 175: Herzfunktionsparameter der Kraftsportler

Bezüglich einer Sinusarrhythmie lassen sich bei den Ausdauersportlern keine statistisch gesicherten Aussagen treffen. In der Gruppe der jüngeren Ausdauersportler zeigen zwei Probanden (3,7%) Anzeichen einer Arrhythmie. Bei den über 50-Jährigen sind es dagegen drei (6%) Probanden.

Die Anzahl der Ausdauersportler mit einer Erregungsrückbildungsstörung ist gering, und es existiert kein Unterschied in der Häufigkeit in beiden Altersgruppen. Es ist jeweils nur eine Person, die Rückbildungsstörungen zeigt (1,9% bzw. 2,0%).

Eine Leitungsverzögerung im rechten Tawara-Schenkel (inkompletter Rechtsschenkelblock) kommt bei den jüngeren Ausdauersportlern (32%) häufiger vor als bei den älteren (24%).

Genau die gleiche Verteilung ergibt sich bei der Auswertung des SOKOLOW-Index.

Bradykarde Herzrhythmen finden sich bei 46,8% der jüngeren Probanden und bei 33,3% in der Altersgruppe 2. Die altersbedingte Abnahme lässt sich durch das höhere Leistungsniveau der jüngeren Sportler erklären (Abb. 176).

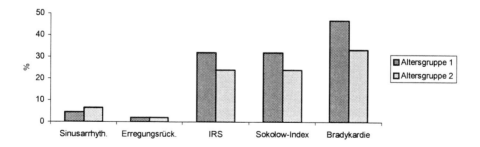

Abb. 176: Herzfunktionsparameter der Ausdauersportler

Bei den Nichtsportlern zeigen 17,2% der jüngeren Pobanden Anzeichen einer Sinusarrhythmie im Erscheinungsbild des EKG. In der Gruppe der älteren Probanden sind 10% betroffen.

Störungen in der Erregungsrückbildung kommen bei den 31- bis 49-Jährigen überhaupt nicht vor. Bei den Probanden ab 50 Jahre liegen diesbezüglich drei Fälle (15%) vor.

In Bezug auf die Häufigkeit einer Leitungsverzögerung im rechten Tawara-Schenkel dominieren die jüngeren Nichtsportler mit 27,6% gegenüber 10% der Altersgruppe 2.

Was den SOKOLOW-Index betrifft, sind immerhin 6,9% der jüngeren Untrainierten mit einem Mittelwert vertreten, der über 3,4 mV liegt. Bei der älteren Gruppe tritt dagegen kein erhöhter Mittelwert auf.

Jeweils zwei der Nichtsportler aus beiden Altersgruppen haben bradykarde Erscheinungsbilder in ihrem Ruhe-EKG. Auch diese relativ geringe Anzahl schlägt sich wegen der niedrigen Gruppengröße stärker nieder. So entspricht das in Altersgruppe 1 6,9% und in Altersgruppe 2 10% (Abb. 177).

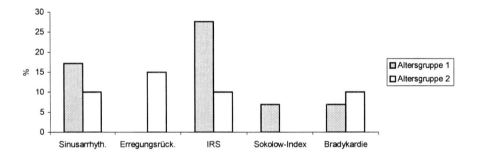

Abb. 177: Herzfunktionsparameter der Nichtsportler

Die Befunde aller auswertbaren Elektrokardiogramme zeigen, dass eine *Sinusarrhythmie* in der Altersgruppe 1 der Kraftsportler bei keinem der Probanden vorkommt. Bei den Ausdauer-sportlern tritt diese bei 3,7% der Probanden auf. Diese Erscheinung ist aufgrund der vor-liegenden Untersuchung keinesfalls als typische Veränderung bei Sportlern zu sehen, denn der Anteil bei Nichtsportlern beträgt bezüglich einer Sinusarrhythmie 17,2%.

Es kann nicht bestätigt werden, dass die Sinusarrhythmie bei älteren Personen innerhalb unserer Probandengruppen bedeutend seltener auftritt. Die höchst signifikanten Beziehungen zwischen der Sinusarrhythmie, der Verlängerung der PQ-Strecke und dem Auftreten einer Bradykardie deuten nach BUTSCHENKO [1967] auf eine Erhöhung des Vagotonus hin. Eine solche Arrhythmie hängt nicht mit dem Alter zusammen. Das bedeutet, dass sie keine Atmungsarrhythmie ist. Das ist für ausdauertrainierte Sportler atypisch.

Die Theorie über ein häufigeres Auftreten von *Erregungsrückbildungsstörungen* in Abhängigkeit von einer bestimmten Sportart lässt sich, wie erwartet, mit den Ergebnissen dieser Untersuchung nicht bestätigen. Einzig die älteren Nichtsportler zeigen eine leichte Tendenz zu einem häufigeren Auftreten dieses Erscheinungsbildes. Insgesamt können bei acht Probanden Anzeichen von Rückbildungsstörungen festgestellt werden. Diese acht Probanden sind gleichmäßig auf alle drei Gruppen verteilt. Bei den Kraftsportlern findet sich in der Altersgruppe 1 nur ein Proband mit Erregungsrückbildungsstörungen. In der Altersgruppe 2 liegt der Anteil bei 5,4%. Dies bedeutet, dass bei zwei Personen Störungen bei der Rückbildung auftreten. Bei den Ausdauersportlern tritt in jeder Altersgruppe jeweils ein Fall auf. Das entspricht bei den Jüngeren 1,9%, bei den Älteren 2,0%. Bei den Nichtsportlern sind es, wie bei den Kraftsportlern, drei Probanden. Allerdings gehören in diesem Fall alle drei zur Gruppe der älteren Probanden (ab 50 Jahre).

Diese Störungen im Ruhe-EKG besagen zunächst sehr wenig hinsichtlich der körperlichen Belastbarkeit. Erst eine Belastungsuntersuchung könnte mehr Informationen über die Belastungsfähigkeit geben.

Viele Studien gehen von einem Zusammenhang zwischen dem Betreiben von Ausdauer-sportarten und dem gehäuften Auftreten von inkompletten *Rechtsschenkelblöcken* aus. Diese Ergebnisse können mit der vorliegenden Untersuchung bestätigt werden. Bei 32% der Ausdauer-sportler wurde der inkomplette Rechtsschenkelblock festgestellt. Von den Nichtsportlern waren 27,6% betroffen. Im Vergleich dazu liegen die Kraftsportler mit 14% weit darunter. In der Altersgruppe 2 ist die Verteilung noch deutlicher. Bei den Nichtsportlern tritt nur in 10% aller Fälle eine Leistungsverzögerung im rechten Tawara-Schenkel auf. Bei den Kraftsportlern liegt der Wert diesbezüglich immerhin bei 21%. Die Ausdauersportler zeigen bei 24% der Probanden das typische Erscheinungsbild im Elektrokardiogramm.

Da der inkomplette Rechtsschenkelblock Zeichen einer Rechtsherzhypertrophie ist und gerade bei Sportlern davon ausgegangen werden kann, dass die Rechtsherzvergrößerung im Normalfall nicht als pathologisch zu betrachten ist, spricht diese Erscheinungsform für eine Ökonomi-sierung der Herzarbeit, vor allem im Ruhezustand. Die Verteilung wird verständlich, wenn man bedenkt, dass die rechte Herzhälfte das Blut aus dem gesamten Körper aufnimmt und dem Lungenkreislauf zuführt, wo es wieder mit Sauerstoff angereichert wird. Dieser Vorgang muss bei Ausdauerbelastungen eine große Menge Blut pro Zeiteinheit pumpen können, was zu einer funktionellen Dilatation (Erweiterung) der Herzkammern führt.

In diesem Zusammenhang sei auch ergänzend hinzugefügt, dass in beiden Altersgruppen innerhalb unserer Untersuchung die absolute maximale Sauerstoffaufnahme der Ausdauersport-ler signifikant höher ist als diejenige der Kraftsportler. Die Werte der Kraftsportler liegen ihrer-seits deutlich über denjenigen der Nichtsportler.

Ähnliches gilt für die Linksherzhypertrophie. Hier kann aus den Abbildungen 175 bis 177 ein Zusammenhang zwischen einem erhöhten SOKOLOW-Index und der Sportart abgelesen werden. In der vorliegenden Untersuchung werden bei den Ausdauersportlern sehr viel mehr Probanden mit einer Linksherzhypertrophie registriert als bei den Kraft- und Nichtsportlern. Bei den Nichtsportlern der Altersgruppe 1 zeigen zwei Probanden einen positiven SOKOLOW-Index. Hier stellt sich die Frage, ob die Auswahl der Probanden für diese Verteilung verantwortlich ist. Es könnte sich zwar um eine pathologische Linksherzvergrößerung handeln, doch ist die Wahrscheinlichkeit, dass es sich nicht um untrainierte Probanden handelt, sehr viel größer. Es könnte auch sein, dass es aufgrund einer nach links überdrehten Herzachse zu einer Erhöhung des SOKOLOW-Index kommt. Da es sich nur um zwei Probanden mit dieser Hypertrophie handelt, wird das Untersuchungsergebnis nicht signifikant beeinträchtigt.

In der Altersgruppe 2 tritt bei den Nichtsportlern kein einziges Elektrokardiogramm auf, bei dem das Kriterium für die Linksherzhypertrophie als positiv zu bewerten ist. Das gilt auch für die jüngeren Kraftsportler. Bei den älteren Kraftsportlern kommt nur ein Fall von Linksherzhyper-trophie vor. Das bedeutet, dass in dieser Sportgruppe 97% keine Anzeichen einer Hypertrophie zeigen.

Ganz anders verhält es sich bei den Ausdauersportlern. Hier zeigen 32% der jüngeren und 24% der älteren Probanden einen positiven SOKOLOW-Index. In beiden Altersgruppen kann somit von einer Hypertrophie ausgegangen werden. In vielen Untersuchungen wurde gerade bei ausdauertrainierten Personen dieses Kriterium viel häufiger gefunden als bei Nichtsportlern. Außerdem wird die Aussagekraft des Grenzwertes zuverlässiger, je älter der Proband ist. Ein weiterer Grund für die höheren Werte der Ausdauersportler bei diesen Voltagemessungen findet sich, wenn man den Körperbau berücksichtigt. Da bei den Kraft- und Nichtsportlern aufgrund der Zugehörigkeit zu einem eher pyknischen Konstitutionstypus der durchschnittliche Anteil des Körperfettes höher ist als bei den Ausdauersportlern, ist bei jenen Gruppen die Leitfähigkeit geringer.

Für die *Bradykardie* gelten ähnliche Tendenzen wie für die Häufigkeit des inkompletten Rechtsschenkelblockes. Bei beiden Befunden wurde ein Zusammenhang zur Sportart vielfach untersucht und bestätigt. Wie auch bezüglich des inkompletten Rechtsschenkelblockes treten bei der Bradykardie höchst signifikante Unterschiede zwischen den Probandengruppen zutage. So zeigen die Ausdauersportler weit häufiger bradykarde Herzrhythmen als die Kraft- und die Nichtsportler. Zwischen den Kraft- und den Nichtsportlern besteht wiederum ein signifikanter Unterschied in Bezug auf ein häufigeres Auftreten der Bradykardie bei den Kraftsportlern, wenngleich die Kraftsportler bei weitem nicht an die Werte der Ausdauersportler herankommen. Bei der Bradykardie der Nichtsportler ist es möglich, dass es sich um eine so genannte konstitutionelle Bradykardie handelt, die auch bei Personen auftritt, die der Ausdauerschulung keine Bedeutung beimessen.

Das häufigere Auftreten der Bradykardie bei den Kraftsportlern (11,0%) der Altersgruppe 1 im Vergleich zu den Nichtsportlern (6,9%) ist damit zu erklären, dass die Verminderung der Herzfrequenz der deutlichste Effekt eines körperlichen Trainings ist. Vergleicht man Ausdauer- und Kraftsportler, so erkennt man, dass die Bradykardie bei den Ausdauertrainierten in beiden Altersgruppen mehr als viermal häufiger auftritt als bei den Kraftsportlern. In Altersgruppe 2 wird ebenfalls deutlich, dass bradykarde Herzrhythmen bei Ausdauersportlern sehr viel häufiger auftreten als bei Personen, die dem Ausdauertraining weniger oder keine Beachtung schenken.

Damit bekräftigt diese Untersuchung die Tatsache, dass das alternde Herz zu Anpassungs-erscheinungen in der Lage ist.

Betrachtet man die Ergebnisse in Bezug auf die Herzfunktionsparameter, so lässt sich für das Ausdauertraining eine große Bedeutung bezüglich der Erhaltung und Ökonomisierung der Funktionstüchtigkeit des Herz-Kreislauf-Systems ableiten. Dieses kardiale Niveau ist durch ein reines Krafttraining nicht zu erreichen. Dennoch erzielen die Kraftsportler im Vergleich zu den Nichtsportlern günstigere Werte.

3.6.2.2.7   Korrelationen der EKG-Parameter

Folgende Abkürzungen werden in den Tabellen 81 bis 84 verwendet:

P	=	P-Streckenlänge
PQ	=	PQ-Streckenlänge
QRS	=	QRS-Streckenlänge
QT	=	QT-Streckenlänge
Lage	=	Lagetyp
Sinus	=	Sinusarrhythmie
Erreg	=	Erregungsrückbildungsstörung
IRS	=	Inkompletter Rechtsschenkelblock
SI	=	SOKOLOW-Index
Brady	=	Bradykardie

In der Korrelationstabelle aller Probanden zeigt sich eine Abhängigkeit zwischen dem SOKOLOW-Index, der Bradykardie und der QT-Streckenlänge (Tab. 81).

Für den SOKOLOW-Index und die QT-Streckenlänge besteht eine linear steigende, für die Bradykardie eine linear fallende Beziehung. In der Gruppe der Ausdauersportler treten für beide Indizes jeweils deutlich höhere Werte auf als in den Vergleichsgruppen. Die PQ-Streckenlänge zeigt eine leichte Abhängigkeit vom SOKOLOW-Index und von der Sinusarrhythmie. Die Beziehung zur Bradykardie ist hochsignifikant. Die Korrelationen zwischen P-, PQ- sowie PQ- und QT-Streckenlängen lassen sich durch die gegenseitige Abhängigkeit der Streckendefinitionen der einzelnen Werte näher erläutern.

Keine Aussage ist jedoch in allen Probandengruppen hinsichtlich eines Zusammenhangs der einzelnen Werte mit dem Alter möglich. Dies gilt ebenso für die QRS-Streckenlänge, den Herz-Lagetyp, die Erregungsrückbildungsstörung und den inkompletten Rechtsschenkelblock (Tab. 81).

Tab. 81: Korrelationen bezüglich verschiedener EKG-Parameter der Probanden

	Alter	P	PQ	QRS	QT	Lage	Sinus	Erreg	IRS	SI	Brady
Alter	1.0000	.1428	-.0564	.0855	.1129	-.0298	.0436	.1024	.0647	-.0442	.0427
P	.1428	1.0000	.2039*	.1226	.0116	.0052	-.0852	.0121	.0449	-.0103	-.0478
PQ	-.0564	.2039*	1.0000	.1112	.0586	-.0201	.1757	.0222	-.0565	.1955*	-.2090
QRS	.0855	.1226	.1112	1.0000	-.0164	-0606	.0409	.1014	-.1215	.0495**	-.2090**
QT	.1129	.1116	.1586*	-.0164	1.0000	.0454	.0505	-.0122	-.1151	.2130**	-.5192**
Lage	-.0298	.0052	-.0201	-.0606	.0454	1.0000	-.0392	-.0529	.0640	.1357	-.0273
Sinus	.0436	-.0852	.1757*	.0409	.0505	-.0392	1.0000	.0482	.0970	-.0508	-.0825
Erreg	.1024	.0121	.0222	.1014	-.0122	-.0529	.0482	1.0000	.0472	-.0784	-.0113
IRS	.0647	.0449	-.0565	-.1215	-.1151	.0640	.0970	.0472	1.0000	-.0072	.1565
SI	-.0442	-.0103	.1955*	.0495	.2130*	.1357	-.0508	-.0784	-.0072	1.0000	-.3585**
Brady	.0427	-.0478	-.2090	.0649	-.5192**	-.0273	-.0825	-.0113	.1565	-.3585**	1.0000

*Signifikanzniveau: * = .01   ** = .001*

In der Gruppe der Kraftsportler lässt sich eine starke Abhängigkeit zwischen dem Vorkommen einer Sinusarrhythmie und einer deutlichen Verlängerung der PQ-Strecke beziehungsweise einer Bradykardie erkennen.

Eine hochsignifikante Beziehung zeigt sich beim Erscheinungsbild einer Erregungsrück-bildungsstörung und der Verlängerung der PQ-Strecke.

Ein Zusammenhang zwischen einer Sinusarrhythmie und der Verlängerung der QRS-Strecke besteht ebenfalls. Hier lässt sich in beiden Fällen eine signifikante Korrelation der Parameter nachweisen. Die Verlängerung der QT-Strecke korreliert höchst signifikant mit der Bradykardie (Tab. 82).

Tab. 82: Korrelationen bezüglich verschiedener EKG-Parameter der Kraftsportler

	Alter	P	PQ	QRS	QT	Lage	Sinus	Erreg	IRS	SI	Brady
Alter	1.0000	.2294	.0000	.1690	.1291	.0468	.2148	.0716	-.0772	.1222	.0000
P	.2294	1.0000	.2796	.0757	-.1142	-.0184	.1854	.0258	.0303	-.0761	-.0374
PQ	.0000	.2796	1.0000	.2844*	.0787	.0204	.3864**	.3864**	-.1477	-.0213	-.2527
QRS	.1690	.0757	.2844*	1.0000	.0655	-.1239	.2138	.2138	.1304	-.0344	-.1110
QT	.1291	-.1142	.0787	.0655	1.0000	-.0015	.1757	.0185	-.1245	-.0787	-.4819**
Lage	.0468	-.0184	.0204	-.1239	-.0015	1.0000	-.0603	-.2311	-.0541	.1600	-.0776
Sinus	.2148	.1854	.3864**	.2138	.1757	-.0603	1.0000	.3026*	.0994	-.0262	-.4381**
Erreg	.0716	.0258	.3864**	.2138	.0185	-.2311	.3026*	1.0000	.0994	.0262	-.1856
IRS	-.0772	.0303	-.1477	.1304	-.1245	-.0541	.0994	.0994	1.0000	.566	-.0080
SI	.1222	-.0761	-.0213	-.0344	-.0787	.1600	-.0262	.0262	.0566	1.0000	.0380
Brady	.0000	-.0374	-.2527	-.1110	-.4819**	-.0776	-.4381**	-.1856	-.0080	.0380	1.0000

Signifikanzniveau: * = .01   ** = .001

In der Gruppe der Ausdauersportler zeigt sich, dass zwischen dem Alter und den untersuchten Parametern in Bezug auf die Befunde keine statistisch repräsentative Beziehung besteht. Dennoch zeichnen sich bei den einzelnen Werten nennenswerte Unterschiede ab.

Die einzelnen Streckenlängen des EKG zeigen Veränderungen, wenn man die jeweilige Phasendauer in den Altersgruppen betrachtet. Hierbei sind statistisch gesicherte Veränderungen zu beobachten. Allerdings sind diese weder als hochsignifikant noch als signifikant zu betrachten. Aufgrund der Einteilung in Referenzbereiche gelingt es jedoch, die bestehenden Differenzen zu verdeutlichen.

Bei den Ausdauersportlern ist ein Zusammenhang zwischen einem grenzwertig erhöhten SOKOLOW-Index und dem gehäuften Vorkommen einer Bradykardie erkennbar. Diese wiederum korreliert mit der deutlichen Verlängerung der QT-Strecke. In beiden Fällen handelt es sich um eine höchst signifikante Korrelation. Es zeigt sich eine linear fallende Beziehung.

Je höher also der Wert des SOKOLOW-Index ist, umso ausgeprägter zeigt sich auch die Bradykardie. Je ausgeprägter die Bradykardie, desto länger ist die QT-Strecke (Tab. 83).

Tab. 83: Korrelationen bezüglich verschiedener EKG-Parameter der Ausdauersportler

	Alter	P	PQ	QRS	QT	Lage	Sinus	Erreg	IRS	SI	Brady
Alter	1.0000	.1442	-.1301	.1137	.0447	.0011	.0937	-.0045	.0883	-.0883	.1306
P	.1442	1.0000	.2113	.2116	-.0567	.0080	-.0602	.0322	.0272	-.0272	.0120
PQ	-.1301	.2113	1.0000	.1130	.1253	.0077	.0624	-.0596	-.0722	.2031	-.1419
QRS	.1137	.2116	.1130	1.0000	-.1741	-.0822	.0795	-.0545	-.1160	.0461	.1804
QT	.0447	-.0567	.1253	-.1741	1.0000	.0601	.0479	-.1931	-.0834	.1313	-.4818**
Lage	.0011	.0080	.0077	-.0822	.0601	1.0000	.0607	-.0132	.1359	.1111	.0342
Sinus	.0937	-.0602	.0624	.0795	.0479	.0607	1.0000	-.0301	.1288	-.0131	-.0414
Erreg	-.0045	.0322	-.0595	-.0545	-.1931	-.0132	-0301	1.0000	.0901	-.0901	.1190
IRS	.0883	.0272	-.0722	-.1160	-.0834	.1359	.1288	.0901	1.0000	.0778	.1944
SI	-.0883	-.0272	.2031	.0461	.1313	.1111	-.0131	-.0901	.0778	1.0000	-.3352**
Brady	.1306	.0120	-.1419	.1804	-.4818**	.0342	-.0114	.1190	.1944	-.3352**	1.0000

Signifikanzniveau: * = .01   ** = .001

Auch bei den Nichtsportlern ergibt die statistische Überprüfung der EKG-Parameter keine hochsignifikanten Zusammenhänge mit der Altersvariablen.

Die Mittelwertstabelle veranschaulicht, dass keine gravierenden Differenzen innerhalb der einzelnen Phasen bestehen. Die arithmetischen Mittelwerte der P-Streckenlängen beider Altersgruppen liegen sehr eng beieinander. In der Gruppe der jüngeren Nichtsportler wird ein Mittelwert von 0,101 sec, in der Gruppe der älteren von 0,103 sec registriert.

Die Mittelwertsdifferenzen der anderen Werte besitzen eine ähnliche Spannweite. Folglich ist anhand eines Vergleiches der jeweiligen arithmetischen Mittel keine Aussage zu treffen, die für eine altersbezogene Veränderung spricht.

In der Korrelationstabelle der Nichtsportler lassen sich nur wenige Zusammenhänge erkennen. Die negative Korrelationszahl zeigt in Bezug auf die Länge der QRS-Strecke und das Vorkommen von inkompletten Rechtsschenkelblöcken, dass diese speziell in dieser Probandengruppe häufiger bei kurzen QRS-Strecken auftreten (Tab. 84).

Tab. 84: Korrelationen bezüglich verschiedener EKG-Parameter der Nichtsportler

	Alter	P	PQ	QRS	QT	Lage	Sinus	Erreg	IRS	SI	Brady
Alter	1.0000	.0316	.0449	-.1011	.1781	-.1872	-.0197	.2889	.2203	-.1713	-.0449
P	.0315	1.0000	.0934	-.0583	.1433	-.0076	.1868	-.0067	.1409	-.1455	-.0934
PQ	.0449	.0934	1.0000	-.0833	.1216	-.1823	.3090	-.0714	.1409	-.0577	-.1875
QRS	-.1011	-.0583	-.0833	1.0000	.1216	.0194	-.1139	.2381	-.4085*	-.0577	.0833
QT	.1781	.2433	.1216	.1216	1.0000	-.1019	.2103	.4270**	.0235	-.0722	-.1216
Lage	-.1872	-.0076	-.1823	.0194	-.1019	1.0000	-.1113	.1031	.1036	.1532	.0310
Sinus	-.1097	.1868	.3090	-.1139	.2101	-.1113	1.0000	-.0976	.0495	-.0789	-.0976
Erreg	.2889	-.0067	-.0714	.2381	.4270**	.1031	-.0976	1.0000	-.0885	-.0495	-.2381
IRS	.2203	.1499	.1409	-.4085*	.0235	.1036	.0495	-.0885	1.0000	-.1561	.0423
SI	-.1703	-.1455	-.0577	-.0577	-.0722	.1532	-.0789	-.0495	-.1561	1.0000	.0577
Brady	-.0449	-.0934	-.1875	.0833	-.1216	.0310	-.0976	-.2381	.0423	.0577	1.0000

Signifikanzniveau: * = .01   ** = .001

3.6.2.3   Unsere Ergebnisse im Überblick

Für die drei untersuchten Gruppen können folgende statistisch gesicherten Unterschiede festgestellt werden. Die *P-Streckenlänge* zeigt sowohl bei den Kraftsportlern als auch bei den Ausdauer- und Nichtsportlern minimale Streckenverlängerungen im Alternsvorgang. Die *QRS-Streckenlänge* ist bei den Ausdauersportlern größer als bei den Kraft- und Nichtsportlern. Dies trifft für beide Altersgruppen zu. Sie nimmt bei den Kraft- und Ausdauersportlern in der Altersgruppe 2 zu, während bei den Nichtsportlern ein Rückgang zu verzeichnen ist. In allen Gruppen verlängert sich im Vergleich der beiden Altersgruppen die Länge der *QT-Strecke* beträchtlich. Dabei handelt es sich bei den Kraftsportlern um eine hochsignifikante (p<0,001) Steigerung der Phasendauer. Beim Vergleich der Ausdauer- und Nichtsportler tritt noch eine signifikante (p<0,01) Differenz auf. Der *Herz-Lagetyp* verschiebt sich in allen Gruppen mit zunehmendem Alter zum Linkstyp. Bei den Ausdauersportlern zeigt sich in Bezug auf den *inkompletten Rechtsschenkelblock*, den SOKOLOW-Index und die *Bradykardie* eine altersbedingte Abnahme der Häufigkeit.

Beim Vergleich zwischen den jeweiligen Altersgruppen der Kraft-, Ausdauer- und Nichtsportler zeigen sich folgende Ergebnisse. In der Altersgruppe 1 unterscheiden sich die *QT-Strecken* in ihrer Länge hochsignifikant voneinander. Hierbei nimmt die Streckenlänge von den Nichtsportlern über die Kraft- zu den Ausdauersportlern hin zu. In der Altersgruppe 2 sind die

Streckenlängen QRS und *QT* der Kraftsportler und der Ausdauersportler größer als die der Nichtsportler. In Bezug auf die *QT-Strecke* ergibt sich jeweils ein hochsignifikanter Unterschied.

Hinsichtlich des *Lagetyps* zeigt sich eine Verschiebung zum Linkstyp mit zunehmendem Alter bei allen untersuchten Probandengruppen. Bei den Nichtsportlern ist diese Verschiebung am stärksten erkennbar. Bei den Ausdauersportlern ist sie weniger deutlich.

Was die *Sinusarrhythmie* betrifft, lässt sich in beiden Altersgruppen keine statistisch gesicherte Aussage machen. Es ist lediglich in der Altersgruppe 1 eine leichte Tendenz in Hinsicht auf ein häufigeres Vorkommen bei den Nichtsportlern zu erkennen. Bei den Kraftsportlern dominiert in beiden Altersgruppen der Linkstyp, während bei den jüngeren Ausdauersportlern der Steiltyp und bei den Älteren der Indifferenztyp am häufigsten vorkommt. Bei den Nichtsportlern erscheint in der Altersgruppe 1 der Indifferenztyp häufiger. In der Altersgruppe 2 dominiert dagegen eindeutig der Linkstyp.

Die *Erregungsrückbildungsstörungen* treten in allen drei untersuchten Gruppen altersunabhängig fast ebenso häufig auf.

In Bezug auf das Auftreten eines *inkompletten Rechtsschenkelblocks* besteht bei den jüngeren Probanden eine hochsignifikante Differenz zwischen den Ausdauer- und den Kraftsportlern. Das Bild des inkompletten Rechtsschenkelblocks gilt als Zeichen einer Rechtsherzhypertrophie und ist bei ausdauertrainierten Personen wesentlich häufiger zu finden. In Altersgruppe 2 kann bei den Kraftsportlern im EKG deutlich häufiger eine solche Leistungsverzögerung festgestellt werden als bei den Nichtsportlern.

Der *SOKOLOW*-Index zeigt eine hochsignifikante Differenz zwischen den Ausdauersportlern im Vergleich mit den Nicht- und Kraftsportlern. In der Altersgruppe 1 kommt die Linksherzhypertrophie bei den Ausdauersportlern weit häufiger vor als bei den Nichtsportlern. Bei den Kraftsportlern tritt kein einziger Fall einer Linksherzhypertrophie auf. In Altersgruppe 2 ergibt sich wieder eine hochsignifikante Differenz zwischen den Ausdauersportlern und den Kraft- und Nichtsportlern mit dem Unterschied, dass bei den älteren Probanden aus der Probandengruppe der Nichtsportler kein grenzwertiger *SOKOLOW*-Index auftritt.

Hinsichtlich der *Bradykardie* zeigen die jüngeren Probanden der drei untersuchten Gruppen signifikante beziehungsweise hochsignifikante Unterschiede. Die Ausdauersportler weisen weit häufiger bradykarde Herzrhythmen auf als die Kraftsportler. Bei den Kraftsportlern wiederum kann man häufiger bradykarde Erscheinungsformen finden als bei den Nichtsportlern. Unter den älteren Probanden der drei Gruppen zeigen nur die Ausdauersportler hochsignifikante Differenzen im Vergleich mit den Nichtsportlern. Zusätzlich lassen sich auch hochsignifikante Unterschiede zu den Kraftsportlern erkennen.

Die Korrelationstabellen weisen für die Leistungsbeurteilung bedeutende Zusammenhänge bezüglich der untersuchten Herzfunktionsparameter bei den Kraft-, Ausdauer- und Nichtsportlern auf.

Die Ausdauersportler erreichen also jeweils die besseren Werte. Bei ihnen kann eine ökonomischere Arbeitsweise des Herz-Kreislauf-Systems angenommen werden. Durch die Hypertrophie der rechten und der linken Herzhälfte kann das Kreislaufsystem bei einer gleichzeitigen Bradykardie sehr viel wirtschaftlicher arbeiten. Diese Anpassungserscheinung ergibt sich ebenfalls bei den Kraftsportlern, wenn auch in geringerem Maße, während eine ökonomische Arbeitsweise des Herzens bei den Nichtsportlern kaum oder überhaupt nicht festzustellen ist. Gerade im Alter zeigen sich diesbezüglich bei den beiden Sportlergruppen wesentlich bessere Ergebnisse.

3.6.3 Fahrradergometrie

Bei Belastungstests zur Funktionsprüfung der Kreislauforgane und des Atmungsapparates wurde die sitzende Fahrradergometrie angewendet. Dabei wurde die absolute und körpergewichtsbezogene Wattleistung bei ansteigenden Belastungsstufen bis hin zur maximalen Belastung ermittelt. Anhand der erfassten Daten konnte dann das Verhalten speziell von Herzfrequenz, Blutdruck und absoluter bzw. relativer maximaler Sauerstoffaufnahme der Probanden beurteilt werden (Kap. 1.4.6).

3.6.3.1 Verhalten von Herzfrequenz und Blutdruck unter definierter fahrradergometrischer Belastung

Die Leistungsfähigkeit des Menschen resultiert aus der Summe konkreter Leistungen einzelner organischer Teilsysteme. Im Rahmen der vorliegenden Untersuchung steht die Frage im Mittelpunkt, ob sich Zusammenhänge zwischen den gewählten Messgrößen und der Leistungsfähigkeit der Probanden erkennen lassen. Dazu wird das Verhalten von Herzfrequenz und Blutdruck bei ansteigender Belastung untersucht. Darüber hinaus soll festgestellt werden, ob sportartspezifische oder altersspezifische Unterschiede zwischen den Probandengruppen auftreten.

3.6.3.1.1 *Auswahl bisheriger Untersuchungen und deren Ergebnisse*

Nach den Ergebnissen von MELLEROWICZ [1961] sowie denen aus zahlreichen weiteren Untersuchungen führt ein regelmäßiges Ausdauertraining bei älteren Menschen zu einer Trainingsbradykardie. Auch in höherem Alter ist daher durchaus mit einer Trainingswirkung auf die Ruhe-Herzfrequenz zu rechnen; das alternde Herz ist damit zu Adaptationen, die sich in einer Absenkung der Ruhe-Herzfrequenz zeigen, in der Lage (Abb. 178).

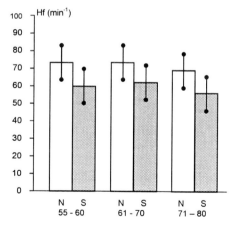

Abb. 178: Verhalten der Ruhe-Herzfrequenz bei sportlich nicht aktiven (N) und sportlich aktiven (S) älteren Personen [MELLEROWICZ, 1961]

Aus Untersuchungen von BRINGMANN [1974] ging hervor, dass ein Ausdauertraining bei älteren und selbst bei sehr alten Personen in der Mehrzahl der Fälle zu einer erhöhten Ausbelastungs-herzfrequenz führt (Abb. 179).

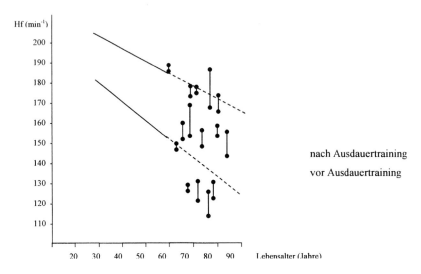

Abb. 179: Beziehung zwischen Lebensalter und Ausbelastungsherzfrequenz vor und nach einem Ausdauertraining von Personen im höheren Lebensalter (n=15) [BRINGMAN, 1974]

COOPER et al. [1977] führten aus, dass bei guter Fitness der altersbedingte Rückgang der maximalen Herzfrequenz geringer ausgeprägt ist (Abb. 180).

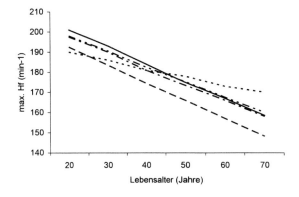

Abb. 180: Die mittlere maximale Herzfrequenz bezogen auf das Alter bei fünf Probanden [COOPER et al., 1977]

Nach HOLLMANN et al. [1978] fällt die Herzfrequenz bei verbessertem Trainingszustand durch Ausdauertraining auf vergleichbaren Belastungsstufen ab. Die Mechanismen, die dieses Phänomen bewirken, sind weitgehend die Konsequenz zahlreicher Adaptationsvorgänge an wiederholte Ausdaueranforderungen im Gesamtorganismus. Bis in höhere Altersstufen hinein lassen sich Trainingseffekte an der Herzfrequenz darstellen. Regelmäßig trainierende ältere Menschen unterscheiden sich signifikant von untrainierten Gleichaltrigen (Abb. 181).

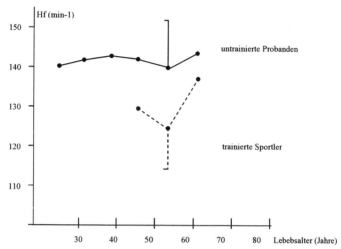

Abb. 181: Die submaximale Herzfrequenz auf einer definierten Belastungsstufe bei untrainierten Probanden und Sportlern in höherem Lebensalter [HOLLMANN et al., 1978]

Die Messwerte streuen bei älteren Jahrgängen stark. Für das Erreichen der maximalen Herzfrequenz ist unter anderem wichtig, welche motorischen Anforderungen gewählt werden und in welchem körperlichen Zustand sich die Probanden befinden.

Die Herzfrequenz nach Belastungsabbruch wird direkt oder indirekt durch zahlreiche Vorgänge gekennzeichnet, die den Erholungsverlauf charakterisieren und gilt als ein Indikator dafür, wie eine motorische Belastung über ihr Ende hinaus vom Organismus verarbeitet wird. Ihr Verhalten beschreibt Anpassungs- und Umstellungsvorgänge des kardiovaskulären Systems und des Organismus. Daraus ergeben sich Rückschlüsse auf die Ausdauerleistungsfähigkeit. ISRAEL [1982] untersuchte die Phasen des Rückgangs der Herzfrequenz bei einem Radsportler bei supramaximaler (450 Watt, 1 min) sowie ausdauernder (70% der VO_{2max}, 60 min) Belastung auf dem Fahrradergometer. Innerhalb der ersten 20 Sekunden nach Belastungsabbruch im Anschluss an die supramaximale Belastung steigt die Herzfrequenz weiter an, um das Sauerstoffdefizit auszugleichen. Im Anschluss daran sinkt sie sehr schnell. Nach der ausdauernden submaximalen Belastung fällt die Herzfrequenz ab Beginn der Pause in mäßigem Tempo (Abb. 182).

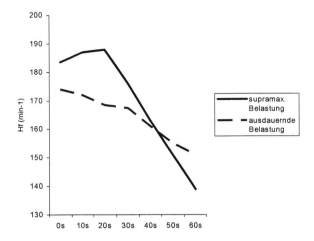

Abb. 182: Phase des schnellen Rückgangs der Herzfrequenz bei einem Radsportler bei supramaximaler (1 min, 450 Watt) sowie ausdauernder Belastung (- - - = 60 min bei 70% VO2 max.) auf dem Fahrradergometer [Israel, 1982]

HOLLMANN et al. [1978] untersuchten das Verhalten des systolischen Blutdrucks. Dieser steigt in Ruhe, bei submaximalen und maximalen Belastungen im Alternsvorgang kontinuierlich an. Bedingt ist der Blutdruckanstieg durch die geringere Elastizität der Aorta und der großen Arterien sowie durch den erhöhten peripheren Widerstand. Auffallend sind auch die signifikant höheren Werte des systolischen Blutdrucks mit zunehmendem Alter im submaximalen Arbeitsbereich. Sportler, vor allem ausdauertrainierte Personen bis zum 80. Lebensjahr, haben geringere systolische Druckwerte. Diese Differenz wird zwischen Sportlern und Nichtsportlern mit wachsender Belastung größer. Trotz großer Unterschiede im systolischen Blutdruckverhalten bei Trainierten und Untrainierten steigt auch bei Sportlern der Blutdruck im Alterungsprozess leicht an (Abb. 183).

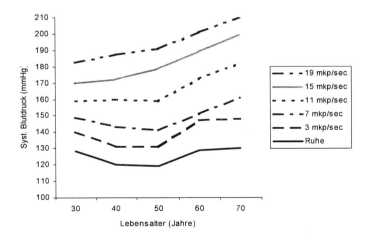

Abb. 183: Das Verhalten des systolischen Blutdrucks auf verschiedenen submaximalen Belastungsstufen in Abhängigkeit vom Lebensalter [HOLLMANN et al., 1978]

Der unblutig registrierte diastolische Blutdruck des gesunden Herzens erhöht sich altersbedingt leicht, übertrifft in der Regel aber nicht 90 mmHg. Unter Belastung wird dieser Anstieg mit zunehmendem Alter noch deutlicher. Einschränkend muss beim unblutig gemessenen diastolischen Wert auf Mess-Ungenauigkeiten hingewiesen werden.

PROKOP und BACHL [1984] liefern Untersuchungsergebnisse zur Leistungsfähigkeit, die neben der körperlichen (In-) Aktivität auch Lebensalter und Trainingszustand berücksichtigen. Allerdings bezieht sich diese Aufstellung nur auf Sportler aus dem Ausdauerbereich (Läufer, Radfahrer). Sie konnten zeigen, dass gut trainierte 60-Jährige noch die gleiche gemessene relative Wattleistung erbringen können wie körperlich inaktive Personen im Alter von 30 Jahren.

BOVENS [1993] untersuchte mit Hilfe der Fahrradergometrie Männer und Frauen, die älter als 40 Jahre und vorwiegend im Ausdauerbereich sportlich aktiv waren. Er ermittelte dabei für die relative Wattleistung den erstaunlichen Mittelwert von 3,3 Watt/kg. Selbst die Ältesten (> 65 Jahre) erreichten noch Mittelwerte von 2,6 Watt/kg (Männer) beziehungsweise 1,9 Watt/kg (Frauen).

3.6.3.1.2   Ergebnisse unserer Untersuchung

3.6.3.1.2.1   Herzfrequenz

Zur umfassenden Beurteilung der Leistungsfähigkeit des Herzens ist bezüglich der Herzfrequenz die Untersuchung in Ruhe, bei submaximalen Belastungen, in der Ausbelastung sowie in der Nachbelastungsphase erforderlich. Im Rahmen dieser Untersuchungen wird unter „submaximaler Herzfrequenz" eine Herzfrequenz im Bereich von 120 bis 160 Schlägen/min verstanden.

Kraft- und Ausdauersportler unterscheiden sich in Bezug auf die Ruhe-Herzfrequenz deutlich voneinander. Dagegen liegen die Mittelwerte der Nichtsportler im Bereich derjenigen der Kraftsportler (Abb. 184). In Altersgruppe 1 liegt die Ruhe-Herzfrequenz der Kraftsportler im Mittel bei 64,95 Schlägen/min (s=10,57 Schläge/min), die der Ausdauersportler bei 56,44 Schlägen/min (s=12,94 Schläge/min), und die der Nichtsportler bei 69,21 Schlägen/min (s=11,41 Schläge/min). Die entsprechenden Ruhewerte der Altersgruppe 2 erreichen bei den Kraftsportlern im Mittel 68,24 Schläge/min (s=13,56 Schläge/min), bei den Ausdauersportlern 55,39 Schläge/min (s=9,38 Schläge/min) und bei den Nichtsportlern 67,90 Schläge/min (s=9,16 Schläge/min) (Tab. 85 und 86).

Der Mittelwert der Kraftsportler liegt in Altersgruppe 1 um 8,51 Schläge/min, in Altersgruppe 2 um 2,85 Schläge/min über dem der Ausdauersportler. Die Ruhewerte der Nichtsportler der Altersgruppe 1 sind im Schnitt um 11,46 Schläge/min und in Altersgruppe 2 um 12,51 Schläge/min höher als die der Ausdauersportler (Abb. 184).

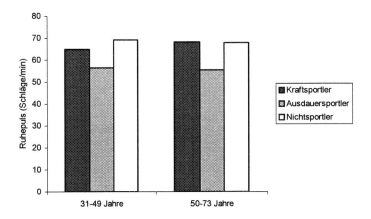

Abb. 184: Mittelwerte der Ruhe-Herzfrequenz der Probanden in Altersgruppe 1 und 2

Bei einer Belastung von 150 Watt werden Herzfrequenz-Mittelwerte der jüngeren Kraftsportler von 138,92 Schlägen/min (s=15,79 Schläge/min) registriert. Die Ausdauersportler dieser Altersgruppe liegen mit 130,13 Schlägen/min (s=18,67 Schläge/min) deutlich darunter. Die Werte der Nichtsportler liegen hingegen mit durchschnittlich 146,28 Schlägen/min (s=16,01 Schläge/min) darüber. In der Altersgruppe 2 zeigt sich die gleiche Tendenz. Der Unterschied zwischen Kraft- und Ausdauersportlern bei 150 Watt ist in beiden Altersgruppen signifikant. Die Nichtsportler unterscheiden sich diesbezüglich nicht signifikant von den Kraftsportlern (Tab. 85 und 86).

Tab. 85: Mittelwerte der Herzfrequenz unter definierter fahrradergometrischer Belastung bei Kraft-, Ausdauer- und Nichtsportlern der Altersgruppe 1

Herzfrequenz	Kraftsportler				Ausdauersportler				Nichtsportler			
	n	x	s	p	n	x	s	p	n	x	s	p
Ruhe	37	64,95	10,57		54	56,44	12,94		29	69,21	11,41	
Vorstart	37	82,62	12,71		54	74,54	14,24		29	89,86	15,64	
50 Watt	37	98,11	10,97		54	88,44	15,08		29	104,83	12,96	
100 Watt	37	116,46	13,50		54	108,07	16,66		29	124,55	14,59	
150 Watt	37	138,92	15,79		54	130,13	18,67		29	146,28	16,01	
200 Watt	37	160,14	15,76		53	149,92	18,32	*	25	167,88	15,89	
250 Watt	24	170,42	13,06	*	42	158,83	14,34	*	8	181,25	11,35	
300 Watt	7	169,86	13,47	*	21	168,95	12,84					
nach Abbr.												
1 min.	36	148,61	15,73		53	136,72	17,94		29	145,07	19,64	*
3 min.	36	122,89	15,75		53	105,55	18,51	*	29	122,76	20,61	*
5 min.	35	114,83	15,28	*	53	98,30	17,79		29	114,59	17,07	*
7 min.	36	106,39	14,88	*	53	91,17	17,26	*	29	107,14	17,39	

* $p < 0,01$ n = Anzahl der Probanden   x = Mittelwert der Herzfrequenz   s = Standardabweichung

Tab. 86: Mittelwerte der Herzfrequenz unter definierter fahrradergometrischer Belastung bei Kraft-, Ausdauer und Nichtsportlern der Altersgruppe 2

Herzfrequenz	Kraftsportler				Ausdauersportler				Nichtsportler			
	n	x	s	p	n	x	s	p	n	x	s	p
Ruhe	33	68,24	13,56		51	55,39	9,38		20	67,90	9,16	
Vorstart	33	84,27	13,12		51	70,94	13,19	*	20	127,95	14,05	
50 Watt	33	99,67	12,67		51	85,50	11,53		20	100,70	15,23	
100 Watt	33	120,27	15,40		51	106,33	13,77	*	20	131,20	37,23	
150 Watt	29	140,72	14,22		51	127,29	16,03	*	20	141,20	23,99	
200 Watt	24	158,04	12,45		50	145,26	14,63		8	159,88	20,18	
250 Watt	12	163,58	6,75	*	26	158,85	14,08					
300 Watt					5	182,00	14,97					
nach Abbr.												
1 min.	33	136,66	21,01	*	51	123,43	17,96	*	20	123,05	19,83	*
3 min.	33	111,53	19,72	*	51	93,86	14,27	*	20	101,00	14,33	*
5 min.	33	105,39	18,66	*	51	88,25	12,18	*	20	95,40	13,56	*
7 min.	33	100,06	17,29		51	80,82	13,43	*	20	91,10	14,00	

$p < 0,01$ (Irrtumswahrsch.) n = Anzahl der Probanden x = Mittelwert der Herzfrequenz s = Standardabweichung

Die Kraftsportler der Altersgruppe 1 erreichen eine Minute nach Belastungsabbruch eine mittlere Herzfrequenz von 148,61 Schlägen/min (s=15,73 Schläge/min), die Ausdauersportler von 136,72 Schlägen/min (s=17,94 Schläge/min) und die Nichtsportler von 145,07 Schläge/min (s=19,64 Schläge/min). Der Erholungswert nach einer Minute beträgt für die Altersgruppe 2 bei den Kraftsportlern im Mittel 136,66 Schläge/min (s=21,01 Schläge/min), bei den Ausdauersportlern 123,43 Schläge/min (s=17,96 Schläge/min) und bei den Nichtsportlern 123,05 Schläge/min (s=19,83 Schläge/min). In der 3., 5. und 7. Minute nach der Belastung zeigt sich alters- und sportartspezifisch die gleiche Tendenz. Bei den Kraftsportlern der Altersgruppe 1 sinkt die mittlere Herzfrequenz in der 5. Minute auf 114,83 Schläge/min (s=15,28 Schläge/min), bei den Nichtsportlern auf 114,59 Schläge/min (s=17,07 Schläge/min). Bei den Ausdauersportlern dagegen fällt sie auf durchschnittlich 98,30 Schläge/min (s=17,97 Schläge/min).

Das schnelle Einschwingverhalten der Herzfrequenz bei den Ausdauersportlern in der Nachbelastungsphase dokumentiert sich auch bei der Betrachtung der Herzfrequenzen der Altersgruppe 2 fünf Minuten nach Abbruch. Die Kraftsportler erreichen im Mittel 105,39 Schläge/min (s=18,66 Schläge/min), die Nichtsportler 95,40 Schläge/min (s=13,56 Schläge/min). Die Ausdauersportler liegen mit entsprechend 88,25 Schlägen/min (s=12,18 Schläge/min) deutlich darunter. Der Unterschied der mittleren Herzfrequenz in der ersten bis siebten Minute nach der Belastung war bei allen Kollektiven hochsignifikant (Tab. 85 und 86).

Das Verhalten der Herzfrequenz in Ruhe und unter Belastung sowie in der Nachbelastungsphase bei den Probandengruppen wird in den Abb. 185 und 186 dargestellt.

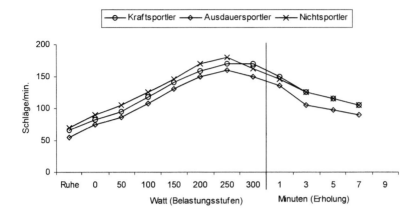

Abb. 185: Herzfrequenz der Kraft-, Ausdauer- und Nichtsportler der Altersgruppe 1 während der Belastungsprobe
auf dem Fahrradergometer und der Erholungsphase

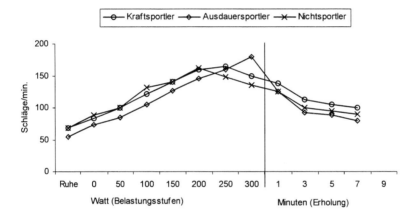

Abb. 186: Herzfrequenz der Kraft-, Ausdauer- und Nichtsportler der Altersgruppe 2 während der Belastungsprobe
auf dem Fahrradergometer und der Erholungsphase

Die niedrigere Ruhe-Herzfrequenz der Ausdauersportler von im Mittel 56,44 Schlägen/min der Altersgruppe 1 und 55,39 Schlägen/min der Altersgruppe 2 ist der Effekt eines regelmäßigen körperlichen Trainings und somit als Trainingsbradykardie einzuordnen. Von der Trainingsbradykardie wird auf eine kardiale Adaptation an Ausdauerbelastungen geschlossen, die wiederum die ökonomischen Verhältnisse der Herz-Kreislauf-Funktion charakterisiert. Der Befund der Trainingsbradykardie wird als positiv eingeschätzt und als Kriterium der Ausdauer-trainiertheit bewertet.

Die Kraftsportler weisen bezüglich der Ruhe-Herzfrequenz in beiden Altersgruppen mit im Mittel 64,95 beziehungsweise 68,24 Schlägen/min keine trainingsinduzierte kardiale Adaptation auf. Es ist daher kaum auf eine ausgesprochene Ausdauerleistungsfähigkeit zu schließen. Das Verhalten der Ruhe-Herzfrequenz der Kraftsportler in den Altersgruppen deutet auf einen besseren Trainingszustand der älteren Kraftsportler hin. Das langjährig durchgeführte Training hat somit zur Folge, dass sich das Herz bewegungsadaptiv seine Reaktionsfähigkeit zumindest teilweise erhält.

Die Ruhe-Herzfrequenz der Nichtsportler (69,21 beziehungsweise 67,90 Schläge/min) liegt in der vorliegenden Untersuchung im Normbereich der entsprechenden Altersgruppen.

Abgesehen von der nicht sportartgemäßen Belastungsform für Kraftsportler zeigen die Kurvenverläufe, dass die Trainingsinhalte keine deutlichen Ökonomisierungseffekte der Regelgröße Herzfrequenz im submaximalen Bereich bewirken. Die submaximale Herzfrequenz deckt die Reserven des Herz-Kreislauf-Systems auf, die bei den Kraftsportlern offensichtlich nur gering vorhanden sind.

Die Kreislauffunktion korreliert hoch mit dem Stoffwechsel, und dieser wiederum steht in direkter Beziehung zur Belastungsintensität. Die Herzfrequenz ist somit ein Maß der Belastungs-verarbeitung. Ein ausgesprochenes Ausdauerleistungsvermögen ist bei den Kraftsportlern nicht vorhanden, allerdings sind positive Trainingseinflüsse auch nicht zu verkennen. Der parallele Kurvenverlauf der Herzfrequenz von Kraft- und Ausdauersportlern im submaximalen Bereich weist darauf hin. Das Training umfänglicher Gruppen der Muskulatur, dem größten Stoffwechselorgan des Menschen, wirkt sich demnach auch positiv auf die Ausdauerleistungs-fähigkeit aus.

Über die Ausbelastungs-Herzfrequenz können anhand der Untersuchungsergebnisse und nach intensiver Aufarbeitung des Datenmaterials keine schlüssigen Aussagen getroffen werden. Grund dafür ist die technische Seite der Datenaufarbeitung, die eine separate Eingabe der Herzfrequenz-Abbruch-Werte nicht vorgesehen hatte. Es wäre daher falsch, die Annäherung des Kurvenverlaufs in den Abb. 185 und 186 bei den Kraft- und Ausdauersportlern beider Altersgruppen über der 200-Watt-Stufe mit dem Abbruch-Herzfrequenzverhalten in Beziehung zu setzen. Es ist festzustellen, dass auf den höchsten Belastungsstufen Herzfrequenzen gemessen wurden, die charakteristisch für die Ausbelastung des Herz-Kreislauf-Systems sind. Die erwartete Herzfrequenz-Annäherung auf den Ausbelastungsstufen ist somit vorhanden. Signifikante Unterschiede zwischen Kraft- und Ausdauersportlern existierten hier nicht. Die Nichtsportler zeigten auf ihren Ausbelastungsstufen (200 bis 250 Watt) bedeutend höhere Herzfrequenzen als die Kraft- und Ausdauersportler bei derselben Wattleistung.

Die Nachbelastungs-Herzfrequenz ist ein Indikator dafür, wie eine motorische Belastung über ihr Ende hinaus vom Organismus verarbeitet wird. Der Rückgang der Herzfrequenz nach einer körperlichen Belastung erfolgt hyperbelförmig. Am Scheitelpunkt der Hyperbel findet sich der Übergang von der schnellen zur trägen Phase des Rückgangs. Die Dauer der Verminderung der Herzfrequenz korreliert mit der Art der vorangegangenen Belastung. Die Geschwindigkeit, mit der die ausgelenkten Funktionen nach der Belastung gedämpft werden, kann als ein Charakteristikum für die Qualität der Erholungsfähigkeit aufgefasst werden.

Da die Anpassung an hohe körperliche Belastungen grundsätzlich ein zweckgerichteter Vorgang ist, wird mit verbesserter kardiovaskulärer und allgemeiner Ausdaueranpassung der Dämpfungs-vorgang beschleunigt, d.h. die Herzfrequenz strebt relativ schnell ihrem Ruhewert zu.

Abhängig von der vorangegangenen Belastung und dem Grad des Trainingszustandes war die Verlaufsdauer des Absinkens der Herzfrequenz der Kraftsportler im Vergleich zu den Ausdauer-sportlern verlängert. Die Erholungswerte der Nichtsportler unterschieden sich kaum von denen der Kraftsportler, was darauf zurückzuführen ist, dass die meisten Nichtsportler bei niedrigeren Wattleistungen die submaximale Belastungsstufe erreichten. Dies lässt wiederum Rückschlüsse auf eine mangelnde Ausdauer-Adaptation der Kraft- und Nichtsportler zu. Bestätigung findet diese Annahme bei näherer Betrachtung der jeweiligen Erholungswerte.

In der Altersgruppe 2 ist eine schnellere Abnahme der Nachbelastungsherzfrequenz in allen Gruppen zu beobachten. Unabhängig von der betriebenen Sportart ist dieser Rückgang der Herzfrequenz mit der ohnehin stärker ausgeprägten Dämpfung im späteren Lebensalter zu erklären. Bei näherer Betrachtung der Kraft- und Ausdauersportler dokumentierte sich das schnellere Einschwingverhalten der Ausdauersportler in beiden Altersgruppen mit einer Herzfrequenz von 98,30 beziehungsweise 88,25 Schlägen/min nach der fünften Erholungsminute. Die Kraftsportler liegen mit 114,83 Schlägen/min in Altersgruppe 1 und 105,39 Schlägen/min in Altersgruppe 2 deutlich darüber. Ein lebenslanges Krafttraining fördert demnach die Entwicklung von Vorgängen, die der beschleunigten Herbeiführung einer Homöostase und der Erholung dienen, nicht in dem Ausmaß, wie dies bei einem lebenslangen Ausdauertraining der Fall ist. Die Nichtsportler der Altersgruppe 2 lagen nach fünf Minuten auch schon unter 100 Schlägen/min (95,40 Schläge/min). Dies ist in erster Linie darauf zurückzuführen, dass sie bei Abbruch eine relativ niedrige Belastungsgrenze erreicht hatten. Hinzu kommt noch der bereits erwähnte Dämpfungseffekt im höheren Lebensalter.

3.6.3.1.2.2   Blutdruck

Der Blutdruck befindet sich unter Ruhebedingungen bei den jüngeren Kraft- Ausdauer- und Nichtsportlern mit im Mittel 134,57/86,57 mmHg (s=14,26/7,45 mmHg), 131,89/83,00 mmHg (s=17,56/7,86 mmHg) beziehungsweise 131,21/87,76 mmHg (s=12,22/7,48 mmHg) im Normbereich. Er zeigt auch im Alternsvorgang keine nennenswerten Veränderungen, nur bei den älteren Kraftsportlern liegt er signifikant niedriger als bei den älteren Nichtsportlern (x=138,28/84,69 mmHg; s=17,29/7,61 mmHg beziehungsweise x=146,25/87,25 mmHg; s=14,51/8,19 mmHg) (Abb. 187, Tab. 87 und 88).

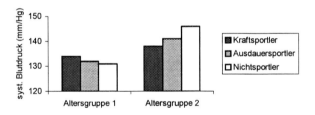

Abb. 187: Mittelwerte des systolischen Ruhe-Blutdrucks der Probanden
beider Altersgruppen

Unter Belastung kommt es zu dem notwendigen kontinuierlichen Anstieg des systolischen Blutdrucks (Tab. 87 und 88). Im submaximalen Bereich von 150 Watt erhöht sich dieser bei den Kraftsportlern auf durchschnittlich 190,41 mmHg (s=20,86 mmHg) in Altersgruppe 1 auf im Mittel 198,62 mmHg (s=25,14 mmHg) in Altersgruppe 2. Bei den Ausdauersportlern ist eine diesbezügliche Zunahme von 187,04 auf 200,39 mmHg (s=24,80 mmHg) zu verzeichnen. Die Nichtsportler erreichten systolische Blutdruckwerte von im Mittel 188,85 mmHg (s=19,69 mmHg) in Altersgruppe 1 und 220,25 mmHg (s=30,37 mmHg) in Altersgruppe 2. Diese Mittelwerte der Kraft- und Ausdauersportler sind somit nicht signifikant unterschiedlich. Die Unterschiede zwischen den Mittelwerten der Sportler und Nichtsportler sind hingegen signifikant (Abb. 188 und 189).

Tab. 87: Mittelwerte des Blutdrucks unter definierter fahrradergometrischer Belastung bei Kraft-, Ausdauer- und Nichtsportlern der Altersgruppe 1

Blutdruck	Kraftsportler				Ausdauersportler				Nichtsportler			
	n	x	s	p	n	x	s	p	n	x	s	p
Ruhe - syst.	37	134,57	14,26		54	131,89	17,56		29	131,21	12,22	
- diast.	37	86,57	7,45		54	83	7,86		29	87,76	7,84	*
Vorst. - syst.	37	140,00	17,20		54	137,31	19,38	*	29	137,59	12,44	
- diast.	37	88,78	6,71		54	86,48	7,35	*	29	88,45	7,47	
50 W - syst.	37	152,70	18,91		54	151,20	23,01		29	148,97	13,65	
- diast.	37	89,32	7,92		54	86,39	9,34	*	29	90,14	7,57	
100 W - syst.	37	170,68	20,28		54	168,34	19,81	*	29	168,45	17,43	
- diast.	37	90,41	8,69		54	87,41	10,63		29	92,24	9,21	
150 W - syst.	37	190,41	20,86	*	54	187,04	24,80	*	29	188,86	19,69	
- diast.	37	92,30	8,79		54	88,33	11,74	*	29	92,71	10,32	
200 W - syst.	37	210,41	24,16		53	204,06	25,11	*	25	209,58	21,96	
- diast.	37	95,00	9,05		53	88,68	13,34	*	25	89,00	9,55	
250 W - syst.	22	216,82	22,28		42	215,63	17,38		0			
- diast.	22	96,36	10,37		42	87,19	12,68	*	0			
300 W - .syst.	4	213,75	16,01		21	225,63	14,14		0			
-diast.	4	88,75	6,29		21	87,19	13,64		0			
nach Abbruch												
1min. - syst.	37	186,22	23,87		54	192,41	27,76	*	29	207,11	22,51	
- diast.	37	85,81	10,04		54	82,69	12,69		29	88,95	19,74	*
3 min. - syst.	37	169,33	23,49		54	167,69	25,63	*	29	175,25	13,89	
diast.	37	84,19	9,01		54	82,13	11,06		29	86,50	16,35	*
5 min. - syst.	36	153,75	19,14		54	150,28	20,17		29	156,25	10,66	
- diast.	36	83,19	8,38		54	83,06	9,64		29	87,50	15,93	*
7 min. - syst.	36	140,88	16,58		53	139,68	26,45		29	148,13	11,40	*
- diast.	36	84,71	9,21		53	84,04	8,70		29	89,75	15,44	

* p<0,01 (Irrtumswahrsch.)   n = Anzahl der Probanden   x = Mittelwert der Herzfrequenz   s = Standardabweichung

Tab. 88: Mittelwerte des Blutdrucks unter definierter fahrradergometrischer Belastung bei Kraft-, Ausdauer- und Nichtsportlern der Altersgruppe 2

Blutdruck	Kraftsportler				Ausdauersportler				Nichtsportler			
	n	x	s	p	n	x	s	p	n	x	s	p
Ruhe - syst.	32	138,28	17,29		51	140,98	17,56		20	146,25	14,51	
- diast	32	84,69	7,61		51	86,41	9,64		20	87,25	8,19	*
Vorst. - syst.	33	145,30	21,39		51	149,41	19,38	*	20	146,85	36,12	*
- diast.	33	90,00	8,29		51	90,39	10,85		20	92,50	9,67	
50 W - syst.	32	163,13	22,67		51	163,20	23,01	*	20	172,75	23,92	*
- diast.	32	92,19	9,91		51	92,40	10,21		20	95,00	11,92	
100 W. - syst.	32	183,91	22,60	*	51	179,71	21,48	*	20	194,00	26.19	*
- diast.	32	95,47	9,45		51	93,14	11,53		20	97,25	13,71	
150 W. - syst.	29	198,62	25,14	*	51	200,39	24,80	*	20	220,25	30,37	*
- diast.	29	96,72	12,05		51	94,71	12,59		20	98,50	15,90	
200 W. - syst.	24	211,04	22,60		50	217,10	25,11	*	8	226,25	32,60	
- diast.	24	95,43	10,97		50	95,50	13,06		8	91,88	20,52	
250 W. - syst.	9	215,56	24,55		22	219,55	17,38		0			
- diast.	9	98,89	7,41		22	93,41	11,79		0			
300 W. -.syst.	0				0				0			
-diast.	0				0				0			
nach Abbruch												
1min. - syst.	33	187,88	32,02		51	201,50	27,76		20	207,11	28,69	
- diast.	32	88,94	12,23		51	89,10	13,35		20	88,95	13,08	
3 min. - syst.	32	169,34	21,81		51	175,20	25,63		20	175,25	23,14	
diast.	32	88,75	8,71		51	87,75	11,97		20	86,50	11,13	
5 min. - syst.	32	154,35	20,93		51	155,39	20,17		20	156,25	17,84	*
- diast.	32	87,10	8,73		51	87,75	11,15		20	87,50	8,51	
7 min. - syst.	31	143,71	22,84		49	141,55	26,45		20	148,13	17,21	
- diast.	31	88,06	7,71		49	86,41	9,64		20	89,75	9,26	

*p<0,01 (Irrtumswahrsch.)   n = Anzahl der Probanden   x = Mittelwert der Herzfrequenz   s = Standardabweichung

Der diastolische Wert der jüngeren Kraftsportler liegt mit im Mittel 92,30 mmHg (s=8,97 mmHg) bei 150 Watt um durchschnittlich 5 mmHg nur geringfügig höher als bei den gleichaltrigen Ausdauersportlern. In Altersgruppe 2 ist in beiden Sportgruppen der diastolische Wert im submaximalen Bereich von 150 Watt annähernd gleich. Im oberen Normbereich befinden sich auch die diastolischen Werte der Nichtsportler.

In der Nachbelastungsphase ist ein Rückgang der Blutdruckwerte in beiden Altersgruppen der jeweiligen Gruppe erkennbar. Nach der siebten Minute liegen die Werte der Kraft-, Ausdauer- und Nichtsportler der Altersgruppe 1 im physiologischen Ausgangsbereich. Im Alterungsprozess erscheinen in der Nachbelastungsphase sowohl bei beiden Sportgruppen als auch bei den Nichtsportlern geringfügig höhere Werte.

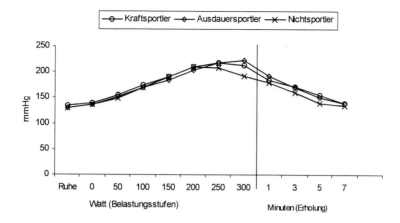

Abb. 188: Systolischer Blutdruck der Kraft-, Ausdauer- und Nichtsportler der Altersgruppe 1 während der Belastungsprobe am Fahrradergometer und der Erholungsphase

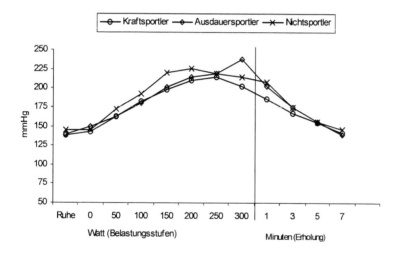

Abb. 189: Systolischer Blutdruck der Kraft-, Ausdauer- und Nichtsportler der Altersgruppe 2 während der Belastungsprobe am Fahrradergometer und der Erholungsphase

Bei der Betrachtung der Blutdruckwerte lässt sich sagen, dass die systolischen und diastolischen Ruhe-Blutdruckwerte bei allen Probanden im Normbereich liegen. Der in der Literatur angegebene obere Grenzwert von 150/90 mmHg wird in den gewählten Probandengruppen nicht überschritten. Es ergeben sich daher auch keine sportart- und altersspezifisch interpretierbaren Unterschiede. Diese Ergebnisse dürften vor allem für Nichtsportler interessant sein.

Der arterielle Blutdruckanstieg ist von der Form und Intensität der jeweiligen Belastung abhängig. Die bei diesen Untersuchungen verwendeten fahrradergometrischen Belastungen sind durch einen stärkeren Krafteinsatz gekennzeichnet. Daher steigt neben dem systolischen, wenn auch mit geringer Steilheit, auch der diastolische Blutdruck an. Diese Ergebnisse stimmen mit dem von anderen Autoren angegebenen alternsbedingten Anstieg des systolischen Blutdrucks überein. Das Verhalten des diastolischen Blutdrucks unter einem stufenförmigen Belastungsanstieg in den gewählten Altersgruppen ist in Übereinstimmung mit den Ausführungen in der Literatur alternsbedingt und unabhängig von der betriebenen Sportart. Bis zu einer Belastung von 200 Watt ist der diastolische Blutdruckanstieg in beiden Altersgruppen linear, wobei die Kraftsportler unwesentlich höhere Werte aufweisen (Abb. 188 und 189).

Setzt man die beiden Funktionsgrößen Herzfrequenz und Blutdruck mit der erbrachten Leistung in Beziehung, so bestätigen sich auch hier die in zahlreichen wissenschaftlichen Arbeiten [HOLLMANN, 1976; ROST, 1979; ISRAEL, 1982] getroffenen Feststellungen. Bei ökonomisch günstiger Herzarbeit hat die Druckregelung Vorrang vor der Frequenzregulation. Das Herz erreicht die notwendige Erhöhung des Sauerstoffangebotes in der Peripherie durch die Vergrößerung des Schlagvolumens mit Blutdruckanstieg und erst danach durch eine Frequenzerhöhung (Abb. 190 und 191).

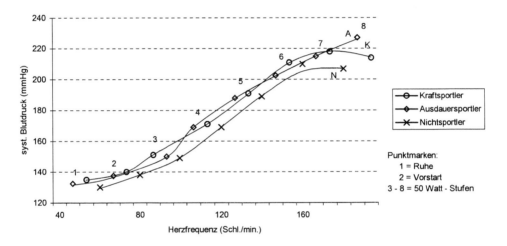

Abb. 190: Beziehung zwischen Herzfrequenz und syst. Blutdruck für Kraft-, Ausdauer- und Nichtsportler der Altersgruppe 1 auf verschiedenen submaximalen Belastungsstufen

Die Blutdruckkurven der Ausdauersportler sind in beiden Altersgruppen nach links verschoben. Die gleiche Arbeitsleistung wird bei ihnen mit geringerem Aufwand erbracht. Die Blutdruckkurven der Kraft- und Ausdauersportler verlaufen aber mit geringem Abstand parallel. Ein regelmäßiges Krafttraining lässt damit ebenfalls Adaptationsreaktionen der Herzarbeit erkennen. Dies lässt sich unter anderem damit erklären, dass Kraftsportler teilweise mit einem Einsatz von mehr als einem Sechstel der Skelettmuskulatur trainieren.

Die höheren systolischen und diastolischen Blutdruckwerte, nebst erhöhter Herzfrequenz bei den Nichtsportlern, sind teilweise auf fehlende Adaptationen (kein oder wenig Training, meist keine körperliche Belastung im Beruf, häufiger Stress, chronische Erkrankungen) zurückzuführen.

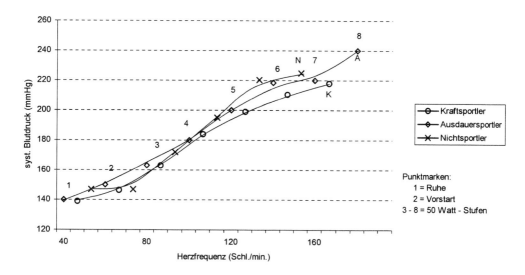

Abb. 191: Beziehung zwischen Herzfrequenz und syst. Blutdruck für Kraft-, Ausdauer- und Nichtsportler der
Altersgruppe 2 auf verschiedenen submaximalen Belastungsstufen

3.6.3.1.2.3   Absolute und körpergewichtsbezogene Wattleistung

Das Verhalten von Herzfrequenz und Blutdruck bei Belastung kann nur unter Berücksichtigung
der Ausdauerbelastbarkeit beurteilt werden (Tab. 89 und 90).

Die ergometrisch ermittelte *absolute Wattleistung* nimmt bei den Kraft- und Ausdauersportlern
im Alternsvorgang kontinuierlich ab. In der Altersgruppe 1 (31 bis 49 Jahre) erreichen die
Kraftsportler durchschnittlich 228,94 Watt (s=35,63 Watt), die Ausdauersportler 252,32 Watt
(s=41,21 Watt) und die Nichtsportler 197,63 Watt (s=31,53 Watt). Die Leistung der
Altersgruppe 2 beträgt für die Kraftsportler im Mittel 192,87 Watt (s=45,52 Watt), für die
Ausdauersportler 218,94 Watt (s=36,80 Watt) und für die Nichtsportler 165,00 Watt (s=22,43
Watt).

In Altersgruppe 1 ist die absolute Wattleistung der Kraftsportler im Schnitt um 23,4 Watt und die
der Nichtsportler um 54,7 Watt niedriger als die der Ausdauersportler. Die Altersgruppe 2 zeigt
mit durchschnittlich 25,1 beziehungsweise 53,9 Watt ähnliche Unterschiede.

Bei den Kraftsportlern ist die Reduktion mit im Mittel 36 Watt am größten, bei den
Ausdauersportlern und Nichtsportlern fällt die Leistung altersbedingt um durchschnittlich 33
Watt ab. Der altersbedingte Rückgang der absoluten Wattleistung ist sowohl bei den Sportlern
als auch bei den Nichtsportlern statistisch signifikant. Somit kann festgestellt werden, dass die
Kraftsportler gegenüber den Ausdauersportlern bei einer niedrigeren Ausgangsleistung einen
höheren Leistungsverlust zu verzeichnen haben.

Die *körpergewichtsbezogene Wattleistung* zeigt ebenfalls eine Alters- und Aktivitäts-
abhängigkeit (Tab. 89 und Tab. 90). Mit durchschnittlich 3,33 Watt/kg (s=0,50 Watt/kg)
Körpermasse ist diese bei den jüngeren Ausdauersportlern deutlich höher als bei den Kraft- und
Nichtsportlern der Altersgruppe 1 mit 2,70 beziehungsweise 2,43 Watt/kg (s=0,49 beziehungsweise 0,50 Watt/kg).

Tab. 89: Mittelwerte der absoluten und körpergewichtsbezogenen Wattleistung der Kraft-, Ausdauer- und Nichtsportler der Altersgruppe 1

Phys. Param.	Kraftsportler				Ausdauersportler				Nichtsportler			
	n	x	s	p	n	x	s	p	n	x	s	p
Watt	37	228,94	35,63		54	252,32	41,21		29	197,63	31,53	
Watt/kg	37	2,70	0.49	*	54	3,33	0.50	*	29	2,43	0,50	*

p<0,01 (Irrtumswahrsch.)   n = Anzahl der Probanden   x = Mittelwert der Herzfrequenz   s = Standardabweichung

Tab. 90: Mittelwerte der absoluten und körpergewichtsbezogenen Wattleistung der Kraft-, Ausdauer- und Nichtsportler der Altersgruppe 2

Phys. Param.	Kraftsportler				Ausdauersportler				Nichtsportler			
	n	x	s	p	n	x	s	p	n	x	S	p
Watt	33	192,87	45,52		51	218,94	36,80		20	165	22,43	
Watt/kg	33	2,33	0.54	*	51	2,91	0.54	*	20	2,00	0.50	*

p<0,01 (Irrtumswahrsch.)   n = Anzahl der Probanden   x = Mittelwert der Herzfrequenz   s = Standardabweichung

Im Prozess des Alterns nimmt die relative Wattleistung bei allen Probandengruppen um etwa 0,4 Watt/kg Körpermasse ab. Sie liegt in Altersgruppe 2 der Kraftsportler bei durchschnittlich 2,33 Watt/kg, der Ausdauersportler bei 2,91 Watt/kg und bei den Nichtsportlern bei 2,0 Watt/kg Körpermasse. Das Absinken der körpergewichtsbezogenen Wattleistung im Alterungsprozess ist bei allen Kollektiven hochsignifikant (p<0,01).

Alle Kraft- und Ausdauersportler der Altersgruppe 1 haben 200 Watt oder mehr getreten, während von den Nichtsportlern 72,4% nicht mehr als 200 Watt erreichten. Die 300 Watt-Grenze erreichten 19% der Kraftsportler und 57,4% der Ausdauersportler. Bei den Nichtsportlern der Altersgruppe 1 erreichten 37,6% 200 Watt und keiner überwand die 250 Watt Stufe.

Für die Altersgruppe 2 ist bei den Kraftsportlern eine deutliche Links-Verschiebung auf der x-Achse zu erkennen. Bei den Kraftsportlern der Altersgruppe 2 sind 97% vor der 300 Watt-Stufe ausgeschieden. Bei den Ausdauersportlern zeigt sich dagegen in beiden Altersgruppen nahezu das gleiche Bild. Bei den älteren Nichtsportlern erreichten nur noch 40% der Probanden die 200 Watt-Stufe. Die prozentuale Verteilung der ausgeschiedenen Teilnehmer der Kollektive nach maximaler Belastungsstufe in den beiden Altersgruppen wird in Abb. 192 und 193 graphisch dargestellt.

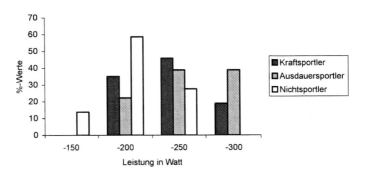

Abb. 192: Prozentualer Anteil und Leistungsgrenze der ausgeschiedenen Probanden der Altersgruppe 1

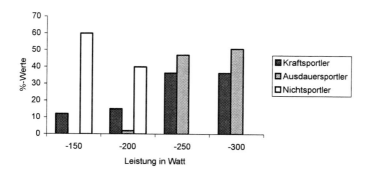

Abb. 193: Prozentualer Anteil und Leistungsgrenze der ausgeschiedenen Probanden
der Altersgruppe 2

Voraussetzung zur Beurteilung der maximalen Leistungsfähigkeit ist das Erreichen einer maximalen Ausbelastung. In der Praxis steht hierfür der Parameter der Herzfrequenz zur Verfügung. Eine Herzfrequenz von 200 Schlägen/min minus Lebensalter gilt als untere Grenze einer Maximalbelastung. Bei einem Probandenkreis von 31- bis 49-Jährigen und einer durchschnittlichen maximalen Herzfrequenz um 170 Schläge/min war somit eine maximale Ausbelastung gewährleistet. Der jeweilige Proband bestimmte bei subjektiver Ausbelastung den Abbruch der Belastungsprobe selbst.

Im Alterungsprozess zeigt sich bei allen Kollektiven ein Abfallen der maximalen körperlichen Leistungsfähigkeit. Bei den Kraftsportlern ist eine Abnahme der absoluten Wattleistung um 36,07 Watt festzustellen. Die Ausdauersportler lassen einen Rückgang der absoluten Wattleistung von im Mittel 33,38 Watt erkennen (Abb. 194). Damit wird die in der Literatur angegebene Abnahme der Kraft- und Ausdauerleistungen mit zunehmendem Alter bestätigt. Bei den Nichtsportlern beträgt der Rückgang der absoluten Wattleistung 32,63 Watt. Dieser verhältnismäßig geringe Rückgang deutet auf eine altersbedingte Zunahme des Körpergewichts hin.

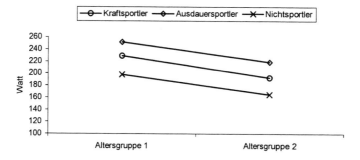

Abb. 194: Vergleich der untersuchten Gruppen bezüglich der absoluten Wattleistung
im Altersvorgang

Hinsichtlich der Bewertung der maximalen Leistungsfähigkeit für Männer bis zu 30 Jahren ist ein Richt- beziehungsweise Sollwert von 3 Watt/kg Körpermasse angegeben. Im Altersvorgang verminderte sich dieser Sollwert um 1% pro Jahr oder 10% pro Lebensdekade. Für den Probandenkreis ergibt sich daraus für die Altersgruppe 1 ein Sollwert von 2,7, für die

Altersgruppe 2 von 2,3 Watt/kg Körpermasse. Diese Sollwerte beziehen sich auf Untrainierte. Die vorliegenden Untersuchungen ergeben für die Ausdauersportler beider Altersgruppen die höchsten Durchschnittswerte. Es wird deutlich, dass bei den Kraftsportlern beider Altersgruppen kaum ein Unterschied zu den Sollwerten für Untrainierte festzustellen ist. Hier zeigt sich, dass die Fahrradergometrie für Krafttrainierende keine adäquate Belastungsform darstellt. Wird von den Kraftsportlern neben dem sportartspezifischen Training kein Ausdauertraining betrieben, ist eine Leistung im Ausdauerbereich von Untrainierten zu erwarten. Die Nichtsportler liegen in beiden Altersgruppen knapp unter den Sollwerten für Untrainierte (Abb. 195 und 196).

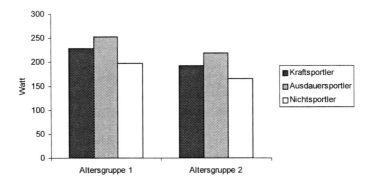

Abb. 195: Altersabhängige absolute Wattleistung der Kraft-, Ausdauer- und Nichtsportler

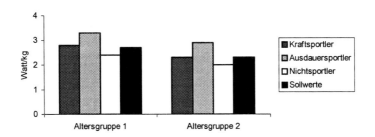

Abb. 196: Altersabhängige körpergewichtsbezogene Wattleistung der Kraft-, Ausdauer- und Nichtsportler im Vergleich zu den Sollwerten Untrainierter

Die auf dem Fahrradergometer ermittelte körpergewichtsbezogene Wattleistung nimmt bei allen Probandengruppen mit zunehmendem Alter ab. Dabei erreichen die Kraft- und die Nichtsportler im Mittel der jeweiligen Altersgruppe ähnliche Werte. Sie betragen für die Kraftsportler 2,75 Watt/kg beziehungsweise 2,33 Watt/kg und für die Nichtsportler 2,43 Watt/kg beziehungsweise 2,0 Watt/kg (Abb. 197).

Betrachtet man zusammenfassend die Mittelwerte der relativen Wattleistung für die Ausdauersportler in den zwei Altersgruppen, erkennt man, dass diese mit 3,33 Watt/kg in Altersgruppe 1 und 2,91 Watt/kg in Altersgruppe 2 wesentlich höher liegen als die entsprechenden Werte bei den Kraft- und Nichtsportlern. Der Mittelwert bei den Ausdauersportlern in der zweiten Altersgruppe ist sogar höher als der Mittelwert in der Altersgruppe 1 bei den Kraft- und Nichtsportlern. Die körpergewichtsbezogene Wattleistung der Ausdauersportler liegt bei dieser Belastungsprobe um 0,6 Watt/kg in Altersgruppe 1 und 2 höher als die Sollwerte für Untrainierte.

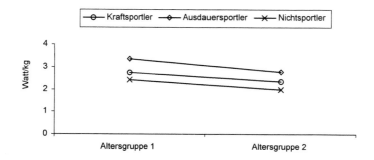

Abb. 197: Vergleich der untersuchten Gruppen bezüglich der körpergewichtsbezogenen Wattleistung im Alternsvorgang

Der körpergewichtsbezogene Leistungsabfall zwischen den zwei Altersgruppen ist bei den Ausdauer- und Nichtsportlern mit 0,42 beziehungsweise 0,43 Watt/kg nahezu identisch mit dem bei den Kraftsportlern (0,37 Watt/kg).

Die Werte für die relative Wattleistung zeigen also eine eindeutige Alters- und Sportartbezogenheit. So sind die Unterschiede zwischen den Ausdauersportlern einerseits und den Kraft- beziehungsweise Nichtsportlern andererseits in beiden Altersgruppen hochsignifikant. Zwischen Kraft- und Nichtsportlern gibt es im Gegensatz dazu keine signifikanten Unterschiede.

Es ist anzunehmen, dass bei den älteren Kraftsportlern das Training überwiegend im Kraftbereich aber auch im Ausdauerbereich erfolgt, im Gegensatz zu dem üblichen Schnellkrafttraining jüngerer Kraftsportler. Der absolute Leistungsabfall der relativen Wattleistung ist bei Kraft-, Ausdauer- und Nichtsportlern mit 0,37 bis 0,43 Watt/kg nahezu identisch. Eine Erklärung hierfür liegt möglicherweise nicht in den praktizierten Trainingsformen bzw. -umfängen, sondern eher in altersbedingten biologischen Prozessen.

3.6.3.1.3   Unsere Ergebnisse im Überblick

Mit dem Alterungsprozess (Vergleich AG 1 mit AG 2) nimmt die Herzfrequenz im submaximalem Bereich (150 Watt) bei den Kraftsportlern um 1,8 Schläge/min zu. Bei den Ausdauer- und Nichtsportlern hingegen nimmt sie ab (2,8 bzw. 5,1 Schläge/min). Dabei war die 150-Watt-Stufe für verhältnismäßig viele Nichtsportler der Altersgruppe 2 auch die letzte Belastungsstufe. In der Nachbelastungsphase ist für die Probanden im höheren Lebensalter ein schnellerer Rückgang der Herzfrequenz nach der Belastung zu beobachten.

Hinsichtlich des Blutdruckverhaltens der Probanden sind sowohl beim Sportarten- als auch beim Altersvergleich keine signifikanten Unterschiede erkennbar. Deutliche Unterschiede treten jedoch im Vergleich zu den Nichtsportlern auf.

Die Kraftsportler liegen beim Belastungstest in beiden Altersgruppen um etwa 0,6 Watt/kg Körpermasse unter den ermittelten Werten der Ausdauersportler. Der Unterschied zwischen Kraft- und Nichtsportlern ist in beiden Altersgruppen (mit 0,3 Watt/kg) geringer.

Die Kraftsportler weisen bei gleichem Blutdruck auf definierter Belastungsstufe eine höhere Herzfrequenz als Ausdauersportler auf.

Daher dürfte auch bei Kraftsportlern ein mit dem Lebensalter verbundener höherer Leistungsabfall eintreten. Für die Gesundheit ist jedoch die optimale Funktionstüchtigkeit der Muskulatur von zentraler Bedeutung. Der Muskelanteil, bezogen auf die Gesamtkörpermasse, verringert sich kontinuierlich mit zunehmendem Alter. Funktionell lässt die Elastizität der kontraktilen Elemente nach. Durch diese Veränderungen wird nicht nur die absolute Muskelkraft, sondern auch die Trainierbarkeit herabgesetzt. Ein regelmäßiges Training der Muskulatur wirkt diesen altersbedingten Erscheinungsformen entgegen. Die Ausdauersportler demonstrieren eindrucksvoll die höchste Ausdauerleistungsfähigkeit in allen Altersphasen. Bei den Kraftsportlern sind im Vergleich zu den Nichtsportlern jedoch ebenfalls bessere Werte zu verzeichnen.

Die Bildreihen 1 bis 12 im Anhang zeigen Kraft-, Ausdauer- und Nichtsportler beider Altersgruppen mit den jeweils für sie gemessenen körpergewichtsbezogenen Wattleistungen.

3.6.3.2   Maximale Sauerstoffaufnahme

Die Leistungsfähigkeit des Herz-Kreislauf- und Lungensystems wird standardmäßig durch Spiroergometeruntersuchungen bestimmt. Ein charakteristischer Parameter für die kardiopulmonale Leistungsfähigkeit ist die absolute und relative maximale Sauerstoffaufnahme. Im Rahmen dieser Untersuchung ist zunächst das Verhalten der absoluten und der relativen maximalen Sauerstoffaufnahme im Alterungsprozess und in Abhängigkeit von der betriebenen Sportart beziehungsweise körperlichen Nichtaktivität von Interesse. Darüber hinaus soll untersucht werden, inwieweit die betriebene Sportart oder Nichtaktivität die körperliche Leistungsfähigkeit beeinflusst.

3.6.3.2.1   *Auswahl bisheriger Untersuchungen und deren Ergebnisse*

Hinsichtlich der Literatur zu diesem Themengebiet muss festgestellt werden, dass sich die meisten Untersuchungen mit ausdauerorientierten Sportarten beschäftigen. Nur wenige liegen im Bereich des Kraftsports vor [zum Beispiel MELLEROWICZ in GRUPE, 1973; CLASING, 1966; AIGNER et al., 1981; PALATSI et al., 1980].

Untersuchungen von HOLLMANN [1965] wiesen darauf hin, dass der Rückgang des maximalen Sauerstoffaufnahmevermögens im Alter bei trainierten Personen geringer ist als bei solchen, die körperlich inaktiv sind [GRUPE, 1973].

ASTRAND [1973] stellte in einer Längsschnittstudie an 35 Frauen und 31 Männern in einem Zeitraum von 21 Jahren eine Abnahme der absoluten VO_2max um 22% bei den Frauen und um 20% bei den Männern fest. Er ermittelte somit einen durchschnittlichen Rückgang von 1% pro Jahr. In einer Studie von ROST [1979] wurde von einer um 1/3 l/min pro Jahrzehnt abnehmenden VO_2max gesprochen. Auch KÖNIG [1967] ging von einer Verringerung der körperlichen Leistungsfähigkeit ab dem 3. bis 4. Lebensjahrzehnt aus.

Für die relative (körpergewichtbezogene) maximale Sauerstoffaufnahme gab SHEPARD [GRUPE, 1973] eine Abnahme von 5 ml/kg·min pro Jahrzehnt an. Im Verhältnis zum Körpergewicht liegen die Werte der Frauen nur 15 bis 20% unterhalb der Werte der Männer [MELLEROWICZ, 1979].

Nach HOLLMANN und HETTINGER [1980] liegt die maximale Sauerstoffaufnahme bei Männern im Alter von 60 Jahren etwa 1/3 bis 1/4 unter dem Maximalwert eines 30-Jährigen. Bei Frauen ist der Rückgang geringer; sie verlieren im gleichen Zeitraum nur etwa 1/4 bis 1/5 ihres Maximalwertes (Abb. 199).

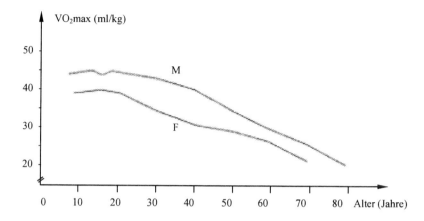

Abb. 198: Die relative maximale Sauerstoffaufnahme (ml/kg · min) bei Männern und Frauen im Verhältnis zum Alter [HOLLMANN und HETTINGER, 1980]

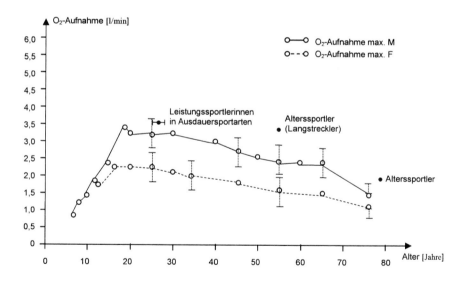

Abb. 199: Die absolute maximale Sauerstoffaufnahme [l/min] bei Männern und Frauen im Verhältnis zum Alter [HOLLMANN und HETTINGER, 1980]

Die Durchschnittswerte der absoluten maximalen Sauerstoffaufnahme wurden von HOLLMANN und HETTINGER [1980] bei gesunden, nicht ausdauertrainierten Männern mit 3.300 ± 200 ml und bei Frauen mit 2.200 ± 200 ml angegeben. Der Normwert für die gewichtsbezogene maximale Sauerstoffaufnahme beträgt nach ROST und HOLLMANN [1982] im 3. Lebensjahrzehnt beim Mann 42 ± 3 ml/min·kg. Für Frauen wird dabei von 36 ± 4 ml/min·kg ausgegangen.

HOLLMANN und HETTINGER [1980] untersuchten in den 1950er Jahren 2.834 männliche und weibliche Probanden im sechsten und siebten Lebensjahrzehnt und bestätigten, dass durch ein Ausdauertraining die maximale Sauerstoffaufnahme durchschnittlich bis zum 50. Lebensjahr weitgehend konstant gehalten werden kann. So ist es möglich, dass bei Aufnahme eines Trainings auch nach dem 50. oder 60. Lebensjahr noch Vergrößerungen der maximalen Sauerstoffaufnahme zu erzielen sind, selbst wenn jahrzehntelang keine Form von Training mehr betrieben worden ist. Demnach kann man zum Beispiel bei einem ausdauertrainierten 50-Jährigen bessere Werte messen als bei einem untrainierten 30-Jährigen (Abb. 200).

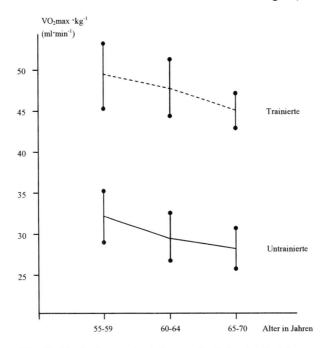

Abb. 200: Die absolute maximale Sauerstoffaufnahme bei Trainierten und Untrainierten [HOLLMANN et al., 1980]

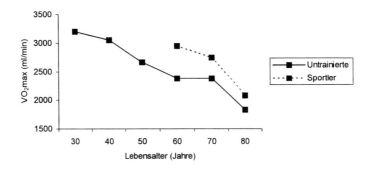

Abb. 201: Die relative maximale Sauerstoffaufnahme bei Trainierten und Untrainierten [HOLLMANN et al., 1978]

Verhältnismäßig wenige Untersuchungen beschäftigten sich mit Probanden im sechsten bis achten Lebensjahrzehnt [HOLLMANN und BOUCHARD, 1970; HOLLMANN und LIESEN, 1972; STEINMANN, 1973; BRINGMANN et al., 1974]. Nach HOLLMANN und BOUCHARD [1970] ist auch im hohen Alter eine Verbesserung der Leistungsfähigkeit möglich, wobei jedoch ab dem achten Lebensjahrzehnt die Unterschiede zwischen Trainierten und Untrainierten geringer werden.

KNIPPING und BRAUER [HOLLMANN und VALENTIN, 1980] prägten den Begriff der 'Vita maxima', unter dem man das Verhalten des menschlichen Organismus während maximaler muskulärer Belastung versteht. Die Messung der 'Vita maxima' ist besonders bei älteren Menschen erschwert, da eine Ausbelastung oft mit Risiken behaftet ist. Verschiedene Autoren haben daher nach indirekten Methoden zur Bestimmung der Leistungsfähigkeit sowie der maximalen aeroben Kapazität gesucht [ASTRAND und RHYMING, 1954; AIGNER et al., 1981; SCHWALB und SAMSAL, 1981].

Anhand der Herzfrequenzen im submaximalen Bereich lässt sich mit dem Nomogramm von ASTRAND und RHYMING ein Wert für die maximale Sauerstoffaufnahme ermitteln. Im Nomogramm von MARGARIA [CAMUS und THYS, 1980] wird die VO$_2$max in Beziehung zu den persönlichen Laufzeiten gesetzt. Eine weitere Methode ist die Messung der PWC 170 (physical work capacity). Sie weist zwar eine Korrelation zur maximalen Sauerstoffaufnahme auf, wird aber von AIGNER et al. [1981] aufgrund der großen Streuung als ungeeignet bewertet.

Personen mit einem höheren Fettanteil weisen eine absolut höhere Sauerstoffaufnahme auf. Daher war bei der Bewertung nach ROST und HOLLMANN [1982] die relative, gewichtsbezogene maximale Sauerstoffaufnahme wichtiger als ihr absoluter Wert. Es wurde jedoch darauf verwiesen, dass diese Aussage nur bedingt für den Sport gilt. So ist in Sportarten, in denen der Athlet sein Körpergewicht nicht tragen muss (wie zum Beispiel im Rudern, Schwimmen u.a.) die absolute Größe des Energieumsatzes wichtiger als die relative. In diesen Sportarten muss keine oder nur geringe Arbeit gegen die Schwerkraft geleistet werden. In den meisten Fällen (vor allem bei den Läufern) ist aber die auf das Körpergewicht bezogene Größe ausschlaggebend. Darüber hinaus stimmt nach DIRIX et al. [1989] die relative VO$_2$max besser mit dem biologischen Alter überein (Abb. 201 und 202).

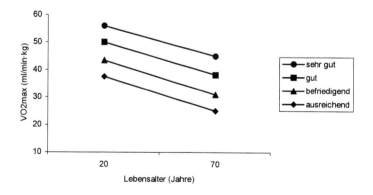

Abb. 202: Schematische Darstellung einer altersabhängigen Bewertung der Messgröße VO$_2$ max. [ISRAEL et al., 1981]

3.6.3.2.2 Ergebnisse unserer Untersuchung

Für die Auswertung der Ergebnisse stehen nur die Daten von 202 Probanden zur Verfügung, denn bei 39 der 241 Versuchspersonen erfolgte der Abbruch des Tests aus verschiedenen Gründen vor der Ausbelastung. Für eine aussagekräftige Auswertung können jedoch nur Maximalwerte herangezogen werden. Die Tabelle 91 gibt einen ersten Überblick über die Mittelwerte und Standardabweichungen der untersuchten Parameter in den Probandengruppen.

Tab. 91: Mittelwerte der absoluten und relativen maximalen Sauerstoffaufnahme in den Probandengruppen

Abs. und rel. O_2-Aufnahme	AG	Kraftsportler			Ausdauersportler			Nichtsportler		
		n	x	s	n	x	s	n	x	s
VO₂max	1	35	3,24	0,63	52	3,70	0,71	25	2,94	0,49
(l/min)	2	28	2,89	0,47	45	3,14	0,60	17	2,12	0,34
VKM	1	35	39,29	7,14	52	52,53	10,01	25	36,47	4,86
(ml/min·kg)	2	28	34,66	6,10	45	45,18	45,18	17	25,68	3,53

n=Anzahl der Probanden, x=Mittelwert, s=Standardabweichung
VO₂max=absolute max. Sauerstoffaufnahme, VKM=relative max. Sauerstoffaufnahme

3.6.3.2.2.1 Absolute VO₂max

In der Altersgruppe 1 der Kraftsportler liegt der Mittelwert der absoluten maximalen Sauerstoffaufnahme bei 3,24 l/min (s=0,63 l/min) und ist somit signifikant höher als der Mittelwert der Kraftsportler der Altersgruppe 2 (x=2,89 l/min; s=0,47 l/min). Bei den Ausdauersportlern beträgt der Mittelwert der maximalen absoluten Sauerstoffaufnahme 3,70 l/min (s=0,71 l/min) in Altersgruppe 1. Die Probanden der Altersgruppe 2 erreichten im Mittel 3,14 l/min (s=0,60 l/min). Der Unterschied der beiden Mittelwerte ist hochsignifikant. In der Gruppe der jüngeren Nichtsportler liegt der VO₂max-Mittelwert mit 2,94 l/min (s=0,49 l/min) hochsignifikant höher als der Mittelwert der Altersgruppe 2 mit 2,12 l/min (s=0,34 l/min). Die Abnahme der absoluten maximalen Sauerstoffaufnahme im Alternsvorgang ist damit für alle drei untersuchten Gruppen gesichert (Tab. 91).

Die durchschnittliche absolute maximale Sauerstoffaufnahme zeigt mit zunehmendem Alter bei den Kraftsportlern den geringsten Rückgang um nur 350 ml/min. Bei den Ausdauersportlern ist ein Rückgang um 560 ml/min zu verzeichnen und bei den Nichtsportlern ergibt sich mit 820 ml/min die größte Differenz.

Betrachtet man die Minimal- und die Maximalwerte der verschiedenen Altersgruppen, so ist festzustellen, dass bei den Nichtsportlern zum Teil sehr geringe Werte erreicht wurden. Es muss jedoch davon ausgegangen werden, dass sie sich nicht im gleichen Maße wie Sportler verausgaben und auch aus Motivationsgründen nicht bis an ihre höchste Leistungsfähigkeit herangehen. Das subjektive Ausbelastungsempfinden tritt bei Nichtsportlern sicherlich früher ein. Ein Sportler ist es durchaus eher gewohnt, an seine Grenzen zu gehen und kann somit seine maximale Leistungsfähigkeit besser einschätzen (Tab. 92).

Tab. 92: Minimal- und Maximalwerte der absoluten VO₂ max (l/min) in den Probandengruppen

Werte (l/min)	Kraftsportler		Ausdauersportler		Nichtsportler	
	Altersgruppe 1	Altersgruppe 2	Altersgruppe 1	Altersgruppe 2	Altersgruppe 1	Altersgruppe 2
Minimalwert	2,44	2,08	2,41	2,09	2,18	1,60
Maximalwert	4,85	3,88	5,16	4,55	3,98	2,86

Die Verteilung der Probanden auf drei Referenzbereiche zeigt, dass bei den Kraftsportlern 34% der Probanden der Altersgruppe 1 eine VO$_2$max von über 3,5 l/min erreichen; in Altersgruppe 2 sind es nur 11%. Dagegen gehören 32% der Probanden der Altersgruppe 2, aber nur 17% derer der Altersgruppe 1 dem unteren Bereich an. Die meisten Probanden der beiden Altersgruppen befinden sich jedoch im mittleren Referenzbereich. Bei den jüngeren Kraftsportlern sind es 49%, bei den älteren 57% (Abb. 203).

Die jüngeren Ausdauersportler sind mit 67% vorwiegend im oberen Referenzbereich der maximalen absoluten Sauerstoffaufnahme zu finden. Nur ein geringer Anteil (10%) dieser Gruppe liegt bei Werten unter 2,6 l/min. Bei den älteren Probanden ist auch bei den Ausdauersportlern eine „Linksverschiebung" festzustellen. Das bedeutet, dass sie im Bereich über 3,5 l/min nur noch mit 29% vertreten sind. Dagegen liegt ungefähr die Hälfte (49%) dieser Altersgruppe im Intervall von 2,6 bis 3,5 l/min. Auch im unteren Referenzbereich sind mit 22% mehr als doppelt so viele Probanden der Altersgruppe 2 zu finden. Während bei den jüngeren Ausdauertrainierten nur 33% der Untersuchten Werte unter 3,5 l/min erzielen, liegt bei den älteren der prozentuale Anteil schon bei 71% (Abb. 204).

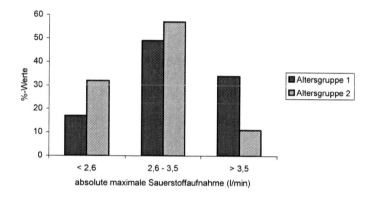

Abb. 203: Vergleich der absoluten maximalen Sauerstoffaufnahme im Alternsvorgang der Kraftsportler

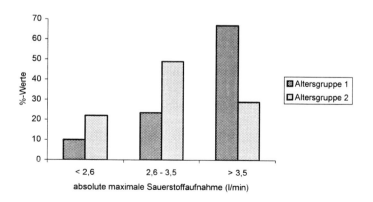

Abb. 204: Vergleich der absoluten maximalen Sauerstoffaufnahme im Alternsvorgang der Ausdauersportler

Bei den Nichtsportlern erreichen nur Probanden der Altersgruppe 1 Werte über 3,5 l/min. Die älteren Nichtsportler sind in diesem Referenzbereich überhaupt nicht und im mittleren lediglich mit 6% der Probanden vertreten. Somit liegen 94% der Altersgruppe 2 bei einer absoluten maximalen Sauerstoffaufnahme von weniger als 2,6 l/min. Von den jüngeren Nichtsportlern sind 52% im Bereich zwischen 2,6 bis 3,5 l/min zu finden und nur 36% darunter. Daran lässt sich erkennen, dass die Nichtsportler mit zunehmendem Alter einen deutlichen Rückgang der maximalen absoluten Sauerstoffaufnahme zu verzeichnen haben. Es muss aber darauf hingewiesen werden, dass die Ergebnisse der Nichtsportler nur bedingt herangezogen werden können, weil die subjektive Auslastungsgrenze nicht nur physisch bestimmt wird (Abb. 205).

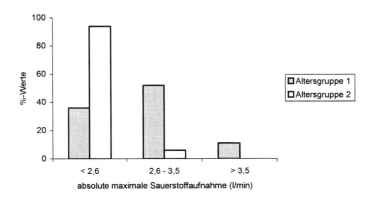

Abb. 205: Vergleich der absoluten maximalen Sauerstoffaufnahme im Alternsvorgang der Nichtsportler

Zahlreiche Studien [HOLLMANN und LIESEN, 1972; HOLLMANN und HETTINGER, 1980; u.a.] gehen von einem Zusammenhang zwischen dem Alter und der absoluten VO_2max aus. Diese Ergebnisse können mit der vorliegenden Untersuchung durchaus bestätigt werden. Für alle Gruppen ist ein altersbedingter Rückgang der maximalen absoluten Sauerstoffaufnahme zu konstatieren.

Die Auswirkung von körperlichem Training auf die VO_2max ist Gegenstand vieler wissenschaftlicher Arbeiten. In GRUPE [1973] betonen verschiedene Autoren den durchweg positiven Einfluss des Trainings auf die maximale Sauerstoffaufnahme. Die Bedeutung des Ausdauertrainings wird dabei besonders herausgestellt, da die maximale Sauerstoffaufnahme ein Kriterium der aeroben Kapazität ist. Auch bei der vorliegenden Untersuchung können dahingehend Zusammenhänge aufgezeigt werden.

In beiden Altersgruppen ergibt sich beim Vergleich der Mittelwerte ein hochsignifikanter Unterschied zwischen den Ausdauersportlern und den Nichtsportlern. Letztere haben wesentlich geringere Werte aufzuweisen. Ein Vergleich der Mittelwerte der Kraft- und Ausdauersportler ergibt in der Altersgruppe 1 einen hochsignifikant höheren Wert der Ausdauersportler. Hingegen lässt sich in Altersgruppe 2 kein statistisch gesicherter Unterschied feststellen. Dies könnte zum einen in der zufälligen Auswahl des Probandenkollektivs begründet sein. Zum anderen nimmt der Mittelwert der Kraftsportler von der Altersgruppe 1 zur Altersgruppe 2 im Vergleich zu dem der Ausdauersportler weniger stark ab. Die Ausdauersportler weisen jedoch ein wesentlich höheres Ausgangsniveau auf, das im Alter wahrscheinlich wesentlich schwieriger aufrechtzuerhalten ist. Die Kraftsportler können hingegen ihr – wenn auch tieferes – Ausgangsniveau besser halten. Darüber hinaus besteht bei den älteren Probanden ein hochsignifikanter (p<0,01) Unterschied zwischen Kraftsportlern und Nichtsportlern. In der Altersgruppe 1 kann dagegen nur ein signifikanter (p<0,05) Unterschied gefunden werden. Erst im Alter zeigt sich verstärkt der Einfluss des Krafttrainings auf die absolute VO_{2max}.

Die Unterschiede zwischen den untersuchten Gruppen werden auch in Abb. 206 deutlich, in der die Verteilung der Probanden aller untersuchten Gruppen dargestellt wird.

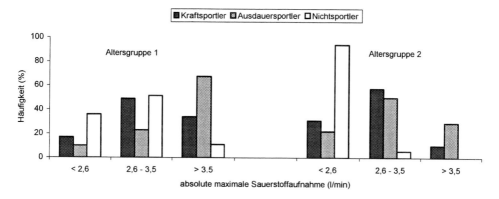

Abb. 206: Gruppenvergleich bzgl. der absoluten VO_2max beider Altersgruppen

Eine sportliche Betätigung führt somit in allen Fällen zu einer Verbesserung der absoluten Werte der Sauerstoffaufnahme. Das entspricht auch der Aussage von GRIMBY [in GRUPE, 1973], wonach körperliches Training die Abnahme der Werte verzögert. Besonders bei älteren Probanden wirkt sich ein körperliches Training stark leistungsfördernd aus.

3.6.3.2.2.2   Relative VO_2max (VKM)

Die Mittelwerte der körpergewichtsbezogenen maximalen Sauerstoffaufnahme unterscheiden sich bei den Kraftsportlern in den beiden Altersgruppen hochsignifikant. In Altersgruppe 1 liegt die relative VO_2max im Durchschnitt bei 39,29 ml/min·kg (s=7,14 ml/min·kg) und in Altersgruppe 2 der Kraftsportler sinkt sie auf 34,66 ml/min·kg (s=6,10 ml/min·kg). Bei den Ausdauersportlern liegt die durchschnittliche relative VO_2max in Altersgruppe 1 bei 52,53 ml/min·kg (s=10,01 ml/min·kg) und in Altersgruppe 2 nur noch bei 45,18 ml/min·kg (s=9,36 ml/min·kg). Somit lässt sich eine Abnahme um mehr als 7 ml/min·kg konstatieren, die hochsignifikant (p<0,01) ist. In der Gruppe der Nichtsportler ergibt sich hinsichtlich der relativen maximalen Sauerstoffaufnahme für die Altersgruppe 1 ein Mittelwert von 36,47 ml/min·kg (s=4,86 ml/min·kg), der sich hochsignifikant von dem der Altersgruppe 2 (x=25,68 ml/min·kg; s=3,53 ml/min·kg) unterscheidet. Die Differenz beträgt mehr als 10 ml, was nahezu einem Drittel des Wertes der Altersgruppe 1 entspricht. Wie auch bezüglich der absoluten maximalen Sauerstoffaufnahme zeigen sich in allen drei untersuchten Gruppen statistisch gesicherte Unterschiede zwischen Altersgruppe 1 und Altersgruppe 2. Man kann somit von einer altersbedingten Abnahme der relativen maximalen Sauerstoffaufnahme sprechen (Tab. 91).

Betrachtet man die Minimal- und die Maximalwerte der untersuchten Gruppen, so ist festzustellen, dass in der Gruppe der Ausdauersportler die Probanden die höchsten Werte erzielen. Hingegen weisen die Nichtsportler die geringsten Werte auf (Tab. 93).

Tab. 93: Minimal- und Maximalwerte der relativen VO_2 max (ml/min kg) in den Probandengruppen

Rel. VO_{2max}	Kraftsportler		Ausdauersportler		Nichtsportler	
	Altersgruppe 1	Altersgruppe 2	Altersgruppe 1	Altersgruppe 2	Altersgruppe 1	Altersgruppe 2
Minimalwert (ml/min kg)	27,4	23,2	33,9	30,3	27,4	21,4
Maximalwert (ml/min kg)	61,8	50,8	73,0	64,1	44,3	31,3

Die relativen VO_2max-Werte der Probanden wurden drei Referenzbereichen zugeordnet. Der untere Referenzbereich beinhaltet alle Werte bis 33 ml/min kg, der mittlere Referenzbereich reicht von 33 bis 43 ml/min kg und dem oberen Referenzbereich werden alle Werte über 43 ml/min kg zugeordnet. Bei den Kraftsportlern ist mit 63% eine deutliche Häufung der Probanden der Altersgruppe 1 im mittleren Referenzbereich zu erkennen. Die Verteilung der älteren Probanden ist zum unteren Referenzbereich verschoben. 89% der älteren Kraftsportler erreichen weniger als 43 ml/min kg, wobei diese ungefähr gleichmäßig auf die beiden unteren Bereiche aufgeteilt sind. Es finden sich nur 11% der Altersgruppe 2 im Referenzbereich über 43 ml/min kg. Hingegen liegen 20% der jüngeren auf diesem Niveau. Unter den jüngeren Kraftsportlern sind nur 17%, die einen Wert von unter 33 ml/min kg erreicht haben. In der Altersgruppe ab 50 Jahren liegt der Prozentsatz bei 46% der Probanden, d.h. fast die Hälfte der älteren Kraftsportler sind im unteren Referenzbereich zu finden (Abb. 207).

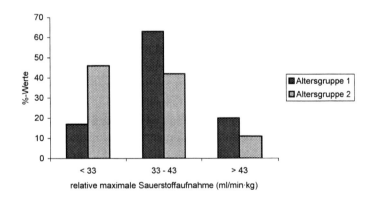

Abb. 207: Relative maximale Sauerstoffaufnahme der Kraftsportler beider Altersgruppen

Bei den jüngeren Ausdauersportlern ist ein auffällig hoher Anteil (77%) im oberen Referenzbereich zu finden. Die restlichen 23% befinden sich im mittleren Intervall. Keiner der Probanden hat demnach einen Wert unter 33 ml/min kg. Die Verteilung der Ausdauersportler der Altersgruppe 2 auf die Referenzbereiche ist mit derjenigen der Altersgruppe 1 vergleichbar. Allerdings ist eine Verschiebung zu niederen Werten zu erkennen, denn im unteren Referenzbereich sind 9% der Probanden vertreten. Eine gewichtsbezogene maximale Sauerstoffaufnahme über 43 ml/min kg erreichen bei den älteren Ausdauersportlern noch über die Hälfte (53%), allerdings sind das 22% weniger als in Altersgruppe 1. Aus der Altersgruppe 1 erlangen noch alle Probanden einen Wert über 33 ml/min·kg, in der Altersgruppe 2 sind es immerhin noch 91% (Abb. 208).

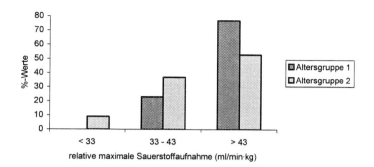

Abb. 208: Relative maximale Sauerstoffaufnahme der Ausdauersportler beider Altersgruppen

Die Nichtsportler verteilen sich wie folgt auf die Referenzbereiche. 12% der Nichtsportler aus Altersgruppe 1 weisen einen maximalen Wert von über 43 ml/min·kg auf; 60% erzielen Werte zwischen 33 und 43 ml/min·kg und 28% der Probanden sind im unteren Referenzbereich zu finden. Für die älteren Nichtsportler ist, verglichen mit der maximalen absoluten Sauerstoffaufnahme, ein noch deutlicherer Rückgang festzustellen. Keiner der Untersuchten erreichte einen maximalen Wert von über 33 ml/min·kg.

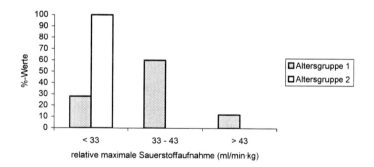

Abb. 209: Relative maximale Sauerstoffaufnahme der Nichtsportler beider Altersgruppen

Wenn man den Einfluss des Ausdauertrainings auf die relative maximale Sauerstoffaufnahme betrachtet, wird in allen berücksichtigten Studien einheitlich von einer Steigerung der Werte ausgegangen. Diese Zunahme der relativen maximalen Sauerstoffaufnahme ist auch bei älteren Sportlern festzustellen. Die Ergebnisse der vorliegenden Untersuchung, die deutliche Unterschiede zwischen den untersuchten Gruppen erkennen lassen, stimmen weitgehend mit denen anderer Studien überein.

Eine Gegenüberstellung der Mittelwerte ergibt bei den Probanden der Altersgruppe 1 für die Ausdauersportler einen hochsignifikant höheren Wert als für die Nichtsportler. Dasselbe gilt für den Vergleich zwischen Ausdauer- und Kraftsportlern. Dagegen ist in der Altersgruppe 1 kein signifikanter Zusammenhang zwischen Kraft- und Nichtsportlern nachzuweisen. In der

Altersgruppe ab 50 Jahren wird durch einen Vergleich der Mittelwerte ebenfalls ein hochsignifikant höheres Niveau der Ausdauersportler sowohl gegenüber den Kraft- als auch gegenüber den Nichtsportlern aufgezeigt. Diese Beobachtung stimmt mit den Ergebnissen zur absoluten maximalen Sauerstoffaufnahme überein, wo sich nur ein signifikanter Unterschied bei den jüngeren Probanden der Gruppen zeigt. Erst bei den älteren Probanden stellt sich ein hochsignifikant (p<0,01) größerer Wert der Kraftsportler heraus. Durch die Abhängigkeit der relativen Sauerstoffaufnahme vom Körpergewicht lassen sich sowohl die guten Ergebnisse der Ausdauersportler als auch die geringeren Werte der Kraft- und Nichtsportler erklären. Bei den Nichtsportlern kann im Durchschnitt von einem deutlich höheren Körpergewicht ausgegangen werden. Ihr besonders schlechtes Abschneiden bei der relativen maximalen Sauerstoffaufnahme, bei den ohnehin geringeren absoluten Werten der VO$_2$max, ist damit eine unausbleibliche Folge (Abb. 210).

Die Bedeutung der körperlichen Betätigung für die Ausdauerleistungsfähigkeit im Alter zeigt sich somit auch bei der relativen maximalen Sauerstoffaufnahme. Die positiven Auswirkungen des Kraftsports auf das kardiopulmonale System sind jedoch im Vergleich zum Ausdauersport sehr gering.

Können die Kraftsportler aufgrund ihrer Statur und ihres Trainingszustandes bei der absoluten maximalen Sauerstoffaufnahme noch relativ gute Werte erzielen, verschlechtert sich das Ergebnis unverkennbar, wenn es auf das Körpergewicht bezogen wird. Ausdauer- und Kraft-sportler entsprechen in der Regel zwei verschiedenen Konstitutionstypen. Die Ausdauersportler mit einem vorwiegend leptomorphen Körperbau erreichen mit ihrem geringeren Körpergewicht bei der körpergewichtsbezogenen Sauerstoffaufnahme wesentlich bessere Resultate als die athletisch oder pyknisch gebauten Kraftsportler mit ihrem entsprechend höheren Gewicht. Die Bildreihen im Anhang veranschaulichen dies.

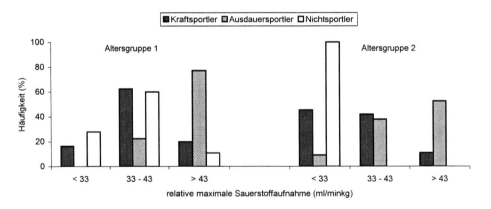

Abb. 210: Gruppenvergleich bzgl. der relativen VO$_2$max beider Altersgruppen

3.6.3.2.2.3   Korrelation der abs. und rel. maximalen Sauerstoffaufnahme mit dem Alter

In der Gesamtheit aller Probanden zeigt sich eine lineare Abhängigkeit der absoluten und relativen maximalen Sauerstoffaufnahme (VO$_2$max, VKM) vom Lebensalter. Die negative Korrelationszahl zeigt, dass es sich um eine linear fallende Beziehung handelt. Das bedeutet eine Abnahme sowohl der Werte von VO$_2$max als auch von VKM bei zunehmendem Alter (Tab. 94).

Folgende Abkürzungen werden in den Tabellen 94 bis 97 verwendet:

VO2max   =   absolute maximale Sauerstoffaufnahme
VKM   =   relative maximale Sauerstoffaufnahme

Tab. 94: Korrelation der absoluten und relativen maximalen Sauerstoffaufnahme mit dem Alter bei allen Probanden

Abs. u. rel. O$_2$-Aufn.	VO2max	VKM	ALTER
VO, max	1.0000	.8335**	-.3538**
VKM (rel.)	.8335**	1.0000	-.2899**
ALTER	-.3538**	-.2899**	1.0000

*Signifikanzniveau: * = .01 ** = .001*

Bei den Kraftsportlern korrelieren die ausgewählten spiroergometrischen Parameter (VO$_2$max, VKM) signifikant linear fallend mit dem Lebensalter (Tab. 95).

Tab. 95: Korrelation der absoluten und relativen maximalen Sauerstoffaufnahme mit dem Alter bei Kraftsportlern

Abs. u. rel. O$_2$-Aufn.	VO2max	VKM	ALTER
VO, max	1.0000	.7658**	-.2980*
VKM	.7658**	1.0000	-.3295*
ALTER	-.2980*	-.3295*	1.0000

*Signifikanzniveau: * = .01 ** = .001*

In der Gruppe der Ausdauersportler zeigt sich, dass eine hochsignifikante Korrelation sowohl zwischen VO$_2$max und dem Lebensalter als auch zwischen der relativen maximalen Sauerstoffaufnahme und dem Lebensalter besteht. In beiden Fällen handelt es sich um eine linear fallende Beziehung, was aus dem negativen Korrelationskoeffizienten ersichtlich ist (Tab. 96).

Tab. 96. Korrelation der absoluten und relativen maxim. Sauerstoffaufnahme mit dem Alter bei Ausdauersportlern

Abs. u. rel. O$_2$-Aufn.	VO2max	VKM	ALTER
VO, max	1.0000	.8400**	-.3914**
VKM	.8400**	1.0000	-.3563**
ALTER	-.3914**	-.3563**	1.0000

*Signifikanzniveau: * = .01 ** = .001*

Auch bei den Nichtsportlern korrelieren die spiroergometrischen Parameter hochsignifikant mit dem Lebensalter. Es kann von einer linear fallenden Abhängigkeit ausgegangen werden (Tab. 97).

Tab. 97: Korrelation der absoluten und relativen maximalen Sauerstoffaufnahme mit dem Alter bei Nichtsportlern

Abs. u. rel. O$_2$-Aufn.	VO2max	VKM	ALTER
VO, max	1.0000	.8168**	-.6828**
VKM	.8168**	1.0000	-.7783**
ALTER	-.6828**	-.7783**	1.0000

*Signifikanzniveau: * = .01 ** = .001*

Aufgrund der signifikanten Korrelation zwischen der Sauerstoffaufnahme aller Probanden und dem Alter kann gesichert von einer linearen Abhängigkeit ausgegangen werden, und zwar von einer linear negativen. Das bedeutet, dass für alle Gruppen ein altersbedingter Rückgang der Sauerstoffaufnahme zu konstatieren ist. Bei den Ausdauersportlern und den Nichtsportlern handelt es sich um eine hochsignifikante, bei den Kraftsportlern um eine signifikante Beziehung zwischen Alter und Sauerstoffaufnahme.

3.6.3.2.3 Unsere Ergebnisse im Überblick

Bei den drei untersuchten Gruppen konnten im Rahmen der vorliegenden Untersuchung folgende statistisch gesicherten Unterschiede festgestellt werden: In allen drei Gruppen kommt es im Alterungsprozess zu einer hochsignifikanten ($p<0,01$) beziehungsweise signifikanten ($p<0,05$) Abnahme der absoluten und relativen maximalen Sauerstoffaufnahme. Hierbei ergibt sich bei den Ausdauer- und Nichtsportlern eine hochsignifikante Verminderung, bei den Kraftsportlern zeigt sich dagegen nur ein signifikanter Rückgang.

In der Altersgruppe 1 ist die absolute maximale Sauerstoffaufnahme der Ausdauersportler hochsignifikant höher als diejenige der Kraft- und der Nichtsportler. Die Werte der Kraftsportler liegen signifikant höher als bei den Nichtsportlern. Bei der relativen maximalen Sauerstoffaufnahme der Altersgruppe 1 gelten die gleichen Tendenzen, aber zwischen Kraft- und Nichtsportlern ist hier kein statistisch gesicherter Unterschied zu erkennen. Bei den Probanden der Altersgruppe 2 schneiden sowohl die Kraft- als auch die Ausdauersportler hochsignifikant besser ab als die Nichtsportler. Beim Vergleich der älteren Kraft- und Ausdauersportler ist bei der absoluten maximalen Sauerstoffaufnahme nur ein geringfügig besseres Ergebnis der Ausdauersportler festzustellen. Dagegen erweist sich der Unterschied bei der relativen maximalen Sauerstoffaufnahme als hochsignifikant.

Bei allen Probanden besteht eine negative Korrelation zwischen der absoluten und relativen maximalen Sauerstoffaufnahme und dem Alter. Hierbei zeigt sich bei den Ausdauer- und bei den Nichtsportlern ein hochsignifikanter Zusammenhang, bei den Kraftsportlern eine signifikante Korrelation zwischen den beiden Variablen.

Zusammenfassend ist festzustellen, dass die Ausdauersportler jeweils die höchsten Mittelwerte der beiden Parameter erreichen. In allen drei untersuchten Gruppen kann von einem alterns-bedingten Rückgang der beiden spiroergometrischen Parameter ausgegangen werden. Vor allem bei den Nichtsportlern ist eine verstärkte Abnahme festzustellen; die geringste altersbedingte Verminderung zeigen hingegen die Kraftsportler. In unseren Altersgruppen ergeben sich bei beiden Sportlergruppen wesentlich bessere Ergebnisse als bei den Nichtsportlern.

3.6.4   Serologie

In der serologischen Untersuchung werden Parameter des Fettstoffwechsels und des Eiweiß-stoffwechsels betrachtet. Der Fettstoffwechsel spielt bei der Entstehung von koronaren Herz-krankheiten eine zentrale Rolle. Der Eiweißstoffwechsel ist vor allem bei der Entstehung von Gelenkerkrankungen wie zum Beispiel Gicht von Bedeutung. Er begünstigt darüber hinaus das Entstehen von Herz-Kreislauf-Krankheiten. Die konkreten Fragen wurden in Kap. 1.4.6 gestellt.

3.6.4.1   Fettstoffwechsel

Hinsichtlich des Fettstoffwechsels ist die Frage von Interesse, wie sich ausgewählte Blutfett-parameter im Verlauf des Alterns bei den Probanden verhalten. Darüber hinaus soll ermittelt werden, ob zwischen den untersuchten Gruppen signifikante Unterschiede des Blutfettstatus bestehen.

3.6.4.1.1   Auswahl bisheriger Untersuchungen und deren Ergebnisse

Der Einfluss eines Ausdauertrainings auf den Gesamtcholesterinspiegel ist umstritten. AKGÜN et al. [1972], TAYLOR et al. [1973] und DUFAUX et al. [1979] stellten ein Absinken des Gesamtcholesterinspiegels durch ein Ausdauertraining fest. Im Gegensatz dazu berichten MANN et al. [1969] von keinen signifikanten Trainingseinflüssen oder WOOD, HASKELL et al. [1977] nur von sehr geringen Auswirkungen eines Ausdauertrainings auf das Gesamtcholesterin. STRAUZENBERG und CLAUSNITZER [1972] sowie MOSER [1978] wiesen nach, dass ein eindeutiges Absinken der Gesamtcholesterin-Fraktionen erfolgt, wenn das Training mit gleichzeitiger Gewichtsreduktion oder spezieller Ernährungsänderung kombiniert wird.

Unklarheit herrscht über den erforderlichen Trainingsumfang, der zu einer Erhöhung der HDL*-Fraktionen führt. ALTEKRUSE und WILMORE [1973] führten aus, dass der erforderliche Trainingsumfang, der zu einer Erhöhung der HDL-Fraktionen führt, wenig überprüft ist. Sie berichteten über einen HDL-Cholesterin-Anstieg nach einem kurzzeitigen Trainingsprogramm von zehn Wochen Dauer, welches dreimal wöchentlich mit einem etwa einstündigen Laufen mit männlichen Probanden im Alter von durchschnittlich 33 Jahren durchgeführt wurde. Während sich eine Senkung im Gesamt-Cholesterinspiegel von 224 auf 200 mg/dl ergab, stiegen die HDL-Cholesterinwerte von 36,9 mg/dl auf 55,5 mg/dl an.

Nach HEYDEN [1974] ist bei einem Cholesterinwert von 225 mg/dl nur ein sehr geringer Anstieg einer ischämischen Herzkrankheit zu beobachten. Das Risiko verdoppelt sich allerdings schon bei einem Wert, der höher als 250 mg/dl ist. Ein Wert unter 200 mg/dl wird als ideal erachtet.

LOPEZ et al. [1974] untersuchten 13 Medizinstudenten, die viermal wöchentlich je 30 Minuten lang über einen Zeitraum von sieben Wochen Rad fuhren und liefen. Bei unverändertem Gewicht fiel der LDL-Cholesterinwert von 169 auf 162 mg/dl, während der HDL-Wert von 57 auf 66,4 mg/dl hochsignifikant anstieg.

WOOD et al. [1977] verglichen die HDL-Werte von 41 ausdauertrainierten Läufern und 43 Läuferinnen mit untrainierten Vergleichsgruppen. Die HDL-Cholesterinwerte beliefen sich bei den Läufern auf durchschnittlich 64 mg/dl, in der Kontrollgruppe lagen sie bei 43 mg/dl.

---

* HDL = High-Density Lipoprotein

ENGER et al. [1977] untersuchten eine Gruppe von 220 Männern im durchschnittlichen Alter von 41 Jahren, die zweimal in der Woche ein schweres körperliches Training durchführten und ermittelten einen HDL-Cholesterin-Mittelwert von 64 mg/dl.

DUFAUX et al. [1979] verglichen die Cholesterinwerte von 53 jüngeren und 33 älteren Langstreckenläufern mit entsprechenden Kontrollgruppen. Während die Cholesterinwerte der jüngeren Ausdauersportler und der Untrainierten sich nicht voneinander unterscheiden, haben die älteren Ausdauersportler signifikant niedrigere Werte. Allerdings ist bei der jüngeren Läufergruppe im Vergleich zu der aus Sportstudenten bestehenden Kontrollgruppe kein signifikanter Gewichtsunterschied nachzuweisen.

DUFAUX et al. [1982] fertigten eine umfangreiche Übersicht über die Konzentration der Blutfette bei Sportlern verschiedener Sportarten an. Personen mit guter körperlicher Leistungsfähigkeit, vorwiegend im Ausdauerbereich, verfügen über eine überdurchschnittlich günstige Lipoprotein-Verteilung mit erhöhten HDL-Cholesterinkonzentrationen sowie reduzierten Gesamttriglyzeri-den. Die Senkung des Triglyzeridspiegels durch Ausdauertraining in jeder Altersstufe wurde in vielen einschlägigen Studien bestätigt [CARLSON und MOSSFELDT, 1964; KEUL et al. 1970].

HOLLMANN [1983] empfahl zur Erhöhung des HDL-Cholesterins eine Belastungsdauer von 30 bis 40 Minuten mit einem dabei erreichten Kalorienverbrauch von 320 Kcal. Die aktuelle Veränderung des HDL-Cholesterins, als Folge einer extremen Ausdauerleistung oder nach einem intensiven Krafttraining sind wenig untersucht [KEUL und REINDELL, 1983]. Ebenso wird der Veränderung der Blutparameter im Alterungsprozess der Kraftsportler, im Gegensatz zu den Ausdauersportlern [DUFAUX et al., 1982], wenig Beachtung zuteil.

BERG [1983] untersuchte Kraftsportler im Vergleich mit Ausdauersportlern. Er fand nur bei Ausdauersportlern eine signifikante Erhöhung der HDL-Cholesterinfraktion ($\pm$0,13 nmol/l pro 10 Jahre; r=0,245; n=160). Die Werte der Kraftsportler waren leicht abfallend, die der Normalbevölkerung blieben konstant. Für die Normalbevölkerung wurde ein signifikanter Abfall des Quotienten HDL/Gesamtcholesterin beschrieben. Bei den Ausdauertrainierenden ergab sich ein konstanter Mittelwert. Der alternsbedingte Anstieg des LDL-Cholesterins wurde bei den Ausdauersportlern nicht verändert registriert. Ein auffallend hoher Anstieg der LDL-Fraktion stellte sich für die Kraftsportler heraus ($\pm$1,09 nmol pro 10 Jahre; r=0,561; n=75).

1980 ermitteln BERG et al. in einer Fall-Kontroll-Studie für 44 junge Männer, die durchschnittlich 13,2 Stunden in der Woche ein Krafttraining ausüben, einen HDL-Cholesterin-Mittelwert von 34 mg/dl. BERG spricht 1983 auch von einem krassen Gegensatz der Effekte bei einem dynamischen Training und dem Kraftsport.

DUFAUX (unpubliziert) sprach von einem optimalen Schutz vor einer koronaren Herzkrankheit, wenn bei einem regelmäßigen Training, gleich welcher Sportart, 300 bis 400 kcal verbraucht werden.

3.6.4.1.2 Ergebnisse unserer Untersuchung

Bezüglich des Fettstoffwechsels standen in dieser Untersuchung das Gesamtcholesterin, das HDL-, das LDL-Cholesterin und die Triglyzeride im Mittelpunkt des Interesses. Die Tabelle 98 gibt einen Überblick über die Mittelwerte der ausgewählten Blutfettparameter.

Tab. 98: Mittelwerte der Fettstoffwechselparameter in den Probandengruppen

Fett-Parameter	AG	Kraftsportler			Ausdauersportler			Nichtsportler		
		n	x	s	n	x	s	n	x	s
Gesamtcholesterin	1	29	227,45	55,21	35	210,40	46,21	20	212,25	43,59
[mg/dl]	2	33	230,33	39,27	54	222,72	38,78	24	226,58	40,34
HDL-Cholsterin	1	29	55,55	12,89	34	55,24	15,04	20	44,75	8,17
[mg/dl]	2	33	50,22	13,82	54	60,46	17,11	24	46,43	10,39
LDL-Cholesterin	1	29	153,72	51,60	34	134,39	42,55	20	131,35	39,26
[mg/dl]	2	33	150,35	38,17	54	140,98	73,08	24	153,52	31,35
Triglyzeride	1	29	179,41	139,70	34	141,76	74,85	20	245,00	169,73
[mg/dl]	2	33	210,69	95,49	54	131,61	73,08	24	221,70	106,59

n = Anzahl der Probanden; x = Mittelwert, s = Standardabweichung

3.6.4.1.2.1 Gesamtcholesterin

Der Mittelwert des Gesamtcholesterins in der Altersgruppe 1 der Kraftsportler liegt bei 227,45 mg/dl (s=55,21 mg/dl) und ist etwas niedriger als der Mittelwert in der Altersgruppe 2 mit 230,33 mg/dl (s=39,27 mg/dl). Im Referenzbereich über 240 mg/dl liegen die Mittelwerte mit 277,08 mg/dl (s=47,95 mg/dl) in Altersgruppe 1 und 277,89 mg/dl (s=30,11 mg/dl) in Altersgruppe 2 nahe beieinander. Im Vergleich des Gesamtcholesterins besteht eine deutliche Häufung der älteren Kraftsportler im Bereich zwischen 201 und 250 mg/dl. Die jüngeren Kraftsportler findet man dagegen in den Intervallbereichen zwischen 151 und 275 mg/dl gleichmäßig verteilt. In den Gesamtcholesterin-Bereichen zwischen 275 und 300 mg/dl ist die Anzahl der jüngeren und älteren Kraftsportler identisch. Eine Tendenz der Erhöhung der Gesamtcholesterinwerte im Alternsvorgang der Kraftsportler ist zu erkennen (Abb. 211).

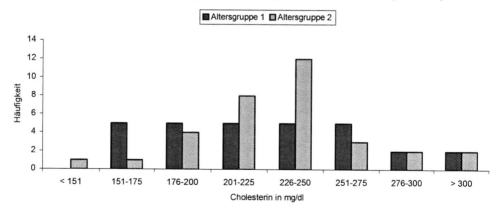

Abb. 211: Gesamtcholesterin der Kraftsportler in den Altersgruppen 1 und 2

Der Mittelwert des Gesamtcholesterins der jüngeren Ausdauersportler ist mit 210,40 mg/dl (s=46,21 mg/dl) niedriger als der Mittelwert der älteren mit 222,72 mg/dl (s=38,78 mg/dl). Die Erhöhung des Gesamtcholesterins im Alternsvorgang der Ausdauersportler wird durch die Häufung (mehr als 70%) der jüngeren Ausdauersportler in den Bereichen zwischen 175 und 225 mg/dl augenscheinlich, während lediglich die Hälfte der älteren Ausdauersportler Cholesterinwerte zwischen 175 und 225 mg/dl aufweist (Abb. 212).

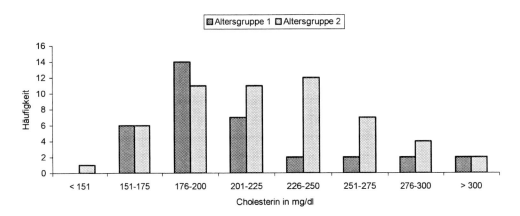

Abb. 212: Gesamtcholesterin der Ausdauersportler in den Altersgruppen 1 und 2

Bei den Nichtsportlern ist bezüglich des Gesamtcholesterins im Mittel ein leichter Anstieg im Alternsvorgang zu erkennen. Der Mittelwert des Gesamtcholesterins in der Altersgruppe 1 liegt bei 212,25 mg/dl (s=43,59 mg/dl), in Altersgruppe 2 bei 226,58 mg/dl (s=40,34 mg/dl). Die Tendenz zur Erhöhung des Gesamtcholesterinspiegels im Alternsvorgang der Nichtsportler wird in der Abbildung 213 deutlich sichtbar.

Die Forschungsergebnisse über den Einfluss eines körperlichen Trainings auf das Gesamt-Serum-Cholesterin sind quantitativ und qualitativ uneinheitlich. Es wird über fehlende bis signifikante Senkungen des Cholesterinspiegels durch körperliches Training berichtet. Die Ursachen dieser uneinheitlichen Ergebnisse können in der Cholesterin-Bestimmungsmethode liegen, bei der Schwankungen von 30 mg/dl als „normal" gelten, oder durch zu geringe Probandenzahlen beziehungsweise durch einen zu geringen Unterschied in der Leistungsfähigkeit der Vergleichsgruppen bedingt sein.

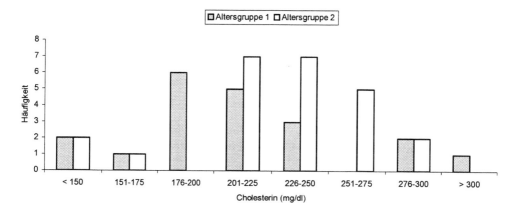

Abb. 213: Gesamtcholesterin der Nichtsportler in den Altersgruppen 1 und 2

Die Tatsache, dass der Fettanteil am Körpergewicht und die Körpermasse einen Faktor bilden, der den Cholesterinspiegel beeinflussen kann, ist in dieser Untersuchung für die höheren Mittelwerte der Kraftsportler gegenüber den anderen Vergleichsgruppen ausschlaggebend. Auch ernährungsbedingte Einflüsse – Kraftsportler ernähren sich eher eiweiß- und fettreich, Ausdauersportler tendieren eher zu einer ballaststoff- und kohlehydratreichen Kost – können ausschlaggebend für die höheren Cholesterinwerte der Kraftsportler sein.

Die in der Abbildung 214 eingeteilten Referenzbereiche richten sich nach den Werten entsprechend der Empfehlung der „NIH Consensus Developement Conference on Blood Cholesterol". Personen mit Werten über 240 mg/dl liegen im hohen gesundheitlichen Risikobereich, diejenigen mit Werten zwischen 220 und 240 mg/dl im gemäßigten Risikobereich und Personen mit Werten unter 220 mg/dl gelten als nicht risikogefährdet.

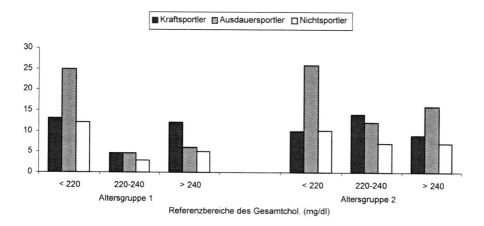

Abb. 214: Gruppenvergleich bzgl. des Gesamtcholesterins in den Altersgruppen 1 und 2

Nach dieser Einteilung wären in der vorliegenden Untersuchung nur knapp 50% der Probanden hinsichtlich einer degenerativen Gefäßerkrankung nicht gefährdet; 22,6% der insgesamt 195 Probanden wären mäßig, 28,2% deutlich gefährdet.

Mit dem Wissen um die verschiedenen Cholesterin-Untergruppen (LDL- und HDL-Cholesterin) und deren gegenläufige Wirkungen auf die Blutgefäße scheint dem Gesamtcholesterin häufig eine zu große Bedeutung hinsichtlich eines koronaren Erkrankungsrisikos zuteil geworden zu sein.

Trotzdem lässt sich eine Tendenz dahingehend feststellen, dass mit hohen Gesamtcholesterinwerten oftmals auch hohe LDL-Cholesterinwerte einhergehen. Der Gesamtcholesterinwert korreliert mit dem LDL-Wert positiv, hoch und signifikant (r=0,85; p<0,01).

Es kann aber auch vorkommen, dass ein hoher Gesamtcholesterinwert durch einen hohen HDL-Anteil zustande kommt, was aus gesundheitlicher Sicht günstig ist. Fehlinterpretationen wären die Folge, wenn man den Blick nur auf den Gesamtcholesterinwert richten würde. Da der Gesamtcholesterinwert jedoch nicht signifikant mit dem HDL-Wert korreliert (r=-0,10; p>0,05) und zudem die Auswertung der LDL-Werte dieser speziellen Untersuchung im Wesentlichen zu den selben Ergebnissen führt, wie die Auswertung der Gesamtcholesterinwerte, können diese in dieser Arbeit auch ähnlich wie die LDL-Werte interpretiert werden.

Zusammenfassend kann man im Bezug auf die Gesamtcholesterinwerte sagen, dass sie bei den jüngeren Ausdauersportlern am niedrigsten und bei den älteren Kraftsportlern am höchsten sind, was aus gesundheitlicher Sicht zu der Empfehlung führt, insbesondere auch im fortgeschrittenen Alter ein Ausdauertraining durchzuführen.

Gegenwärtig werden in der Literatur 300 Risikofaktoren für koronare Herzerkrankungen beschrieben, wobei vor allem das Rauchen sowie der „sedentary life style" (sitzende Lebensweise) immer mehr in den Vordergrund rücken. Beachtet man diesen Kriterienkatalog, so darf man den großen Anteil der Sportler in den Risikobereichen sowie den hohen Mittelwert der jüngeren Ausdauersportler nicht überbewerten, da Sportler in der Regel einen kausalen Zusammenhang zwischen der sportlichen Aktivität und einer erhöhten Gesundheitserhaltung (zum Beispiel reduziertes Rauchverhalten) sehen. Um ein Vielfaches mehr scheinen dagegen die Nichtsportler mit einem Cholesterinwert über 240 mg/dl gefährdet, insbesondere wenn sie eine vorwiegend sitzende berufliche Tätigkeit ausüben.

Im Folgenden werden die Ergebnisse der beiden Fraktionen HDL-Cholesterin und LDL-Cholesterin dargestellt, um eine differenziertere Aussage über die Auswirkung von Kraft- und Ausdauersport beziehungsweise sportlicher Inaktivität auf den menschlichen Körper treffen zu können.

3.6.4.1.2.2 HDL-Cholesterin

Der Mittelwert des HDL-Cholesterins der jüngeren Kraftsportler ist mit 55,5 mg/dl (s=12,89 mg/dl) höher als der Mittelwert der älteren Kraftsportler mit 50,22 mg/dl (s=13,82 mg/dl). Die Tendenz einer Verminderung des HDL-Cholesterinwertes im Alternsvorgang der Kraftsportler wird durch den niedrigen Mittelwert (x=43,37 mg/dl; s=4,46 mg/dl) der älteren im Gegensatz zu den jüngeren Kraftsportlern (x=47,42 mg/dl; s=4,23 mg/dl) im Referenzbereich 35 bis 55 mg/dl bestätigt (Abb. 215).

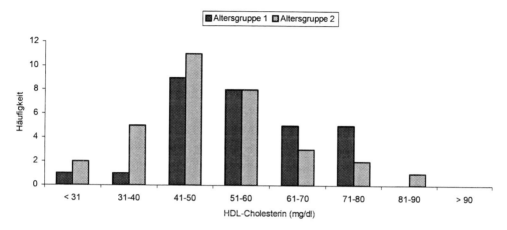

Abb. 215: HDL-Cholesterin der Kraftsportler in den Altersgruppen 1 und 2

Beim HDL-Cholesterin ist im Alternsvorgang der Ausdauersportler eine Tendenz der Erhöhung deutlich zu erkennen Der Mittelwert der jüngeren Ausdauersportler ist deutlich niedriger (x=55,24 mg/dl; s=15,04 mg/dl) als derjenige der älteren Ausdauersportler (x=60,46 mg/dl; s=17,11 mg/dl). 63% der älteren Ausdauersportler haben einen HDL-Cholesterinwert über 55 mg/dl und einen Mittelwert von 70,71 mg/dl (s=11,79 mg/dl) in diesem Referenzbereich (Abb. 216).

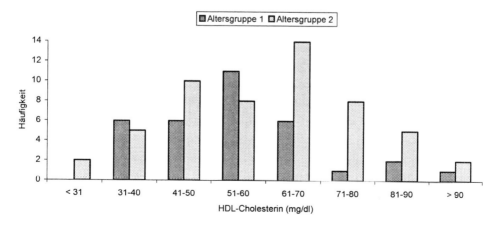

Abb. 216: HDL-Cholesterin der Ausdauersportler in den Altersgruppen 1 und 2

Die Mittelwerte des HDL-Cholesterins der Nichtsportler in den beiden Altersgruppen unterscheiden sich kaum. In Altersgruppe 1 liegt er bei 44,75 mg/dl (s=8,17 mg/dl), in der Altersgruppe 2 bei 46,43 mg/dl (s=10,39 mg/dl). Der größte Teil der jüngeren und älteren Nichtsportler weist HDL-Cholesterinwerte unter 50 mg/dl auf (Abb. 217).

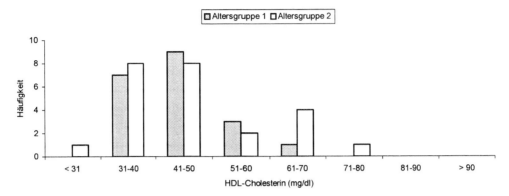

Abb. 217: HDL-Cholesterin der Nichtsportler in den Altersgruppen 1 und 2

Zahlreiche Längs- und Querschnittsuntersuchungen bestätigen den Zusammenhang zwischen der HDL-Cholesterinkonzentration und dem körperlichen Training. Aufgrund der bekannten adaptiven Veränderungen der am Energiestoffwechsel beteiligten Substrate und Hormone und mit den einhergehenden objektiven Anpassungserscheinungen der Lipoproteine im Rahmen der metabolischen Adaptationen bei aeroben Belastungsformen, beschäftigen sich die meisten Untersuchungen mit ausdauerbetonten Sportarten und deren Einfluss auf die Veränderungen des HDL-Cholesterins.

Die HDL-Cholesterinwerte weichen in der Literatur bei verschiedenen Untersuchungskollektiven stark voneinander ab. Die Werte der Kraftsportler dieser Untersuchung liegen beispielsweise deutlich über den von BERG und KEUL [1980] ermittelten Daten, im Vergleich zu den von ENGER et al. [1977] ermittelten Daten jedoch darunter. Der HDL-Cholesterinwert der Ausdauersportler dieser Untersuchung liegt deutlich unter der üblichen Norm. Es zeigte sich, dass im Gegensatz zu uneinheitlichen Ergebnissen für sportlich aktive bei inaktiven Personen übereinstimmende Resultate erzielt wurden. Die Untersuchungsergebnisse der vorliegenden Untersuchung reihen sich in die Ergebnisse aus früheren Untersuchungen ein. Die Altersgruppe 1 lag bei 44,75 mg/dl, die Altersgruppe 2 bei 46,43 mg/dl.

Ebenso identisch mit den Ergebnissen anderer Studien kann auch für diesen Probandenkreis im interindividuellen Vergleich ein deutlicher Unterschied hinsichtlich des HDL-Cholesterinspiegels von ausdauertrainierten und körperlich inaktiven Personen festgestellt werden.

Im Vergleich mit den zitierten Studien ist in diesem Probandenkreis auffällig, dass der HDL-Cholesterinmittelwert der älteren Ausdauersportler deutlich höher ist als der Mittelwert der jüngeren. Der Anteil der älteren Ausdauersportler im Referenzbereich über 55 mg/dl ist groß (Abb. 218), und der Mittelwert von 70,71 mg/dl in diesem Referenzbereich liegt höher als bei den jüngeren Ausdauersportlern und den Vergleichsgruppen. Der für die jüngeren Ausdauersportler und jüngeren Kraftsportler nahezu identische Mittelwert kann mit der Tatsache begründet sein, dass von beiden Gruppen zusätzlich zu ihren spezifischen Trainingsinhalten auch andere Sportarten wie Tennis und Radfahren betrieben werden, wie die Anamnese zeigt. Die Tatsache, dass bei diesen jüngeren Sportlern der HDL-Cholesterinwert im Vergleich zu den

Nichtsportlern deutlich höher ist, scheint die von KENNTNER et al. [1989] aufgestellte Theorie zu untermauern. Häufige und progrediente Trainingsreizintensitäten und die Einbeziehung vieler Muskelgruppen in die körperliche Aktivität sind für ihn die entscheidenden Kriterien der HDL-Cholesterinerhöhung.

Durch den höheren Mittelwert der älteren Ausdauersportler, die ihre Trainingsbetonung deutlich auf die Ausdauerkomponente legen, scheint sich allerdings eher die Auffassung zu bestätigen, dass in erster Linie ein Ausdauertraining zu zentralen und peripheren Adaptationen im Gesamtorganismus führt und wahrscheinlich auch nur durch diese Trainingsart ein positiver Einfluss auf den Lipidstatus zu erwarten ist. Der in dieser Arbeit überaus große Anteil der Ausdauersportler mit prognostisch günstigen HDL-Cholesterinwerten scheint ein Ausdauertraining insbesondere im höheren Alter empfehlenswert zu machen.

Die gewählten Referenzbereiche in Abb. 218 sind nach Empfehlung [THOMAE, 1983] für die medizinische Praxis wie folgt eingeteilt: Kein Risiko besteht bei Werten über 55 mg/dl, ein mäßiges Risiko bei Werten zwischen 55 und 35 mg/dl, ein hohes Risiko besteht bei Werten unter 35 mg/dl.

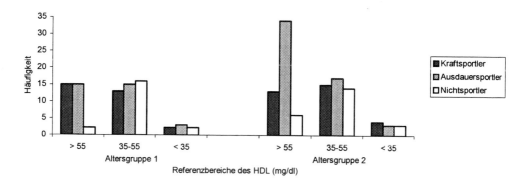

Abb. 218: Gruppenvergleich bzgl. des HDL-Cholesterins in den beiden Altersgruppen

3.6.4.1.2.3   LDL-Cholesterin

Beim LDL-Cholesterin der Kraftsportler kann die Tendenz einer Verminderung im Alterungsprozess bei der Betrachtung der Mittelwerte festgestellt werden. In Altersgruppe 1 betrug der Mittelwert 153,72 mg/dl (s=51,60 mg/dl) und in Altersgruppe 2 150,35 mg/dl (s=38,17 mg/dl). Ein deutlich niedrigerer Mittelwert der älteren Kraftsportler (108,67 ± 11,38 mg/dl) gegenüber den jüngeren Kraftsportlern (236,80 ± 59,09 mg/dl) ist im Referenzbereich über 210 mg/dl auffällig. Die Verteilung der HDL-Cholesterinwerte auf die einzelnen Referenzbereiche zeigt für die jüngeren Kraftsportler eine fast gleichmäßige Häufigkeit in den Intervallbereichen zwischen 71 und 190 mg/dl, während eine deutliche Häufung der Älteren im Bereich zwischen 131 und 170 mg/dl zu erkennen ist (Abb. 219).

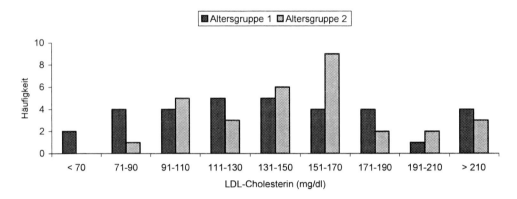

Abb. 219: LDL-Cholesterin der Kraftsportler in den Altersgruppen 1 und 2

Die LDL-Cholesterinwerte der Ausdauersportler weisen eine Tendenz der Steigerung im Alterungsprozess auf. In der Abbildung 220 wird die Verteilung deutlich, wobei auf die verschieden große Probandenzahl in den Altersgruppen aufmerksam gemacht werden muss (N_{AG1}=83; N_{AG2}=111).

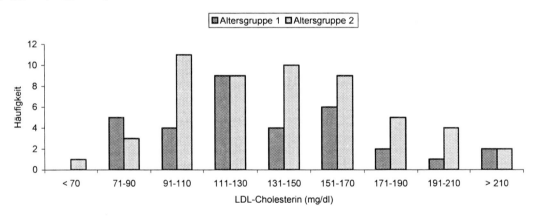

Abb. 220: LDL-Cholesterin der Ausdauersportler in den Altersgruppen 1 und 2

Bei den Nichtsportlern lässt das LDL-Cholesterin im Gegensatz zum HDL-Cholesterin einen deutlichen Anstieg im Alterungsprozess erkennen. In Altersgruppe 1 betrug der Mittelwert 131,35 mg/dl (s=39,26 mg/dl). Im Altersgang stieg er an und in Altersgruppe 2 lag er bei 153,52 mg/dl (s=31,35 mg/dl). Darüber hinaus zeigt sich eine deutliche Häufung der Altersgruppe 2 im Intervallbereich zwischen 151 und 210 mg/dl, während die Werte der Altersgruppe 1 in den Bereichen zwischen 91 und 150 mg/dl verteilt sind (Abb. 221).

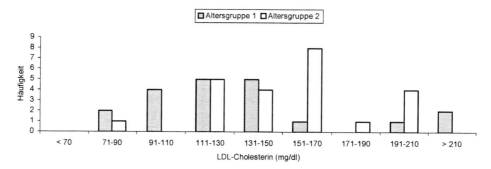

Abb. 221: LDL-Cholesterin der Nichtsportler in den Altersgruppen 1 und 2

Die Serumspiegel des LDL-Cholesterins werden in der Literatur - ähnlich dem Gesamtcholesterin – mit dem Alter ansteigend beschrieben. Die vorliegende Untersuchung lässt für die Nichtsportler und Ausdauersportler eine Tendenz zu ansteigenden LDL-Cholesterinwerten im Alterungsprozess erkennen, für die Kraftsportler hingegen wurde eine gegenläufige Tendenz, jedoch ohne Signifikanz, gefunden. Der Einfluss eines Ausdauertrainings auf die absolute Größe der Cholesterinfraktion scheint relativ gering zu sein; in vielen Untersuchungen wird kein signifikanter Unterschied im Vergleich der untersuchten Gruppen festgestellt. Auch in dieser Untersuchung liegen die LDL-Cholesterinwerte der Nichtsportler in der Nähe derer der Ausdauersportler; die LDL-Cholesterinkonzentration der Kraftsportler ist allerdings im Vergleich zu den Ausdauersportlern deutlich höher.

Im Vergleich mit anderen Fall-Kontrollstudien [ENGER et al., 1977; BERG, 1983] wurden in dieser Untersuchung höhere Mittelwerte für das LDL-Cholesterin erhoben. Nachweislich gelten erhöhte LDL-Cholesterinwerte als wichtigster Risikofaktor für Arteriosklerose, dies im Besonderen, wenn sie mit niedrigen HDL-Werten verbunden sind.

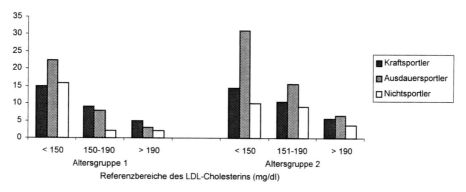

Abb. 222: Gruppenvergleich bzgl. des LDL-Cholesterins in den Altersgruppen 1 und 2

Nach Empfehlungen für die ärztliche Praxis besteht bei LDL-Cholesterinwerten unter 150 mg/dl kein Risiko, bei 150 bis 190 mg/dl ein mäßiges Risiko und bei Werten über 190 mg/dl ein hohes Risiko für eine Herz-Kreislauf-Krankheit. In Abbildung 222 wurden die Untersuchungsergebnisse aller Probanden in diese Referenzbereiche eingeteilt. Der geringe Anteil der Ausdauersportler im oberen Referenzbereich erlaubt es, ein Ausdauertraining hinsichtlich der Wirkung auf die LDL-Cholesterinkonzentration als besonders empfehlenswert zu bezeichnen.

3.6.4.1.2.4   Triglyzeride

Die Triglyzeride der Kraftsportler liegen in Altersgruppe 1 bei 179,41 mg/dl (s=139,7 mg/dl), in Altersgruppe 2 bei 210,69 mg/dl (s=139,7 mg/dl). Somit lässt sich ein Anstieg im Alterungs-prozess feststellen. Die Tendenz der Triglyzeriderhöhung wird durch die Häufigkeitsverteilung in den Intervallbereichen bestätigt (Abb. 223).

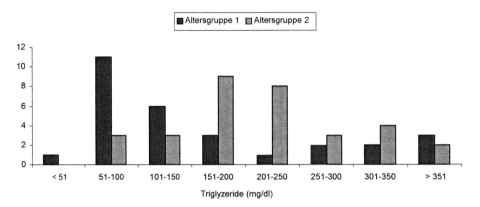

Abb. 223: Triglyzeride der Kraftsportler in den Altersgruppen 1 und 2

Der Triglyzeridmittelwert ist bei den jüngeren Ausdauersportlern mit 141,76 mg/dl (s=74,85 mg/dl) deutlich höher als bei den älteren (x=131,61 mg/dl; s=73,08 mg/dl). Die Tendenz einer Erniedrigung im Alterungsprozess der Ausdauersportler zeigt sich dahingehend, dass 75% der älteren Ausdauersportler einen Triglyzeridwert unter 150 mg/dl haben (Abb. 224).

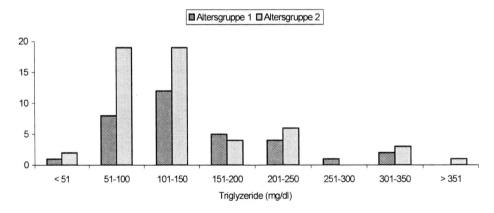

Abb. 224: Triglyzeride der Ausdauersportler in den Altersgruppen 1 und 2

Die Triglyzeride zeigen bei den Nichtsportlern einen Abfall im Alternsvorgang. Eine relativ große absolute Streuung der ermittelten Triglyzeridwerte wird nicht nur in den Mittelwerten, sondern auch in der Häufigkeitsverteilung in den Intervallen sichtbar. Dies schränkt die Qualität der Auswertbarkeit ein (Abb. 225).

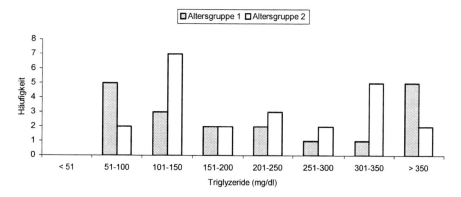

Abb. 225: Triglyzeride der Nichtsportler in den Altersgruppen 1 und 2

1977 bestimmten WOOD et al. die Triglyzeridspiegel bei 35- bis 59-jährigen hochtrainierten Langläufern und einer untrainierten Kontrollgruppe (70,00 ± 24,00 mg/dl gegenüber 146,00 ± 105,00 mg/dl). Die Triglyzeridwerte in der vorliegenden Untersuchung lagen deutlich über denen von WOOD et al. Die Ausdauersportler der Altersgruppe 1 lagen bei 141,74 mg/dl (s=74,85 mg/dl) gegenüber Nichtsportlern der Altersgruppe 1 mit 245,00 mg/dl (s=169,73 mg/dl).

Die beträchtliche Abweichung in der vorliegenden Untersuchung liegt möglicherweise an dem gewählten Zeitpunkt der Blutabnahme. Sämtliche Untersuchungen fanden nach 13 Uhr statt und stellen keine Nüchternwerte dar. Der erhöhte Triglyzeridspiegel ist mit großer Wahrschein-lichkeit dadurch bedingt, dass die Triglyzeridkonzentration des Plasmas bis 6 Stunden nach Nahrungsaufnahme durch Chylomikronen aus den Fetten der Nahrung in Abhängigkeit von ihrer Art und Menge angehoben werden. Aber auch unter Berücksichtigung dieses Faktors ist der Anteil der jüngeren Nichtsportler mit erhöhten Triglyzeridwerten auffällig. Die Evans-County-Studie gibt Normbereiche zwischen 74 und 172 mg/dl an [HEYDEN, 1974]. Die erhöhten Werte sind als kontrollbedürftig einzuschätzen. In der Abbildung 226 sind die Referenzbereiche nach Indikationsempfehlungen für die ärztliche Praxis [THOMAS, 1988] eingeteilt. Hinsichtlich eines Arterioskleroserisikos gelten Triglyzeridwerte unter 150 mg/dl als unverdächtig; Werte über 150 mg/dl können als risikoverdächtig angesehen werden und Werte über 200 mg/dl als sicherer Risikofaktor.

Auffällig ist der große Anteil der älteren Ausdauersportler mit Triglyzeridwerten unter 150 mg/dl, so dass auch für unseren Probandenkreis, in Übereinstimmung mit anderen Forschungs-ergebnissen, die Aussage zutrifft, dass ein Ausdauertraining vorwiegend mit aerober Energie-bereitstellung den Triglyzeridspiegel im Blutserum senkt.

Das Absinken der Triglyzeride im Alterungsprozess der Ausdauersportler in dieser Unter-suchung kann damit begründet werden, dass die jüngeren Ausdauersportler ihr Training eher vielseitig gestalten, im Gegensatz zu den älteren Ausdauersportlern, die vorwiegend große Umfänge in niedrigen Intensitätsbereichen absolvieren.

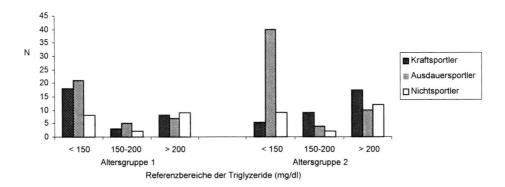

Abb. 226: Gruppenvergleich in drei Referenzbereichen der Triglyzeride in den Altersgruppen 1 und 2

Ein regelmäßiges Ausdauertraining führt bei Erhöhung der Ausdauerleistungsfähigkeit nicht nur zu Veränderungen im oxydativen Energiestoffwechsel der Muskelzelle, sondern zur ebenfalls beschleunigten Spaltung der zirkulierenden Triglyzeride und zu damit verbundenen Anpassungs-vorgängen im Transportmechanismus der Lipide.

3.6.4.1.2.5 Korrelationen der Parameter des Fettstoffwechsels

Eine signifikante Veränderung der verwendeten Parameter im Alternsvorgang der Kraftsportler kann nicht festgestellt werden. Die LDL-Cholesterinfraktion aller Kraftsportler korreliert hochsignifikant mit dem Gesamtcholesterin (CHL) und den Triglyzeriden (TRG). Die Triglyzeride aller Kraftsportler korrelieren hochsignifikant positiv mit dem Gesamtcholesterin sowie der LDL-Fraktion und hochsignifikant negativ mit der HDL-Cholesterinfraktion (Tab. 99).

Tab. 99: Korrelation der Parameter Gesamtcholesterin, HDL, LDL und der Triglyzeride in der Gruppe der
Kraftsportler

Parameter	CHL	HDL	LDL	TRG
CHL	1.0000	-.0325	.9099**	.5017**
HDL	-.325	1.0000	-.0807	-.3842**
LDL	.9099**	-.0807	1.0000	.5073**
TRG	.5017**	-.3842**	.5073**	1.0000

*Signifikanzniveau: * -.01   ** -.001*

Auch bei den Ausdauersportlern ergibt sich kein statistisch signifikanter Unterschied (Irrtumswahrscheinlichkeit über 5%) der Blutfette zwischen den beiden Altersgruppen. Das Gesamtcholesterin korreliert in der Gruppe der Ausdauersportler mit den Triglyzeriden sowie mit der HDL- und LDL-Cholesterinfraktion. Die HDL-Cholesterinfraktion korreliert in der Gruppe der Ausdauersportler signifikant mit dem Gesamtcholesterin. Die LDL-Cholesterin-fraktion in der Gruppe der Ausdauersportler korreliert hochsignifikant positiv mit dem Gesamtcholesterin. Die Triglyzeride in der Gruppe der Ausdauersportler korrelieren signifikant negativ mit der HDL-Cholesterinfraktion und positiv mit dem Gesamtcholesterin und der LDL-Cholesterinfraktion (Tab. 100).

Tab. 100: Korrelation der Parameter Gesamtcholesterin, HDL, LDL und der Triglyzeride in der Gruppe der Ausdauersportler

Parameter	CHL	HDL	LDL	TRG
CHL	1.0000	.2529*	.8266**	.2786*
HDL	.2529*	1.0000	-.0350	-.2559*
LDL	.8266**	-.0350	1.0000	.3117**
TRG	.2786*	-.2559*	.3117**	1.0000

*Signifikanzniveau: * -.01   ** -.001*

Ein signifikanter Unterschied zwischen den Mittelwerten in den beiden Altersgruppen der Nichtsportler wurde nicht ermittelt. In der Gruppe der Nichtsportler wird eine signifikante negative Korrelation der HDL-Cholesterinfraktion mit den Triglyzeriden festgestellt. In der Gruppe aller Nichtsportler korreliert die LDL-Cholesterinfraktion hochsignifikant mit dem Gesamtcholesterin (Tab. 101).

Tab. 101: Korrelation der Parameter Gesamtcholesterin, HDL, LDL und der Triglyzeride in der Gruppe der Nichtsportler

Parameter	CHL	HDL	LDL	TRG
CHL	1.0000	-.0966	.8221**	.4287*
HDL	-.0966	1.0000	-.1407	-.3865*
LDL	.8221**	-.1407	1.0000	.2942
TRG	.4287*	-.3865*	.2942	1.0000

*Signifikanzniveau: * -.01   ** -.001*

3.6.4.1.3 Unsere Ergebnisse im Überblick

Eine Tendenz zur Erhöhung des *Gesamtcholesterinspiegels* im Alterungsprozess ist bei allen untersuchten Gruppen festzustellen. Die Mittelwerte liegen nahe beieinander, der niedrigste Mittelwert wird für die Ausdauersportler der Altersgruppe 1 ermittelt, der höchste bei den Kraftsportlern der Altersgruppe 2.

Zwar lassen sich erst nach einer Untersuchung der Cholesterin-Untergruppen (LDL- und HDL-Cholesterin) aufgrund deren gegenläufigen Wirkung auf die Blutgefäße genaue Aussagen hinsichtlich eines koronaren Erkrankungsrisikos treffen, doch dient der Gesamtcholesterinwert als erster Indikator. Der Grund hierfür liegt darin, dass er mit dem LDL-Cholesterinwert positiv, hoch und signifikant korreliert (r=0,85; p<0,01), mit dem HDL-Cholesterinwert hingegen nicht (r=-0,10; p>0,05).

Trotzdem kann es vorkommen, dass ein hoher Gesamtcholesterinwert durch einen hohen HDL-Anteil zustande kommt. Daher müssen auch die einzelnen Fraktionen betrachtet werden.

Die *HDL-Cholesterinspiegel* werden bei den Ausdauersportlern mit zunehmendem Alter höher. Bei den Kraftsportlern ist der Anteil der HDL-Cholesterinfraktion bei den älteren Probanden dagegen geringer. Der Wert der Nichtsportler bleibt nahezu unbeeinflusst vom Lebensalter. Nur bei den Ausdauersportlern wird eine positive Korrelation der HDL-Fraktion mit dem Gesamtcholesterin festgestellt.

In der gesichteten Literatur zeigen sich andere Ergebnisse. Die Werte heben sich bei verschiedenen Untersuchungskollektiven stark voneinander ab. Die Werte der Kraftsportler dieser Untersuchung liegen beispielsweise deutlich über den von BERG und KEUL [1980] ermittelten Daten, im Vergleich zu den von ENGER et al. [1977] ermittelten Daten liegen sie jedoch darunter.

Eine Erhöhung der *LDL-Cholesterinkonzentration* mit zunehmendem Alter ist insbesondere bei den Nichtsportlern erkennbar. Bei den älteren Nichtsportlern wird der höchste Mittelwert festgestellt. In der Gruppe der jüngeren Probanden wird der höchste Wert bei den Kraftsportlern ermittelt. Die Mittelwerte der Ausdauersportler sind in beiden Altersgruppen deutlich niedriger. Die LDL-Cholesterinfraktion korreliert bei allen Gruppen hochsignifikant mit dem Gesamt-cholesterin.

Aufgrund der gesundheitlich negativen Wirkung des LDL-Cholesterins auf die Blutgefäße ist insbesondere älteren Menschen sowohl aus präventiver als auch aus rehabilitativer Sicht Ausdauersport anzuraten, weil dadurch die LDL-Werte gesenkt werden.

Die *Triglyzeridwerte* steigen bei den Kraftsportlern im Alterungsprozess deutlich an, bei den Ausdauer- und Nichtsportlern ist ein leichter Rückgang erkennbar. Die Mittelwerte der Nicht-sportler liegen in beiden Altersgruppen deutlich über den Werten der Sportler. Die Triglyzeride korrelieren vor allem bei den Kraftsportlern hochsignifikant mit den anderen Parametern. Auch bei den Ausdauer- und Nichtsportlern lassen sich signifikante Korrelationen feststellen. Grundsätzlich ist es so, dass die Triglyzeridwerte positiv mit den LDL- und Gesamtcholesterin-werten korrelieren. Mit den HDL-Cholesterinwerten korrelieren sie hingegen negativ. Das bedeutet, dass mit hohen Triglyzeridwerten in der Regel auch hohe LDL-Werte und niedrige HDL-Werte einhergehen.

Nach Empfehlungen aus der medizinischen Praxis wurden die Ergebnisse dieser Untersuchung in Referenzbereichen betrachtet, die darauf hin ausgelegt sind, das Risiko einer koronaren Erkrankung zu beurteilen. In den Referenzbereichen mit pathologisch erhöhten Werten sind am häufigsten die Nichtsportler und die Kraftsportler vertreten. Die jüngeren Kraftsportler haben den deutlich größten Anteil im Risikobereich Gesamtcholesterin über 240 mg/dl. Der Anteil der Probanden mit einem risikoindizierten HDL-Cholesterinwert unter 35 mg/dl ist insgesamt gering. Dafür ist der Anteil der Ausdauer- und Kraftsportler mit einem gesundheitlich günstigen HDL-Cholesterinwert recht hoch. Insofern kann wiederum bestätigt werden, dass sich ein Ausdauertraining günstig auf die Blutfettparameter auswirkt und das Erkrankungsrisiko vermin-dert.

3.6.4.2 Eiweißstoffwechsel

Die Untersuchung des Eiweißstoffwechsels umfasst die Parameter Harnstoff, Harnsäure und Kreatinin. Dabei interessiert vor allem das Verhalten dieser Parameter im Alternsvorgang. Darüber hinaus wird untersucht, ob zwischen den Gruppen der Kraft-, Ausdauer- und Nicht-sportler signifikante Unterschiede auftreten.

3.6.4.2.1 Auswahl bisheriger Untersuchungen und deren Ergebnisse

CRONAU, RASCH, HAMBY und BURNS [1972] untersuchten 52 Mitglieder der Marine Corps Officers Candidate School (OCS). Die ersten Proben wurden vor dem intensiven körperlichen Training genommen, die zweiten 12 Wochen später. Die Absenkung des Harnsäurespiegels war signifikant. Sie schrieben dazu, dass dieses Ergebnis in Übereinstimmung zu anderen Untersuchungen steht, verwiesen aber auch auf Untersuchungen, in denen die Harnsäure signifikant anstieg. Die Autoren stellten fest, dass der Langzeiteffekt von intensivem körperlichen Training eher eine Minderung als eine Erhöhung der Serum-Harnstoffwerte zur Folge hat. Sie führten aus, dass es keinen fundamentalen Widerspruch zu den Ergebnissen gibt, bei denen ein kurzzeitiges Absinken der Harnsäure-Exkretion und eine Erhöhung der Harnsäurekonzentration im Serum festgestellt wird und wiesen darauf hin, dass diese Werte vom Ernährungs- und Schlafverhalten oder physiologischem Stress beeinflussbar sind.

PORZOLT, WAGNER und BICHLER [1973] berichteten, dass die Serum-Kreatininkonzentration, die unter Belastung stark ansteigt, nach deren Ende schnell wieder auf das Ausgangsniveau zurückkehrt. Unter Belastung kann deshalb der Serum-Kreatininspiegel nicht ohne weiteres als Maß verwendet werden. Der Serumspiegel von Kreatinin liegt bei Sportlern im Normbereich. Unter Ausdauer-, aber auch Kurzzeitbelastungen, steigt das Kreatinin im Serum an. Bei Ausdauerbelastungen kommt es zu einer veränderten Hämodynamik und Kreatinin-Bildung, durch die schlechter durchbluteten Nieren wird weniger Kreatinin ausgeschieden (Abb. 227).

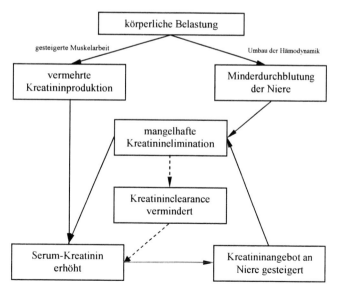

Abb. 227: Verhalten des Serum-Kreatinins und der Kreatinin-Ausscheidung unter körperlicher Belastung [PORZOLT, WAGNER und BICHLER, 1973]

SCHUSTER, NEUMANN und BUHL [1979] untersuchten die Beziehungen zwischen den Ruhewerten der Serum-Kreatininspiegel im Jahresverlauf von zwei männlichen Radsportgruppen zu je acht Sportlern. Weiterhin wurden trainierende Ausdauerläufer und Skilangläufer untersucht. Im Verlaufe eines Trainingsjahres stiegen bei männlichen Personen die Serum-Kreatinin-Ruhewerte an. Es konnten zwischen Oktober und Juli signifikante Unterschiede ermittelt werden. Der Anstieg erfolgte annähernd übereinstimmend mit der Entwicklung der Leistungsfähigkeit.

LORENZ und GERBER [1979], HOLLMANN et al. [1980], FORGRO [1983] sowie AIGNER [1985] berichten übereinstimmend, dass sich infolge regelmäßigen Trainings der Serum-Harnstoff-Ruhewert auf einem höheren Niveau einpegeln kann, was von der Intensität und Summe des Trainings abhängt. Die erhöhte Harnstoffbildung und der damit verstärkte Eiweißabbau wurde von mehreren Autoren bestätigt. Ältere Personen haben deutlichere Harnstoffveränderungen, die Rückkehr zur Norm dauert länger [LORENZ und GERBER, 1979]. Die Verwendung des Ruheharnstoffs im Serum zur Diagnose von Übertrainingszuständen wird im Leistungssport praktiziert und dient der Vorbeugung einer Belastungsinsuffizienz mit abnutzungsbedingten Strukturverlusten. Laut LORENZ und GERBER [1979] kompensieren jüngere und leistungsfähigere Personen Erhöhungen des Serum-Harnstoffspiegels schneller.

AIGNER [1985] zeigte, dass bei Kraftsportlern bereits im Ruhezustand ein etwas über der Norm liegender Harnsäurewert vorhanden sein kann, der sich bei den Ausdauersportlern im Durchschnitt der Werte der Gesamtbevölkerung einpendelt. Er stellte fest, dass über langfristige Veränderungen der Serum-Kreatininkonzentration kaum etwas berichtet wurde. Im Weiteren ging er davon aus, dass der Serumspiegel von Kreatinin bei Sportlern üblicherweise im Normbereich, vereinzelt aber auch bereits im Ruhezustand, darüber liegt und nahm in seiner Untersuchung zudem eine Differenzierung des körperlichen Trainings in Ausdauer- und Krafttraining vor. Die untersuchten Probanden bestanden jedoch vorwiegend aus jüngeren Sportlern, so dass die Erkenntnisse über die Wirkung eines körperlichen Trainings im Alternsvorgang auf die Eiweißstoffwechselparameter lückenhaft sind. Seine Vermutung, dass der Serumspiegel von Kreatinin bei Sportlern üblicherweise im Normbereich liegt, vereinzelt aber auch in Zusammenhang mit erhöhten Werten im Ruhezustand vorkommt, konnte er in seiner Untersuchung bestätigen.

FABIAN [1987] zeigte, dass regelmäßige körperliche Betätigung eine Veränderung der Serum-Harnsäure-Ruhewerte in beide Richtungen bewirken kann. Muskelarbeit hat einen wesentlichen Anteil an der Veränderung des Serum-Harnsäure-Ruheniveaus. Leichtes Freizeittraining bewirkt eine Absenkung der Ruhewerte. Dagegen bedingt eine Trainingsbelastung wie bei Leistungssportlern einen Anstieg, der bis in pathologische Bereiche hinein reichen kann (Abb. 228).

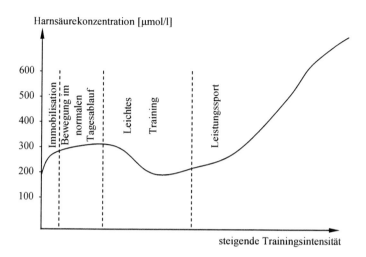

Abb. 228: Veränderungen des Serum-Harnsäure-(S-HRS)-Ruhewertes mit steigender körperlicher Intensität [FABIAN, 1987]

Nach weiteren Untersuchungen von FABIAN [1987] haben Männer im Durchschnitt höhere Harnstoffwerte als Frauen. Der empfohlene Referenzbereich für Frauen umfasst die Werte von 10 bis 40 mg/dl, derjenige der Männer die Werte von 23 bis 44 mg/dl. Bei beiden Geschlechtern kommt es im Alterungsprozess zu einem Anstieg der Serum-Harnstoffwerte. Ältere Probanden haben deutlichere Harnstoffanstiege unter Belastung, und die Rückkehr zum Normalwert dauert entsprechend länger.

THOMAS [1988] stellt fest, dass die Harnsäure-Mittelwerte der Frauen deutlich niedriger sind als die der Männer. Der Referenzbereich liegt beim weiblichen Geschlecht im Mittel zwischen 2,5 und 5,7 mg/dl und beim männlichen zwischen 3,5 und 7,0 mg/dl. Bei einer Erhöhung der Harnsäurewerte im Serum besteht das Risiko der Erkrankung an Gicht. Dabei kommt es durch purinhaltige Eiweißprodukte in der Ernährung zu einem Anstieg der Harnsäure.

Die Serum-Kreatininkonzentration bei ein und derselben Person unterliegt über längere Zeit kaum Schwankungen. Die Kreatininbildung nimmt mit zunehmendem Alter ab, ebenso die glomeruläre Filtrationsrate. Die Referenzbereiche der Frauen liegen im Mittel zwischen 0,66 und 1,09 mg/dl und die der Männer zwischen 0,84 und 1,25 mg/dl vor dem 50. Lebensjahr. Nach dem 50. Lebensjahr ist der Bereich von 0,81 bis 1,44 mg/dl entsprechend für die Männer größer [THOMAS, 1988].

3.6.4.2.2   Ergebnisse unserer Untersuchung

Das Verhalten des Harnstoffs, der Harnsäure und des Kreatinins im Serum der Probanden der drei Probandengruppen wurde getestet, um Veränderungen der Konzentration der aufgeführten Parameter sowie stoffwechselphysiologische Unterschiede im Alterungsprozess beurteilen zu können.

In Tabelle 102 wird ein Überblick über die Mittelwerte der einzelnen Parameter bei den Probanden gegeben.

Tab. 102: Mittelwerte der Proteinstoffwechsel-Parameter in den Probandengruppen

Parameter	AG	Kraftsportler			Ausdauersportler			Nichtsportler		
		n	x	s	n	x	s	n	x	s
Harnstoff	1	38	37,76	8,40	57	37,39	7,96	31	34,00	8,31
[mg/dl]	2	30	40,00	9,45	54	41,11	8,10	22	37,50	9,30
Harnsäure	1	38	5,46	1,22	57	4,84	1,12	31	6,10	1,11
[mg/dl]	2	30	5,56	1,02	54	5,30	1,32	22	6,00	0,95
Kreatinin	1	38	1,10	0,18	57	0,96	0,18	31	1,05	0,16
[mg/dl]	2	30	1,17	0,20	54	1,01	0,19	22	1,04	0,14

AG = Altersgruppe; n = Anzahl der Probanden; x = Mittelwert; s = Standardabweichung

3.6.4.2.2.1   Harnstoff

Der Harnstoff-Mittelwert der Kraftsportler der Altersgruppe 1 ist mit 37,76 mg/dl (s=8,40 mg/dl) um 2,24 mg/dl niedriger als derjenige der Altersgruppe 2 mit 40,00 mg/dl (s=9,45 mg/dl) (Tab. 102).

Bei den Kraftsportlern ist eine deutliche Anhäufung der Messwerte beider Altersgruppen in den mittleren Intervallen des Harnstoffs (30 bis 41 mg/dl) erkennbar. Bei Werten unter 30 mg/dl sind mehr jüngere Kraftsportler zu finden, bei Werten über 41 mg/dl nimmt die Zahl der älteren zu und die der jüngeren kontinuierlich ab (Abb. 229).

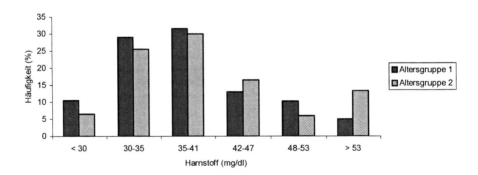

Abb. 229: Harnstoffkonzentrationen der Kraftsportler in den Altersgruppen 1 und 2

In der Probandengruppe der Ausdauersportler wird für die Harnstoff-Mittelwerte ein signifikanter Unterschied (Irrtumswahrscheinlichkeit unter 5%) zwischen den Altersgruppen ermittelt. In Altersgruppe 1 beträgt der Harnstoffwert im Mittel 37,39 mg/dl (s=7,96 mg/dl), mit zunehmendem Alter steigt er auf 41,11 mg/dl (s=8,10 mg/dl) in Altersgruppe 2 (Tab. 102).

Die Werte der Ausdauersportler aus Altersgruppe 1 sind wesentlich häufiger in den unteren Intervallen vertreten als in den anderen. Sie finden sich zu 38% bei Konzentrationen zwischen 36 und 41 mg/dl. Bei Werten über 41 mg/dl nimmt deren Anzahl stark ab. Deutlich weniger (5,5%) Ausdauersportler der Altersgruppe 2 haben Harnstoffwerte unter 30 mg/dl im Vergleich zu der Altersgruppe 1 (15,5%). Bei steigenden Konzentrationen nimmt ihre Häufigkeit zu. Im Bereich zwischen 36 und 47 mg/dl ist die Anzahl der älteren Ausdauersportler nahezu konstant und hat ihr Maximum. In den letzten beiden Intervallen sinkt ihre Zahl wiederum. Schon Werte über 41 mg/dl vertreten die älteren Probanden wesentlich häufiger (Abb. 230).

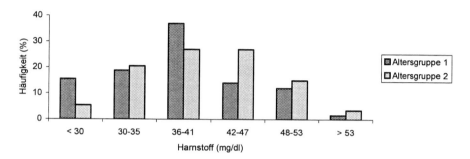

Abb. 230: Harnstoffkonzentrationen der Ausdauersportler in den Altersgruppen 1 und 2

Bei den Nichtsportlern sind die Mittelwerte der Harnstoffkonzentrationen in der Altersgruppe 1 (x=34,00 mg/dl; s=8,31 mg/dl) um 3,5 mg/dl niedriger als in der Altersgruppe 2 (x=37,50 mg/dl; s=9,30 mg/dl).

Betrachtet man die Verteilung der Harnstoff-Mittelwerte der Nichtsportler in den entsprechenden Intervallen, so wird deutlich, dass sich die jüngeren Nichtsportler (64,5%) in den unteren Intervallen (<30 bis 35 mg/dl) konzentrieren. In den hohen Konzentrationsbereichen des Harnstoffs sind nur noch wenige Nichtsportler zu finden. Die Anzahl der älteren Nichtsportler ist im Intervall mit Messwerten zwischen 36 und 41 mg/dl Harnstoff am höchsten, in den unteren Harnstoff-Intervallen (<30 bis 35 mg/dl) mit 36,3% aber deutlich geringer als in der Altersgruppe 1 (Abb. 231).

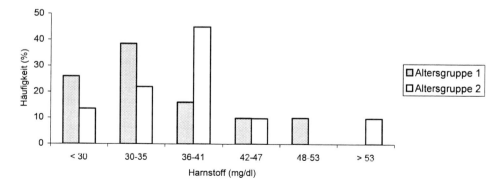

Abb. 231: Harnstoffkonzentrationen der Nichtsportler in den Altersgruppen 1 und 2

Für die Interpretation der Daten werden die Harnstoffwerte der Probanden in Bezug auf drei Referenzbereiche (<23 mg/dl, 23 bis 44 mg/dl, >44 mg/dl) betrachtet. Dabei zeigen die Mittelwerte der Kraftsportler eine gleichmäßige Erhöhung bei der Altersgruppe 2 gegenüber der Altersgruppe 1. Es treten kaum interpretierbare Unterschiede zwischen den Mittelwerten der beiden Altersgruppen der Kraftsportler auf. Die Mittelwerte der älteren Ausdauersportler sind jeweils deutlich höher im Vergleich zur jüngeren Probandengruppe. Werte unter 23 mg/dl sind bei Altersgruppe 2 nicht aufgetreten. Bei den Nichtsportlern sind die Mittelwerte der Altersgruppe 2 in allen Bereichen höher als bei den jüngeren Nichtsportlern (Tab. 103).

Tab. 103: Harnstoffkonzentrationen bzgl. drei Referenzbereichen in den Probandengruppen

Harnstoff-konzentration	AG	Kraftsportler			Ausdauersportler			Nichtsportler		
		n	x	s	n	x	s	n	x	s
< 23 mg/dl	1	2	20,50	0,71	3	20,67	1,53	2	20,00	10,41
	2	1	22,00	0,00	0			1	21,00	0,00
23-44 mg/dl	1	29	35,76	4,52	44	35,86	5,21	24	32,33	5,41
	2	23	36,91	5,16	39	37,36	4,90	18	35,50	5,04
> 44 mg/dl	1	7	51,00	4,00	10	49,10	2,60	5	47,60	1,67
	2	6	54,83	5,46	15	50,87	6,39	3	55,00	7,81

AG = Altersgruppe; n = Anzahl der Probanden; x = Mittelwert; s = Standardabweichung

Der mittlere Referenzbereich (er entspricht in Altersgruppe 1 23 bis 44 mg/dl und in Altersgruppe 2 17 bis 48 mg/dl) ist pathologisch unbedenklich. Bei Werten außerhalb dieses Bereiches kann ein Risiko bestehen. Erhöhte Harnstoffbildung wie sie bei 18,4% der jüngeren Kraftsportler und 17,5% der jüngeren Ausdauersportler vorkommt, weist auf einen verstärkten Proteinkatabolismus hin (Abb. 232).

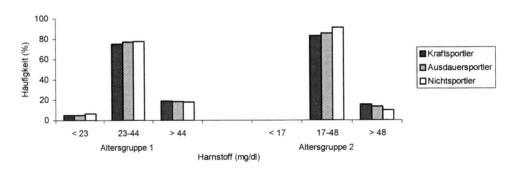

Abb. 232: Gruppenvergleich bzgl. des Harnstoffs in den Altersgruppen 1 und 2

Sehr hohe Harnstoffwerte können die Folge von Übertrainingszuständen sein, Werte über 50 mg/dl werden als kritisch angesehen. Eine positive Wirkung des Trainings ist dann nicht mehr gesichert. Dass sich der Harnstoff durch regelmäßiges Training auf einem höheren Niveau einpegeln kann, wurde schon anfangs erwähnt. Es müssen aber auch ernährungsbedingte Einflüsse in Betracht gezogen werden. Kraftsportler ernähren sich eiweißreicher als Ausdauersportler, die eine kohlehydratreiche Ernährung bevorzugen. Darüber hinaus hat die aktive Körpersubstanz, die in der Regel bei den Kraftsportlern am größten ist, einen positiven Einfluss auf den Harnstoff-Spiegel. Die Nichtsportler haben dementsprechend den niedrigsten Harnstoff-Mittelwert, was die Untersuchungsergebnisse bestätigen.

Die hohe Zahl der Nichtsportler (16,1%) im oberen Referenzbereich ist vermutlich auf eine sehr eiweißreiche Ernährung zurückzuführen. Junge und leistungsstarke Sportler kompensieren hohe Harnstoffwerte besser als untrainierte und ältere Menschen.

Die Ergebnisse der vorliegenden Untersuchung stimmen mit denen von AIGNER [1985] und FORGRO [1983] überein. Durch stetiges körperliches Training wird ein höheres Niveau des Serum-Harnstoff-Ruhewertes erreicht. Signifikante Unterschiede zwischen den drei Probanden-gruppen konnten jedoch nicht ermittelt werden. Beim Gesamtvergleich der Probandengruppen haben die Ausdauersportler den höchsten Harnstoff-Mittelwert, gefolgt von den Kraftsportlern und den Nichtsportlern.

Wissenschaftlich gesichert ist der Anstieg des Harnstoffs im Alterungsprozess. In der Alters-gruppe 2 ist die Verteilung der Probanden ähnlich. Nichtsportler erreichen auch hier die nied-rigsten Werte. Die Anzahl der außerhalb vom mittleren Referenzbereich liegenden Messwerte ist bei den älteren Probanden etwas geringer. Dennoch zeigen ältere Personen unter Belastungen deutlichere Veränderungen und es dauert länger bis sich der Ausgangswert wieder einstellt [LORENZ und GERBER, 1979]. So können besonders bei den Probanden der Altersgruppe 2 durch Belastungen am Vortag die Untersuchungsergebnisse verfälscht werden.

3.6.4.2.2.2   Harnsäure

Die Mittelwerte der Harnsäure unterscheiden sich bei den Kraftsportlern in den Altersgruppen nur geringfügig. In der Altersgruppe 1 liegt der Mittelwert bei 5,46 mg/dl (s=1,22 mg/dl) und damit nur um 0,1 mg/dl tiefer als derjenige der Altersgruppe 2, der bei 5,56 mg/dl (s=1,02 mg/dl) liegt (Tab. 102).

Harnsäurekonzentrationen unter 4,0 mg/dl treten nur bei den jüngeren Kraftsportlern (7,9%) auf. Bei Konzentrationen zwischen 4,0 und 4,8 mg/dl ist die Anzahl der jüngeren (23,7%) und älteren Kraftsportler (23,3%) nahezu identisch. In den Konzentrations-Bereichen der Harnsäure über 4,9 mg/dl sind die älteren Kraftsportler häufiger vertreten (Abb. 233).

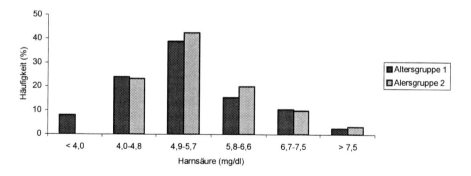

Abb. 233: Harnsäurekonzentrationen der Kraftsportler in den Altersgruppen 1 und 2

Die Altersgruppe 1 der Ausdauersportler zeigt einen deutlich niedrigeren Harnsäure-Mittelwert (x=4,84 mg/dl; s=1,12 mg/dl) als die Altersgruppe 2 (x=5,30 mg/dl; s=1,32 mg/dl). Er differiert um 0,46 mg/dl, was sich nicht als signifikant erweist (Tab. 102).

Die Harnsäurewerte der Altersgruppe 1 verteilen sich relativ gleichmäßig auf das untere und mittlere Intervall (< 4,0 bis 5,7 mg/dl) und sind noch gering im Intervall zwischen 6,7 und 7,5 mg/dl zu finden. Was die älteren Ausdauersportler betrifft, so sind deren Harnsäurekonzentrationen relativ ungleichmäßig verteilt. Etwa ein Drittel der Altersgruppe 2 ist im Intervall zwischen 4,0 und 4,8 mg/dl zu finden. Werte unter 4,0 mg/dl kommen fast nur halb so oft bei älteren Probanden (13,0%) wie bei jüngeren (22,4%) vor. Eine große Anzahl von älteren Ausdauersportlern (24,1%) zeigt hingegen Werte zwischen 5,8 und 6,6 mg/dl und befindet sich somit deutlich über der entsprechenden Anzahl der jüngeren (15,5%) in diesem Bereich. Werte über 7,5 mg/dl weisen nur noch ältere Ausdauersportler (5,6%) auf (Abb. 234).

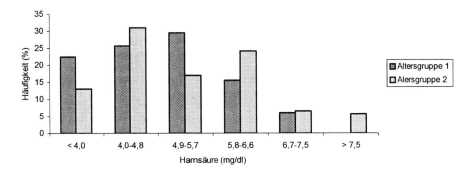

Abb. 234: Mittelwerte der Harnsäurekonzentrationen der Ausdauersportler in den Altersgruppen 1 und 2

Bei den Nichtsportlern sind die Mittelwerte der Harnsäurekonzentrationen in beiden Altersgruppen fast identisch. Der Wert der Altersgruppe 1 liegt bei 6,10 mg/dl (s=1,11 mg/dl) und ist um nur 0,1 mg/dl höher als derjenige der Altersgruppe 2 (x=6,00 mg/dl; s=0,95 mg/dl) (Tab. 102).

Dem Intervall zwischen 4,0 und 4,8 mg/dl Harnsäure sind fast doppelt so viele jüngere Nichtsportler (19,3%) zugeordnet wie ältere (9,1%). In den mittleren Intervallen (4,9 bis 6,6 mg/dl) ist der Anteil der älteren Nichtsportler höher, in den oberen (ab 6,7 mg/dl) sind wiederum die jüngeren häufiger vertreten (Abb. 235).

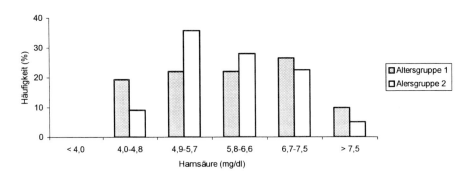

Abb. 235: Mittelwerte der Harnsäurekonzentrationen der Nichtsportler in den Altersgruppen 1 und 2

Betrachtet man bezüglich der Harnsäurewerte die Mittelwerte in Bezug auf drei Referenzbereiche (< 3,5 mg/dl, 3,5 bis 7,0 mg/dl und > 7,0 mg/dl), so fällt auf, dass bei den Kraftsportlern der Altersgruppe 2 keine Probanden im unteren Referenzbereich zu finden sind; bei den Nichtsportlern konnten keine Probanden dem unteren Referenzbereich zugeordnet werden, und bei den Ausdauersportlern liegt kein Proband der Altersgruppe 1 im oberen Referenzbereich. Die Mittelwerte der älteren Kraftsportler liegen im oberen Referenzbereich unter denjenigen der jüngeren, im mittleren Bereich dagegen leicht höher. Die Mittelwerte der Ausdauersportler sind in allen drei Referenzbereichen in der Altersgruppe 2 höher. Auffällig ist die Situation im Harnsäure-Referenzbereich über 7,0 mg/dl. Jüngere Ausdauersportler sind hier nicht vertreten, von den älteren sind es 3 mit dem sehr hohen Mittelwert von 8,73 mg/dl. Die Werte der Nichtsportler sinken mit zunehmendem Alter (Tab. 104).

Tab. 104: Mittelwerte der Harnsäurekonzentrationen bzgl. der drei Referenzbereiche in den Probandengruppen

Harnsäure-Konzentration	AG	Kraftsportler			Ausdauersportler			Nichtsportler		
		n	x	s	n	x	s	n	x	s
< 3,5 mg/dl	1	1	2,30	0,00	8	3,01	0,41	0		
	2	0			2	3,15	0,07	0		
3,5-7,0 mg/dl	1	35	5,32	0,81	49	5,14	0,89	25	5,73	0,85
	2	28	5,39	0,79	49	5,18	0,98	18	5,68	0,77
> 7,0 mg/dl	1	2	8,90	1,98	0			6	7,65	0,67
	2	2	7,95	0,92	3	8,73	0,91	4	7,30	0,22

AG = Altersgruppe; n = Anzahl der Probanden; x = Mittelwert; s = Standardabweichung

In der Abbildung 236 wird die Häufigkeitsverteilung der Harnsäurekonzentrationen bezüglich der drei Referenzbereiche dargestellt. Bei Werten über 7,0 mg/dl spricht man von einer Hyperurikämie, denn das Risiko an Gicht zu erkranken steigt stark an. Im mittleren Referenzbereich (3,5 bis 7,0 mg/dl) ist die Wahrscheinlichkeit einer Gichterkrankung sehr gering und meist noch stärker an das Mitwirken anderer Risikofaktoren gebunden. Bei allerdings 19,4% unserer jüngeren und 18,2% unserer älteren Nichtsportler liegt eine Hyperurikämie vor, sie haben Werte über 7,0 mg/dl.

Die Harnsäurewerte der Kraftsportler befinden sich in unserer Untersuchung mit über 90% im risikoarmen mittleren Referenzbereich. AIGNER [1985] schrieb, dass Kraftsportler schon im Ruhezustand etwas höhere Werte aufweisen können als der Bevölkerungsdurchschnitt. Dieses kann durch diese Untersuchung nicht bestätigt werden. Es wurde festgestellt, dass bei einer optimalen Ernährung mit Eiweiß niedrigere Harnsäurewerte gefunden werden als bei einer eiweißarmen oder eiweißfreien Kost [FABIAN, 1987].

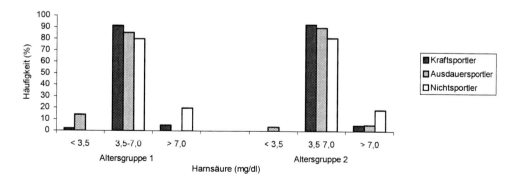

Abb. 236: Gruppenvergleich bzgl. der Harnsäurekonzentrationen in den Altersgruppen 1 und 2

Die Harnsäurewerte der jüngeren Nichtsportler sind signifikant höher als die der jüngeren Kraft- und Ausdauersportler. Die Ausdauersportler sind in beiden Altersgruppen im unteren Referenzbereich vertreten. Hier besteht kein Risiko für eine Gichterkrankung. Während bei den jüngeren kein Fall von Hyperurikämie vorliegt, steigt die Zahl bei den älteren Ausdauersportlern geringfügig an. Von Bedeutung könnte hierbei ihre bereits erwähnte sehr kohlehydratreiche Ernährung sein.

Die Wahrscheinlichkeit einer Gichterkrankung erhöht sich mit zunehmender Harnsäurekonzentration. Von Bedeutung ist die Zahl der Probanden, die zwar hohe Harnsäurewerte haben, jedoch nicht angeben, an Gicht erkrankt zu sein. Der Referenzbereich über 7,0 mg/dl gibt Aufschluss über die Anzahl der Probanden mit Hyperurikämie. Bei den jüngeren und älteren Kraft- und Nichtsportlern gibt es weitere Fälle von Hyperurikämie, die aber noch nicht zu einer Gicht- erkrankung geführt haben.

Nach FABIAN [1987] steigern Kohlehydrate die Serum-Harnsäure. Eine Fehlernährung mit zu hohem Kohlehydratanteil soll eine wesentliche Ursache der Hyperurikämie bei Übergewichtigen sein. Durch Fasten kommt es ebenfalls zu einem Anstieg der Harnsäure (endogene Purinbildung durch Abbau von körpereigenem Eiweiß), was aber nur im Einzelfall eine Erklärung für die hohen Werte sein dürfte. Auch bei steigendem Trainingsumfang, wie er unter Umständen bei älteren Ausdauersportlern vorliegt, kann es zu einem Anstieg der Harnsäure kommen. Bei Leistungssportlern finden sich nicht selten Werte über dem Normbereich. Insgesamt lässt sich schlussfolgern, dass Muskelarbeit einen wesentlichen Einfluss auf das Harnsäure-Ruheniveau hat.

Der Ausdauersport ist aufgrund der insgesamt niedrigen Harnsäurewerte zur Prävention der Hyperurikämie besonders geeignet. Auch Krafttraining ist empfehlenswert, da die Werte im Alternsvorgang nahezu konstant bleiben.

Die statistische Häufigkeit der Gicht bei 7,0 mg/dl Harnsäurekonzentration liegt bei 16%. Sportler können Harnsäurewerte im Risikobereich länger tolerieren als Nichtsportler, denn durch Sport kommt es zu einer vermehrten Durchblutung der Gewebe. Dadurch können sich, wie bereits erwähnt, Uratkristalle schlechter ablagern. Die bei den Nichtsportlern häufige Bewegungsarmut führt zu einer schlechten Durchblutung, besonders der dem Körperzentrum fernen Regionen. In diesen Geweben mit geringem Stoffwechsel lagern sich Uratkristalle bevorzugt ab. Übergewicht und Bluthochdruck sind bei Nichtsportlern ebenfalls häufiger zu verzeichnen und begünstigen das Entstehen der Gicht.

Im Zusammenhang mit der Bestimmung der Harnsäurekonzentration wurden die Probanden in der Anamnese nach dem Auftreten von Gicht befragt. Unter den Nichtsportlern sind mit 13,2% die meisten Erkrankten vertreten, gefolgt von den Ausdauersportlern mit 9,8%. Bei den Kraftsportlern gaben nur 5,9% an, an Gicht zu leiden.

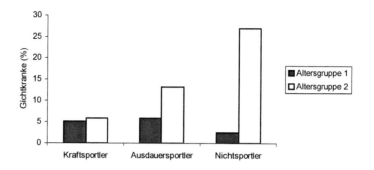

Abb. 237: Gichterkrankungen in den Altersgruppen 1 und 2
bei Kraft-, Ausdauer- und Nichtsportlern

Während die Zahl der Gichtkranken im Alterungsprozess der Kraftsportler nahezu konstant bleibt, kommt es diesbezüglich bei den Ausdauersportlern fast zu einer Verdopplung. Die relativ hohe Zahl der gichtkranken älteren Ausdauersportler kann verschiedene Ursachen haben, zum Beispiel ein zu hohes Trainingspensum.

Es ist bekannt, dass Leistungssportler in Phasen hoher Trainingsintensität Harnsäurewerte in pathologischen Bereichen erreichen können. Wechselwirkungen mit anderen Faktoren sind wahrscheinlich. Ganz gravierend ist aber die Harnsäure-Erhöhung in der Gruppe der Nichtsportler um das 8,5fache. Die Anzahl der Gichtkranken beträgt hier 27,3%. Die niedrigere Zahl der gichtkranken Kraft- und Ausdauersportler im Vergleich zur Anzahl der gichtkranken älteren Nichtsportler weist die präventive Wirkung des Sports nach (Abb. 237).

Die Forschungsergebnisse zum Einfluss des körperlichen Trainings auf den Serum-Harnsäure-Ruhewert sind recht uneinheitlich, doch zusammenfassend wird eher eine Verminderung der Harnsäurewerte bei intensivem körperlichen Training festgestellt. Diese sind zudem beeinflussbar von Schlaf, Diät, physiologischem Stress u. a. Faktoren. In unserer Untersuchung werden diese Faktoren nicht berücksichtigt. Die Nichtsportler haben insgesamt den höchsten Harnsäure-Mittelwert. Er ist hochsignifikant höher als derjenige der Ausdauersportler und signifikant höher als derjenige der Kraftsportler.

Körperliches Training bewirkt eine Minderung des Erkrankungsrisikos auf den passiven Bewegungsapparat, insbesondere an Gicht.

3.6.4.2.2.3 Kreatinin

Bei den Kraftsportlern kann eine leichte Erhöhung der Kreatinin-Mittelwerte im Alter fest-gestellt werden, jedoch ohne gesundheitsgefährdende Bedeutung. Der Mittelwert der Alters-gruppe 1 (x=1,10 mg/dl; s=0,18 mg/dl) ist um nur 0,07 mg/dl niedriger als derjenige der Alters-gruppe 2 (x=1,17 mg/dl; s=0,20) (Tab. 102).

Hinsichtlich der Häufigkeitsverteilung ist deutlich die Verteilung der Werte der Kraftsportler in den mittleren Intervallen (0,8 bis 1,4 mg/dl) zu erkennen, wobei 47,4% der jüngeren und 50% der älteren mit Werten im Bereich von Kreatininkonzentrationen zwischen 1,01 und 1,2 mg/dl vertreten sind. Tendenziell ist eine Erhöhung der Kreatininwerte im Alter sichtbar (Abb. 238).

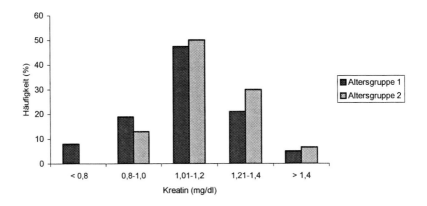

Abb. 238: Kreatininkonzentrationen der Kraftsportler in den Altersgruppen 1 und 2

Die Mittelwerte der Kreatininkonzentrationen unterscheiden sich in den beiden Altersgruppen der Ausdauersportler nur geringfügig. Der Mittelwert der Altersgruppe 2 liegt mit 1,01 mg/dl (s=0,19 mg/dl) um nur 0,05 mg/dl höher als der der Altersgruppe 1 (x=0,96 mg/dl; s=0,18 mg/dl) (Tab. 102).

Aus der Häufigkeitsverteilung ist ein Anstieg des Kreatinins im Alter erkennbar. Am häufigsten sind die älteren Ausdauersportler (77,8%) in den mittleren Konzentrationsbereichen des Kreatinins von 0,8 bis 1,2 mg/dl vertreten. Ähnlich ist auch die Verteilung der jüngeren (72,5%), doch liegen hier wesentlich mehr im Intervall zwischen 0,8 und 1,0 mg/dl. Bei Werten im Bereich unter 0,8 mg/dl dominieren die jüngeren Ausdauersportler deutlich. Die Anzahl der Probanden mit Kreatininwerten über 1,4 mg/dl ist, abgesehen von hauptsächlich älteren Probanden, sehr gering (Abb. 239).

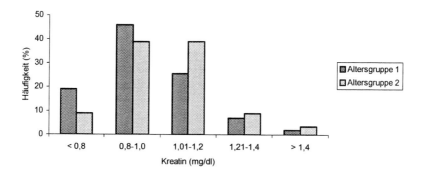

Abb. 239: Kreatininkonzentrationen der Ausdauersportler in den Altersgruppen 1 und 2

Die Altersgruppen der Nichtsportler unterscheiden sich in den Mittelwerten der Kreatinin-konzentrationen fast nicht. Nur um 0,01 mg/dl ist der Wert der Altersgruppe 1 (x=1,05 mg/dl; s=0,16 mg/dl) höher als derjenige der Altersgruppe 2 (x=1,04 mg/dl, s=0,14 mg/dl) (Tab. 102). Wie auch aus Abbildung 240 hervorgeht, sind fast alle Nichtsportler in den mittleren Intervallen (0,8 bis 1,2 mg/dl) vertreten.

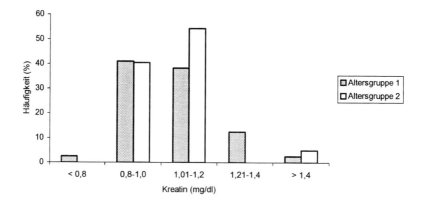

Abb. 240: Kreatininkonzentrationen der Nichtsportler in den Altersgruppen 1 und 2

Die Verteilung der Kraftsportler in den für die zwei Altersgruppen speziellen drei Referenz-bereichen ist wie folgt. In der Altersgruppe 2 sind keine Kraftsportler im Referenzbereich unter 0,81 mg/dl, bei den jüngeren Kraftsportlern nur wenige im Referenzbereich unter 0,84 mg/dl. Die Anzahl der jüngeren Kraftsportler im oberen Bereich (>1,25 mg/dl, n=8) ist wesentlich höher als bei den älteren. Hier gibt es nur einen Probanden im oberen Referenzbereich (>1,44, mg/dl). Bei den Ausdauersportlern ist die wesentlich höhere Anzahl der Probanden der Altersgruppe 1 (n=13) im Vergleich zur Altersgruppe 2 (n=5) im unteren Referenzbereich auf-fallend. Bei den Nichtsportlern weisen die meisten Probanden mittlere Werte auf (Tab. 105).

Tab. 105: Mittelwerte der Kreatininkonzentrationen bzgl. der drei Referenzbereiche der Altersgruppen 1 und 2

	AG	Kraftsportler			Ausdauersportler			Nichtsportler		
		n	x	s	n	x	s	n	x	s
< 0,84 mg/dl	1	4	0,77	0,03	13	0,73	0,09	3	0,78	0,06
< 0,81 mg/dl	2	0			5	0,68	0,09	0		
0,84-1,25 mg/dl	1	26	1,08	0,09	42	1,01	0,11	27	1,06	0,13
0,81-1,44 mg/dl	2	29	1,15	0,15	48	1,04	0,14	21	1,02	0,10
> 1,25 mg/dl	1	8	1,33	0,06	2	1,34	0,06	1	1,42	0,00
> 1,44 mg/dl	2	1	1,87	0,00	1	1,54	0,00	1	1,48	0,00

AG = Altersgruppe; n = Anzahl der Probanden; x = Mittelwert; s = Standardabweichung

In Abbildung 241 sind die Probanden in den für ihre Altersgruppen speziellen Referenzbereichen dargestellt. Bei Konzentrationen außerhalb des mittleren Bereiches (Altersgruppe 1: 0,84 bis 1,25 mg/dl; Altersgruppe 2: 0,81 bis 1.44 mg/dl), besonders bei zu hohen Kreatininwerten, steigt das Risiko einer Erkrankung. Die Werte geben allgemein Auskunft über die Nierenfunktion der Probanden und damit Aufschluss über ihren Gesundheitszustand. Es sind daher kaum Kreatininwerte zu erwarten, die weit außerhalb der Normbereiche liegen. In der vorliegenden Untersuchung wird die Prüfung des Kreatininwertes auch vorgenommen, um unbekannte Erkrankungen ausschließen zu können.

Auffällig ist die Anzahl der jüngeren Probanden, die außerhalb des Normbereiches liegen. Von den Ausdauersportlern haben ca. 23% Werte unter 0,84 mg/dl. Bei den Kraftsportlern liegen 21% über dem Normbereich. Dies stimmt mit den Untersuchungen von SCHUSTER, NEUMANN und BUHL [1979] sowie AIGNER [1985] überein. Die Homöostase des Kreatinin-Stoffwechsels wird u.a. von der aktiven Muskelmasse, dem Trainingszustand und dem Lebensalter beeinflusst. Die größere aktive Muskelmasse der Kraftsportler könnte die hohen Kreatininwerte erklären. Die Nichtsportler befinden sich fast alle im Normbereich, so dass der geringe Teil außerhalb dessen vernachlässigt werden kann. Für die älteren Kraft- und Ausdauersportler trifft dies ebenfalls zu.

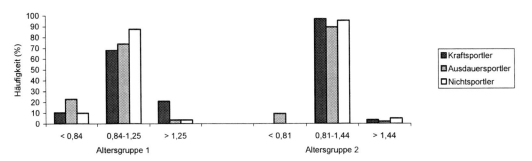

Abb. 241: Gruppenvergleich bzgl. des Kreatinins in den Altersgruppen 1 und 2

Der in beide Richtungen wirkende Einfluss des Sports auf den Serum-Kreatinin-Ruhewert wird besonders bei den jüngeren Kraft- und Ausdauersportlern deutlich. Es zeigt sich, dass Kreatinin ein Produkt des Muskelstoffwechsels ist.

Über den längerfristigen Einfluss körperlichen Trainings auf den Serum-Kreatinin-Ruhewert sind nur wenige Ergebnisse bekannt. SCHUSTER, NEUMANN und BUHL [1979] beschrieben einen Anstieg des Kreatinins im Verlauf eines Trainingsjahres. AIGNER [1985] stellte fest, dass die Werte seiner Sportler im Normbereich liegen und vereinzelt darüber.

In der vorliegenden Untersuchung sind die Kreatininwerte der Kraftsportler im Mittel hochsignifikant höher als die der Ausdauersportler. Diese Differenz bezieht sich auf beide Altersgruppen. Die Kreatininwerte der jüngeren Ausdauersportler sind signifikant niedriger als die der jüngeren Nichtsportler. Die älteren Ausdauersportler haben nur leicht niedrigere Werte gegenüber den älteren Nichtsportlern.

3.6.4.2.2.4 Korrelationen der Parameter des Eiweißstoffwechsels

Signifikante Korrelationen zwischen den Parametern des Eiweißstoffwechsels konnten in der vorliegenden Untersuchung lediglich für die Ausdauersportler nachgewiesen werden. In dieser Probandengruppe korreliert der Harnsäurewert hochsignifikant positiv mit dem Kreatininwert (Tab. 106).

Tab. 106: Korrelation der Eiweiß-Stoffwechsel-Parameter Harnstoff, Harnsäure und Kreatinin bei den Ausdauersportlern

Eiweiß-Stoffwechsel-Parameter	Harnstoff	Harnsäure	Kreatinin
Harnstoff	1.0000	.0903	.1284
Harnsäure	.0903	1.0000	.5393**
Kreatinin	.1284	.5393**	1.0000

*Signifikanzniveau: ** = .001*

3.6.4.2.3 Unsere Ergebnisse im Überblick

Unter Einbeziehung des Lebensalters der Kraft-, Ausdauer- und Nichtsportler werden folgende statistisch gesicherten Unterschiede festgestellt.

Die Harnstoff-Mittelwerte der Kraftsportler erhöhen sich im Alternsvorgang nur gering von 37,76 auf 40,00 mg/dl, die der Ausdauersportler steigen altersbedingt signifikant von 37,39 auf 41,11 mg/dl an. Die Mittelwerte der Nichtsportler nehmen im Alternsvorgang ebenfalls signifikant von 34,00 auf 37,50 mg/dl zu. Die Harnstoff-Mittelwerte der Nichtsportler sind deutlich niedriger als die der beiden Sportartengruppen.

Die Serum-Harnsäure-Mittelwerte der Nichtsportler sind hochsignifikant höher als die der Ausdauersportler und signifikant höher als die der Kraftsportler. Die Harnsäure-Mittelwerte der Kraftsportler erhöhen sich im Alternsvorgang nur sehr geringfügig von 5,46 auf 5,56 mg/dl. Die Werte der Ausdauersportler steigen stark an (von 4,84 auf 5,30 mg/dl). Sie sind im Mittel hochsignifikant niedriger als die der Nichtsportler und signifikant niedriger als die der Kraftsportler. Bei den Nichtsportlern sinkt die Harnsäurekonzentration im Alternsvorgang nur unwesentlich von 6,10 auf 6,00 mg/dl.

Von den Nichtsportlern leiden 27,3% an Gicht, von den Ausdauersportlern 9,8%, hingegen bei den Kraftsportlern nur 5,9%. Die meisten gichtkranken Probanden stammen aus der Altersgruppe 2, bei den Nichtsportlern erhöht sich deren Zahl hier um das 8,5fache.

Die Serum-Kreatinin-Ruhewerte der Kraftsportler sind hochsignifikant höher als die der Ausdauersportler. Sie ändern sich im Alternsvorgang nur wenig. Die Werte der Kraftsportler und die der Ausdauersportler steigen von Altersgruppe 1 zu Altersgruppe 2 etwas an (von 1,10 auf 1,17 mg/dl beziehungsweise von 0,96 auf 1,01 mg/dl). Bei den Nichtsportlern fällt der Serum-Kreatininwert im Alter geringfügig ab (von 1,05 auf 1,04 mg/dl).

Für alle Probanden erhöhen sich im Alternsvorgang die Eiweiß-Stoffwechsel-Parameter. Eine Ausnahme machen hierbei die Parameter Harnsäure und Kreatinin bei den Nichtsportlern. Bei diesen kommt es nämlich zu geringfügigen Abnahmen.

Weiterhin besteht in der Gruppe der Ausdauersportler eine positive Korrelation zwischen der Harnsäure- und der Kreatininkonzentration.

Die Ergebnisse wurden in Bezug auf drei Referenzbereiche betrachtet, die der medizinischen Praxis entnommen worden sind. Dadurch ist es möglich, bestehende Risiken hinsichtlich einer Erkrankung zu erkennen. Bei den Werten für die Parameter Harnstoff und Kreatinin sind die Kraft- und Ausdauersportler gegenüber den Nichtsportlern häufiger außerhalb des Normbereiches zu finden. Doch müssen die aus der Medizin empfohlenen Referenzbereiche kritisch betrachtet werden, da ein Großteil der Probanden im Normbereich zum Teil schon pathologische Erscheinungen zeigt, insbesondere bei dem Parameter Harnsäure. Es ist daher von Bedeutung, die Randbedingungen mit zu durchleuchten. Es wird deutlich, dass die Trainingsform, die Ernährung und die gesamte Lebensweise in eine Beurteilung mit einbezogen werden müssen.

Die bisher bekannten Fakten über das Verhalten der Eiweiß-Stoffwechsel-Parameter im Alterungsprozess von Sportlern und Nichtsportlern erlauben noch keine eindeutigen Aussagen über den Einfluss des Sports. Es steht jedoch fest, dass ein leistungssteigerndes Training zu einer Mehrbeanspruchung des Proteinhaushaltes führt. Doch geht deutlich der positive Einfluss des Sports zur Verringerung der Zahl Gichtkranker aus der Untersuchung hervor. Die Frage, ob Kraft- oder Ausdauertraining besser geeignet ist, einer Gichterkrankung vorzubeugen, kann jedoch nicht eindeutig beantwortet werden.

Wie die Ergebnisse unserer Untersuchung zeigen, können sowohl Ausdauer- als auch Krafttraining den Fett- sowie den Eiweißstoffwechsel günstig beeinflussen.

4 Zusammenfassung und Vergleich mit anderen Ergebnissen

In der vorliegenden Untersuchung wurden 241 männliche Probanden erfasst. Im Einzelnen waren es 74 Kraftsportler (Gewichtheber, Rasenkraftsportler), 112 Ausdauersportler (Läufer 5.000 m, 10.000 m, Marathon) und 55 Nichtsportler. Die Kraftsportler gehörten dem Deutschen Gewichtheberverband und dem Deutschen Rasenkraftsportverband an, die Läufer dem Badischen Leichtathletikverband. Die Nichtsportler waren Verwaltungsbeamte und Büroangestellte verschiedener staatlicher Einrichtungen aus dem Raum Karlsruhe. Nach eigenen Angaben betreiben die Zugehörigen zu dieser Gruppe keinen gezielten Sport und waren auch in den vergangenen 30 Jahren nicht sportlich aktiv. Entsprechend sind sie auch nicht Mitglieder in einem Landesverband.

Die Alterseinteilung wurde in zwei Gruppen vorgenommen:

Altersgruppe 1:   31 bis 49 Jahre
Altersgruppe 2:   50 bis 73 Jahre

Eine differenzierte Aufteilung ergab für die drei Gruppen folgende Zahlen:

Kraftsportler: Altersgruppe 1: 40 Probanden
                     Altersgruppe 2: 34 Probanden

Ausdauersportler: Altersgruppe 1: 56 Probanden
                     Altersgruppe 2: 56 Probanden

Nichtsportler: Altersgruppe 1: 31 Probanden
                     Altersgruppe 2: 24 Probanden

Das Durchschnittsalter der Kraftsportler beträgt 41,65 bzw. 59,00 Jahre, das der Ausdauersportler 43,33 bzw. 57,12 Jahre und das der Nichtsportler 42,60 bzw. 56,80 Jahre.

Die Probanden wurden anhand von jeweils 178 verschiedenen Tests untersucht. Im Rahmen der Gesamtstudie wurden 15 verschieden thematisierte Staatsexamens- und Magisterarbeiten angefertigt. Aufgrund des gewonnenen Datenmaterials konnten signifikante Aussagen getroffen werden, die sich mit den Ergebnissen anderer Autoren decken, teilweise aber auch davon abweichen.

In den Unterkapiteln der Zusammenfassung sind die jeweils untersuchten Parameter fettgedruckt.

Die folgenden Unterkapitel werden unsere Ergebnisse zusammenfassen und den Ergebnissen anderer Autoren in tabellarischer Form gegenüberstellen. Letzteres ist nur dann möglich, wenn genaue Angaben über das Alter und die sportliche Aktivität der Probanden zumindest in ähnlicher Form gegeben sind, wie in unserer Untersuchung. Wird diese Voraussetzung nicht erfüllt, so wird die Gegenüberstellung durch ein „?" gekennzeichnet. Es gelten folgende Abkürzungen:

=	Ergebnisse stimmen überein
≠	Ergebnisse stimmen nicht überein
≈	Ergebnisse stimmen weitgehend überein
?	Es liegen keine Vergleichsdaten vor
AG 1	Altersgruppe 1 unserer Untersuchung (31-49 Jahre)
AG 2	Altersgruppe 2 unserer Untersuchung (50-73 Jahre)

Für eine Reihe von Parametern lagen uns keine älteren Untersuchungen vor. In diesem Fall haben wir in den folgenden Tabellen die linken Spalten offen gelassen (graue Hinterlegung).

Beispiel für eine Gegenüberstellung:

Körpergewicht und Alter

WOLFF, BUSCH und MELLEROWICZ [1979]:				KENNTNER et al. [2006]:
	?	AG 1	Kraft-sportler	Gewichts**zu**nahme mit zunehmendem Alter
	?	AG 2		
Gewichts**ab**nahme mit zunehmendem Alter	≠	AG 1	Ausdauer-sportler	Gewichts**zu**nahme mit zunehmendem Alter
	≠	AG 2		
Gewichts**zu**nahme mit zunehmendem Alter	=	AG 1	Nicht-sportler	Gewichts**zu**nahme mit zunehmendem Alter
	=	AG 2		

Diese Gegenüberstellung zeigt auf der linken Seite das Ergebnis von WOLFF, BUSCH und MELLEROWICZ [1979]. Sie treffen eine Aussage über Ausdauer- und Nichtsportler, nicht aber über Kraftsportler. Daher bleiben die oberen Zeilen der linken Seite leer. Auf der rechten Seite finden sich die Ergebnisse unserer Untersuchung, jeweils differenziert nach folgenden sechs Gruppen:

- AG 1 – Kraftsportler (1. Zeile)
- AG 2 – Kraftsportler (2. Zeile)
- AG 1 – Ausdauersportler (3. Zeile)
- AG 2 – Ausdauersportler (4. Zeile)
- AG 1 – Nichtsportler (5. Zeile)
- AG 2 – Nichtsportler (6. Zeile)

Der Gegenüberstellung kann man entnehmen, dass die Ergebnisse von WOLFF et al. mit unseren Ergebnissen nur für die Nichtsportler übereinstimmen (=). Für Ausdauersportler unterscheiden sich die Ergebnisse (≠). Über Kraftsportler treffen WOLFF et al. keine Aussage (?).

4.1 Sportsoziologische Ergebnisse

Im sportsoziologischen Teil der vorliegenden Untersuchung lagen die Schwerpunkte in den Fragen nach den Zusammenhängen von Sportart und Schichtzugehörigkeit sowie der Verschiebung von Trainingsgründen im Altersvorgang. Unsere Ergebnisse erlaubten außerdem eine Gegenüberstellung zu den Ergebnissen anderer Autoren.

Kraft-, Ausdauer- und Nichtsportler unterscheiden sich in unserer Stichprobe nicht hinsichtlich ihrer **Schulbildung**. Einzig bei den Probanden der Altersgruppe 2 ist der Anteil derjenigen mit Hauptschulabschluss in allen drei Gruppen höher.

Aussagen über die Zusammenhänge zwischen der Sportart und dem ausgeübten **Beruf** können aufgrund der Stichprobengröße nur tendenziell getroffen werden.

Die Kraftsportler der Altersgruppen 1 und 2 sind seltener in der **oberen Mittelschicht** vertreten als die Ausdauer- und Nichtsportler. Während die Angehörigen der oberen Mittelschicht in beiden Altersgruppen bevorzugt Ausdauersport oder keinen Sport betreiben, sind die Angehörigen der mittleren Mittelschicht nicht eindeutig einer Sportart zuzuordnen. Bei den Angehörigen der unteren Mittelschicht dagegen ist eine Tendenz zum Kraftsport in Altersgruppe 1 und 2 unverkennbar.

Bezüglich der **Trainingsmotive** „Gemeinschaftserleben / Geselligkeit", „Bewegungsbedürfnis", „Gesundheit", „Allgemeine Fitness" und „Wettkampf / Leistungsvergleich" verändern sich mit dem Alter bei allen untersuchten Gruppen die Gründe für sportliche Aktivitäten.

Besonders auffällig zeigt sich dies bei Kraftsportlern. Für die Kraftsportler der Altersgruppen 1 und 2 war der Trainingsgrund „Wettkampf / Leistungsvergleich" zu Beginn ihrer sportlichen Tätigkeit der wichtigste, gefolgt von „Bewegungsbedürfnis" und „Allgemeiner Fitness". Dem entgegen ordneten die Angehörigen der beiden Altersgruppen zum Zeitpunkt der Befragung der „Allgemeinen Fitness" und dem „Bewegungsbedürfnis" den größten Stellenwert zu.

Die Ausdauersportler der Altersgruppe 1 stellten den Trainingsgrund „Bewegungsbedürfnis" sowohl zu Beginn ihrer sportlichen Betätigung als auch zum Zeitpunkt der Befragung an die vorderste Stelle. An zweiter Stelle folgten für beide Zeitpunkte die Trainingsmotive „Wettkampf / Leistungsvergleich", „Allgemeine Fitness" und „Gesundheit" gleichrangig. Bei den Ausdauersportlern der Altersgruppe 2 war das Trainingsmotiv „Bewegungsbedürfnis" ebenfalls an erster Stelle zu finden. An zweiter Stelle folgten die Motive „Allgemeine Fitness" und „Gesundheit". Diese Aussage gilt sowohl für den Beginn der sportlichen Betätigung der Probanden als auch für den Zeitpunkt ihrer Befragung.

Das Trainingsmotiv „Wettkampf / Leistungsvergleich" steht zwar zu Beginn der sportlichen Tätigkeit der Angehörigen der Altersgruppe 2 noch an zweiter Stelle, fällt aber zum Zeitpunkt der Befragung auf die dritte Stelle zurück. Das Trainingsmotiv „Gemeinschaftserleben / Geselligkeit" wurde bei allen Probanden relativ gering bewertet. Dieses Ergebnis lässt sich teilweise damit erklären, dass die Probanden zum Zeitpunkt der Befragung noch Wettkampfsportler im Seniorenbereich waren. Der zum Wettkampftraining notwendige Zeitaufwand lässt daher weniger Spielraum für Gemeinschaftserleben und Geselligkeit. Senioren-Ausdauerwettkampfsportler trainieren häufig allein und außerhalb des Vereins, wie auch Kraftsportler nicht selten ausgesprochene Individualisten sind.

Die Ergebnisse unserer soziologischen Studien decken sich weitgehend mit den Ergebnissen von SCHLAGENHAUF [1977], NEUMANN [1978], HEINEMANN [1983], OPASCHOWSKI [1987] sowie KLEINE und FRITSCH [1990]. Dies betrifft insbesondere die Feststellung, dass die meisten

Sportarten von Vertretern aller sozialen Schichten betrieben werden sowie die Feststellung, dass das Trainingsmotiv „Gemeinschaftserleben / Geselligkeit" mit zunehmendem Alter an Bedeutung gewinnt, so wie auch die Motive „Allgemeine Fitness" und „Gesundheit". Dass das Motiv „Wettkampf / Leistungsvergleich" mit zunehmendem Alter an Bedeutung verliert, konnten wir wie NEUMANN [1978] und OPASCHOWSKI [1987] zeigen, doch trifft dies bei unseren Probanden nur für die Kraftsportler zu. Für die älteren Ausdauersportler wird der Leistungsvergleich wichtiger. Die Aussage von PFETSCH [1975], Personen aus oberen sozialen Schichten seien sportlich aktiver, können wir nicht bekräftigen.

Schicht und Umfang der sportlichen Aktivität

PFETSCH [1975]:				KENNTNER et al. [2006]:
	≠	AG 1	Kraft-sportler	
„Personen aus oberen sozialen Schichten sind sportlich aktiver"	≠	AG 2		„Kein linearer Zusammenhang, Ausnahme: Ausdauersportler der AG 1 sind in der oberen Mittelschicht sportlich aktiver"
	=	AG 1	Ausdauer-sportler	
	≠	AG 2		
	≠	AG 1	Nicht-sportler	
	≠	AG 2		

Schicht und Wahl der Sportart (1)

SCHLAGENHAUF [1977]:				KENNTNER et al. [2006]:
	=	AG 1	Kraft-sportler	
„Die unterschiedlichen Sportarten werden in der Regel von Angehörigen aller sozialen Schichten betrieben"	=	AG 2		Dasselbe Ergebnis
	=	AG 1	Ausdauer-sportler	
	=	AG 2		
	?	AG 1	Nicht-sportler	
	?	AG 2		

Schicht und Wahl der Sportart (2)

PFETSCH [1975] und HEINEMANN [1983]:				KENNTNER et al. [2006]:
	=	AG 1	Kraft-sportler	Dasselbe Ergebnis,
	=	AG 2		zudem:
„Personen aus unteren sozialen Schichten tendieren zum Kraftsport"	?	AG 1	Ausdauer-sportler	„Angehörige der oberen Mittelschicht tendieren zum Ausdauersport"
	?	AG 2		
	?	AG 1	Nicht-sportler	
	?	AG 2		

Trainingsgründe und sportliche Aktivität

N<small>EUMANN</small> [1978]:				K<small>ENNTNER</small> et al. [2006]:	
Sportler über 50 Jahre geben an:	?	AG 1	Kraft-sportler	Kraftsportler (AG 2):	Ausdauersportler (AG 2):
80% Gesundheit **60% Bewegungsbedürfnis** 47% Ausgleich 19% Geselligkeit 11% Gewohnheit	≈	AG 2		**88,2% Bewegungsbed.** 78,0% Allgemeine Fitness **70,0% Gesundheit** 66,0% Wettkampf, Leistung 64,5% Geselligkeit	**92,5% Bewegungsbed.** 82,4% Allgemeine Fitness **88,7% Gesundheit** 61,5% Wettkampf, Leistu. 47,8% Geselligkeit
	?	AG 1	Ausdauer-sportler		
	≈	AG 2			
	?	AG 1	Nicht-sportler		
	?	AG 2			

Alter und Trainingsgrund „Bewegungsbedürfnis"

N<small>EUMANN</small> [1978]:				K<small>ENNTNER</small> et al. [2006]: Das *Bew.-bed.* ist ein Trainingsgrund für:
„Für 60% der älteren Sportler ist das *Bewegungsbedürfnis* ein wichtiger Trainingsgrund"	?	AG 1	Kraft-sportler	74,3%
	≈	AG 2		88,2%
	?	AG 1	Ausdauer-sportler	87,2%
	≈	AG 2		92,5%
	?	AG 1	Nicht-sportler	
	?	AG 2		

Alter und Trainingsgrund „Geselligkeit"

K<small>LEINE</small> und F<small>RITSCH</small> [1990]:				K<small>ENNTNER</small> et al. [2006]:
„Für Sportler **gewinnt** die *Geselligkeit* als Trainingsgrund mit zunehmendem Alter **an Bedeutung**"	=	AG 1	Kraft-sportler	Dasselbe Ergebnis
	=	AG 2		
	=	AG 1	Ausdauer-sportler	
	=	AG 2		
	?	AG 1	Nicht-sportler	
	?	AG 2		

Alter und Trainingsgrund „Gesundheitsbewusstsein"

N<small>EUMANN</small> [1978]:				K<small>ENNTNER</small> et al. [2006]:
„Für Sportler **gewinnt** das *Gesundheitsbewusstsein* als Trainingsgrund mit zunehmendem Alter **an Bedeutung**"	=	AG 1	Kraft-sportler	Dasselbe Ergebnis
	=	AG 2		
	=	AG 1	Ausdauer-sportler	
	=	AG 2		
	?	AG 1	Nicht-sportler	
	?	AG 2		

Alter und Trainingsgrund „Allgemeine Fitness"

N EUMANN [1978] und O PASCHOWSKI [1987]:				K ENNTNER et al. [2006]:
	=	AG 1	Kraft-	
„Für Sportler **gewinnt** die	=	AG 2	sportler	Dasselbe Ergebnis
allgemeine Fitness als Trainingsgrund mit zunehmendem	=	AG 1	Ausdauer-	
Alter **an Bedeutung**"	=	AG 2	sportler	
	?	AG 1	Nicht-	
	?	AG 2	sportler	

Alter und Trainingsgrund „Wettkampf und Leistungsvergleich"

N EUMANN [1978] und O PASCHOWSKI [1987]:				K ENNTNER et al. [2006]:
	=	AG 1	Kraft-	Dasselbe Ergebnis,
„Für Sportler **verliert** das Motiv	=	AG 2	sportler	
Wettkampf und Leistungsvergleich	=	AG 1	Ausdauer-	Ausnahme:
als Trainingsgrund mit				„Für ältere Ausdauersportler verliert das
zunehmendem Alter **an Bedeutung**"	≠	AG 2	sportler	Motiv nicht an Bedeutung"
	?	AG 1	Nicht-	
	?	AG 2	sportler	

4.2 Leistungsbiographische Ergebnisse

Die Ergebnisse der leistungsbiographischen Untersuchung unserer Kraft- und Ausdauersportler haben aufgrund des lückenhaften Datenmaterials der Altersgruppe 2 nur für die untersuchten Probanden der Altersgruppen von 20 bis 50 Jahren Gültigkeit. Innerhalb der Gruppe der Ausdauersportler zeigten sich in den Leistungen des zweiten, dritten und vierten Lebensjahrzehnts bereits große Unterschiede. Diese lassen sich überwiegend dadurch erklären, dass ein Teil der untersuchten Ausdauersportler mit 20 Jahren noch wenig aktiv und dadurch auch weniger leistungsfähig war, wohingegen ein anderer Teil der Probanden mit 20 Jahren bereits leistungsorientierten Ausdauersport betrieb. Daraus ergeben sich zwangsläufig größere Streuungen in den Leistungen der untersuchten Altersgruppen 30 bis 40 Jahre und 40 bis 50 Jahre.

Eine andere Entwicklung durchlaufen die Kraftsportler. Aufgrund disziplinbedingter hoher technischer Anforderungen wurde bereits mit 20 Jahren von allen Probanden ein quantitativ und qualitativ intensives Training absolviert. Daher zeigen die Leistungen der Kraftsportler in den untersuchten Altersabschnitten (20 bis 50 Jahre) im Gegensatz zu den Ausdauersportlern nur eine geringe Inhomogenität.

So beträgt der durchschnittliche **Leistungsverlust** bei allen untersuchten Kraftsportlern zwischen dem 30. und 40. Lebensjahr 8%. Zwischen dem 40. und 50. Lebensjahr nehmen die Gewichtheber sogar 12,5%, die Rasenkraftsportler dagegen nur 4,2% an Leistung ab. Gleichzeitig zeigen die Kraftsportler jedoch zwischen dem 30. und 50. Lebensjahr eine

Reduzierung ihres **Trainingsumfangs** um ca. 20%, verbunden mit einer Abnahme ihrer Leistung. Diese Abnahme entspricht aber nicht dem Maß des verminderten Trainingsumfangs. Das **Kraftniveau** bleibt trotz des verminderten Trainingsumfangs hoch und zeigt somit eine geringere Altersdynamik. Das bedeutet, dass ein gewisses Kraftniveau mit geringem Aufwand lange gehalten werden kann.

Bei den Ausdauersportlern gehen die Leistungen im 1.500 m-Lauf zwischen dem 30. und 40. Lebensjahr um 3,1% zurück. Bis zum 50. Lebensjahr ist nochmals eine Leistungsabnahme um 7% zu beobachten. Dagegen verringert sich die Leistung im 5.000 m-Lauf und im 10.000 m-Lauf zwischen dem 30. und 50. Lebensjahr nur um ca. 5%. Im Marathon ist sogar eine Leistungszunahme um 1,1% zwischen dem 30. und dem 50. Lebensjahr zu beobachten.

Gleichzeitig zeigt sich jedoch bei den Probanden eine Steigerung des Trainingsumfanges, beispielsweise im 5.000 m-Lauf um 20%, im 10.000 m-Lauf und im Marathon um 9,5%.

Die Ausdauerleistungsfähigkeit kann also durch eine Steigerung des Trainingsumfangs im Alter zwischen 30 und 50 Jahren insbesondere für längere Strecken nahezu stabil erhalten werden.

Bei einem Vergleich der beiden Sportartengruppen der Altersgruppe 30 bis 50 Jahre zeigen die Kraftsportler jedoch einen stärkeren Abfall der Leistungsfähigkeit als die Ausdauersportler.

Im Bereich zwischen 20 und 50 Jahren ist der **Einfluss des Alters auf die Leistung** sowohl im Ausdauer- als auch im Kraftbereich erkennbar. Eine Reduzierung der körperlichen Aktivitäten stellt jedoch die Hauptursache für einen Leistungsabbau in diesem Altersbereich dar. Die ablaufenden Alterungsprozesse können durch ein dem Alter angepasstes körperliches Training zumindest bis zum 50. Lebensjahr teilweise kompensiert werden. Daher führt ein regelmäßig durchgeführtes und dosiertes Ausdauertraining in diesem Altersabschnitt zu Adaptationen im kardiopulmonalen System, und mit einem „allgemeinen Krafttraining" kann die Skelettmuskulatur auf einem hohen Leistungsstand gehalten werden, was für die Entlastung der Wirbelsäule und der Gelenke von großer Bedeutung ist. Diese Maßnahmen sind für die Gesunderhaltung und das Wohlbefinden in diesem Altersabschnitt besonders wichtig.

Diese Ergebnisse bestätigen die Untersuchungsergebnisse zur Entwicklung der Leistungsfähigkeit des alternden Menschen von SCHNEITER [1972], SCHARSCHMIDT et al. [1974], EHRSAM und ZAHNER [1996].

Leistungsentwicklung im Kraftsport

Verschiedene Studien aus EHRSAM und ZAHNER [1996]:				KENNTNER et al. [2006]:
	≈	AG 1	Kraft- sportler	„Kraftsportler verlieren zwischen dem 40. und 50. Lebensjahr (mittleres Erwachsenenalter) nur 4,2% (Rasenkraftsport) bis 12,5% (Gewichtheben) an Leistungsfähigkeit trotz Reduktion des Trainingsumfangs um 20%"
	?	AG 2		
„Kraftsportler verlieren 15% im mittleren und bis zu 30% im späten Erwachsenenalter an Leistungsfähigkeit je Dekade"	?	AG 1	Ausdauer- sportler	
	?	AG 2		
	?	AG 1	Nicht- sportler	
	?	AG 2		

Leistungsentwicklung im Ausdauersport

SCHNEITER [1972] und SCHARSCHMIDT et al. [1974]:				KENNTNER et al. [2006]:
„Die Bestleistung im Marathon sinkt [bei Durchschnittssportlern] erst ab dem 55. Lebensjahr, nur für Leistungssportler schon früher [kontinuierlich]. Durch eine Erhöhung des Trainingsumfangs kann dem Leistungsrückgang entgegengewirkt werden."	?	AG 1	Kraft-sportler	„Zwischen dem 30. und dem 50. Lebensjahr sinkt die Leistung um 10% (1.500m) bzw. 5% (5.000m und 10.000m). Sie steigert sich allerdings um 1,1% im Marathon. Durch eine Steigerung des Trainingsumfangs kann die Leistungsfähigkeit bis zum 50. Lebensjahr nahezu gehalten werden."
	?	AG 2		
	≈	AG 1	Ausdauer-sportler	
	=	AG 2		
	?	AG 1	Nicht-sportler	
	?	AG 2		

4.3 Sportanthropometrische Ergebnisse

Zwischen Kraftsportlern, Ausdauersportlern und Nichtsportlern gibt es bezüglich der untersuchten anthropometrischen Parameter Körperhöhe, Schulterbreite, Exkursionsbreite, Hautfaltendicke und Körpergewicht sowie den Indizes Skelischer-Index, AKS-Index, KAUP-Index, ROHRER-Index und Rumpfmerkmal Unterschiede. Diese bestehen absolut und auch bezogen auf die Altersgruppen 1 und 2. Die **Körperhöhe** der Probanden zeigt nur geringfügige Unterschiede beim Vergleich der drei untersuchten Gruppen.

Die Kraftsportler der Altersgruppe 1 sind im Durchschnitt 174,26 cm, diejenigen der Altersgruppe 2 174,81 cm groß. Die Ausdauersportler haben in der Altersgruppe 1 eine durchschnittliche Körperhöhe von 174,95 cm und in der Altersgruppe 2 von 173,08 cm.

Die Nichtsportler zeigen mit 171,78 cm in der Altersgruppe 1 und mit 171,80 cm in der Altersgruppe 2 die geringste durchschnittliche Körperhöhe. Signifikante Unterschiede konnten weder beim Vergleich der drei untersuchten Gruppen noch im Alternsvorgang festgestellt werden. Die Kraftsportler der Altersgruppe 1 haben eine durchschnittliche **Schulterbreite** von 41,14 cm, die der Altersgruppe 2 sogar von 41,69 cm. Niedriger dagegen ist die durchschnittliche Schulterbreite der Ausdauersportler in der Altersgruppe 1 mit 39,36 cm, in der Altersgruppe 2 mit 39,13 cm. Die Schulterbreite der Nichtsportler beträgt im Durchschnitt bei der Altersgruppe 1 40,97 cm, bei der Altersgruppe 2 40,48 cm.

Signifikante Unterschiede sowie Veränderungen der Schulterbreite sind bei den Kraft-, Ausdauer- und Nichtsportlern im Alternsvorgang nicht zu beobachten.

Die Kraftsportler haben in Altersgruppe 1 eine **Exkursionsbreite** von 6,35 cm und in Altersgruppe 2 von 6,29 cm. Bei den Ausdauersportlern lag der Wert in der Altersgruppe 1 sogar bei 6,45 cm und in der Altersgruppe 2 bei 6,28 cm. Im Gegensatz dazu lag die durchschnittliche Exkursionsbreite bei den Nichtsportlern der Altersgruppe 1 bei 4,59 cm in der Altersgruppe 2 mit nur 3,96 cm noch niedriger.

Die Tatsache, dass die Exkursionsbreite bei Kraft- und Ausdauersportlern in beiden Altersgruppen größer ist als bei Nichtsportlern, spricht für eine bessere Elastizität des Brustkorbs und damit für eine höhere Belastbarkeit im Bereich der Atmungsfunktion. Dieser Einfluss kann auch als ein ursächlicher Faktor angesehen werden für die geringfügige Abnahme der Exkursionsbreite bei den Kraft- und Ausdauersportlern im Alternsvorgang (Altersgruppe 1 und 2), die im

Gegensatz zu der beträchtlichen Abnahme bei den Nichtsportlern in den Altersgruppen 1 und 2 steht.

Die mittlere Summe der **Hautfaltendicken** beträgt bei Kraftsportlern der Altersgruppe 1 116,70 mm, in der Altersgruppe 2 126,30 mm. Die Ausdauersportler hatten in der Altersgruppe 1 eine mittlere Summe der Hautfaltendicken von 95,74 mm, in der Altersgruppe 2 einen Wert von 100,10 mm. Die Summe der Hautfaltendicken bei den Nichtsportlern wurde mit einem Wert von 134,93 mm für die Altersgruppe 1 und 147,52 mm für die Altersgruppe 2 ermittelt.

Somit ist die mittlere Summe der Hautfaltendicken aus zehn Messstellen in beiden Altersgruppen bei den Ausdauersportlern am geringsten und bei den Nichtsportlern am größten. Die Kraftsportler liegen in der Mitte.

Mit zunehmendem Alter ist in allen drei Gruppen eine Zunahme der Hautfaltensumme zu beobachten. Diese Zunahme ist jedoch bei den Ausdauersportlern am geringsten und bei den Nichtsportlern am größten.

Bezüglich der Messstellen sind die größten Hautfaltendicken bei allen untersuchten Gruppen am Bauch und am Rücken zu finden. Die kleinsten Hautfaltendicken befinden sich an der Wade und am Mundboden.

Im Alternsvorgang zeigt sich eine Zunahme der Hautfaltendicken unabhängig von der Sportart an nahezu allen Messstellen. Ausnahmen bilden die Abnahmen der Hautfaltendicken bei den Kraftsportlern an der Wade, bei den Ausdauersportlern an der Wade, am Oberarm und am Mundboden sowie bei den Nichtsportlern an der Wade und am Oberarm.

Zusammenfassend lässt sich feststellen, dass die mittlere Summe der Hautfaltendicken bei unseren drei Probandengruppen und den entsprechenden Altersgruppen verschieden ist. Diese Tatsache lässt sich zumindest teilweise auf die unterschiedlichen Anforderungen im Rahmen der speziellen körperlichen Aktivitäten von Kraft- und Ausdauersportlern zurückführen.

Mit zunehmendem Alter nimmt die Summe der Hautfaltendicken bei allen untersuchten Gruppen zu, was möglicherweise dafür spricht, dass sich mit zunehmendem Alter die Fähigkeit, Fett abzubauen, verändert oder bestimmte Fette nur noch schwer abgebaut werden können.

Die Tatsache, dass die Zunahme der Hautfaltendicken bei den Ausdauersportlern von der Altersgruppe 1 zur Altersgruppe 2 am geringsten und bei den Nichtsportlern am größten ist, spricht jedoch eindeutig für den positiven Einfluss eines Ausdauertrainings im Sinne der Reduzierung der Körperfettmenge.

Die generelle Reduzierung der Hautfaltendicke bei allen untersuchten Gruppen an wenigen Stellen, wie zum Beispiel an der Wade, ist überraschend, könnte aber dahingehend interpretiert werden, dass die Wadenmuskulatur und das sie umgebende Gewebe bei Kraft-, Ausdauer- und Nichtsportlern gleichermaßen beansprucht wird, sei es beim Gehen, Laufen, Stehen oder sonstigen Aktivitäten.

Unsere Untersuchungsergebnisse decken sich nur teilweise mit den Ergebnissen anderer Autoren. So lagen die Mittelwerte der Hautfaltensummen unserer Kraftsportler wesentlich über den Werten von WUTSCHERK [1970]. Auch sind unsere bei Nichtsportlern gefundenen Hautfaltendicken an Bauch, Hüfte, Rücken und Brust höher als die von PARIZKOVA [1974] gefundenen Werte. Darüber hinaus waren die bei unseren Kraft-, Ausdauer- und Nichtsportlern ermittelten Hautfalten dicker als die der Probanden bei FISCHER et al. [1970]. Dagegen stimmen unsere Ergebnisse, dass Kraft-, Ausdauer- und Nichtsportler am Bauch die größten Hautfaltendicken und am Mundboden die kleinsten Hautfaltendicken aufweisen, mit den Ergebnissen von FISCHER et al. [1970] überein.

Bezüglich des **Körpergewichts** sind die Kraftsportler in Altersgruppe 1 mit 83,69 kg und in Altersgruppe 2 mit 84,79 kg die schwersten Probanden. Ihnen folgen mit 81,30 kg in Altersgruppe 1 und mit 82,34 kg in Altersgruppe 2 die Nichtsportler. Das niedrigste Körpergewicht haben die Ausdauersportler mit 71,23 kg in Altersgruppe 1 und 71,51 kg in Altersgruppe 2. Im Alternsvorgang steigt das Körpergewicht bei Kraft- und Nichtsportlern im Mittel um 1 kg. Die Ausdauersportler halten ihr Gewicht nahezu konstant.

Die Kraftsportler und die Nichtsportler überschreiten in beiden Altersgruppen das für sie berechnete Normalgewicht* beträchtlich, was auf den höheren Muskelanteil der Kraftsportler beziehungsweise auf den höheren Fettanteil der Nichtsportler zurückzuführen ist. Die Ausdauersportler liegen aufgrund ihres trainingsbedingt höheren Energieumsatzes ca. 3 kg unter dem Normalgewicht. Dabei muss jedoch hervorgehoben werden, dass die Zusammensetzung der Körpermasse von Kraftsportlern sowohl in der Altersgruppe 1 als auch in der Altersgruppe 2 nicht der Zusammensetzung der Körpermasse von Nichtsportlern entspricht. Dies zeigt der AKS-Index. Ein hoher Anteil der Körpermasse besteht bei den Kraftsportlern nicht aus Fettanteil wie bei den Nichtsportlern, sondern aus zusätzlicher Muskelmasse. Das Gewicht der Ausdauersportler liegt 6,8% über dem Idealgewicht** und liegt diesem somit im Vergleich zu den anderen Gruppen am nächsten. Dies hängt unter anderem mit dem aeroben Ausdauertraining, dem verstärkten Energieverbrauch und der damit verbundenen Fettverbrennung zusammen.

Somit zeigt unsere Untersuchung, dass Krafttraining und in noch stärkerem Maße Ausdauertraining die Fettmenge reduziert, eine Gewichtszunahme verhindert, jedoch unter gleichzeitiger Erhöhung des Muskelanteils am Gesamtkörpergewicht.

Unsere Ergebnisse stimmen mit den Untersuchungsergebnissen zum Körpergewicht von WOLF, BUSCH und MELLEROWICZ [1979] weitgehend überein. Jedoch konnte eine Reduzierung des Körpergewichts der Ausdauersportler mit zunehmendem Alter in unserer Untersuchung nicht bestätigt werden.

Der **AKS-Index** der Kraftsportler beträgt in der ersten Altersgruppe 1,32. Er verändert sich nicht mit dem Alter. Die Ausdauersportler erreichen einen Wert von 1,13, der in der Altersgruppe 2 auf 1,17 ansteigt. Die Nichtsportler haben in der Altersgruppe 1 einen Wert von 1,24, in der Altersgruppe 2 erhöht sich dieser auf 1,32.

Da die Summe der Hautfaltendicken bei den Kraftsportlern in beiden Altersgruppen geringer ist als bei den Nichtsportlern, das Körpergewicht der Kraftsportler jedoch in Altersgruppe 1 und 2 höher als das der Nichtsportler ist, besitzen die Kraftsportler einen höheren AKS-Index als die Nichtsportler. Demzufolge haben die Kraftsportler einen größeren Anteil an aktiver Körpersubstanz. Diese wirkt sich vorteilhaft auf die sportliche Leistung aus, weil der Athlet dadurch mehr Kraft (durch Muskelmasse) zur Beschleunigung seiner Gesamtmasse besitzt. Die aktive Körpersubstanz stellt somit besonders bei den Kraftsportlern einen leistungsbestimmenden Faktor dar.

Unsere Ausdauersportler hingegen haben den niedrigsten AKS-Index der drei untersuchten Gruppen, was für das Kraft-Last-Verhältnis beim Laufen günstig ist.

Diese Ergebnisse stimmen mit der Untersuchung von TITTEL und WUTSCHERK [1974] überein.

Von besonderer Aussagekraft waren in unserer Untersuchung neben dem AKS-Index auch der Skelische-Index, der KAUP-Index, der ROHRER-Index sowie das Rumpfmerkmal.

---

* Normalgewicht = Körpergröße - 100

** Idealgewicht für Männer = 0,9 * (Körpergröße - 100)

Der **Skelische-Index** unterscheidet sich bei den drei untersuchten Gruppen nicht signifikant. Dies ist beim Vergleich von Kraftsportlern (Gewichtheber) und Ausdauersportlern (Langstreckenläufer) überraschend, da die durch den Index indirekt ausgedrückte relative Beinlänge sportartspezifisch insofern in Erscheinung tritt, als die Kraftsportler im Allgemeinen einen längeren Rumpf und kürzere Beine haben (Untersetztheit), die Ausdauersportler hingegen längere Beine und einen kürzeren Rumpf (Langbeinigkeit). Allerdings haben wir es in der vorliegenden Untersuchung weitgehend nicht mit konstitutionell besonders selektierten Hochleistungssportlern zu tun.

Der **KAUP-Index** zeigt in der Altersgruppe 1 und 2 einen hochsignifikanten (p<0,01) Unterschied zwischen den Kraftsportlern (AG 1: 2,77; AG 2: 2,76) und den Ausdauersportlern (AG 1: 2,34; AG 2: 2,38). Der KAUP-Index der Nichtsportler liegt bei 2,67 in Altersgruppe 1 und bei 2,78 in Altersgruppe 2. Der Alternsvorgang weist kaum Veränderungen auf.

Der **ROHRER-Index** beträgt in beiden Altersgruppen bei den Kraftsportlern 1,59. Die Ausdauersportler haben mit 1,34 beziehungsweise 1,38 in beiden Altersgruppen einen signifikant niedrigeren Wert. Die Nichtsportler liegen in Altersgruppe 1 mit 1,52 in der Mitte, in Altersgruppe 2 dagegen erreichen sie mit 1,62 den größten Wert.

Statistisch gesicherte Veränderungen sind altersbedingt nicht festzustellen. Der in unserer Untersuchung beobachtete nahezu unveränderte Wert des KAUP- und ROHRER-Index im Alternsvorgang der untersuchten Gruppen ist insofern bemerkenswert, als andere Autoren (MARTIN und SALLER [1957]) im Alternsvorgang eine kontinuierliche Zunahme der beiden Parameter mit einem Höhepunkt zwischen dem 50. und 60. Lebensjahr feststellten. Teilweise steigen die Indizes durch Gewichtszunahme, teilweise durch Abnahme der Körperhöhe.

Der von uns festgestellte hohe ROHRER- und KAUP-Index bei den Kraftsportlern und die niedrigen Indizes bei den Ausdauersportlern stehen im Einklang mit den Studien von ARNOLD [1965]. Bezogen auf die Leistungsfähigkeit kommen auch wir zu dem Schluss, dass die Ausdauerleistungen besser werden, je kleiner der ROHRER- beziehungsweise KAUP-Index ist, während die Leistungen bei den Kraftsportlern mit einer Erhöhung des ROHRER- beziehungsweise KAUP-Index ansteigen.

Das **Rumpfmerkmal** (Komplex-Körperbaumerkmal) der Kraftsportler beträgt im Mittel in Altersgruppe 1 74,23, in Altersgruppe 2 75,06. Einen weit höheren Wert haben in Altersgruppe 1 mit 83,82 und in Altersgruppe 2 mit 83,03 die Ausdauersportler. Die Unterschiede sind hochsignifikant (p<0,01).

Die Nichtsportler haben ein durchschnittliches Rumpfmerkmal von 76,30 in Altersgruppe 1 und 73,17 in Altersgruppe 2. Zwischen Nichtsportlern und Ausdauersportlern bestehen signifikante Unterschiede. Statistisch belegbare Veränderungen mit dem Alter sind bei den drei Probandengruppen nicht festzustellen. Die unterschiedlichen Werte zwischen den drei Gruppen können daher wahrscheinlich mit der unterschiedlichen Aktivität zwischen Kraft- und Ausdauersportlern beziehungsweise der körperlichen Inaktivität der Nichtsportler begründet werden.

Der unterschiedliche **Metrik- und Plastik-Index**, der sich aufgrund der Messungen an unseren Kraft-, Ausdauer- und Nichtsportlern beider Altersgruppen ergibt, führt zu einer unterschiedlichen Lokalisation im CONRAD´schen **Konstitutionstypenschema**.

Die Kraftsportler der Altersgruppe 1 erhalten die Koordinate E8, die der Altersgruppe 2 die Koordinate D8. Die Ausdauersportler der Altersgruppe 1 erhalten die Koordinate G6, die der Altersgruppe 2 die Koordinate F6. Die Nichtsportler der Altersgruppe 1 erhalten die Koordinate E8, die der Altersgruppe 2 die Koordinate D7.

Versucht man, die Positionen der Kraftsportler zu interpretieren, so wird deutlich, dass diese unabhängig vom Alter einen ausgeprägten hyperplastischen Habitus repräsentieren. Dies belegt die Tatsache, dass Kraftsportler zur Ausführung ihres Sports eine ausgeprägte und kräftige Muskulatur benötigen.

Die Ausdauersportler beider Altersgruppen heben sich durch ihre geringer ausgeprägte Hyperplasie in der Positionierung im CONRAD'schen Konstitutionstypenschema deutlich von den Kraft- und Nichtsportlern ab. Im Ausdauersport liegt der Trainingsschwerpunkt in der Entwicklung der aeroben Ausdauerleistungsfähigkeit. Dabei werden hauptsächlich die langsameren dunklen Muskelfasern (ST-Fasern) beansprucht und trainiert. Diese Fasern sind im Gegensatz zu den hellen Muskelfasern (FT-Fasern) sehr dünn, woraus sich die wesentlich kleinere Muskelmasse der Ausdauersportler teilweise erklären lässt. Da im Ausdauersport beispielsweise bei einer Beanspruchung mit 70% der maximalen Sauerstoffaufnahme der Energiebedarf zu 30% durch Fettoxidation gedeckt wird, ist der Körperfettanteil der Ausdauersportler klein. Dies hilft dabei, ihren wesentlich geringeren hyperplastischen Habitus zu erklären.

Die Nichtsportler repräsentieren im CONRAD'schen Konstitutionstypenschema einen „bedingten" hyperplastischen Konstitutionstyp. Er ist aber nach den Ergebnissen unserer Körperfettuntersuchungen nicht wie bei den Kraftsportlern auf eine gut ausgebildete Muskulatur zurückzuführen, sondern eher auf größere Fettanteile. Dies wird durch die Bestimmung des Plastik-Index deutlich.

Die im Rahmen der vorliegenden Erhebung untersuchten leistungsbezogenen anthropometrischen Parameter sowie deren Veränderungen im Alternsvorgang zeigen, dass regelmäßiges körperliches Training im Ausdauer- und Kraftsportbereich altersbedingte Veränderungen des Organismus hinauszögern beziehungsweise begrenzt kompensieren kann. Dabei kommt es vor allem im physiologischen Bereich zu einer Verminderung der Körperfettmenge bei gleichzeitiger relativer Erhöhung der Körpermasse. In diesem Fall ist jedoch nicht nur die Art, sondern auch die Intensität der sportlichen Betätigung ein bestimmender Faktor.

Bezüglich der Art der körperlichen Aktivität beeinflusst Ausdauertraining - zumindest in unseren Altersgruppen 1 und 2 - das körperliche Erscheinungsbild anders als Krafttraining. Letzteres wirkt sich mehr auf die Querschnittsvergrößerung der Muskelfasern aus, während das Ausdauertraining eine schlankere Muskulatur im Erscheinungsbild bewirkt.

Körperhöhe

Wolff, Busch und Mellerowicz [1979]:				Kenntner et al. [2006]:
	?	AG 1	Kraft-sportler	174,26 cm
	?	AG 2		174,81 cm
„Ausdauersportler und Nichtsportler haben annähernd dieselbe Körperhöhe."	≠	AG 1	Ausdauer-sportler	174,95 cm
	≈	AG 2		173,08 cm
	≠	AG 1	Nicht-sportler	171,78 cm
	≈	AG 2		171,78 cm

Schulterbreite

			Kenntner et al. [2006]:
	AG 1	Kraft-sportler	41,14 cm
	AG 2		41,69 cm
	AG 1	Ausdauer-sportler	39,36 cm
	AG 2		39,13 cm
	AG 1	Nicht-sportler	40,97 cm
	AG 2		40,48 cm

Exkursionsbreite

			Kenntner et al. [2006]:
	AG 1	Kraft-sportler	6,35 cm
	AG 2		6,29 cm
	AG 1	Ausdauer-sportler	6,45 cm
	AG 2		6,28 cm
	AG 1	Nicht-sportler	4,59 cm
	AG 2		3,96 cm

Hautfaltendicken (1)

Fischer et al. [1970]:				Kenntner et al. [2006]:
Wettkampfsportler:	≠	AG 1	Kraft-sportler	Bauch: 18,48 mm, Wade: 7,89 mm
Bauch: 9,59 mm, Rücken: 7,29 mm, Wade: 4,44 mm, Hals: 4,02 mm, Schulter: 3,68 mm	≠	AG 2		Bauch: 19,60 mm, Wade: 7,38 mm
	≠	AG 1	Ausdauer-sportler	Bauch: 13,03 mm, Wade: 6,97 mm
	≠	AG 2		Bauch: 13,85 mm, Wade: 6,39 mm
	?	AG 1	Nicht-sportler	Bauch: 20,89 mm, Wade: 9,05 mm
	?	AG 2		Bauch: 23,15 mm, Wade: 7,50 mm

Hautfaltendicken (2)

PARIZKOVA [1974]:				KENNTNER et al. [2006]:
	?	AG 1	Kraft-sportler	Bauch: 18,48 mm, Rücken: 13,28 mm, Hüfte: 14,95 mm, Wade: 7,89 mm
	?	AG 2		Bauch: 19,60 mm, Rücken: 15,04 mm, Hüfte: 15,93 mm, Wade: 7,38 mm
	?	AG 1	Ausdauer-sportler	Bauch: 13,03 mm, Rücken: 11,40 mm, Hüfte: 11,00 mm, Wade: 6,97 mm
	?	AG 2		Bauch: 13,85 mm, Rücken: 12,14 mm, Hüfte: 11,85 mm, Wade: 6,39 mm
Bauch: 19,7 mm, Rücken: 15,0 mm, Hüfte: 14,2 mm, Wade: 7,0 mm	≈	AG 1	Nicht-sportler	Bauch: 20,89 mm, Rücken: 16,11 mm, Hüfte: 16,76 mm, Wade: 9,05 mm
	≠	AG 2		Bauch: 23,15 mm, Rücken: 18,12 mm, Hüfte: 18,97 mm, Wade: 7,50 mm

Stelle der dicksten und dünnsten Hautfalten

FISCHER et al. [1970]:				KENNTNER et al. [2006]:
Wettkampfsportler:	=	AG 1	Kraft-sportler	
„Die dicksten Hautfalten sind an Bauch und Rücken, sehr dünne an der Wade.“	=	AG 2		Dasselbe Ergebnis für alle untersuchten Gruppen
	=	AG 1	Ausdauer-sportler	
	=	AG 2		
	?	AG 1	Nicht-sportler	
	?	AG 2		

Hautfaltensummen (1)

WUTSCHERK [1970]:				KENNTNER et al. [2006]:
	?	AG 1	Kraft-sportler	116,7 mm
	?	AG 2		126,3 mm
70,5 mm bis 94,8 mm	≈	AG 1	Ausdauer-sportler	95,74 mm
	≈	AG 2		100,1 mm
	?	AG 1	Nicht-sportler	134,9 mm
	?	AG 2		147,5 mm

Hautfaltensummen (2)

WUTSCHERK [1970]:				KENNTNER et al. [2006]:
	≈	AG 1	Kraft-sportler	
„Die Hautfaltensummen der Werfer sind höher als diejenigen der Ausdauersportler.“	≈	AG 2		Dasselbe Ergebnis, jedoch deutlich höhere Werte für alle Gruppen.
	≈	AG 1	Ausdauer-sportler	
	≈	AG 2		
	?	AG 1	Nicht-sportler	
	?	AG 2		

Körpergewicht (1)

ARNOLD [1965]:				KENNTNER et al. [2006]:
Werfer: 77,8 kg	≠	AG 1	Kraft-sportler	83,69 kg
	≠	AG 2		84,79 kg
Langstreckenläufer: 61,3 kg	≠	AG 1	Ausdauer-sportler	71,23 kg
	≠	AG 2		71,51 kg
	?	AG 1	Nicht-sportler	81,30 kg
	?	AG 2		82,34 kg

Körpergewicht (2)

ARNOLD [1965] und WOLFF, BUSCH und MELLEROWICZ [1979]:				KENNTNER et al. [2006]:
	=	AG 1	Kraft-sportler	
	=	AG 2		
„Kraftsportler sind schwerer als Nichtsportler und Nichtsportler sind schwerer als Ausdauersportler."	=	AG 1	Ausdauer-sportler	Dasselbe Ergebnis
	=	AG 2		
	=	AG 1	Nicht-sportler	
	=	AG 2		

Körpergewicht und Alter

WOLFF, BUSCH und MELLEROWICZ [1979]:				KENNTNER et al. [2006]:
	?	AG 1	Kraft-sportler	Gewichtszunahme mit zunehmendem Alter
	?	AG 2		
Gewichtsabnahme mit zunehmendem Alter	≠	AG 1	Ausdauer-sportler	Gewichtszunahme mit zunehmendem Alter
	≠	AG 2		
Gewichtszunahme mit zunehmendem Alter	=	AG 1	Nicht-sportler	Gewichtszunahme mit zunehmendem Alter
	=	AG 2		

Skelischer-Index (hohe Werte stehen für einen langen Oberkörper und kurze Beine)

			KENNTNER et al. [2006]:
	AG 1	Kraft-sportler	51,76
	AG 2		51,56
	AG 1	Ausdauer-sportler	51,70
	AG 2		51,33
	AG 1	Nicht-sportler	51,84
	AG 2		51,21

AKS-Index (hohe Werte stehen für viel Muskelmasse)

WUTSCHERK [1970]:				KENNTNER et al. [2006]:
„Die Werte der aktiven Körpersubstanz der Werfer sind höher als diejenigen der Ausdauersportler."	≈	AG 1	Kraft-sportler	1,32
	≈	AG 2		1,32
	≈	AG 1	Ausdauer-sportler	1,13
	≈	AG 2		1,17
	?	AG 1	Nicht-sportler	1,24
	?	AG 2		1,32

AKS-Index in Abhängigkeit der Sportart

TITTEL und WUTSCHERK [1974]:				KENNTNER et al. [2006]:
Für Kraftsportler ist ein **hoher** AKS-Index leistungsfördernd.	=	AG 1	Kraft-sportler	Dasselbe Ergebnis
	=	AG 2		
Für Ausdauersportler ist ein **niedriger** AKS-Index leistungsfördernd.	=	AG 1	Ausdauer-sportler	Dasselbe Ergebnis
	=	AG 2		
	?	AG 1	Nicht-sportler	
	?	AG 2		

KAUP-Index (hohe Werte stehen für ein hohes Körpergewicht im Verhältnis zur Körperhöhe)

MARTIN und SALLER [1957]:				KENNTNER et al. [2006]:
1. bis 10. Lebensjahr: Abnahme	≈	AG 1	Kraft-sportler	2,76
	≈	AG 2		2,77
11. bis 50./60. Lebensjahr: Zunahme	≈	AG 1	Ausdauer-sportler	2,34
Danach: Abnahme	≈	AG 2		2,38
	=	AG 1	Nicht-sportler	2,67
	=	AG 2		2,78

ROHRER-Index (hohe Werte stehen für ein hohes Körpergewicht im Verhältnis zur Körperhöhe)

MARTIN und SALLER [1957]:				KENNTNER et al. [2006]:
1. bis 10. Lebensjahr: Abnahme	≈	AG 1	Kraft-sportler	1,59
	≈	AG 2		1,59
11. bis 50./60. Lebensjahr: Zunahme	≈	AG 1	Ausdauer-sportler	1,34
Danach: Abnahme	≈	AG 2		1,38
	=	AG 1	Nicht-sportler	1,52
	=	AG 2		1,62

Rumpfmerkmal (hohe Werte stehen für eine hohe Schulterbreite, eine hohe Beckenbreite oder eine große Körperhöhe bei geringem Gewicht)

			KENNTNER et al. [2006]:
	AG 1	Kraft-sportler	74,23
	AG 2		75,06
	AG 1	Ausdauer-sportler	83,82
	AG 2		83,03
	AG 1	Nicht-sportler	76,30
	AG 2		73,17

Konstitution

ARNOLD [1965]:			KENNTNER et al. [2006]:
	=	AG 1	stärkere hyperplastische Ausprägung
Kraftsportler: großer Brustumfang, große Körperfülle, hoher ROHRER-Index	=	AG 2 Kraft-sportler	metropyknomorph mit stärkerer hyperplastischen Ausprägung
Ausdauersportler: leptosom, kurzer Oberkörper, niedriger ROHRER-Index	=	AG 1	metroleptomorph mit leichterer hyperplastischer Ausprägung
	=	AG 2 Ausdauer-sportler	metroleptomorph mit metrohyperplastischer Ausprägung
	?	AG 1	metrohyperplastische Ausprägung
	?	AG 2 Nicht-sportler	metropyknomorph mit metrohyperplastischer Ausprägung

4.4 Anamnestische Ergebnisse

Im Rahmen der Anamneseuntersuchung wurden die Angaben der Kraft-, Ausdauer- und Nicht-sportler zu folgenden Kategorien zusammengefasst:

Chronische Erkrankungen, Erkrankungen des Immunsystems, sportbedingte und nicht sport-bedingte Erkrankungen und Beschwerden des Bewegungsapparats, Berufsanamnese, Medika-mentenanamnese, Genussmittelanamnese (Nikotin und Alkohol) sowie Familienanamnese.

Im Bereich der **chronischen Erkrankungen** zeigen sich Differenzen zwischen den beiden Altersgruppen bei Kraft-, Ausdauer- und Nichtsportlern mit einer Zunahme der Fälle von Altersgruppe 1 zu Altersgruppe 2. Dies ist besonders im Bereich des Herz-Kreislauf-Systems und des Fettstoffwechsels zu beobachten. Bei den Kraftsportlern leiden in der Altersgruppe 1 7,7% und in der Altersgruppe 2 11,8% der Probanden an chronischen **Herz-Kreislauf-Beschwerden**. Bei den Ausdauersportlern steigt der Anteil der Erkrankungen von 7,1% in der Altersgruppe 1 auf 14,5% in der Altersgruppe 2 an. Die Nichtsportler hatten in Altersgruppe 1 einen Anteil von 10%, während in Altersgruppe 2 der Anteil auf den hohen Wert von 36,4% steigt. Somit haben die Nichtsportler in beiden Altersgruppen die höchsten Werte und leiden in der Altersgruppe 2 zwei- bis dreimal häufiger an chronischen Herz-Kreislauf-Erkrankungen als die Sportler. Es fällt auf, dass trotz des positiven Einflusses des Ausdauertrainings auf das Herz-Kreislauf-System in unserer Untersuchung die Ausdauersportler der Altersgruppe 2 mehr unter Herz-Kreislauf-Beschwerden leiden als die Kraftsportler. Dieses Phänomen ist häufig bei Ausdauersportlern zu beobachten, wenn der Trainingsrückgang in physiologischer Hinsicht nicht in angemessener Weise erfolgt. Es überrascht nicht, dass die Nichtsportler mit 36,4% an der Spitze der chronischen Herz-Kreislauf-Erkrankungen im Alternsvorgang stehen.

In allen untersuchten Gruppen ist eine **Hyperlipidämie** im Alternsverlauf ersichtlich. Der geringste Wert mit 5,1% findet sich bei den Kraftsportlern in Altersgruppe 1, die auch mit einer Zunahme um 3,7% den niedrigsten Anstieg von Altersgruppe 1 zu Altersgruppe 2 aufweisen. Bei den Ausdauersportlern steigt die Anzahl der Erkrankungen von 7,1% in Altersgruppe 1 auf 12,7% in Altersgruppe 2.

Die Nichtsportler sind in Altersgruppe 1 mit 3,3% noch am seltensten betroffen. In Altersgruppe 2 tritt jedoch eine Verachtfachung der Fälle auf (27,3%).

Am stärksten betroffen von beiden Erkrankungsformen (Erkrankung des Herz-Kreislauf-Systems und Hyperlipidämie) sind die Nichtsportler. Dabei werden die Unterschiede zu den Sportarten-gruppen bei den jüngeren Nichtsportlern noch nicht so deutlich sichtbar. Erst in Altersgruppe 2 sind bei den Nichtsportlern zwei- bis dreimal höhere Werte festzustellen als bei den Kraft- und Ausdauersportlern entsprechenden Alters. Unsere Beobachtungen decken sich insofern mit den Ergebnissen von ISRAEL und WEIDNER [1988], als diese Autoren bezogen auf die Herz-Kreislauf-Erkrankungen einen deutlichen Anstieg ab dem 55. Lebensjahr feststellten.

BIENER [1986] stellte bei seinen über 65-jährigen Probanden in der Anamnese fest, dass mit zunehmender Aktivität die Anzahl der Herz-Kreislauf-Erkrankungen abnahm. Auch dieses Ergebnis wird in unserer Untersuchung bestätigt.

Beim Vergleich zwischen den Kraft- und Ausdauersportlern sind bezüglich der beiden Parameter keine wesentlichen Unterschiede auch im Alternsvorgang festzustellen. Es hat den Anschein, als ob beide Gruppen von der körperlichen Aktivität im Sinne einer Prävention der Herz-Kreislauf-Erkrankungen und Fettstoffwechselstörungen Nutzen ziehen. Ob dies tatsächlich so ist, müssen weitere Untersuchungen belegen. Das schlechte Abschneiden der Nichtsportler sollte nicht allein mit ihrem offensichtlichen Bewegungsmangel begründet werden. Vielmehr ist die Frage nach dem gesamten Lebenswandel, wie zum Beispiel Nikotinkonsum, Ernährung, Alkoholkonsum und vieles mehr zu berücksichtigen. Ein ungesunder Lebenswandel wirkt sich ebenso ungünstig auf die Entstehung von Beschwerden im Bereich des Herz-Kreislauf-Systems und des Fettstoff-wechsels aus wie mangelnde sportliche Aktivität.

Bezüglich der **Erkrankungen des Immunsystems** wurden die Infektanfälligkeit und das Vorhandensein von Allergien bei unseren Probanden untersucht. Bei den Ausdauersportlern der Altersgruppe 1 geben 35,8% an, mindestens einmal im Jahr einen **Infekt** durchzumachen. In Altersgruppe 2 reduziert sich dieser Wert auf 18,2%.

Kraft- und Nichtsportler haben in Altersgruppe 1 mit 30,8% beziehungsweise 30,0% nahezu die gleichen Werte. Die Nichtsportler der Altersgruppe 2 zeigen einen Rückgang auf 27,3%, während bei den Kraftsportlern der Altersgruppe 2 ein Anstieg auf 35,3% festzustellen ist.

Bezüglich des Auftretens von **Allergien** ist zu vermerken, dass bei den Nichtsportlern die Häufigkeit von Allergien in beiden Altersgruppen jeweils doppelt so groß ist wie bei den Kraft- und Ausdauersportlern.

Hinsichtlich der Erkrankungen des Immunsystems wurde bei allen drei untersuchten Gruppen keine erhöhte Infektanfälligkeit beim Vergleich zwischen den Altersgruppen 1 und 2 festgestellt. Dagegen sind bei den Allergien die Nichtsportler doppelt so oft betroffen wie die Kraft- und

Ausdauersportler. Hier ist jedoch auch keine altersspezifische Dynamik erkennbar. Dieses Ergebnis deckt sich mit den Erkenntnissen von ISRAEL und WEIDNER [1988], bei deren Untersuchungen die Sportler bessere Ergebnisse hatten als die Nichtsportler. Doch wie bei ISRAEL und WEIDNER [1988] muss darauf hingewiesen werden, dass nicht eindeutig gesagt werden kann, ob es sich um ein durch den Sport optimiertes Ergebnis handelt oder ob noch andere Faktoren (zum Beispiel genetische Vorbelastung) eine Rolle spielen. Nach ISRAEL und WEIDNER [1988] scheint ein Einfluss des Sporttreibens auf die Allergieanfälligkeit weder durch bewegungsbedingte Anpassung noch über eine sportgerechte Lebensweise erklärbar zu sein.

Die **Verletzungen des Bewegungsapparates** wurden in chronische Beschwerden, sportbedingte Verletzungen und nichtsportbedingte Verletzungen gegliedert.

Unter den **chronischen Beschwerden** an der **Wirbelsäule** sind diejenigen an der Lendenwirbelsäule am häufigsten vertreten. Unter diesen Beschwerden leidet ein Drittel aller Befragten. Am schlimmsten sind die Nichtsportler der Altersgruppe 1 mit 46,7% betroffen, Altersgruppe 2 zeigt einen Rückgang auf 36,4%. Bei den Ausdauersportlern hingegen zeigt sich im Alternsvorgang ein Anstieg von 32,1% in Altersgruppe 1 auf 36,4% in Altersgruppe 2. Die Kraftsportler haben mit 25,6% in Altersgruppe 1 und 29,4% in Altersgruppe 2 die geringsten Werte.

Bei den **chronischen Kniebeschwerden** sind in Altersgruppe 2 die Kraftsportler mit 30% drei mal mehr betroffen als die Nichtsportler und sogar um das Zehnfache stärker betroffen als die Ausdauersportler. Während die chronischen Kniebeschwerden bei den Ausdauer- und Nichtsportlern im Alternsvorgang ansteigen, gehen sie bei den Kraftsportlern zurück. Diese Tatsache lässt sich wohl dadurch erklären, dass nur diejenigen Kraftsportler in der Altersgruppe 2 noch Kraftsport betreiben können, die wenig an chronischen Kniebeschwerden leiden.

Bezüglich der **chronischen Beschwerden im Schulterbereich** liegen die Kraftsportler in Altersgruppe 1 und 2 mit 20,5% und 23,5%, gefolgt von den Nichtsportlern (6,7% und 9,1%) und den Ausdauersportlern (3,6% und 9,1%) weit an der Spitze.

Sportverletzungen am Kniegelenk sind mit 33,3% in Altersgruppe 1 und mit 26,5% in Altersgruppe 2 ebenfalls bei den Kraftsportlern am häufigsten zu finden. Es folgen die Ausdauersportler mit 16,1% in Altersgruppe 1 und mit 14,5% in Altersgruppe 2.

In Bezug auf **Schulterverletzungen** sind ebenfalls die Kraftsportler in beiden Altersgruppen am häufigsten betroffen, d.h. doppelt so oft wie die Ausdauersportler.

Unser Ergebnis deckt sich mit den Ergebnissen von ENGELHARDT und NEUMANN [1994] und GEIGER [1991]. Diese Autoren kamen zu dem Ergebnis, dass Kraftsportler häufiger von sportbedingten Verletzungen im Kniegelenk und an der Schulter betroffen sind als Ausdauer- und Nichtsportler.

Alles in allem lässt sich für diesen Teil der Untersuchung feststellen, dass die Sportler doch häufiger von Sportverletzungen betroffen sind, wobei die Kraftsportler die Verletzungsliste deutlich anführen, vor allem durch Verletzungen des Kniegelenks und der Schulter, was auf eine Sportartspezifität zurückzuführen sein dürfte. Bei **nichtsportbedingten Verletzungen** gibt es keine großen Abweichungen zwischen den drei untersuchten Gruppen. Jedoch sind die Nichtsportler etwas häufiger betroffen, was auf geringere Geschicklichkeit und Beweglichkeit zurückgeführt werden könnte.

Es ergibt sich also im Bereich des Bewegungsapparates für die Nichtsportler kein entscheidender Vorteil gegenüber den Sportlern. Zwar erleiden sie keine direkten Sportverletzungen, sind aber häufig von nichtsportbedingten Unfällen und Rückenbeschwerden im Bereich der Lendenwirbelsäule betroffen. Die Auswertung der Anamnese stützt also eher die Ansicht, dass sich sportliche Aktivität - insbesondere Ausdauersport - günstig auf diesen Verletzungsbereich auswirkt.

Die Meinung, Sport würde seinen präventiven Charakter auf chronische Beschwerden dadurch einbüßen, dass er vermehrt Verletzungen des Bewegungsapparates verursacht, kann zumindest für unsere untersuchten Ausdauersportler verworfen werden. Die Kraftsportler schneiden durch das häufige Auftreten von Verletzungen im Kniegelenk- und Schulterbereich und der sich daraus ergebenden chronischen Beschwerden schlechter ab. Andererseits hat aber das Krafttraining einen positiven Einfluss auf die Rumpfmuskulatur und ihre schützende Wirkung auf die Wirbelsäule.

Die **Berufsanamnese** hat zwischen den einzelnen Probandengruppen keine wesentlichen Unterschiede ergeben. Allein die älteren Kraftsportler arbeiten etwas häufiger im Schichtdienst.

Bezüglich der **Medikamentenanamnese** stehen die Nichtsportler sowohl in Altersgruppe 1 als auch in Altersgruppe 2 an der Spitze. Besonders in Altersgruppe 2 ist der Unterschied zwischen Nichtsportlern und Sportlern groß. Dahingegen ist der Unterschied im Medikamentenkonsum zwischen Kraft- und Ausdauersportlern gering. Jedenfalls ist der niedrige Medikamentenkonsum der Sportler damit zu erklären, dass Sporttreiben einen positiven Einfluss auf bestimmte Organsysteme ausübt. Andererseits könnten Sportler von vornherein ein selektives Kollektiv darstellen, indem sie mehr Freude am Sport finden und auch eine gesündere Lebensweise bevorzugen als Nichtsportler.

Auch BIENER [1986] weist auf einen geringen Medikamentenkonsum bei sportlich Aktiven hin.

Die Tatsache, dass in allen untersuchten Gruppen Medikamente in Altersgruppe 2 dreimal so oft eingenommen werden wie in Altersgruppe 1, spricht für eine zunehmende Empfindlichkeit und Anfälligkeit bei allen Probanden im Alternsvorgang, die wohl auch nicht durch sportliche Aktivität kompensiert werden kann.

DIEM [1989] registrierte bei 76% seiner im Durchschnitt 67,9 Jahre ($\pm$6,0) alten Sport treibenden Probanden die Einnahme von Medikamenten. In unserer Untersuchung dagegen konnten wir in der Altersgruppe 2 der Kraft- und Ausdauersportler bei 8,8% beziehungsweise 12,7% der Probanden Medikamentenkonsum feststellen.

Bezüglich der **Genussmittelanamnese** (Nikotin und Alkohol) ist festzustellen, dass von den Nichtsportlern in Altersgruppe 1 mit über 40% viermal mehr Probanden rauchen als bei den Sportartengruppen. Im Alternsvorgang halbiert sich bei Kraft- und Nichtsportlern die Anzahl der Raucher, bei den Ausdauersportlern bleibt der Wert konstant.

Der geringere Anteil der Sportler gegenüber den Nichtsportlern im Bereich des Nikotinkonsums lässt sich zumindest teilweise wie folgt interpretieren:

- Sportler leben gesundheitsbewusster

- Sportliche Aktivität dämpft das Nikotinbedürfnis

- Nikotin wirkt leistungsmindernd, besonders im Ausdauersport

Auch BIENER [1986] kommt in seiner Studie zu dem Ergebnis, dass Sport treibende Senioren weniger rauchen als Nichtsportler. ROST [1991] vertritt die Auffassung, dass zwar im Moment noch kein Beweis für eine direkte präventive Wirkung des Sporttreibens auf das Rauchverhalten vorliegt, dass aber schon die Tatsache, dass Sportler weniger rauchen, grundlegend sei, eine positive Bilanz für den Sport zu ziehen.

Bezüglich des **Alkoholkonsums** (mindestens 0,4 l Bier oder 0,25 l Wein (=20 g Alkohol) täglich) waren in unserer Untersuchung die Kraftsportler der Altersgruppe 1 mit 53,8% an der Spitze, in Altersgruppe 2 geht der Wert auf 26,5% zurück. Die Nichtsportler folgen mit 46,7% in

Altersgruppe 1 und mit 36,4% in Altersgruppe 2. Den kleinsten Wert mit 32,1% repräsentieren die Ausdauersportler in Altersgruppe 1, der jedoch in Altersgruppe 2 auf 41,8% ansteigt.

Die Interpretation für das Alkohol-Konsumverhalten unserer Probanden erweist sich als schwierig. Dies mag daran liegen, dass ehrliche Antworten nur von gelegentlichen Alkoholkonsumenten zu erwarten sind. Gewohnheitstrinker werden wohl selten auf Anfrage bezüglich der Alkoholmenge eine ehrliche Antwort geben. Man wird also letztlich keine sicheren Ergebnisse von diesem Teil der Anamnese erwarten können.

Bezüglich der **Familienanamnese** wurden fünf Bereiche gebildet: Herz-Kreislauf-System, Fettstoffwechsel, Diabetes, Krebs und andere Krankheiten.

Insgesamt werden absolut gesehen Herz-Kreislauf-Erkrankungen in der Familienanamnese am häufigsten genannt (n=52), dicht gefolgt von Krebserkrankungen (n=50), Fettstoffwechselstörungen treten in den Familien der Probanden eher selten auf (n=9), Diabetes findet sich bei der Familienanamnese in 19 Fällen. In 32 Fällen werden von den Probanden noch andere Krankheiten, wie zum Beispiel TBC oder Rheuma genannt. Die Familienanamnese liefert bezüglich der Verteilung jedoch keine eindeutigen Aussagen.

Bei den Herz-Kreislauf-Erkrankungen zeichnet sich für die Nichtsportler eine größere familiäre Vorbelastung ab als für die Kraft- und Ausdauersportler. Diese wird gestützt durch das besonders häufige Auftreten von chronischen Herz-Kreislauf-Beschwerden in den Familien der Probanden der Altersgruppe 2 der Nichtsportler. Die Familien der Nichtsportler sind in Altersgruppe 1 ebenfalls am häufigsten von Krebserkrankungen betroffen. So steigt beispielsweise bei den Familien der untersuchten Kraftsportler in den Altersgruppen die Häufigkeit von 7,7% auf 23,5%, bei den Ausdauersportlern von 16,1% auf 27,3% und als Spitzenwert bei den Nichtsportlern von 26,7% der jüngeren auf 31,8% der älteren Probanden an.

Eine Interpretation der Werte erweist sich als schwierig. Die Tatsache, dass in den jeweiligen Altersgruppen 2 mehr Erkrankungsfälle angegeben werden, lässt sich dadurch erklären, dass im hohen Alter häufiger mit chronischen Erkrankungen gerechnet werden muss. Auch bezüglich der Krebserkrankungen erwartet man, dass höhere Werte auftreten als bei den Familien der Probanden aus Altersgruppe 1, bei denen die Eltern im Schnitt jünger sind. Die Familien der Kraftsportler sind in beiden Altersgruppen am häufigsten von Diabetes betroffen, die Familien der Ausdauersportler am wenigsten. Die Nichtsportler liegen im mittleren Bereich.

In allen drei untersuchten Gruppen zeigt sich also eine Zunahme der chronischen Erkrankungen im Alternsvorgang. Die Frage, ob in den Familien eine genetisch bedingte Zucker-Erkrankung vorliegt oder ob es sich um einen üblichen Alterszucker handelt, konnte nicht eindeutig geklärt werden.

Die Tatsache, dass in der Familienanamnese der Kraftsportler häufiger Diabetes auftritt als in den Familien der Ausdauersportler, lässt zumindest die Vermutung aufkommen, dass neben unterschiedlichen körperlichen Aktivitäten auch unterschiedliche Ernährungsformen (Eiweiß, Fett, Kohlehydrate) und Ernährungsgewohnheiten als ursächlich mit in Erwägung gezogen werden müssen.

Die Familienanamnese zeigt, dass Kraft- und Ausdauersportler in beiden Altersgruppen weniger von Krebserkrankungen betroffen sind als Nichtsportler. Dasselbe gilt für Herz-Kreislauf-Erkrankungen. Dagegen sind die Familien der Kraftsportler in beiden Altersgruppen weitaus am stärksten durch Diabetes belastet. Die Auswertung der Ergebnisse stützt die Ansicht, dass Sport, insbesondere Ausdauersport, trotz einiger Vorbehalte im Sinne einer Prophylaxe bezüglich der Krebs- und Herz-Kreislauf-Erkrankungen für alle Altersstufen verstanden werden muss.

Allgemeiner Zusammenhang von sportlicher Aktivität und Erkrankungen

ISRAEL UND WEIDNER [1988]:				KENNTNER et al. [2006]:
In vielen Kategorien kann dem Sport eine positive Wirkung entnommen werden. Dies wirkt sich messbar auf den Krankenstand aus.	=	AG 1	Kraft-sportler	Dasselbe Ergebnis
	=	AG 2		
	=	AG 1	Ausdauer-sportler	
	=	AG 2		
	=	AG 1	Nicht-sportler	
	=	AG 2		

Chronische Erkrankungen des Herz-Kreislauf-Systems (1)

PUFE, BAUMGARTL, KURODA und PULLOK in PROKOP UND BACHL [1984]:				KENNTNER et al. [2006]:
Seniorenwettkampfsportler im mittleren und späten Erwachsenenalter:	=	AG 1	Kraft-sportler	7,7% haben eine Erkrankung des HKS
	=	AG 2		11,8% haben eine Erkrankung des HKS
5-15 % bronchiopulmonale Erkrank.	=	AG 1	Ausdauer-sportler	7,1% haben eine Erkrankung des HKS
5-8 % kardiovaskuläre Erkrankungen < 5 % Hypertonie	=	AG 2		14,5% haben eine Erkrankung des HKS
	?	AG 1	Nicht-sportler	10,0% haben eine Erkrankung des HKS
	?	AG 2		36,4% haben eine Erkrankung des HKS

Chronische Erkrankungen des Herz-Kreislauf-Systems (2)

BIENER [1986]:				KENNTNER et al. [2006]:
Seniorensportler über 65 Jahre:	?	AG 1	Kraft-sportler	Dasselbe Ergebnis, da die Anzahl der Herz-Kreislauf-Erkrankungen der Sportler niedriger ist als bei den Nichtsportlern (siehe oben). Zu berücksichtigen ist jedoch der Altersunterschied der Probanden.
Mit zunehmender sportlicher Aktivität sinkt die Anzahl derer, die Herz-Kreislauf-Beschwerden haben.	=	AG 2		
	?	AG 1	Ausdauer-sportler	
	=	AG 2		
	?	AG 1	Nicht-sportler	
	?	AG 2		

Chronische Erkrankungen des Herz-Kreislauf-Systems (3)

ISRAEL und WEIDNER [1988]:				KENNTNER et al. [2006]:
Ab dem 55. Lebensjahr treten vermehrt Herz-Kreislauf-Erkrankungen auf.	=	AG 1	Kraft-sportler	7,7%
	=	AG 2		11,8%
	=	AG 1	Ausdauer-sportler	7,1%
	=	AG 2		14,5%
	=	AG 1	Nicht-sportler	10,0%
	=	AG 2		36,4%

Chronische Erkrankungen des Herz-Kreislauf-Systems (4)

DIEM [1989]:				KENNTNER et al. [2006]: *
Seniorensportler (im Schnitt 68 Jahre): 44,5 % haben einen erhöhten Blutdruck	?	AG 1	Kraft-sportler	7,7% haben eine Erkrankung des HKS
	≠	AG 2		11,8% haben eine Erkrankung des HKS
	?	AG 1	Ausdauer-sportler	7,1% haben eine Erkrankung des HKS
	≠	AG 2		14,5% haben eine Erkrankung des HKS
	?	AG 1	Nicht-sportler	10,0% haben eine Erkrankung des HKS
	?	AG 2		36,4% haben eine Erkrankung des HKS

* Die Vergleichbarkeit ist eingeschränkt, da unsere Probanden der AG 2 im Schnitt 57 bis 59 Jahre alt sind.

Diabetes

			KENNTNER et al. [2006]:
	AG 1	Kraft-sportler	0,0%
	AG 2		2,9%
	AG 1	Ausdauer-sportler	0,0%
	AG 2		1,8%
	AG 1	Nicht-sportler	3,3%
	AG 2		4,5%

Gicht

			KENNTNER et al. [2006]:
	AG 1	Kraft-sportler	5,1%
	AG 2		0,0%
	AG 1	Ausdauer-sportler	1,8%
	AG 2		5,5%
	AG 1	Nicht-sportler	3,3%
	AG 2		0,0%

Hyperlipidämie

			KENNTNER et al. [2006]:
	AG 1	Kraft-sportler	5,1%
	AG 2		8,8%
	AG 1	Ausdauer-sportler	7,1%
	AG 2		12,7%
	AG 1	Nicht-sportler	3,3%
	AG 2		27,3%

Infektanfälligkeit

ISRAEL UND WEIDNER [1988]:				KENNTNER et al. [2006]:
	≠	AG 1	Kraft-sportler	30,8%
Sportler leiden seltener unter Infekten, aber ein Einfluss des Sports auf die Infektanfälligkeit ist dadurch noch nicht erklärt.	≠	AG 2		35,3%
	≠	AG 1	Ausdauer-sportler	35,8%
	=	AG 2		18,2%
	≠	AG 1	Nicht-sportler	30,0%
	≠	AG 2		27,3%

Allergien

ISRAEL UND WEIDNER [1988]:				KENNTNER et al. [2006]:
	=	AG 1	Kraft-sportler	10,3%
Sportler leiden seltener unter Allergien, aber ein Einfluss des Sports auf die Allergieanfälligkeit ist dadurch noch nicht erklärt.	=	AG 2		14,7%
	=	AG 1	Ausdauer-sportler	12,5%
	=	AG 2		14,5%
	=	AG 1	Nicht-sportler	30,0%
	=	AG 2		22,7%

Chronische Beschwerden des Bewegungsapparates:

(Ausdauer-)sport und degenerative Gelenkerkrankungen (1)

RÜGAMER [1983]:				KENNTNER et al. [2006]:
	?	AG 1	Kraft-sportler	Knie: 30,8%, Sprunggelenk: 5,1%
	?	AG 2		Knie: 11,8%, Sprunggelenk: 2,9%
Selbst extreme Ausdauerbelastungen (100 km-Lauf) müssen bei Personen über 65 Jahren nicht zu degenerativen Gelenkerkrankungen führen.	≈	AG 1	Ausdauer-sportler	Knie: 3,6%, Sprunggelenk: 1,8%
	≈	AG 2		Knie: 20,0%, Sprunggelenk: 5,5%
	?	AG 1	Nicht-sportler	Knie: 10,0%, Sprunggelenk: 3,3%
	?	AG 2		Knie: 36,4%, Sprunggelenk: 0,0%

(Ausdauer-)sport und degenerative Gelenkerkrankungen (2)

PUFE, BAUMGARTL, KURODA und PULLOK in PROKOP UND BACHL [1984]:				KENNTNER et al. [2006]:
	?	AG 1	Kraft-sportler	Knie: 30,8%, Fuß: 2,6%
	?	AG 2		Knie: 11,8%, Fuß: 5,9%
Bei Läufern treten vermehrt Knie-, Fuß- und Achillessehnenbeschwerden bzw. -schäden auf.	≠	AG 1	Ausdauer-sportler	Knie: 3,6%, Fuß: 7,1%
	≠	AG 2		Knie: 20,0%, Fuß: 5,5%
	?	AG 1	Nicht-sportler	Knie: 10,0%, Fuß: 0,0%
	?	AG 2		Knie: 36,4%, Fuß: 9,1%

Erlittene sportbedingte Verletzungen des Bewegungsapparats

ENGELHARDT und NEUMANN [1994] und GEIGER [1991]: Kraftsportler sind häufiger von sportbedingten Verletzungen im Kniegelenk und an der Schulter betroffen als Ausdauer- und Nichtsportler.				KENNTNER et al. [2006]:
	=	AG 1	Kraft-sportler	Knie: 33,3%, Schulter: 23,1%
	=	AG 2		Knie: 26,5%, Schulter: 11,8%
	=	AG 1	Ausdauer-sportler	Knie: 16,1%, Schulter: 8,9%
	=	AG 2		Knie: 14,5%, Schulter: 9,1%
	=	AG 1	Nicht-sportler	Knie: 13,3%, Schulter: 10,0%
	=	AG 2		Knie: 4,5%, Schulter: 4,5%

Erlittene nicht sportbedingte Verletzungen

				KENNTNER et al. [2006]:
		AG 1	Kraft-sportler	Knie: 5,1%, Schulter: 5,1%
		AG 2		Knie: 8,8%, Schulter: 5,9%
		AG 1	Ausdauer-sportler	Knie: 3,6%, Schulter: 0,0%
		AG 2		Knie: 0,0%, Schulter: 1,8%
		AG 1	Nicht-sportler	Knie: 6,7%, Schulter: 10,0%
		AG 2		Knie: 13,6%, Schulter: 9,1%

Medikamentenanamnese (1)

BIENER [1986]: Mit zunehmender sportlicher Aktivität sinkt die Anzahl der Personen, die angeben, Medikamente einzunehmen.				KENNTNER et al. [2006]:
	=	AG 1	Kraft-sportler	10,3%
	=	AG 2		29,4%
	=	AG 1	Ausdauer-sportler	7,1%
	=	AG 2		25,5%
	=	AG 1	Nicht-sportler	16,7%
	=	AG 2		54,5%

Medikamentenanamnese (2)

Diem [1989]:				Kenntner et al. [2006]: *
	?	AG 1	Kraft-sportler	10,3%
76% der untersuchten Seniorensportler (im Schnitt 68 Jahre) nehmen Medikamente ein.	≈	AG 2		29,4% (Durchschnittsalter: 59,00 Jahre)
	?	AG 1	Ausdauer-sportler	7,1%
	≈	AG 2		25,5% (Durchschnittsalter: 57,12 Jahre)
	?	AG 1	Nicht-sportler	16,7%
	?	AG 2		54,5%

*: Ein Vergleich ist aufgrund des Altersunterschiedes nicht möglich, bestenfalls mit AG 2

Genussmittelanamnese: Rauchen

Biener [1986]:				Kenntner et al. [2006]:
	?	AG 1	Kraft-sportler	10,3% Raucher
Senioren, die viel Sport treiben,	=	AG 2		5,9% Raucher
rauchen weniger als Senioren, die	?	AG 1	Ausdauer-sportler	8,9% Raucher
wenig Sport treiben.	=	AG 2		9,1% Raucher
	?	AG 1	Nicht-sportler	43,3% Raucher
	?	AG 2		22,7% Raucher

Genussmittelanamnese: Alkohol (mind. 0,4 l Bier oder 0,25 l Wein (=20 g Alkohol) täglich)

			Kenntner et al. [2006]:
	AG 1	Kraft-sportler	53,8%
	AG 2		26,5%
	AG 1	Ausdauer-sportler	32,1%
	AG 2		41,8%
	AG 1	Nicht-sportler	46,7%
	AG 2		36,4%

Familienanamnese: In der Familie gab es Herz-Kreislauf-Erkrankungen – Diabetes – Fettstoffwechselstörungen – Krebs (Zahlen in dieser Reihenfolge)

			Kenntner et al. [2006]:
	AG 1	Kraft-sportler	25,6% - 17,9% - 5,1% - 7,7%
	AG 2		11,8% - 14,7% - 0,0% - 23,5%
	AG 1	Ausdauer-sportler	17,9% - 1,8% - 3,6% - 16,1%
	AG 2		27,3% - 5,4% - 7,3% - 27,3%
	AG 1	Nicht-sportler	30,0% - 3,3% - 0,0% - 26,7%
	AG 2		22,7% - 9,1% - 4,5% - 31,8%

4.5 Motorische Ergebnisse

4.5.1 Beweglichkeit

Die Mittelwerte der **Lendenwirbelsäulenbeweglichkeit** unterscheiden sich in unserer Untersuchung sowohl zwischen den Altersgruppen 1 und 2 als auch im Vergleich der Kraft-, Ausdauer- und Nichtsportler nur tendenziell. Dies relativiert das Ergebnis der Untersuchung von NEUMANN [1978], der erhebliche Unterschiede feststellt. Die Ursache hierfür könnte zum einen in der Auswahl der Testverfahren (Rumpftiefbeuge, Schobertest), zum anderen aber auch in der Auswahl des Probandenkollektivs begründet liegen.

Unter dem Beweglichkeitsmaß **Gelenkfreiheit-Knie** versteht man das aktive Beugen und Halten des Knies nach hinten. Die Bewegung wird einerseits durch die Dehnfähigkeit der vorderen Oberschenkelmuskulatur beeinflusst, zum anderen durch die Kraftfähigkeit der Ischiocruralmuskulatur. Bei den Ausdauer- und Nichtsportlern der Altersgruppe 2 scheint die Kraftfähigkeit der ischiocruralen Muskulatur besonders nachzulassen, wodurch sich die Einschränkung ihrer Gelenkfreiheit erklären lässt. Die Kraftsportler der Altersgruppe 1 zeigen ebenfalls insofern Defizite, als bei ihnen die geringere Dehnfähigkeit der vorderen Oberschenkelmuskulatur auf eine Muskelverkürzung hinweist. Diese Erscheinung könnte im Zusammenhang stehen mit spezifischen Bewegungsformen der Kraftsportler. Ein Beispiel hierfür ist die übliche Sitzhocke beim Gewichtheben.

Bezüglich der **Gelenkfreiheit-Hüfte/Abduktion** war der Mittelwert in beiden Altersgruppen bei den Kraftsportlern am höchsten. Es folgen die Ausdauersportler. Die geringsten Mittelwerte in den beiden Altersgruppen hatten die Nichtsportler.

In allen untersuchten Gruppen nimmt die Abduktionsfähigkeit mit zunehmendem Alter ab. In der Gruppe der Nichtsportler sind die Unterschiede zwischen den beiden Altersgruppen mit einem Rückgang von 49,03 Grad in Altersgruppe 1 auf 42,95 Grad in Altersgruppe 2 sogar hochsignifikant.

Die **Gelenkfreiheit-Hüfte/Flexion** lässt sowohl beim Vergleich zwischen den Kraft- und Ausdauersportlern als auch bei der Gegenüberstellung von Altersgruppe 1 und 2 keine signifikanten Unterschiede erkennen. Als Begründung könnte man anführen, dass durch die sportliche Aktivität der Probanden der beiden Sportartengruppen ein gewisses Beweglichkeitsniveau aufrechterhalten werden kann und somit die Unterschiede zwischen den beiden Altersgruppen nicht wesentlich sind.

Unerwartet zeigen dagegen die Nichtsportler vor allem bei den Probanden der Altersgruppe 2 höhere Messergebnisse. Eine Erklärung könnte möglicherweise sein, dass der Muskeltonus bei älteren Nichtsportlern aufgrund sportlicher Inaktivität relativ niedrig und die Muskulatur dadurch nur schwach ausgebildet ist. Zur Bestätigung dieser Vermutung wären zusätzliche Messungen notwendig.

Die Fähigkeit zur **Hyperextension** des Beines zeigt beim Vergleich zwischen den drei untersuchten Gruppen und den zwei Altersgruppen (Kraftsportler 37,88 Grad zu 33,38 Grad; Ausdauersportler 36,70 Grad zu 35,00 Grad; Nichtsportler 31,97 Grad zu 26,14 Grad) beträchtliche Unterschiede. Im Alterungsprozess ist bei den Kraft- und Nichtsportlern eine signifikante Abnahme der Werte zu beobachten, während die Werte bei den Ausdauersportlern beim Vergleich zwischen Altersgruppe 1 und 2 nahezu gleich bleiben.

Die bestimmenden Faktoren für die Hyperextensionsfähigkeit im Hüftgelenk sind die Kraftfähigkeit des glutaeus maximus, der Ischiocruralmuskulatur und des erector trunci der Gegenseite sowie die Dehnfähigkeit des musculus iliopsoas. Ob nun eine Abschwächung des glutaeus maximus, eine Psoas-Verkürzung oder möglicherweise beides die schlechteren Ergebnisse der Nichtsportler mitbedingt, kann nur mit entsprechenden Muskelfunktionstests festgestellt werden.

Bei Kraft-, Ausdauer- und Nichtsportlern ergeben sich in beiden Altersgruppen hochsignifikante bzw. signifikante Zusammenhänge zwischen den Parametern Gelenkfreiheit-Knie und Gelenkfreiheit Hüfte/Flexion. Mit zunehmenden Hüftgelenk-Flexionswerten steigen auch die Werte Gelenkfreiheit-Knie an.

Erwähnenswert ist auch die Tatsache, dass bei den Nichtsportlern (Altersgruppe 1 und 2) eine signifikante Korrelation zwischen den Parametern Lendenwirbelsäulenbeweglichkeit und Gelenkfreiheit Hüfte/Flexion besteht.

Die einzelnen Beweglichkeitsparameter verhalten sich also recht unterschiedlich. Von einer grundsätzlich altersspezifischen Abnahme der Beweglichkeit kann dennoch gesprochen werden, wobei die verschiedenen untersuchten Bewegungsbereiche bei Kraft-, Ausdauer- und Nichtsportlern unterschiedlich stark betroffen sind.

Trainierbarkeit der Beweglichkeit im Alternsvorgang

NEUMANN [1978] sowie OSIPOV und PROTASOVA in BUHL [1981]:				KENNTNER et al. [2006]:
Übereinstimmend: Die Beweglichkeit kann sowohl bei Sportlern als auch bei Nichtsportlern selbst im fortgeschrittenen Alter (Probanden von 30 bis 80 Jahre) verbessert werden. NEUMANN: Dabei ist die Kraft eine die Beweglichkeit bestimmende Komponente.	?	AG 1	Kraft-sportler	Anderes Untersuchungsdesign: Vergleich von lebenslang sportlich Aktiven mit lebenslang sportlich Inaktiven.
	?	AG 2		
	?	AG 1	Ausdauer-sportler	Ein Rückgang der Beweglichkeit mit zunehmendem Alter betrifft nicht alle Gelenke und hängt von der betriebenen Sportart ab (Tab. 59).
	?	AG 2		
	?	AG 1	Nicht-sportler	Sportler erzielen nur bei der Abduktion und Hyperextension im Hüftgelenk bessere Werte als Nichtsportler.
	?	AG 2		

Lendenwirbelsäulenbeweglichkeit

NEUMANN [1978]:				KENNTNER et al. [2006]:
Es bestehen **erhebliche** Unterschiede zwischen Sportlern und Nichtsportlern sowie zwischen den Altersgruppen.	≈	AG 1	Kraft-sportler	Mit zunehmendem Alter nimmt die LWS-Beweglichkeit bei Kraft- und Nichtsportlern geringfügig ab.
	≈	AG 2		
	≈	AG 1	Ausdauer-sportler	Ausdauersportler haben eine etwas schlechtere LWS-Beweglichkeit als Kraft- und Nichtsportler.
	≈	AG 2		
	≈	AG 1	Nicht-sportler	
	≈	AG 2		

Gelenkfreiheit Knie

			KENNTNER et al. [2006]:
	AG 1	Kraft-sportler	Mit zunehmendem Alter nimmt die Gelenkfreiheit im Knie bei Ausdauer- und Nichtsportlern ab, Kraftsportler halten ihr Niveau. Kraftsportler der AG 1 haben schlechtere Werte als Ausdauer- und Nichtsportler. In der AG 2 sind sie auf dem gleichen Niveau.
	AG 2		
	AG 1	Ausdauer-sportler	
	AG 2		
	AG 1	Nicht-sportler	
	AG 2		

Gelenkfreiheit Hüfte / Abduktion

			KENNTNER et al. [2006]:
	AG 1	Kraft-sportler	Mit zunehmendem Alter nimmt die Abduktionsfähigkeit im Hüftgelenk bei allen drei Gruppen ab.
	AG 2		
	AG 1	Ausdauer-sportler	Die Kraftsportler erzielen die besten Werte vor den Ausdauer- und den Nichtsportlern.
	AG 2		
	AG 1	Nicht-sportler	
	AG 2		

Gelenkfreiheit Hüfte / Flexion

			KENNTNER et al. [2006]:
	AG 1	Kraft-sportler	Mit zunehmendem Alter verändert sich die Flexionsfähigkeit im Hüftgelenk bei Kraft- und Ausdauersportlern nur unwesentlich. Auch im Vergleich dieser beiden Gruppen ist kein Unterschied festzustellen. Einzig die Nichtsportler der AG 2 erzielen bessere Werte.
	AG 2		
	AG 1	Ausdauer-sportler	
	AG 2		
	AG 1	Nicht-sportler	
	AG 2		

Gelenkfreiheit Hüfte / Hyperextension

			KENNTNER et al. [2006]:
	AG 1	Kraft-	Mit zunehmendem Alter nimmt die
	AG 2	sportler	Hyperextensionsfähigkeit im Hüftgelenk in allen drei Gruppen ab.
	AG 1	Ausdauer-	Die Werte der Kraft- und
	AG 2	sportler	Ausdauersportler sind besser als diejenigen der Nichtsportler.
	AG 1	Nicht-	
	AG 2	sportler	

4.5.2 Handdruckkraft

Die **Handdruckkraft** zeigt eine ausgeprägte Abhängigkeit von Sportart und Lebensalter.

Erwartungsgemäß haben die Kraftsportler mit Abstand die höchsten Handdruckwerte, gefolgt von den Nichtsportlern. Deutlich niedrigere Werte erzielen die Ausdauersportler. Sowohl bei den Kraft- und Ausdauersportlern als auch bei den Nichtsportlern wurden in der Altersgruppe 1 höhere Werte erzielt als in der Altersgruppe 2. Der Rückgang ist bei den Kraftsportlern mit 6,1% am geringsten. Für die Ausdauersportler wurde ein Verlustwert von 12,4% gefunden, während die Nichtsportler mit 17,6% in Altersgruppe 2 den höchsten Kraftverlust erleiden. Zweifellos geht der Verlust der Handdruckkraft umso schneller vor sich, je mehr die physische Aktivität eingeschränkt wird.

Unsere Ergebnisse decken sich nur teilweise mit den Ergebnissen anderer Autoren. So entspricht der prozentuale Rückgang der Handdruckkraft im Alternsvorgang bei unseren Kraft-, Ausdauer- und Nichtsportlern nur annähernd den Ergebnissen von NÖCKER [1980]. Umstritten bleibt auch die Frage nach der Stärke der Trainierbarkeit der Muskulatur im Alternsvorgang. Nach HOLLMANN und HETTINGER [1990] entspricht die Trainierbarkeit der Muskelkraft eines 60- bis 70-jährigen Mannes annähernd derjenigen eines 6-jährigen Kindes. Der geringe Rückgang der Handdruckkraft im Alternsvorgang bei den Kraftsportlern (6,1%) sowie der hohe Rückgang bei den Nichtsportlern (17,6%) spricht in unserer Untersuchung jedoch dafür, dass ein regelmäßiges Krafttraining vor allem im Unterarm und Handbereich die Größe des Rückgangs der Handdruckkraft wesentlich geringer halten kann, was im Alltag für die Greif- und Haltefähigkeit von besonderer Bedeutung ist.

Rückgang der Handdruckkraft mit zunehmendem Alter (1)

NÖCKER [1980]:			KENNTNER et al. [2006]:
Die Handdruckkraft von 55- bis 60-Jährigen beträgt rund 90% derjenigen von 40- bis 45-Jährigen (vgl. Abb. 110).	≠ AG 1	Kraft-sportler	350,27 lbs
	≠ AG 2		328,87 lbs (93,9% des Werts von AG 1)
	≈ AG 1	Ausdauer-sportler	298,94 lbs
	≈ AG 2		261,73 lbs (87,6% des Werts von AG 1)
	≠ AG 1	Nicht-sportler	326,42 lbs
	≠ AG 2		269,11 lbs (82,4% des Werts von AG 1)

Rückgang der Kraft bzw. Handdruckkraft mit zunehmendem Alter (2)

HOLLMANN und HETTINGER [1990]:			KENNTNER et al. [2006]: AG 1 = 31-49 Jahre, AG 2 = 50-73 Jahre
Die Muskelkraft von 65-Jährigen beträgt rund 75% derjenigen von 20- bis 30-Jährigen.	? AG 1	Kraft-sportler	350,27 lbs
	? AG 2		328,87 lbs (93,9% des Werts von AG 1)
	? AG 1	Ausdauer-sportler	298,94 lbs
	? AG 2		261,73 lbs (87,6% des Werts von AG 1)
	? AG 1	Nicht-sportler	326,42 lbs
	? AG 2		269,11 lbs (82,4% des Werts von AG 1)

Trainierbarkeit der Kraft bzw. Handdruckkraft und Möglichkeit, den alterungsbedingten Kraftverlust zu reduzieren

HOLLMANN und HETTINGER [1990]:			KENNTNER et al. [2006]:
Das Maximum der Trainierbarkeit der Kraft liegt beim Mann im Lebensalter zwischen 15 und 25 Jahren. Mit fortschreitendem Alter nimmt die Trainierbarkeit der Kraft ab.	≈ AG 1	Kraft-sportler	Mit fortschreitendem Alter kommt es zu einem Rückgang der Kraft. Dieser zeigt sich bei den Kraftsportlern am geringsten, ihre Werte gehen nur um 6,1% zurück. Die Werte der Ausdauer-sportler sinken um 12,4% und diejenigen der Nichtsportler um 17,6%. Daher kann durch Krafttraining insbesondere auch in höherem Alter die Kraft auf einem relativ guten Niveau gehalten werden.
	≈ AG 2		
	? AG 1	Ausdauer-sportler	
	? AG 2		
	? AG 1	Nicht-sportler	Über die Trainierbarkeit der Kraft bei Ausdauer- und Nichtsportlern kann aufgrund unseres Untersuchungsdesigns keine eindeutige Aussage getroffen werden.
	? AG 2		

4.6 Medizinisch-physiologische Ergebnisse

4.6.1 Spirometrie in Ruhe

Kraftsportler, Ausdauersportler und Nichtsportler zeigen unter Berücksichtigung ihrer Einstufung in Körpergrößenkategorien unterschiedliche mittlere **Vitalkapazitätswerte**. Die höchsten Werte besitzen die Ausdauersportler, gefolgt von den Kraftsportlern und den Nichtsportlern. Grundsätzlich kommt es bei allen Probanden zu einer Abnahme der Vitalkapazitätswerte beim Vergleich der Altersgruppe 1 und 2.

Die Ergebnisse bezüglich der **Einsekundenkapazität** und des **Tiffeneau-Wertes** sind mit den obigen Ergebnissen der Vitalkapazität prinzipiell identisch. Die Überprüfung linearer Korrelationen ergab, dass bei allen Probanden die Vitalkapazität mit dem Alter, der Körperhöhe, der Schulterbreite und der Exkursionsbreite des Brustkorbes hochsignifikant und mit dem Körpergewicht signifikant korreliert. Die Einsekundenkapazität steht bei allen untersuchten Gruppen hochsignifikant in Zusammenhang mit dem Alter, der Körperhöhe und der Exkursionsbreite.

Außerdem steht die Schulterbreite in signifikanter Beziehung zum forcierten Exspirationsvolumen. Hochsignifikante beziehungsweise signifikante lineare Korrelationen zeigen sich auch zwischen dem Tiffeneau-Wert und dem Alter sowie dem transversalen und sagittalen Brustkorbdurchmesser.

Die Abnahme der Lungenfunktionswerte im Alternsvorgang kann durch die Veränderung des Brustkorbes, der Atmungsmuskulatur und des Lungengewebes erklärt werden. Der Rückgang setzt bereits in Altersgruppe 1 ein und erfasst sowohl die Kraft-, Ausdauer- als auch die Nichtsportler. So ist beispielsweise in unserer Untersuchung sogar eine hochsignifikante Beziehung zwischen dem Lebensalter und dem Tiffeneau-Wert zu beobachten.

Im Alternsvorgang sind Ausdaueranforderungen im Vergleich zu kraftbetontem Training geeigneter, Lungenfunktionswerte zu erhalten. So besteht sogar bei unsachgemäßem Krafttraining die Gefahr, dass es zu Pressungen kommt, die eher einen negativen Einfluss auf die Lungenfunktion ausüben und somit nicht mithelfen, altersbedingten Verlusten der Lungenfunktion entgegenzuwirken. Positive Wirkungen auf diese altersbedingten Defizite sind sowohl bei den Kraft- als auch bei den Ausdauersportlern zu beobachten, nicht aber bei den Nichtsportlern.

Unsere Ergebnisse decken sich mit den Ergebnissen von LANG et al. [1979], PROKOP und BACHL [1984] sowie ISRAEL und WEIDNER [1988], die herausfanden, dass es im Alternsvorgang sowohl bei Ausdauersportlern als auch bei Nichtsportlern zu einer Abnahme der Einsekundenkapazität kommt. Hingegen stellen LIESEN und HOLLMANN [1981] sowie BRINGMANN [1985] selbst bei älteren Probanden keine Unterschiede der Einsekundenkapazität zwischen Sportlern und Nichtsportlern fest. ISRAEL und WEIDNER [1988] fanden heraus, dass durch Training die Vitalkapazität um 0,5 bis 1 Liter erhöht werden kann, selbst in fortgeschrittenem Alter. Dieses Ergebnis wird durch unsere Studie bestätigt.

Unsere Untersuchungen bestätigen zudem die in Bezug auf Alter und Körperhöhe gegebenen Normwerte bei Lungenfunktionstests von GARBE [1975] sowie das übereinstimmende Ergebnis von LANG [1979], LIESEN und HOLLMANN [1981] sowie ISRAEL und WEIDNER [1988], die herausfanden, dass sich selbst bei langjährigem Training der Tiffeneau-Wert nicht verändert.

Vitalkapazität (1)

AMREIN et al. [1969]:				KENNTNER et al. [2006]:
Die Vitalkapazität wird beeinflusst vom Alter, dem Geschlecht, der Körperhöhe, dem relativen Körpergewicht und der Größe des Brustraumes.	≈	AG 1	Kraft-sportler	Die Vitalkapazität wird beeinflusst vom Alter, dem Gewicht, der Körperhöhe, der Schulterbreite und der Exkursionsbreite des Brustkorbes, nicht aber vom Brustkorbdurchmesser.
	≈	AG 2		
	≈	AG 1	Ausdauer-sportler	
	≈	AG 2		
	≈	AG 1	Nicht-sportler	
	≈	AG 2		

Vitalkapazität (2)

CHOWANETZ und SCHRAMM [1981]:				KENNTNER et al. [2006]:
Die Vitalkapazität sinkt ab dem dritten Lebensjahrzehnt um 25 ml pro Jahr.	≈	AG 1	Kraft-sportler	Mittelwertvergleich AG 1 mit AG 2: - Kleinwüchs. Sp.*: Rückgang um 0,5 l - Großwüchs. Sp.*: Rückgang um 0,9 l
	≈	AG 2		
	≈	AG 1	Ausdauer-sportler	- Kleinwüchs. Sp.*: Rückgang um 0,1 l - Großwüchs. Sp.*: Rückgang um 0,5 l
	≈	AG 2		
	≈	AG 1	Nicht-sportler	- Kleinwü. N.-Sp.*: Rückgang um 1,0 l - Großwü. N.-Sp.*: Rückgang um 0,5 l
	≈	AG 2		

Vitalkapazität (3)

PROKOP und BACHL [1984]:				KENNTNER et al. [2006]:
Die Vitalkapazität erreicht ihren höchsten Wert im Alter von 25 Jahren, danach sinkt der Wert.	≈	AG 1	Kraft-sportler	Mittelwertvergleich AG 1 mit AG 2: - Kleinwüchs. Sp.*: Rückgang um 0,5 l - Großwüchs. Sp.*: Rückgang um 0,9 l
	≈	AG 2		
	≈	AG 1	Ausdauer-sportler	- Kleinwüchs. Sp.*: Rückgang um 0,1 l - Großwüchs. Sp.*: Rückgang um 0,5 l
	≈	AG 2		
	≈	AG 1	Nicht-sportler	- Kleinwü. N.-Sp.*: Rückgang um 1,0 l - Großwü. N.-Sp.*: Rückgang um 0,5 l
	≈	AG 2		

Vitalkapazität (4)

ISRAEL und WEIDNER [1988]:				KENNTNER et al. [2006]:
Durch Training kann die Vitalkapazität um 0,5 bis 1 Liter erhöht werden, selbst in fortgeschrittenem Alter. Die Werte nehmen bei allen Probanden mit zunehmendem Alter ab, doch liegen sie bei den Sportlern stets höher als bei den Nichtsportlern.	=	AG 1	Kraft-sportler	Kleinw. Sp.*: 5,01 l Großw. Sp.*: 5,73 l
	=	AG 2		Kleinw. Sp.*: 4,49 l Großw. Sp.*: 4,83 l
	=	AG 1	Ausdauer-sportler	Kleinw. Sp.*: 4,75 l Großw. Sp.*: 5,69 l
	=	AG 2		Kleinw. Sp.*: 4,64 l Großw. Sp.*: 5,24 l
	≠	AG 1	Nicht-sportler	Kl. N.-Sp.*: 4,85 l Gr. N.-Sp.*: 5,02 l
	=	AG 2		Kl. N.-Sp.*: 3,81 l Gr. N.-Sp.*: 4,50 l

* Kleinwüchsigere Sportler / Nichtsportler: bis 174,5 cm
  Großwüchsigere Sportler / Nichtsportler: ab 175,0 cm

Einsekundenkapazität (FEV₁) (1)

AMREIN et al. [1969]:				KENNTNER et al. [2006]:
Die Einsekundenkapazität wird beeinflusst vom Alter, dem Geschlecht, der Körperhöhe und der Größe des Brustraumes, nicht aber vom relativen Körpergewicht.	=	AG 1	Kraft-sportler	Die Einsekundenkapazität wird beeinflusst vom Alter, der Körperhöhe, der Schulterbreite und der Exkursionsbreite, aber nicht vom Körpergewicht oder dem Brustkorbdurchmesser.
	=	AG 2		
	=	AG 1	Ausdauer-sportler	
	=	AG 2		
	≠	AG 1	Nicht-sportler	Ausnahme: Bei Nichtsportlern korreliert die Einsekundenkapazität nur mit dem Lebensalter signifikant.
	≠	AG 2		

Einsekundenkapazität (FEV₁) (2)

LANG et al. [1979], PROKOP und BACHL [1984], ISRAEL und WEIDNER [1988]:				KENNTNER et al. [2006]:
	?	AG 1	Kraft-sportler	Kleinw. Sp.*: 4,05 l Großw. Sp.*: 4,57 l
	?	AG 2		Kleinw. Sp.*: 3,38 l Großw. Sp.*: 3,72 l
Sowohl bei Ausdauersportlern als auch bei Nichtsportlern geht der Wert mit zunehmendem Alter zurück. Doch sind Werte der 75-jährigen Ausdauersportler immer noch besser als die Werte der 55-jährigen Nichtsportler.	=	AG 1	Ausdauer-sportler	Kleinw. Sp.*: 3,73 l Großw. Sp.*: 4,45 l
	≈	AG 2		Kleinw. Sp.*: 3,59 l Großw. Sp.*: 4,03 l
	≈	AG 1	Nicht-sportler	Kl. N.-Sp.*: 3,98 l Gr. N.-Sp.*: 3,89 l
	=	AG 2		Kl. N.-Sp.*: 2,90 l Gr. N.-Sp.*: 3,35 l

* Kleinwüchsigere Sportler / Nichtsportler: bis 174,5 cm
Großwüchsigere Sportler / Nichtsportler: ab 175,0 cm

Einsekundenkapazität (FEV₁) (3)

LIESEN und HOLLMANN [1981], BRINGMANN [1985]:				KENNTNER et al. [2006]:
Selbst in höherem Alter kann kein Unterschied der absoluten Einsekundenkapazität zwischen Sportlern und Nichtsportlern festgestellt werden.	≠	AG 1	Kraft-sportler	Nur die kleineren Nichtsportler der AG 1 erreichen die Werte der Sportler.
	≠	AG 2		
	≠	AG 1	Ausdauer-sportler	
	≠	AG 2		
	≈	AG 1	Nicht-sportler	
	≠	AG 2		

Tiffeneau-Wert (FEV₁%) (1)

AMREIN et al. [1969]:				KENNTNER et al. [2006]:
Der Tiffeneau-Wert wird beeinflusst vom Alter, dem Geschlecht, der Körperhöhe und der Größe des Brustraumes, nicht aber vom relativen Körpergewicht. Mit zunehmender Körperhöhe sinkt der Tiffeneau-Wert.	≈	AG 1	Kraft-sportler	Der Tiffeneau-Wert wird signifikant beeinflusst vom Alter und der Größe des Brustraumes, nicht aber von der Körperhöhe oder dem Körpergewicht. Mit zunehmender Körperhöhe und zunehmendem Körpergewicht sinkt der Tiffeneau-Wert tendenziell, aber nicht signifikant.
	≈	AG 2		
	≈	AG 1	Ausdauer-sportler	
	≈	AG 2		
	≈	AG 1	Nicht-sportler	
	≈	AG 2		

Tiffeneau-Wert (FEV$_1$%) (2)

HOLLMANN et al. [1970]:				KENNTNER et al. [2006]:
Bei einer Untersuchung an Männern im 7. und 8. Lebensjahrzehnt erzielten die Sportler bessere Tiffeneau-Werte als die Nichtsportler.	?	AG 1	Kraft-sportler	Kleinw. Sp.*: 81,1% Großw. Sp.*: 80,0%
	≈	AG 2		Kleinw. Sp.*: 75,1% Großw. Sp.*: 76,4%
	?	AG 1	Ausdauer-sportler	Kleinw. Sp.*: 79,0% Großw. Sp.*: 79,6%
	≈	AG 2		Kleinw. Sp.*: 77,4% Großw. Sp.*: 77,0%
	?	AG 1	Nicht-sportler	Kl. N.-Sp.*: 82,7% Gr. N.-Sp.*: 77,1%
	≈	AG 2		Kl. N.-Sp.*: 76,6% Gr. N.-Sp.*: 74,4%

* Kleinwüchsigere Sportler / Nichtsportler: bis 174,5 cm
Großwüchsigere Sportler / Nichtsportler: ab 175,0 cm

Tiffeneau-Wert (FEV$_1$%) (3)

LANG [1979], LIESEN und HOLLMANN [1981], ISRAEL und WEIDNER [1988]:				KENNTNER et al. [2006]:
Selbst bei langjährigem Training verändert sich der Tiffeneau-Wert nicht.	=	AG 1	Kraft-sportler	Dasselbe Ergebnis, ausschließlich die älteren Ausdauersportler zeigen in beiden Altersgruppen eine minimale Erhöhung des FEV$_1$%-Wertes.
	=	AG 2		
	=	AG 1	Ausdauer-sportler	
	≈	AG 2		
	=	AG 1	Nicht-sportler	
	=	AG 2		

Tiffeneau-Wert (FEV$_1$%) (4)

ISRAEL und WEIDNER [1988]:				KENNTNER et al. [2006]:
Der Tiffeneau-Wert sinkt ab dem vierten Lebensjahrzehnt, er ist jedoch nicht abhängig von der Sportart.	=	AG 1	Kraft-sportler	Dasselbe Ergebnis.
	=	AG 2		
	=	AG 1	Ausdauer-sportler	
	≈	AG 2		
	=	AG 1	Nicht-sportler	
	=	AG 2		

4.6.2 Ruhe-EKG-Parameter

Die **P-Streckenlänge** zeigt beim Vergleich zwischen Kraftsportlern (0,097 sec; 0,101 sec), Ausdauersportlern (0,102 sec; 0,104 sec) und Nichtsportlern (0,101 sec; 0,103 sec) Unterschiede. Im Mittel weisen somit die Kraftsportler gegenüber den Nichtsportlern und vor allem gegenüber den Ausdauersportlern die niedrigsten Werte auf. Von Altersgruppe 1 zu Altersgruppe 2 sind Veränderungen festzustellen. Bezüglich der P-Streckenlänge der Altersgruppe 2 ist besonders erwähnenswert, dass bei den Kraftsportlern 38,3%, bei den Ausdauersportlern 44,9% und bei den Nichtsportlern nur 36,3% dem oberen Referenzbereich angehören.

Offensichtlich wirkt sich aber die Hypertrophie des linken Vorhofes (Sportherz), die verstärkt bei unseren Ausdauersportlern aber auch bei den Kraftsportlern festgestellt wurde, auf die Phasendauer aus. Daraus kann gefolgert werden, dass ein regelmäßiges Training beziehungsweise Ausdauertraining auch beim älteren Menschen, beispielsweise Angehörigen unserer Altersgruppe 2, zu Anpassungserscheinungen im Sinne einer Trainingsbradykardie führt.

Unsere Ergebnisse decken sich mit den Untersuchungsergebnissen von BUTSCHENKO [1967].

Bezüglich der **PQ-Streckenlänge** zeigen sich zwischen Kraftsportlern (0,169 sec; 0,163 sec), Ausdauersportlern (0,170 sec; 0,176 sec) und Nichtsportlern (0,194 sec; 0,173 sec) absolute Unterschiede.

Hinsichtlich der Verteilung der Probanden auf drei Referenzbereiche konnten in allen drei untersuchten Gruppen keine signifikanten altersbezogenen Unterschiede festgestellt werden. Bei den Kraft- und Nichtsportlern sind die Unterschiede äußerst gering und auch bei den Ausdauersportlern unterscheiden sich die Werte kaum. Die Ausdauersportler der Altersgruppe 1 übertreffen mit 16,9% die Werte der Kraft- und Nichtsportler im oberen Referenzbereich.

Diese Unterschiede der physiologischen Grenzwerte der Überleitungszeit sind in erster Linie von der Herzfrequenz abhängig. Je schneller das Herz schlägt, desto kürzer ist die PQ-Streckenlänge. Das gilt sowohl für die Probanden der Altersgruppe 1 als auch der Altersgruppe 2.

In unserer Untersuchung erreichen den mittleren und oberen Referenzbereich 63,3% der Ausdauersportler. Bei den Nichtsportlern beträgt der Wert 54,4%, bei den Kraftsportlern nur 41,4%.

Die **QRS-Streckenlänge** nimmt in Altersgruppe 1 beim Vergleich zwischen Kraftsportlern (0,87 sec) und Ausdauersportlern (0,95 sec) zu, die Nichtsportler liegen mit einem Wert von 0,91 sec in der Mitte.

Im Alternsvorgang nimmt der Wert beim Vergleich zwischen Altersgruppe 1 und 2 bei den Kraftsportlern und Ausdauersportlern zu, bei den Nichtsportlern dagegen ab. In der Altersgruppe 2 sind die eher geringen Unterschiede zwischen den Kraft- und Ausdauersportlern und die signifikante Differenz zu den Nichtsportlern Ausdruck einer QRS-Streckenverlängerung, die vor allem bei Ausdauersportlern auf eine physiologische Hypertrophie des linken Ventrikels mit der damit erhöhten Leistungsfähigkeit des Herzens hinweist.

Die Untersuchung der **QT-Streckenlänge** führt die Veränderungen, die infolge sportlicher Aktivitäten entstehen können, sehr deutlich vor Augen. Einerseits sind hier die teilweise höchst signifikanten Unterschiede innerhalb der untersuchten Gruppen und andererseits die höchst signifikanten Korrelationen bezüglich der Altersgruppen klar zu erkennen.

In allen untersuchten Gruppen verlängert sich im Vergleich der beiden Altersgruppen die QT-Streckenlänge beträchtlich. Dabei handelt es sich bei den Kraftsportlern um eine höchst signifikante Steigerung der Phasendauer. Bei den Ausdauer- und Nichtsportlern tritt nur eine signifikante Veränderung auf.

Die QT-Streckenlänge kann eindeutig als Maßstab für einen Ökonomisierungsvorgang im Rahmen der Herzarbeit bei Sportlern, vor allem bei Ausdauersportlern, interpretiert werden.

Bezüglich der **Herzlagetypen** zeigt sich bei den Kraftsportlern in beiden Altersgruppen mit jeweils über 40% verstärkt der Linkstyp. Eine Begründung für diese Verteilung könnte darin gefunden werden, dass ein Zusammenhang zwischen Konstitutionstyp und Herzlage insofern besteht, als pyknisch-athletische Konstitutionstypen häufiger den Linkstyp aufweisen als beispielsweise asthenische Typen. Dieser pyknisch-athletische Typus besitzt in der Regel auch die bessere Veranlagung für Kraftsport. Bei den Nichtsportlern der Altersgruppe 2 macht der Linkstyp mit 63,6% den größten Anteil aus. In dieser Gruppe ist kein Steiltyp zu beobachten. In der Altersgruppe 1 der Nichtsportler dominiert dagegen der Indifferenztyp mit 43,3%.

Die eindeutige Verschiebung zum Linkstyp sowie das Fehlen des Steiltyps spricht für eine mehr altersbezogene Entwicklung. Der Linkstypus tritt bei Erwachsenen über 40 Jahren, der Steiltyp eher bei Jugendlichen auf.

Bei den Ausdauersportlern der Altersgruppe 2 zeigt sich eine ausgeglichene Verteilung. So ist der Linkstyp bei 40%, der Indifferenztyp bei 42% der Probanden zu finden. Zusammenfassend ist festzustellen, dass in allen drei untersuchten Gruppen der Prozentsatz der Linkstypen von Altersgruppe 1 zu Altersgruppe 2 ansteigt. Bei den Kraftsportlern erhöht sich der Wert von 42,9% auf 44,1%. Die Ausdauersportler zeigen eine Erhöhung von 34,0% auf 40,0%, die Nichtsportler von 40,0% auf 63,6%.

Eine eindeutige Aussage über den Einfluss der Sportart auf den Lagetypus und dessen Veränderung im Alternsvorgang gibt es in der Literatur nicht. Eine gewisse Übereinstimmung beim Vergleich unserer Ergebnisse mit Untersuchungen von REINDELL und ROSKAMM [1989] ist insofern festzustellen, als in beiden Studien bei Ausdauersportlern mehr die Tendenz einer Abweichung der Herzachse nach rechts, bei Kraftsportlern dagegen mehr die Tendenz einer Abweichung nach links beobachtet wurde. Auch die Vermutung eines Zusammenhangs zwischen Konstitutionstypus und Herzlage (BUTSCHENKO [1967]) lässt sich in unserer Untersuchung aufrechterhalten.

Im Rahmen der weiteren Herzbefunde wurden in unserer Untersuchung Sinusarrhythmie, Erregungsrückbildung, inkompletter Rechtsschenkelblock, SOKOLOW-Index und Bradykardie erfasst.

Was die **Sinusarrhythmie** betrifft, lässt sich in beiden Altersgruppen keine statistisch gesicherte Aussage machen. Lediglich in der Altersgruppe 1 ist eine Tendenz in Hinsicht auf ein häufigeres Vorkommen bei den Nichtsportlern zu erkennen (16,7%).

Bei den Kraftsportlern der Altersgruppe 1 tritt überhaupt kein Fall auf, während die Ausdauersportler bei 4,2% der Fälle liegen. Es kann in unserer Untersuchung nicht bestätigt werden, dass die Sinusarrhythmie bei älteren Personen innerhalb der untersuchten Gruppen bedeutend seltener auftritt (BUTSCHENKO [1967]).

Erregungsrückbildungsstörungen treten in allen drei untersuchten Gruppen altersunabhängig fast ebenso häufig auf. Die Theorie über ein häufigeres Auftreten von Erregungsrückbildungsstörungen beim Vergleich verschiedener Sportarten (HOLLMANN und ROST [1980], ISRAEL [1979], ISRAEL [1982]) lässt sich mit den Ergebnissen, die bei unseren Kraft- und Ausdauersportlern in beiden Altersgruppen gewonnen wurden, nicht bestätigen.

In Bezug auf das Vorkommen eines **inkompletten Rechtsschenkelblocks** besteht bei den Probanden der Altersgruppe 1 eine höchst signifikante Differenz zwischen den Ausdauer- und den Kraftsportlern, indem der inkomplette Rechtsschenkelblock bei den ausdauertrainierten Personen wesentlich häufiger zu finden ist.

In Altersgruppe 2 dagegen kann bei den Kraftsportlern im EKG viel häufiger eine solche Leistungsverzögerung beobachtet werden als bei den Nichtsportlern. Beim Vergleich von Ausdauersportlern mit Kraftsportlern fällt in Altersgruppe 2 ebenfalls eine signifikante Differenz auf.

Da der inkomplette Rechtsschenkelblock Zeichen einer Rechtsherzhypertrophie ist, die bei Ausdauersportlern bevorzugt auftritt, kann sie als eine Ökonomisierung der Herzarbeit interpretiert werden. Die schwerpunktmäßige Verteilung gerade auf die Ausdauersportler wird verständlicher, wenn man bedenkt, dass der rechte Ventrikel das verbrauchte Blut aus dem Körper aufnimmt und über die „arteria pulmonalis" der Lunge zuführt, wo es wieder mit Sauerstoff angereichert wird.

Unsere Ergebnisse stimmen mit den Ergebnissen von ISRAEL [1979] und ISRAEL [1982] insofern überein, als auch dieser den inkompletten Rechtsschenkelblock als eine bei Ausdauersportlern sehr häufig vorkommende Erscheinung beobachtet, die Zeichen einer Rechtsherzhypertrophie ist.

BUTSCHENKO [1967] allerdings sieht in dieser Erscheinung zwar eine Normvariante, aber nicht unbedingt den Ausdruck einer Hypertrophie.

Der SOKOLOW-Index zeigt eine höchst signifikante Differenz zwischen den Ausdauersportlern im Vergleich mit den Nicht- und Kraftsportlern. In der Altersgruppe 1 kommt die Linksherzhypertrophie bei den Ausdauersportlern weit häufiger vor als bei den Nichtsportlern. Bei den Kraftsportlern fand sich kein Fall von Linksherzhypertrophie. In der Altersgruppe 2 ergibt sich wieder eine höchst signifikante Differenz zwischen den Ausdauer-, den Kraft- und Nichtsportlern mit dem Unterschied, dass bei den Probanden der Altersgruppe 2 aus der untersuchten Gruppe der Nichtsportler kein „grenzwertiger", d.h. positiver SOKOLOW-Index, zu finden ist. Als Hypertrophie-Kriterium gelten so genannte Grenzwerte, die es erlauben, die Linksherzhypertrophie als positiv oder negativ zu beurteilen (BUTSCHENKO [1967]).

Ganz anders verhält es sich bei den Ausdauersportlern unserer Untersuchung. Hier zeigen 32% aus Altersgruppe 1 und 24% aus Altersgruppe 2 einen positiven SOKOLOW-Index. In beiden Altersgruppen liegt also eine positive Linksherzhypertrophie vor. Diese Feststellung deckt sich mit den Beobachtungen anderer Autoren (BUTSCHENKO [1967], BECKER und KALTENBACH [1984]), die bei ausdauertrainierten Personen sehr viel häufiger einen positiven SOKOLOW-Index vorfanden als bei Nichtsportlern. Unsere Ergebnisse heben die Bedeutung eines Ausdauertrainings im Alter besonders hervor.

Für die **Bradykardie** konnten eindeutig Zusammenhänge mit der Sportart gefunden werden. So zeigen die Ausdauersportler weit häufiger bradykarde Herzrhythmen als die Kraft- und die Nichtsportler. Zwischen den Kraft- und den Nichtsportlern besteht wiederum ein signifikanter Unterschied.

Das häufigere Auftreten der Bradykardie bei den Kraftsportlern der Altersgruppe 1 (11%) im Vergleich zu den Nichtsportlern (6,9%) erklärt sich dadurch, dass die erniedrigte Herzfrequenz der Effekt des körperlichen Trainings ist. Vergleicht man die Werte von Ausdauer- und Kraftsportlern, so ist festzustellen, dass in beiden Altersgruppen die Bradykardie bei den Ausdauersportlern viermal häufiger auftritt als bei den Kraftsportlern. In Altersgruppe 2 erscheinen bradykarde Herzrhythmen bei Ausdauersportlern sehr viel häufiger als bei

Probanden, die dem Ausdauertraining weniger oder gar keine Bedeutung beimessen. Somit lässt sich anhand unserer Untersuchung zeigen, dass auch das Herz älterer Personen noch zu Anpassungserscheinungen fähig ist.

Betrachtet man zusammenfassend alle Ergebnisse, so kommt gerade dem Ausdauertraining eine große Bedeutung zu, was die Erhaltung und Ökonomisierung der Funktionstüchtigkeit des Herz-Kreislauf-Systems betrifft. Dieses Niveau ist durch ein reines Krafttraining nicht in gleichem Maße zu erreichen. Aber auch die Kraftsportler erzielen im Vergleich zu den Nichtsportlern bessere Werte.

Unsere Ergebnisse stehen im Einklang mit den Ergebnissen von MELLEROWICZ [1961], wonach regelmäßiges Ausdauertraining auch bei älteren und alten Menschen zu einer Bradykardie führt.

BUTSCHENKO [1967] nimmt die Einschränkung vor, dass die Bradykardie bei einigen Sportlern, die der Ausdauerschulung viel Bedeutung beimessen, nicht auftritt, während sie sich oft bei jenen entwickelt, die keine Ausdauer trainieren und außerdem noch eine schlechte Kondition haben. Er sieht darin den Beweis, dass für das Entstehen einer Bradykardie auch die individuellen Besonderheiten des Organismus eine wesentliche Rolle spielen. In unserer Untersuchung wurden in beiden Altersgruppen jeweils zwei Nichtsportler mit bradykarden Herzrhythmen ermittelt, womit die Ergebnisse BUTSCHENKOs im Ansatz bestätigt wurden.

P-Streckenlänge

BUTSCHENKO [1967]:			KENNTNER et al. [2006]:
Die Länge der P-Strecke überschreitet bei keinem Probanden die obere Grenze der Norm.	= AG 1	Kraft-sportler	0,097 sec (s = 0,011 sec)
	= AG 2		0,101 sec (s = 0,012 sec)
	= AG 1	Ausdauer-sportler	0,102 sec (s = 0,010 sec)
	= AG 2		0,104 sec (s = 0,016 sec)
	= AG 1	Nicht-sportler	0,101 sec (s = 0,012 sec)
	= AG 2		0,103 sec (s = 0,012 sec)

PQ-Streckenlänge (1)

BUTSCHENKO [1967]				KENNTNER et al. [2006]:
Ruderer, Boxer sowie Mittel- und Langstreckenläufer weisen vermehrt eine Verlängerung der PQ-Strecke > 0,21 sec auf.	=	AG 1	Kraft-sportler	3 % haben eine PQ-Strecke > 0,2 sec
	=	AG 2		3 % haben eine PQ-Strecke > 0,2 sec
	=	AG 1	Ausdauer-sportler	16 % haben eine PQ-Strecke > 0,2 sec
	≈	AG 2		8 % haben eine PQ-Strecke > 0,2 sec
	=	AG 1	Nicht-sportler	7 % haben eine PQ-Strecke > 0,2 sec
	≠	AG 2		9 % haben eine PQ-Strecke > 0,2 sec

PQ-Streckenlänge (2)

			KENNTNER et al. [2006]:
	AG 1	Kraft-sportler	0,169 sec (s = 0,024 sec)
	AG 2		0,163 sec (s = 0,023 sec)
	AG 1	Ausdauer-sportler	0,170 sec (s = 0,048 sec)
	AG 2		0,176 sec (s = 0,033 sec)
	AG 1	Nicht-sportler	0,194 sec (s = 0,050 sec)
	AG 2		0,173 sec (s = 0,023 sec)

PQ-Streckenlänge und Bradykardie (1)

LEPESCHKIN [1957]:				KENNTNER et al. [2006]:
Eine Verlängerung der PQ-Strecke tritt häufig in Zusammenhang mit einer Bradykardie auf.	≠	AG 1	Kraft-sportler	Kein signifikanter Einfluss.
	≠	AG 2		
	≠	AG 1	Ausdauer-sportler	
	≠	AG 2		
	≠	AG 1	Nicht-sportler	
	≠	AG 2		

PQ-Streckenlänge und Bradykardie (2)

GARY et al. [1967]:				KENNTNER et al. [2006]:
Es besteht kein Zusammenhang zwischen einer verlängerten PQ-Strecke und einer Bradykardie.	=	AG 1	Kraft-sportler	Dasselbe Ergebnis.
	=	AG 2		
	=	AG 1	Ausdauer-sportler	
	=	AG 2		
	=	AG 1	Nicht-sportler	
	=	AG 2		

QRS-Streckenlänge (1)

BÖRGER [1978]:				KENNTNER et al. [2006]:
	?	AG 1	Kraft-sportler	0,087 sec (s = 0,011 sec)
	?	AG 2		0,091 sec (s = 0,012 sec)
Die Länge der QRS-Strecke ist bei Ausdauersportlern nicht vergrößert.	≠	AG 1	Ausdauer-sportler	0,095 sec (s = 0,024 sec)
	≠	AG 2		0,100 sec (s = 0,027 sec)
	?	AG 1	Nicht-sportler	0,091 sec (s = 0,011 sec)
	?	AG 2		0,086 sec (s = 0,013 sec)

QRS-Streckenlänge (2)

REINDELL und ROSKAMM [1989]:				KENNTNER et al. [2006]:
	=	AG 1	Kraft-sportler	0,087 sec (s = 0,011 sec)
	=	AG 2		0,091 sec (s = 0,012 sec)
Die durch Ausdauertraining bedingte Hypertrophie der Herzkammern bewirkt eine Verlängerung des QRS-Intervalls.	=	AG 1	Ausdauer-sportler	0,095 sec (s = 0,024 sec)
	=	AG 2		0,100 sec (s = 0,027 sec)
	=	AG 1	Nicht-sportler	0,091 sec (s = 0,011 sec)
	=	AG 2		0,086 sec (s = 0,013 sec)

QRS-Streckenlängen bei Nichtsportlern

LEPESCHKIN [1957] und KLINGE [1987]:				KENNTNER et al. [2006]:
	?	AG 1	Kraft-sportler	2,5 % erreichen Werte > 0,1 sec
	?	AG 2		11 % erreichen Werte > 0,1 sec
	?	AG 1	Ausdauer-sportler	6 % erreichen Werte > 0,1 sec
	?	AG 2		12 % erreichen Werte > 0,1 sec
Die Länge der QRS-Strecke von Nichtsportlern bleibt im Allgemeinen unter 0,1 sec.	≠	AG 1	Nicht-sportler	10% erreichen Werte > 0,1 sec
	≈	AG 2		4% erreichen Werte > 0,1 sec

QT-Streckenlänge (1)

WOLF [1957]:				KENNTNER et al. [2006]:
	?	AG 1	Kraft-sportler	0,384 sec (s = 0,027 sec)
	?	AG 2		0,397 sec (s = 0,029 sec)
Bei Radsportlern ist die elektrische Systole in den meisten Fällen verringert.	≠	AG 1	Ausdauer-sportler	0,413 sec (s = 0,038 sec)
	≠	AG 2		0,421 sec (s = 0,041 sec)
	?	AG 1	Nicht-sportler	0,373 sec (s = 0,025 sec)
	?	AG 2		0,385 sec (s = 0,027 sec)

QT-Streckenlänge (2)

REINDELL, ROSKAMM UND KÖNIG [1961]:				KENNTNER et al. [2006]:
	?	AG 1	Kraft-sportler	0,384 sec (s = 0,027 sec)
	?	AG 2		0,397 sec (s = 0,029 sec)
Die Länge der QT-Strecke ist bei Ausdauersportlern vergrößert.	=	AG 1	Ausdauer-sportler	0,413 sec (s = 0,038 sec)
	=	AG 2		0,421 sec (s = 0,041 sec)
	?	AG 1	Nicht-sportler	0,373 sec (s = 0,025 sec)
	?	AG 2		0,385 sec (s = 0,027 sec)

QT-Streckenlänge und Bradykardie

BUTSCHENKO [1967]:				KENNTNER et al. [2006]:
Ausdauersportler weisen insbesondere dann eine Verlängerung der elektrischen Systole auf, wenn bei ihnen gleichzeitig eine ausgeprägte Bradykardie auftritt. Dies ist eine Eigenart des Sportler-EKG.	?	AG 1	Kraft-sportler	Die Länge der QT-Strecke hängt bei Kraft- und Ausdauersportlern signifikant mit dem Auftreten einer Bradykardie zusammen. Dies gilt jedoch nicht für Nichtsportler.
	?	AG 2		
	=	AG 1	Ausdauer-sportler	
	=	AG 2		
	?	AG 1	Nicht-sportler	
	?	AG 2		

Rechts- bzw. Linksabweichung der Herzachse (1)

BUTSCHENKO [1967]:				KENNTNER et al. [2006]:
Die Herzachse von Sportlern ist im Allgemeinen normal. Eine Abweichung nach rechts weisen 16- bis 20-jährige Sportler auf, die asthenisch gebaut sind. Eine Abweichung nach links findet sich häufiger bei 30- bis 40-jährigen Sportlern, die eher zu den Pyknikern zählen.	≈	AG 1	Kraft-sportler	Mit zunehmendem Alter verschiebt sich insbesondere für Nichtsportler die Herzachse in Richtung Linkstyp.
	≈	AG 2		
	≈	AG 1	Ausdauer-sportler	
	≈	AG 2		
	≈	AG 1	Nicht-sportler	
	≈	AG 2		

Rechts- bzw. Linksabweichung der Herzachse (2)

REINDELL und ROSKAMM [1989]:				KENNTNER et al. [2006]:
Die Herzachse von Ausdauersportlern weicht tendenziell nach rechts ab, die von Kraftsportlern nach links. Es treten aber auch Fälle auf, in denen es umgekehrt ist.	=	AG 1	Kraft-sportler	Dasselbe Ergebnis. Zudem weisen die Nichtsportler insbesondere in der AG 2 einen Indifferenztyp oder einen Linkstyp (63,6%) auf.
	=	AG 2		
	=	AG 1	Ausdauer-sportler	
	=	AG 2		
	?	AG 1	Nicht-sportler	
	?	AG 2		

Sinusarrhythmie

BUTSCHENKO [1967] und WOLF [1957]: 57,2% [BUTSCHENKO] bzw. 47,6% [WOLF] der Sportler haben eine Sinusarrhythmie im Ruhezustand. Diese ist häufiger bei jüngeren Sportlern zu beobachten als bei älteren.				KENNTNER et al. [2006]:
	≠	AG 1	Kraft-sportler	0,0%
	≠	AG 2		9,0%
	≠	AG 1	Ausdauer-sportler	3,7%
	≠	AG 2		6,0%
	≠	AG 1	Nicht-sportler	17,2%
	≠	AG 2		10,0%

Erregungsrückbildungsstörungen (1)

BUTSCHENKO [1967]: Bei gesunden Sportlern treten keine Rückbildungsstörungen im EKG auf. Er findet sie nur bei myokardialen Erkrankungen und Übertraining.				KENNTNER et al. [2006]:
	=	AG 1	Kraft-sportler	2,7%
	=	AG 2		5,4%
	=	AG 1	Ausdauer-sportler	1,9%
	=	AG 2		2,0%
	=	AG 1	Nicht-sportler	0,0%
	=	AG 2		15,0%

Erregungsrückbildungsstörungen (2)

HOLLMANN und ROST [1980], VENERANDO in ISRAEL [1979 und 1982]: Ein Sportherz kann unbedenkliche Erregungsrückbildungsstörungen aufweisen, die nach Beendigung der Laufbahn nicht mehr auftreten.				KENNTNER et al. [2006]:
	≈	AG 1	Kraft-sportler	2,7%
	≈	AG 2		5,4%
	≈	AG 1	Ausdauer-sportler	1,9%
	≈	AG 2		2,0%
	?	AG 1	Nicht-sportler	0,0%
	?	AG 2		15,0%

Inkompletter Rechtsschenkelblock

BUTSCHENKO [1967], VENERANDO und ROLLI in ISRAEL [1979 und 1982]: Der inkomplette Rechtsschenkelblock ist eine normale und unbedenkliche Erscheinung des ausdauertrainierten Herzens. Er tritt bei 10,5 % [BUTSCHENKO] bzw. 51 % [VENERANDO und ROLLI] der Ausdauersportler auf und ist Zeichen einer Rechtsherzhypertrophie.				KENNTNER et al. [2006]:
	?	AG 1	Kraft-sportler	14,0%
	?	AG 2		21,0%
	=	AG 1	Ausdauer-sportler	**32,0%**
	=	AG 2		**24,0%**
	?	AG 1	Nicht-sportler	27,6%
	?	AG 2		10,0%

Linksventrikuläre Hypertrophie (Kriterium: SOKOLOW-Index > 3,4 mV)

BUTSCHENKO [1967], BECKER und KALTENBACH [1984]:				KENNTNER et al. [2006]:
	?	AG 1	Kraft-sportler	0,0%
	?	AG 2		3,0%
Bei ausdauertrainierten Personen findet sich sehr viel häufiger ein positiver SOKOLOW-Index als bei Nichtsportlern.	=	AG 1	Ausdauer-sportler	32,0%
	=	AG 2		24,0%
	=	AG 1	Nicht-sportler	6,9%
	=	AG 2		0,0%

Sinusbradykardie

BUTSCHENKO [1967]:				KENNTNER et al. [2006]:
Bei 1,55% der Ausdauersportler beträgt die Frequenz weniger als 40 Kontraktionen pro Minute. Sie ist eine Folge der Tonuserhöhung des Vagus und Merkmal für einen guten Funktionszustand des Herzens. Trotzdem gibt es auch Ausdauer-sportler ohne sowie Kraft- und Nichtsportler mit Sinusbradykardie.	=	AG 1	Kraft-sportler	11,0%
	=	AG 2		9,0%
	=	AG 1	Ausdauer-sportler	46,8%
	=	AG 2		33,3%
	=	AG 1	Nicht-sportler	6,9%
	=	AG 2		10,0%

Trainingsbedingte Bradykardie im fortgeschrittenen Lebensalter

MELLEROWICZ [1961]:				KENNTNER et al. [2006]:
	?	AG 1	Kraft-sportler	11,0%
Regelmäßiges Ausdauertraining führt	?	AG 2		9,0%
auch noch bei Menschen	?	AG 1	Ausdauer-sportler	46,8%
fortgeschrittenen Lebensalters zu einer	=	AG 2		33,3%
Trainingsbradykardie.	?	AG 1	Nicht-sportler	6,9%
	?	AG 2		10,0%

Abhängigkeit der Bradykardie vom Trainingszustand und Alter

ISRAEL et al. [1980]:				KENNTNER et al. [2006]:
	≈	AG 1	Kraft-sportler	
Die Bradykardie ist abhängig vom	≈	AG 2		Die Bradykardie ist deutlich stärker vom
Trainingszustand, aber nicht vom	≈	AG 1	Ausdauer-sportler	Trainingszustand abhängig als vom
Alter.	≈	AG 2		Alter.
	≈	AG 1	Nicht-sportler	
	≈	AG 2		

Zusammenhang zwischen Herzgröße, Ruheherzfrequenz und Sinusbradykardie

ISRAEL [1982]:				KENNTNER et al. [2006]:
Zwar besteht eine hochsignifikant	=	AG 1	Kraft-sportler	Dasselbe Ergebnis.
negative Beziehung zwischen	=	AG 2		
Herzgröße und Ruheherzfrequenz,	=	AG 1	Ausdauer-sportler	
doch ist ein vergrößertes Herz nicht	=	AG 2		
zwingend Voraussetzung für eine	=	AG 1	Nicht-sportler	
Sinusbradykardie.	=	AG 2		

Korrelationen der Herzfunktionsparameter

			KENNTNER et al. [2006]:
	AG 1	Kraft-sportler	Signifikante Zusammenhänge bestehen insbesondere zwischen dem SOKOLOW-Index, der Bradykardie und der QT-Streckenlänge.
	AG 2		Zudem korrelieren bei den Kraftsportlern die Sinusarrhythmie und die Erregungsrückbildungsstörung mit der PQ-Strecke.
	AG 1	Ausdauer-sportler	
	AG 2		Bei den Nichtsportlern korrelieren die Erregungsrückbildungsstörung mit der QT-Strecke und der inkomplette Rechtsschenkelblock mit der QRS-Strecke.
	AG 1	Nicht-sportler	
	AG 2		Keine der erfassten Größen korreliert signifikant mit dem Lebensalter.

4.6.3 Fahrradergometrie

4.6.3.1   Herzfrequenz und Blutdruck unter definierter Belastung

Kraft- und Ausdauersportler unterscheiden sich bezüglich der **Ruhe-Herzfrequenz** bedeutend voneinander. In Altersgruppe 1 der untersuchten Probanden liegt die Ruhe-Herzfrequenz der Kraftsportler im Mittel bei 64,95 Schlägen/min, in Altersgruppe 2 bei 68,24 Schlägen/min. Ausdauersportler haben in Altersgruppe 1 56,44 Schläge/min, in Altersgruppe 2 55,39 Schläge /min. Dagegen erreichen Nichtsportler in Altersgruppe 1 69,21 Schläge/min, in Altersgruppe 2 67,90 Schläge/min. Bei einer **submaximalen Belastung von 150 Watt** haben die jüngeren Kraftsportler 138,92 Schläge/min, die Ausdauersportler liegen mit 130,13 Schlägen/min deutlich darunter, die Nichtsportler dagegen mit 146,28 Schlägen/min eindeutig darüber. In der Altersgruppe 2 zeigt sich die gleiche Tendenz.

Die Kraftsportler der Altersgruppe 1 erreichen **eine Minute nach Belastungsabbruch (maximale Belastung)** eine mittlere Herzfrequenz von 148,61 Schlägen/min, die Ausdauersportler 136,72 Schlägen/min, die Nichtsportler 145,07 Schlägen/min. Für die Altersgruppe 2 liegt der Erholungswert nach einer Minute bei den Kraftsportlern bei 136,66 Schlägen/min, bei den Ausdauersportlern bei 123,43 Schlägen/min und bei den Nichtsportlern bei 123,05 Schlägen /min. In der **dritten, fünften und siebten Minute nach der Belastung** zeigt sich alters- und sportartspezifisch die gleiche Tendenz.

Die niedrige Ruhe-Herzfrequenz der Ausdauersportler von im Mittel 56,44 Schlägen/min der Altersgruppe 1 und 55,39 Schlägen/min in der Altersgruppe 2 ist der Effekt eines regelmäßigen körperlichen Trainings und somit als Trainingsbradykardie einzustufen. Von der Trainingsbradykardie kann auf eine kardiale Adaptation bezüglich des Belastungsvermögens im Ausdauerbereich geschlossen werden, die wiederum die ökonomischen Verhältnisse der Herz-Kreislauf-Funktion dokumentiert. Dagegen weisen die Kraftsportler bezüglich der Ruhe-Herzfrequenz in beiden Altersgruppen keine signifikante trainingsinduzierte kardiale Adaptation auf. Es ist daher kaum auf eine ausgesprochene Ausdauerleistungsfähigkeit zu schließen. Bei den Kraftsportlern hat das langjährige Training allerdings die Folge, dass sich das Herz bewegungsadaptiv seine Reagibilität zumindest teilweise erhält. Die Ruhe-Herzfrequenz der Nichtsportler liegt in der vorliegenden Untersuchung im Normbereich für die entsprechenden Altersgruppen.

Die Kreislauffunktion korreliert hoch mit dem Stoffwechsel und dieser wiederum steht in direkter Beziehung zur Belastungsintensität. Die Herzfrequenz ist somit ein Maß der Belastungsverarbeitung. Ein ausgesprochenes Ausdauerleistungsvermögen ist bei den Kraftsportlern in unserer Untersuchung nicht ersichtlich. Allerdings sind positive Trainingseinflüsse auch nicht zu verkennen. Das Training umfänglicher Gruppen der Muskulatur, dem größten Stoffwechselorgan des Menschen, wirkt sich aber indirekt positiv auf die Ausdauerleistungsfähigkeit aus.

Die Zeit des Rückgangs der Herzfrequenz nach einer körperlichen Belastung ist ein Indikator dafür, wie eine motorische Belastung über ihr Ende hinaus vom Organismus verarbeitet wird, das heißt wie die gesteigerte Funktion nach Belastung zurückgeführt werden kann. Dies bedeutet, dass mit verbesserter kardiovaskulärer und allgemeiner Ausdaueranpassung der Rückführungsvorgang beschleunigt wird, was dadurch zum Ausdruck kommt, dass die Herzfrequenz relativ schnell ihrem Ruhewert zustrebt.

Abhängig von der vorangegangenen Belastung und dem Grad der Trainiertheit unserer Kraft-sportler war das Absinken der Herzfrequenz im Vergleich zu den Ausdauersportlern stark verzögert. Die Erholungswerte der Nichtsportler unterscheiden sich kaum von denen der Kraftsportler. Dies lässt auf eine mangelnde Ausdauer-Adaptation der Kraft- und Nichtsportler schließen. Auf der Grundlage unserer Erkenntnisse lässt sich sagen, dass ein lebenslanges Krafttraining die Entwicklung von Vorgängen, die der beschleunigten Herbeiführung einer Homöostase und der Erholung dienen, nicht in dem Ausmaß bewirkt, wie dies bei einem lebenslangen Ausdauertraining der Fall ist.

Unsere Ergebnisse stehen im Einklang mit den Untersuchungsergebnissen von MELLEROWICZ [1961], BRINGMANN [1974] und COOPER et al. [1977].

Bei der Betrachtung der **Blutdruckwerte** lässt sich sagen, dass die systolischen und diastoli-schen Ruhe-Blutdruckwerte sowohl beim Sportarten- als auch beim Altersvergleich keine signi-fikanten Unterschiede zeigen. Sichtbare Unterschiede treten nur im Vergleich zu den Nichtsport-lern der Altersgruppe 2 auf. Dabei ist jedoch zu bedenken, dass die systolischen und diastoli-schen Ruhe-Blutdruckwerte bei allen Kollektiven noch im Normbereich liegen, das heißt, dass der in der medizinischen Fachliteratur angegebene Grenzwert von 150/90 mmHg in unseren untersuchten Gruppen nicht überschritten wird. Es ergeben sich daher auch keine sportart- und altersspezifisch eindeutig interpretierbaren Differenzen.

Unter Belastung (submaximaler Bereich) kommt es zu dem notwendigen kontinuierlichen An-stieg der Mittelwerte des systolischen Blutdrucks bei allen untersuchten Gruppen.

Die Mittelwertunterschiede zwischen den Kraft-, Ausdauer- und Nichtsportlern sind in der Altersgruppe 1 nicht signifikant. In Altersgruppe 2 ist in beiden Sportarten der diastolische Wert im submaximalen Bereich annähernd gleich. Die Nichtsportler dagegen haben einen noch im Normbereich liegenden deutlich höheren Wert.

In der Erholungsphase ist ein Rückgang bei allen untersuchten Gruppen erkennbar. Nach sieben Minuten liegen die Werte der drei untersuchten Gruppen in Altersgruppe 1 bei ihren physio-logischen Ausgangswerten, in Altersgruppe 2 hingegen geringfügig höher.

Der arterielle Blutdruckanstieg ist von der Art und Intensität der jeweiligen Belastung abhängig. Bei der von uns angewendeten fahrradergometrischen Belastung steht ein stärkerer Krafteinsatz im Vordergrund, der neben einem Anstieg des systolischen Blutdrucks auch einen geringeren Anstieg des diastolischen Blutdrucks bedingt. Das Verhalten der Blutdruckwerte beim Vergleich der Sportartengruppen sowie im Alternsvorgang zeigt, dass bei submaximaler Belastung die Belastungsanstiege sowie die Erholungswerte altersbedingt und unabhängig von der betriebe-nen Sportart erklärt werden müssen.

Unsere Ergebnisse stimmen mit den Ergebnissen anderer Autoren (HOLLMANN [1978], ISRAEL [1982]) weitgehend überein. Allerdings fanden wir bei den Probanden unserer Altersgruppe 1 im Gegensatz zu HOLLMANN [1978] keinen niedrigeren systolischen Blutdruck bei Sportlern gegen-über Nichtsportlern.

Setzt man die beiden Funktionsgrößen Herzfrequenz und Blutdruck in Beziehung zu einer erbrachten Wattleistung, so zeigt sich an den Blutdruckkurven der Ausdauersportler in beiden Altersgruppen, dass sie die gleiche Arbeitsleistung mit eindeutig geringerer Herzleistung erbringen als die Nichtsportler. Die Kraftsportler liegen geringfügig hinter den Werten der Ausdauersportler.

Für die Kraftsportler besagt dies, dass ein regelmäßiges Krafttraining geringe Adaptations-reaktionen in der Herzarbeit erkennen lässt.

Die höheren systolischen und diastolischen Blutdruckwerte bei Belastung nebst erhöhter Herzfrequenz bei den Nichtsportlern in beiden Altersgruppen sind somit auf fehlende Anpassungen (keine sportliche Aktivität, mangelnde körperliche Belastung im Beruf, Stress, chronische Erkrankungen u.ä.) zurückzuführen.

Die auf dem Fahrradergometer ermittelte **absolute Wattleistung** nimmt bei den Kraft-, Ausdauer- und Nichtsportlern im Alternsvorgang kontinuierlich ab, bei den Kraftsportlern im Mittel um 36 Watt, bei den Ausdauer- und Nichtsportlern um 33 Watt.

In Altersgruppe 1 ist die Wattleistung der Kraftsportler im Mittel um 23,4 Watt und die der Nichtsportler um 54,7 Watt niedriger als die der Ausdauersportler. Die Altersgruppe 2 zeigt ähnliche Unterschiede. Dieser altersbedingte Rückgang ist bei allen untersuchten Gruppen statistisch signifikant.

Die **körpergewichtsbezogene Wattleistung** zeigt ebenfalls eine alters- und sportarten-spezifische Abhängigkeit. Sie ist in der Altersgruppe 1 bei den Ausdauersportlern mit 3,33 Watt/kg Körpergewicht deutlich höher als bei den Kraft- und Nichtsportlern (2,70 beziehungs-weise 2,43 Watt/kg Körpergewicht). Im Alterungsprozess nimmt jedoch die relative Watt-leistung bei allen untersuchten Gruppen hochsignifikant ab.

Zusammenfassend lässt sich sagen, dass die Kraftsportler beim Belastungstest in beiden Altersgruppen um etwa 0,6 Watt/kg Körpergewicht unter den ermittelten Werten der Ausdauersportler liegen. Der Unterschied zwischen Kraft- und Nichtsportlern ist in beiden Altersgruppen mit 0,3 Watt/kg Körpergewicht geringer. Die Kraftsportler weisen bei gleichem Blutdruck auf definierter Belastungsstufe eine höhere Herzfrequenz als die Ausdauersportler auf.

Also tritt auch bei den Kraft- und Ausdauersportlern ein mit dem Lebensalter verbundener Leistungsabfall ein. Für die körperliche Leistungsfähigkeit ist jedoch neben der Herz-Kreislauf-Funktion die optimale Funktionstüchtigkeit der Muskulatur von zentraler Bedeutung. Der Muskelanteil, bezogen auf das Gesamtkörpergewicht, verringert sich kontinuierlich mit zunehmendem Alter. Funktionell lässt die Elastizität der kontraktilen Elemente nach, die Anzahl der hellen und dunklen Fasern verringert sich.

Durch diese Veränderungen wird nicht nur die absolute Kraft und Ausdauer eines Muskels vermindert, sondern auch seine Trainierbarkeit beeinflusst. Ein regelmäßiges Training der Muskulatur kann diesem Alterungsprozess entgegenwirken. Die bei unseren untersuchten Ausdauersportlern gewonnenen Daten demonstrieren eindrucksvoll den hohen Wert eines Ausdauertrainings für die Erhaltung der Ausdauerleistungsfähigkeit im Alternsvorgang.

Aber auch bei den Kraftsportlern waren im Vergleich zu den Nichtsportlern in beiden Alters-gruppen organische Anpassungserscheinungen festzustellen.

Die Ergebnisse unserer fahrradergometrischen Untersuchung bezüglich der relativen Watt-leistungen unserer Probanden bestätigen annähernd die Ergebnisse von PROKOP und BACHL [1984] sowie BOVENS [1993].

Herzfrequenz in Ruhe

MELLEROWICZ [1961]:			KENNTNER et al. [2006]:
Auch in höherem Alter ist mit einer Trainingswirkung durch ein regelmäßiges Ausdauertraining in Form einer Absenkung der Ruheherzfrequenz zu rechnen.	= AG 1	Kraft-sportler	64,95 Schläge/min
	= AG 2		68,24 Schläge/min
	= AG 1	Ausdauer-sportler	56,44 Schläge/min
	= AG 2		55,39 Schläge/min
	= AG 1	Nicht-sportler	69,21 Schläge/min
	= AG 2		67,90 Schläge/min

Herzfrequenz bei unterschiedlichen Belastungsstufen

HOLLMANN et al. [1978]:			KENNTNER et al. [2006]:
Bis in höhere Altersstufen hinein lassen sich signifikante Trainingseffekte bezüglich der submaximalen Herzfrequenz feststellen.	= AG 1	Kraft-sportler	Bei allen submaximalen Belastungsstufen weisen die Ausdauersportler die geringste Herzfrequenz auf, die Nichtsportler hingegen die höchste.
	= AG 2		
	= AG 1	Ausdauer-sportler	
	= AG 2		
	= AG 1	Nicht-sportler	
	= AG 2		

Blutdruck und Alter

HOLLMANN et al. [1978]:			KENNTNER et al. [2006]:		
			Ruhe	150 Watt	Maximal *
Mit zunehmendem Alter steigt der systolische wie auch der diastolische Blutdruck in Ruhe, bei submaximaler und maximaler Belastung kontinuierlich an, bedingt durch den Rückgang der Elastizität der Aorta sowie durch die Zunahme des peripheren Widerstands. Dies gilt für Sportler wie auch für Nichtsportler.	≈ AG 1	Kraft-sportler	135 zu 87	190 zu 92	217 zu 96 *
	≈ AG 2		138 zu 85	199 zu 97	216 zu 99 *
	= AG 1	Ausdauer-sportler	132 zu 83	187 zu 88	226 zu 87 *
	= AG 2		141 zu 86	200 zu 95	220 zu 96 *
	= AG 1	Nicht-sportler	131 zu 88	189 zu 93	210 zu 89 *
	= AG 2		146 zu 87	220 zu 99	226 zu 92 *

* zu beachten: Die Ausbelastungsgrenze der Sportler entspricht nicht derjenigen der Nichtsportler. Alle Werte sind Durchschnittswerte.

Blutdruck und sportliche Aktivität

HOLLMANN et al. [1978]:				KENNTNER et al. [2006]:		
				Ruhe	**150 Watt**	Maximal *
Der systolische Blutdruck von	≠	AG 1	Kraft-sportler	135 zu 87	**190 zu 92**	217 zu 96 *
Sportlern ist bei vergleichbaren	=	AG 2		138 zu 85	**199 zu 97**	216 zu 99 *
Belastungsstufen niedriger als	≠	AG 1	Ausdauer-sportler	132 zu 83	**187 zu 88**	226 zu 87 *
derjenige von Nichtsportlern. Die	=	AG 2		141 zu 86	**200 zu 95**	220 zu 96 *
Differenz wird mit steigender	≠	AG 1	Nicht-sportler	131 zu 88	**189 zu 93**	210 zu 89 *
Belastung größer.	=	AG 2		146 zu 87	**220 zu 99**	226 zu 92 *

* zu beachten: Die Ausbelastungsgrenze der Sportler entspricht nicht derjenigen der Nichtsportler. Alle Werte sind Durchschnittswerte.

Absolute Wattleistung

			KENNTNER et al. [2006]:
	AG 1	Kraft-sportler	229 Watt
	AG 2		193 Watt (Rückgang um 36 Watt)
	AG 1	Ausdauer-sportler	252 Watt
	AG 2		219 Watt (Rückgang um 21 Watt)
	AG 1	Nicht-sportler	198 Watt
	AG 2		165 Watt (Rückgang um 33 Watt)

Körpergewichtsbezogene Wattleistung (1)

PROKOP und BACHL [1984]:				KENNTNER et al. [2006]:
60-jährige Ausdauersportler erreichen	?	AG 1	Kraft-sportler	2,70 Watt/kg
	?	AG 2		2,33 Watt/kg (Rückgang um 0,37 Watt)
die gleiche relative Wattleistung wie	?	AG 1	Ausdauer-sportler	3,33 Watt/kg
körperlich inaktive 30-Jährige.	≈	AG 2		2,91 Watt/kg (Rückgang um 0,42 Watt)
	≈	AG 1	Nicht-sportler	2,43 Watt/kg
	?	AG 2		2,00 Watt/kg (Rückgang um 0,43 Watt)

Körpergewichtsbezogene Wattleistung (2)

Bovens [1993]:				Kenntner et al. [2006]:
	?	AG 1	Kraft-sportler	2,70 Watt/kg
	?	AG 2		2,33 Watt/kg (Rückgang um 0,37 Watt)
Ausdauersportler über 40 Jahre errei-chen 3,3 Watt/kg. Ausdauersportler über 65 Jahre erreichen 2,6 Watt/kg.	=	AG 1	Ausdauer-sportler	3,33 Watt/kg
	=	AG 2		2,91 Watt/kg (Rückgang um 0,42 Watt)
	?	AG 1	Nicht-sportler	2,43 Watt/kg
	?	AG 2		2,00 Watt/kg (Rückgang um 0,43 Watt)

4.6.3.2 Maximale Sauerstoffaufnahme

Der charakteristische Parameter für die kardiopulmonale Leistungsfähigkeit ist die maximale Sauerstoffaufnahme.

In der Altersgruppe 1 ist die **absolute maximale Sauerstoffaufnahme** der Ausdauersportler hochsignifikant höher als diejenige der Kraft- und der Nichtsportler. Zudem liegen die Werte der Kraftsportler signifikant höher als die der Nichtsportler. In allen drei untersuchten Gruppen kommt es im Alternsvorgang zu einer Abnahme der maximalen absoluten Sauerstoffaufnahme, die bei den Ausdauer- und Nichtsportlern hochsignifikant, bei den Kraftsportlern signifikant ist.

Bei der **relativen maximalen Sauerstoffaufnahme** der Altersgruppe 1 gelten dieselben Tendenzen, jedoch ist zwischen Kraft- und Nichtsportlern kein statistisch gesicherter Unterschied zu erkennen. Im Alternsvorgang ist der Rückgang bei den Kraft- und Ausdauersportlern hochsignifikant geringer als bei den Nichtsportlern.

Beim Vergleich zwischen Kraft- und Ausdauersportlern der Altersgruppe 2 zeigen die Ausdauersportler bezüglich der absoluten maximalen Sauerstoffaufnahme nur ein geringfügig besseres Ergebnis, bei der relativen maximalen Sauerstoffaufnahme ist der Wert jedoch hochsignifikant.

Bei allen Probanden zeigt sich eine linear fallende Beziehung der absoluten und relativen maximalen Sauerstoffaufnahme vom Lebensalter insofern, als beide Werte im Alternsvorgang abfallen. Dabei besteht bei den Ausdauer- und Nichtsportlern ein hochsignifikanter, bei den Kraftsportlern ein signifikanter Zusammenhang zwischen den beiden Variablen.

Die Ausdauersportler erreichen jeweils die höchsten Mittelwerte.

In allen drei untersuchten Gruppen kann von einem altersbedingten Rückgang der beiden spiroergometrischen Parameter ausgegangen werden. Vor allem bei den Nichtsportlern ist eine verstärkte Abnahme zu beobachten. Gerade im Alter zeigen sich somit in den beiden Sportartengruppen wesentlich bessere Ergebnisse als bei den Nichtsportlern.

Astrand [1973] geht aufgrund seiner Längsschnittstudie an Nichtsportlern von einem altersbedingten Rückgang der absoluten maximalen Sauerstoffaufnahme von 1% pro Jahr ab dem dritten bis vierten Lebensjahrzehnt aus. Zu diesem Ergebnis kommt auch unsere Studie bei den Ausdauersportlern, nicht aber bei den Nichtsportlern. Shepard (in Grupe [1973]) findet für die relative maximale Sauerstoffaufnahme eine durchschnittliche Abnahme von 5 ml/min·kg pro Jahrzehnt. Auch dies kann in unserer Studie nur für die Ausdauersportler identisch beobachtet werden. Nach Hollmann und Hettinger [1980] liegt die absolute maximale Sauerstoff-aufnahme bei körperlich aktiven Männern im Alter von 60 Jahren etwa ein Drittel bis ein Viertel unter dem Maximalwert der 30-Jährigen. Dies stimmt ausschließlich mit unserem Ergebnis für die Nichtsportler überein.

Unsere Ergebnisse decken sich daher nur teilweise mit den Ergebnissen anderer Untersuchungen.

Untersuchungen von HOLLMANN [1965] zeigten, dass der Rückgang des absoluten maximalen Sauerstoffaufnahmevermögens im Alternsvorgang bei trainierten Personen geringer ist als bei körperlich Inaktiven.

HOLLMANN und BOUCHARD [1970] sind der Auffassung, dass bis zum achten Lebensjahrzehnt bei entsprechendem Training noch eine Verbesserung der absoluten maximalen Sauerstoffaufnahme möglich ist.

Nach HOLLMANN und HETTINGER [1980] bleibt bei Ausdauertrainierten die absolute maximale Sauerstoffaufnahmefähigkeit bis zum 50. Lebensjahr weitgehend konstant.

Unsere Ergebnisse bezüglich der Erhaltung dieses Parameters im Alternsvorgang sind abweichend. Bezüglich des Einflusses eines Krafttrainings auf die absolute und relative maximale Sauerstoffaufnahmefähigkeit liegen kaum Untersuchungen vor. Daher sind auch keine Vergleiche mit unseren Ergebnissen möglich.

Wenn man den Einfluss eines Kraft- beziehungsweise Ausdauertrainings auf die absolute und relative maximale Sauerstoffaufnahme vergleicht, so wird aufgrund unserer Ergebnisse deutlich, dass die positiven Auswirkungen des Krafttrainings auf das kardiopulmonale System geringer sind als beim Ausdauertraining. Ein ausdauerorientiertes Training in beiden Altersstufen bietet daher die besten Möglichkeiten, dem altersbedingten Abbau in diesem Bereich entgegenzuwirken.

Absolute VO_{2max} (1)

HOLLMANN und BOUCHARD [1970], HOLLMANN und HETTINGER [1980]:				KENNTNER et al. [2006]:	
				absolut	relativ
Bis zum 50. Lebensjahr kann die absolute maximale Sauerstoffaufnahme durch entsprechendes Training nahezu konstant gehalten werden. Selbst bei Aufnahme des Trainings nach dem 60. Lebensjahr können noch Vergrößerungen erzielt werden. Der Rückgang der VO_{2max} im Alter ist bei Sportlern geringer als bei Nichtsportlern.	=	AG 1	Kraft-sportler	3,24 l/min	39,29 ml/min·kg
	=	AG 2		2,89 l/min	34,66 ml/min·kg
	=	AG 1	Ausdauer-sportler	3,70 l/min	52,53 ml/min·kg
	=	AG 2		3,14 l/min	45,18 ml/min·kg
	=	AG 1	Nicht-sportler	2,94 l/min	36,47 ml/min·kg
	=	AG 2		2,12 l/min	25,68 ml/min·kg

Absolute VO$_{2max}$ (2)

ASTRAND [1973]:				KENNTNER et al. [2006]:
	≈	AG 1	Kraft-sportler	3,24 l/min
	≈	AG 2		2,89 l/min (Rückgang um 0,6 % pro Jahr)
Der Rückgang der absoluten VO$_{2max}$ ab dem Erwachsenenalter beträgt pro Jahr 1%.	=	AG 1	Ausdauer-sportler	3,70 l/min
	=	AG 2		3,14 l/min (Rückgang um 1,1 % pro Jahr)
	≠	AG 1	Nicht-sportler	2,94 l/min
	≠	AG 2		2,12 l/min (Rückgang um 2,0 % pro Jahr)

Absolute VO$_{2max}$ (3)

ROST [1979]:				KENNTNER et al. [2006]:
	≠	AG 1	Kraft-sportler	3,24 l/min
	≠	AG 2		2,89 l/min (Rückg. um 0,2 l/min pro Jahrzehnt)
Der Rückgang der absoluten VO$_{2max}$ ab dem Erwachsenenalter beträgt pro Jahrzehnt 0,33 l/min.	≈	AG 1	Ausdauer-sportler	3,70 l/min
	≈	AG 2		3,14 l/min (Rückg. um 0,4 l/min pro Jahrzehnt)
	≠	AG 1	Nicht-sportler	2,94 l/min
	≠	AG 2		2,12 l/min (Rückg. um 0,6 l/min pro Jahrzehnt)

Absolute VO$_{2max}$ (4)

HOLLMANN und HETTINGER [1980]:				KENNTNER et al. [2006]:
	?	AG 1	Kraft-sportler	3,24 l/min
	?	AG 2		2,89 l/min
	?	AG 1	Ausdauer-sportler	3,70 l/min
	?	AG 2		3,14 l/min
Nicht ausdauertrainierte Männer erreichen einen Durchschnittswert von 3.300 ± 200ml.	≠	AG 1	Nicht-sportler	2,94 l/min
	≠	AG 2		2,12 l/min

Relative VO$_{2max}$ (1)

SHEPARD in GRUPE [1973]:				KENNTNER et al. [2006]:
	≠	AG 1	Kraft-sportler	39,29 ml/min·kg
	≠	AG 2		34,66 ml/min·kg (Rückg. um 2,7 pro Jahrz.)
Der Rückgang der relativen VO$_{2max}$ ab dem Erwachsenenalter beträgt pro Jahrzehnt 5 ml/min·kg.	=	AG 1	Ausdauer-sportler	52,53 ml/min·kg
	=	AG 2		45,18 ml/min·kg (Rückg. um 5,3 pro Jahrz.)
	≠	AG 1	Nicht-sportler	36,47 ml/min·kg
	≠	AG 2		25,68 ml/min·kg (Rückg. um 7,7 pro Jahrz.)

Relative VO$_{2max}$ (2)

HOLLMANN und HETTINGER [1980]:				KENNTNER et al. [2006]:
Die relative VO$_{2max}$ von 60-jährigen Männern liegt 25% bis 33% unter derjenigen von 30-jährigen Männern.	≠	AG 1	Kraft-sportler	39,29 ml/min·kg
	≠	AG 2		34,66 ml/min·kg (12% niedriger)
	≠	AG 1	Ausdauer-sportler	52,53 ml/min·kg
	≠	AG 2		45,18 ml/min·kg (14% niedriger)
	=	AG 1	Nicht-sportler	36,47 ml/min·kg
	=	AG 2		25,68 ml/min·kg (30% niedriger)

Relative VO$_{2max}$ (3)

ROST und HOLLMANN [1982]:				KENNTNER et al. [2006]: (AG 1 = 31 bis 49 Jahre)
Die relative VO$_{2max}$ von Männern im dritten Lebensjahrzehnt liegt bei 42 ± 3 ml/min·kg.	?	AG 1	Kraft-sportler	39,29 ml/min·kg
	?	AG 2		34,66 ml/min·kg
	?	AG 1	Ausdauer-sportler	52,53 ml/min·kg
	?	AG 2		45,18 ml/min·kg
	?	AG 1	Nicht-sportler	36,47 ml/min·kg
	?	AG 2		25,68 ml/min·kg

4.6.4 Serologie

4.6.4.1 Fettstoffwechsel

Die Mittelwerte des **Gesamtcholesterinspiegels** der drei untersuchten Gruppen sowie der entsprechenden Altersgruppen weichen wenig voneinander ab. Den niedrigsten Mittelwert haben die Ausdauersportler der Altersgruppe 1 (210,40 mg/dl), den höchsten die Kraftsportler der Altersgruppe 2 (230,33 mg/dl). Die Nichtsportler haben in Altersgruppe 1 einen Wert von 212,25 mg/dl, in Altersgruppe 2 dagegen liegt der Wert im Mittel bei 226,58 mg/dl. Bei allen drei untersuchten Gruppen ist die Tendenz zu einer Erhöhung im Alternsvorgang zu beobachten.

Die Tatsache, dass der Fettanteil am Gesamtkörpergewicht einen Faktor darstellt, der den Gesamtcholesterinspiegel beeinflussen kann, wird in unserer Untersuchung durch die höheren Mittelwerte der Kraftsportler gegenüber den Ausdauer- und Nichtsportlern belegt. Auch ernährungsbedingte Einflüsse können die höheren Cholesterinwerte bei unseren Kraftsportlern miterklären. Sie ernähren sich eher eiweiß- und fettreich. Ausdauersportler hingegen verzehren mehr kohlehydrat- und balaststoffreiche Kost.

Unsere absoluten Werte decken sich mit den Angaben anderer Autoren (ALTEKRUSE und WILMORE [1973], DUFAUX et al. [1979]). Die bisherigen Forschungsergebnisse über den Einfluss eines körperlichen Trainings auf den Gesamtcholesterinspiegel sind jedoch uneinheitlich. Unsere

Ergebnisse weisen eindeutig auf eine Verbesserung der Werte, zum Beispiel beim Vergleich von Ausdauer- und Nichtsportlern in den entsprechenden Altersklassen, hin. Auch AKGÜN et al. [1972] und TAYLOR et al. [1973] stellten ein Absinken des Gesamtcholesterinspiegels durch Ausdauertraining fest. Im Gegensatz dazu berichten MANN et al. [1969] und WOOD et al. [1977] von keinen signifikanten Einflüssen eines Ausdauertrainings auf den Gesamtcholesterinspiegel. MOSER [1978] wies nach, dass ein eindeutiges Absinken des Gesamtcholesterinspiegels nur dann erfolgt, wenn das Training mit gleichzeitiger Gewichtsreduktion oder spezieller Ernährungs-änderung kombiniert wird.

Die Mittelwerte des **HDL-Cholesterinspiegels** der Kraft- und Ausdauersportler waren in unserer Untersuchung in den beiden Altersgruppen deutlich höher als die der Nichtsportler. Im Alternsvorgang wurde eine Tendenz der Erhöhung bei den Ausdauersportlern sichtbar. Bei den Kraft- und Nichtsportlern war der Anteil der HDL-Cholesterinfraktion im Alternsvorgang dagegen geringer.

Zahlreiche Längs- und Querschnittuntersuchungen bestätigen den Zusammenhang zwischen HDL-Cholesterinkonzentration und körperlichem Training (WOOD et al. [1977], ALTEKRUSE und WILMORE [1973]).

Jedoch beschäftigen sich die meisten Autoren aufgrund der bekannten adaptiven Veränderungen der am Energiestoffwechsel beteiligten Substrate und Hormone ausschließlich mit den einherge-henden objektiven Anpassungserscheinungen der Lipoproteine bei aeroben Belastungsformen sowie deren Einfluss auf die Veränderungen des HDL-Cholesterins. Dabei weichen die gewonnenen Daten in der Literatur oft stark voneinander ab. So liegen beispielsweise die Werte der Kraftsportler unserer Untersuchung deutlich über den von BERG und KEUL [1980] ermittelten Daten, im Vergleich zu den von ENGER et al. [1977] gewonnenen Werten jedoch darunter. Auch die HDL-Cholesterinwerte unserer Ausdauersportler liegen unter den Werten von ENGER et al. [1977]. Dagegen stimmen die Werte für unsere Nichtsportler mit den Werten der beiden genannten Autoren überein.

Die höchsten Mittelwerte des HDL-Cholesterins wurden bei unseren Ausdauersportlern in beiden Altersgruppen festgestellt. Die Kraftsportler lagen in Altersgruppe 1 geringfügig, in Altersgruppe 2 beträchtlich darunter. Die niedrigsten HDL-Cholesterinwerte waren bei den Nichtsportlern festzustellen. Durch die hohen HDL-Werte der Ausdauersportler (>55 mg/dl in beiden Altersgruppen), die ihre Trainingsbetonung deutlich auf die Ausdauerkomponente legen, scheint sich die Auffassung zu bestätigen, dass in erster Linie ein Ausdauertraining zu zentralen und peripheren Adaptationen führt und wahrscheinlich durch diese Trainingsart ein äußerst positiver Einfluss auf den Lipidstatus zu erwarten ist. Der in unserer Untersuchung günstige HDL-Cholesterinwert scheint ein Ausdauertraining sowohl in Altersgruppe 1 als auch in Altersgruppe 2 besonders empfehlenswert zu machen. Bei den in unserer Untersuchung für die Ausdauersportler in beiden Altersgruppen gefundenen durchschnittlichen HDL-Cholesterin-werten besteht nach THOMAE [1983] kein Erkrankungsrisiko.

Der Mittelwert des **LDL-Cholesterins** betrug bei den Kraftsportlern der Altersgruppe 1 153,72 mg/dl, in Altersgruppe 2 150,35 mg/dl. Mit zunehmendem Alter nehmen die Werte für diese Probanden demnach etwas ab. Bei den Ausdauersportlern liegen sie in beiden Altersgruppen ähnlich hoch, nur ist bei ihnen ein Anstieg im Alternsvorgang zu beobachten. Bei den Nichtsportlern betrug der Mittelwert in der Altersgruppe 1 131,35 mg/dl, in Altersgruppe 2 153,52 mg/dl. Somit ist auch für diese Probanden ein Anstieg im Alternsvorgang zu erkennen. Er fällt deutlich stärker aus als der Anstieg bei den Ausdauersportlern.

Der Serumspiegel des LDL-Cholesterins wird auch in der Literatur als mit zunehmendem Alter ansteigend beschrieben (BERG [1983]). Dies stimmt mit unseren Ergebnissen bei den Nicht- und Ausdauersportlern überein.

In Übereinstimmung mit anderen Studien (ENGER et al. [1977], BERG [1983]) wurden auch in unserer Untersuchung nur geringe Unterschiede zwischen Nichtsportlern und Ausdauersportlern festgestellt. Die LDL-Cholesterinkonzentration der Kraftsportler war allerdings im Vergleich mit den Ausdauersportlern deutlich höher. Erhöhte LDL-Cholesterinwerte zwischen 150 und 190 mg/dl gelten als mäßiges, Werte über 190 mg/dl als hohes Risiko für die Entstehung von Herz-Kreislauf-Erkrankungen.

Wenn auch der Einfluss eines Ausdauertraining auf die absolute Größe der LDL-Cholesterin-werte widersprüchlich eingeschätzt wird, so spricht doch der geringe prozentuale Anteil unserer untersuchten Ausdauersportler im oberen Referenzbereich dafür, ein Ausdauertraining hinsicht-lich der Wirkung auf die LDL-Cholesterinkonzentration besonders zu empfehlen.

Die durchschnittlichen **Triglyzeridwerte** sind bei unseren drei untersuchten Gruppen sehr verschieden. Die höchsten Werte zeigen in beiden Altersgruppen die Nichtsportler, gefolgt von den Kraftsportlern. Die niedrigsten Werte wurden bei den Ausdauersportlern in beiden Altersgruppen gefunden. Die Triglyzeridwerte stiegen bei den Kraftsportlern im Altersvorgang deutlich an, bei den Ausdauersportlern war eine leichte Absenkung erkennbar. Bei den Nichtsportlern sind die Werte in beiden Altersgruppen unverändert hoch.

Beim Vergleich mit anderen Autoren (WOOD et al. [1977]) liegen unsere Triglyzeridwerte in allen untersuchten Gruppen hoch. Sie weichen von den Normbereichen (74 bis 172 mg/dl) nach HEYDEN [1974] beträchtlich ab. So liegen unsere ermittelten Werte von 245 mg/dl für die Nichtsportler der Altersgruppe 1 beträchtlich über dem von THOMAS [1988] angegebenen Risikowert von 200 mg/dl. Für die Kraftsportler der Altersgruppe 2 wurde ein Durchschnittswert von 210,69 mg/dl ermittelt, womit diese Gruppe ebenfalls im Risikobereich einzuordnen ist.

Andererseits ist der große Anteil unserer älteren Ausdauersportler mit Triglyzeridwerten unter 150 mg/dl hervorzuheben, so dass für diesen Probandenkreis, in Übereinstimmung mit allen Forschungsergebnissen, die Aussage zutrifft, dass ein Ausdauertraining, vorwiegend mit aerober Energiebereitstellung, den Triglyzeridspiegel im Blutserum senkt.

Einfluss von Ausdauertraining auf den Gesamtcholesterinspiegel (1)

MANN et al. [1969], WOOD et al. [1977]:				KENNTNER et al. [2006]:
	?	AG 1	Kraft-sportler	227,45 mg/dl
	?	AG 2		230,33 mg/dl
Ausdauertraining führt zu keinen oder nur sehr geringen Auswirkungen auf den Gesamtcholesterinspiegel.	≈	AG 1	Ausdauer-sportler	**210,40 mg/dl**
	≈	AG 2		**222,72 mg/dl**
	?	AG 1	Nicht-sportler	212,25 mg/dl
	?	AG 2		226,58 mg/dl

Einfluss von Ausdauertraining auf den Gesamtcholesterinspiegel (2)

AKGÜN et al. [1972], TAYLOR et al. [1973], DUFAUX et al. [1979], ALTEKRUSE und WILMORE [1973]:				KENNTNER et al. [2006]:
	?	AG 1	Kraft-sportler	227,45 mg/dl
	?	AG 2		230,33 mg/dl
Ausdauertraining führt zu einem Absinken des Gesamtcholesterin-spiegels. Nach ALTEKRUSE von 224 mg/dl auf 200 mg/dl.	≈	AG 1	Ausdauer-sportler	**210,40 mg/dl**
	≈	AG 2		**222,72 mg/dl**
	?	AG 1	Nicht-sportler	212,25 mg/dl
	?	AG 2		226,58 mg/dl

Einfluss von Ausdauertraining auf den Gesamtcholesterinspiegel (3)

DUFAUX et al. [1979]:				KENNTNER et al. [2006]:
	?	AG 1	Kraft-sportler	227,45 mg/dl
	?	AG 2		230,33 mg/dl
Die Cholesterinwerte jüngerer Ausdauer- und Nichtsportler unterscheiden sich nicht voneinander. Die älteren Ausdauersportler haben signifikant niedrigere Werte.	=	AG 1	Ausdauer-sportler	**210,40 mg/dl**
	≈	AG 2		**222,72 mg/dl**
	=	AG 1	Nicht-sportler	212,25 mg/dl
	≈	AG 2		226,58 mg/dl

Einfluss von Ausdauertraining auf den HDL-Wert (high density lipoprotein) (1)

ALTEKRUSE und WILMORE [1973]: Anstieg von 36,9 auf 55,5 mg/dl (10 Wochen Training)				KENNTNER et al. [2006]:
	?	AG 1	Kraft-sportler	55,55 mg/dl
LOPEZ et al. [1974]: Anstieg von 57 auf 66,4 mg/dl (7 Wochen Training)	?	AG 2		50,22 mg/dl
WOOD et al. [1977]: Anstieg von 43 auf 64 mg/dl (Nichtsportler vgl. mit Ausd.-sportl.)	≈	AG 1	Ausdauer-sportler	55,24 mg/dl
	≈	AG 2		60,46 mg/dl
ENGER et al. [1977]: Anstieg auf 64 mg/dl (41-Jährige)	≈	AG 1	Nicht-sportler	44,75 mg/dl
	≈	AG 2		46,43 mg/dl

Einfluss der Sportart auf den HDL-Wert im Alterungsvorgang (2)

BERG [1980 / 1983]:				KENNTNER et al. [2006]:
Ausdauersportler haben im Gegensatz zu Kraftsportlern höhere HDL-Werte als Nichtsportler, insbesondere in fortgeschrittenem Lebensalter.	≠	AG 1	Kraft-sportler	55,55 mg/dl
	≠	AG 2		50,22 mg/dl
	=	AG 1	Ausdauer-sportler	55,24 mg/dl
	=	AG 2		60,46 mg/dl
	=	AG 1	Nicht-sportler	44,75 mg/dl
	=	AG 2		46,43 mg/dl

Einfluss von Ausdauertraining auf den LDL-Wert (low density lipoprotein) (1)

LOPEZ et al. [1974]:				KENNTNER et al. [2006]:
	?	AG 1	Kraft-sportler	153,72 mg/dl
	?	AG 2		150,35 mg/dl
Ausdauertraining (7 Wochen) führt zu einem Rückgang des LDL-Wertes von 169 mg/dl auf 162 mg/dl.	≠	AG 1	Ausdauer-sportler	134,39 mg/dl (3,04 mg/dl mehr als N-Sp.)
	≈	AG 2		140,98 mg/dl (12,54 mg/dl wenig. als N-Sp.)
	?	AG 1	Nicht-sportler	131,35 mg/dl
	?	AG 2		153,52 mg/dl

Einfluss der Sportart auf den LDL-Wert im Alterungsvorgang (2)

BERG [1980 / 1983]:				KENNTNER et al. [2006]:
Der alterungsbedingte Anstieg des LDL-Wertes kann in allen Gruppen festgestellt werden. Er ist bei den Kraftsportlern auffallend hoch.	≠	AG 1	Kraft-sportler	153,72 mg/dl
	≠	AG 2		150,35 mg/dl
	=	AG 1	Ausdauer-sportler	134,39 mg/dl
	=	AG 2		140,98 mg/dl
	=	AG 1	Nicht-sportler	131,35 mg/dl
	=	AG 2		153,52 mg/dl

Einfluss von Ausdauertraining auf die Triglyzeride

DUFAUX et al. [1982], CARLSON und MOSSFELDT [1964], KEUL et al. [1970]:				KENNTNER et al. [2006]:
	?	AG 1	Kraft-sportler	179,41 mg/dl
	?	AG 2		210,69 mg/dl
Ausdauertraining führt zu einem Rückgang des Triglyzeridspiegels.	=	AG 1	Ausdauer-sportler	141,76 mg/dl
	=	AG 2		131,61 mg/dl
	=	AG 1	Nicht-sportler	245,00 mg/dl
	=	AG 2		221,70 mg/dl

4.6.4.2 Eiweißstoffwechsel

Die Untersuchung des Eiweißstoffwechsels umfasst die Parameter Harnstoff, Harnsäure und Kreatinin.

Die **Harnstoff**-Mittelwerte der Nichtsportler sind mit 34,00 mg/dl in Altersgruppe 1 und mit 37,50 mg/dl in Altersgruppe 2 vor allem in letzterer deutlich niedriger als diejenigen der Kraftsportler (37,76 mg/dl und 40,00 mg/dl) und die der Ausdauersportler (37,39 mg/dl und 41,11 mg/dl). Die Mittelwerte der Nichtsportler nehmen im Alternsvorgang signifikant um 3,5 mg/dl zu. Die Harnstoffmittelwerte der Kraftsportler erhöhen sich im Alternsvorgang dagegen nur um 2,2 mg/dl, während die Ausdauersportler den höchsten Anstieg um 3,7 mg/dl aufweisen. Somit stehen unsere Ergebnisse im Einklang mit FABIAN [1987], der ebenfalls im Alternsvorgang einen Anstieg der Serum-Harnstoffwerte beobachtete. Bei starker Belastung kommt es ebenfalls zu einem Anstieg der Harnstoffwerte, bei geringerer Belastung dagegen zu einer Absenkung. Werte über 50 mg/dl werden als kritisch angesehen. Sie können also einerseits eine Folge von Übertraining sein, andererseits führen aber auch Ernährungseinflüsse zu einem Anstieg. So ist bei Kraftsportlern von einem Anstieg auszugehen, da sich diese eiweißreicher ernähren als Ausdauersportler, die eher kohlehydratreiche Ernährung bevorzugen. Schließlich hat die aktive Körpersubstanz (Muskulatur), die beispielsweise bei unseren untersuchten Kraftsportlern größer war als bei den Ausdauer- und Nichtsportlern, einen positiven Einfluss auf den Harnstoffspiegel. Dementsprechend haben auch die Nichtsportler in unserer Untersuchung den niedrigsten Harnstoff-Mittelwert entsprechend ihrer niedrigen aktiven Körpersubstanz. Signifikante Unterschiede zwischen der Gruppe der Kraftsportler und der Ausdauersportler konnten jedoch nicht ermittelt werden. Beim Gesamtvergleich der drei untersuchten Gruppen haben die Ausdauersportler den höchsten Harnstoff-Mittelwert, es folgen die Kraftsportler und letztlich mit dem niedrigsten Wert die Nichtsportler. Die Ergebnisse unserer Untersuchung stimmen mit denen von AIGNER [1985] und FORGRO [1983] überein.

Die **Harnsäure**-Mittelwerte der Nichtsportler sind hochsignifikant höher als diejenigen der Ausdauersportler und signifikant höher als die der Kraftsportler. Die Harnsäure-Mittelwerte der Kraftsportler steigen im Alternsvorgang nur sehr geringfügig von 5,46 mg/dl auf 5,56 mg/dl an. Der Anstieg bei den Ausdauersportlern ist von 4,84 mg/dl auf 5,30 mg/dl mäßig. Bei den Nichtsportlern sinkt die durchschnittliche Harnsäurekonzentration von 6,10 mg/dl in Altersgruppe 1 auf 6,00 mg/dl in Altersgruppe 2 geringfügig.

Bei Werten über 7,00 mg/dl spricht man von einer Hyperurikämie, und das Risiko, an **Gicht** zu erkranken, steigt stark an. Nach den Ergebnissen unserer Untersuchung leiden 27,3% der Nichtsportler an Gicht, wobei sich die Zahl der Erkrankungen zwischen Altersgruppe 1 und Altersgruppe 2 um das 8,5-fache erhöht. In der Gruppe der Ausdauersportler leiden 9,8%, in der Gruppe der Kraftsportler nur 5,9% an Gicht.

Die Forschungsergebnisse über den Einfluss des körperlichen Trainings auf den Harnsäurewert sind uneinheitlich. Bei steigendem Trainingsumfang kann es zu einem Anstieg der Harnsäurewerte kommen, aber es wurden auch niedrigere Harnsäurewerte, ausgelöst durch intensives Training, beobachtet (FABIAN [1987]). Fehlernährung, besonders zu hoher Kohlehydratkonsum, kann ebenfalls zu einem Anstieg der Harnsäurewerte führen. Anderseits kann es auch durch extremes Fasten zu einem Anstieg der Harnsäure kommen, und zwar bedingt durch endogene Purinbildung, die durch den Abbau von körpereigenem Eiweiß hervorgerufen wird. Dieser Vorgang findet jedoch eher selten statt. FABIAN [1987] zeigte, dass regelmäßiges körperliches Training eine Veränderung des Serum-Harnsäurewertes sowohl im Sinne eines Anstiegs als auch eines Abfalls bewirken kann.

Unsere Untersuchungen ergeben jedoch eindeutig, dass Nichtsportler einen hochsignifikant höheren Harnsäure-Mittelwert besitzen als die Ausdauersportler und einen signifikant höheren als die Kraftsportler. Diese Tatsache spricht dafür, dass Ausdauertraining, aber auch Krafttraining, empfehlenswert ist zur Absenkung der Harnsäurewerte und damit zur Prävention der Hyperurikämie beziehungsweise der Gichterkrankung mit den damit verbundenen Gelenkversteifungen.

Die Serum-**Kreatininwerte** der Kraftsportler sind in unserer Untersuchung hochsignifikant höher als die der Ausdauersportler. Signifikant sind die Unterschiede zwischen jüngeren Ausdauer- und jüngeren Nichtsportlern (0,96 mg/dl zu 1,05 mg/dl). Im Alternsvorgang steigen die Werte der Kraftsportler von 1,10 mg/dl auf 1,17 mg/dl, die der Ausdauersportler von 0,96 mg/dl auf 1,01 mg/dl an. Demgegenüber fällt bei den Nichtsportlern das Serum-Kreatinin im Alter geringfügig ab (von 1,05 mg/dl auf 1,04 mg/dl).

Die Serum-Kreatininwerte geben unter anderem Auskunft über die Arbeitsweise (Filtrationsfähigkeit) der Niere und damit gleichzeitig über deren gegenwärtigen Funktionszustand.

Die Homöostase des Kreatinin-Stoffwechsels wird von der Muskelmasse, dem Trainingszustand sowie dem Lebensalter beeinflusst. Somit könnte die größere Muskelmasse unserer Kraftsportler ihren höheren Kreatininwert erklären, da Kreatinin ein Produkt des Muskelstoffwechsels ist. Über den Einfluss körperlichen Trainings auf den Serum-Kreatininwert liegen nur wenige Ergebnisse vor. SCHUSTER, NEUMANN und BUHL [1979] beschrieben einen Anstieg des Kreatinins im Verlauf eines Trainingsjahres. Nach THOMAS [1988] ändert sich der Kreatininwert alternsbedingt jedoch kaum. Der Referenzbereich für Männer liegt vor dem 50. Lebensjahr zwischen 0,84 und 1,25 mg/dl. Danach liegt er zwischen 0,81 und 1,44 mg/dl.

Unsere Ergebnisse decken sich mit den Ergebnissen von SCHUSTER, NEUMANN und BUHL [1979] nur für die Kraftsportler. Bei den Ausdauersportlern ergab unsere Messung niedrigere Serum-Kreatininwerte als bei den Nichtsportlern.

AIGNER [1985] kam zu dem Ergebnis, dass die Serum-Kreatinin-Werte von Kraftsportlern höher sind als diejenigen von Ausdauer- und Nichtsportlern. Diese Feststellung konnte in unserer Untersuchung bestätigt werden.

Einfluss sportlicher Aktivität und Lebensalter auf den Serum-Harnstoffwert (1)

LORENZ UND GERBER [1979], HOLLMANN ET AL. [1980], FORGRO [1983], AIGNER [1985]: Durch körperliches Training kann sich der Serum-Harnstoff-Ruhewert auf einem höheren Niveau einpegeln, abhängig von Intensität und Umfang des Trainings. Die Veränderungen sind bei älteren Personen deutlicher, die Rückkehr zur Norm dauert länger als bei jüngeren.				KENNTNER et al. [2006]:
	=	AG 1	Kraft-sportler	37,76 mg/dl
	=	AG 2		40,00 mg/dl
	=	AG 1	Ausdauer-sportler	37,39 mg/dl
	=	AG 2		41,11 mg/dl
	=	AG 1	Nicht-sportler	34,00 mg/dl
	=	AG 2		37,50 mg/dl

Einfluss sportlicher Aktivität und Lebensalter auf den Serum-Harnstoffwert (2)

FABIAN [1987]: Leichtes Freizeittraining bewirkt eine Absenkung der Ruhewerte. Leistungs-sport bedingt einen Anstieg, der bis in pathologische Bereiche hinein reichen kann. Die Werte von Männern liegen im Allgemeinen zwischen 23 und 44 mg/dl. Mit zunehmendem Alter kommt es zu einem Anstieg der Ruhewerte sowie zu verlangsamter Rückkehr zum Normalwert nach einer Belastung.				KENNTNER et al. [2006]:
	=	AG 1	Kraft-sportler	37,76 mg/dl
	=	AG 2		40,00 mg/dl
	=	AG 1	Ausdauer-sportler	37,39 mg/dl
	=	AG 2		41,11 mg/dl
	=	AG 1	Nicht-sportler	34,00 mg/dl
	=	AG 2		37,50 mg/dl

Einfluss sportlicher Aktivität auf den Serum-Harnsäurewert (1)

CRONAU et al. [1972]: Körperliches Training führt langfristig zu einem Absinken des Harnsäurespiegels.				KENNTNER et al. [2006]:
	=	AG 1	Kraft-sportler	5,46 mg/dl
	=	AG 2		5,56 mg/dl
	=	AG 1	Ausdauer-sportler	4,84 mg/dl
	=	AG 2		5,30 mg/dl
	=	AG 1	Nicht-sportler	6,10 mg/dl
	=	AG 2		6,00 mg/dl

Einfluss sportlicher Aktivität auf den Serum-Harnsäurewert (2)

FABIAN [1987]: Regelmäßiges körperliches Training kann eine Veränderung des Serum-Harnsäurewertes sowohl im Sinne eines Anstiegs als auch eines Abfalls bewirken.				KENNTNER et al. [2006]:
	≠	AG 1	Kraft-sportler	5,46 mg/dl
	≠	AG 2		5,56 mg/dl
	≠	AG 1	Ausdauer-sportler	4,84 mg/dl
	≠	AG 2		5,30 mg/dl
	≠	AG 1	Nicht-sportler	6,10 mg/dl
	≠	AG 2		6,00 mg/dl

Einfluss sportlicher Aktivität auf den Serum-Kreatininwert (1)

PORZOLT et al. [1973]:				KENNTNER et al. [2006]:
Der Serum-Kreatininwert steigt während der sportlichen Belastung schnell an, fällt aber auch rasch wieder ab. Die Werte von Sportlern liegen im Normbereich.	≈	AG 1	Kraft-sportler	1,10 mg/dl
	≈	AG 2		1,17 mg/dl
	≈	AG 1	Ausdauer-sportler	0,96 mg/dl
	≈	AG 2		1,01 mg/dl
	≈	AG 1	Nicht-sportler	1,05 mg/dl
	≈	AG 2		1,04 mg/dl

Einfluss sportlicher Aktivität auf den Serum-Kreatininwert (2)

SCHUSTER, NEUMANN und BUHL [1979]:				KENNTNER et al. [2006]:
Mit zunehmender Trainingsbelastung und Leistungsfähigkeit steigen die Serum-Kreatininwerte von Kraftaus-dauer- und Ausdauersportlern in Ruhe an.	=	AG 1	Kraft-sportler	1,10 mg/dl
	=	AG 2		1,17 mg/dl
	≠	AG 1	Ausdauer-sportler	0,96 mg/dl
	≠	AG 2		1,01 mg/dl
	=	AG 1	Nicht-sportler	1,05 mg/dl
	=	AG 2		1,04 mg/dl

Einfluss sportlicher Aktivität auf den Serum-Kreatininwert (3)

AIGNER [1985]:				KENNTNER et al. [2006]:
Die in Ruhe gemessenen Werte von Kraftsportlern sind höher als diejenigen von Ausdauer- und Nichtsportlern.	=	AG 1	Kraft-sportler	1,10 mg/dl
	=	AG 2		1,17 mg/dl
	=	AG 1	Ausdauer-sportler	0,96 mg/dl
	=	AG 2		1,01 mg/dl
Grundsätzlich liegen die Werte von Sportlern im Normbereich, vereinzelt sind sie erhöht.	=	AG 1	Nicht-sportler	1,05 mg/dl
	=	AG 2		1,04 mg/dl

Einfluss des Lebensalters auf den Serum-Kreatininwert

THOMAS [1988]:				KENNTNER et al. [2006]:
Der Serum-Kreatininwert einer Person unterliegt über längere Zeit kaum Schwankungen. Vor dem 50. Lebensjahr finden sich bei den verschiedenen männlichen Probanden Werte zwischen 0,84 und 1,25 mg/dl. Danach liegen sie zwischen 0,81 und 1,44 mg/dl.	=	AG 1	Kraft-sportler	1,10 mg/dl
	=	AG 2		1,17 mg/dl
	=	AG 1	Ausdauer-sportler	0,96 mg/dl
	=	AG 2		1,01 mg/dl
	=	AG 1	Nicht-sportler	1,05 mg/dl
	=	AG 2		1,04 mg/dl

5   Ausblick

Bedeutsame Veränderungen der durchschnittlichen Lebenserwartung und Lebensqualität in den so genannten Industrieländern machen es notwendig, das Problem der physischen und psychischen Leistungsfähigkeit, die Gesunderhaltung, in das Zentrum der Beobachtung und Untersuchung zu stellen.

Die gerontologische Literatur weist zum Zeitpunkt der vorliegenden Untersuchung in Bezug auf relevante Fragestellungen und Probleme beträchtliche Lücken auf. Die demographische Kurve, nicht nur die für Deutschland geltende, zeigt, dass altersangepasste Fitness- und Gesundheitsprogramme in präventiver und rehabilitativer Form entwickelt werden müssen. Denn die Menschen werden zwar im Durchschnitt älter, ein großer Teil ist aber frühzeitig krank und auf ständige medizinische Versorgung angewiesen. Neben dem Verlust an persönlicher Lebensqualität bedeutet dies zudem eine finanzielle Belastung des Gesundheitswesens.

Eines muss an dieser Stelle besonders hervorgehoben werden. Faustregeln oder gar in Illustrierten angepriesene Fitnessprogramme dürfen für die systematische Planung und Durchführung sportlicher Aktivitäten nicht zur Anwendung kommen. Eine individuelle ärztliche Voruntersuchung und eine kontinuierliche Betreuung sind nicht nur empfehlenswert, sondern unbedingt notwendig. Überforderung kann, wenn auch mit anderen Folgen, ebenso gesundheitsschädlich sein wie Bewegungsmangel beziehungsweise abrupte Inaktivität. Das gilt für den Anfänger genauso wie für den Leistungssportler, für den jungen Menschen wie für den älteren, ob weiblich oder männlich. Ein laienhaft trainierter Muskel kann durch ungewohnte Belastung dauerhaft geschädigt werden. Tragisch ist es dann in besonderem Maße, wenn es sich um einen lebenswichtigen Muskel handelt, nämlich um den Herzmuskel. Im Vordergrund sollte immer die Gesunderhaltung stehen, was im sportlichen Bereich zunächst grundsätzlich bedeutet, dass eine individuell differenzierte kardiopulmonale Belastung bei aerober Energiegewinnung mit kontrollierter Leistungssteigerung anzustreben ist.

Falsch und unverantwortlich wäre es, die sportliche Betätigung nur den Senioren anzuraten. Denn bereits bei der Einschulung sind jeder dritte Junge und jedes vierte Mädchen übergewichtig. Alarmierend sind frühzeitige Diabeteserkrankungen, Stoffwechselstörungen, Bluthochdruck und orthopädische Schäden, insbesondere im Wirbelsäulenbereich. Dazu kommen weiterhin psychosoziale Beeinträchtigungen, da die von Mitschülern stigmatisierten Kinder in Folge dessen häufig den Schulsport verweigern, sich isolieren und isoliert werden, den Anforderungen nicht nur in physischer Hinsicht nicht genügen können und häufig zu Außenseitern werden.

Psychische Komponenten können auch im Erwachsenenbereich eine Rolle spielen. Im Seniorensport ist häufig zu beobachten, dass Sportler im Anfängerstadium des Trainings gruppendynamischen Prozessen unterliegen, sich physisch überfordern und sich damit in gesundheitlicher Hinsicht gefährden. Es ist also unbedingt darauf zu achten, dass leistungsdifferenzierte und altersangepasste Aufgaben von einer Fachkraft erstellt beziehungsweise vom Sportler erfüllt werden. Ungeniertes Befragen kompetenter Trainer und Ärzte hilft, Fehler und Fehlentwicklungen zu vermeiden, falscher Ehrgeiz oder Gleichgültigkeit bewirken das Gegenteil.

Eine weitere Komponente muss jeder Sportler in den engen Betrachtungswinkel einbeziehen, nämlich die technische. Sie bezieht sich zum einen auf die richtige und biomechanisch angemessene Durchführung des Übungsangebotes. Zum anderen steht die technische Ausrüstung, was die Auswahl der Sportkleidung und Geräte anbetrifft, im Zentrum der

Trainingsplanung. So können zum Beispiel eine über einen langen Zeitraum technisch fehlerhaft gehobene Hantel oder schlechte Laufschuhe irreparable orthopädische Schäden verursachen.

Schließlich darf nicht unerwähnt bleiben, dass sich junge wie alte Menschen einer ständigen geistigen Herausforderung stellen und einen sozialen Kontext schaffen sollten. Diese beiden Aspekte bereiten Freude und Abwechslung. Auch erhalten sie die Neugier, was wiederum zu Wohlgefühl und dadurch auch zu einer besseren Gesundheit führen kann. Wissenschaftlich fundierte Kombinationsprogramme mit dieser Zielorientierung sind zu entwickeln und bereits vorhandene zu optimieren. Diese Studie kann als ein bescheidener Beitrag verstanden werden, relevante Daten und Anregungen für solche Aktionsprogramme im Seniorensport zu liefern.

6   Empfehlungen

Bei aller Ergänzungsbedürftigkeit dieser und anderer Untersuchungen lassen sich doch eine Reihe konkreter **Schlussfolgerungen** ziehen, die den Angehörigen einer bestimmten Gruppe als Hinweise und Hilfen dienen können. Sie sollen im Folgenden kurz aufgeführt werden.

Was kann beispielsweise ein Erwachsener im mittleren Alter (30 bis 50 Jahre), der keine spezielle Sportart betreibt, aber als **Freizeitsportler** leistungsfähig und gesund ist, tun, um auch seine Fitness bis ins spätere Erwachsenenalter hinein (50 bis 70 Jahre und darüber) zu erhalten?

Ihm sind Übungen für das Skelett, die Muskulatur, den Kreislauf und die Reaktionsfähigkeit anzuraten. Für das Skelett empfehlen sich Gymnastik und leichte Belastung mit Geräten, für den Kreislauf Jogging oder Walking, für die Muskulatur leichtes Hanteltraining, für die Koordination empfehlen sich Ballspiele und Balance-Übungen und für die Reaktionsfähigkeit und Reflex-schulung Spielformen wie zum Beispiel Tischtennis. Besonders für die genannten Übungen an Geräten kann der Besuch eines Fitness-Studios angeraten werden.

Was ist einem **Leistungssportler**, der seine spezielle Laufbahn beendet, für den Übergang zu allgemeiner sportlicher Betätigung anzuraten?

Die Beantwortung dieser Frage hängt natürlich von der Art des vorher betriebenen Leistungs-sports ab. War der Betreffende **Ausdauersportler**, sollte er mit Laufen beziehungsweise Jogging oder Skilanglauf fortfahren, allerdings dabei auf kürzere und auch in der Geschwindigkeit reduzierte Belastung achten. Der massiger gebaute **Kraftsportler** sollte ein für die Erhaltung der Muskulatur mäßiges Hanteltraining und für den Kreislauf beispielsweise Radfahren betreiben. Für beide kommen als Ausgleich Schwimmen und Spiele, wie zum Beispiel Faustball oder auch Golf in Betracht. Letzteres wird neuerdings besonders häufig von ehemaligen Leistungssportlern der verschiedensten Disziplinen bevorzugt.

Welche Empfehlungen ergeben sich für einen **Leistungssportler**, der auch im mittleren und späten Erwachsenenalter seine Sportart weiter leistungsorientiert betreibt?

Aufgrund des muskulären Abbaus im Altersvorgang und dem damit einhergehenden Verlust an motorischer Leistungsfähigkeit lässt natürlicherweise die Qualität der Leistung nach (zum Beispiel Drehbewegungen beim Hammer-, Diskus- oder Schleuderballwerfen sowie Sprung-bewegungen in der Leichtathletik und im Turnen).

Oft wird versucht, diesen Leistungsabfall durch erhöhte Trainingsintensität oder größere Trai-ningsumfänge zu kompensieren. Doch ist davon wegen der mit zunehmendem Alter auch verlängerten Regenerationszeit abzuraten. Zudem besteht nach dem Training eine erhöhte Verletzungsgefahr und die Rehabilitationszeiten sind länger als bei Jüngeren. Vorzuziehen ist daher ein kürzeres und auch weniger intensives Training.

Was ergeben unsere Untersuchungen für einen **Nichtsportler** im mittleren oder späten Erwach-senenalter, der bislang keinerlei Beziehung und Neigung zu sportlicher Aktivität hatte, der sich aber zur Erhaltung seiner Lebensqualität und seines Wohlbefindens körperlich betätigen sollte oder möchte?

Für diese Gruppe ist es vordringlich, zunächst einmal überhaupt eine Motivation zu sportlicher Betätigung zu entwickeln. Auf keinen Fall sollte ein Angehöriger dieser Gruppe spezielle komplizierte Bewegungsabläufe neu erlernen müssen. Geeignet sind in seinem Fall ausgiebiges Spazieren gehen, Walking, Gymnastik und Tanzen. Letzteres insbesondere auch unter sozialem Aspekt.

Wie sieht es im ähnlichen Fall eines gesunden Erwachsenen aus, der sich erst im mittleren Alter als „Späteinsteiger" oder „Wiedereinsteiger" nach langer Sportabstinenz verstärkter sportlicher Aktivität zuwenden will?

Ihm sind vielseitige Bewegungsformen anzuraten: Gymnastik, Spiele, Schwimmen, Wandern, Walking und Jogging; besonders hinzuweisen wäre hier auf Walking- und Lauf-Treffs, dies auch aus kommunikativen Gründen. Für den Winter bietet sich auch Skilanglauf an.

Gehäuft treten im mittleren und späten Erwachsenenalter Schädigungen auf, die nur ein bestimmtes System betreffen. So sollten beispielsweise **ältere Menschen mit gutem Kreislauf, aber geschädigten Gelenken**, Sportarten in den Vordergrund stellen, die das Skelett und die Gelenke entlasten: Radfahren, vor allem aber Schwimmen. Letzteres bietet den Vorteil der Entlastung des Skeletts aufgrund der horizontalen Wasserlage und des Auftriebs sowie der physiologischen Reizwirkung des Wassers auf die Haut.

Im umgekehrten Fall (bei **schlechtem Kreislauf**, Bluthochdruck, Tachykardie, **aber gesundem Skelett**) ist Soft-Walking mit geringerer Geschwindigkeit oder ausgedehntes Spazieren im flachen Gelände angesagt.

Ganz allgemein können beim Vergleich von Sportlern und Nichtsportlern aus unseren Untersuchungen auch Schlussfolgerungen hinsichtlich des Einflusses von sportlicher Aktivität auf bestimmte **Risikofaktoren** gezogen werden:

Es konnte nachgewiesen werden, dass Sportler, insbesondere Ausdauersportler, wesentlich weniger rauchen als Nichtsportler; hieraus kann die Empfehlung für **Raucher** abgeleitet werden, Sport zu treiben, zumindest um dadurch das Nikotinverlangen einzudämmen.

Ferner konnte gezeigt werden, dass Ausdauersportler wesentlich niedrigere **Blutfettwerte** haben als Nichtsportler.

Die **Harnsäurewerte** liegen bei Kraft- und mehr noch bei Ausdauersportlern wesentlich niedriger als bei Nichtsportlern. Dadurch sinkt das Risiko, an **Gicht** zu erkranken.

Kraftsportler leiden seltener an **Diabetes** als Nichtsportler. Zudem zeigt ein leichtes Krafttraining günstige Einflüsse auf Menschen, die an Diabetes Typ II erkrankt sind.

Nach unseren familienanamnestischen Untersuchungen sind Sportler weniger häufig von **Krebserkrankungen** betroffen als Nichtsportler. Dies spricht für den positiven Einfluss des Sporttreibens.

Zukunftsweisend könnten sich aus den Ergebnissen dieser Untersuchung auch für den **Schulsport** und allgemein für den **Vereinssport** Empfehlungen ableiten lassen.

Für Ersteren besteht die vordringlichste Aufgabe darin, einerseits Freude, Interesse und Motivation für den Sport zu wecken, andererseits aber auch Aggressionen abzubauen. Dann muss er die motorischen Grundfertigkeiten (Kraft, Ausdauer, Schnelligkeit, Geschicklichkeit und Beweglichkeit) fördern, was vor allem durch Laufen, Springen, Werfen, Gymnastik, Turnen, Spiele und Schwimmen erreicht werden kann. Im Hinblick auf das frühe Wecken von Freude und Interesse an lebenslanger sportlicher Betätigung kommt heute schulischen Arbeitsgemeinschaften für Lifetime-Sportarten wie Segeln, Inline-Skating, Wandern, Bergsteigen oder Skilanglauf besondere Bedeutung zu. Ein wichtiger Zweck des Schulsports ist es außerdem, späteren Schäden der Körperhaltung vorzubeugen und das Kardiopulmonalsystem in seiner Entwicklung frühzeitig so zu fördern, dass es auch im fortgeschrittenen Lebensalter möglichst lange leistungsfähig bleibt.

Im Hinblick auf den Alterssport sind auch **bestimmte Vereine für Erwachsene** des betreffenden Alters bevorzugt zu empfehlen und auch durch Förderungsprogramme anderen voranzustellen. Es sind dies Vereine mit großer Auswahl an verschiedenen Sportarten und großer Breitenarbeit (gemischte Tanzgruppen, Spielgruppen wie solche für Faustball oder Prellball, Fitness- und Yogagruppen), aber auch solche, die Grundsportarten anbieten, wie zum Beispiel Leichtathletik.

Es erschien im Vorstehenden besonders wichtig, für verschiedene anstehende Fälle mehrere Möglichkeiten vorzuschlagen, und dies aus zwei Gründen:

- Einerseits gibt es, wie überall, auch auf diesem Gebiet **individuelle Vorlieben** und Abneigungen: Ein „Naturbursche" mag auch im Alter einen Widerwillen dagegen haben, ein Fitnessstudio zu besuchen; einem ausgesprochenen Individualisten mag es widerstreben, sich einem Verein anzuschließen.

- Andererseits und vor allem erscheint es wesentlich, dass sich jeder Mensch ein möglichst **individuelles Übungsprogramm** zusammenstellt, das geeignet ist, seine motorischen Fähigkeiten (Kraft, Ausdauer, Schnelligkeit, Reaktionsfähigkeit, Beweglichkeit und Geschicklichkeit) zu trainieren, um sie möglichst lange auf einem guten Niveau zu erhalten.

Schließlich darf nicht unerwähnt bleiben, dass bei der engen Verflechtung physischer und psychischer Funktionen auch ein mindestens zweimal pro Woche durchgeführtes **geistiges Training** (Denksportaufgaben, Gedächtnisübungen, Spiele, Musizieren) zur Erhaltung des psychophysischen Gleichgewichts ergänzend hinzutreten sollte.

Stichwortverzeichnis und Erklärung / Definition der Fachausdrücke

Abdomen (Kap. 1.3.4)

Bauch, Bauchregion

Abduktion (Kap. 2.2.5, Kap. 3.5.1)

Wegführen, Abziehen eines Körperteils von der Körpermitte bzw. Gliedmaßenlängsachse (z.B. Grätschen der Beine, Seitwärtsheben des Arms)

Adipositas (Kap. 1.1.1)

Fettsucht, Fettleibigkeit, übermäßige Bildung von Fettgewebe

Risikofaktor für Hypertonie, Diabetes mellitus, Hyperlipidämie, Gicht und die damit verbundenen Gefäßerkrankungen (insb. Arteriosklerose)

aerob-anaerobe Schwelle (Kap. 1.3.3, Kap. 3.3.2.1.5, Kap. 4.3)

Belastungsintensität, bei welcher die Energiegewinnung über den aeroben Stoffwechselweg nicht mehr ausreicht und anaerobe Prozesse zu dominieren beginnen.
aerob = in Anwesenheit von Sauerstoff; Sauerstoff benötigend
anaerob = ohne Vorhandsein von Sauerstoff; keinen Sauerstoff benötigend

Agonist (Kap. 1.4.5, Kap. 3.5.1)

Muskel, der eine bestimmte, dem Antagonisten entgegen gesetzte Bewegung bewirkt

*AKS-Index (Kap. 1.4.3, Kap. 2.2.3.1, **Kap. 2.2.3.2**, Kap 3.3.2.2, Tab. 43-48, Abb. 73)*

Zur Ermittlung des *AKS-Index* müssen zuvor der prozentuale Fettanteil (Fett%) und die aktive Körpersubstanz (AKS) berechnet werden. Der prozentuale Fettanteil am Körpergewicht sportlich aktiver Männer wird nach Parizkova [1972] mit folgender Regressionsgleichung errechnet.

$$\text{Fett\%} = 22{,}32 \cdot \log(x_1 + \ldots + x_{10}) - 29{,}20$$

Die Normwerte für erwachsene Männer liegen zwischen 6,9% und 23,3%. Dieser Prozentwert wird anschließend in Kilogramm umgerechnet und dann vom Gesamtkörpergewicht abgezogen, wodurch man die aktive Körpersubstanz (in kg) erhält.

$$\text{AKS} = \text{Körpergewicht} - \frac{\text{Fett\%} \cdot \text{Körpergewicht}}{100}$$

Den so genannten *AKS-Index*, der noch spezifischer den Entwicklungsgrad der Muskulatur kennzeichnet, erhält man mit Hilfe der Formel von Brozek und Keys [1951], welche die unterschiedlichen Körperhöhen der Probanden kompensiert.

$$\text{AKS-Index} = \frac{\text{Aktive Körpersubstanz}}{10 \cdot (\text{Körperhöhe in m})^3}$$

Zum Vergleich zwischen den Sport- und Altersgruppen wurde auch die aktive Körpersubstanz in % vom Körpergewicht (AKS%) bestimmt.

$$AKS\% = \frac{AKS \cdot 100}{Körpergewicht}$$

anaerobe Schwelle (Kap. 1.3.3) siehe → *aerob-anaerobe Schwelle*

Angina Pectoris (Kap. 1.3.6)

anfallsweise auftretende Schmerzen in der Herzgegend mit Beklemmungsgefühl bei Verengung der Herzkranzgefäße

Antagonist (Kap. 1.4.5, Kap. 3.5.1)

Gegenspieler (des Agonist)

anteriorposteriore Flexibilität (Kap. 1.3.6)

auch „anteroposteriore F.": von vorn nach hinten verlaufend → Beweglichkeit in der Richtung von vorne nach hinten und umgekehrt

anthropogen (Kap. 1.1.8)

(gr. *anthropos* = Mensch) alles vom Menschen Beeinflusste, Verursachte oder Hergestellte

Arteriosklerose (Vorwort, Kap. 1.1.1)

Arterienverkalkung

Arthrosis interspinosa (Kap. 1.3.5)

durch verstärkte nach vorne gerichtete Krümmung der Lendenwirbelsäule bedingte Berührung der Dornfortsätze der Wirbel; führt an den Dornfortsätzen zu Abschleifungen, bindegewebigen Verhärtungen und Neugelenkbildungen, die Schmerzen und Bewegungseinschränkungen zur Folge haben

Atrophie (Kap. 1.3.1, Kap. 1.4.6, Kap. 3.5.2.2.1, Kap. 3.6.1.1)

Rückbildung, Abnahme, Verkleinerung

Autointoxikation (Kap. 1.1.1)

Selbstvergiftung durch Stoffwechselprodukte des eigenen Körpers, z.B. bei schwerer Leber- und Nieren-insuffizienz

*Blutdruck (Kap. 1.1.1, Kap. 1.3.3, Kap. 1.3.6, Kap. 1.4.6.b/c, Kap. 2.2.6.3, Kap. 2.3.3, Kap. 3.4.1, **Kap. 3.6.3.1**, Abb. 183 / 188-191, Tab. 87 / 88)*

Der in Blutgefäßen und Herzkammern herrschende Druck. Im engeren Sinne: Der in bzw. an einer peripheren Arterie in mmHg (bzw. kPa) gemessene arterielle Blutdruck, der die Blutzirkulation bewirkt, abhängig von der Herzleistung und dem Gefäßwiderstand (Tonus und Elastizität der Gefäßwand)

- *systolischer B. (Kap. 3.6.3.1)*
Während der Herzsystole (höchster Punkt der Druckkurve)

- *diastolischer B. (Kap. 3.6.3.1)*
Während der Herzdiastole (niedrigster Punkt der Druckkurve)

Body-Mass-Index (BMI) (Kap. 2.2.3.2)

= Gewicht in kg / (Größe in m)^2

Der BMI ist wie der KAUP-Index nur begrenzt aussagefähig, da keine Aussage über Fett- und Muskelanteil am Gesamtkörpergewicht getroffen werden kann (vgl. S. 129). Um diesem Mangel gerecht zu werden, wurden bei unseren Probanden an zehn Messstellen Hautfaltendicken erfasst.

*Bradykardie (**Kap. 1.4.6.b**, Kap. 3.6.2, Abb. 173-177, Tab. 81-84)*

Von einer Bradykardie spricht man bei einer Herzfrequenz von weniger als 60 Schlägen/min. Dabei tritt nur eine geringe zeitliche Ausdehnung der Systole ein. Die Verlängerung der Herzperiodendauer geschieht überwiegend zu Gunsten der Diastole. Die Bradykardie ist Ausdruck einer trophotropen Herz-Kreislauf-Regulation und charakterisiert eine Ökonomisierung der Herz-Kreislauf-Funktion. Die Trainingsbradykardie resultiert aus der kardialen Adaptation an Ausdauerbelastungen und gilt als Kriterium der Ausdauertrainiertheit.

COOPER-Test (Kap. 1.3.6)

Lauf über 12 min mit dem Ziel, so viele Meter wie möglich zurückzulegen. 15 Punkte im Abitur erhalten Schüler ab 3.175 m und Schülerinnen ab 2.775 m.

Diabetes mellitus (Kap. 1.1.1, Kap. 1.1.6, Kap. 1.4.6)

sog. Zuckerkrankheit
Diabetes Typ 1 = sog. insulinpflichtiger Diabetes bzw. juveniler Diabetes
Diabetes Typ 2 = sog. insulinunabhängiger Diabetes bzw. Altersdiabetes

Dispnoe (Kap. 1.1.8)

erschwerte Atmung

Dyslipidämie (Kap. 1.1.1)

gestörte Konzentration von Blutfetten

Dyslipoproteinämie (Kap. 1.1.1)

gestörte Blutkonzentration eiweißgebundener Blutfette

*Einsekundenkapazität (Kap. 1.1.8, **Kap. 1.4.6**, Kap. 2.2.6, Kap 3.5.2.3, Kap. 3.6.1.1, Kap. 3.6.1.2.2, Tab. 73,74, Abb. 119, 132-139)*

Die Einsekundenkapazität ist das Luftvolumen, das nach maximaler Einatmung durch maximale forcierte Ausatmung in der ersten Sekunde ausgeatmet werden kann [KRAUß, 1984]. Die Einsekundenkapazität wird auch als forciertes exspiratorisches Volumen in der ersten Sekunde (FEV$_1$) bezeichnet.

Elastin (Kap. 1.3.6)

Strukturprotein der extrazellulären Matrix des elastischen Bindegewebes, das überwiegend aus apolaren Aminosäuren besteht und für die hohe Elastizität bestimmter Organe, z.B. der Arterien, verantwortlich ist

Emphysem (Kap. 1.1.1)

vermehrter Luft- oder Gasgehalt in Geweben

Epidemiologie (Kap. 1.3.6, Kap. 1.4.4)

Wissenschaftszweig, der sich mit der Verteilung von übertragbaren und nichtübertragbaren Krankheiten und deren Determinanten und Folgen in der Bevölkerung befasst

*Erregungsrückbildungsstörung (**Kap. 1.4.6**, Kap. 3.6.2.2.6, Kap. 3.6.2.2.7, Abb. 173-177, Tab. 81-84)*

Bei einer *Erregungsrückbildungsstörung* handelt es sich um eine kardiale Störung der Repolarisation des Herzmuskels. Sie ist im EKG daran zu erkennen, dass die T-Welle entweder abgeflacht ist oder sich im negativen Bereich befindet und die ST-Strecke erhöht oder gesenkt ist. Man unterscheidet primäre und sekundäre Erregungsrückbildungsstörungen. Die primäre wird durch physiologische, metabolische und extrakardiale Einflüsse auf das Myokard, wie zum Beispiel körperliche Belastung, Fieber, Digitalis oder Hormone verursacht. Die sekundäre entsteht durch eine Störung der Erregungsausbreitung, wie zum Beispiel Schenkelblock oder Extrasystole.

Flexion (Kap. 2.2.4, Kap. 2.2.5.1, Kap. 3.5, Kap. 3.5.1.2.4)

Biegung

Gerontologie (Kap. 1.1.1, Kap. 1.3.2)

Wissenschaft, die sich mit den biologischen, somatischen, psychischen und sozialen Grundlagen des Alterns beschäftigt

Giemen (Kap. 1.1.8)

Atemgeräusch

glomeruläre Filtrationsrate (Kap. 2.2.6.4, Kap. 3.6.4.2.1)

Flüssigkeitsmenge, die innerhalb einer bestimmten Zeit von der Niere abfiltriert wird

Hämodynamik (Kap. 1.3.6, Kap. 3.6.4.2.1)

Bewegung des Blutes im Gefäßsystem

Harvard-Step-Test (Kap. 1.3.6)

Beurteilt den Zeitraum zur Erholung nach einer Ausdauerleistung. Ausführung: Als vorangehende Dauerleistung muss die Testperson drei Minuten mit einer Frequenz von 30 x/min auf einen 33 cm (Frauen) bzw. 40 cm (Männer) hohen Kasten steigen und dabei das Knie vollständig strecken. Das Bein kann regelmäßig gewechselt werden. Alternativ wird der Test beschrieben: „5 Minuten einen Kasten ca. 150-mal mit einem Bein besteigen, mit dem anderen herunter. Nach einer, zwei und vier Minuten wird die Pulsfrequenz gemessen."

*Herzlage **(Kap. 1.4.6, Kap. 3.6.2.2.5**, Abb. 170-172)*

Rückschlüsse auf die *Herzlage* sind aus dem EKG anhand des Einthoven-Dreiecks möglich, mit dem Veränderungen der bioelektrischen Vorgänge des Herzens auf der frontalen Ebene erklärt werden können. Dabei handelt es sich jedoch um elektrische und nicht um anatomische Lagetypen, die voneinander abweichen können. Die Bezeichnung Linkstyp zum Beispiel besagt, dass die Hauptrichtung der Erregungsausbreitung in den Herzkammern nach links zeigt und nicht, dass das Herz horizontal im Thorax liegen muss. Eine Verlagerung der Herzachse kann bei Sportlern in Abhängigkeit von der Sportart durch eine Hypertrophie vorwiegend der rechten oder der linken Herzkammer entstehen. Des Weiteren müssen bei der Beurteilung der Herzlage bei Sportlern Alter und Konstitution berücksichtigt werden. Bei jungen Asthenikern weicht die Herzachse in der Regel nach rechts ab, während bei älteren, eher pyknischen Konstitutionstypen verstärkt Linksabweichungen festzustellen sind. Die elektrische Herzachse dreht sich gleichsinnig mit der anatomischen mit zunehmendem Lebensalter von rechts vorne unten nach links oben, weil sich die physiologische Rechtsherzhypertrophie des Säuglings zu einer Linksherzhypertrophie des Erwachsenen wandelt [SCHMIDT und THEWS, 1977].

Homöostase (Kap. 1.4.6, Kap. 3.6.3.1.2.1, Kap. 3.6.4.2.2.3)

Zustand der Konstanz (dynamisches Gleichgewicht) des inneren Milieus des Organismus, der mit Hilfe von Regelkreisen, in denen der Hypothalamus zusammen mit Hormon- und Nervensystem als Regler fungiert, aufrechterhalten wird

Hyperextension (Kap. 2.2.5.1, Kap. 3.5.1.2, Kap. 3.5.1.2.5, Abb. 25, 109, Tab. 64)

(lat. *extendere* = ausdehnen) übermäßige Spannung oder Streckung

Hyperlipidämie (Kap. 1.4.4, Kap. 1.4.6.d, Kap. 3.4.2.1, Abb. 90)

Primäre Hyperlipidämie = Erhöhte Konzentration der Blutfette ohne erkennbare ursächliche Erkrankung; Kombinierte Hyperlipidämie = Erhöhte Konzentration von Cholesterin und Neutralfetten im Blut

*Hyperplasie **(Kap. 2.2.3.3**, Kap. 3.3.2.3)*

Als *Hyperplasie* bezeichnet man die Vergrößerung eines Gewebes oder Organs durch Zunahme der Zellzahl bei unveränderter Zellgröße (im Gegensatz zur Hypertrophie). Dies geschieht beispielsweise bei erhöhter funktioneller Belastung oder unter hormoneller Stimulation. Im Gegensatz zur Neoplasie ist sie nach Wegfall des Stimulus reversibel.

hyperplastisch (**Kap. 2.2.3.3**, *Kap. 3.3.2.3*)

hoher Plastizitätsgrad, viel Muskelmasse, → *Plastik-Index*

Hypertonie (*Kap. 1.1.1, Kap. 1.1.7, Kap. 1.3.6, Kap. 3.4.1, Kap. 3.4.2.1, Abb. 1, Tab. 7*)

1. erhöhter Blutdruck (systolisch > 140 mmHg, diastolisch > 90 mmHg)
2. erhöhte Muskelspannung

Hyperurikämie (*Kap. 1.1.1*)

erhöhte Konzentration von Harnsäure im Blut

Hypoplasie (**Kap. 2.2.3.3**, *Kap. 3.3.2.3.2, Kap. 3.3.2.3.4*)

anlagebedingte morphologische Unterentwicklung, geringe Muskelmasse, geringer Plastizitätsgrad,

→ *Plastik-Index*

Hypozirkulation (*Kap. 1.3.6*)

abgeschwächte Kreislauffunktion, Minderdurchblutung

inkompletter Rechtsschenkelblock siehe → *Rechtsschenkelblock*

KAUP-Index (*Kap. 2.2.3.1*, **Kap. 2.2.3.2**, *Kap. 3.3.2.2*, **Kap. 3.3.2.2.3**, *Tab. 43, 45-48, Abb. 74*)

Der *KAUP-Index* wird auch Körperbau-Index genannt, weil er das Körpergewicht im Verhältnis zur Körperhöhe in der zweiten Potenz betrachtet. Der Mittelwert für Männer liegt bei 2,0, der Normbereich reicht von 1,8 bis 2,2.

$$KAUP\text{-}Index = \frac{K\ddot{o}rpergewicht}{10 \cdot K\ddot{o}rperh\ddot{o}he^2}$$

Kollagen (*Kap. 1.3.5*)

Baustein des Bindegewebes

Kollagenfibrillen (*Kap. 1.3.5*)

Fasern aus Proteinen, die hauptsächlich in Bindegewebe, Sehnen, Faszien, Bändern, Knorpel und Knochen vorkommen

Laktat (*Kap. 1.4.2*)

Salz der Milchsäure und Endprodukt der anaeroben Glykolyse, das bei hoher Belastungsintensität in Konzentrationen über 4 mmol/l im Blut gemessen werden kann *leptomorph* (*Kap. 2.2.3.3*, *Kap. 3.3.2.3.2, Kap. 3.3.3, Kap. 3.6.3.2.2.2*)

Relativ (zur Körperhöhe) geringe Brustbreite und Brusttiefe, wirkt daher lang und schlank oder klein und zierlich sowie untergewichtig; Einstufung mittels des → Metrik-Index

Gebräuchlich ist auch der Begriff „leptosom". Dieser steht für einen asthenischen Konstitutionstyp. Dieser ist mager und aufgeschossen mit schmalen Schultern, langem, schmalem, flachem Brustkorb und schmalem, langem Kopf.

Linkstyp siehe → *Herzlage*

Metrik-Index (*Kap. 2.2.3.1*, *Kap. 2.2.3.3*, *Kap. 3.3.2.3, Abb. 77, 80, 83, 86, Tab. 11, 49*)

Ermittlung des Metrik-Index nach ROHR [1980] (Die Maße der Formel sind in cm einzusetzen):

$$\text{Metrik} - \text{Index} = \frac{0{,}32 \cdot \text{Körperhöhe} - \text{Brustkorbbreite} - 21{,}86 - 1{,}25 \cdot (\text{Brustkorbtiefe} - 20)}{-7{,}875}$$

Eine andere Berechnung des Metrik-Index verwenden KORALEWSKI, GUNGA und KIRSCH [2004]. Diese wird in dieser Arbeit nicht berücksichtigt, soll hier jedoch ergänzend genannt sein:

Männer: -0,365 – (0,04 * Körperhöhe) + (0,125 * Brustbreite) + (0,154 * Brusttiefe)
Frauen: -2,654 – (0,035 * Körperhöhe) + (0,164 * Brustbreite) + (0,18 * Brusttiefe)

metromorph (*Kap. 2.2.3.3, Kap. 3.3.2.3.3*)

Den *metromorphen* Konstitutionstyp kennzeichnet ein ausgeglichenes Verhältnis von Körperhöhe, Brustkorbbreite und Brustkorbtiefe. Er ist weder leptomorph noch pyknomorph. Die Zuordnung erfolgt über den → *Metrik-Index*.

metroplastisch (*Kap. 2.2.3.3*)

Den *metroplastischen* Konstitutionstyp kennzeichnet ein ausgeglichenes Verhältnis von Schulterbreite, Handumfang und Unterarmumfang. Er ist weder hypoplastisch noch hyperplastisch. Die Zuordnung erfolgt über den → *Plastik-Index*.

Morbidität (*Kap. 1.4.4, Kap. 2.2.4, Kap. 3.4.1, Kap. 3.4.2.7*)

Krankheitshäufigkeit in einer Bevölkerung

Mucopolysaccharide (*Kap. 1.3.5*)

wichtige Grundbausteine des Bindegewebes

Nomogramm (*Kap. 3.6.3.2.1*)

Grafische Darstellung eines funktionellen Zusammenhangs mehrerer voneinander abhängiger Größen in einem Skalensystem derart, dass mittels bekannter oder einfach messbarer Merkmale unbekannte oder schwierig messbare Merkmale ermittelt werden können.

Ontogenese (Kap. 1.4.5)

Entwicklung eines Individuums zu einem differenzierten Organismus, im weiteren Sinne bis zum Tod

Osteochondrosis (Kap. 1.3.4)

(gr. *chondr* = Knorpel) Knochen- und Knorpeldegeneration

Oxydationsvorgang (Kap. 1.1.1)

Vorgang, bei dem unter Beteiligung von Sauerstoff ein Element Elektronen an den Reaktionspartner abgibt

Pathogenese (Kap. 1.3.7)

(gr.: *pathos* = Leiden) Die *Pathogenese* beschreibt die Entstehung einer Krankheit oder den Verlauf eines krankhaften Prozesses bis zu einer Erkrankung

Phylogenese (Kap. 1.4.5)

Die *Phylogenese* ist die Stammesentwicklung der Lebewesen (biologische Evolution) im Verlauf der Erdgeschichte

Plastik-Index (Kap. 2.2.3.1, Kap. 2.2.3.3, Kap. 3.3.2.3, Abb. 78, 81, 84, 87, Tab. 11, 49)

Plastik-Index = Schulterbreite + Handumfang + Unterarmumfang

Die Werte sind jeweils in cm einzusetzen. Der *Plastik-Index* wird in einer Klasseneinteilung den Zahlen von „1" bis „9" zugeordnet (Tab. 11). Die „1" steht für extrem hypoplastisch (geringer Plastizitätsgrad = geringe Muskelmasse) und die „9" für extrem hyperplastisch (hoher Plastizitätsgrad = viel Muskelmasse). Werte, welche die „1"-Grenze unterschreiten (= extrem hypoplastisch) erhalten die Bezeichnung „Ultra 1", solche die die „9"-Grenze überschreiten (= extrem hyperplastisch) heißen „Ultra 9".

Primärvariante

Bestimmung des → *Metrik-Index*

pulmonal (Kap. 1.3.1, Kap. 1.3.6, Kap. 1.4.6, Kap. 2.2.6.3, Kap. 3.3.2.1.3, Kap. 3.4.1, Kap. 3.6.1.1, Kap. 3.6.3.2, Kap. 3.6.3.2.2.2)

die Lunge betreffend

pyknischer Typ (Kap. 1.4.6.b, Kap. 2.2.3.3, Kap. 3.3.2.3.3, Kap. 3.6.2.2.5, Kap. 3.6.2.2.6, Kap. 3.6.3.2.2.2)

Konstitutionstyp mit mittelgroßer, gedrungener Figur, weichem und breitem Gesicht, kurzem Hals, rundlichem Fettbauch, tiefem und gewölbtem Brustkorb

pyknomorph (Kap. 2.2.3.3, Kap. 3.3.2.3.3, Kap. 3.3.3)

Der *pyknomorphe* Konstitutionstyp hat ein höheres Körpergewicht und einen höheren BMI als der leptomorphe. Er hat eine relativ (zur Körperhöhe) große Brustbreite und Brusttiefe. Er ist groß und kräftig oder untersetzt und breit, wirkt daher übergewichtig. Die Einstufung erfolgt mittels des → Metrik-Index.

Rechtsschenkelblock (Kap. 1.4.6.b, Kap. 3.6.2, Kap. 3.6.2.2.6, Kap. 3.6.2.2.7, Abb. 173-177, Tab. 81-84, Abb. 173-177, Tab. 81-84)

Bei einem *Rechtsschenkelblock*, d.h. bei der Unterbrechung des rechten Tawara-Schenkels, wird die rechte Herzkammer über die linke auf muskulärem Weg erregt. Dies führt zu einer Verspätung des Erregungsbeginns und zu einer Verzögerung der Erregungsausbreitung in der rechten Herzkammer. Im EKG wird dies in den rechtspräkordialen Brustwandableitungen deutlich. Die Rechtsschenkelblockformen weisen eine Verspätung der endgültigen Negativitätsbewegungen in V_1 von mehr als 0,03 sec auf. Ein vollständiger Rechtsschenkelblock liegt vor, wenn die QRS-Streckenlänge 0,12 sec überschreitet. Bei einem unvollständigen (inkompletten) Rechtsschenkelblock sind die formalen Kriterien des Rechtsschenkelblocks vorhanden; die Breite des QRS-Komplexes liegt aber noch im Normbereich. Vom unvollständigen Rechtsschenkelblock wird eine physiologische Form abgegrenzt, die als Zeichen einer Rechtsherzvergrößerung auftritt und bei Ausdauersportlern häufig beobachtet wird.

retroaktive Sozialisation (Kap. 1.3.2)

Wiedereingliederung in ein gesellschaftliches Leben

*ROHRER-Index (Kap. 1.4.3, Kap. 2.2.3.1, **Kap. 2.2.3.2**, Kap. 3.3.1, Kap. 3.3.2.1.5, Kap. 3.3.2.2, **Kap. 3.3.2.2.4**, Kap. 3.3.2.2.6, Kap. 3.3.3, Tab. 43, 45-48, Abb. 75)*

Der *ROHRER-Index* wird auch als Körperfülle-Index bezeichnet, weil er das Körpergewicht im Verhältnis zur Körperhöhe in der dritten Potenz betrachtet. Der Mittelwert für Männer ist 1,4; der Normbereich reicht von 1,2 bis 1,6.

$$\text{ROHRER-Index} = \frac{\text{Körpergewicht}}{10 \cdot \text{Körperhöhe}^3}$$

*Rumpfmerkmal (Kap. 2.2.3.1, **Kap. 2.2.3.2**, Kap. 3.3.2.2, **Kap. 3.3.2.2.5**, Kap. 3.3.3, Tab. 43, 45-48, Abb. 76)*

Das *Rumpfmerkmal*, das von TITTEL Komplex-Körperbaumerkmal B genannt wird, ist hauptsächlich bei sportanthropometrischen Fragestellungen von Interesse und zeigt das Wirken eines Merkmals in einem Verband größerer Merkmalsgruppen auf. Zur Ermittlung des Rumpfmerkmals werden die Schulterbreite, die Beckenbreite, die Körperhöhe und das Körpergewicht herangezogen.

$$\text{Rumpfmerkmal} = \frac{(\text{Schulterbreite} + \text{Beckenbreite}) \cdot \text{Körperhöhe}}{2 \cdot \text{Körpergewicht}}$$

Sekundärvariante

Bestimmung des → *Plastik-Index*

*Sinusarrhythmie (**Kap. 1.4.6.b**, Kap. 3.6.2.1, **Kap. 3.6.2.2.6**, Kap. 3.6.2.2.7, Kap. 3.6.2.3, Abb. 173-177, Tab. 81-84)*

Unter einer *Sinusarrhythmie* versteht man eine unregelmäßige Schlagfolge des Herzens infolge unregelmäßiger Reizbildung im Sinusknoten. Man unterscheidet zwei Formen der Sinusarrhythmie. Die respiratorische oder phasische Arrhythmie führt zu einer Herzfrequenzbeschleunigung bei der Einatmung und einer Verlangsamung bei der Ausatmung. Sie kommt bei Ausdauersportlern besonders häufig vor und wird mit zunehmendem Trainingszustand immer ausgeprägter. Im EKG ist sie beim Einatmen an einer Verkürzung beziehungsweise beim Ausatmen an einer Verlängerung der P-P-Abstände zu erkennen. Die PQ-Streckenlänge und das Kammer-EKG bleiben unbeeinflusst. Die atmungsunabhängige oder nichtphasische Sinusarrhythmie lässt keinerlei Verbindung zu den Atemphasen erkennen. Obwohl sie auch bei Ausdauertrainierten vorkommen kann, findet sie sich doch eher bei untrainierten, vegetativ labilen Jugendlichen.

*Skelischer-Index (Kap. 1.4.3, Kap. 2.2.3.1, **Kap. 2.2.3.2, Kap. 3.3.2.2.1**, Kap. 3.3.2.2.6, Kap. 3.3.3, Tab. 43, 45-48, Abb. 72)*

Der *Skelische-Index* bezeichnet das Verhältnis zwischen den Längenmaßen Rumpflänge und Körperhöhe und trifft somit eine Aussage über die individuelle relative Beinlänge. Im Mittel liegt er bei erwachsenen Männern in Europa bei 52.

$$\text{Skelischer-Index} = \frac{\text{Rumpflänge} \cdot 100}{\text{Körperhöhe}}$$

*SOKOLOW-Index (**Kap. 1.4.6.b**, Kap. 3.6.2.1, **Kap. 3.6.2.2.6**, Abb. 173-177, Tab. 81-84)*

Der *SOKOLOW-Index* ist ein Kriterium für die Linksherzhypertrophie. Man bestimmt die Spannung von S in V_1 und addiert diesen Wert zu dem in V_5 oder V_6 gemessenen Wert von R. Der Grenzwert wird in der Literatur mit 3,5 mV angegeben. Da sowohl die R-Zacke in V_5 als auch die S-Zacke in V_1 den linken Ventrikel repräsentiert, kann bei einem positiven *SOKOLOW*-Wert möglicherweise auf eine Linksherzhypertrophie geschlossen werden. Es sollten jedoch für eine sichere Diagnose noch andere Kriterien für eine Hypertrophie erfüllt sein [BECKER und KALTENBACH, 1984]. Allerdings liegen in vielen Fällen die SOKOLOW-Werte unter dem angegebenen Grenzwert, obwohl eine Hypertrophie vorliegt. Nach KLINGE und KLINGE [1981] werden ca. 3% der Linkshypertrophien im EKG nicht erkannt. Aus diesem Grund müssen weitere Hinweise aus dem EKG für eine Diagnose beachtet werden. Ein weiterer Index für eine linksventrikuläre Hypertrophie ist der LEWIS-Index. Er wird durch die Addition von R in V_1 und S in V_5 bestimmt; der Grenzwert liegt bei 1,05 mV. Beide Indizes sind nur bei einer ungestörten Erregungsausbreitung aussagekräftig, nicht aber bei Schenkel- oder Hemiblöcken.

Spondylarthrosis (Kap. 1.3.5)

krankhafte Abnutzung eines Wirbelgelenks

Spondylosis deformans (Kap. 1.3.5)

Wirbelsäulenerkrankung mit geschädigten Bandscheiben, die zu einer Beweglichkeitseinschränkung führt

Stammlänge (Kap. 1.3.6, Kap. 2.2.3.1)

Die *Sitzhöhe* („Stammlänge") ist die vertikale Entfernung des Scheitels von der Sitzfläche bei aufrechter, möglichst gestreckter Körperhaltung (Abb. 12). Mit Hilfe der Sitzhöhe wurde der Skelische-Index der Probanden ermittelt.

Stereotypien (Kap. 1.3.2)

Bewegungen und Handlungen, die über lange Zeit und immer in der gleichen Weise wiederholt werden

Stereotypisierung (Kap. 1.3.2)

Gewöhnung an → *Stereotypien*

Synovialflüssigkeit (Kap. 1.3.5)

Gelenkflüssigkeit

Thorakal-Index (Kap. 2.2.3.2, Kap. 3.6.1.2.4)

Der Thorakal-Index dient zur Erfassung des Einflusses eines langjährigen intensiven Trainings auf den Körperbau.

$$\text{Thorakal-Index} = \frac{\text{sagittaler Brustkorbdurchmesser} \cdot 100}{\text{transversaler Brustkorbdurchmesser}}$$

Thorax (Kap. 1.1.8, Kap. 1.3.4, Kap. 1.3.5, Kap. 1.4.6.b, Kap. 3.3.1, Kap. 3.6.1.1, Kap. 3.6.1.2.2, Kap. 3.6.1.2.4)

Brustkorb

*Tiffeneau-Wert (Kap. 1.3.6, **Kap. 1.4.6.a**, Kap. 2.2.6.1, **Kap. 3.6.1.1, Kap. 3.6.1.2.3**, Kap. 3.6.1.2.4, Kap. 3.6.1.3, Abb. 120, 123, 140-145, Tab. 73, 74)*

Neben dem absoluten Messwert der Einsekundenkapazität hat vor allem die relative Einsekunden-kapazität ($FEV_1\%$), auch *Tiffeneau-Wert* genannt, eine große Bedeutung zur Erkennung von Ventilations-störungen. Der Tiffeneau-Wert ergibt sich aus dem Quotienten des FEV_1 (Forciertes Exspirationsvolumen in einer Sekunde) und der Vitalkapazität.

Urbanisierung (Kap. 1.1.3)

Mit dem Begriff *Urbanisierung* (lat. *urbs* = Stadt) bezeichnet man im Allgemeinen die Verstädterung. Im engeren Sinn wird damit die Vermehrung, Ausdehnung oder Vergrößerung von Städten bezeichnet.

Vagotonus (Kap. 1.4.6.b)

der anhaltende Spannungs- bzw. Erregungszustand des parasympathischen Systems

Vertebralbereich (Kap. 1.3.1)

Bereich der Wirbelsäule

*Vitalkapazität (Kap. 1.3.6, **Kap. 1.4.6.a, Kap. 2.2.6.1**, Kap. 3.6.1.1, Kap. 3.6.1.2, **Kap. 3.6.1.2.1**, 3.6.1.2.2, Kap. 3.6.1.2.4, Kap. 3.6.1.3, Abb. 8, 28, 117-131, Tab. 73, 74)*

Die *Vitalkapazität* ist das maximal ventilierbare Volumen der Lunge. Sie ist abhängig vom Trainingszustand der Atemmuskulatur, vom Körperbau und vom Gesundheitszustand [SCHNABEL und THIEß, 1993]. Eine Einschränkung der Vitalkapazität kann durch eine pulmonale oder extrapulmonale Restriktion bedingt sein.

Bildreihen

Der Untersuchung liegen die Daten von 241 männlichen Probanden zugrunde.

Diese wurden in drei mal zwei Gruppen eingeteilt: Kraftsportler, Ausdauersportler und Nichtsportler, jeweils im Alter von 31 bis 49 Jahren und im Alter von 50 bis 73 Jahren.

Sie wurden unter anderem nach folgenden sechs Kriterien untersucht: Alter, Körperhöhe, Gewicht, ROHRER-Index, Watt-Leistung und Handkraft.

Die Durchschnittswerte, die sich dabei ergaben, fasst folgende Tabelle zusammen:

Parameter	Alter	Kraftsportler		Ausdauersportler		Nichtsportler	
		Mittelwert	N	Mittelwert	N	Mittelwert	N
Alter	31-49	41,65	40	43,33	56	42,60	31
	50-73	59,00	34	57,12	56	56,80	23
Körper-höhe	31-49	174,26	40	174,95	56	171,78	31
	50-73	174,81	34	173,08	56	171,78	22
Gewicht	31-49	83,69	40	71,23	56	81,30	31
	50-73	84,79	34	71,51	56	82,34	22
ROHRER-Index	31-49	1,59	40	1,34	56	1,52	31
	50-73	1,59	34	1,38	56	1,62	22
Watt-Leistung	31-49	2,70	37	3,33	54	2,43	29
	50-73	2,33	33	2,91	51	2,00	20
Handkraft	31-49	350,27	40	298,94	56	326,42	31
	50-73	328,87	34	261,73	56	269,11	22

Wegen des Umfangs von 241 fotografischen Aufnahmen aus jeweils drei Perspektiven wurden aus jeder Gruppe diejenigen zwei Probanden ausgewählt, die den oben angegebenen Durchschnittswerten am nächsten kamen. Sie sind in dieser Folge mit ihren Werten sowie in ventraler, lateraler und dorsaler Ablichtung dargestellt und in das CONRAD´sche Konstitutionstypenschema eingeordnet.

	Kraftsportler	Ausdauersportler	Nichtsportler
AG 1 (31-49)	Bildreihe 1+2	Bildreihe 5+6	Bildreihe 9+10
AG 2 (50-73)	Bildreihe 3+4	Bildreihe 7+8	Bildreihe 11+12

Bildreihe 1: Kraftsportler, Altersgruppe 1 (31 - 49 Jahre), 1. Beispiel

Konstitutionstyp: metropyknomorph mit metrohyperplastischer Ausprägung (D7)

(untersetzt, Rasenkraftsportler)

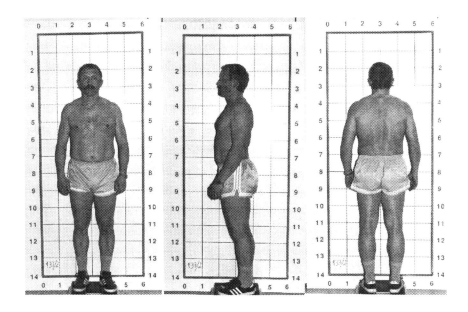

Alter: 39 Jahre	Körperhöhe: 173 cm	Körpergewicht: 88 kg
ROHRER-Index: 1,7	Watt/kg: 2,84	Handkraft: 440 lbs

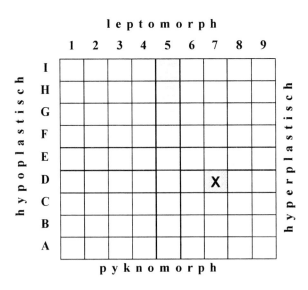

Bildreihe 2:   Kraftsportler, Altersgruppe 1 (31 - 49 Jahre), 2. Beispiel

Konstitutionstyp: metroleptomorph mit metrohyperplastischer Ausprägung (F7)

(Rasenkraftsportler)

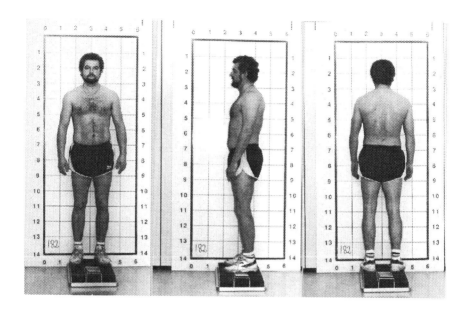

Alter: 36 Jahre	Körperhöhe: 180,5 cm	Körpergewicht: 86 kg
ROHRER-Index: 1,5	Watt/kg: 2,62	Handkraft: 370 lbs

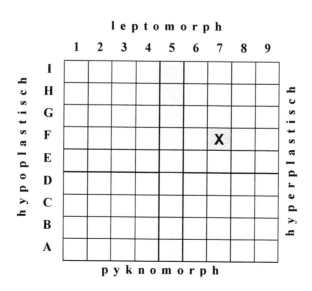

Bildreihe 3: Kraftsportler, Altersgruppe 2 (50-73 Jahre), 1. Beispiel

Konstitutionstyp: metropyknomorph mit stärkerer hyperplastischer Ausprägung (D8)

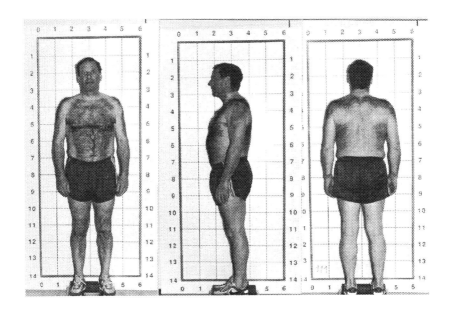

Alter: 52 Jahre	Körperhöhe: 179 cm	Körpergewicht: 92 kg
ROHRER-Index: 1,6	Watt/kg: 2,31	Handkraft: 320 lbs

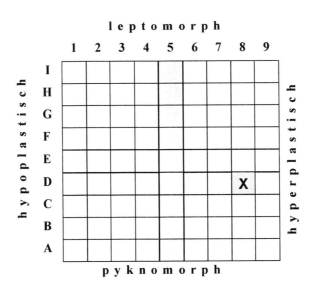

Bildreihe 4: Kraftsportler, Altersgruppe 2 (50-73 Jahre), 2. Beispiel

Konstitutionstyp: metropyknomorph mit stärkerer hyperplastischer Ausprägung (D8)

(Rasenkraftsportler)

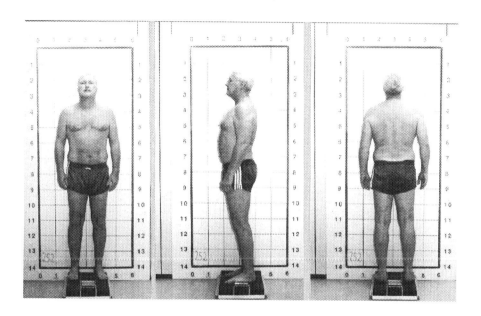

Alter: 58 Jahre	Körperhöhe: 181,5 cm	Körpergewicht: 87,5 kg
ROHRER-Index: 1,5	Watt/kg: 2,90	Handkraft: 320 lbs

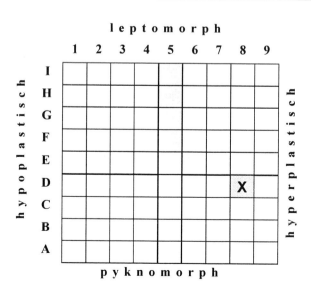

Bildreihe 5: **Ausdauersportler, Altersgruppe 1 (31 - 49 Jahre), 1. Beispiel**

Konstitutionstyp: metroleptomorph mit leichterer hyperplastischer Ausprägung (G6)

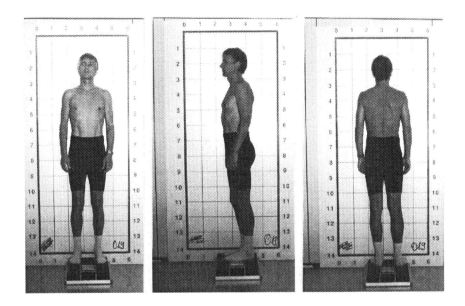

Alter: 48 Jahre	Körperhöhe: 182 cm	Körpergewicht: 70 kg
ROHRER-Index: 1,2	Watt/kg: 3,57	Handkraft: 250 lbs

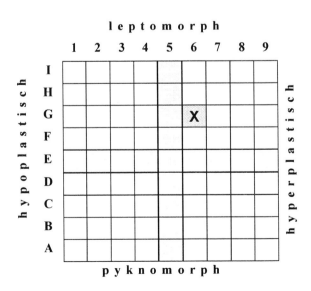

Bildreihe 6:   Ausdauersportler, Altersgruppe 1 (31 - 49 Jahre), 2. Beispiel

Konstitutionstyp: metroleptomorph mit leichterer hyperplastischer Ausprägung (G6)

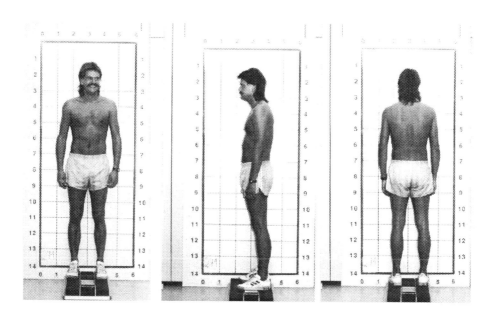

Alter: 36 Jahre	Körperhöhe: 179 cm	Körpergewicht: 76 kg
ROHRER-Index: 1,3	Watt/kg: 3,30	Handkraft: 340 lbs

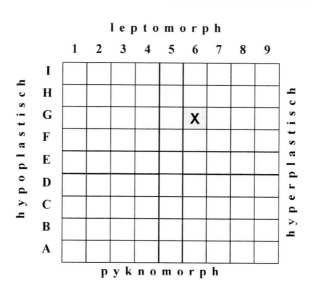

Bildreihe 7:   Ausdauersportler, Altersgruppe 2 (50-73 Jahre), 1. Beispiel

Konstitutionstyp: metroleptomorpher Körperbau mit metrohyperplastischer Ausprägung (F7)

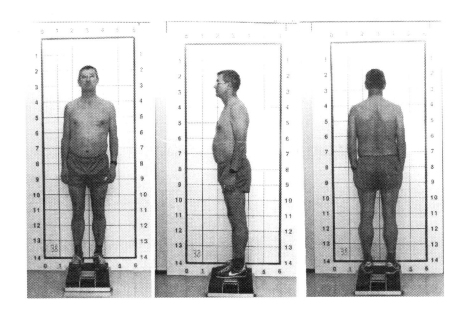

Alter: 52 Jahre	Körperhöhe: 174,5 cm	Körpergewicht: 76,5 kg
ROHRER-Index: 1,4	Watt/kg: 2,61	Handkraft: 260 lbs

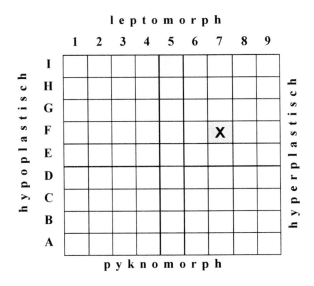

Bildreihe 8:   Ausdauersportler, Altersgruppe 2 (50-73 Jahre), 2. Beispiel

Konstitutionstyp: metroleptomorph mit metrohyperplastischer Ausprägung (F7)

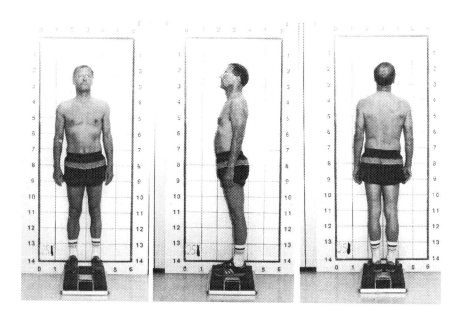

Alter: 52 Jahre	Körperhöhe: 174 cm	Körpergewicht: 70 kg
ROHRER-Index: 1,3	Watt/kg: 2,90	Handkraft: 350 lbs

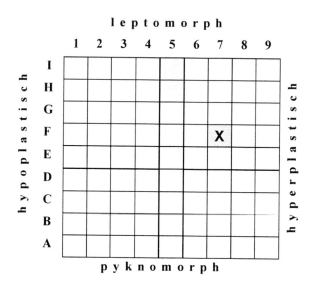

Bildreihe 9:   Nichtsportler, Altersgruppe 1 (31 - 49 Jahre), 1. Beispiel

Konstitutionstyp: metropyknomorph mit metrohyperplastischer Ausprägung (D7)

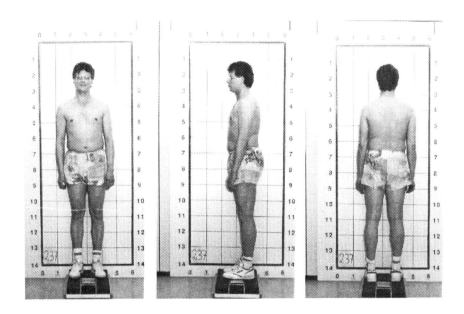

Alter: 32 Jahre	Körperhöhe: 176 cm	Körpergewicht: 81,2 kg
ROHRER-Index: 1,5	Watt/kg: 2,61	Handkraft: 380 lbs

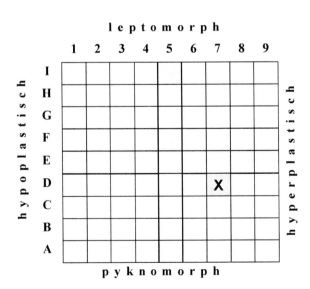

Bildreihe 10: **Nichtsportler, Altersgruppe 1 (31 - 49 Jahre), 2. Beispiel**

Konstitutionstyp: metroleptomorph mit metrohyperplastischer Ausprägung (F7)

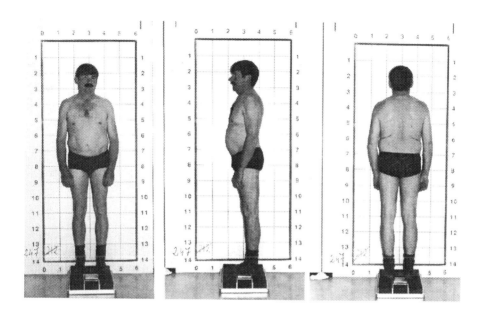

| Alter: 48 Jahre | Körperhöhe: 178 cm | Körpergewicht: 81 kg |
| ROHRER-Index: 1,4 | Watt/kg: 2,47 | Handkraft: 360 lbs |

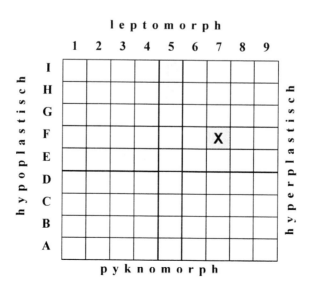

Bildreihe 11: Nichtsportler, Altersgruppe 2 (50-73 Jahre), 1. Beispiel

Konstitutionstyp: pyknomorph mit stärkerer hyperplastischer Ausprägung (B8)

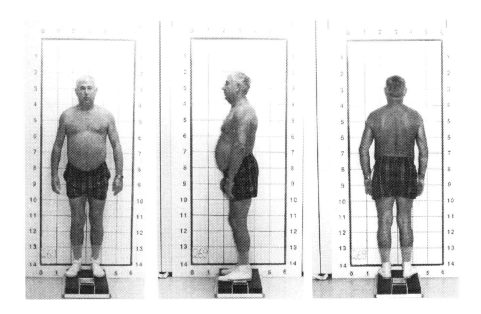

Alter: 58 Jahre	Körperhöhe: 168 cm	Körpergewicht: 81,8 kg
ROHRER-Index: 1,7	Watt/kg: 2,30	Handkraft: 280 lbs

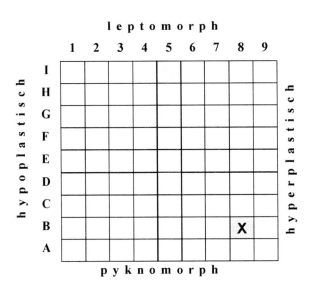

Bildreihe 12: Nichtsportler, Altersgruppe 2 (50-73 Jahre), 2. Beispiel

Konstitutionstyp: metropyknomorph mit metrohyperplastischer Ausprägung (D7)

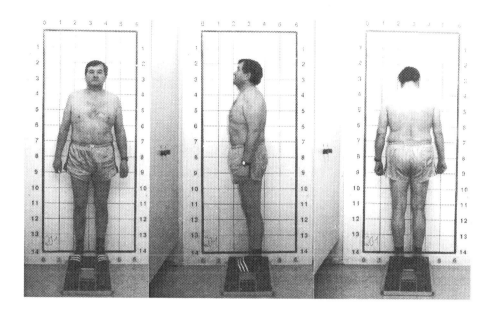

Alter: 57 Jahre	Körperhöhe: 170,5 cm	Körpergewicht: 85 kg
ROHRER-Index: 1,7	Watt/kg: 1,8	Handkraft: 240 lbs

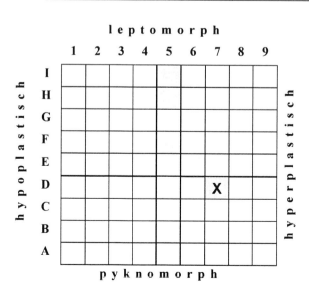

Literaturverzeichnis

ADLER, R.; HEMMELER, W.: Anamnese und Körperuntersuchung, 3. Aufl., Stuttgart, Jena, New York, 1992

AKGÜN, N. et al.: The relationship between serumcholesterol levels and physical fitness in men. In: Schweiz. Z. f. Sportmedizin, 17 (1969), S.39

AIGNER, A. (Hrsg.): Sportmedizin in der Praxis, Hollinek, Wien, 1985

AIGNER, A.; MUSS, N.; FENNINGER, H.: Berechnung der maximalen Sauerstoffaufnahme anhand von Regressionsgleichungen. In: Österr. J. Sportmed., Wien, 11 (1981), 4, S. 3-8

ALBONICO, R.: Mensch, Menschen, Typen, Birkhäuser, Basel, 1970

ALLMER, H.: Sportliches Handeln im Alter – individuelle Begründungen für Mitmachen und Verzichten. In: Spectrum d. Sportwiss., Wiener Neudorf, 2 (1990), S. 57-77

ALTEKRUSE, E. B.; WILMORE, J. H.: Changes in blood chemistries following a controlled exercise program. In: J. occup. Med., 15 (1973), S. 110

ALTMANN, H.-W.: Handbuch der allg. Pathologie, Springer, Berlin, 1959

AMREIN, R.; KELLER, R.; JOOS, H.; HERZOG, H.: Neue Normalwerte für die Lungenfunktionsprüfung mit der Ganzkörper–Plethysmographie. In: Dtsch. Med. Wochenschr. 94 (1969), S. 1785

ANDERHUB, H. P.; KELLER, R.; HERZOG, H.: Spirometrische Untersuchung der forcierten Vitalkapazität und maximalen Atemstromstärke bei 13.698 Personen. In: Dtsch. Med. Wochenschr. 99 (1974), S. 33

ANIANSSON, A.; GUSTAFSSON, E.: Physical Training in old men with special reference to quadriceps muscle strength and morphology. In: Clin. Physiol. 1 (1981), S. 87-98

ANTHONY, A.J.: Funktionsprüfung der Atmung, Barth, Leipzig, 1962

ARNOLD, A.: Sport im Alter. In: Theor. u. Prax. d. Körperkult., 1 (1952), S.54-62

ARNOLD, A.: Lehrbuch der Sportmedizin, Barth, Leipzig, 1965

ASKEROV, A. A.: Körperkultur für Personen im mittleren und höheren Lebensalter. In: Med. und Sport. 3 (1963), S. 169

ASSMANN, A. G.; SCHWIERER, H.: Möglichkeiten und Grenzen der Analytik des HDL-Cholesterins. In: J. Clin. Biochem., (1981)

ASTRAND, I.: Aerobic work capacity in men and women with special references to age. In: Acta physiol. Scand. 49, Suppl. 169, (1960), S. 1-92

ASTRAND, I.: Aerobic work capacity - its relation to age, sex, and other factors. In: Circulation Research Suppl. 1, (1967), S. 211

ASTRAND, I.: Arbeitsphysiologie, Schattauer, Stuttgart u. a., 1987

ASTRAND, I.; ASTRAND, P. O. et al.: Reduction in oxygen uptake with age. In: J. appl. Physiol., 35, (1973), S. 649-654

ASTRAND, P. O.: Sport, Alter und Geschlecht, Sportmedizinische Schriftenreihe, Heft 5, Wander, Bern, 1958

ASTRAND, P. O.: Physical performance as a function of age. In: JAMA, 205 (1968), S. 729-733

ASTRAND, P. O.: Physiologische Grundlagen des Sports in verschiedenen Lebensaltern. In GRUPE, O.: Sport in unserer Welt - Chancen und Probleme. Wissenschaftlicher Kongress München 21.8.-25.8.1972, Springer u.a., 1973

ASTRAND, P. O.; CUDDY, T. E.; SALTIN B.; STENBERG J.: Cardial output during submaximal and maximal work. In: J. appl. Physical, 19 (1964), S. 268-274

ASTRAND, P. O.; RHYMING, I.: A nomogram for calculation of aerobic capacity. In: J. appl. Physiol., 7 (1954), S. 218-221

BACH, F.: Körperbaustudien an Berufsringern. In: Anthropol. Anz., 1 (1924)

BAMBERG, G.; BAUR, F: Statistik, 7. Aufl., Oldenbourg, München, 1991

BARTELS, H.; RIEGEL, K.; WENNER, J.; WULF, H.: Perinatale Atmung, Springer, Berlin u. a., 1972

BARTH, E.: Altersturnen. Anleitung für Leiterinnen und Leiter, Schriftenreihe der Eidgen. Turn- und Sportschule Magglingen, Bd. 26, Magglingen, 1976

BAUER, E.: Humanbiologie, Cornelsen-Velhagen & Klasing, Bielefeld, 1983

BAUER, H.R.: Sport und körperliche Leistungsfähigkeit bei 40-50-jährigen Männern. In: Dt. med. Wschr., 95 (1970), S. 1923-1925

BAUMGARTL, P.; BACHL, N.; HUBER, G.; KEUL, J.: Results of sport medical examinations in elderly competitive cyclists. In: N. BACHL, L. PROKOP, R. SUCKERT: Current topics in sports medicine, Urban & Schwarzenberg, Wien (1984), S.43

BECKER, H. J.; KALTENBACH, M.; KOBER, G.: EKG-Repetitorium, Deutscher Ärzte-Verlag, Köln, 1984

BECKERT, H.: Bemerkungen zur Normentabelle für Messungen der Vitalkapazität mittels Trockenspirometer. In: Theor. u. Prax. d. Körperkult., 18 (1969), S. 825

BEHNKE, A. R.; FEEN, G. B.; WELHAM, W. C.: The specific gravity of healthy men. Body weight: Vol. as an index obesity. In: Journal of the American Medical Association, 118 (1945), S. 495

BERG, A.: Effekte körperlichen Trainings auf die altersabhängigen Lipoproteinveränderungen. In: Herz-Kreislauf, Baden-Baden, 15 (1983), 8, S. 393-399

BERG, A.: Cholesterin und Bewegung. In: Herz, Sport und Gesundheit, 4 (1990), S. 56, 57, 75

BERG, A.; KEUL, J.: Körperliche Aktivität bei Gesunden und Koronarkranken. Effekte einer ausdauerorientierten Bewegungstherapie auf Herzkreislauf- und Stoffwechselgrößen von Patienten mit koronarer Herzkrankheit, Witzstrock, Baden-Baden, 1980

BERGLUND, G.; BIRATH, G.; BJURE, J.; GRIMBY,G.; KJELLMER, I.; SANDQVIST, L.; SÖDERHOLM, B.: Spirometric studies in normal subjects. I. Forced expirograms in subjects between 7 and 70 years of age. In: Acta Med. Scand., 173 (1963), S. 185

BERNETT, P.; JESCHKE, D. (Hrsg.): Sport und Medizin Pro und Contra: 32. Deutscher Ärztekongreß, München, 1990

BERUET, K.: Orthopäden studieren Beweglichkeit. In: Medical Tribune, Kongreßbericht 32 (1979), S. 3225

BEST, W. R.: An improved caliper for measurement of skinfold thickness. In: Journal of labatory and clinical medicine, 43 (1957), S. 967

BEUKER, F.: Leistungsprüfungen im Freizeit- und Erholungssport, Sportmedizinische Schriftenreihe der DHfK Leipzig, Bd. 12, Barth, Leipzig, 1976

BEYER, E.: Wörterbuch der Sportwissenschaft, Hofmann, Schorndorf, 1987

BIENER, K.: Lebensalter und Sport, Derendingen-Solothurn, Habegger, 1986

BIENER, K.; BÜHLMANN, H.: Zur gerontologischen Sportmedizin. In: Med. Welt, Stuttgart, 34 (1983), 35, S. 919-922

BIERSTECKER, M. W. A.; BIERSTECKER, P. A.: Vital capacity in trained and untrained healthy young adults in the Netherlands. In: Eur. J. Appl. Physiol., 54 (1985), S. 54

BINKOWSKI, H.; HUBER, G. (Hrsg.): Muskeltraining in der Sporttherapie. Kleine Schriftenreihe des Deutschen Verbandes für Gesundheitssport und Sporttherapie. 1, Echo, Köln, 1989

BLAIR, S. N.: Körperliche Aktivität und Gesundheit im Alter. In: The Club of Cologne Report, No 3, August, 1994

BÖHLAU, V.: Leistungsfähigkeit und Altern. In: Arbeitsmed., Sozialmed., Arbeitshyg., 7 (1972), S. 185-187

BÖHLAU, V.: Alter, Sport und Leistung, Schattauer, Stuttgart u. a., 1978

BÖHLAU, V.; JOKL, E.: Altern, Leistungsfähigkeit und Rehabilitation, Schattauer, Stuttgart, 1977

BÖHMER, D.; BARON, I.; BAUSENWEIN, H.; FISCHER, W.; GROHER, H. et al: Das sportmedizinische Untersuchungssystem. In: Leistungssport, Beiheft, 1975

BÖNING, D., BRAUMANN K. M., BUSSE, M. W.; MAASEN, N., SCHMIDT, W.: Sport - Rettung oder Risiko für die Gesundheit, 31. Deutscher Sportärztekongress, Hannover 1988, Deutscher Ärzte-Verlag, Köln, 1989

BÖRGER, H. H.: EKG-Information, Med. Praxis, Bd. 48, Steinkopf, Darmstadt, 1978

BÖS, K.: Statistikkurs 1, Czwalina, Ahrensburg, 1986

BÖS, K.; MECHLING, H.: Definition und Messung der Beweglichkeit und ihr Zusammenhang mit sportmotorischen Testleistungen. Eine Untersuchung an 10-jährigen Schülern. In: Sportunterricht, Schorndorf, 29 (1980), 12, S. 464-475

BÖS, K.; MECHLING, H.: Dimensionen sportmotorischer Leistung, Schorndorf, 1983

BÖTTGES-PAPENDORF, D.: Branchenkennzahlen 1993/94: Eine Sammlung aktueller Arbeitshilfen, Checklisten und statistischer Daten aus Handel, Handwerk und Industrie und freien Berufen für die Beratungspraxis, Recht und Praxis, 2. Aufl., Augsburg, 1993

BOHLE, H.: Oben zu wenig, unten zu viel. Athmosphärische Ozonkonzentrationen mit Laser ermittelt. In: Umweltmagazin, Würzburg, Forum für Umwelttechnik und Kommune, 1991

BOHLE, H.: Überschall-Verkehrsflugzeuge - ein Umweltproblem. In: Umweltmagazin, Würzburg, Forum für Umwelttechnik und Kommune, März 1993

BOILEAU, R. A.; MASSEY, B. H.; MISNER, J. E.: Body composition changes in adult man during selected weight training and jogging programs. In: Res. Quart., Washington, 44 (1973), 2, S. 158-168

BOLTE, K. K.; KAPPE, D.; NEITHARDT, F.: Soziale Ungleichheit, Leske, Opladen, 1974

BORMANN, C. et al: Subjektive Morbidität, Beiträge des Bundesgesundheitsamtes zur Gesundheitsberichterstattung, 2, MMV Medizin Verlag, München, 1990

BOULIERE, F.: Biologische Aspekte des Alterns. In: MARTIN, E.; JUNOD, J.-P: Lehrbuch der Geriatrie, Huber, Berlin, 1990

BOVENS, A.: Maximal aerobic power in cycle ergometry in middle-aged men and women, active in sports, in relation to age and physical activity.
In: Int. J. Sports Med., Stuttgart, 14 (1993), 2, S. 66-71

BRANT, J.: Fifty something. In: Runners World, Mountain View (Cal.), 24 (1989), 8, S. 58-61

BRAUNFELS, S. et al.: Der vermessene Mensch, Moos, München, 1973

BRINGMANN, W.: Leistungsphysiologische Untersuchungsergebnisse an Alterssportlern.
In: Med. u. Sport, 14, 1974

BRINGMANN, W.: Die Bedeutung des Sports für die Erhaltung der Gesundheit und Leistungsfähigkeit.
In: Theor. u. Prax. d. Körperkult., Berlin, 25 (1976) 6, S. 410-414

BRINGMANN, W.: Die sportliche Leistungsfähigkeit und Belastbarkeit im höheren Lebensalter.
In: Theor. u. Prax. d. Körperkult., Berlin, 26 (1977), 9, S. 661-668

BRINGMANN, W.: Der Gesundheitssport im präventiven Gesundheitsschutz.
In: Theor. u. Prax. d. Körperkult., Berlin, 27 (1978), S. 282-287

BRINGMANN, W.: Die physische und sportliche Leistungsfähigkeit von Frauen im höheren Lebensalter.
In: Med. u. Sport, Berlin, 18 (1978), 10, S. 297-302

BRINGMANN, W.: Die Einschätzung der kardiopulmonalen Leistungsfähigkeit für die Beurteilung der Sportfähigkeit und Trainingseffektivität.
In: Med. u. Sport, Berlin, 20 (1980) 4, S. 104-113

BRINGMANN, W.: Vergleich der kardiopulmonalen Leistungsfähigkeit zwischen Trainierten und Untrainierten im mittleren Lebensalter.
In: Theor. u. Prax. d. Körperkult., Berlin, 28 (1980), S. 108-114

BRINGMANN, W.: Zu einigen Aspekten der regelmäßigen sportlichen Tätigkeit im mittleren Lebensalter im Zusammenhang mit Gesundheit und Leistungsfähigkeit.
In: Med. u. Sport, Berlin, 20 (1980), 5, S. 134-139

BRINGMANN, W.: Kriterien der sportlichen Belastbarkeit untrainierter Erwachsener.
In: Z. ärztl. Fortbild., 77 (1983), S. 355-360

BRINGMANN, W.: Die Bedeutung der Kraftfähigkeiten für Gesundheit und Leistungsfähigkeit.
In: Med. u. Sport, Berlin, 24 (1984), 4, S. 97-100

BRINGMANN, W.: Die Beurteilung der sportlichen Belastbarkeit im Erwachsenenalter.
In: Med. u. Sport, Berlin, 24 (1984), 6, S. 163-168

BRINGMANN, W.: Sport in der Prävention, Therapie und Rehabilitation, Sportmedizinische Schriftenreihe, Bd. 22, Barth, Leipzig, 1985

BRINGMANN, W.; SCHLEGEL, M.; SCHNEIDER, K.; FECHTER, L.: Leistungsphysiologische Untersuchungsergebnisse an Alterssportlern. In: Med. u. Sport, Berlin, 14 (1974), 4/5/6, S. 152-156

BROSIUS, G.: SPSS/PC+, Basics and Graphics. Einführung und praktische Beispiele, Mc Graw – Hill Book Company GmbH, Hamburg, 1988

BROUSTET, J. P.: Sportkardiologie, Enke, Stuttgart, 1980

BROZEK, J.; HENSCHEL, A.: Techniques for measuring body composition, Washington, 1961

BROZEK, J.; KEYS, A.: The evaluation of leaness-fatness in man: A survey of methods. In: British Journal of nutrition 5 (1951), S. 194-206

BUDDECKE, E.: Grundriss der Biochemie. Für Studierende der Medizin, Zahnmedizin und Naturwissenschaften, 6. Aufl., de Gruyter, Berlin, 1980

BÜHLMANN, A. A.; SCHERRER, M.: Neue Normalwerte für die Vital- und Totalkapazität der Lungen. In: Schweiz. Med. Wochenschr., 103 (1973), S. 660

BÜHLMANN, A. A.; SCHERRER, M.; HERZOG, H.: Vorschläge zur einheitlichen Beurteilung der Arbeitsfähigkeit durch die Lungenfunktionsprüfung. In: Schweiz. Med. Wochenschr., 91 (1961), S. 105

BÜHRLE, M. (Hrsg.): Grundlagen des Maximal- und Schnellkrafttrainings, Schriftenreihe des Bundesinstituts für Sportwissenschaft, Bd. 56, Hofmann, Schorndorf, 1985

BÜRGER, M.: Altern und Krankheit, 2. Aufl., Thieme, Leipzig, 1954

BUGYI, B.; ODER H. E.: Alternswandlung der Konstitution an Hand von Fett- und Muskulaturbestimmung. In: Zeitschrift für Altersforschung, 20 (1964), S. 327-334

BUGYI, B.: Die Bestimmung des Fettgehalts bei Sportlern mit Hilfe der Cowgillschen Formel. In: Theor. u. Prax. d. Körperkult., Berlin, 18 (1969), S. 459-467

BUGYI, B.: Vergleiche einiger Methoden zur Bestimmung des Körperfettes und des Magergewichtes bei Jugendlichen. In: Zeitschrift für Ernährungswesen, 10 (1971), S. 364-381

BUHL, B.: Die körperliche Leistungsfähigkeit und organische Funktionstüchtigkeit im Alternsgang, Deutsche Hochschule für Körperkultur, Leipzig, 1981

BUHL, B.: Die degenerativen Erkrankungen des Binde- und Stützgewebes im Alternsgang, (Beiträge des Leistungsplanes 1982/83 zum Forschungsvorhaben), Deutsche Hochschule für Körperkultur, Leipzig, 1983

BUHL, B.; ISRAEL, S.; BERGERT, K.-D.; NEUMANN, G.: Die Reaktion der HDL-Cholesterol- und Triglyzeridfraktion im Serum nach extremer Ausdauerleistung, Leipzig, 1984

BULL, H. J.: Zur Bedeutung und Entwicklung der Beweglichkeit des Menschen für die Verbesserung seiner körperlich-sportlichen Leistungsfähigkeit unter Verwendung von Ergebnissen eines sportpädagogischen Experiments in der Unterstufe, Dissertation, Humboldt-Universität, Berlin, 1975

BUNDESMINISTERIUM FÜR GESUNDHEIT: Daten des Gesundheitswesens (1991), Schriftenreihe des Bundesministeriums für Gesundheit, Nomos Verlagsgesellschaft, Baden-Baden, 1991

BUTSCHENKO, L. A.: Das Ruhe- und Belastungs-EKG bei Sportlern, Sportmedizinische Schriftenreihe, Barth, Leipzig, 1967

BUTTLER, F.: Arbeitsmarkt und Berufsforschung, Kohlhammer, Stuttgart u. a., 1994

CAMUS, G.; THYS, H.: Sur la consommation max. d'oxigène, sa signification en tant que critère d'aptitude physique et ses techniques de mesure. In: Rev. Educ. Phys., Luettich, 20 (1980), 4, S. 29-33

CARLSON, L.; MOSSFELDT, F.: Acute effects of prolonged, heavy exercise on the concentration of plasma lipids and lipoproteins in man. In: Acta physiol. scand., 62 (1964), S. 51-59

CARREL: Die Alternstheorien. In: M. BÜRGER: Altern und Krankheit, 2. Aufl., Thieme, Leipzig, 1954

CASTELLI, W. P. et al.: HDL-Cholesterol and other lipids in coronary heart disease. The cooperative lipoprotein phenotyping study. In: Circulation, 55 (1972), S. 767

CHATFIELD, W. F.: Economic and sociological calfactors influencing life satisfaction of the aged. In: H. THOMAE: Alternsstile und Alternsschicksale, Huber, Bern u. a., 1983

CHOWANETZ, W.; SCHRAMM, A.: Lungenfunktion und Alter. In: Münch. Med. Wochenschr., 123 (1981), S. 1621

CLASING, D. et al.: Spiroergometrische Leistungsprüfungen an über 60-jährigen Altersturnern. In: Sportarzt und Sportmedizin, 7 (1966), S. 357-359

CLAUSS, G.; EBNER, H.: Statistik – Für Soziologen, Pädagogen, Psychologen und Mediziner, Deutsch, Thun und Frankfurt a. M., 1985

CLAUSS, G.; EBNER, H.: Grundlagen der Statistik, Deutsch, Berlin, 1989

COMROE, J. H.: Physiologie der Atmung, Schattauer, Stuttgart u. a., 1968

CONRAD, K.: Der Konstitutionstypus als genetisches Problem: Versuch einer genetischen Konstitutionslehre, Springer, Berlin, 1941

CONRAD, K.: Der Konstitutionstypus, Springer, Berlin u. a., 1963

CONRAD, M.: Das Herz. Funktionen, Erkrankungen, Behandlung und Vorsorge, TK-Schriftenreihe, Karlsruhe, 1993

CONZELMANN, A.: Zur Entwicklung der Ausdauerleistungsfähigkeit im Alter. Eine empirische Untersuchung an 48 der besten 50- bis 60-jährigen Mittel- und Langstreckenläufer in der Bundesrepublik Deutschland. In: Sportwissenschaft, Schorndorf, 18 (1988), 2, S. 160-175

COOK-SUP, S.: Praktische Elektrokardiographie, Selecta, München, 1978

COOPER, K. H.: Laufen ohne Angst. In: Spiridon, 11 (1985), 26

COOPER, K. H.; PURDY, G. J.; WHITE, S. R.; POLLOCK, M. L.; LINNERUD, A. C.: Agefitness adjusted maximal heart rates. In: Med. u. Sport, Berlin, 10 (1977), S. 78

COTTA, H.: Sport und Alter. In: Z. f. Orthop., Stuttgart, 124 (1986), 4, S. 369-371

COTTA, H.: Der Mensch ist so jung wie seine Gelenke, 9. Aufl., München, 1994

COUNCIL OF EUROPE: Sport für ältere Leute, Vortragssammlung des Seminars „Sport für ältere Leute" des Bundesinstituts für Sportwissenschaft vom Juli 1983, Selbstverl., Straßburg, 1985

COVELL, B.: Decline in athletic performance with age. In: Momentum, Edinburgh, 4 (1979), 3, S. 1-5

CRASSELT, W.; ISRAEL, S.; RICHTER, H.: Schnellkraftleistungen im Alternsgang. In: Theorie und Praxis der Körperkultur, Berlin, 33 (1984), 6, S. 423-431

CRONAU, L. H.; RASCH, PH. J.; HAMBY, J. W.; BURNS, H. J.: Effects of strenuous physical training on serum uric acid levels. In: Journal of Sports Medicine and Physical Fitness, Turin, 12 (1972)

CUTLER, R. G.: Cellular Ageing, Carger, Basel, 1976

CUTLER, R. G.: Biologische Aspekte des Alterns. In: E. MARTIN; J.-P. JUNOD: Lehrbuch der Geriatrie, Huber, Berlin, 1990

DARWIN, E: Zoonomie, Zit. Nach RÖSSLE: Wachstum und Altern, Bergmann, München, 1923

DAVID, E.: Grundlagen der Sportphysiologie, Beiträge zur Sportmedizin, Bd. 29, Perimed, Erlangen, 1986

DE MAREES, H.: Medizin von heute – Sportphysiologie, Troponwerke, Köln-Mülheim, 1987

DE MAREES, H.; MESTER, J.: Sportphysiologie I-III, Diesterweg Sauerländer, Frankfurt a.M./Aarau, 1981

DEBRUNNER, H. U.: Gelenkmessung (Neutral-O-Methode), Längenmessung, Umfangmessung,
            AO- Bulletin, 1971

DEHN, M.; BRUCE, R.: Longitudinal variations in maximal oxygen intake with age and activity. In: J. appl.
            Physiol., 33 (1972), 6, S. 805-807

DEICKERT, F.: Sport und Diabetes: theoretische Grundlagen, experimentelle Untersuchungen und praktische
            Hinweise für TypI-Diabetiker, Springer, Berlin / Heidelberg, 1991

DEISS, D.; PFEIFFER, U. (Hrsg.): Leistungsreserven im Schnellkrafttraining, Sportwissenschaft für die Praxis, Bd.
            10, Sportverlag, Berlin, 1991

DENK, H. (Hrsg.): Alterssport: aktuelle Forschungsergebnisse, Hofmann, Schorndorf, 1996

DEUTSCHE LIGA ZUR BEKÄMPFUNG DES HOHEN BLUTDRUCKS e. V.: Hypertonie und Sport,
            2. Aufl., 1996

DICKHUT, H.; KEUL, J.; SIMON, G.: Echokardiographie zur Funktionsbeurteilung des Herzens, Enke,
            Stuttgart, 1981

DIEM, L.: Sport und Alter – soziale und kulturelle Probleme. In: Österr. J. f. Sportmed., Wien, 17 (1987), 3, S. 3-6

DIEM, L.: Das Altensportzentrum „Sport für betagte Bürger" Mönchengladbach, Schriftenreihe des
            Bundesministers für Jugend, Familie, Frauen und Gesundheit Band 237, Stuttgart,
            Berlin, Köln, 1989

DIRIX, A.; KNUTTGEN, H. G.; TITTEL, K. (Hrsg.): Olympiabuch der Sportmedizin, Enzyklopädie der
            Sportmedizin, Bd. 1, Dt. Ärzteverlag, Köln, 1989

DONIKE, M; HOLLMANN, W.; STRATMANN, D.: Das Verhalten der individuellen freien Fettsäuren (FFS)
            unter körperlicher Belastung. In: Sportarzt und Sportmedizin, (1974), S. 274-278

DORALT, W.; KUMMER, F.; RICHTER, H.: Vergleichende Untersuchungen über Sauerstoffaufnahme, Säure-
            Basenhaushalt und EKG bei Hochleistungssportlern in Ruhe und unter
            erschöpfender Belastung. In: Z. innere Med., Wien, 1973

DREWS, A.; FRITZE, E.: Training und körperliche Leistungsfähigkeit älterer Menschen.
            In: Münch. Med. Wschr., 108, (1966), S. 189-197

DUFAUX, B.; SCHMITZ, G.; ASSMANN, G.; HOLLMANN, W.: Plasma lipoproteins and physical activity:
            A review. In: Int. J. Sports Med., Stuttgart, 3 (1982), 1, S. 58-60

DUFAUX, B.; LIESEN, H.; ROST, R.; HECK, H.; HOLLMANN, W.: Über den Einfluß eines Ausdauertrainings
            auf die Serum-Lipoproteine (HDL) bei jungen und älteren Personen.
            In: Dtsch. Z. f. Sportmed., 30 (1979), S. 123

DURNIN, J. V.; RAHAMAN, M. M.: The assessment of the amount of fat in the human body from measurements
            of skinfold-thickness. In: British Journal of nutrition, 21 (1967), S. 681-689

EDWARDS, J. N.; KLEMMARCK, D. L.: Correlates of life satisfaction. In: H. THOMAE: Alternsstile und
            Alternsschicksale, Huber, Bern u. a., 1983

EHRLER, W.: Der Stellenwert der Kraftfähigkeiten und der Beweglichkeit im massensportlichen Übungsbetrieb. In: Theor. u. Prax. d. Körperkult., Berlin, 38 (1989), 11, S. 23-26

EHRSAM, R.; ZAHNER, L.: *Ohne Titel*. In: H. DENK (Hrsg.): Alterssport. Aktuelle Forschungsergebnisse, Hofmann, Schorndorf, 1996

EICKSTEDT, E.: Die Forschung am Menschen. Geschichte und Methode der Anthropologie, 1. Band, Enke, Stuttgart, 1963

EITNER, S.: Geropsychohygiene. In: Handbuch der Gerontologie, Fischer, Jena, 1978

ELMADFA, I.: Ernährung des Menschen, Ulmer, Stuttgart, 1988

EMNID-INSTITUT: Freizeit und Breitensport. Ausübung, Bedürfnisse, Angebote und Institutionen, Bielefeld, Dez. 1972 bis Jan. 1973

ENGELHARDT, M.; NEUMANN, O.: Sportmedizin: Grundlagen für alle Sportarten, BLV, München, Wien, Zürich 1994

ENGER, S. et al.: HDL and physical activity; the influence of physical exercise, age and smoking on HDL. In: Scand. l Clin. Lab. Invest., 37 (1977), S. 251-255

FABIAN, K.: Die Veränderungen der Serum-Harnsäurekonzentration (S-HRS) durch körperliche Belastung. In: Med. u. Sport, Berlin, 27 (1987), 7, S. 194-201

FETZ, F.: Die Gelenkigkeit. In: O. NEUMANN (Hrsg.): Die sportl. Leistung im Jugendalter, Limpert, Frankfurt, 1967, S. 67-72

FETZ, F.; KORNEXEL, E.: Praktische Anleitung zu sportmotorischen Tests, Limpert, Frankfurt/M., 1973

FISCHER, G.; ISRAEL, S.; THIERBACH, P.; STRAUZENBERG, S. E.: Messung des Depotfettes bei Sportlern. In: Theor. U. Prax. D. Körperkult., 19 (1970), S. 1084-1098

FISCHER, P.; WINIECKI, P.: Rechenscheiben zur Beurteilung des Körpergewichts erwachsener Männer und Frauen nach ihrem Broca-Gewicht. In: Z. ges. innere Med., 30 (1975), 17, S. 583-584

FLEISCHER, W.: Die Lungenfunktionsprüfung. Pneumologische Notizen, Gedon & Reuss, München, 1987

FLÜGEL, B.; GREIL, H.; SOMMER, K.: Anthropologischer Atlas. Grundlagen und Daten, Tribüne, Frankfurt a. M., 1986

N. N.: Food and Nutrition Board, National Academy of Sciences – National researched Council, Washington D. C. (USA), 1964

FORCHE, G.; HARNONCOURT, K.; STADLOBER, E.: Die Grundlagen für die neuen spirometrischen Bezugswerte. In: Öst. Ärzteztg., 24 (1982), S. 1635

FORGRO, I. (Hrsg.): Sportmedizin für alle, Hofmann, Schorndorf, 1983

FREY, G.: Zur Terminologie und Struktur physischer Leistungsfaktoren und motorischer Fähigkeiten. In: Leistungssport, Berlin, 7 (1977), 5, S. 339-362

FRIEDE, C.; SCHIRRA-WEIRICH, L.: Statistische Datenanalyse, SPSS/PC+ - eine strukturierte Einführung, Rowohlt, Reinbek bei Hamburg, 1992

FRIEDL, C.: Benzol: fast allgegenwärtig. In: Umweltmagazin, Würzburg, Forum für Umwelttechnik und Kommune, (1993)

FRIEDRICH, F.: Sport und Körper. Die biologischen Grundlagen der Leibeserziehung, Ehrenwirth, München, 1950

FRISCH, H.: Programmierte Untersuchung des Bewegungsapparates. Chirodiagnostik, 2. Aufl., Springer,
        Berlin u. a., 1987

FROGNER, E.: Sport im Lebenslauf. Eine Verhaltensanalyse zum Breiten- und Freizeitsport, Stuttgart, 1991

FRONTERA, W. R.; MEREDITH, C. N. et al: Krafttraining bei älteren Männern: Skelettmuskelhypertrophie und
        verbesserte Muskelfunktion.
        In: J. of appl. Physiol. Bethesda (Maryland), 64 (1988), 3, S. 1038-1044

GANDER, M.; PITTELOUD, P.; FORSTER, G.: Arbeitskapazität und Alter. In: Schweiz. Z. Sportmed., 12 (1964),
        S. 90-107

GARBE, D. R.; CHAPMAN, T. T.: Lungenventilationsmessung – ein einfaches Verfahren, Vitalograph Ltd.,
        Buckingham, 1975

GARY, K.; FESSLER, C.; ULMER, W. T.: Intrapleurale Druckschwankungen bei der Messung des 1-
        Sekundenwertes und bei körperlicher Arbeit (Zur Problematik des 1-
        Sekundenwertes). In: Beitr. Klin. Tuberkol., 134 (1967), S. 295

GEIGER, L.: Überlastungsschäden im Sport, Braunschweig, 1991

GRIES, F. A.; BERCHTOLD, P.; BERGER, M.: Adipositas. Pathophysiologie, Klinik und Therapie, Berlin, 1976

GRIMM, H.: Notiz über Normentafeln auf Spirometern. In: Theor. U. Prax. D. Körperkult., 1 (1952), S. 61

GRIMM, H.: Neue Gesichtspunkte zur Biotypologie im Sport. In: Sportarzt, 9 (1958)

GRIMM, H.: Einführung in die Anthropologie, Fischer, Jena, 1961

GRIMM, H.: Grundriß der Konstitutionsbiologie und Anthropometrie, Volk und Gesundheit, 3. Aufl., Berlin, 1966

GRÖßING, S. (Hrsg.): Senioren und Sport. Begründung, Zielsetzung, Modelle, Anregungen für die Praxis,
        Handbücher zur Pädagogik und Didaktik des Sports, Bd. 3, Limpert,
        Bad Homburg, 1980

GROH, H.: Sportmedizin. Biologische und medizinische Grundlagen der Leibesübungen, Enke, Stuttgart, 1962

GROLL, H.: System des Schulturnens, Wien, 1966

GROSS, H.: Vitalkapazität und Körperlänge, Dissertation, Hamburg, 1940

GROSSER, M.: Gelenksbeweglichkeit und Aufwärmarbeit. In: Leistungssport, Berlin, 7 (1977), 1, S. 38-43

GROSSER, M.; STARISCHKA, S.: Konditionstests, BLV, München, 1981

GROTH, H.: Sportmedizin, Enke, Stuttgart, 1980

GRUPE, O. (Hrsg.): Sport in unserer Welt – Chancen und Probleme. Referate, Ergebnisse, Materialien,
        Wissenschaftlicher Kongress München 21.8 – 25.8.1972, Springer,
        Heidelberg, 1973

GUTIERREZ-GARCIA, G.: Problematik des Alterssports aus sportmedizinischer Sicht, Dissertation,
        Münster, 1985

HAAS, W.; SCHMIDT, J.: Ungewöhnliche Herzrhythmen bei Sporttreibenden. In: Intern. Praxis, Stuttgart, 1975

HACK, F.; WEISS, M.; WEICKER, H.; WIRTH, A.: Vergleichende anthropometrische, spiroergometrische und histologische Untersuchungen bei Normal- und Übergewichtigen. In: Dt. Z. f. Sportmed., Köln, 33 (1982), 2, S. 45-52

HÄRTING, F.: Welche Bedeutung haben Leibesübungen für über 40-Jährige? In: Versehrtensportler, 11 (1962), S. 175

HAFERLACH, T.: Das Arzt-Patienten-Gespräch: Ärztliches Sprechen in Anamnese, Visite und Patientenaufklärung, München, 1994

HAHMANN, H.: Eignung zum Sport und ihre Korrelation zu Körperwuchsformen, Czwalina, Ahrensburg bei Hamburg 1973

HAMPTON, J. R. et al.: Relative contributions of history taking, physical examination and laboratory investigation to diagnosis and management of medical out-patients. Brit. Med. J., 2 (1975), S. 486-489

HARDINGHAUS, W.; WIRTH, A.: Fahrradergometrie in der Praxis, Hippokrates, Stuttgart, 1989

HARRE, D.: Trainingslehre. Einführung in die Theorie und Methodik des sportlichen Trainings, Sportverlag, 9. Aufl., Berlin, 1982

HARRIS, M. L: A Factor Analytic Study of Fexibility. In: Research Quarterly, Michigan, 40 (1969)

HAUSEN, T.: Bedeutung der Spirometrie bei der Früherkennung von Atemwegserkrankungen. In: Dtsch. Med. Wochenschr., 110 (1985), S. 59

HAUSS, W. H.; OBERWITTLER, W. (Hrsg.): Geriatrie in der Praxis, Springer, Berlin u. a., 1975

HECK, A.; LIESEN, H.; OTTO, M.; HOLLMANN, W.: Das Verhalten spiroergometrischer Meßgrößen im Ausbelastungsbereich bei ABC-Kaderuntersuchungen. In: Dt. Z. f. Sportmed., Köln, 33 (1982), 4, S. 105-111

HECK, W.; STOERMER, J.: Pädiatrischer EKG-Atlas, Thieme, Stuttgart, 1959

HEINEMANN, H.: Einführung in die Soziologie des Sports, Sport und Sportunterricht, Band 1, 2. Aufl., Schorndorf, 1983

HEISS, F. (Hrsg.): Praktische Sportmedizin, Enke, Stuttgart, 1964

HERMANN, W. M.; KANOWSKI, S.: Gerontologie, Kohlhammer, Stuttgart, 1981

HERZBERG, P.: Entwicklungsstand, Aufgaben und Perspektiven motorischer Tests. In: Theor. u. Prax. d. Körperkult., 19 (1970)

HETTINGER, T.: Die histologischen und chemischen Veränderungen der Skelettmuskulatur durch Muskeltraining und durch Testosteron. In: Ärztl. Forsch., 8 (1959), S. 570-581

HETTINGER, T.: Die Trainierbarkeit menschlicher Muskeln in Abhängigkeit von Alter und Geschlecht. In: Int. Z. angew. Physiol., 17 (1976), S. 371-379

HETTINGER, T.; HOLLMANN, W.: Die Trainierbarkeit der Gliedmaßen und Rumpfmuskulatur bei Frauen und Männern. In: Sportarzt, 15 (1964), S. 363-368

HEUWINKEL, D.: Sport für Ältere in einer sportaktiven alternden Gesellschaft. In: Z. f. Gerontol., Darmstadt, 23 (1990), 1, S. 23-33

HEVESY, G. V.; HOFER, E.: Bestimmung des Fettanteils über das Verhältnis von Körpervolumen zu Körpergewicht mit Hilfe von schwerem Wasser als Indikator. In: Klinische Wissenschaft., 13 (1934), S. 1524

HEYDEN, S.: Risikofaktoren für das Herz, Boehringer, Mannheim, 1974

HOFFMANN, R.: Roche Lexikon Medizin, Urban & Schwarzenberger, Wien, 1987

HOFMANN, E.: Der Stoffwechsel. Dynamische Biochemie Teil 3, Akademie, Berlin, 1984

HOLLMANN, W.: Der Arbeits- und Trainingseinfluß auf Kreislauf und Atmung, Steinkopff, Darmstadt, 1959

HOLLMANN, W.: Höchst- und Dauerleistungsfähigkeit des Sportlers, Wissenschaftliche Schriftenreihe des Deutschen Sportbundes, Band 5, Barth, München, 1963

HOLLMANN, W.: Körperliches Training als Prävention von Herz-Kreislauf-Krankheiten, Hippokrates, Stuttgart, 1965

HOLLMANN, W. (Hrsg.): Zentrale Themen der Sportmedizin, Springer, Berlin u. a., 1972

HOLLMANN, W.: Der Einfluß von Ausdauertraining auf kardiopulmonale und metabolische Parameter im Alter. In: O. GRUPE (Hrsg.): Sport in unserer Welt – Chancen und Probleme, Springer, Berlin u. a., 1973

HOLLMANN, W.: Flexibilität. In: P. RÖTHIG (Hrsg.): Sportwissenschaftliches Lexikon, 1. Aufl., Schorndorf, 1976, S. 108

HOLLMANN, W.: Prävention und Rehabilitation von Herz-Kreislauf-Krankheiten durch körperliches Training, 2. Aufl., Hippokrates, Stuttgart, 1983

HOLLMANN, W.: Altern und Sport. In: Z. Orthop. 124, 1986, S. 367-368

HOLLMANN, W. (Hrsg): Zentrale Themen der Sportmedizin, 3. Aufl., Springer, Berlin, 1986

HOLLMANN, W.: Menschliche Leistungsfähigkeit und Gesundheit. In: O. Grupe (Hrsg.): Kulturgut oder Körperkult? Sport und Sportwissenschaft im Wandel, Tübingen, 1990

HOLLMANN, W.; BERG, G. et al.: Der Alterseinfluß auf spiroergometrische Meßgrößen im submaximalen Arbeitsbereich. In: Med. Welt, 21 (1970), S. 1280-1288

HOLLMANN, W.; BOUCHARD, C.: Alter, körperliche Leistung und Training. In: Z. für Gerontol., 3 (1970), S. 188

HOLLMANN, W.; GYARFAS, J.: Offizielles Statement der Kölner Tagung: „Call for Action" an alle Regierungen der Welt. In: The Club of Cologne Report, 3 (1994)

HOLLMANN, W.; HETTINGER, T.: Sportmedizin. Arbeits- und Trainigsgrundlagen, 3. Aufl., Schattauer, Stuttgart u. a., 1990

HOLLMANN, W.; HETTINGER, T.: Sportmedizin. Arbeits- und Trainigsgrundlagen, 2. Aufl., Schattauer, Stuttgart u. a., 1980

HOLLMANN, W.; LIESEN, H.: Der Trainingseinfluß auf die Leistungsfähigkeit von Herz, Kreislauf und Stoffwechsel. In: Münch. Med. Wschr., 114 (1972), S. 1336-1342

HOLLMANN, W.; LIESEN, H.; ROST, R.; HECK, H.; MADER, A. et al.: Artifizielle Methoden zur Steigerung der Leistungsfähigkeit im Spitzensport. In: Dt. Ärztebl., Köln, 75 (1978), 20, S. 1185-1192

HOLLMANN, W.; LIESEN, H.; ROST, R.; KAWAHATS, K.: Über das Leistungsverhalten und die Trainierbarkeit im Alter. In: Z. Gerontol., 11 (1978), S. 312-324

HOLLMANN, W.; ROST, R.: Elektrokardiographie in der Sportmedizin, Thieme, Stuttgart, 1980

HOLLMANN, W.; ROST, R.: Belastungsuntersuchungen in der Praxis. Grundlagen, Technik und Interpretation ergometrischer Untersuchungsverfahren, Thieme, Stuttgart, 1982

HOLLMANN, W.; ROST, R.; DUFAUX, B.; HECK, H.; LIESEN, H.: Über das Leistungsverhalten und die Trainierbarkeit im Alter. In: Acta Gerontol., 11 (1981), S. 91-95

HOLLMANN, W.; ROST, R.; DUFAUX, B.; LIESEN, H.: Prävention und Rehabilitation von Herz-Kreislauf-Krankheiten durch körperliches Training, 2. Aufl. Hippokrates, Stuttgart, 1983

HOLLMANN, W.; ROST, R.; MADER, A. LIESEN, H.: Altern, Leistungsfähigkeit und Training. In: Dt. Ärzteblatt, Köln, 89 (1992), 38, S. 1930-1937

HOLLMANN, W.; VALENTIN, H.: 50 Jahre Spiroergometrie – 1929 bis 1979. In: Münch. Med. Wschr., München, 122 (1980), 5, S. 169-174

HOLTMEYER. H. J.: Ernährung. In: W. D. OSWALD et al.: Gerontologie, Kohlhammer, Stuttgart u. a., 1984

HOLZMANN, M.: Klinische Elektrokardiographie, Thieme, Stuttgart, 1955

HORN, J., SCHINDOWSKI, E.: Zur Größe der normalen Vitalkapazität in verschiedenen Lebensaltern. In: Z. Tuberkul.- Arzt, 11 (1957), S. 36

HÜLLEMANN, K.-D. (Hrsg.): Leistungsmedizin – Sportmedizin für Klinik und Praxis, Thieme, Stuttgart, 1976

HÜLLEMANN, K.-D. (Hrsg.): Sport im Alter, Sammelband, 1976

HÜLLEMANN, K.-D. (Hrsg.): Sportmedizin für Klinik und Praxis, 2. Aufl., Thieme, Stuttgart u. a., 1983

HÜTER-BECKER, A.; SCHEWE, H.; HEIPERTZ, W. (Hrsg.): Physiotherapie: Bd. 14. Prävention, Rehabilitation, Geriatrie, Stuttgart, 1997

HUME, R.: Prediction of lean body mass from high and weight. In: Clinical pathology, 19 (1966), S. 389-392

INSTITUT DER DEUTSCHEN WIRTSCHAFT KÖLN (Hrsg.): Deutschland in Zahlen 2002, Deutscher Instituts-Verlag, Köln, 2002

ISRAEL, S.: Das Verhältnis von „aktiver" Körpermasse zu Depotfett während eines Etappenrennens. In: Zeitschrift für die gesamte experimentelle Medizin, 140 (1966), S. 303-309

ISRAEL, S.: Die maximale Herzschlagfrequenz im Alternsgang. In: Med. u. Sport, Berlin, 15 (1975), S. 370-373

ISRAEL, S.: Sportmedizinische Positionen zu Leistungsprüfverfahren im Sport. In: Med. u. Sport, Berlin, 19 (1979), 1/2, S. 28-35

ISRAEL, S.: Sport und Herzschlagfrequenz. Sportmedizinische Schriftenreihe der DHfK Leipzig, Bd. 21, Barth, Leipzig, 1982

ISRAEL, S.: Körperliche Normbereiche in ihrem Bezug zur Gesundheitsstabilität. In: Med. u. Sport, Berlin, 23 (1983), 8, S. 233-235

ISRAEL, S.: Sport mit Senioren, Heidelberg, 1995

ISRAEL, S.; BUHL, B.; PURKOPP, K.-H.; WEIDNER, A.: Körperliche Leistungsfähigkeit und organismische Funktionstüchtigkeit im Alternsgang, Leipzig, 1981

ISRAEL, S.; BUHL, B.; PURKOPP, K.-H.; WEIDNER, A.: Körperliche Leistungsfähigkeit und organismische Funktionstüchtigkeit im Alternsgang. In: Med. u. Sport, Berlin, 22 (1982), 10, S. 289-300, S. 322-326, S. 353-361

ISRAEL, S.; EHRLER, W.; BUHL, B.: Ergebnisse leistungsphysiologischer Untersuchungen an Teilnehmern des Rennsteiglaufs. In: Med. u. Sport, Berlin, 20 (1980), 1, S. 6-9

ISRAEL, S.; KÖHLER, EHRLER, W.; BUHL, B.: Die Trainierbarkeit in späteren Lebensabschnitten. In: Med. u. Sport, Berlin, 22 (1982), 2/3, S. 90-93

ISRAEL, S.; WEIDNER, A.: Körperliche Aktivität und Altern, Barth, Leipzig, 1988

ISRAEL, S.; WEIDNER, A.; STENGEL, K.: Die Alterscharakteristik der Muskelkraft sportlich aktiver und inaktiver Frauen und Männer zwischen dem 30. und 60. Lebensjahr. In: Theor. u. Prax. d. Körperkult., Berlin, 35 (1986), 2, S. 127-135

JÄGER, E.: Bedienungsanleitung Ergo-Oxyscreen, Version 10, 1985

JAKOBI, P.; RÖSCH, H.-E. (Hrsg): Sport nach der Lebensmitte, Matthias-Grünewald, Mainz, 1990

JANCIK, E.: Eine epidemologische Studie über chronische Bronchitis aus Brno, Tschechoslowakei. In: Prax. Pneumol., 22 (1968), S. 584

JANCIK, E.; JANCIK-MAK, M.: Chronische unspezifische Lungenerkrankungen. In: Prax. Pneumol., 26 (1972), S. 69

JAWORSKI, J. S.; ORLOWSKI, J.; DZIEMIDZIONEK, R.; OLSZOWSKA, W.: Veränderungen in der Dicke des Fettgewebes bei Radsportlern während der Friedensfahrt. In: Med. u. Sport, Berlin, 18 (1978), 5, S. 152-154

JELLIFFE, R. W.: Fundamentals of Electrocardiography, Springer, New York, 1990

JOCH, W.; WIEMEYER, J. (Hrsg.): Bewegung und Gesundheit: theoretische Grundlagen, empirische Befunde, praktische Erfahrungen, Münster, 1995

JOKL, E.: Alter und Leistung, Springer, Berlin u. a., 1954

JOKL, E.; BÖHLAU, E.: Altern, Leistungsfähigkeit, Rehabilitation, Schattauer, Stuttgart u. a., 1977

JONES, H. E.: The relationship of strength to physique. In: Amer. J. phys. Anthrop., Mai 1947

JOSENHANS, G.: Wirbelsäulenerkrankungen. In: Schriftenreihe für Rheumakranke, 3, Aesopus-Verlag, Wiesbaden, 1968

JUNG, K.: Sportliches Langlaufen. Der erfolgreiche Weg zur Gesundheit, IDEA-Verl.Ges, Puchheim, 1984

KABELITZ, H. J.: Lexikon und Atlas der Elektrokardiographie, Medica, Zürich, 1966

KAISER, R.: Veränderungen anthropometrischer Daten „Körperlänge, Körpergewicht, Hautfettfalten" bei Teilnehmerinnen eines 100 km-Laufes, Dissertation, Universität Münster, 1984

KALTENBACH, M.; KLEPZIG, H.: Röntgenologische Herzvolumenbestimmung, Springer, Heidelberg, 1983

KANIA, J.; LAWIN, P.: Lungenfunktionsanalyse im klinischen Routinebetrieb. In: Z. prakt. Anästh., 8 (1973), S. 53

KAPUSTIN, P.: Sport für alle - auch für Ältere. In: Prax. Leibesüb., 19 (1978), S. 36-37, S. 46-47

KAROLY, L.: Anthropometrie, Fischer, Stuttgart, 1971

KARVONEN, M. J.; RUTENFRANZ, J.: Allgemeine Charakteristik des Alterns in biologisch-medizinischer Sicht. In: R. SINGER (Hrsg.): Alterssport. Beiträge zur Lehre und Forschung, Bd. 83, Hofmann, Schorndorf, 1981, S. 21-34

KASCH, F.; KULBERG, J.: Physiological variables during 15 years of endurance exercise. In: Scand. J. Sports Sci., Helsinki, 3 (1981), 2, S. 59-62

KASPER, H.: Ernährungsmedizin und Diätetik, 7. Aufl., Urban & Schwarzenberg, München, 1991

KEIDEL, W. D.: Kurzgefaßtes Lehrbuch der Physiologie, Thieme, Stuttgart, 1979

KENNTNER, G.: Wachstumsbeschleunigung und Körpergröße des Menschen im 20. Jahrhundert; industrieanthropologische, medizinische und pädagogische Konsequenzen, Universität Karlsruhe, Heft 46 Fridericiana, 1992

KENNTNER, G.: Studenten immer größer. In: Prisma 3 (1995), S. 18

KENNTNER, G.: Wir werden immer größer. Ursachen und Folgen der Akzeleration. In: JATROS: Pädiatrie-Kinderheilkunde, 12 (1996), 12, S. 6-9

KENNTNER, G.: Warum werden wir immer größer? Ursachen und Folgen der Akzeleration. In: JATROS: Orthopädie, Rheumatologie, Sportmedizin, 12 (1997), 1, S. 6-9

KENNTNER, G. et al.: Zum Einfluß des Breitensportes auf körperliche Leistungsfähigkeit und Lipoproteinstatus, Herzkreislauf, 11 (1969), S. 557-565

KENNTNER, G.; BUHL, B.; FÜLÖP, G.: Fett- und Cholesterinstoffwechsel bei Kraft- und Ausdauerseniorensportlern - untersucht im Rahmen eines gerontologischen Forschungsprojektes. In: G. SCHODER, H. J. GROS, A. RÜTTEN (Hrsg.): Anwendungsfelder der Sportwissenschaft – Beiträge zum 3. Landessymposium der sportwissensch.. Institute Baden-Württemb., Sonderdruck, Stuttgart, 1989

KETZ, H.; BAUM, F.: Ernährungslexikon, VEB Buchverlag, Leipzig, 1986

KEUL, J.; REINDELL, H.: Der sporttreibende Bürger –Gefährdung oder Gesundung? Beiträge zur Sportmedizin, Bd. 21, Perimed, Erlangen, 1983

KEUL, J. et al.: Freie Fettsäuren, Glycerin und Triglyzeride im arteriellen und femoralvenösen Blut vor und nach einem vierwöchigen körperlichen Training. In: Europ. J. Physiol. 316, 194 (1970)

KEYS, T. E.: Applied medical library practice, Thomas, Springfield, 1958

KEYS, A.; KINDERMANN, W.; BREIER, E.; SCHMITT, W. M.: Körperdepotfett und aktive Körpermasse bei Leistungssportlern verschiedener Sportarten und unterschiedlicher Leistungsfähigkeit. In: Leistungssport, 12 (1982), S. 81-86

KIELHOLZ, P.: Prophylaxe der Altersdepressionen. In: H. Baumann (Hrsg.), Sammelband Sportwissenschaft und Sportpraxis, Bd. 71, Cwalina, Ahrensburg, 1988

KIENLE, F.: The electric heart portrait, Comprehensive research report, European Congress of Cardiology, Prag, 1964

KLAUS, E. J.: Konstitution und Sport, Tries, Freiburg i. Breisgau, 1954

KLEIN, M. (Hrsg.): Sport und soziale Probleme, Rowohlt, Reinbek bei Hamburg, 1989

KLEINE, W.; FRITSCH, W.: Sport und Geselligkeit, Meyer & Meyer, Aachen, 1990

KLINGE, R.: Das Elektrokardiogramm, Leitfaden für Ausbildung und Anwendung, Thieme, New York, 1987

KLINGE, R.; KLINGE, S.: Praxis der EKG-Auswertung, Thieme, New York, 1981

KLISSOURAS, V.: Erblichkeit und Training. Studien mit Zwillingen. In: Leistungssport,
Münster, 3 (1973), 5, S. 357-368

KNEBEL, K. P.: Funktionsgymnastik. Training, Technik, Taktik, Rowolth, Reinbek bei Hamburg, 1985

KNEBEL K.; HERBECK B.; HAMSEN G.: Fußball-Funktionsgymnastik. Dehnen - Kräftigen – Entspannen,
Rowolth, Reinbek bei Hamburg, 1988

KNEYER, W.: Spitzensport und soziale Mobilität, Czwalina, Ahrensburg bei Hamburg, 1980

KNOBLOCH, H.; HILSCHER, W.: Über das Verhalten einiger Funktionen des Respirationstraktus im Alter.
In: Z. für Alternsforschung, 11 (1958), S. 351

KNUSSMANN, R.: Vergleichende Biologie des Menschen, Fischer, Stuttgart u. a., 1980

KÖNIG, K. et al.: Zur Leistungsfähigkeit des alternden Menschen aus der Sicht der spiroergometrischen Quer- und
Längsschnittuntersuchungen. In: Z. für Alternsf., 20 (1967), S. 192

KOINZER, K.; KRÜGER, U.: Die Altersspezifik von Anpassungen an physische Belastungen. In: Med. u. Sport,
Berlin, 22 (1982), 2/3, S. 82-85

KORALEWSKI, H.E.; GUNGA, H.C.; KIRSCH, K.A.: Energiehaushalt und Temperaturregulation. o.O., 2004

KOS, B.: Závislost Kloubni Pohyblivosti Na Stári (Dependence of Joint Mobility on Age). In: Sbornik Institutu
Telesné Vychovy A Sportu, Prag, 6 (1964)

KRAUß, H.: Atemtherapie, 2. Aufl., Hippokrates, Stuttgart, 1984

KRETSCHMER, E.: Körperbau und Charakter, 21. und 22. Aufl., Springer, Berlin, 1955

KRZYWICKI, H. J.; WARD, G. M.; RAHMAN, D. P.; NELSON, R. A.; KUNZ, C.F. et al.: Krafttraining, Thieme,
Stuttgart/New York, 1990

KÜPPER, D.; KOTTMANN, L. (Hrsg.): Sport und Gesundheit, Schorndorf, 1991

KUNZE: Forschung und Fortschritte, o.O., 1933

KUNZE: Die Alternstheorien. In: M. BÜRGER: Altern und Krankheit, 2. Aufl., Thieme, Leipzig, 1954

KURZ, D.: Gymnastik, Spiel und Sport im fortgeschrittenen Lebensalter. In: R. BAUR, R. EGELER (Hrsg.):
Gymnastik, Spiel und Sport für Senioren, Hofmann, Schorndorf, 1981

KUTA, J.: Die Muskelkraft im Alter und der Einfluß der Körpererziehung. In: Teor. Praxe tel. Vych. Prag, 18
(1970), S. 660-667

LABISCH, A.: Kommunale Gesundheitsförderung - aktuelle Entwicklungen, Konzepte, Perspektiven, DZV,
Frankfurt/M, 1989

LABITZKE, H., DÖSCHER, I.: Spiroergometrische Untersuchungen in Abhängigkeit von Alter, Geschlecht und
Trainingszustand. In: Med. u. Sport, 8 (1967), S. 24-28

LADEMANN, J. et al.: Schwerpunktbericht der Gesundheitsberichterstattung des Bundes. Gesundheit von Frauen
und Männern im mittleren Lebensalter. Robert-Koch-Institut, Berlin, 2005

LAMPRECHT, M.: Sport und Lebensalter, Magglingen, 1991

LANG, E.: Aktuelle Themen der Alterskardiologie, Springer, Berlin, 1982

LANG, E.: Trainingsrelevante Funktionsänderungen des alternden Organismus. In: H. BAUMANN (Hrsg.): Sammelband, Sportwissenschaft und Sportpraxis, Bd. 71, Czawalina, Ahrensburg, 1988, S. 167-176

LANG, E.; WIELUCH, W.; WEIKL, A.; GÜNTHER, D.: Untersuchungen zur Lungenfunktion an untrainierten und körperlich trainierten alten Männern. In: Akt. Gerontol., Stuttgart, 9 (1979), 9, S. 393-398

LANGE, A.: Anamnese und klinische Untersuchung, 4. Aufl., Springer, Berlin/Heidelberg, 1993

LEHMANN, M. et al.: Training - Übertraining. Eine prostpektive experimentelle Studie mit erfahrenen Mittel- und Langstreckenläufern. In: Dt. Z. f. Sportmed., Köln, 41 (1990), 4, S. 112-124

LEHR, U.: Sport für Ältere, Symposium in Stuttgart, 1994

LEHR, U.: Psychologie des Alterns, 9. Aufl., Quelle & Meyer, Wiebelheim, 2000

LEHR, U.; THOMAE, H. (Hrsg.): Formen seelischen Alterns. Ergebnisse der Bonner Gerontologischen Längsschnittstudie (BOLSA), Enke, Stuttgart, 1987

LEIGHTON, J. R.: An Instrument and Technic for the Measurement of Range of Joint Motion. In: Archives of Physical Medicine and Rehabilitation, Cheney (Washington), 37 (1955)

LEKSZAS, G.: Heilsport und Orthopädie, Volk und Gesundheit, Berlin, 1976

LEON, A.: Psychologie der Erwachsenenbildung, Klett, Stuttgart, 1977

LEONHARDT, H.: Histologie, Zytologie und Mikroanatomie des Menschen, 7. Aufl., Stuttgart, 1985

LEPESCHKIN, E.: Das Elektrokardiogramm, Steinkopff, Dresden, 1957

LETZELTER, M.: Trainingsgrundlagen. Training, Technik, Taktik, Rowohlt, Reinbek bei Hamburg, 1978

LETZELTER, M.; BERNHARD, R.; BRINK, M.: Messung, Struktur, Entwicklung und Trainierbarkeit der Gelenkigkeit im Sekundarstufenalter. In: Sportpraxis, Bad Homburg, 2 (1984), S. 27-28; 3, S. 53-54; 4, S. 79-81; 5, S. 97

LIESEN, H.; DUFAUX, B.; HECK, H.; MADER, A.; ROST, R. et al.: Körperliche Belastung und Training im Alter. In: Dt. Z. f. Sportmed., Köln, 30 (1979), 7, S. 218-226

LIESEN, H.; HEIKKINEN, E.; SUOMINEN, H.; MICHEL, D.: Der Effekt eines zwölfwöchigen Ausdauertrainings auf die Leistungsfähigkeit und den Muskelstoffwechsel bei untrainierten Männern des 6. und 7. Lebensjahrzehnts. In: Sportarzt Sportmed., 26 (1978), S. 26-30

LIESEN, H.; HOLLMANN, W.: Ausdauersport und Stoffwechsel, Wissenschaftliche Schriftenreihe des Deutschen Sportbundes, Bd. 14, Hofmann, Schorndorf, 1981

LINDE, H.; HEINEMANN, K.: Leistungsengagement und Sportinteresse. Eine empirische Studie zur Stellung des Sports im betrieblichen und schulischen Leistungsfeld, Beiträge zur Lehre und Forschung der Leibeserziehung, Bd. 30, 2. Aufl., Hofmann, Schorndorf, 1968

LINDE, H.; HEINEMANN, K.: Das Verhältnis einer Soziologie des Sports zu alternativen soziologischen Theorieansätzen. In: R. ALBOMICO, K. PFISTER-BINZ (Hrsg.): Soziologie des Sports, Birkhäuser, Basel, 1971, S. 47-51

LINDER, J.: Zur Alterung der Organe. In: G. DOHM: Biologie des Alterns, Fischer, Stuttgart, 1976

LOEB, J.: Über die Ursache des natürlichen Todes. In: Pflügers Archiv European Journal of Physiology, Springer, Berlin / Heidelberg, 124 (1908)

LOEB, J.: Die Alternstheorien. In: M. BÜRGER: Altern und Krankheit, 2. Aufl., Thieme, Leipzig, 1954

LOPEZ, A.; VIAL, R.; BALART, L.; ARROYAVE, G.: Effects of exercise and physical fitness on serum lipids and lipoproteins. In: Arterosclerosis, Amsterdam, 20 (1974), 1, S. 1-9

LORAND, A.: Das Altern, 2.Aufl., Leipzig, 1909

LORAND, A.: Die Alternstheorien. In: M. BÜRGER: Altern und Krankheit, 2. Aufl., Thieme, Leipzig, 1954

LORENZ, R.; GERBER, G.: Harnstoff bei körperlichen Belastungen - Veränderungen der Synthese, der Blutkonzentration und der Ausscheidung.
In: Med. u. Sport, Berlin, 19 (1979), 8, S. 240-248

LÜSCHEN, G.; WEISS, K.: Die Soziologie des Sports, Soziologische Texte, Bd. 99, Leichterhand, Neuwied, 1976

LUTTEROTTI, V. A.: Pathologisches EKG bei einem Sportler, eine Verlaufsbeobachtung. In: Med. Klin., 1972

MAASER, M.: Die Hautfettfaltenmessung mit dem Caliper - Eine praktische Methode zur Beurteilung des Ernährungszustandes von Kindern.
In: Monatsschrift Kinderheilkunde 120 (1972), S. 308-313

MADER, A. et al.: Zur Beurteilung der sportartspezifischen Ausdauerleistungsfähigkeit im Labor. In: Sportarzt und Sportmed. (heute Dt. Z. f. Sportmed.), 4 (1976), S. 80 ff.

MAEHL, O.: Beweglichkeitstraining, Czwalina, Ahrensburg bei Hamburg, 1986

MANN, L. et al.: Exercise to prevent coronary heart disease in men. In: Am. J. Med. 46, 12 (1969)

MARTI, B.: Trainingsumfang und Dauerleistungsvermögen von 4.358 Teilnehmern eines 16 km-Volkslaufes.
Berner Läuferstudie, 1984.
In: Schweiz. Z. f. Sportmed., Bern, 34 (1986), 4, S.141-149

MARTI, B.: Beziehungen zwischen Alter, Laufpraxis, Motivation und Lebensgewohnheiten bei 16 km-Volksläufern. In: Schweiz. Z. f. Sportmed., Bern, 36 (1988), 2, S. 75-82

MARTIN, E.; JUNOD, J.-P.: Lehrbuch der Geriatrie, Huber, Bern u. a., 1990

MARTIN, R.: Anthropometrisches Instrumentarium. In: Korr. Bl. Anthropo. Ges. 30 (1899), S. 130

MARTIN, R.: Richtlinien für Körpermessungen und deren statistische Bearbeitung, München, 1924

MARTIN, R.; SALLER, K.: Lehrbuch der Anthropologie. Bd. 1-4, 3. Aufl., Fischer, Stuttgart, 1957

MATVEEV, L. P.; EGIKOV, S. G.: Anwendungen des Kreislauftrainings im Alterssport. In: Teor. Prakt. fiz. Kult., Moskau, 5 (1986), S. 8-10

MATIEGKA, J.: Sceletal trunc indices, American Journal of physical Anthropology, 26 (1940), S. 309-316

MAUD, P. J.; POLLOCK, M. L.; FOSTER, C.; ANHOLM, J. D.; GUTEN, G.; AL-NOURI, M.; HELLMAN, C.; SCHMIDT, D. H.: Fifty years of training and competition in the marathon: Wally Hayward, age 70 - a physiological profile. In: S. Afr. Medical J., 31 (1981), S. 153

MEDVED, R.: Body height and predisposition for certain sports. In: Journal of Sports medicine, (1966), S. 89-91

MEINEL, K.:Bewegungslehre, Volk und Wissen, Berlin, 1976

MELLEROWICZ, H. (Hrsg.): Präventive Cardiologie, Medicus, Berlin Steglitz, 1961

MELLEROWICZ, H.: Ergebnisse der Ergometrie, Perimed, Erlangen, 1975

MELLEROWICZ, H.: Ergometrie, 3. Aufl., Urban & Schwarzenberg, München u. a., 1979

MELLEROWICZ, H.: Gesundheit und Leistung. Training als Mittel der präventiven Medizin, Springer,
    Berlin u. a., 1985

MENZEL, H.: Sport mit Senioren. Gesundheitsförderung durch Spielformen. Unveröff. Bachelorarbeit am Institut
    für Sport und Sportwissenschaft der Universität Karlsruhe, 2002

MENZEL, H.: Auswirkungen ausgewählter Bewegungskonzepte auf den Fett- und Eiweißstoffwechsel.
    Unveröff. Examensarbeit am Institut für Sport und Sportwissenschaft der
    Universität Karlsruhe, 2006

METSCHNIKOFF, I.: Die Alternstheorien, 1908. In: M. BÜRGER: Altern und Krankheit, 2. Aufl., Thieme,
    Leipzig, 1954

MEUSEL, H.: Developing physical fitness for the elderly through sport and exercise. In: Brit. J. of Sports Med.,
    Loughbororugh, 18 (1984), 1, S. 4-12

MEUSEL, H.: Sportliche Betätigung - gesunde Entwicklung - erfolgreiches Altern? In: Sportpraxis, Wiesbaden, 31
    (1990), 6, S. 3-7

MEUSEL, H.: Bewegung, Sport und Gesundheit im Alter, Quelle & Meyer, Wiesbaden, 1996

MEUSEL, H. et al.: Dokumentationsstudie - Sport im Alter, Hofmann, Schorndorf, 1980

MILLER, W. F.; WU, N.; JOHNSON, R. L.: Convenient method of evaluating pulmonary ventilatory function with
    a single breath test. In: Anesthesiol., 17 (1956), S. 480

MILLER, W. F.; WU, N.; JOHNSON, R. L.: Relationships between fast vital capacity and various timed expiratory
    capacities. In: J. Appl. Physiol., 14 (1959), S. 157

MITSUMASA, M.; SHUKO, H.; TAKURO, M.: Training and detraining effects on aerobic power in middle-aged
    and older men. In: J. Sports Med. phys. Fitness, Turin, 18 (1978), 2, S. 131-137

MÖHR, M.: Die Beurteilung der Körpermasse. In: Med. u. Sport, Berlin, 21 (1981), 3, S. 85-89

MÖRIKE, K. D.; BETZ, E.; MERGENTHALER, W.: Biologie des Menschen, 13. Aufl., Quelle & Meyer,
    Heidelberg, 1991

MORRIS, J. N.: Kardiovaskuläre Erkrankungen und körperliche Aktivität. In: The Club of Cologne Report, No 3,
    August, 1994

MOSER, H.: Elektronenmikroskopische Untersuchungen am Übergangsepithel des menschlichen Nierenbeckens,
    o.O., 1978

MÜHLMANN, M.: Das Altern und der physiologische Tod, Fischer, Jena, 1910

MÜHLMANN, M.: Die Alternstheorien. In: M. BÜRGER: Altern und Krankheit, 2. Aufl, Thieme, Leipzig, 1954

MÜLLER, E.A.: Sport als Mittel zur Erhaltung einer normalen körperlichen Leistungsfähigkeit.
    In: Studium Generale, Berlin, 13 (1960), S. 63-68

MÜLLER, H.: Alter und physisches Leistungsvermögen. In: Heilberufe, 21 (1969), 5, S. 135-139

MÜLLER, L. R.: Über die Altersschätzung beim Menschen, Berlin, 1922

MÜLLER, M.: Alter und/oder Sport. Zur Dissonanz eines Phänomens, Dissertation, Universiät Marburg, 1986

NEUMANN, G.: Leistungsstruktur in den Ausdauersportarten aus sportmedizinischer Sicht. In: Leistungssport, Münster, 20 (1990), 3, S. 14-20

NEUMANN, O.: Art, Maß und Methode von Bewegung und Sport bei älteren Menschen
Schriftenreihe des Bundesministers für Jugend, Familie und Gesundheit, Band 31
Kohlhammer, Stuttgart, 1978

NIETHARDT, F.; PFEIL J.: Orthopädie, 2. Aufl., Hippokrates, Stuttgart, 1992

NIKLAS, A.: Zum Begriff „Leistung" in der sportmedizinischen Diagnostik.
In: Med. u. Sport, Berlin, 27 (1987), 8, S. 225-226

NÖCKER, J.: Physiologie der Leibesübungen, 4. Aufl., Enke, Stuttgart, 1980 und 2. Aufl., 1971

NÖCKER, J.: Die biologischen Grundlagen der Leistungssteigerung durch Training, Beiträge zur Lehre und Forschung der Leibeserziehung, Bd. 3, 4. Aufl., Hofmann, Schorndorf, 1989

NOLTE, D.: Die Atemmechanik im höheren Lebensalter. In: Zeitschr. für Gerontologie, Darmstadt,
Bd. 3, 3 (1970), S. 156-164

NOLTE, D.: Abgestufte Lungenfunktionsprüfung. In: Dtsch. Ärztebl., 81 (1984), S. 1929

NORTHCOTE, R. J.; CANNING, G. C.; TODD, I.; BALLANTYNE, D.: Lipoprotein profiles of elite veteran endurance athletes. In: Amer. J. of Cardiol, New York, 61 (1988), 11, S. 934-936

NOVAK, J.; KUNDRAT, M.: Ergebnisse von Kontrolluntersuchungen der Teilnehmer an der Weltmeisterschaft im Veteranenlauf. In: Schweiz. Z. f. Sportmed., Bern, 23 (1975), 3, S. 129-138

NOVOTNY, V.: Die Körperzusammensetzung der Sportler besonders im höheren Alter. In: Med. u. Sport, Berlin, 21 (1981), 2, S. 47-52

OBERHOLZ, A.: Rechnung mit zahllosen Unbekannten. In: Umweltmagazin, Würzburg, Forum für Umwelttechnik und Kommune, April, 1990

OBERHOLZ, A.: Nur noch Stehplätze. In: Umweltmagazin, Würzburg, Forum für Umwelttechnik und Kommune, April, 1990

OBERHOLZ, A.: Mare nostrum - kurz vor dem Ruin. In: Umweltmagazin, Würzburg, Forum für Umwelttechnik und Kommune, August, 1994

OPASCHOWSKI, H. W. (Hrsg.): Sport in der Freizeit. Mehr Lust als Leistung. Auf dem Weg zu einem neuen Sportverständnis. In: Schriftenreihe zur Freizeitforschung des BAT Freizeitforschungsinstituts, Bd. 8, Hamburg, 1987

OPASCHOWSKI, H. W. (Hrsg.): Wie arbeiten wir nach dem Jahr 2000? BAT-Freizeitforschungsinstitut, Hamburg, 1989

ORGEL: Biologische Aspekte des Alterns (1963). In: E. MARTIN, J.-P. JUNOD: Lehrbuch der Geriatrie. Huber, Berlin, 1986

OSCHE, G.: Lexikon der Biologie (Zoologie), Herder, Freiburg i. Breisgau, 1983

OSWALD, W.; HERMANN, W.; KANOWSKI, S.; LEHR, U.; THOMAE, H. (Hrsg.): Gerontologie, Kohlhammer, Stuttgart u. a., 1984

PAFFENBARGER, R. S.: Körperliche Aktivität und Lebenserwartung.
    In: Club of Cologne Report, No 3, Aug. 1994

PALATSI, I. J.: Pulmomary function and maximal oxygen uptake in sprinters and endurance runners. In: Scand. J.
    Sports Science, Helsinki, 2 (1980), 2, S. 59-62

PANKRATZ, I.: Über Veränderungen der Bandscheiben der Lumbalwirbelsäule bei zunehmender
    Lateralkrümmung, Dissertation, Wien, 1969

PARIZKOVA, J.: Aktive Körpermasse und Konstitution bei Hochleistungssportlern.
    In: Kinanthropologie, 4 (1972), S. 95-106

PARIZKOVA, J.: Body composition, nutrition and exercise. In: Medicina dello Sport, 27 (1974), S. 2-33

PARIZKOVA, J.; BUZKOVA, P.: Relationship between skinfold thickness measured by Harpenden Caliper and
    Densitometric analysis of total body fat in men.
    In: Human Biology., 43 (1971), S. 16-21

PAROW, J.: Funktionelle Atmungstherapie, Thieme, Stuttgart, 1972

PARSI, R.: Der Student am Krankenbett: Anamnese und Krankenuntersuchung, 4. Aufl., Jena, Stuttgart, 1995

PATSCHORKE, H.: Präsentationsgrafik mit Harward Graphics, München, 1989

PEARL, R.: Biology of Death. In: J. CARREL: Amer. med. Assoc., 1924

PEARSON, R.H.; LIN, D. H. Y.; PHILLIPS, R. A.: Total body potassium in health: Effects of age, sex, high and
    fat. In: American Journal of physiology, 226 (1974), S. 206

PENZLIN, H.: Lehrbuch der Tierphysiologie, Fischer, Jena, 1989

PEDRONI, G.; ZWEIFEL, P.: Alter Gesundheit Gesundheitskosten, Pharma Information, Basel, 1989

PFETSCH, F. R.: Leistungssport und Gesellschaftssystem. Sozio-politische Faktoren im Leistungssport.
    Die Bundesrepublik Deutschland im internationalen Vergleich, Schriftenreihe des
    Bundesinstituts für Sportwissenschaft, Bd. 2, Hofmann, Schorndorf, 1975

PHILIPPI-EISENBURGER, M.: Bewegungsarbeit mit älteren und alten Menschen, Hofmann, Schorndorf, 1990

POETHIG, D.; GOTTSCHALK, K. U. ISRAEL, S.: Gerontologie, Med. u. Sportwissenschaften - interdisziplinäre
    Aspekte. In: Med. u. Sport, Berlin, 25 (1985), 6, S. 182-186

POLLOCK, M. L.; MILLER, H. S.; WILMORE, J.: Physiological characteristics of champion american track
    athletes 40 to 75 years of age. In: J. of Gerontol., 29 (1974), S. 645

PORZOLT, F.; WAGNER, D.; BICHLER, K. H.: Das Serumkreatinin und die Nierenfunktion unter körperlicher
    Belastung. In: Sportarzt und Sportmedizin, Köln, 24 (1973)

POSTH, H.-E.; TIETZ, N.: Präoperative Herzkreislauf- und Lungenfunktionsdiagnostik bei Menschen höheren
    Lebensalters mit der Spiroergographie nach H.W. Knipping.
    In: Z. für Alternsforschung, 13 (1958), S. 7

PROBST, H.: Physiologische Folgen von Training. Herzfrequenzkontrolliertes Training (5).
    In: Läufer, Aarau, 7 (1990), 11, S. 38-39

PROKOP, L.: Sportschäden, Stuttgart, New York, 1980

PROKOP, L.: Einführung in die Sportmedizin, 3. Aufl., Fischer, Stuttgart, 1983

PROKOP, L.; BACHL, N.: Alterssportmedizin, Springer, Wien u. a., 1984

PSCHYREMBEL, W.: Klinisches Wörterbuch, 256. Auflage, de Gruyter, Berlin u. a., 1990

PSCHYREMBEL, W.: Klinisches Wörterbuch, de Gruyter, Berlin u. a., 1994

PÜHSE, U.: Sport und Bewegungsleben im (3.) Alter. In: H. DENK (Hrsg.): Alterssport, Aktuelle
    Forschungsergebnisse, Beiträge zum Leben und Forschung im Sport, Band 110,
    Schorndorf, Hofmann, 1996

RASIM, M.: Die fettfreie Körpermasse bei deutschen und japanischen Kunstturnen und Kunstturnerinnen sowie
    deutschen Sportlerinnen in der Rhythmischen Sportgymnastik der nationalen
    Spitzenklasse. In: Leistungssport, Berlin, 12 (1982), 1, S. 7-80

RATAICZAK, W. : Ontogenetische Veränderungen der körperlichen Leistungsfähigkeit im Zyklus von sechs
    Jahren bei Männern im mittleren Alter. In: VII Seminarium „Sportwege". AWF,
    Poznan, (1976), S. 459-464

REINDELL, H.; ROSKAMM, H.; KÖNIG, K.; KESSLER, G.: Belastbarkeit des Kreislaufs beim reifen und
    alternden Menschen. In: Der Sportarzt, 10 (1961), S. 300-348

REINDELL, H.; ROSKAMM, H.: Herzkrankheiten, Springer, Berlin, 1989

RENZENBRINK, U.: Ernährung in der zweiten Lebenshälfte, Freies Geistesleben, 2. Aufl., Stuttgart, 1984

REITERER, W.; CZITOBER, H.: Ergometrische und ergospirometrische Beurteilung der Leistungsfähigkeit im
    höheren Alter. In: Österr. J. f. Sportmed., (1975), 5, S. 19-25

RETTIG, H.; OEST, O.; EICHLER, J.: Wirbelsäulen-Fibel, 2. Aufl., Thieme, Stuttgart, 1974

RICE, C. L.; CUNNINGHAM, D. A.: Strength in an elderly population. In: Arc. of phys. Med. & Rehab, Chicago,
    70 (1989), 5, S. 391-397

RICHTER, H.; ISKE, H.; CRASSELT, W.: Ausgewählte sportliche Leistungen im Altersgang, dargestellt am
    Beispiel der Untersuchungen zum Sportabzeichenprogramm der DDR.
    In: Wiss. Z. d. DHfK, Leipzig, 26 (1985), Sonderheft 1, S. 109-139

RIECKERT, H.: Leistungsphysiologie, Hofmann, Schorndorf, 1986

RIEDER, H.: Bewegungslehre des Sports, Hofmann, Schorndorf, 1977

RIES, W.: Sport und Körperkultur des älteren Menschen, Leipzig, 1966

RIES, W.: Zum Alterswandel der Körpergestalt. In: Z. für Alternsforschung, 20 (1967), S. 335

RIES, W.: Physiologie des Alterns, Wissenschaftliche Zeitschrift der Universität Leipzig, Mathematisch-
    naturwissenschaftliche Reihe, 19 (1970), 3, S. 407-414

RIES, W.: Zu den Beziehungen zwischen Altern und Krankheit, Z. Innere Med., 4 (1976), S. 85-89

RÖTHIG, P.: Sportwissenschaftliches Lexikon, 6. Aufl., Hofmann, Schorndorf, 1983 und 1992

ROHR, W.: Zur Konstitutionsbiologie von Bundesliga-Handballspielern. Unveröffentlichte Staatsexamensarbeit,
    Institut für Sport und Sportwissenschaft, Universität Karlsruhe, 1980

ROSENBAUER, K. A. (Hrsg.): Entwicklung, Wachstum, Mißbildungen und Altern bei Mensch und Tier,
    Wissenschaftliche Verlagsgesellschaft mbH, Stuttgart, 1969

ROST, R.: Kreislaufreaktionen und -adaptationen unter körperlicher Belastung, Bundesinstitut für
Sportwissenschaft, Schriftenreihe Medizin, Bd. 2, Osang, Bonn, 1979

ROST, R.: Die gesundheitliche Bedeutung des Sports. In: D. KÜPPER, L. KOTTMANN (Hrsg.): Sport und
Gesundheit, Schorndorf, 1991

ROST, R.: Man kann immer anfangen - Sport und Bewegung in der zweiten Lebenshälfte. In: Dt. Z. f. Sportmed.,
11 (1993), S. 536-537

ROST, R.: Die Bedeutung körperlicher Aktivität in der Prävention arteriosklerotischer Erkrankungen. In: Dt. Z. f.
Sportmed., Köln, 46 (1995), Sonderheft S1, S. 58-72

ROST, R. (Hrsg.): Lehrbuch der Sportmedizin, Deutscher Ärzteverlag, Köln, 2001

ROST, R.; HOLLMANN, W.: Belastungsuntersuchungen in der Praxis. Grundlagen, Techniken und Interpretation
ergometrischer Untersuchungsverfahren, Thieme, Stuttgart u. a., 1982

RÜGAMER, K. H.: Anamnestische Daten und orthopädische Untersuchungen an 100-Kilometer-Läufern über 65
Jahren, Biel, 1983

RÜMMELE, S.: Siecher Wald auch im Osten. In: Umweltmagazin, Würzburg, Forum für Umwelttechnik und
Kommune, Juni, 1993

RÜMMELE, S.: Tatenlosigkeit vorherrschend. Schon im Frühjahr kletterten die Ozonwerte auf Rekordniveau.
In: Umweltmagazin, Würzburg, Forum für Umwelttechnik und Kommune,
August, 1993

RUSCH, H.; WEINECK, J.: Sportförderunterricht, Lehr- und Übungsbuch zur Förderung der Gesundheit durch
Bewegung, Schriftenreihe zur Praxis der Leibeserziehung und des Sports, Bd. 137,
4. Aufl., Hofmann, Schorndorf, 1992

SADOWSKI, G.: Die physiologische Charakteristik von Männern im mittleren und höheren Alter, die
Langstreckenlauf trainieren. In: Sport wyczynowy, Warschau, 24 (1986), 2, S. 8-10

SALLER, K., MARTIN, R.: Anthropologie, Band I-IV, 1957

SAMES, K.: Morphologische Altersveränderungen als Kriterien für die Leistungsfähigkeit der Organismus.
In: E. LANG: Altern und Leistung, Enke, Stuttgart, 1991

SAUER, W.: Parameter des Fettstoffwechsels bei langlaufenden Männern im mittleren Lebensalter, Dissertation,
Tübingen, 1982

SCHÄCKE, G.: Herzschlagfrequenz und Elektrokardiogramm in der Arbeitsmedizin, Medizinische Schriftenreihe
des Bundesministeriums für Arbeit und Sozialordnung, Thieme, Stuttgart, 1976

SCHAEFER, H.: Zum Problem der Leistungsgrenze des alternden Menschen, ihrer Feststellung und ihrer sozialen
Bedeutung. In: Z. f. Gerontol., Darmstadt, 1 (1968), 3, S. 193-199

SCHALLER, B.: Funktionen der sportlichen Aktivitäten im Alter.
In: Z. f. Gerontol., Darmstadt, 22 (1989), 1, S. 38-41

SCHARSCHMIDT, F.: Trainingseinflüsse auf die Sauerstoffversorgung des gesunden Herzens.
In: Z. Physiotherap., Leipzig, 31 (1979), 6, S. 393-397

SCHARSCHMIDT, F.; NEUMANN, G.; TROGSCH, F.: Zur Dauerleistungsfähigkeit im 6. Lebensjahrzehnt.
In: Theor. u. Prax. d. Körperkult., 18 (1969), 11, S. 1001-1008

SCHARSCHMIDT, F.; NEUMANN, G.; TROGSCH, F.: Entwicklung der körperlichen Leistungsfähigkeit während eines 10-jährigen Ausdauertrainings bei einem jetzt 65-jährigen Mann. In: Med. u. Sport, 14 (1974), 9, S. 277- 285

SCHEIBE, J.; GREITER, F.; BACHL, N.: Med. u. Sport. Ein Leitfaden für Allgemeinmediziner und medizinisches Fachpersonal, Deutsch, Frankfurt a. Main, 1990

SCHIEBLER, T.H. (Hrsg.): Anatomie des Menschen, Springer, Berlin u. a., 1977

SCHLAGENHAUF, K.: Sportvereine in der Bundesrepublik Deutschland. Teil 1: Strukturelemente und Verhaltensdeterminanten im organisierten Freizeitbereich, Schriftenreihe des Bundesinstituts für Sportwissenschaft, Bd. 15, Hofmann, Schorndorf, 1977

SCHLESINGER, Z.; GOLDBOURT, M. A.; MEDALIE, J. H.; ORON, D.; NEUFELD, H. N.; RISS, E.: Pulmonary ventilatory function values for healthy men aged 45 years and over. In: Chest, 63 (1973), S. 520

SCHLEY, G.: Kardiale Therapie, Digitalis, Betarezeptorenblocker, Calciumantagonisten, Vasodilatatoren, Thieme, Stuttgart, 1982

SCHMIDT, J.: Herz und EKG beim Sportler, In: Internist, Berlin, 1970

SCHMIDT, M.; WRENN, J.: Selected physical and cardiorespiratory parameters of active males, aged 40-59. In: J. Sports Med. Phys. Fitness, Turin, 18 (1978), 2, S. 183-188

SCHMIDT, O.-P.: Wichtiger pulmonaler Funktionstest: Spirographie. In: Dtsch. Ärztebl., 71 (1974), S. 3082

SCHMIDT, R. F.; THEWS, G.: Physiologie des Menschen, Springer, Berlin u. a., 1983 und 1977

SCHMIDT, U.: Lungenfunktionsdiagnostik in der Praxis. In: Therapiewoche, 34 (1984), S. 1390

SCHNABEL, G.; THIEß, G.: Lexikon Sportwissenschaft, Bd. 2, Sportverlag, Berlin, 1993

SCHNEIDER, F.: Die Auswirkungen eines zehnwöchigen Trainings auf die Herz-Kreislauf-Funktion, den Körperbau (Gewicht, Unterhautfettgewebe, Umfang) und die motorische Grundleistungsfähigkeit 40-50-jähriger untrainierter Männer und Frauen. In: Dt. Z. f. Sportmed., Köln, 34 (1983), 11, S. 343-350

SCHNEIDER, F.; FEINDEGEN, L. E.; HOLLMANN, W.: Das Verhalten der fettfreien Körpermasse bei dreiwöchiger isokalorischer kohlenhydratarmer Diät. In: Medizinische Wochenschrift, 11 (1977), S. 359

SCHNEIDER W.; SPRING H.; TRITSCHLER T.: Beweglichkeit, Thieme, Stuttgart, 1989

SCHNEITER, C.: Alter und Ausdauer, Jugend und Sport, 29 (1972), 2, S. 43-46

SCHRIEVER, K-H.; SCHUH, F.: Luftschadstoffe. In: Enzyklopädie Naturwissenschaft und Technik, Moderne Industrie, 1980

SCHÜRCH, P: Leistungsdiagnostik. Theorie und Praxis, Beiträge zur Sportmedizin, Bd. 32, Perimed, Erlangen, 1987

SCHÜRCH, P; GÖBE, W.: Über den Einfluß eines Ruderleistungstrainings auf Körperzusammensetzung und Leistungsfähigkeit – eine Längsschnittuntersuchung während einer Rudersaison. Deutsche Zeitschrift für Sportmedizin, 31 (1982), S. 267-272

SCHÜTZ, E.: Physiologie. Lehrbuch für Studierende, 13./14. Aufl., Urban & Schwarzenberger, Wien, 1972

SCHÜTZ, E.; ROTHSCHUH, K.E.: Bau und Funktion des menschlichen Körpers, 16. Aufl., Urban & Schwarzenberg, München u. a., 1979

414

SCHUSTER, H.-G.; NEUMANN, G.; BUHL, H.: Kreatinin- und Kreatinveränderungen im Blut bei körperlicher Belastung. In: Med. u. Sport, Berlin, 19 (1979), 8, S. 235-240

SCHWALB, H.; SAMSAL, V.: Beurteilung der kardiopulmonalen Leistungsfähigkeit mit ergospirometrischen Parametern bei einer Leistung von 1 W/kg Körpergewicht. In: Fortschr. d. Med., Ganting, 99 (1981), 30, S. 1196-1201

SEIFFERT, A.; VÖLKER, K.; SEIFFERT, K. R.; HALHUBER, C.: Krafttraining – eine Empfehlung für Herzpatienten? In: Herz, Sport und Gesundheit, Köln, 7 (1990), 1, S. 56-57

SELTZER, C. C.; MAYER J.: Greater reliability of the triceps skinfold as an index of obesity. In: American Journal of clinical nutrition, 9 (1967), S. 950

SHEPHARD, R.; KAVANAGH, T.: The effects of training on the aging progress. In: Physician Sports Med., Minneapolis (Minn.), 6 (1978), 1, S. 33-40

SILBERNAGL, S.: Taschenatlas der Physiologie, Thieme, Stuttgart, 1988

SINGER, R. (Hrsg.): Alterssport. Versuch einer Bestandsaufnahme, Beiträge zur Lehre und Forschung, Bd. 83, Hofmann, Schorndorf, 1981

SKINNER, J. S. (Hrsg.): Rezepte für Sport und Bewegungstherapie. Belastungsuntersuchungen und Aufstellung von Trainingsprogrammen beim Gesunden und Kranken, Deutscher Ärzteverlag, Köln, 1989

SOMMER, K.: Der Mensch, Anatomie-Physiologie-Ontogenie. Volk u. Wissen, Berlin, 1986

SONDEN, K.; TIGERSTEDT, R.: *Ohne Titel*. In: Skand. Arch. Physiol., 6 (1905)

SONDEN, K.; TIGERSTEDT, R.: Die Alternstheorien. In: M. BÜRGER: Altern und Krankheit, 2. Aufl., Thieme, Leipzig, 1954

SPÄTH, L.; LEHR, U.: Aktives Altern, Stuttgart, 1990

SPRING, H.; KUNZ, H.-R.; SCHNEIDER, W.; TRITSCHLER, T.; UNOLD, E.: Kraft. Theorie und Praxis, Thieme, Stuttgart u. a., 1990

STATISTISCHES BUNDESAMT (Hrsg.): Datenreport 5. Zahlen und Fakten über die Bundesrepublik Deutschland 1991/1992, Stuttgart, 1992

STATISTISCHES BUNDESAMT (Hrsg.): Statistisches Jahrbuch 1993, Wiesbaden, 1993

STATISTISCHES BUNDESAMT (Hrsg.): Statistisches Jahrbuch 1998. In: U. LEHR: Psychologie des Alterns, 9. Aufl., Quelle und Meyer, Wiebelheim, (2000), S. 29

STEGEMANN, J.: Leisungsphysiologie, Thieme, Stuttgart, 1984

STEINER, R.: Vortrag vor den Arbeitern am Goetheaneum, 1924. In: U. RENZENBRINK: Ernährung in der zweiten Lebenshälfte, 2. Auflage, Freies Geistesleben, Stuttgart, 1984

STEINKAMP, R.C.; N.L. COHEN; T.W. SARGENT: Measures of body fat and related factors in normal adults. II. Introduction and methodology: A simple clinical method of estimate body mass. In: Journal of chronic diseases, 18 (1965), S. 1279-1307

STEINMANN, B.: Belastbarkeit und Leistungssteigerung. In: Schw. Z. f. Sportmed., 21 (1973), S. 177-187

STEINMETZ, H.: Lungenfunktionsuntersuchung-Grundkurs, Buckingham, 1985

STELLING, E. et al.: Auswirkungen spezieller sportlicher Belastungen auf das Schultergelenk. In: P. BERNETT, D. JESCHKE (Hrsg.): Sport und Medizin Pro und Contra: 32. Deutscher Ärztekongreß, München, 1990

STOBOY, H.: Neuromuskuläre Funktion und körperliche Leistung. In: W. HOLLMANN (Hrsg): Zentrale Themen der Sportmedizin, Springer, Berlin u. a., 1972

STRASDAS, W.: Auswirkungen neuer Freizeittrends auf die Umwelt – Entwicklung des Freizeitmarktes und die Rolle technologischer Innovation, Forschungsbericht der TU Berlin, Institut f. Landschafts- und Freiraumplanung, Meyer & Meyer, Aachen, 1994

STRAUZENBERG, S.: Alter und Leistungsfähigkeit, Wissenschaftliche Zeitschrift der Universität Leipzig, Mathematisch-naturwissenschaftliche Reihe, 19 (1970), 3

STRAUZENBERG, S.: Gesundheitstraining, Volk und Gesundheit, Berlin, 1977

STRAUZENBERG, S.; CLAUSNITZER, H.: Beitrag zur Beeinflussung des Serumcholesterol-Spiegels durch Körperübungen und Sport. In: Med. und Sport 12, 239 (1972)

STREIT, B.: Abfallaufkommen. In: Umweltlexikon, Herder, Freiburg im Breisgau, 1992

STREIT, B.: Stickoxide. In: Umweltlexikon, Herder, Freiburg im Breisgau, 1992

STREIT, B.: Umweltbelastungen. In: Umweltlexikon, Herder, Freiburg im Breisgau, 1992

STÜBLER, H. et al.: Tests in der Sportpraxis. In: Theor. u. Prax. d. Körperkult., 15 (1966)

STURBOIS, X., SAEDELEER, M. et al.: Comparaison des paramètres aérobies de diverses classes de sportif bèlges. In: Méd. du Sport, Paris, 57 (1983), 3, S. 152-154

SUNDERMANN, A.: Lehrbuch der Inneren Medizin. Bd. 3, Fischer, Jena, 1971

SVESCINSKIJ, M. L.; EMESIN, K. N.; CUDIMOV, V. F.; LEJTES, I. V.; TITUNIN, P.A.: Die Kreislaufbelastung älterer Männer beim Joggen. In: Theor. Prakt. f. Kult., Moskau, 1986, 6, S. 48-49

TAKESHIMA, N.; KOBAYASHI, F. et al.: A parallel study between the heart rate of senior citizens during various exercises versus daily activities. In: Bull. of the C.G.E. of Nagoya City Univ., Nagoya, 33 (1987), S. 67-78

TANAKA, K.; TAKESHIMA, N.; KATO, T.; NIIHITA, S.; UEDA, K.: Critical determinants of endurance performance in middle-aged and elderly endurace runners with heterogenous training habits. In: European Journal of Applied Physiology, Berlin, 59 (1990), 6, S. 443- 449

TANNER, J.M.: Standards for subcutaneous fat in british children: Percentiles for thickness over triceps and below scapular. In: British medical Journal, 1 (1962), S. 446-450

TANNER, J.M.; WHITEHOUSE, R. H.: The Harpenden-Skinfold - Caliper. In: American Journal of physical Anthropology, 13 (1955), S. 743-746

TAYLOR et al.: Exercise in controlled trials of the prevention of coronary heart disease. In: Fed. Proceedings 32, 1623 (1973)

THEWS, G.; MUTSCHLER, E.; VAUPEL,P.: Anatomie, Physiologie und Pathophysiologie des Menschen, 3. Aufl., Wissenschaftliche Verlagsgesellschaft, Stuttgart, 1989

THIART, B. F.; BLAAUW, J. H.: The VO_2 max and the active muscle mass. In: S. Afr. J. f. Res. in Sport phys. educ., Noordburg, 2 (1979), 1, S. 13-18

THÖRNER, W.: Biologische Grundlagen der Leibeserziehung, 2. Aufl., Dümmler, Bonn, 1959

THOMA, R.; KELLER, R.; ANDERHUB, H.P.: Vergleich zwischen FVC (forcierte Vitalkapazität) und VC (langsam ausgeatmete Vitalkapazität) bei Patienten mit obstruktiven Erkrankungen der Atemwege. In: Pneumol. 150, (1974), S. 299

THOMAE, H.: Alternsstile und Altersschicksale, Huber, Bern u. a., 1983

THOMAE, H.: Gerontologie: Medizinische, psychologische und sozialwissenschaftliche Grundbegriffe, Kohlhammer, Stuttgart u. a., 1984

THOMAS, L.: Labor und Diagnose. Medizinische Verlagsgesellschaft, Marburg, 1988

TOMCZAK, J.: BiA, Medizintechnik, Körperanalysen, Ernährungsberatung, Bedburg, 1991

TIEDJE: Unterbindung am Hoden und die Pubertätsdrüsenlehre, Fischer, Jena, 1921

TIEDT, N.: Herz-Kreislauf-Funktionen, Physiologie, Pathophysiologie, Funktionsdiagnostik, Volk und Gesundheit, Berlin, 1979

TITTEL, K.: Beschreibende und funktionelle Anatomie des Menschen, 10. Aufl., Fischer, Stuttgart, 1985

TITTEL, K.: Funktionell-anatomische und biomechanische Grundlagen für die Sicherung des „arthro-muskulären Gleichgewichts" im Sport, ein Beitrag zur Erhöhung der Belastbarkeit bindegewebiger Strukturen. In: Med. und Sport 26 (1986), S. 2-4

TITTEL, K.: Zur Biotypologie und funktionellen Anatomie des Leistungssportlers, Barth, Leipzig, 1965

TITTEL, K.; WUTSCHERK, H.: Sportanthropometrie. Aufgabe, Bedeutung, Methodik und Ergebnisse biotypologischer Erhebungen, Barth, Leipzig, 1972

TITTEL, K.; WUTSCHERK, H.: Anthropometrische Meßverfahren zur Bestimmung der Beziehungen zwischen Körperbaumerkmalen und sportlicher Leistungsfähigkeit. In: Theor. u. Prax. d. Körperkult., Berlin, 23 (1974), 2, S. 137-158

TITTEL, K.; WUTSCHERK, H.: Die Bestimmung des Körperbautyps. In: Theor. u. Prax. d. Körperkult., Berlin, 23 (1974), 2, S.171-177

TITTEL, K.; WUTSCHERK, H.: Vorzüge und Grenzen der Conradschen Methode in der Sportanthropometrie. In: Med. u. Sport, Berlin, 18 (1978), 1, S. 11-18

TOIA, M.: Körperfettbestimmung mit Hilfe der Caliper-Methode. In: Theorie und Praxis, Köln, 1 (1989), S. 9-10

TOKARSKY, W.; ALLMER H. (Hrsg.): Sport und Altern. Eine Herausforderung für die Sportwissenschaft, Deutsche Sporthochschule Köln (Hrsg.), Richarz, St. Augustin, 1991

TROGSCH, F.; OLBRICH, H.: Bericht über ein 10-jähriges Trainingsexperiment zur Festigung der Gesundheit. In: Theor. u. Prax. d. Körperkult., Berlin, 23 (1974), 11, S. 1010-1024

TSCHIRDEWAHN, B.: Leistungssport im Seniorenalter - Gefahren und Grenzen. In: Physiotherapie, Lübeck, 82 (1991), 4, S. 166-170

UEXKÜLL , J.: Theoretische Biologie, Suhrkamp, Frankfurt a. M., 1973

UEXKÜLL, J. et al.: Die Alternstheorien, 1920. In: M. BÜRGER: Altern und Krankheit, 2. Aufl., Thieme, Leipzig, 1954

ULMER, H.-V.: Sport und Präventivmedizin. In: D. KÜPPER; L. KOTTMANN (Hrsg.): Sport und Gesundheit, Schorndorf, 1991

ULMER, W. T.; REICHEL, G.; NOLTE, D.: Die Lungenfunktion, Thieme, Stuttgart, 1976

ULMER, W. T.; REIF, E.; WELLER, W.: Die obstruktiven Atemwegserkrankungen, Thieme, Stuttgart, 1966

UMWELTMAGAZIN: Gift im Regenwasser, Forum für Umwelttechnik in Industrie und Kommune, Febr. 1989

UMWELTMAGAZIN: Himmlische Ruhe – Höllischer Lärm, Forum für Umwelttechnik in Industrie und Kommune, Febr. 1989

VENRATH, H.; HOLLMANN, W.: Sport in Prophylaxe und Rehabilitation von Lungenerkrankungen. In: Therapiewoche, 14 (1965), S. 683

VIOL, M.: Muskelfunktionsdiagnostische Untersuchungen. In: Med. u. Sport, Berlin, 30 (1990), 4, S. 105-108

VIOL, M.: Methodische Grundlagen der Fettmassenbestimmung – ein Erfahrungsbericht. In: Med. u. Sport, Berlin, 31 (1991), 2, S. 40-41

VOIGT, D.: Soziale Schichtung im Sport. Theorie und empirische Untersuchung in Deutschland, Bartels und Wernitz, Berlin, 1978

VOIGT, D.: Sportsoziologie. Soziologie des Sports, Diesterweg, Frankfurt/M., 1992

VRIES, W. R.; BERNINK, M. J. E.; DE BEER, E. L. et al.: Über den Einfluß eines Saisonrudertrainings auf physiologische Parameter bei dosierter Arbeit. In: Sportarzt und Sportmedizin, Köln, 28 (1977), 8, S. 231-236

WAGNER, J.: Regenwaldzerstörung ungebremst. In: Umweltmagazin, Würzburg, Forum für Umwelttechnik und Kommune, Mai, 1993

WAGNER, J.: Tierschutzbericht: Nützliche Mitgeschöpfe. In: Umweltmagazin, Würzburg, Forum für Umwelttechnik und Kommune, Juli, 1993

WALLRAFF, J.: Leitfaden der Histologie des Menschen, München, 1963

WEICKER, H.; SCHUBNELL, M.: Sportmedizin im sportwissenschaftlichen Studium, Texte, Quellen, Dokumente zur Sportwissenschaft, Bd. 13, Hofmann, Schorndorf, 1979

WEIDNER, A.: Einige Probleme des Trainings älterer Menschen. In: Wiss. Z. d. DHfK, Leipzig, 26 (1985), Sonderheft 1, S. 75-92

WEINECK, J.: Optimales Training, 2. Aufl., Perimed, Erlangen, 1983

WERNING, C.: Taschenbuch der Inneren Medizin, Wiss. Verl.-Ges., Stuttgart, 1983

WEISS, O.; RUSSO, M.: Image des Sports, Theorie und Praxis der Leibesübungen, Bd. 62, Österr. Bundesverlag, Wien, 1987

WIESNER, J.: Wie verbreiten sich Dioxine? In: Umweltmagazin, Würzburg, Forum für Umwelttechnik und Kommune, Aug. 1992

WILKEN: Bedienungsanleitung, physikalische-medizinische Geräte, Cardioscript, Wilken, Karlsruhe, 1987

WILLOUGHBY, D. P.: Anthropometrische Magergewichtbestimmung. In: Research quarterly of the American Association for health, physical education and recreation, 3 (1932), S. 48-52

WIRTH, C. J.; KOHN, D.: Chronische Überlastungsschäden der Schulter. In: P. BERNETT, D. JESCHKE (Hrsg.): Sport und Medizin Pro und Contra: 32. Deutscher Ärztekongreß, München (1990)

WIRTH, A.; KRONE, W.: Therapie der Insulinresistenz beim metabolischen Syndrom durch körperliches Training. In: Dt. Z. f. Sportmed., Köln, 44 (1993), 7, S. 300-310

WITTEN, M. L.; WILKERSON, J. E.: An Association between aerobic fitness and lung closing volume. In: Int. J. of Sports med., Stuttgart, 7 (1986), 5, S. 271-275

WOLF, H. J.: Einführung in die Innere Medizin, Thieme, Stuttgart, 1957

WOLFF, H. D.: Anmerkungen zu den Begriffen „degenerativ" und „funktionell". In: Z. Orthop., 124 (1986), S. 385-388

WOLFF, R.; BUSCH, W.; MELLEROWICZ, H.: Vergleichende Untersuchungen über kardiovasculäre Risikofaktoren bei Dauerleistern und der Normalbevölkerung. In: Dt. Z. f. Sportmed., Köln, 30 (1979), 1, S. 1-10

WOLFF, R.; MELLEROWICZ, H.: Vergleichende Untersuchungen über kardiovasculäre Risikofaktoren bei Dauerleistern und der Normalbevölkerung. In: Dt. Z. f. Sportmed., Köln, 30 (1979), 1, S. 1-10

WOOD, P.; HASKELL, W.; STERN, M.; LEWIS, S. et al.: Plasmalipoprotein distributions in male and female runners. In: Ann. N.Y. Acad. Sci. 301, 748 (1977)

WORMERSLEY, J.; BODDY, K.; KING, P.; DURNIN, J.: A comparison of the fat-free mass of young adults estimated by anthropometry, body density and total body potassium content. In: Clinical Science, 43 (1972), S. 469

WORRINGEN, K. A.: Gesundheit und Sport - Was muß der Arzt von den Leibesübungen wissen? Lehmann, München, 1927

WRIGHT, G. R.; BOMPA, T.; SHEPHARD, R. J.: Physiological evaluation of winter training program for oarsmen. In: J. Sports Med. phys. Fitness, 16 (1976), 1, S. 22-31

WUNDERLI, J. et al.: Mensch und Altern, Karger, Basel, 1984

WUTSCHERK, H.: Der Einfluß der aktiven Körpersubstanz auf die Leistungen in verschiedenen Sportarten. In: Wiss. Z. d. DHfK, Leipzig, 12 (1970), S. 33-64

WUTSCHERK, H.: Die Bestimmung des biologischen Alters. In: Theor. u. Prax. d. Körperkult., 2 (1974), S. 159

ZACIORSKIJ, V. M.: Die körperlichen Eigenschaften des Sportlers, 3. Aufl., Bartels und Wernitz, Berlin u. a., 1977

ZEHNDER, H.: Untersuchungen der Lungenfunktion bei Gesunden. Ermittlung neuer Normen für Vitalkapazität, Pneumometerwert und Residualvolumen. In: Helv. Med. Acta, 27 (1960), S. 245

ZETKIN, M.; SCHALDACH, H. (Hrsg.): Wörterbuch der Medizin. Bd. 1-3, 5. Aufl., Thieme, Stuttgart, 1974

ZIEGLER, R.: Cholesterin-Intervention in Deutschland. In: Sport und Medizin, 5 (1994)

ZIMMERSTÄDT, G.: Leben mit Sport: aktiv ins Alter, Heidelberg, 1996

ZÖFEL, P.: Statistik in der Praxis, 3. Aufl., Fischer, Jena, 1992

Die Ergebnisse folgender wissenschaftlicher Arbeiten, erstellt am Institut für Sport und Sport-wissenschaft der Universität Karlsruhe (TH), sind in diese Untersuchung eingeflossen:

1. SUSANNE BOSS [1993]: Erfassung, Systematisierung, Besprechung und Auswertung ausge-wählter sportwissenschaftlicher **Literatur** zum Forschungsprojekt „Sport, Lebensalter und Gesundheit" – durchgeführt am Institut für Sport und Sportwissenschaft der Universität Karlsruhe.

2. MICHAEL MÜLLER [1998]: **Soziologische** Studie an Alterssportlern unter besonderer Berück-sichtigung der Schichtzugehörigkeit sowie ausgewählter Trainingsmotive im Alternsgang.

3. HOLGER KÖLMEL [1994]: **Leistungsbiographischer** Vergleich zwischen Kraft- und Ausdau-ersportlern im Seniorenalter.

4. OLAF KAPS [1993]: **Anthropomorphologischer** Vergleich zwischen Kraft-, Ausdauer- und Nichtsportlern verschiedener Altersgruppen.

5. DAGMAR JURISCH [1994]: Zusammenhang von **Körperhöhe, Körpergewicht und Haut-faltendicke** bei Kraft-, Ausdauer- und Nichtsportlern im mittleren und späten Erwachsenen-alter.

6. AXEL WICSOREK [1994]: **Konstitutionsbiologischer** Vergleich zwischen Kraft, Ausdauer- und Nichtsportlern anhand ausgewählter Parameter im Alternsgang (Rumpfmerkmal, AKS-, ROHRER-, KAUP- und Skelischer Index).

7. TINA BETTELDORF [1998]: Vergleichende Untersuchung der **Anamnesen** von Kraft-, Aus-dauer- und Nichtsportlern.

8. CONNY AUGENSTEIN [1993]: Die **Beweglichkeit** der Lendenwirbelsäule sowie der Hüft- und Kniegelenke bei Kraft-, Ausdauer- und Nichtsportlern im Alternsgang.

9. WALTER HEMLEIN [1992]: Vergleich ausgewählter **Lungenfunktionswerte** (Vitalkapazität, Einsekundenkapazität und Tiffeneau-Wert) von Kraft-, Ausdauer- und Nichtsportlern im Alternsgang.

10. DORIS BÜHLER [1995]: Vergleich von Kraft-, Ausdauer- und Nichtsportlern unter dem Gesichtspunkt verschiedener **EKG-Parameter**.

11. GUNDI STEINBACH [1990]: Vergleich **ergometrischer Messgrößen** von Kraft- und Ausdau-ersportlern im Alternsgang unter einem stufenförmigen Belastungsanstieg auf dem Fahrrad-ergometer.

12. ULRICH HECKING [1994]: Vergleich zwischen Kraft-, Ausdauer- und Nichtsportlern unter Berücksichtigung **konstitutioneller und leistungsphysiologischer** Parameter.

13. CHRISTIANE BORK [1994]: Vergleich der maximalen **Sauerstoffaufnahmefähigkeit** bei Kraft-, Ausdauer- und Nichtsportlern im Alternsgang.

14. SABINE WAGNER [1990]: Vergleich ausgewählter **Fettstoffwechselparameter** im Alterns-gang von Kraft-, Ausdauer- und Nichtsportlern.

15. ANJA REICHERT [1990]: Untersuchungen zum **Eiweißstoffwechsel** bei Kraft-, Ausdauer- und Nichtsportlern im Seniorenalter.

16. HARALD MENZEL [2006]: Auswirkungen ausgewählter Bewegungskonzepte auf den **Fett- und Eiweißstoffwechsel**.

Abbildungsverzeichnis

426

Tabellenverzeichnis

428

Sachregister

Die im Stichwortverzeichnis der Fachausdrücke erklärten Begriffe sind hier mit Asteriskus (*) gekennzeichnet.